"十二五"普通高等教育本科国家级规划教材

药物制剂过程装备与工程设计

张珩　万春杰◎主编

化学工业出版社

·北京·

本书系统阐述药物制剂和中药提取工艺的典型生产设备和包装设备的原理及发展动态，以及新版GMP对制剂生产厂房设施等硬件和软件的实施要求。全书分两大部分共十章，即制剂过程装备和制剂工程设计。在过程装备部分，反映近年来国内外最新工艺与制造技术和药物制剂装备发展的总体水平；在制剂工程设计部分，紧扣新版GMP的要求，阐述最新工程设计理念。内容取材新颖，理论联系实际，是一本较完整介绍制剂过程装备与车间设计的综合性教材。

本书可作为高等院校工科药物制剂专业、制药工程专业等相关专业的教材或参考书，也可供相关医药研究、设计、生产的工程技术人员参考。

图书在版编目（CIP）数据

药物制剂过程装备与工程设计/张珩，万春杰主编．—北京：化学工业出版社，2012.3（2018.6重印）
“十二五”普通高等教育本科国家级规划教材
ISBN 978-7-122-13347-2

Ⅰ．①药…　Ⅱ．①张…　②万…　Ⅲ．①制剂机械-高等学校-教材②药物-制剂-高等学校-教材　Ⅳ．①TQ460.5②TQ460.6

中国版本图书馆CIP数据核字（2012）第015548号

责任编辑：何　丽　徐雅妮　　文字编辑：李　瑾
责任校对：边　涛　　装帧设计：关　飞

出版发行：化学工业出版社（北京市东城区青年湖南街13号　邮政编码100011）
印　　装：三河市延风印装有限公司
787mm×1092mm　1/16　印张21¾　插页3　字数564千字　2018年6月北京第1版第2次印刷

购书咨询：010-64518888（传真：010-64519686）　售后服务：010-64518899
网　　址：http：//www.cip.com.cn
凡购买本书，如有缺损质量问题，本社销售中心负责调换。

定　　价：37.00元

《药物制剂过程装备与工程设计》编写人员

主　　编　张　珩　　万春杰

编写人员　（以姓氏笔画为序）

万春杰　武汉工程大学
王　伟　中国药科大学
王　凯　武汉工程大学
朱宏吉　天津大学
李　霞　天津大学
张　珩　武汉工程大学
张功臣　奥星公司
张秀兰　武汉工程大学
潘林梅　南京中医药大学
操　锋　中国药科大学

序　言

药物制剂过程装备与工程设计是一门以工业药剂学、药品生产管理工程、工程学及相关科学理论和工程技术为基础的综合研究药物制剂生产与设计的应用性工程学科，即研究药物制剂工程技术及工程设计在满足药品生产质量管理规范（GMP）条件下的原理与方法，介绍药物制剂过程装备的基本构造、工作原理、设备验证以及与制剂生产工艺过程相关的工程设计。它是工科药物制剂专业以及制药工程等专业的一门重要专业课程。

随着2010版《中国药典》的正式颁布，药品标准整体水平全面提升，药品安全检测的项目增加，标准化检测与欧美标准接轨，极大地促进了国内医药行业技术进步与规范化发展。同时，经过数次修订的2010版药品生产质量管理规范（GMP）已于2011年3月1日正式发布与实施，提高了药物制剂产品生产质量管理标准特别是无菌生产方面的要求。由此势必促进制剂设备的改造升级换代、医药工程设计理念的更新等。而与之相应的全国大约有近百所高校开设有药物制剂专业，其教材及参考书相对滞后，主要表现在：①制剂装备新技术未能及时反映；②内容与生产实际衔接不紧密；③未能反映当前新版GMP背景下的制剂工程设计新理念。在此背景下，作者根据多年从事药物制剂领域的教学与科研工作经历与体会，以新版GMP对制剂生产厂房、设施和设备及管理等方面的实施为主线，以教育部对高等学校药物制剂专业规范为指南，意在为药物制剂或制药工程等专业提供合适的教材。

为提高本书质量，使本书能较准确、真实和在技术允许情况下有一定深度地反映制剂设备的当前实际和最新发展动态，本书将先进的设备编入书中，内容反映了主要剂型的先进典型制剂生产的工艺与设备的原理、现状和新进展，并增加了药物制剂过程分析技术(PAT)、固体物料输送技术、RABS隔离技术等反映当前制剂新技术与装备的内容。

本书共十章，由张珩、万春杰任主编。参加编写的人员有：第一章张珩；第二章王凯；第三章朱宏吉；第四章王伟，操锋；第五章万春杰；第六章万春杰，张功臣；第七章李霞；第八章潘林梅；第九章张秀兰，张珩；第十章张秀兰，张珩。全书由张珩、万春杰统稿。

本书可作为高等院校工科药物制剂专业、制药工程专业等相关专业的教材或参考书，也供从事医药及相关行业研究、设计、生产的工程技术人员参考。

由于编者水平所限，加之时间仓促，书中疏漏之处恐难避免，切盼专家学者和广大读者不吝指教，深表谢意。

张珩　万春杰

2011年12月

于武汉工程大学绿色化工过程省部共建教育部重点实验室

目　录

第九章 洁净车间净化空调系统设计

第十章 制剂工程设计

第一章　绪　　论

第一节　概　　述

一、课程涵义

“药物制剂过程装备与工程设计”是一门以药学、药物制剂学、《药品生产质量管理规范》（GMP）和工程学及其相关理论和工程应用技术为基础的应用性工程学科，它是一个综合性、整体性很强的、必须统筹安排的系统工程和技术科学。药物制剂过程装备与工程设计的研究对象是药物制剂工业中常见的用途专一的过程装备，同时还要研究如何利用这些用途专一的过程装备作为生产环境来保证制剂工艺有条不紊的组织、规划并实现药物制剂的大规模工业化生产，最终建设一个符合 GMP 的药物制剂生产基地——即质量优良、生产高效、运行安全、环境达标的药物制剂生产工厂。

“药物制剂过程装备与工程设计”是药物制剂专业在工程教育方面的主干课程。本书正是基于药物制剂专业的发展需要以及药物制剂专业课程的教学要求而编写的，本书内容的最大特点就是系统阐述药物制剂和中药提取工艺的典型生产设备和包装设备的原理及发展动态，以及新版《药品生产质量管理规范》对制剂生产厂房设施等硬件和软件的实施要求。在过程装备部分，将力求反映近年来国内外最新工艺与制造技术；基本反映当前药物制剂装备发展的总体水平。在制剂工程设计部分，将紧扣欧美当前 GMP 的要求及最新工程设计理念，努力提供一本较完整的介绍制剂过程装备与车间设计的综合性教材。

编写按照药物制剂过程装备和工程设计两部分不分篇按十章进行。第一部分以前八章内容重点介绍药物制剂工业常用的过程装备，主要内容为：GMP 与制剂工程、制剂生产常用传动与机构、药用包装机械、口服固体制剂工艺与设备、注射剂工艺与设备、其他制剂工艺与设备、中药提取工艺与设备等内容。这些内容中，有些是反映制剂工业发展水平和现代制剂发展方向的重要方面，如水针剂工艺与设备；有的技术内容是伴随着我国药物制剂工业发展而发展的，如安全环保与节能减排等技术就是根据 GMP 要求而不断提高进而走进教材的；还有的技术则是现代工程技术发展的应用，如制剂用水工艺与设备已经随着制剂工业对质量要求越来越高而成为学生必须了解的知识。第二部分介绍了制剂工艺设计，主要内容为：洁净车间净化空调系统设计、制剂工程设计等内容，较系统地阐述和反映了制剂工艺设计的基本理论与方法，并突出反映了制剂工艺设计的重要保障条件——洁净车间净化空调系统设计，目的是使“药物制剂过程装备和工程设计”的知识体系与内容更加丰富。

药物制剂过程装备和工程设计就是将原料药物按照一定制剂生产工艺将药物制剂专用过程设备进行有效的组织，设计出一个生产流程具有可行性、技术装备具有先进性、设计参数具有可靠性、工程经济具有合理性的一个药物制剂生产车间。然后经过在一定的地区建造厂房，布置各类生产设备，配套一些其他公用工程，最终使制剂工厂按照预定的设计期望顺利地开车投产。这一过程即是药物制剂工艺设计与施工的全过程。

因此，我们要把药物制剂过程装备和工程设计作为一门综合性学科来研究，从而才能将我国药物制剂工艺生产与设计水平提升到一个新的台阶，最终将促进我国医药工业的综合实力和核心竞争力在世界医药舞台上立于不败之地。

二、学习本课程的意义

药物制剂工程专业人才知识构架的一个重要方面就是工程素质和工程能力的培养。“药物制剂过程装备和工程设计”课程正是为了满足这一需求而设置。

本课程的主要任务是使学生学习了解药物制剂工业中的常见过程专用设备和掌握制剂工艺设计的基本理论和方法，运用这些基本理论与制药工业生产实践相结合，掌握工艺流程设计、物料衡算、热量衡算、工艺设备设计和选型、车间和工艺管路布置设计、非工艺条件设计的基本方法和步骤。训练和提高学生运用所学基础理论和知识，分析和解决制剂车间工程技术实际问题的能力，并领会药厂洁净技术和原则。

本课程强调工程观点和技术经济观点。通过本课程的学习，使学生树立符合 GMP 要求的整体工程理念，从技术的先进性、可靠性与经济的合理性以及环境保护的可行性三个方面树立正确的设计思想。掌握药物制剂生产工艺技术与 GMP 工程设计的基本要求以及洁净生产厂房的设计原理，熟悉药厂公用工程的组成与原理，了解制药相关的政策法规，从而为能够进行符合 GMP 要求的药物制剂车间工艺设计奠定初步理论基础。

第二节 制剂过程装备的分类

根据医药工程项目生产的产品形态的不同，医药工程项目设计可分为原料药生产设计和制剂生产设计。根据具体的剂型，制剂生产设计又包括片剂车间设计、针剂车间设计等。

根据医药工程项目生产的产品不同，医药工程项目设计可分为以下几类：合成药厂设计、中药提取药厂设计、抗生素厂设计以及生物制药厂设计和药物制剂厂设计等。

一、通用制剂设备

制药机械的分类，按照国家标准（GB/T 15692）可分为 8 类。

（1）原料药机械及设备（L） 如化学制药、中药制药和生物制药的工艺设备及机械。

（2）制剂机械（Z） 将药物制成各种剂型的机械与设备。

（3）药用粉碎机械（F） 用于药物粉碎（含研磨）并符合药品生产要求的机械。

（4）饮片机械（Y） 对天然药用动物、植物进行选、洗、润、切、烘、炒、煅等方法制取中药饮片的机械。

（5）制药用水设备（S） 采用各种方法制取纯化水、注射用水等制药用水的设备。

（6）药品包装机械（B） 完成药品包装过程以及与包装过程相关的机械与设备。

（7）药物检测设备（J） 检测各种药物成品、半成品或原辅材料质量的机械与设备。

（8）其他制药机械与设备（Q） 执行非主要工序的有关机械与设备。

二、专用制剂设备

通用设备中，第二项制剂机械（Z）按照剂型又可分为 14 类。

（1）片剂机械（P） 将中西原料药与辅料经混合、制粒、压片、包衣等工序制成各种形状片剂的机械与设备。

（2）水针剂机械（A） 将灭菌或无菌药液灌封于安瓿等容器中，制成注射针剂的机械与设备。

（3）西林瓶粉、水针剂机械（K） 将无菌生物制剂药液或粉末灌注于西林瓶内，制作注射针剂的机械与设备。

（4）大输液剂机械（S） 将无菌药液灌注于输液容器内，制成大容量注射剂的机械与设备。

（5）硬胶囊剂机械（N）　将药物充填于空心胶囊内的制剂机械与设备。

（6）软胶囊剂机械（N）　将药液包裹于明胶囊内的制剂机械与设备。

（7）丸剂机械（W）　将药物细粉或浸膏与赋形剂混合，制成丸剂的机械与设备。

（8）软膏剂机械（G）　将药物与基质混匀，配成软膏，定量灌装于软管内的制剂机械与设备。

（9）栓剂机械（U）　将药物与基质混合，制成栓剂的机械与设备。

（10）口服液剂机械（Y）　将药液制成口服液剂的机械与设备。

（11）药膜剂机械（M）　将药液灌封于口服液瓶内的制剂机械与设备。

（12）气雾剂机械（Q）　将药液和抛射剂灌注于耐压容器中，使药物以雾状喷出的制剂机械与设备。

（13）滴眼剂机械（D）　将无菌药液灌封于容器内，制成滴眼药剂的制剂机械与设备。

（14）糖浆剂机械（T）　将药物与糖浆混合后制成口服糖浆剂的机械与设备。

第三节　制剂机械的代码与型号

一、制药机械产品代码

《制药机械产品分类与代码》是我国制药机械标准化工作中的一项重要基础标准。是为提高制药机械行业的管理水平，建立科学的制药机械分类标准及统一制药机械各级标准而制定的一项国家标准。

本标准按制药机械产品的基本属性，将制药机械分为 8 大类。各大类中按生产工序及设备主要功能予以再分类，为兼顾制药机械生产领域和流通领域的需要，将各分类中具有相同功能、不同型式、不同结构的制药机械产品分别归类列入产品数目内。

按国家标准《全国工农业产品（商品、物资）分类与代码》GB 7635—87，制药机械的代码为 65.64。

制药机械产品代码为六层结构。前两层为 65.64，第三层为制药机械的大类，如原料药机械及设备（10）、制剂机械（13）、药用粉碎机（16）、饮片机械（19）、纯水设备（22）、药用包装机械（25）、药物检测设备（28）、制药辅助设备（31）。

制剂机械中，第四层为区别各种剂型机械的代码，如片剂（01）、水针剂（05）、西林瓶粉、水剂（09）、大输液剂（13）、硬胶囊剂（17）、软胶囊剂（21）、丸剂（25）、软膏剂（29）、栓剂（33）、口服液剂（37）、药膜剂（41）、气雾剂（45）、滴眼剂（49）、糖浆剂（53）。

第五层结构为按功能分类的代码，如片剂中，混合机（01）、制粒机（03）、压片机（05）、包衣机（07）。

第六层结构为型式、结构的代码，如压片机中，单冲压片机（01）、旋转压片机（05）、高速压片机（09）、自动高速压片机（13）、粉末压制机（17），其他压片机（99）。例如：自动高速旋转压片机的代码为 65.64.13.01.05.13；单冲压片机的代码为 65.64.13.01.05.01.

对一些制药机械产品的型式、结构比较一致的，第六层结构可取消，如萃取设备属于原料药中代码 17 的一类，其中提取罐代码为（01）、动态提取罐为（05）、提取浓缩罐（09）、其他萃取设备（99）。例如：动态提取罐的代码为 65.64.10.17.05.

二、制药机械产品型号

《制药机械产品型号编制方法》医药行业标准（YY/T 0216—1995）是为便于制药机械

的生产管理、产品销售、设备选型、国内外技术交流而制定的一项行业标准。

制药机械产品型号由主型号和辅助型号组成。主型号依次按制药机械的分类名称、产品型式、功能及特征代号组成，辅助型号包括主要参数、改进设计顺序号，其格式如下：

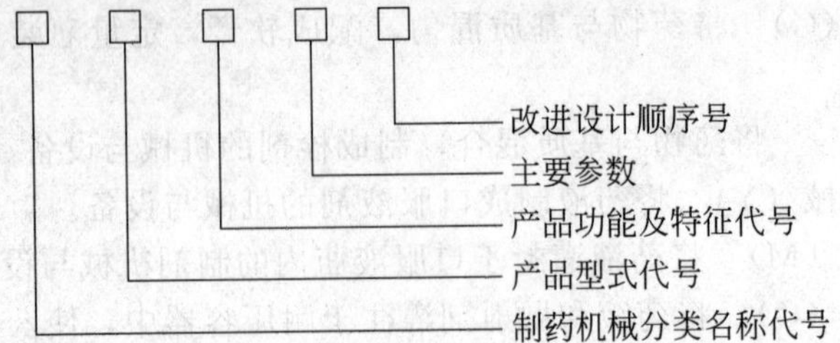

制药机械分类按国家标准分为 8 大类。产品型式是以机器工作原理、用途或结构型式进行分类。表 1-1 是制药机械产品分类及产品型式的代号。如旋转式压片机代号为 ZP。产品功能及特征代号以其有代表性汉字的第一个拼音字母表示，主要用于区别同一种类型产品的不同型式，有 1～2 个符号组成。如只有一种型式，此项可省略。如异型旋转压片机代号为 ZPY。产品的主要参数有生产能力、面积、容积、机械规格、包装尺寸、适应规格等，一般以数字表示。当需要表示二组以上参数时，用斜线隔开。改进设计顺序号以 A、B、C…表示。第一次设计的产品不编顺序号。例如：

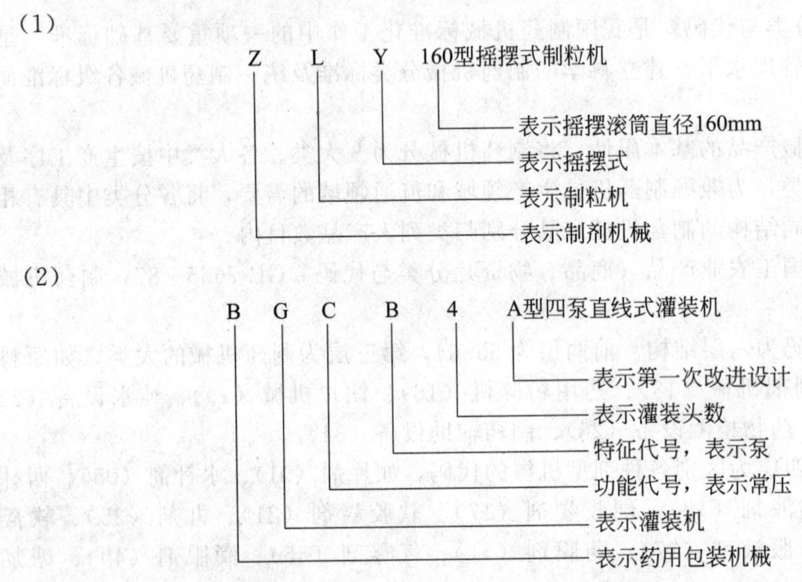

表 1-1　制药机械产品分类及产品型式代号

产品分类	产品型式项目	代号	产品分类	产品型式项目	代号
原料药机械及设备(L)	反应设备	Y	制剂机械(Z)	混合机	H
	结晶设备	J		制粒机	L
	萃取设备	Q		压片机	P
	蒸馏设备	U		包衣机	B
	热交换器	R		水针剂机械	A
	蒸发设备	N		西林瓶粉、水剂机械	K
	药用干燥设备	A		大输液剂机械	S
	药用筛分机械	F		硬胶囊剂机械	N
	贮存设备	C		软胶囊剂机械	R
	药用灭菌设备	M		丸剂机械	W

续表

产品分类	产品型式项目	代号
制剂机械(Z)	软膏剂机械	G
	栓剂机械	U
	口服液剂机械	Y
	药膜剂机械	M
	气雾剂机械	Q
	滴眼剂机械	D
	糖浆剂机械	T
药用粉碎机械(F)	齿式粉碎机	Z
	锤式粉碎机	C
	刀式粉碎机	D
	涡轮式粉碎机	L
	压磨式粉碎机	Y
	铣削式粉碎机	X
	气流粉碎机	Q
	分粒型粉碎机	F
	球磨机	M
	乳钵研磨机	R
	胶体磨	J
	低温粉碎机	W
饮片机械(Y)	洗药机	X
	润药机	R
	切药机	Q
	筛选机	S
	炒药机	C
药用纯水设备(S)	列管式多效蒸馏水机	L
	盘管式多效蒸馏水机	P
	压汽式蒸馏水机	Y
	离子交换设备	H
	电渗析设备	D
	反渗析设备	F
药用包装机械(B)	药用充填、灌装机	C或G
	药用容器塞、封机	S或F
	药用印字机	Y
	药用贴标签机	T
	药用包装容器成型、充填、封口机	X
	多功能药用瓶装包装机	P
药用包装机械(B)	联动瓶装包装线	LX
	药用袋装包装机	D
	药用装盒包装机	H
	药用囊包机	B
	药用捆合包装机	K
	药用玻璃包装容器制造机械	Z
	药用塑料包装容器制造机械	U
	药用铝管制造机	A
	空心胶囊制造机械	N
药物检测设备(J)	硬度测定仪	Y
	溶出试验仪	R
	除气仪	Q
	崩解仪	B
	栓剂崩解器	U
	脆碎仪	C
	检片机	N
	金属检测仪	J
	冻力仪	D
	安瓿注射液异物检查设备	A
	玻璃输液瓶异物检查机	S
	塑料瓶输液检漏器	L
	铝塑泡罩包装检测器	P
制药辅助设备(Q)	移动式局部层灌装置	J
	就地清洗、灭菌设备	M
	理瓶机	L
	输瓶机	S
	垂直输箱机	U
	送料装置	N
	升降机	X
	专用推车	T
	打喷印装置	Y
	说明书折叠机	Z
	充气装置	C
	震动落盖装置	E
	揿盖装置	G

第四节　制剂过程装备发展动态

近年来，中国制药工业发展迅速，现有药品生产企业近6000家，其中制剂企业占80%。制药装备是医药工业发展的手段、工具和物质基础。通过从技术引进到技术开发，再到技术创新，我国制剂设备产品的品种系列已基本满足医药企业的装备需要，有些产品还达到国际先进水平。但就总体水平与国外先进水平相比，在设备的自控水平、品种规格、稳定性、可靠性和符合GMP要求等方面还存在不同程度的差距。

一、装置设计与工程设计相结合

中国制剂设备随着制剂工艺的不断发展和剂型品种的日益增长而快速发展，一些新型的先进制剂设备的使用又将先进的工艺转化为生产力，促进了制剂工业整体水品的提高。近年来，制剂设备新产品不断涌现，如高效混合制粒机、高速自动压片机、大输液生产线、口服液自动灌装生产线、电子数控螺杆分装机、水浴式灭菌柜、双铝热封包装机、电磁感应封口机等，这些设备的相继问世，为我国制剂生产提供了相当数量的先进或比较先进的制剂装备，一批高效、节能、机电一体化、符合 GMP 要求的高新技术设备产品为我国医药企业全面实施 GMP 奠定了设备基础。

制剂设备的多功能化缩短了生产周期，减轻了生产人员的操作和物料运输，不仅提高了原有设备水平，而且满足了装备工艺革新和工程设计的需要，必然要与先进技术、自动化水平的提高相适应，这些都是 GMP 实施过程中对制剂设备提出的要求，也是近年来国外制剂设备发展的结论。随着新工艺的开发和 GMP 的进一步实施，国外开发了大量的多功能的高效设备，如水针方面，德国 BOSHY 公司开发的入墙层流式新型针剂灌装设备，结合车间设计采用隔离技术，机械与无菌室墙连接混合在一起，机器占地面积少，大大减少了 A 级层流所需的面积，便于操作，节约能量，既可减少工程投资费用，又能进一步保证洁净车间的设计要求；粉针剂设备可提供灌装机与无菌室为组合的整体净化层流装置，可实现自动化及高效无菌生产。总之，把设备的更新、开发与工程设计紧密地结合在一起，在总体工程中体现良好的综合效益。

二、装备的联机性、配套性好，设计模块化

国外制剂设备发展的特点是向密闭、高效、多功能、连续化、自动化水平发展。设备的密封生产和多功能化，除了提高生产效率、节省能源、节约投资外，更主要是符合《药物生产质量管理规范》的要求，如防止生产过程对药物可能造成的各种污染，以及可能影响环境和人体健康的危害等因素。

制剂生产线和药品包装线在向自动化、连续化方向发展。从片剂生产看，操作人员只需要用气流输送将原辅料加入料斗和管理压片操作，其余可在控制室经过一个计算机和控制盘完成管理。药品包装生产线的特点是各单机既可独自运行，又可连成为自动生产线，主要是采用了光电装置和先进的光纤等技术以及电脑控制，在生产线实现在线监控，自动剔除不合格品，保持正常运行。

三、在线清洗及灭菌技术

在线清洗（CIP）即就地清洗或称原位清洗，其定义为：不拆卸设备或元件，在密闭的条件下，用一定浓度的清洗液对清洗装置进行强力作用，使设备的表面洗净和杀菌的方法。

CIP 系统最初于 20 世纪 50 年代在美国乳品工业得到应用，1955 年 CIP 系统与自动控制技术相结合，使其在食品工业的其他领域得以应用。

传统的手工拆卸机器零件的清洗方式往往费时、费力、易损坏联接件，且设备停机时间长、利用率低、清洗不彻底，有时对操作者也不十分安全。相比而言，CIP 具有以下优点：①能维持一定的清洗效果，保证产品的安全性；②节约操作时间、提高效率，以实现商业的最大利润；③节省劳动力，保证操作的安全性；④节省清洗用水和蒸汽。

在线灭菌（SIP）又称原位灭菌，指设备或系统在原安装位置不做任何移动条件下的灭菌。其主要用于冻干箱及冷阱冻干前（后）的灭菌，即利用饱和蒸汽在较短时间内有效杀死微生物及芽孢体，该功能可由自动程序来完成。灭菌时必须使用洁净蒸汽，即必须使用纯蒸汽发生器产生的饱和纯蒸汽来对冻干机进行灭菌操作。该系统由灭菌腔室（冻干箱、冷阱）、

水环泵、阀门、管路、温度控制及压力控制系统组成。

国外的制剂设备在研发与开发时，都十分注重 CIP 清洗系统和 SIP 功能设计。如德国 FETTE 的高速压片机可实现不拆除元件的在位清洗工作。GLATT 公司的流化床制粒设备则都是设计有清洗口，便于与在线清洗站相衔接，从而实现设备的在线清洗。

四、精密的设计与高质量的加工

结合工程设计进行设备的开发性研究是一项新的课题，它既要显示生产工艺、车间布置和装备在 GMP 实施中重要的统一性原则，也要体现药物制备过程中精密的设计和高质量的加工。

国外的制剂设备大多数注重精密的结构设计，在制造生产上也是一丝不苟，设备具有较高的表面光洁度，从而使设备具有较好的耐腐蚀性能。如国外的喷雾干燥设备普遍具有高度的表面光洁度可以大大降低粘壁现象。

五、高性能在线控制及监测

欧美等发达国家制剂装备的自动化程度及在线监控水平主要体现在制药生产线的模块化设计、具有完备的在线监控与控制功能。良好的在线控制及远程监测控制是先进制剂设备的重要功能。在线监控与控制功能主要指设备具有分析、处理系统，能知道完成几个步骤或工序的功能，这是设备连线、联动操作和控制的前提。先进的制剂设备在设计时，应具有随机控制、即时分析、数据显示、记忆打印、程序控制、自动报警、远程控制等功能。其中，随机控制和实时分析体现了在线监控技术的水平，在线质量监测技术正是我国中药生产及制药、制剂装备行业急需提高和发展的重要方向。

在线质量监控技术可近似地定义为 PAT 过程分析技术。PAT 过程分析技术在制药行业中的应用也越来越广泛。美国 FDA 定义 PAT 为一个体系，针对医药原料及加工过程中关键质量品质及性能特征来设计、分析和控制生产过程，以确保产品最终质量，从而提高对产品生产过程的控制。过程分析技术是由经典分析化学、化学工程、机电工程、工艺过程、自动化控制及计算机等学科领域相互渗透交叉组成。过程分析技术包括多元数据获取和分析、过程分析仪（或过程分析化学）和过程探测仪、终点监测和控制、改进和知识存储管理四个部分。该过程的实施需要将生产工程师、过程化学家、分析化学家、仪器技术人员、电子计算机技术人员及软件工程师组织起来，分工合作按步骤对过程质量测量控制系统提出具体要求，设计、建立系统，安装、调试、验证整个系统，最后再与生产过程连结起来进行试运转和正式运转。

PAT 技术中除了包含对工艺参数（温度、压力、转速、液位等）的在线监测外，主要还包括对药品质量的监测，所采用的分析方法有气相色谱（GC）、质谱（MS）、核磁（NMR）、高效液相色谱（HPLC）、红外（IR）、近红外（NIR）、紫外-可见（UV-Vis）、拉曼（Raman）和射线荧光等。据文献报道，发达国家已将 PAT 应用于化学反应过程组分的在线监控、生物发酵过程参数控制、提取纯化有效成分的在线监测，固体制剂生产中药品混合的均匀性、干燥过程中水分的在线测试，制粒过程的控制及水分含量及终点在线监控、压片过程中片剂的内含物及片重控制、包衣厚度的在线监测及包装的过程监测的各个环节。其中，近红外光谱在线分析技术，因其仪器较简单、分析速度快、非破坏性和样品制备量小，适合各类样品如液体、黏稠体、涂层、粉末和固体分析，多组分多通道同时测定等，已广泛应用于制药生产的各个环节。

PAT 过程分析技术是多学科交叉、渗透和融合的结果，各种新兴技术正逐渐在过程分析技术中得到推广应用。国外已成立了多个过程分析技术研究中心，专门从事与控制、过程分析相关的技术研究，并将研究成果迅速应用于工业生产中。

六、我国制剂装备存在的主要问题

虽然我国制剂设备有了很大的发展与提高，但与国际先进水平相比，设备的自控水平、品种规格、稳定性、可靠性、全面贯彻 GMP 方面还存在着不同程度的差距。

制药设备直接与药品、半成品和原辅料接触，是造成药品生产差错和污染的重要因素。制剂设备是否符合 GMP 要求，直接关系到生产企业实施 GMP 的质量。然而在相当长的时间里，它在企业 GMP 改造中常常处于不被重视的地位。

当前，制剂设备质量令人担忧。比如洗灌封联动机里安瓿破碎，导致玻璃屑满池的现象较突出。国内外有报道，安瓿、西林瓶、输液瓶经超声波洗涤后，表皮疏松易碎，受药液长期浸泡，容易脱落微粒。

总之，由于设备材质结构不当，所造成的药品生产差错和污染，已到了不容忽视的地步。如果与国外制药设备相比，差距更为明显。国外普遍使用的在位清洗（CIP）、在位灭菌（SIP）、电抛光等技术，我们则很少应用。

产生这些问题，有生产技术、材料供应、市场价格、社会配套等多方面的原因，但不可忽视的一个重要原因是，很多制剂设备厂并不了解 GMP。因此，必须尽快在制药设备行业推行 GMP，使他们从思想上理解 GMP 的内涵、真谛，从实践上提高制药设备的产品质量。

评价一台制药设备是否符合 GMP 要求，并不在于它的外表，而要看它是否同时具备以下条件：①满足生产工艺要求；②不污染药物和生产环境；③有利于清洗、消毒和灭菌；④适应验证需要。这些原则要求，体现在每一台设备上都有其具体的内容，已引起制剂设备的生产和使用单位的共同关注。

目前，我国 GMP 认证工作仅限于药品生产企业。至于与药品生产密切相关的其他产品，面对制药设备质量参差不齐、鱼龙混杂的现象，为跟上 GMP 发展需要，我们必须加强对制剂设备的产品标准化、规范化工作，促进制药设备行业的技术进步。

思考题

1. 简述药物制剂过程装备与工程设计课程的涵义及学习本课程的意义。
2. 制剂过程装备分为哪几类？
3. 制剂过程装备的型号与代码是如何编制的？试举例说明。
4. 简述国内外药物制剂装备的发展动态。

参考文献

[1] 程云章编著．药物制剂工程原理与设备［M］．南京：东南大学出版社，2009.

[2] 唐燕辉编著．药物制剂工程与技术［M］．北京：清华大学出版社，2009.

[3] 张洪斌主编．药物制剂工程技术与设备［M］．北京：化学工业出版社，2003.

[4] 孙怀远，廖跃华，杨丽英．工业工程技术推进我国制药装备产业发展与创新的展望［J］．机电信息，2011，26：6-9.

[5] 郭维图．中国制药装备的发展与展望［J］．机电信息，2010，14：8-12.

[6] 田耀华．过程分析技术及其在制药生产与装备的应用［J］．机电信息，2009，20：5-12.

第二章　GMP 与制剂工程

第一节　GMP 及其发展历程

“GMP”是英文 good manufacturing practice 的缩写，中文的意思是“良好作业规范”或是“优良制造标准”，是一种特别注重在生产过程中实施对产品质量与卫生安全的自主性管理制度。它是一套适用于药品、食品等行业的强制性标准，要求企业从原料、人员、设施设备、生产过程、包装运输、质量控制等方面按国家有关法规达到卫生质量要求，形成一套可操作的作业规范帮助企业改善企业卫生环境，及时发现生产过程中存在的问题，加以改善。

一、GMP 简介

简要地说，GMP 要求药品生产企业应具备良好的生产设备，合理的生产过程，完善的质量管理和严格的检测系统，确保最终产品的质量（包括食品安全卫生）符合法规要求。GMP 是药品生产和质量管理的基本准则，适用于药品制剂生产的全过程和原料药生产中影响成品质量的关键工序。大力推行药品 GMP，是为了最大限度地避免药品生产过程中的污染和交叉污染，降低各种差错的发生，是提高药品质量的重要措施。

世界卫生组织，在 20 世纪 60 年代开始组织制订药品 GMP，中国则从 80 年代开始推行。1988 年颁布了中国的药品 GMP，并于 1992 年做了第一次修订。十几年来，中国推行药品 GMP 取得了一定的成绩，一批制药企业（车间）相继通过了药品 GMP 认证和达标，促进了医药行业生产和质量水平的提高。但从总体看，推行药品 GMP 的力度还不够，药品 GMP 的部分内容急需进一步修改提高。

国家药品监督管理局自 1998 年 8 月 19 日成立以来，十分重视药品 GMP 的修订工作，先后召开多次座谈会，听取各方面的意见，特别是药品 GMP 的实施主体——药品生产企业的意见，组织有关专家开展修订工作。就此，1998 年修订版 GMP 于 1999 年 8 月 1 日起施行。

世界卫生组织于 1975 年 11 月正式公布 GMP 标准。国际上药品的概念包括兽药，只有中国和澳大利亚等少数几个国家是将人用药 GMP 和兽药 GMP 分开的。

人用药方面，1988 年在中国内地由卫生部发布，称为《药品生产质量管理规范》，后几经修订，最新版本为 2010 年修订。

中国兽药行业 GMP 是在 20 世纪 80 年代末开始实施。1989 年中国农业部颁发了《兽药生产质量管理规范（试行）》，1994 年又颁发了《兽药生产质量管理规范实施细则（试行）》。1995 年 10 月 1 日起，凡具备条件的药品生产企业（车间）和药品品种，可申请药品 GMP 认证。取得药品 GMP 认证证书的企业（车间），在申请生产新药时，卫生行政部门予以优先受理。迄至 1998 年 6 月 30 日，未取得药品 GMP 认证的企业（车间），卫生行政部门将不再受理新药生产申请。

2002 年 3 月 19 日，农业部修订发布了新的《兽药生产质量管理规范》（简称《兽药 GMP 规范》）。同年 6 月 14 日发布了第 202 号公告，规定自 2002 年 6 月 19 日至 2005 年 12 月 31 日为《兽药 GMP 规范》实施过渡期，自 2006 年 1 月 1 日起强制实施。

目前，中国药品监督管理部门大力加强药品生产监督管理，实施 GMP 认证取得阶段性成果。现在血液制品、粉针剂、大容量注射剂、小容量注射剂生产企业全部按 GMP 标准进行，国家希望通过 GMP 认证来提高药品生产管理总体水平，避免低水平重复建设。

二、GMP 的新进展

历经多年修订、两次公开征求意见的《药品生产质量管理规范》（2010 年修订）（以下简称新版药品 GMP），已于 2011 年 3 月 1 日起施行。

新版药品 GMP 共 14 章、313 条，相对于 1998 年修订的药品 GMP，篇幅大量增加。新版药品 GMP 吸收国际先进经验，结合我国国情，按照“软件硬件并重”的原则，贯彻质量风险管理和药品生产全过程管理的理念，更加注重科学性，强调指导性和可操作性，达到了与世界卫生组织药品 GMP 的一致性。

药品 GMP 的修订是药监部门贯彻落实科学发展观和医疗卫生体制改革要求，进一步关注民生、全力保障公众用药安全的又一重大举措，它的实施将进一步有利于从源头上把好药品质量安全关。

我国现有药品生产企业在整体上呈现多、小、散、低的格局，生产集中度较低，自主创新能力不足。实施新版药品 GMP，是顺应国家战略性新兴产业发展和转变经济发展方式的要求。有利于促进医药行业资源向优势企业集中，淘汰落后生产力；有利于调整医药经济结构，以促进产业升级；有利于培育具有国际竞争力的企业，加快医药产品进入国际市场。

新版药品 GMP 修订的主要特点：一是加强了药品生产质量管理体系建设，大幅提高对企业质量管理软件方面的要求。细化了对构建实用、有效质量管理体系的要求，强化药品生产关键环节的控制和管理，以促进企业质量管理水平的提高。二是全面强化了从业人员的素质要求。增加了对从事药品生产质量管理人员素质要求的条款和内容，进一步明确职责。如，新版药品 GMP 明确药品生产企业的关键人员包括企业负责人、生产管理负责人、质量管理负责人、质量受权人等必须具有的资质和应履行的职责。三是细化了操作规程、生产记录等文件管理规定，增加了指导性和可操作性。四是进一步完善了药品安全保障措施。引入了质量风险管理的概念，在原辅料采购、生产工艺变更、操作中的偏差处理、发现问题的调查和纠正、上市后药品质量的监控等方面，增加了供应商审计、变更控制、纠正和预防措施、产品质量回顾分析等新制度和措施，对各个环节可能出现的风险进行管理和控制，主动防范质量事故的发生。提高了无菌制剂生产环境标准，增加了生产环境在线监测要求，提高无菌药品的质量保证水平。

自 2011 年 3 月 1 日起，新建药品生产企业、药品生产企业新建（改、扩建）车间应符合新版药品 GMP 的要求。现有药品生产企业将给予不超过 5 年的过渡期，并依据产品风险程度，按类别分阶段达到新版药品 GMP 的要求。

第二节 GMP 与空气洁净技术

医药洁净厂房的改造或兴建，是实施 GMP 的重要内容和物质保证。而空气洁净技术是获得洁净厂房和保证洁净厂房的洁净级别的主要手段。净化空调和空气过滤器是洁净技术中必不可少的设备。

一、洁净区的分级

现行 GMP（2010 年版）规定无菌药品生产所需的洁净区可分为以下四个级别（表 2-1）。

A 级：高风险操作区，如灌装区、放置胶塞桶和与无菌制剂直接接触的敞口包装容器的区域及无菌装配或连接操作的区域，应当用单向流操作台（罩）维持该区的环境状态。单向流系统在其工作区域必须均匀送风，风速为0.36～0.54m/s（指导值）。应当有数据证明单向流的状态并经过验证。

在密闭的隔离操作器或手套箱内，可使用较低的风速。

B级：指无菌配制和灌装等高风险操作A级洁净区所处的背景区域。

C级和D级：指无菌药品生产过程中重要程度较低操作步骤的洁净区。

表2-1 GMP对于洁净等级中空气悬浮粒子的标准规定

洁净度级别	悬浮粒子最大允许数/m³			
	静态		动态③	
	≥0.5μm	≥5.0μm②	≥0.5μm	≥5.0μm
A级①	3520	20	3520	20
B级	3520	29	352000	2900
C级	352000	2900	3520000	29000
D级	3520000	29000	不作规定	不作规定

① 为确认A级洁净区的级别，每个采样点的采样量不得少于1m³。A级洁净区空气悬浮粒子的级别为ISO 4.8，以≥5.0μm的悬浮粒子为限度标准。B级洁净区（静态）的空气悬浮粒子的级别为ISO 5，同时包括表中两种粒径的悬浮粒子。对于C级洁净区（静态和动态）而言，空气悬浮粒子的级别分别为ISO 7和ISO 8。对于D级洁净区（静态），空气悬浮粒子的级别为ISO 8。测试方法可参照ISO 14644—1。

② 在确认级别时，应当使用采样管较短的便携式尘埃粒子计数器，避免≥5.0μm悬浮粒子在远程采样系统的长采样管中沉降。在单向流系统中，应当采用等动力学的取样头。

③ 动态测试可在常规操作、培养基模拟灌装过程中进行，证明达到动态的洁净度级别，但培养基模拟灌装试验要求在"最差状况"下进行动态测试。

二、设计保证

空调净化系统的设计应严格遵照《医药设计技术规定》第十册"医药工业洁净厂房设计规范"、《药品生产质量管理规范》、《洁净厂房设计规范》（GB 50457—2008）和《采暖通风与空气调节设计规范》（GB 50019—2003）执行。

相对低级洁净控制区域通常采用初效、中效、中效三级或初效、中效、亚高效（或高效）三级洁净空调（如图2-1），换气次数大于或等于每小时25次。A级的洁净区域一般采用垂直层流或水平层流等。

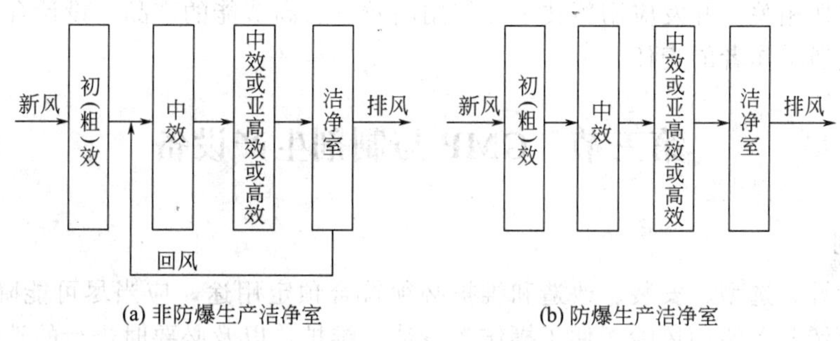

图2-1 洁净厂房空气净化情况

三、设计参数

洁净房间所要保证的设计参数主要有温度、湿度和洁净度。

送风量：普通洁净房间以洁净度（或换气次数）计算的送风量远大于以除余热、除余湿所计算的送风量。部分高温、高湿房间（如可灭菌溶剂的灭菌前后室）应以除余热、陈余湿所计算的送风量为准。即送风量的确定不应只以换气次数确定，还应考虑除余热、除余湿的风量。

湿度保证：对于普通净化系统，冷冻除湿即可达到湿度要求。对于低湿场合，需用转轮除湿机除湿，如冻干粉针的冻干区。

新风量的确定依据 GMP 规定，洁净室内应保持一定的新鲜空气量，其数值应取下列风量中的最大值：

① 非单向流洁净室总送风量的 10%～30%，单向流洁净室总送风量的 2%～4%。

② 补偿室内排风和保持室内正压值所需的新鲜空气量。

③ 保证室内每人每小时的新鲜空气量不小于 $40m^3$。一般情况下，以第二点确定新鲜空气量，通常这样选择新风量较大、能耗较多。从节约能源角度考虑，最好进行排风能量回收，采用显热或全热回收装置。热回收装置初始投资较大，目前制药企业采用的较少，但从长期运行角度考虑采用此装置较好。

为了防止低级别环境污染高级别环境，依据 GMP，洁净室必须维持一定的正压。不同空气洁净度的洁净区之间以及洁净与非洁净区之间的静压差不应小于 10Pa，洁净区与室外的静压差不应小于 10Pa。正压的控制通常采用三种方式：回风口安装阻尼；回风阀门调节；余压阀调节。正压的最初调节必须采用回风的阀门，阻尼及余压阀只能进行微调节。特殊药物的生产洁净区或药物生产的特殊工序，室内要保持正压与相邻房间或区域需维持相对的负压。这种情况洁净度的计算以及气流的控制较为主要，通常可以采用缓冲区域、前室或回风环墙方式。

GMP 要求洁净室排风系统应有防倒灌措施。通常排风系统设置自垂百叶风口、管道逆止阀来防止倒灌。由于阀门密封的不严密，系统停运时还会有室外空气进入室内。目前，较重要房间的排风系统增加防倒灌过滤箱，维持洁净房间的洁净度。也可以采用值班风机方式防止倒灌。值班风机的风量为依据正压控制风量加上管道损失风量。值班风机口可以采用并联风机或原有风机加变频装置实现。

制药业传统的灭菌方法有紫外线灭菌、气体熏蒸灭菌（如甲醛气体）、消毒剂灭菌、臭氧灭菌。近几年，臭氧灭菌由于杀菌性强、杀菌后无残留物、对环境无害而成为净化系统空气灭菌首选。

空气洁净技术是 GMP 认证的根本保证。随着国家对医药行业的重视，空气洁净技术与制药行业将密切相关。开发应用新技术，使用高效率、高节能的产品，设计合理的空调净化系统是我们暖通工作者的责任。

第三节　GMP 与制剂生产设备

一、原则

设备的设计、选型、安装、改造和维护必须符合预定用途，应当尽可能降低产生污染、交叉污染、混淆和差错的风险，便于操作、清洁、维护，以及必要时进行的消毒或灭菌。建立设备使用、清洁、维护和维修的操作规程，并保存相应的操作记录。建立并保存设备采购、安装、确认的文件和记录。

二、设计和安装

生产设备不得对药品质量产生任何不利影响。与药品直接接触的生产设备表面应当平整、光洁、易清洗或消毒、耐腐蚀，不得与药品发生化学反应、吸附药品或向药品中释放物质。制剂车间配备有适当量程和精度的衡器、量具、仪器和仪表。选择适当的清洗、清洁设备，并防止这类设备成为污染源。设备中所用的润滑剂、冷却剂等不得对药品或容器造成污染，应当尽可能使用食用级或级别相当的润滑剂。

生产用模具的采购、验收、保管、维护、发放及报废应当制定相应的操作规程，设专人专柜保管，并有相应的记录。

三、维护和维修

设备的维护和维修不得影响产品质量。应当制定设备的预防性维护计划和操作规程，设备的维护和维修应当有相应的记录。经改造或重大维修的设备应当进行再确认，符合要求后方可用于生产。

四、使用和清洁

主要生产和检验设备都应当有明确的操作规程。生产设备应当在确认的参数范围内使用。应当按照详细规定的操作规程清洁生产设备。

生产设备清洁的操作规程应当规定具体而完整的清洁方法、清洁用设备或工具、清洁剂的名称和配制方法、去除前一批次标识的方法、保护已清洁设备在使用前免受污染的方法、已清洁设备最长的保存时限、使用前检查设备清洁状况的方法，使操作者能以可重现的、有效的方式对各类设备进行清洁。

如需拆装设备，还应当规定设备拆装的顺序和方法；如需对设备消毒或灭菌，还应当规定消毒或灭菌的具体方法、消毒剂的名称和配制方法。必要时，还应当规定设备生产结束至清洁前所允许的最长间隔时限。

此外，已清洁的生产设备应当在清洁、干燥的条件下存放。用于药品生产或检验的设备和仪器，应当有使用日志，记录内容包括使用、清洁、维护和维修情况以及日期、时间、所生产及检验的药品名称、规格和批号等。

生产设备应当有明显的状态标识，标明设备编号和内容物（如名称、规格、批号）；没有内容物的应当标明清洁状态。

不合格的设备如有可能应当搬出生产和质量控制区，未搬出前，应当有醒目的状态标识。主要固定管道应当标明内容物名称和流向。

五、校准

仪器校准，是药品含量以及药剂成分符合质量标准的不可缺失的重要部分。通常有如下的准则。

① 应当按照操作规程和校准计划定期对生产和检验用衡器、量具、仪表、记录和控制设备以及仪器进行校准和检查，并保存相关记录。校准的量程范围应当涵盖实际生产和检验的使用范围。

② 应当确保生产和检验使用的关键衡器、量具、仪表、记录和控制设备以及仪器经过校准，所得出的数据准确、可靠。

③ 应当使用计量标准器具进行校准，且所用计量标准器具应当符合国家有关规定。校准记录应当标明所用计量标准器具的名称、编号、校准有效期和计量合格证明编号，确保记录的可追溯性。

衡器、量具、仪表、用于记录和控制的设备以及仪器应当有明显的标识，标明其校准有效期。不得使用未经校准、超过校准有效期、失准的衡器、量具、仪表以及用于记录和控制的设备、仪器。在生产、包装、仓储过程中使用自动或电子设备的，应当按照操作规程定期进行校准和检查，确保其操作功能正常。校准和检查应当有相应的记录。

六、制药用水

制药用水应当适合其用途，并符合《中华人民共和国药典》2010年版的质量标准及相关要求。制药用水至少应当采用饮用水。

水处理设备及其输送系统的设计、安装、运行和维护应当确保制药用水达到设定的质量标准。水处理设备的运行不得超出其设计能力。

纯化水、注射用水储罐和输送管道所用材料应当无毒、耐腐蚀；储罐的通气口应当安装不脱落纤维的疏水性除菌滤器；管道的设计和安装应当避免死角、盲管。纯化水、注射用水的制备、贮存和分配应当能够防止微生物的滋生。纯化水可采用循环，注射用水可采用70℃以上保温循环。

此外，对制药用水及原水的水质应进行定期监测，并有相应的记录。按照操作规程对纯化水、注射用水管道进行清洗消毒，并有相关记录。发现制药用水微生物污染达到警戒限度、纠偏限度时应当按照操作规程处理。

第四节 GMP与洁净厂房设计

洁净厂房的设计通常遵循以下原则。

① 厂房的选址、设计、布局、建造、改造和维护必须符合药品生产要求，应当能够最大限度地避免污染、交叉污染、混淆和差错，便于清洁、操作和维护。

② 应当根据厂房及生产防护措施综合考虑选址，厂房所处的环境应当能够最大限度地降低物料或产品遭受污染的风险。

③ 企业应当有整洁的生产环境；厂区的地面、路面及运输等不应当对药品的生产造成污染；生产、行政、生活和辅助区的总体布局应当合理，不得互相妨碍；厂区和厂房内的人流、物流走向应当合理。

④ 应当对厂房进行适当维护，并确保维修活动不影响药品的质量。应当按照详细的书面操作规程对厂房进行清洁或必要的消毒。

⑤ 厂房应当有适当的照明、温度、湿度和通风，确保生产和贮存的产品质量以及相关设备性能不会直接或间接地受到影响。

⑥ 厂房、设施的设计和安装应当能够有效防止昆虫或其他动物进入。应当采取必要的措施，避免所使用的灭鼠药、杀虫剂、烟熏剂等对设备、物料、产品造成污染。

⑦ 应当采取适当措施，防止未经批准人员的进入。生产、贮存和质量控制区不应当作为非本区工作人员的直接通道。

⑧ 应当保存厂房、公用设施、固定管道建造或改造后的竣工图纸。

一、生产区

为降低污染和交叉污染的风险，厂房、生产设施和设备应当根据所生产药品的特性、工艺流程及相应洁净度级别要求合理设计、布局和使用，并符合下列要求。

① 应当综合考虑药品的特性、工艺和预定用途等因素，确定厂房、生产设施和设备多产品共用的可行性，并有相应的评估报告。

② 生产特殊性质的药品，如高致敏性药品（如青霉素类）或生物制品（如卡介苗或其他用活性微生物制备而成的药品），必须采用专用和独立的厂房、生产设施和设备。青霉素类药品产尘量大的操作区域应当保持相对负压，排至室外的废气应当经过净化处理并符合要

求，排风口应当远离其他空气净化系统的进风口。

③ 生产β-内酰胺结构类药品、性激素类避孕药品必须使用专用设施（如独立的空气净化系统）和设备，并与其他药品生产区严格分开。

④ 生产某些激素类、细胞毒性类、高活性化学药品应当使用专用设施（如独立的空气净化系统）和设备；特殊情况下，如采取特别防护措施并经过必要的验证，上述药品制剂则可通过阶段性生产方式共用同一生产设施和设备。

⑤ 用于上述第②、③、④项的空气净化系统，其排风应当经过净化处理。

⑥ 药品生产厂房不得用于生产对药品质量有不利影响的非药用产品。

生产区和贮存区应当有足够的空间，确保有序地存放设备、物料、中间产品、待包装产品和成品，避免不同产品或物料的混淆、交叉污染，避免生产或质量控制操作发生遗漏或差错。

根据药品品种、生产操作要求及外部环境状况等配置空调净化系统，使生产区有效通风，并有温度、湿度控制和空气净化过滤，保证药品的生产环境符合要求。

洁净区与非洁净区之间、不同级别洁净区之间的压差应当不低于10Pa。必要时，相同洁净度级别的不同功能区域（操作间）之间也应当保持适当的压差梯度。

口服液体和固体制剂、腔道用药（含直肠用药）、表皮外用药品等非无菌制剂生产的暴露工序区域及其直接接触药品的包装材料最终处理的暴露工序区域，应当参照“无菌药品”附录中D级洁净区的要求设置，企业可根据产品的标准和特性对该区域采取适当的微生物监控措施。

洁净区的内表面（墙壁、地面、天棚）应当平整光滑、无裂缝、接口严密、无颗粒物脱落，避免积尘，便于有效清洁，必要时应当进行消毒。各种管道、照明设施、风口和其他公用设施的设计和安装应当避免出现不易清洁的部位，应当尽可能在生产区外部对其进行维护。排水设施应当大小适宜，并安装防止倒灌的装置。应当尽可能避免明沟排水；不可避免时，明沟宜浅，以方便清洁和消毒。

制剂的原辅料称量通常应当在专门设计的称量室内进行。产尘操作间（如干燥物料或产品的取样、称量、混合、包装等操作间）应当保持相对负压或采取专门的措施，防止粉尘扩散、避免交叉污染并便于清洁。

用于药品包装的厂房或区域应当合理设计和布局，以避免混淆或交叉污染。如同一区域内有数条包装线，应当有隔离措施。生产区应当有适度的照明，目视操作区域的照明应当满足操作要求。

生产区内可设置中间控制区域，但中间控制操作不得给药品带来质量风险。

二、仓储区

仓储区应当有足够的空间，确保有序地存放待验、合格、不合格、退货或召回的原辅料、包装材料、中间产品、待包装产品和成品等各类物料和产品。

仓储区的设计和建造应当确保良好的仓储条件，并有通风和照明设施。仓储区应当能够满足物料或产品的贮存条件（如温湿度、避光）和安全贮存的要求，并进行检查和监控。

高活性的物料或产品以及印刷包装材料应当贮存于安全的区域。接收、发放和发运区域应当能够保护物料、产品免受外界天气（如雨、雪）的影响。接收区的布局和设施应当能够确保到货物料在进入仓储区前可对外包装进行必要的清洁。

如采用单独的隔离区域贮存待验物料，待验区应当有醒目的标识，且只限于经批准的人员出入。

不合格、退货或召回的物料或产品应当隔离存放。

如果采用其他方法替代物理隔离，则该方法应当具有同等的安全性。

通常应当有单独的物料取样区。取样区的空气洁净度级别应当与生产要求一致。如在其他区域或采用其他方式取样，应当能够防止污染或交叉污染。

三、质量控制区

质量控制实验室通常应当与生产区分开。生物检定、微生物和放射性同位素的实验室还应当彼此分开。

实验室的设计应当确保其适用于预定的用途，并能够避免混淆和交叉污染，应当有足够的区域用于样品处置、留样和稳定性考察样品的存放以及记录的保存。必要时，应当设置专门的仪器室，使灵敏度高的仪器免受静电、震动、潮湿或其他外界因素的干扰。

处理生物样品或放射性样品等特殊物品的实验室应当符合国家的有关要求。实验动物房应当与其他区域严格分开，其设计、建造应当符合国家的有关规定，并设有独立的空气处理设施以及动物的专用通道。

四、辅助区

休息室的设置不应当对生产区、仓储区和质量控制区造成不良影响。更衣室和盥洗室应当方便人员进出，并与使用人数相适应。盥洗室不得与生产区和仓储区直接相通。

维修间应当尽可能远离生产区。存放在洁净区内的维修用备件和工具，应当放置在专门的房间或工具柜中。

五、GMP 与制剂产品质量管理

企业应当建立符合药品质量管理要求的质量目标，将药品注册的有关安全、有效和质量可控的所有要求，系统地贯彻到药品生产、控制及产品放行、贮存、发运的全过程中，确保所生产的药品符合预定用途和注册要求。

企业高层管理人员应当确保实现既定的质量目标，不同层次的人员以及供应商、经销商应当共同参与并承担各自的责任。企业应当配备足够的、符合要求的人员、厂房、设施和设备，为实现质量目标提供必要的条件。

1. 质量保证

质量保证是质量管理体系的一部分。企业必须建立质量保证系统，同时建立完整的文件体系，以保证系统有效运行。质量保证系统应当确保：

① 药品的设计与研发应体现 GMP 的要求；

② 生产管理和质量控制活动应符合 GMP 的要求；

③ 管理职责明确；

④ 采购和使用的原辅料和包装材料正确无误；

⑤ 中间产品得到有效控制；

⑥ 确认、验证的实施；

⑦ 严格按照规程进行生产、检查、检验和复核；

⑧ 每批产品经质量受权人批准后方可放行；

⑨ 在贮存、发运和随后的各种操作过程中有保证药品质量的适当措施；

⑩ 按照自检操作规程，定期检查评估质量保证系统的有效性和适用性。

药品生产质量管理的基本要求：

① 制定生产工艺，系统地回顾并证明其可持续稳定地生产出符合要求的产品；

② 生产工艺及其重大变更均经过验证；

③ 配备所需的资源，至少包括具有适当的资质并经培训合格的人员、足够的厂房和空

间、适用的设备和维修保障，正确的原辅料、包装材料和标签，经批准的工艺规程和操作规程、适当的贮运条件；

④ 应当使用准确、易懂的语言制定操作规程；

⑤ 操作人员经过培训，能够按照操作规程正确操作；生产全过程应当有记录，偏差均经过调查并记录；

⑥ 批记录和发运记录应当能够追溯批产品的完整历史，并妥善保存、便于查阅；降低药品发运过程中的质量风险；

⑦ 建立药品召回系统，确保能够召回任何一批已发运销售的产品；

⑧ 调查导致药品投诉和质量缺陷的原因，并采取措施，防止类似质量缺陷再次发生。

2. 质量控制

质量控制包括相应的组织机构、文件系统以及取样、检验等，确保物料或产品在放行前完成必要的检验，确认其质量符合要求。质量控制的基本要求如下：

① 应当配备适当的设施、设备、仪器和经过培训的人员，有效、可靠地完成所有质量控制的相关活动；

② 应当有批准的操作规程，用于原辅料、包装材料、中间产品、待包装产品和成品的取样、检查、检验以及产品的稳定性考察，必要时进行环境监测，以确保符合本规范的要求；

③ 由经授权的人员按照规定的方法对原辅料、包装材料、中间产品、待包装产品和成品取样；

④ 检验方法应当经过验证或确认；取样、检查、检验应当有记录，偏差应当经过调查并记录；

⑤ 物料、中间产品、待包装产品和成品必须按照质量标准进行检查和检验，并有记录；

⑥ 物料和最终包装的成品应当有足够的留样，以备必要的检查或检验；除最终包装容器过大的成品外，成品的留样包装应当与最终包装相同。

3. 质量风险管理

质量风险管理是在整个产品生命周期中采用前瞻或回顾的方式，对质量风险进行评估、控制、沟通、审核的系统过程。应当根据科学知识及经验对质量风险进行评估，以保证产品质量。质量风险管理过程所采用的方法、措施、形式及形成的文件应当与存在风险的级别相适应。

第五节　GMP的验证与认证

企业应当确定需要进行的确认或验证工作，以证明有关操作的关键要素能够得到有效控制。确认或验证的范围和程度应当经过风险评估来确定。

企业的厂房、设施、设备和检验仪器应当经过确认，应当采用经过验证的生产工艺、操作规程和检验方法进行生产、操作和检验，并保持持续的验证状态。

应当建立确认与验证的文件和记录，并能以文件和记录证明达到以下预定的目标。

① 采用新的生产处方或生产工艺前，应当验证其常规生产的适用性。生产工艺在使用规定的原辅料和设备条件下，应当能够始终生产出符合预定用途和注册要求的产品。

② 当影响产品质量的主要因素，如原辅料、与药品直接接触的包装材料、生产设备、生产环境（或厂房）、生产工艺、检验方法等发生变更时，应当进行确认或验证。必要时，还应当经药品监督管理部门批准。

③ 清洁方法应当经过验证，证实其清洁的效果，以有效防止污染和交叉污染。清洁验证应当综合考虑设备使用情况、所使用的清洁剂和消毒剂、取样方法和位置以及相应的取样回收率、残留物的性质和限度、残留物检验方法的灵敏度等因素。

④ 确认和验证不是一次性的行为。首次确认或验证后，应当根据产品质量回顾分析情况进行再确认或再验证。关键的生产工艺和操作规程应当定期进行再验证，确保其能够达到预期结果。

⑤ 企业应当制订验证总计划，以文件形式说明确认与验证工作的关键信息。

⑥ 验证总计划或其他相关文件中应当作出规定，确保厂房、设施、设备、检验仪器、生产工艺、操作规程和检验方法等能够保持持续稳定。

⑦ 应当根据确认或验证的对象制订确认或验证方案，并经审核、批准。确认或验证方案应当明确职责。

⑧ 确认或验证应当按照预先确定和批准的方案实施，并有记录。确认或验证工作完成后，应当写出报告，并经审核、批准。确认或验证的结果和结论（包括评价和建议）应当有记录并存档。

⑨ 应当根据验证的结果确认工艺规程和操作规程。

第六节　新版 GMP 的主要变化

一、对人员与组织标准要求的变化

2010 年版 GMP 除了细化、提高对人员学历、资历、经验与培训的要求外，还提出了“关键人员”的概念，明确企业负责人、质量受权人、质量管理负责人以及生产管理负责人为制药企业药品质量的主要管理者与负责者，并对这四类人员的学历、资历、经验、培训的标准要求做出非常明确的规定，同时对这四类人员的各自的职责、共同的职责做了非常明确的界定，强化了其法律地位，使这些人员独立履行职责有了法律保证。

二、对硬件标准要求的变化

1. 厂房设施方面

1998 年版 GMP 中对厂房设施的要求，经过修订作为对厂房与设施的基本原则要求，在此基础上分别对生产区、生产辅助区、仓储区和质量控制区这 4 个关系到药品质量的主要区域提出细化的标准要求。除此之外，最为关键的是洁净区的设计与划分原则的变化，洁净等级引入 A、B、C、D 级标准，要求洁净区温度、湿度与所进行的药品生产工艺（操作）相适应，不同洁净等级区域基础压差由 5Pa 提高为 10Pa。

2. 仪器设备方面

细化了设备的清洗和存放要求，细化与强化了仪器计量校验（包括校验期）、量程覆盖范围、仪器设备的使用范围的管理，提出了自动或电子设备应定期校准和检查的概念。值得注意的是，对制药用水的设计、安装与运行控制和监测措施做了具体要求，把注射用水贮存方式由过去的 65℃以上保温循环变成 70℃以上保温循环，提出了水系统的日常监测与水质量指标要进行趋势分析的概念。

3. 物料与产品方面

物料管理的范围明显扩展，管理内容细化，分门别类地对原辅料、中间产品和待包装产品、内外包材料、成品等标准化管理进行了规定，并且强化了这些物料的基础管理标准，如对物料编码管理、物料标识管理、物料的贮存条件设置、计算机化系统管理等做了明确规定。值得注意的是，对物料生产企业的质量管理体系的审计，物料在生产过程中的返工、重新加工、回收处理的控制等都做了明确的规定。

三、软件管理方面

新版 GMP 大幅度地提高了对文件管理的内容，具体来看可以分为 6 个方面。

1. 增加文件管理的范围

新版 GMP 把所有与产品质量有关的包括质量标准、生产处方和工艺规程、规程、记录、报告等都纳入了 GMP 文件管理范围。不仅在横向上大大扩展了文件的管理范畴，在纵向上对文件的管理范围也进行了扩展，其要求有关文件的内容应与药品生产许可、药品注册批准的相关要求保持一致。

2. 对文件系统的建立与运行要求进行了细化

规定企业应建立文件的起草、修订、审核、批准、替换或撤销、复制、保管和销毁等管理系统，并具有进行文件分发、撤销、复制、销毁等活动的管理机制。文件本身也要建立编码系统，所有与产品质量有关的文件的起草、修订、审核、批准均应由质量管理部门授权的人员进行，并经过质量管理部门的批准。

3. 强化对记录类文件的管理

明确提出根据各项标准或规程进行操作，所形成的各类记录、报告等都是文件，都必须进行系统化管理，并提出了批档案的概念，每批药品应有批档案，包括批生产记录、批包装记录、批检验记录和药品放行审核记录、批销售记录等与批产品有关的记录和文件。批档案应由质量管理部门负责存放、归档。这样就使得整个药品生产质量的记录管理形成完整的体系，便于产品质量的追溯与改进。

4. 明确质量部门对 GMP 文件管理的责任

与 GMP 有关的文件（包括记录）应经过质量管理部门的审核。批档案应由质量管理部门负责存放、归档。所有记录至少应保存至药品有效期后一年，确认和验证、稳定性考察的记录和报告等重要文件应长期保存。强化了质量管理部门在产品质量管理活动中的地位、权威与作用。

5. 细化各类文件编写的具体内容

把有关文件按性质分为质量标准、工艺规程、批生产记录、批包装记录、操作规程和记录五类，并对这五类文件的界定、编制、审核、批准、修订等进行了具体的规定，提高了这些文件的管理标准。

6. 增加了电子记录管理的内容

随着计算机程控化系统的广泛使用，新版 GMP 增加了电子记录管理的内容。规定如使用电子数据处理系统或其他可靠方式记录数据资料，应有所用系统的详细规程；记录的准确性应经过核对。如果使用电子数据处理系统，只有受权人员方可通过计算机输入或更改数据，更改和删除情况应有记录；应使用密码或其他方式来限制数据系统的登录；关键数据输入后，应由他人独立进行复核。用电子方法保存的批记录，应采用磁带、缩微胶卷、纸质副本或其他方法进行备份，以确保记录的安全，且数据资料在保存期内应便于查阅。使得 GMP 跟上时代发展的步伐。

四、生产和质量控制现场的管理方面

1. 生产现场的管理

将 1998 年版中卫生管理的内容融入形成更为宽泛的洁净生产管理，强化和细化了污染与交叉污染的预防要求和混淆与差错的预防要求，初步提出了生产过程控制的要求和针对生产过程的质量风险分析要求。考虑到国内药品生产水平的实际情况，对委托生产与委托检验提出了管理要求。

2. 质量管理现场要求

新版GMP修订的亮点之一是把从法律法规角度审视、对待和实施GMP转变为从质量管理发展的必然的视野来审视、对待和实施GMP，这是GMP制订与实施的“质”的飞跃。新版GMP引入质量保证与质量控制的概念，明确了药品质量管理、质量保证与质量控制的基本要求，引入了质量风险管理的理念。引入质量保证的新理念，如变更控制、偏差管理、纠正与预防措施（CAPA）、产品质量回顾分析等，细化与强化药品质量控制实验室的管理要求，规范实验室的管理流程，强化对实验室关键检测环节的控制，明确物料与产品放行的条件，对持续稳定性考察提出明确要求。

五、验证管理方面

引入设计确认、验证状态维护、验证主计划等新概念，强化和细化对验证生命周期的控制要求，完整地提出设备从设计确认、安装确认、运行确认到性能确认的技术要求，完整地提出工艺验证、清洁验证等的技术要求，这对于提高验证水平，夯实GMP管理体系的基础有着极其重要的意义。

思 考 题

1. 简述实施GMP的意义？
2. 简述GMP的发展历程？
3. 2010年版GMP与1998年版比较有哪些主要变化？

参 考 文 献

［1］ 国家食品药品监督管理局．2010年版药品生产质量管理规范．2011．
［2］ 梁毅．新版GMP的主要变化与对制药企业的影响［J］．机电信息，2011，11：12-15．

第三章　制剂生产常用机构与装置

第一节　概　　述

一、制剂生产装置的基本特征

在制剂生产中，广泛使用着各种机械，如粉碎机、压片机、灌封机、包装机等。其种类繁多，有复杂的也有简单的。它们的结构、作用以及性能等各不相同，但它们都有如下共同的特征：

① 都是由若干构件组合而成；

② 各构件之间具有确定的相对运动；

③ 在生产过程中，代替或减轻人类的劳动完成有用的功或机械能的转换。

其中，只具备前两个特征的称为机构，同时具备三个特征的称为机器。但从结构和运动的观点来看，两者之间并无区别。因此，为了简化叙述，常用机械作为机器和机构的总称。此外，这里所说的构件可以是单一的整体，也可以是由几个零件组成的没有相对运动的刚性实体。零件是生产完成后不能再分拆的独立单元。构件和零件的区别就在于前者是运动单元，后者是生产制造单元。

二、机器的组成

机器组成的一般规律是：由原动机（动力部分）将各种形式的动力能变为机械能输入，经过传动机构转换为适宜的力或速度后传递给执行机构，通过执行机构与物料直接作用，完成作业或服务任务，而组成机器的各部分借助支撑装置连接成一个整体。

1. 动力与传动部分

动力部分为机器提供动力源，应用最多的是交流电动机，其转速约为3000r/min、1500r/min、1000r/min、750r/min等几种。而各种机器工作需要的转速是多种多样的，其运动形式也有旋转式、往复式等多种。

传动部分是将动力部分的功率和运动传递到执行部分的中间环节。例如把旋转运动变为直线运动，把连续运动变为间歇运动，把高转速变为低转速，把小转矩变为大转矩等。

按工作原理可将传动分为机械传动、液力传动、电力传动和磁力传动等。其中机械传动最为常见。按照传动原理，机械传动可分为摩擦传动、啮合传动和推动三大类。摩擦传动是依靠构件接触面的摩擦力来传递动力和运动的，如带传动、摩擦轮传动。啮合传动是依靠构件间的相互啮合来传递动力和运动的，如齿轮传动、蜗杆传动、链传动等。推动系统主要是螺旋推动机构、连杆机构、凸轮机构及组合机构（齿轮-连杆、齿轮-凸轮、液压连杆机构等）。

常见的传动机构有齿轮传动、带传动、链传动、曲柄连杆机构等。传动机构包括除执行机构之外的绝大部分可运动零部件。机器不同，传动机构可以相同或类似，传动机构是各种不同机器具有共性的部分。

2. 执行部分

执行部分是直接完成生产所需的工艺动作的部分。它的结构形式完全取决于机械本身的用途（例如压片机中的转盘及冲模）。一部机器可能有一个执行部分或多个执行部分。机械的应用目的主要是通过执行机构来实现，机器种类不同，其执行部分的结构和工作原理就不同。执行机构是一台机器区别于另一台机器的最有特性的部分。执行机构及其周围区域是操作者进行作业的主要区域，称为操作区。

3. 控制系统

控制系统是用来操纵机械的启动、制动、换向、调速等运动，控制机械的压力、温度、速度等工作状态的机构系统。它包括各种操纵器和显示器。操作者通过操纵器来控制机器；显示器可以把机器的运行情况适时反馈给操作者，以便及时、准确地控制和调整机器的状态，以保证作业任务的顺利进行并防止事故发生。

控制系统可分为控制部分、传感部分和辅助部分。其中，控制部分用来保证机器的启动、停止和正常协调动作；传感部分则是将机器的工作参数，如位移、速度、加速度、温度、压力等反馈给控制部分；而辅助部分包括机器的润滑、显示、照明等，也是保证机器正常工作不可缺少的部分。

4. 支撑装置

支撑装置是用来连接、支撑机器的各个组成部分，承受工作外载荷和整个机器重量的装置。它是机器的基础部分，分固定式和移动式两类。固定式与地基相连；移动式可带动整个机械相对地面运动（如可移动机械的金属结构、机架等）。支撑装置的变形、振动和稳定性不仅影响加工质量，还直接关系到作业的安全。

第二节　制剂设备常用机构

一、概述

在制剂设备中，各种机器都是由种类有限的机构，如连杆机构、凸轮机构、间歇运动机构以及其他一些常用机构所组成。

机构是由若干个构件组合成的，相临的两个构件应以适当的方式相互联接，才能保持确定的相对运动。两个构件直接接触而又能保持一定形式相对运动的连接称为运动副。根据运动副连接的两构件空间位置的不同，运动副可分为平面运动副和空间运动副。

若运动副只允许两构件在同一平面或相互平行平面内做相对运动，则称为平面运动副。

若组成运动副的两构件只能做空间相对运动，则称该运动副为空间运动副。

二、平面四杆机构

平面四杆机构是由四个构件用低副（转动副和移动副）组成的机构，是组成其他多杆机构的基础。本节只讨论连杆机构中最简单、最基本的也是制药机械中应用最广泛的平面四杆机构。

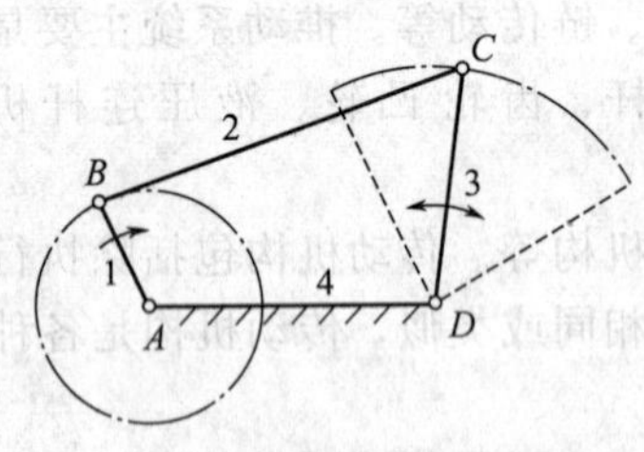

图 3-1　铰接四杆机构
1～4 及 A～D 的含义见正文叙述

平面四杆机构的基本形式是铰链四杆机构，即所有运动副均为转动副，如图 3-1 所示。在此机构中，构件 4 为机架，直接与机架相连的构件 1、3 称为连架杆，不直接与机架相连的构件 2 称为连杆。能做整周回转的连架杆称为曲柄，如构件 1；仅能在某一角度范围内往复摆动的连架杆称为摇杆，如构件 3。如果以转动副相连的两构件能做整周相对转动，则称此转动副为整转副，如转动副 A、B；不能做整周相对转动的称为摆转副，如转动副 C、D。

在铰链四杆机构中，按连架杆能否做整周转动，可将四杆机构分为三种基本形式：曲柄摇杆机构、双曲柄机构、曲柄滑块机构。

三、凸轮机构

凸轮机构是由具有曲线轮廓或凹槽的构件，通过高副接触带动从动件实现预期运动规律的一种高副机构。凸轮机构广泛地应用于各种制药机械，特别是自动机械、自动控制装置和装配生产线中。

图 3-2 所示为内燃机的配气机构。图中具有曲线轮廓的构件 1 叫做凸轮，当它做等速转动时，其曲线轮廓通过与气阀 2 的平底接触，使气阀有规律地开启和闭合。

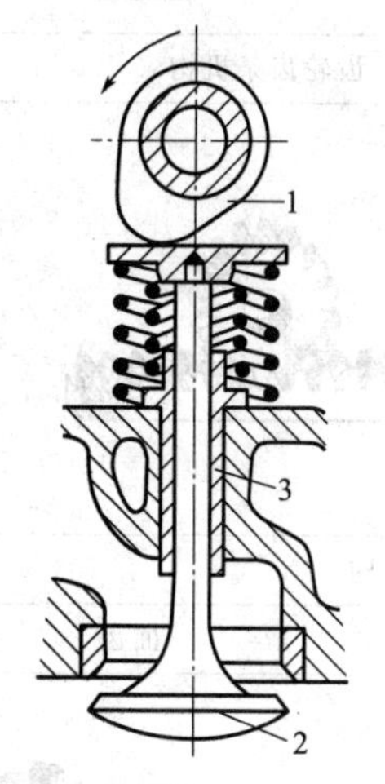

图 3-2　配气机构

1—凸轮；2—气阀；3—套筒

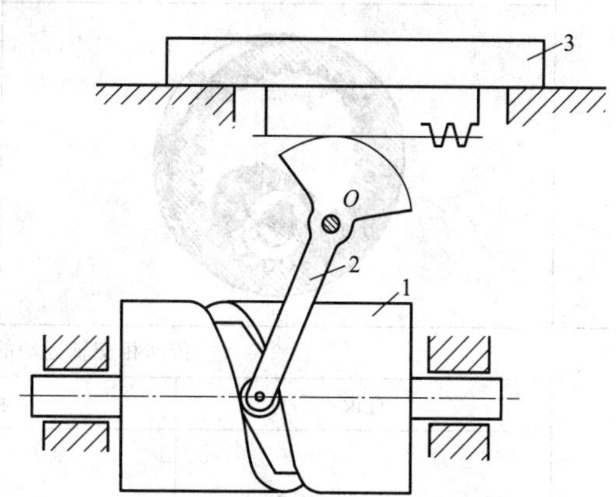

图 3-3　进刀机构

1—凸轮；2—从动件；3—刀架

图 3-3 所示为自动机床的进刀机构。图中具有曲线凹槽的构件 1 叫做凸轮，当它做等速回转时，其上曲线凹槽的侧面推动从动件 2 绕 O 点做往复摆动，通过扇形齿轮和固结在刀架 3 上的齿条，控制刀架做进刀和退刀运动。刀架的运动规律则取决于凸轮 1 上曲线凹槽的形状。

由以上两个例子可以看出：凸轮是一个具有曲线轮廓或凹槽的构件，一般用作主动件，做等速转动或往复直线移动。与凸轮轮廓接触并传递动力和实现预定运动规律的构件即为从动杆，它一般做往复直线运动或摆动。当凸轮运动时，通过其上的曲线轮廓与从动件的高副接触，使从动件获得预期的运动。因此，凸轮机构是由凸轮、从动件和机架这三个基本构件所组成的一种高副机构。

四、齿轮机构

齿轮传动用于传递任意两轴间的动力和运动，是应用最广泛的传动机构之一。齿轮传动的主要优点是：适用的圆周速率和功率范围广；效率较高，一般 $\eta=0.94\sim0.99$；传动比较准确；寿命较长；工作可靠性较高；可实现平行轴、任意角相交轴和任意角交错轴之间的传动。它的主要缺点是：要求较高的制造和安装精度，成本较高；不适宜两轴之间的远距离传动。

齿轮传动的类型很多，最常见的是：两轴线相互平行的圆柱齿轮传动，两轴线相交的圆锥齿轮传动，两轴线交错在空间既不平行也不相交的螺旋齿轮传动。如表 3-1 所示。

表 3-1 齿轮机构的类型

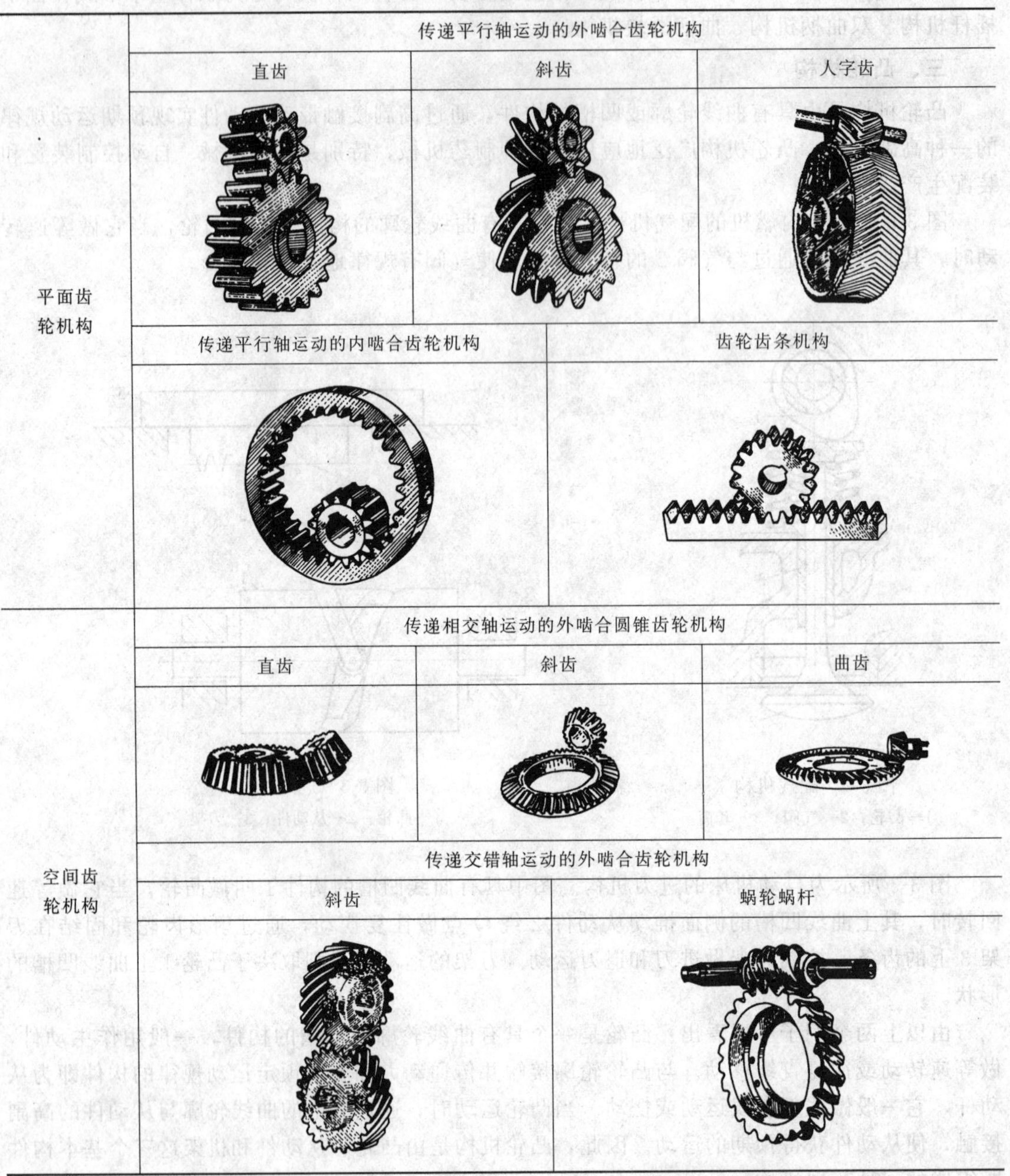

平面齿轮机构	传递平行轴运动的外啮合齿轮机构		
	直齿	斜齿	人字齿
	传递平行轴运动的内啮合齿轮机构	齿轮齿条机构	
空间齿轮机构	传递相交轴运动的外啮合圆锥齿轮机构		
	直齿	斜齿	曲齿
	传递交错轴运动的外啮合齿轮机构		
	斜齿	蜗轮蜗杆	

五、挠性件传动

挠性件传动是利用中间挠性构件将主动轴的动力和运动传递给从动轴，通常适用于两轴中心距较大的传动。使用最广泛的中间挠性构件有带和链。

1. 带传动

带传动是由主动轮 1、从动轮 2 和张紧在两轮上的环形传动带 3 所组成，如图 3-4 所示。

带传动有以下特点：

① 由于带具有弹性与挠性，故可缓和冲击与振动，运转平稳，噪声小。

② 可用于两轴中心距较大的传动。

③ 由于它是靠摩擦力来传递运动的，当机器过载时，带在带轮上打滑，故能防止机器其他零件的破坏。

④ 结构简单，便于维修。

⑤ 带传动在正常工作时有滑动现象，它不能保证准确的传动比。另外，由于带摩擦起电，不宜用在有爆炸危险的地方。

⑥ 带传动的效率较低（与齿轮传动比较），约为87%～98%。

2. 链传动

链传动由主动链轮、从动链轮和与它们相啮合的链条所组成，如图3-5所示。链传动是以链条作为中间挠性件，靠链与链轮轮齿的啮合来传递运动和动力的。它适用于中心距较大、要求平均传动比准确或工作条件恶劣（如温度高、有油污、粉尘、淋水等）的场合。

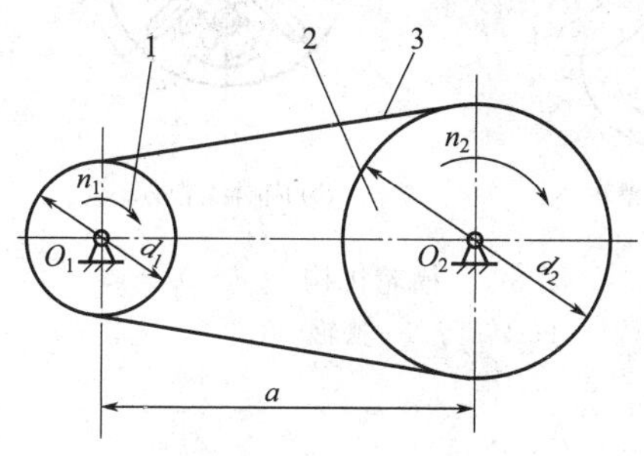

图3-4　带传动组成

1—主动轮；2—从动轮；3—传动带

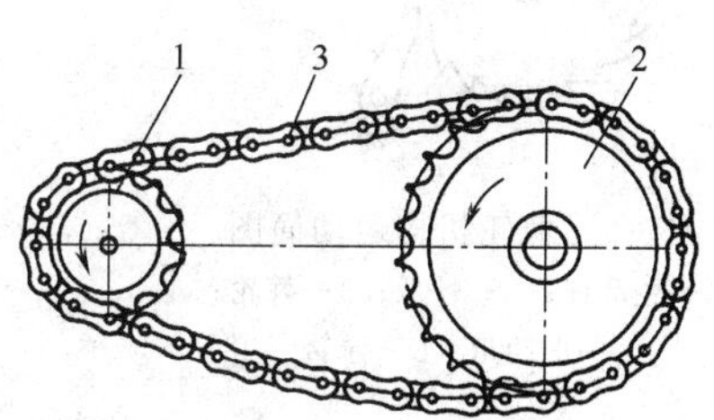

图3-5　链传动

1—主动链轮；2—从动链轮；3—链条

链传动的特点如下：

① 啮合传动与带传动相比，摩擦损耗小，效率高，结构紧凑，承载能力大，且能保持准确的平均传动比。

② 因有链条作中间挠性构件，与齿轮传动相比，具有能吸振缓冲并能适用于较大中心距传动。

③ 传递运动的速度不宜过高，只能在中、低速下工作，瞬时传动比不均匀，有冲击噪声。

通常，链传动的传动比$i \leqslant 8$；中心距$a \leqslant 5 \sim 6\text{m}$；传递功率$P \leqslant 100\text{kW}$；圆周速率$v \leqslant 15\text{m/s}$；传动效率约为，闭式$\eta = 0.95 \sim 0.98$，开式$\eta = 0.9 \sim 0.93$。

六、间歇运动机构

间歇运动在形式上可分为间歇转位运动（分度运动）和直线间歇进给运动两类；根据运动过程中停歇时间的规律，间歇运动又可分为周期性和非周期性两类。常用的间歇运动机构有：棘轮机构、槽轮机构、不完全齿轮机构、星轮机构、曲柄导杆机构等。

1. 棘轮机构

棘轮机构是由棘轮、棘爪、机架等组成，工作原理如图3-6所示，主动杆1空套在与棘轮3固定在一起的从动轴上，驱动棘爪2与主动杆的转动副相连，并通过弹簧5的张力使驱动棘爪2压向棘轮3。当主动杆1逆时针方向摆动时，驱动棘爪2插入棘轮齿槽，推动棘轮转过一个角度。当杆1顺时针方向摆动时，棘爪被拉出棘轮齿槽，棘轮处于静止状态，从而实现棘轮3做单向的间歇转动。杆1的往复摆动可以利用连杆机构、凸轮机构、气动、液压机构或电磁铁等来驱动。

棘轮机构主要用于将周期性的往复运动转换为棘轮的单向间歇转动，也常用于防逆转装置。

2. 槽轮机构

槽轮机构有外啮合［见图 3-7(a)］和内啮合［见图 3-7(b)］两种。槽轮机构是由带圆盘销的拨盘（或曲柄）和具有径向槽的槽轮 2 及机架所组成。当主动拨盘做等速连续转动时，从动槽轮做反向（外啮合时）或同向（内啮合时）的单向周期性间歇转动。

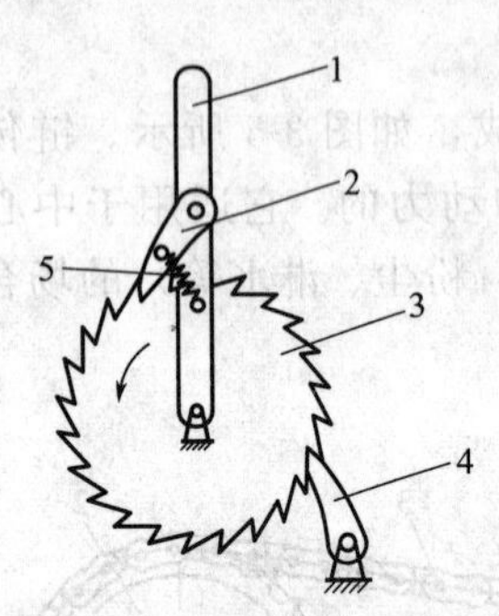

图 3-6 棘轮机构运动简图

1—主动杆；2—棘爪；3—棘轮；4—止动爪；5—弹簧

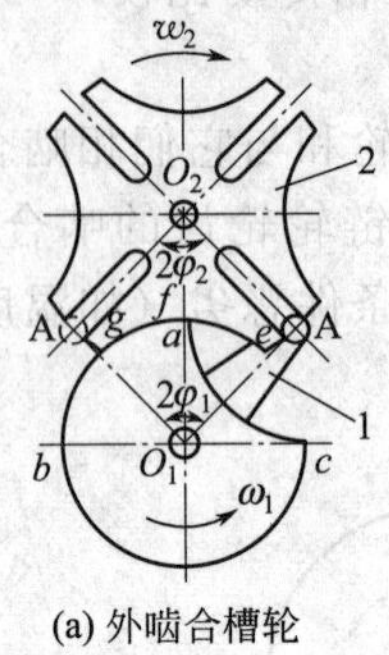

(a) 外啮合槽轮

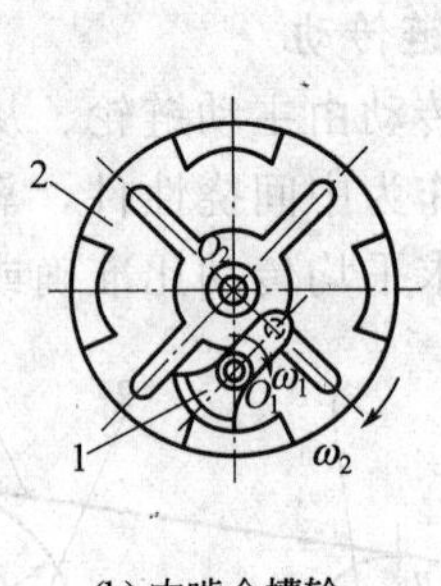

(b) 内啮合槽轮

图 3-7 槽轮机构

1—转臂；2—槽轮

现以外啮合槽轮为例，说明其工作原理。当主动拨盘上的圆销未进入槽轮的径向槽时，槽轮的内凹锁住弧又被拨盘的外凸锁住弧卡住，所以槽轮静止不动。当圆销 A 开始进入槽轮的径向槽时，内、外锁住弧在图示的相对位置，此时已不起锁住作用，圆销 A 驱使槽轮沿相反方向转动。当圆销 A 开始脱出槽轮的径向槽时，槽轮的另一内凹锁住弧又被主动拨盘的外凸锁住弧卡住，使槽轮又静止不动，直到圆销 A 再次进入槽轮的另一径向槽时，又重复以上循环。就这样完成了将主动拨盘的连续转动变换为槽轮的周期性单向间歇转动。

槽轮机构具有结构简单、工作可靠、转位迅速及工作效率高等优点，其缺点是制造装配精度要求较高，且转角大小不能调节。

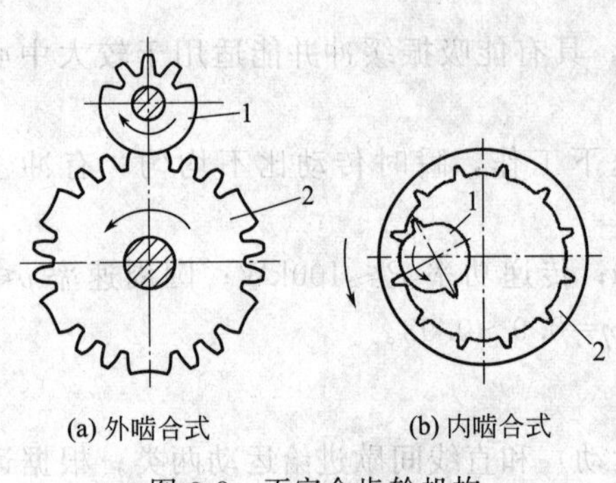

(a) 外啮合式 (b) 内啮合式

图 3-8 不完全齿轮机构

1—主动轮；2—从动轮

3. 不完全齿轮机构

不完全齿轮机构也称欠齿轮机构。它是由切去部分齿的主动齿轮与全齿或非全齿的从动齿轮啮合而构成。其步进运动原理是利用主动齿轮的欠齿部分与从动齿轮脱开啮合，使从动齿轮及其所带动的从动部件停止不动并锁紧定位。不完全齿轮机构可分为外啮合式不完全齿轮机构和内啮合式不完全齿轮机构两类基本形式，如图 3-8 所示。

第三节 物料输送技术

在制剂生产过程中，需要将物料送至能达到目的地的各个设备中，即实现物料的传送。例如，在固体制剂生产中，至少需要实现如图 3-9 所示的几个物料的输送过程：①前处理工序；②制造工序（即造粒）；③总混合工序；④成型工序；⑤包装工序。

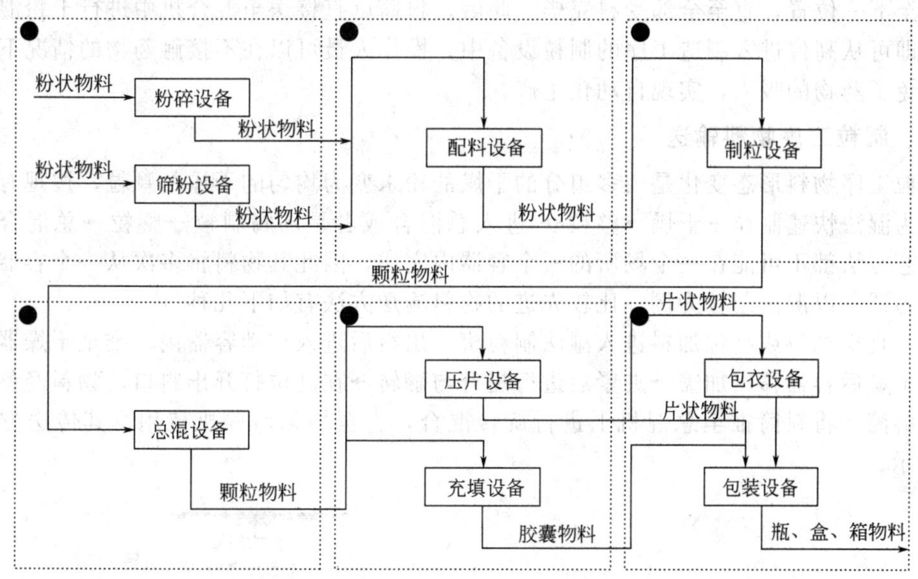

图 3-9　固体制剂物料传输过程

显然，物料的传输是整个生产过程中的一个重要环节。如何实现合理而先进的物料输送是衡量一个固体制剂企业硬件条件优劣的评判标准之一，也是判断这个企业在实施 GMP 生产过程中是否达到真实效果的标准之一，同时也可以看出这个企业是否真正实现了现代制药先进生产的目标和达到环境保护要求等。以下主要介绍几种固体制剂生产中的物料输送技术。

一、固体物料配方自动投料系统

制药生产中按处方配比进行原、辅料投入，并均匀混合后进行制造工艺。一般情况下，是由人工按处方配比称量原、辅料后，逐一加入到某一容器中。

当某一产品需要多批次连续化生产且原辅材料用量较大时，可以采用如图 3-10 所示的自动称量投料系统来实现全自动化投料。物料（原、辅料）首先由主料筒通过加料器加入，当加至接近的重量时即停止，然后由自动称量器给予补充直至加到设定的量。通常该系统被设置成上下两层，每一物料预先设置好一个料孔，物料通过料孔下落，下层的容器筒实现可控制的自动移动定位系统，逐一地对准下料孔接受物料，每一次物料下完后，由控制系统发出信

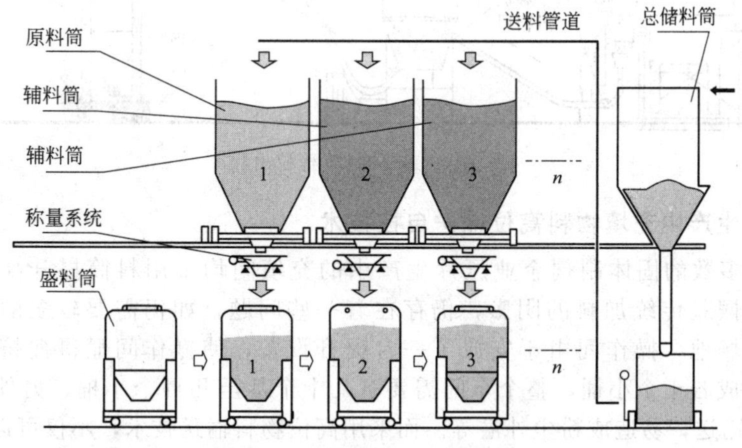

图 3-10　药物配方自动投料系统

号，移至下一位置，直至全部受料完毕。此后，料筒可直接送至混合机中进行干粉混合，均匀后，即可从高位进入制造工序的制粒设备中。操作人员可以在不接触药物的情况下完成任务，避免了药物的吸入，实现自动化生产。

二、制粒工序物料输送

制粒工序物料形态变化是由多组分的干燥的粉末变为均匀的干燥的颗粒，按现有的制造工艺应为湿法快速制粒→干燥→整粒→ 进入总混合或者是沸腾制粒→整粒→总混合。上述两种工艺方法都不可能在一个场所的一个容器内完成，因此其物料将多次从一个容器内转入另一个容器。以湿法制粒为例，比较先进的物料输送方法有如下几种。

(1) 真空抽料或高位加料进入湿法制粒机　出料后进入移动容器内，推至干燥器中进行干燥→干燥后容器移出加盖→夹紧后进行提升与翻转→在高位打开出料口，物料经整粒后进入总混料筒→将料筒推至总混机上进行旋转混合，直至均匀后停机待用。其传送方法如图3-11所示。

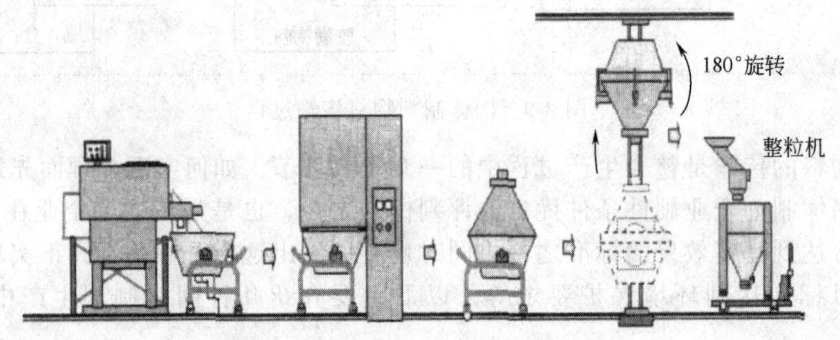

图 3-11　制粒工序物料传送示意图

(2) 湿法制粒机与干燥机、干燥机与整粒机用管道相连　图 3-12 中湿法制粒机所制得湿粒经整粒出料，因干燥机的负压作用，将其吸入并进行干燥。干燥后的颗粒，由真空罐从下方吸入至上方，下落后经整粒机整粒，并进入到总混料筒中。

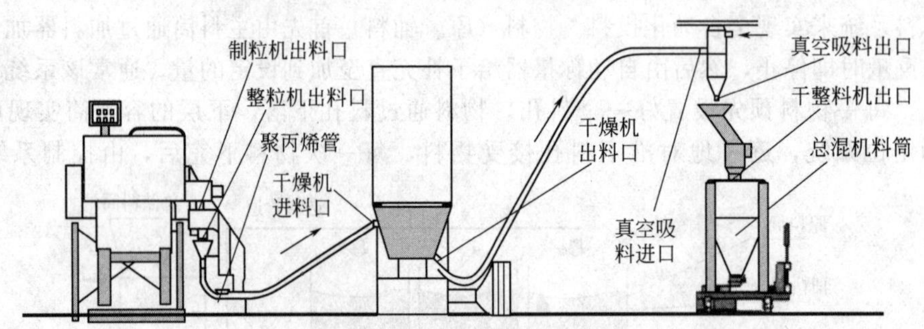

图 3-12　湿法制粒整粒出料

三、压片生产中充填物料高位输送自控技术

国内绝大多数的固体制剂企业压片生产中的充填间均采用料筒提升高位加料，这种方式尚未彻底摆脱传统加料的阴影，仍存在着一些问题，如仍需要较多的加料桶，并占有一定的存放场地，操作间由于安放了一台提升设备，使操作间显得拥挤，总混后需将物料放出并分成若干个小桶，整个车间需要有几十个甚至几百个小桶。另外，药物不是在密闭的环境下输送，易造成粉尘外溢等。而采用高位物料输送技术，不仅可以使物料处于密闭的状态，省却了大量的劳动力，而且由于采用这一技术，使整个工艺及生产环节发生了根

本的改变。

1. 高位物料输送技术的原理与特点

高位物料输送可用图 3-13 表示。物料筒是一个大的总混料筒，物料约 500～2000kg，该料筒从上层进入电梯（通过缓冲间）往下进入中间夹层，出电梯后（通过缓冲间）可以进入规定的位置，此位置处有下料机构，对应于下层的相应设备（即压片机，充填机或颗粒包装机的加料斗），物料筒到位的过程可以是人工液压机推行。同样，也可以设计成自动料车，按导轨或色带引入自动对位并自动接口，实现全自动化工艺。

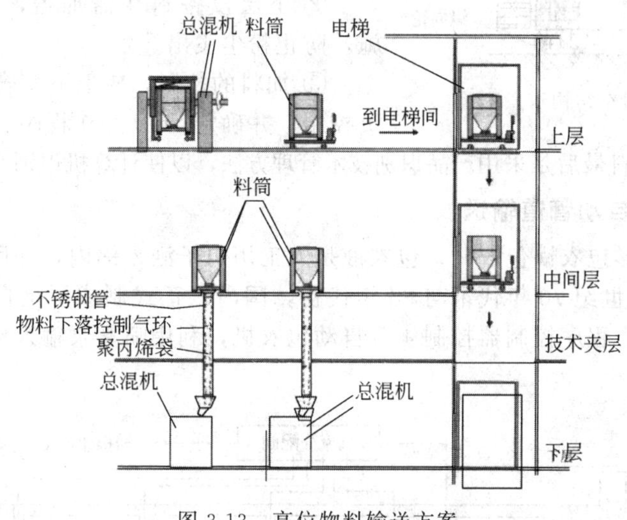

图 3-13　高位物料输送方案

高位自动输送的方式适用于产品量大、规模化生产的企业，可进一步实现全自动、全封闭的物料输送，符合 GMP 生产和达到现代化制药生产的要求。

2. 高位物料输送中的自控问题

高位物料输送技术的关键之一是料筒自动对位和自动对接，料筒自动对位和自动对接如图 3-14 所示。

图 3-14 中当料筒进门后放入料车中，经计算机编程，设定到几号位后，即可按动启动键。此时，料车带着料筒按导轨或导航线平移到位，料车有横向的滚轨和纵向滚轮，交替下落和上缩，进行横向和纵向移动。当料车到位后，料车上的托运机构使托盘下移，直至料筒

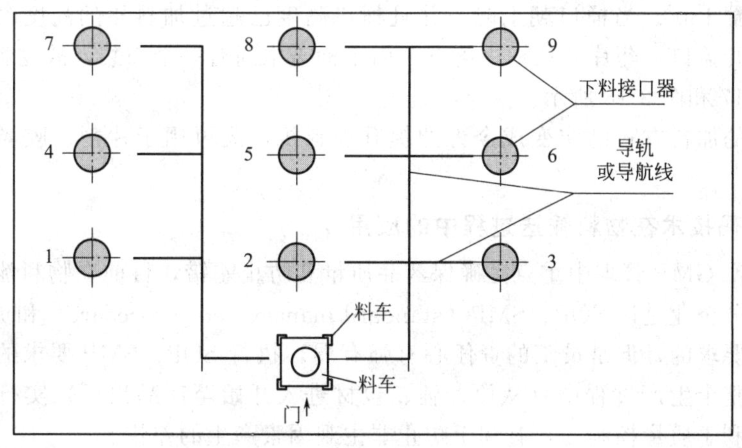

图 3-14　料筒自动对位示意图

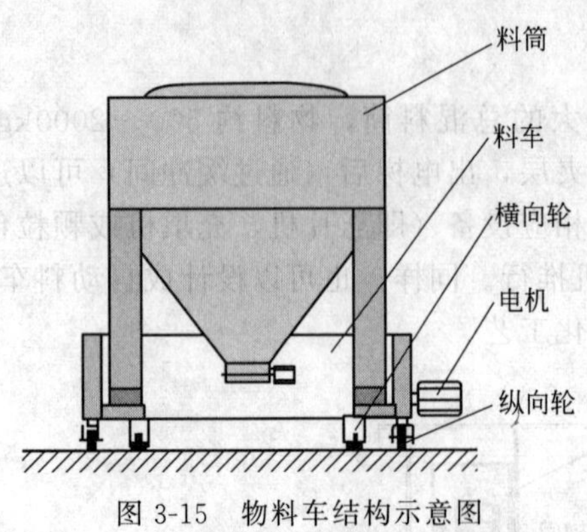

图 3-15 物料车结构示意图

出口压住接口上的硅胶圈，阀口自动打开，物料下滑至下层设备料斗中，如图 3-15 所示。

3. 高位物料输送的几个技术性问题

① 由于上下层的高层差，物料沿管道下滑时，管道内一定要有阻尼机构，以使物料下滑速度缓慢。但需说明一点，由于管道直径较大，不会产生物料分层的现象。

② 下层设备料斗需加盖，进料口应有密封措施，防止粉尘飞出。

③ 加料的控制，应上下配合，应由下层操作人员控制，并确定 SOP 操作程序。

④ 物料自动加料最后是采用产品识别技术管理方法，以使计算机识别产品物料，防止差错。

四、包衣液全自动管道输送

在早期的荸荠形包衣锅包衣时，包衣液是人工用勺子洒入锅内，并用手戴上橡胶手套进行人工搅拌。到 20 世纪 70 年代末与 80 年代初，国内已正式制成了全自动喷雾，管道输送包衣材料，该系统为程序控制器控制 4 台自动包衣机，利用喷雾泵输入包衣辅料，其原理如图 3-16 所示。

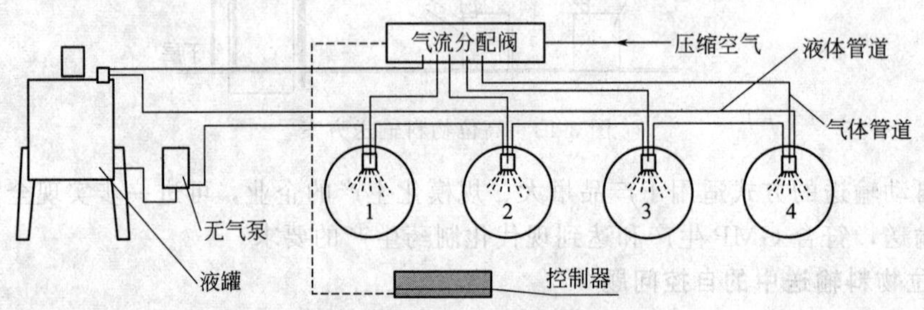

图 3-16 包衣液全自动管道输送示意图

五、药片桶提升、翻转加料

在瓶包和铝塑包装的生产线上，由于数片速度较快，人工加料往往顾及不上，增加了操作工人的劳动强度，于是出现一种大量的加料方式，即在盛满片剂（素片或包衣片）的桶上加盖，提升后翻 180°。当桶口朝上时，并且桶口高度已超过加料斗的高度时，旋转移至料口上方时再打开盖口，药片即从桶中落下。由于桶盖中间有一个布袋，故物料不会满出。加料形式如图 3-17 和图 3-18 所示。

这种形式的加料方式已演变成今天的提升加料机，既可用于片剂、胶囊，也可用于颗粒、粉末等。

六、条形码技术在物料输送过程中的应用

在药品生产 GMP 管理中重点是确保药品质量和防止差错，目前在物料流动或转运的过程中，绝大部分企业是以 SOP、SMP（standard management procedare）和员工的责任心来保证上述两点要求的，但是员工的责任心有强有弱，执行 SOP、SMP 要求的自觉性也有高有低，若能在整个生产过程中（从原、辅、包材进入开始至产品出厂）实行产品条形码管理，是非常有利于质量控制的，有利于防止非主观因素产生的差错。

由于条形码形式的千变万化，可以让企业诸多产品的材料、物料设置成一一对应的关

系。在任何一个生产工序开始前，可设置条形码准入管理，利用信息技术来自动识别物料及产品，符合设定的可以进入下道操作工序，否则系统拒绝或禁止程序动作，并发出错误因素的提示。同时，由于信息有记忆和输送作用，每一操作程序则会受到有关部门的监督和询查。

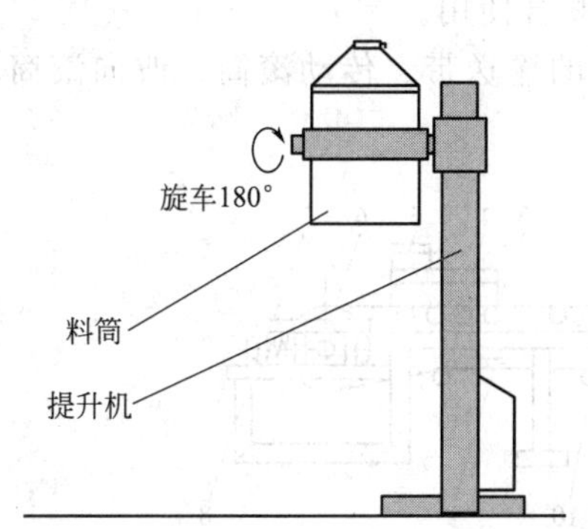

图 3-17　药片筒提升及翻转加料示意图

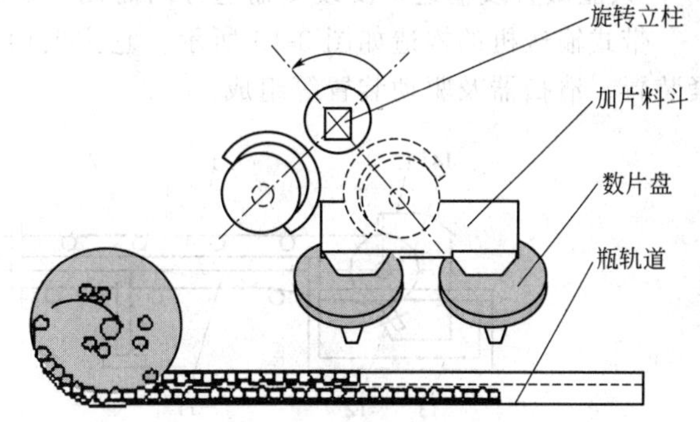

图 3-18　加料传动示意图

条形码技术不但可以实现跟踪产品的从头至尾整个生产过程，而且可以实现诸多自动化控制技术，例如，设备启动的条码认可程序，生产过程质量控制技术，产品返工及销售跟踪管理以及仓库存、取物品实现自动化技术等。

条形码控制技术可运用于药机设备的诸多方面，这需要药机行业的工程技术人员、信息技术专业人员和制药企业的技术人员共同努力而去实现。

第四节　固体物料输送装置

药厂生产过程中将原料、半成品和成品从一个工序运送至另一工序需采用物料输送机械。被输送的物料为固体（如块状、粒状及粉状）或液体（如牛顿流体、非牛顿流体）物料。为了达到良好的输送效果，应根据输送物料的性质、工艺要求及输送位置的不同而选择适当形式的输送设备。

国内外用于固体输送系统的设备主要分两大类，即机械输送及气力输送。例如，带式输送机、螺旋输送机、斗式提升机、刮板输送机等均属机械输送；负压抽吸输送、高压气力输送、空气输送斜槽等均属气力输送。

机械输送设备一般由驱动装置、牵引装置、张紧装置、料斗、机体组成。而气力输送装置一般由发送器、进料阀、排气阀、自动控制部分及输送管道组成。机械输送设备比较适宜短距离、大输送量，机件局部磨损严重，维修工作量大，广泛用于煤矿、冶炼厂、燃煤电厂及集中供热锅炉房工程当中。气力输送则结构简单、工艺布置灵活，便于自动化操作，一次性投资较小，适于长距离输送，易密封，广泛用于石油、化工、医药及建材等工业领域。

一般在输送距离短，且输送量大时，机械输送比气力输送的电耗低得多。国内外应用实践证明，一般情况下气力输送系统的综合经济效益优于机械输送系统。以下介绍几种典型的固体物料输送装置。

一、带式输送机

带式输送机不仅可用于块状物料、粒状物料、粉状物料及整件物品的水平或倾斜方向的输送，还可作为生产线中检验半成品或成品的输送装置。它是药品生产中应用很广泛的一种连续输送机械，在输送过程中物料不受损坏。

带式输送机的输送距离长，工作速度范围大（0.01～4m/s），输送能力高，动力消耗低，构造简单，工作可靠，维修方便，运行平稳，无噪声，并可在全机任何地点加料或卸料。其缺点是不能实现密封输送，输送轻质粉状料时易产生粉尘，倾斜输送的斜度小于18°，只能做直线输送，要改变输送方向需几台输送机联合使用。

带式输送机的构造如图 3-19 所示。它主要由封闭的输送带、传动滚筒、改向滚筒、张紧装置、清扫器及驱动装置等组成。

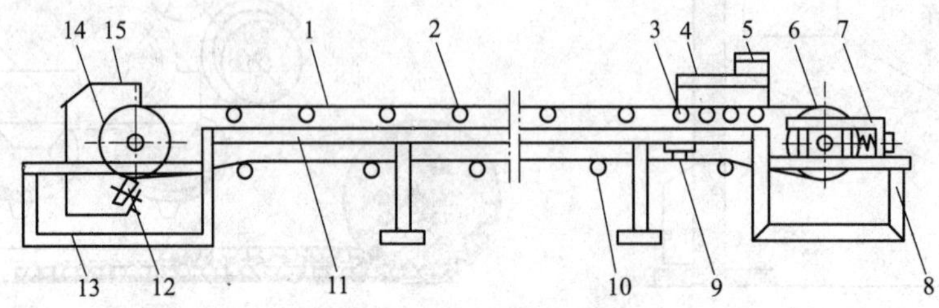

图 3-19 带式输送机示意图

1—输送带；2—上托辊；3—缓冲托辊；4—导料板；5—加料斗；6—改向滚筒；7—张紧装置；8—尾架；9—空段清扫器；10—下托辊；11—中间架；12—弹簧清扫器；13—头架；14—传动滚筒；15—头罩

封闭的输送带绕过传动滚筒和改向滚筒，上下有托辊支持，并有张紧装置将其张紧在两滚筒间。当电动机经减速器带动传动滚筒转动时，由于滚筒与输送带之间摩擦力的作用，使输送带在传动滚筒和改向滚筒间运转，这样，加到输送带上的物料即可由一端被带到另一端。

输送带为牵引件并兼作承载件，要求其强度高、挠性好、耐磨性强、延伸率及吸水性小。常用的输送带有橡胶带、钢带（链片）、网状钢丝带、塑料带等。橡胶带可输送颗粒状、块状或整件物料的输送。橡胶带在使用一段时间后会伸长，需定期调整滚筒的拉紧装置，且其不易清理，被料液污染后易长霉又不易刷洗，但因其构造简单，多用于对卫生无特殊要求的场合。钢带一般厚度为 0.6～1.4mm，宽度在 650mm 以内，多由不锈钢片或改性聚甲醛塑料制成，表面光滑、不易生锈，多用于对卫生条件有一定要求的场合。对药厂中输送重量较轻的西林瓶、输液瓶等时，钢片多制成链片，由销轴将链片连接，由于钢带的刚度大，故多由链轮带动。金属丝网带可耐高温和低温，因为带上有网孔，故也可用于要求排水性好的洗涤装置或透气性好的干燥装置中。

二、螺旋输送机

螺旋输送机主要由料槽、输送螺旋轴及驱动装置组成。当机长较长时应加中间吊挂轴承，如图 3-20 所示。螺旋输送机利用旋转的螺旋轴，将物料在固定的机槽内推移，从而起到输送作用。物料由于重力和摩擦力作用，在运动中不随螺旋轴一起旋转，而是以滑动形式沿着料槽由加料端向卸料端移动。

螺旋输送机构造简单，横截面尺寸小，制造成本低，密封性好，操作安全方便，而且便于改变加料和卸料位置。其缺点是输送过程中物料易过粉碎，输送机零部件磨损较重，动力消耗大，输送长度较小（小于 40m），输送能力较低。

螺旋输送机多用于水平输送，用于倾斜输送时，其倾角一般应小于 30°。它适宜输送干燥的颗粒状或粉状物料，但在螺旋的作用下会造成物料破碎。

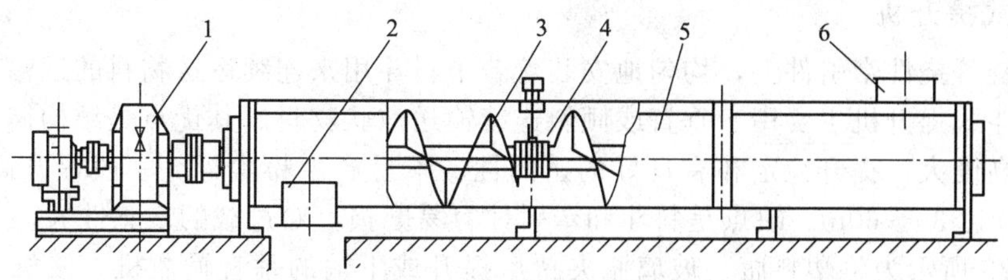

图 3-20　螺旋输送机结构示意图

1—驱动装置；2—出料口；3—螺旋轴；4—中间吊挂轴承；5—壳体；6—进料口

三、振动式输送机

振动输送器是利用振动槽的连续振动使槽内的物品前进，达到输送目的。实现振动的方法有机械式和电磁式两种。机械式的振动可采用凸轮、气动或振动电机等来实现，如图3-21所示。电磁式又分为交流电磁激振和半波整流断续振动两种，电磁振动的频率为 100Hz（r/s）、半波为 50Hz（r/s）。振动输送器用于粉状、粒状与块状物料的输送。槽体可制成直槽式和圆盘式。

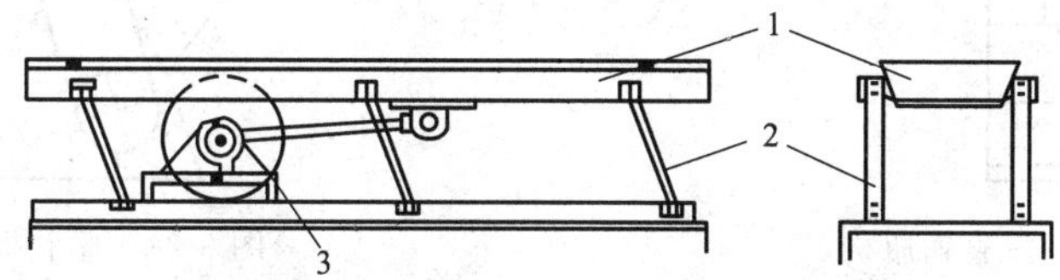

图 3-21　振动式输送机结构示意图

1—输送槽；2—摇臂；3—曲柄连杆机构

振动式输送机的结构简单，功耗低于螺旋输送机，对物料的磨损及破碎较轻。工作时噪声大，设计较复杂。

四、刮板式输送机

刮板式输送机是由牵引构件、刮板、料槽和两端的带轮（或链轮）所组成，如图 3-22 所示。工作时，牵引构件绕带轮运转，固定在牵引构件上的刮板，将物料沿料槽向前输送至出口处卸下。其输送方式有水平、倾斜和水平倾斜型三种。倾斜输送的倾角小于 35°，输送距离不超过 50m。

刮板输送机具有结构简单，能在任意位置上进行进料和卸料的特点，但物料对刮板及壳体的摩擦，使机件易于磨损，功率消耗较大，也不宜输送湿度大的物料。

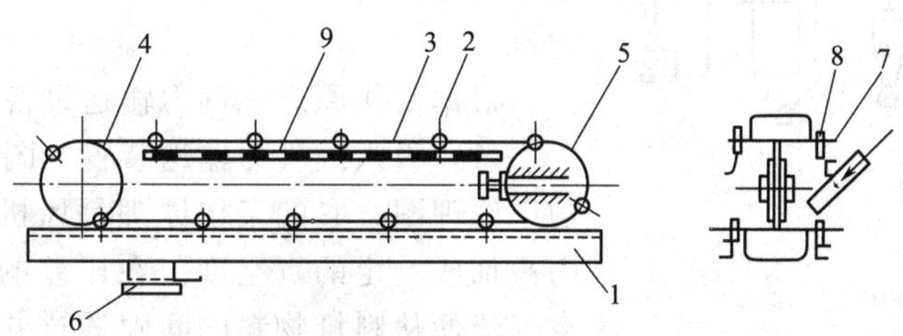

图 3-22　刮板式输送机结构示意图

1—料槽；2—刮板；3—链条；4，5—链轮；6—卸料口；

7—链条销轴；8—滚轮；9—导轨

五、斗式提升机

在带或链等挠性牵引件上，均匀地安装着若干料斗用来连续运送物料的运输设备称为斗式提升机。斗式提升机主要用于垂直或倾斜连续输送散状物料。其优点是结构简单，占地面积小，提升高度大，提升稳定和有良好的密闭性、不易产生粉尘等。一般提升高度为12～20m，最高可达30～60m。缺点是料斗和牵引件容易磨损，对过载的敏感性大。

如图3-23所示为将塑料瓶、玻璃瓶夹持后提升或下输的垂直输瓶机。该机是在三根平行的装有锯齿形软橡胶块的输送链条，夹持瓶子后在两根平行导轨中运行，将瓶子直接输送到相应楼层的水平输送机上。

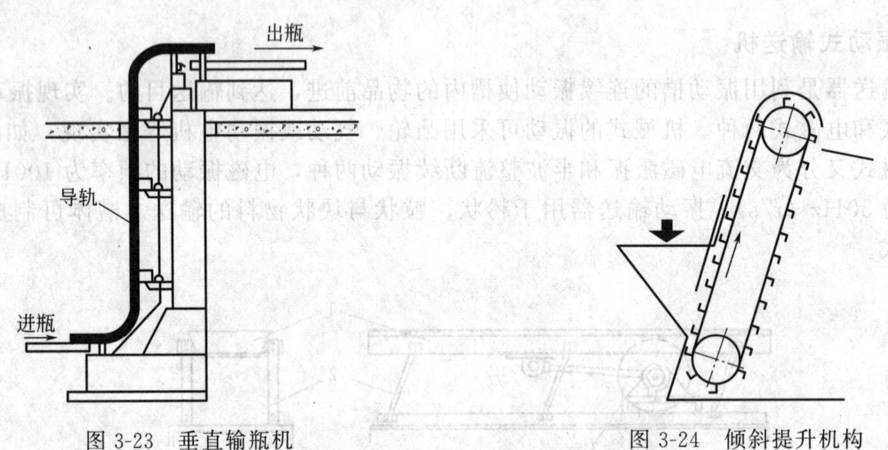

图3-23 垂直输瓶机　　图3-24 倾斜提升机构

图3-24为西林瓶理瓶机中倾斜提升机构。在两条平行的链条间固定有提升链板，西林瓶在料斗中被链板提升到机器顶部进入中间料仓。链条的提升速度不变，故提升的瓶量可通过调节料斗中的挡板的缝隙高度来控制。被输送的物体以等速提升到顶部链轮后进行卸料，卸料的方式与物体的运动速度、链轮直径等有关。当物料提升速度较慢时，物料转过链轮后由于重力而下落的称为自流式；当物料提升较快，在链轮处受到较大离心力，物料被抛出的称为离心式；物料受重力和离心力的联合作用而卸料的称为定向自流式。在医药工业，当输送易碎的、颗粒较大的、密度较大的物料时，提升速度一般在0.5～0.8m/s，使物料以自流式卸料，物料的下卸可沿前一个链板或料斗的背部下落，从而可保持颗粒的完整。

六、气力输送装置

气力输送装置是利用高速气流通过管子将颗粒状、粉状物料在管内输送，再通过分离器将物料分出达到物料输送的目的。这种输送器构造简单、动力消耗比其他输送器大，不适于输送非常轻的物料。

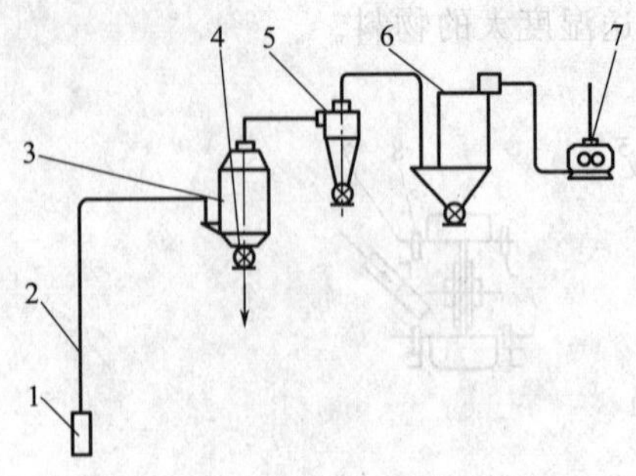

图3-25 吸入式气力输送装置
1—吸嘴；2—管道；3—分离器；4—卸料器；5—一级除尘器；6—二级除尘器；7—风机

根据工作原理，气力输送设备可分为三类。

(1) 吸入式气力输送装置　图3-25为吸入式气力输送原理图，它的工作原理是风机开动后，整个系统内被抽成一定的真空度。在压差的作用下，大气中的空气流便从料堆物料的间隙透过并把附近的物料带入吸嘴，再沿输料管输送到分离器中，空气与物料在此分离，物料通过卸料器卸出，为了清除残料和灰尘，气流再进入一级离心除尘器除尘，然后再经过二级除尘器除尘，最后洁净的气流被吸入风机再排入大气中。吸入式气力输送装置的主要优点是供料简便并能实现多点供料；缺点是输送距离短（100～200m），当真空度超过 0.05～0.06MPa 时，气流携带物料的能力显著下降，易发生管道阻塞。

（2）压送式气力输送装置　图 3-26 为压送式气力输送设备原理图。风机装在系统的最前部，把空气压入输料管内，物料由料斗进入输料管，与气体形成混合气流，进入分离器中，物料卸出后，气流进入除尘器除尘，然后排入大气。

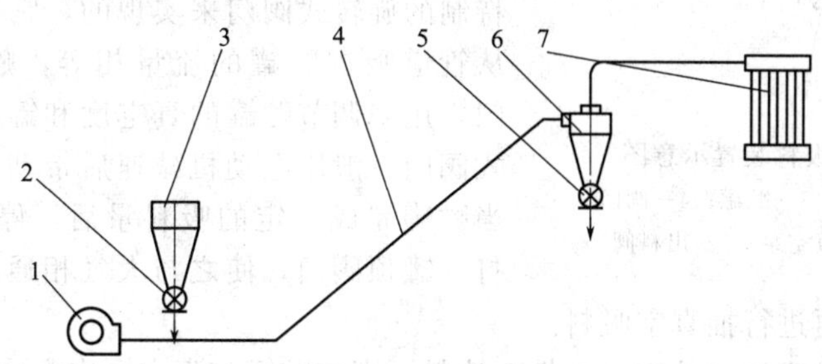

图 3-26　压送式气力输送装置

1—风机；2—料斗；3—供料器；4—输料管；5—卸料器；6—分离器；7—除尘器

（3）混合式气力输送装置　图 3-27 为混合式气力输送设备原理图。系统被风机分为前后两部分，前部与吸入式类似，后部与压送式类似。因此，混合式具有两者的共同优点：可以多点供料、运输距离长。缺点是风机的工作条件恶劣，带有灰尘的空气通过风机会影响其使用寿命。

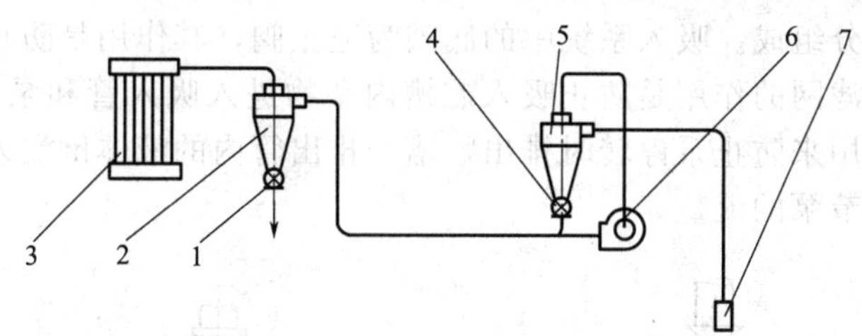

图 3-27　混合式气力输送装置

1—卸料器；2—分离器；3—除尘器；4—供料器；5—分离器；6—风机；7—吸嘴

第五节　液体物料输送装置

在生产过程中，由于工艺上的要求，常需要把液体从一个设备通过管道输送到另一个设备中去，这就需要装置液体输送机械。被输送的液体，性质各异，有的黏稠，有的稀薄，有的有挥发性，有的对金属有腐蚀性。而且在输送过程中，根据工艺条件要求，各种液体的压头与流量又都各不相同，因此生产上就需要采用各种不同结构、不同材质的液体输送机械。

液体输送机械中，主要是各种类型的泵。按工作原理不同可分为离心式、往复式、旋转式以及流体动力作用式等。

一、真空吸料装置

真空吸料是一种简易的流体输送方法，只需要真空设备即可实现流态产品和半成品的输送和提升。尤其对于黏度大、具有腐蚀性的物料，无需采用耐腐蚀和不易堵塞的泵，使用真空吸料装置即可解决没有这种特殊泵时的输送问题。但真空输送的距离和高度都不大，效率

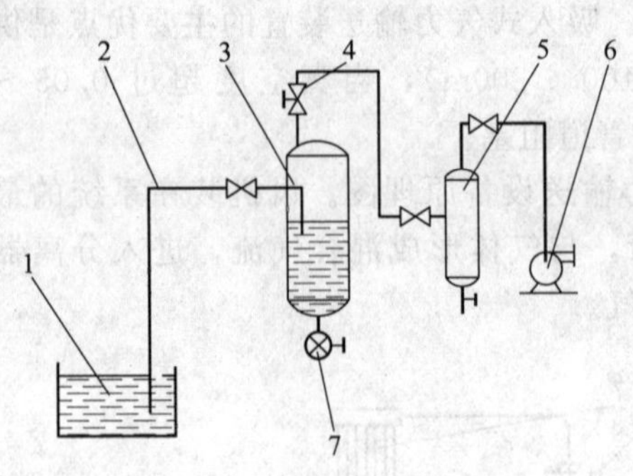

图 3-28　真空吸料装置示意图
1—贮槽；2—管道；3—贮罐；4—阀门；
5—分离器；6—真空泵；7—出料阀

较低。

图 3-28 为真空吸料装置示意图，用真空泵将密闭贮罐中的空气抽出，利用在贮罐与贮槽之间产生的压力差，将物料由贮槽经管道流送到贮罐中，实现了物料从贮槽至贮罐的输送。物料从贮罐中可通过物料出料阀连续或间歇排出。连续排出物料是用特制的旋转式阀门来实现的，它要求阀门排出量与从管道吸进贮罐的流量相等，贮罐顶部安装有阀门，用来调节贮罐的真空度和罐内液位高度，旋转式阀门一般用电动机减速后带动旋转；间歇排料是当贮罐完成一定的吸料量后，停止真空泵的工作，打开罐顶阀门，使之与大气相通，然后打开罐底阀门排料，排完料后再进行抽真空吸料。

如果真空泵从贮罐抽出的空气中带有液料，则在贮罐与真空泵中安装分离器，进行气液分离，以防液料进入真空泵而腐蚀泵体。如抽出的气体中只含水分，而采用的真空泵是湿式真空泵（如水环式真空泵），则中间也可不安装气水分离器。

该系统的组成较为简单，由管道、罐体容器和真空泵所组成。如原有输送装置密闭，则直接利用这些设备，安装一台真空泵就可进行真空吸料输送。

二、离心泵

离心泵是应用最广泛的一种液体输送机械。图 3-29 为离心泵装置简图。它由泵、吸入系统和排出系统三部分组成。吸入系统中的底阀为逆止阀，其作用是防止泵内的液体由吸入管倒流入吸入贮槽。滤网的作用是防止吸入贮槽内杂物进入吸入管和泵内，以免造成堵塞。排出系统的逆止阀是用来防止泵停转时排出贮槽和排出管内的液体倒灌入泵内，以免造成事故。调节阀是用来调节泵的流量。

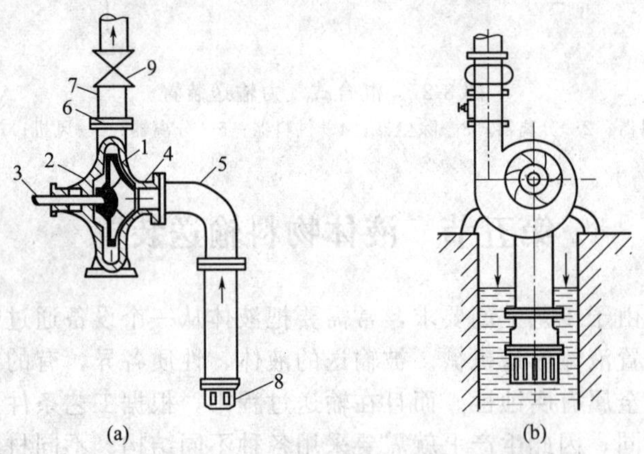

图 3-29　离心泵装置简图
1—叶轮；2—泵壳；3—泵轴；4—吸入口；5—吸入管；
6—排出口；7—排出管；8—底阀；9—调节阀

离心泵在开动前要先灌满所输送的液体。开动后，叶轮旋转产生离心力。在离心力的作用下，液体从叶轮中心被抛向叶轮外周，压力增高；并以很高的速度流入泵壳，在壳内减速，使大部分动能转化为压力能，然后从排出口进入排出管路。与此同时，由于叶轮内液体被抛出，叶轮中心形成真空。泵的吸入管路一端与叶轮中心处相通，另一端则浸没在输送的液体内，在液面压力（或大气压）和泵内压力（负压）的压差作用下，液体便经吸入管路进入泵内，填补了被排出液体的位置。这样，叶轮在旋转过程中，一面不断吸入液体，一面又不断给吸入的液体以一定能量并送入排出管。

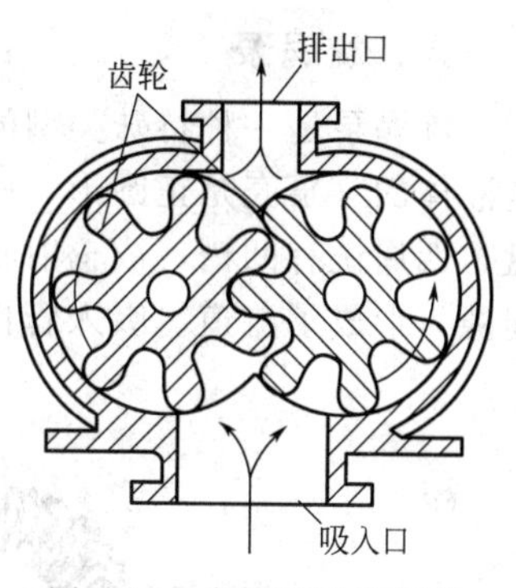

图 3-30　齿轮泵结构简图

三、齿轮泵

齿轮泵的构造如图 3-30 所示。泵壳内有一对相互啮合的齿轮，其中一个齿轮由电动机带动，称为主动轮，另一个齿轮为从动轮。两齿轮与泵体间形成吸入和排出空间。当两齿轮沿着箭头方向旋转时，在吸入空间因两轮的齿互相分开，形成低压而将液体吸入齿穴中，然后分两路，由齿沿壳壁推送至排出空间，两轮的齿又互相合拢，形成高压而将液体排出。

齿轮泵的压头高而流量小，适用于输送黏稠液体及膏状物料，但不能输送有固体颗粒的悬浮液。

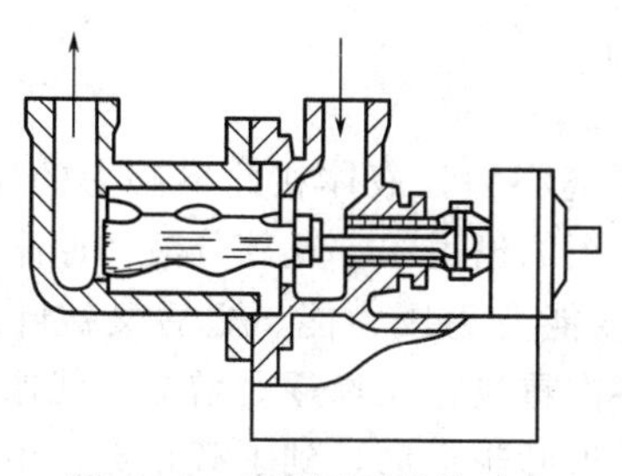
图 3-31　单螺杆泵结构示意

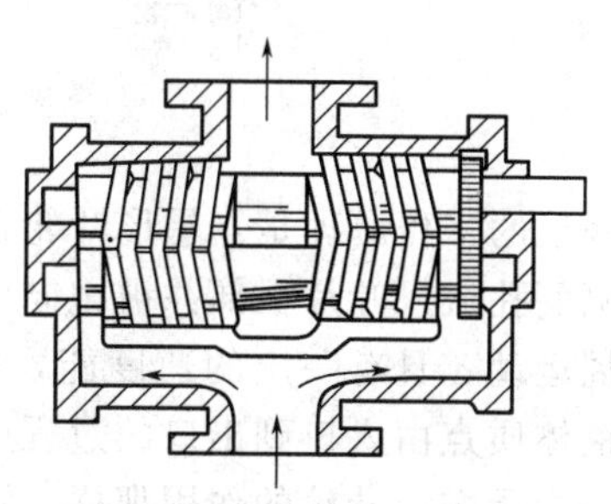
图 3-32　双螺杆泵结构示意

四、螺杆泵

螺杆泵主要由泵壳与一个或一个以上的螺杆所组成。如图 3-31 所示为一单螺杆泵。其工作原理是靠螺杆在螺纹形的泵壳中做偏心转动，将液体沿轴间推进，最后挤压至排出口而推出。图 3-32 所示为双螺杆泵，工作原理与齿轮泵相似，它利用两根相互啮合的螺杆来排送液体。当所需的扬程很高时，可采用长螺杆。

螺杆泵的扬程高、效率高、无噪声、流量均匀，适于在高压下输送黏稠液体。

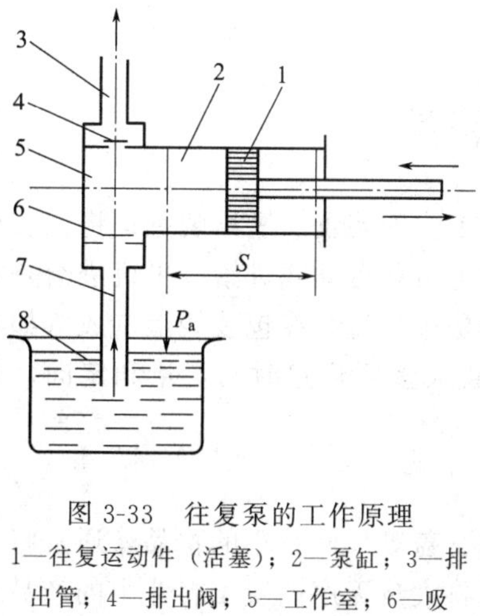

图 3-33　往复泵的工作原理
1—往复运动件（活塞）；2—泵缸；3—排出管；4—排出阀；5—工作室；6—吸入阀；7—吸入管；8—容器

五、往复泵

往复泵为容积式泵中的一种，由泵缸、缸内的往复运动件、单向阀（吸液和排液）、往复密封以及传动机构等组成，其工作原理如图 3-33 所示。

泵缸内的往复运动件做往复运动，周期性地改变密闭液缸的工作容积，经吸入液单向阀周期性地将被送液体吸入工作腔内，在密闭状态下以往复运动件的位移将原动机的能量传递给被送液体，并使被送液体的压力直接升高，达到需要的压力值后，再通过排液单向阀排到泵的输出管路。重复循环上述过程，即完成输送液体。

六、旋涡泵

旋涡泵是一种特殊类型的离心泵，是由星形叶轮在带有不连贯槽道的盖板之间旋转来输送液体的。泵壳是正圆形，吸入口和排出口均在泵壳的顶部。泵体内的星形叶轮是一个圆盘，四周铣有凹槽，成辐射状排列，构成叶片，如图 3-34(a)所示。叶轮和泵壳之间有一定间隙，形成了流道。吸入管接头与排出管接头之间由隔板隔开，如图 3-34(b) 所示。

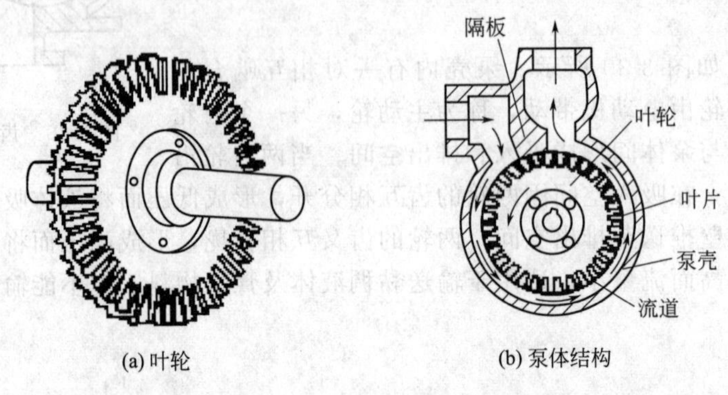

图 3-34　旋涡泵结构简图

旋涡泵的工作原理是：星形叶轮在旋转时，产生了离心力，液体在此离心力的作用下，由泵壳侧面孔流入叶片根部并被抛向外圆，进入两侧盖板的槽道中。这部分液体原来随着叶片做圆周运动，具有一定的速度能，在盖板槽道中速度能变为压力能。之后又被叶片所攫取。在液体质点由入口到出口的过程中，这样的作用多次重复，能量逐次增加，就像液体在离心水泵中受多级叶轮的作用那样。液体在槽道中随星形叶轮运动，到了截止点，由于槽道突然被堵塞，液体就从出口孔流出。出口孔设在出口盖板上，在入口盖板上，设有入口孔，它开在截止区后槽道突然出现的地方，这里显然是负压，以便把液体吸进来。旋涡泵具有良好的自吸功能。

旋涡泵的特性曲线与离心泵有些相似，但显得较陡峭，它的流量小，而压头大，但效率不高，一般不超过 40%。旋涡泵的侧面间隙（即叶轮与盖板之间的缝隙）不能取得太大，否则将明显降低效率，所以这种泵只能输送流量小、压头高而黏度不高的比较纯净的液体。

第六节　加料与进给装置

加料装置是将待包装的固体药品输送至包装机的一定工位的装置。进给装置是将包装材料或容器输送至包装机一定工位的装置。输送方法有单机进给和自动线进给。单机进给是将已制好的瓶、盒、管等送至包装机进行包装；自动线进给是包装材料在包装线上制成（如塑料袋、纸袋），并与包装工位相连接。加料装置和进给装置大多要求定时、定量和定向，且应与包装机的节奏相协调。

一、物料进给装置

制剂生产中，许多药品如片剂、胶囊及包装材料如塞、盖等尺寸较小的物品，通常将其散置于料斗中利用机械力、重力、离心力等分离并送出。将大量无序的置于料斗中的产品或许多装于料盘中的容器逐件分离并送出，需通过单件产品进料装置进行。

(1) 进料装置 料斗式进料装置应用最为广泛。它适用于尺寸较小、形状规则的物品，但不适用于太脆、太枯或易变形的物品。

对形状简单的球形或圆柱形物料，常采用漏斗式上料装置，如图 3-35 所示为胶囊壳整理机构。胶囊壳散置于料斗 1 内，进丸槽板内有 6 个垂直的圆形槽孔，由凸轮带动做等速上下运动，使料斗中的胶囊壳直立地充满槽孔，依靠本身的重力逐个供壳。这种上料装置适用于质量较轻且质地较坚硬的物料。

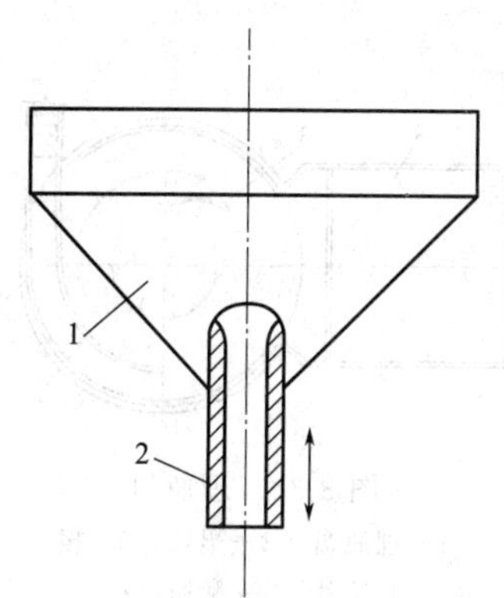

图 3-35 胶囊壳整理机构示意图

1—料斗；2—进丸槽板

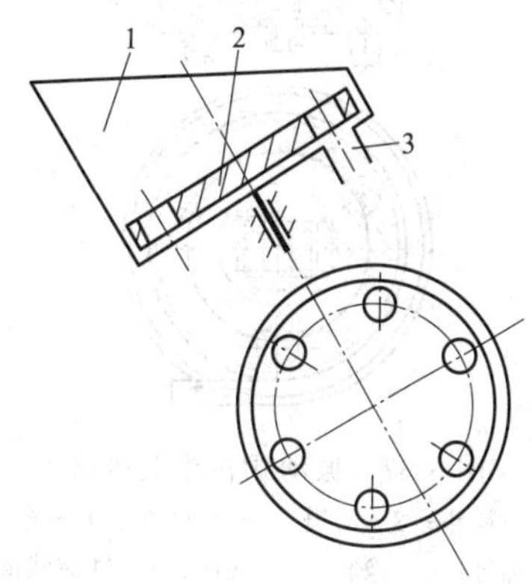

图 3-36 倾斜圆盘式上料装置

1—料斗；2—倾斜圆盘；3—出料管

如图 3-36 所示的倾斜圆盘式上料装置也适用于形状简单的物料。料斗 1 内有回转的倾斜圆盘 2，圆盘上有与物料形状相应的开孔。物料在低位落入孔内，从而将其从料斗内的大量物料中挑出，待圆盘上的开孔位置转至上部，物料即从出料管 3 逐个排出。开孔的形状与物料外形有关，物料如为球形或圆片形，开孔可为圆形；物料若为圆柱形，开孔可沿弦的方向开长方形口。圆盘的倾角应保证未落入开孔的物料不能随圆盘上升，故倾角应比物料与圆盘间的摩擦角大 1～2 倍。

如图 3-37 所示的振动式料斗上料装置广泛应用于各种物料，如片剂、胶囊、各种帽、盖、塞等。圆形料斗内固定有单头或多头螺旋槽，料斗底部固定有衔铁，底盘上固定有铁芯线圈，料斗底部被倾斜的三个板弹簧支撑。安装时，板弹簧中线在底座水平面上的投影与料斗平均直径的圆周相切。当交流电（或经过半波整流）输入电磁铁线圈时，产生的断续电磁力吸引料斗上的衔铁，使料斗向左下方运动；当电磁力趋于零时，料斗在弹簧的作用下向右上方做复位运动，如此便使料斗产生微小的振动。当料斗内物料向右上方运动时，由于物料与滑道之间的摩擦力较大，物料随滑道一起向前运动，并逐渐被加速；当滑道向左下方运动时，由于惯性力的作用，物料将按原来运动的方向脱离滑道向前跳跃，又落到滑道上。如此，料斗每经一次振动，滑道上的物体就往前移动一小段距离，直到出料口。滑道上物料运动方式与重力、摩擦力、惯性力的相互关系有关，物料或是相对于滑道静止不动，或是沿滑道滑动或跳跃式地向前移动。

对重心较低的直立的西林瓶、黄圆瓶等在有序地送入输送装置之前多配有理瓶机。如图 3-38 所示的理瓶机上，有一连续转动的圆形理瓶盘，在离心力及惯性力的作用下，位于盘上的瓶子移向四周，位于边缘处的裙板使瓶子沿圆周移动，由于摩擦力及惯性力，瓶子即可连续地由理瓶盘过渡到传送带上。理瓶盘上面设有拨瓶簧片，可将位于中心部位的瓶子拨至盘的边缘。理瓶机上一般还设有翻瓶机构，可使倒置于装瓶盘内的瓶子翻转后落入理瓶盘。为适应不同规格瓶子的需要，理瓶盘的转速可调。

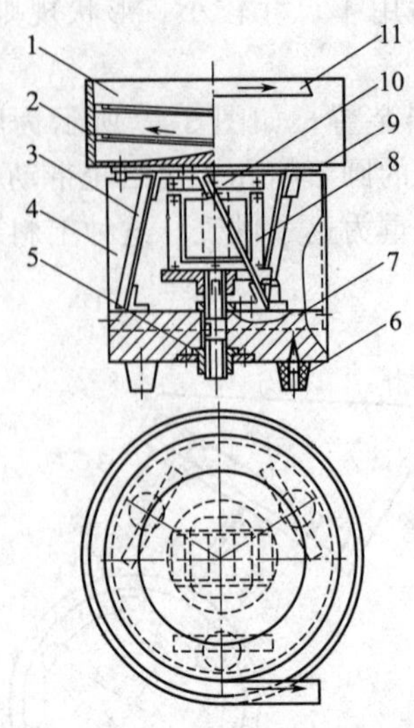

图 3-37　振动式料斗上料器

1—料斗；2—滑道；3—板弹簧；4—壳；5—螺母；6—橡胶；7—底座；8—铁芯线圈；9—托盘；10—衔铁；11—出料口

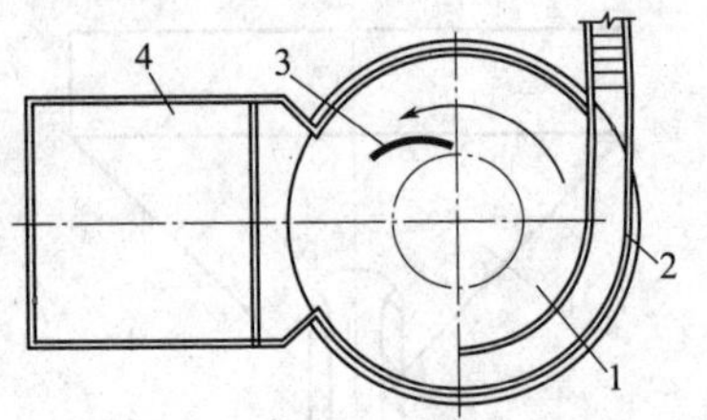

图 3-38　理瓶机

1—理瓶盘；2—裙板；3—拨瓶簧片；4—翻瓶机构

如图 3-39 所示的拨盘，可使来自安瓿料盘的安瓿保持适当间距并单个地送出。圆形拨盘上开有凹槽，其上端突入安瓿料槽底部，使得每个凹槽嵌入一个安瓿，当拨盘旋转时，安瓿即可连续逐个地供出。若在拨盘的四周按需要开不同的凹槽或调节拨盘的不同转速，即可间断地供出安瓿。

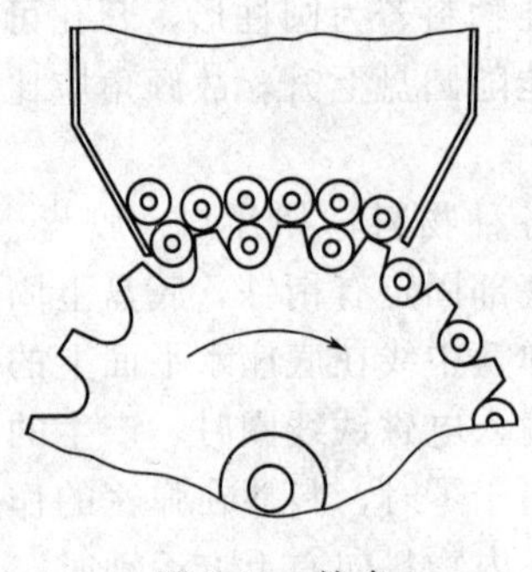

图 3-39　拨盘

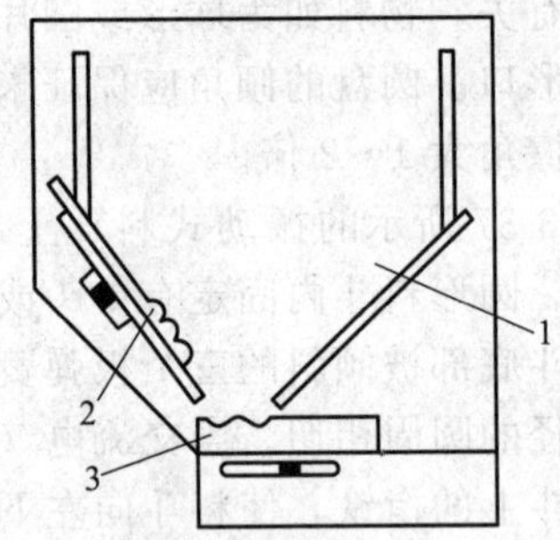

图 3-40　往复送料装置

1—安瓿料槽；2—推瓶板；3—送料板

图 3-40 表示另一种安瓿供出装置。料盘的左下方有一往复运动的推瓶板，以使料盘内的安瓿松动，防止下料不畅。料盘的下口有横向往复运动的送料板，其上部有若干槽口。每当送料板向右移至槽口，位于料盘下料口时，安瓿即落入槽口内，待送料板向左移出下料口时，安瓿即可间断供出。

（2）定向机构　单件产品供料时，进入包装工位的定向方法是根据不同的形状、大小、质量和生产要求采用不同的定向机构。一般利用形状、重心位置等特征进行定向。使散乱的物件经上料装置实现定向排列逐件地送至包装工位，常采用“消极定向”法或“积极定向”法。

消极定向法是按选定的定向基准、采取适当的措施让符合方向要求的物件在输送中始终保持稳定的输送状态，并设法剔除或矫正不符合所选定方向要求的物件，以实现按一定方向的物料送出。按其剔除不符合选定方向要求的物件的结构形式可分为刮板、拱桥、凸块、缺口等。

图 3-41 所示为振动料斗内螺旋输送道上物件的分选定向排列结构形式。其中，图 3-41(a) 表示为刮板结构。刮板与输送槽底面之间的距离只允许一个物件按所需的方向通过，重叠、直立地被刮落到料斗内。图 3-41(b) 为拱桥结构，拱桥只允许瓶塞大头朝上的物件通过，其他形态均落回料斗。图 3-41(c) 为凸块结构，只允许盖子大头朝下的物件通过，其他倒立、侧立的均被剔除。图 3-41(d) 为缺口结构，适用于小盒、小盖类物件的定向，缺口直接开在输送道上，结构简单。

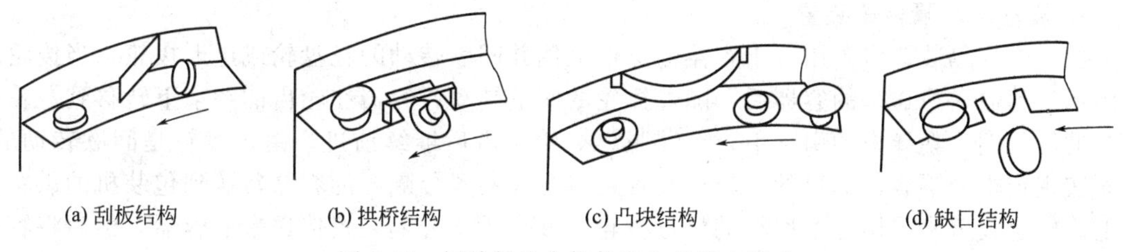
(a) 刮板结构　(b) 拱桥结构　(c) 凸块结构　(d) 缺口结构

图 3-41　振动料斗中物件定向的基本形式

积极定向法是利用重心位置或采用校正机构使原来非选定方向的物件改变为选定的基准方向。如图 3-42 所示为利用重心位置采用积极定向法使物料定向排列的一种结构形式。棒形物件沿倾斜的料槽滑动时，不符合方向的物件在槽缝处翻转 180°，然后整个料槽的物件以相同的方向向前滑行。如图 3-43 所示为西林瓶理瓶机定向装置。西林瓶在料斗中经提升、顺瓶后进入倾斜的轨道，靠自重下滑通过压瓶、挡瓶机构后，依次进入翻瓶机构，瓶口向上的瓶子继续下滑，瓶口向下的瓶子则套在瓶销上，使瓶子翻转 180°，所有西林瓶的瓶口均朝上进入下一工序。

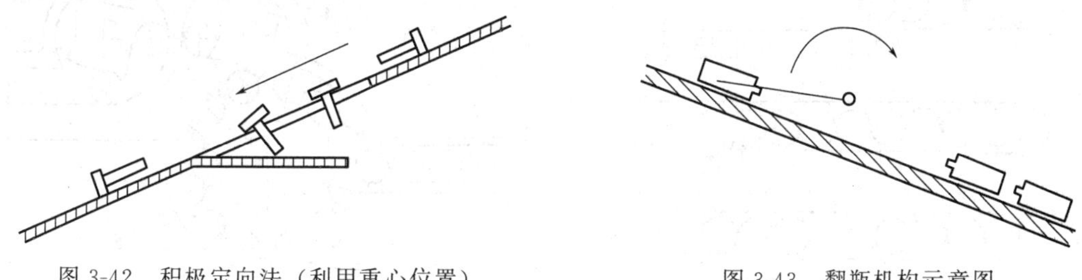

图 3-42　积极定向法（利用重心位置）　　图 3-43　翻瓶机构示意图

二、隔料装置

由输送装置连续输出并按一定方向定向的物件按包装的需要使之相互分离并逐件或成组地进入输送装置或直接送到加工工位。隔料器的形式有往复式、摇摆式、回转式、挡销式等。

图 3-44 所示为常见的往复式、摇摆式、回转式隔料器的原理。图 3-45 所示为挡销式隔料器，用于传送带上瓶子灌装时的定位。

三、定距隔离转送装置

灌装机、装盒机等在生产过程中要求瓶、盒等包装容器按工艺要求的位置、间距以及速度供送到包装机的供料工位，为适应包装机上各工位节拍的要求，需定距、定时地将包装容器送到包装机的包装工位，完成这一要求的装置称为定距分隔定时供给装置。常采用的这类

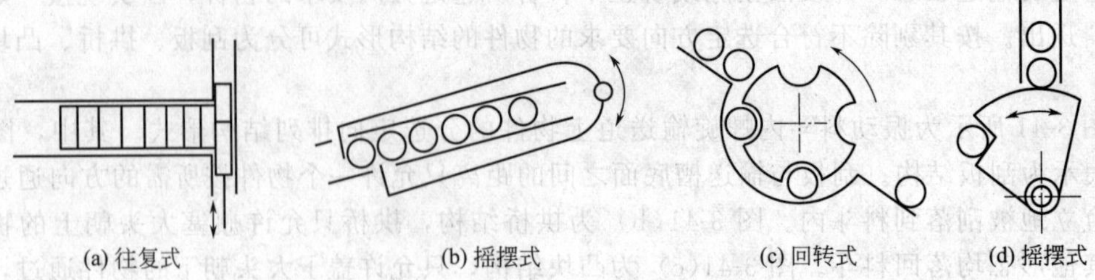

图 3-44　隔料器工作原理示意图

装置有拨轮式、螺杆式、链带式、动梁推进式和推板式等。

1. 拨轮式分隔转送装置

拨轮式分隔装置多采用位于容器输送带上侧并间歇转动的花盘轮或星形拨轮，当拨轮的齿槽承接到输送机送来的容器后，随着拨轮的间歇转动，容器在轮齿的约束下转移到拨轮中心线的另一例，在导板的引导下，容器脱离拨轮轮齿后继续前进，由于拨轮是间歇转动的，从而实现定距分隔容器的目的。转送装置是将分隔装置分隔开的容器转送到包装机的供料工位上。转送装置多采用连续回转的星形拨轮，逐个承接分隔装置传送来的容器，然后将容器送至包装机的供料工位。图 3-46 所示为容器由链板输送带、花盘轮分隔装置和星形拨轮转送装置组成的供给系统。

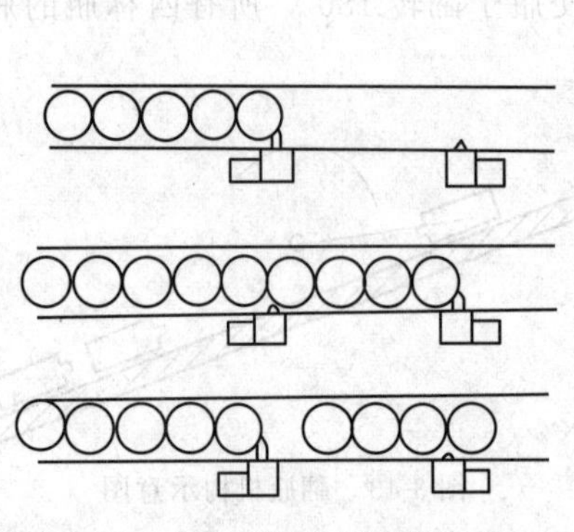

图 3-45　挡销式隔料器

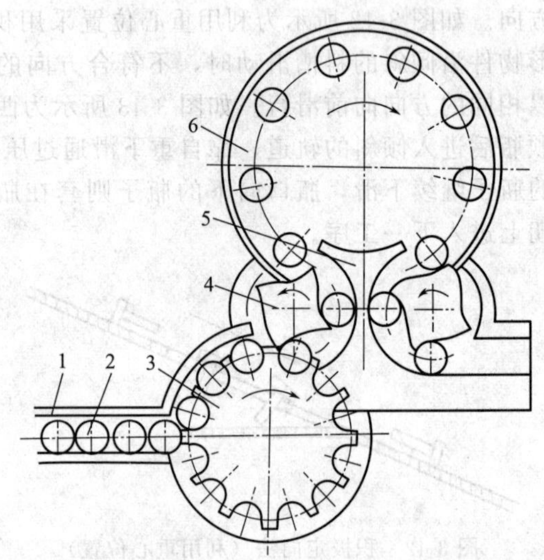

图 3-46　花盘轮及星形拨轮供给系统

1—侧板；2—容器；3—花盘轮；4—星形拨轮；5—导板；6—灌装工作台

花盘轮和星形拨轮有整体式和组合式两种，轮齿片应具有较好的耐磨性，在制药工业中多用工程塑料制造。花盘轮和星形拨轮的轮齿片有单层和双层结构。对直径较大、重心较低的瓶子（如输液瓶）多采用单层片。花盘轮结构参数由经验确定，齿槽半径应略大于所输送容器主体部位半径，轮片高度应低于瓶子的重心高度，以确保在输送过程中运动平稳。星形拨轮齿槽形状由与瓶子接触的圆弧段与曲线过渡段组成。

2. 螺杆式分隔转送装置

图 3-47 所示的螺杆式分隔装置由螺杆及侧面导板组成，安装在链带靠近包装机的一端，与转送容器的星形拨轮相衔接。螺杆由传动系统驱动做等速旋转，将链带送来的容器导入螺

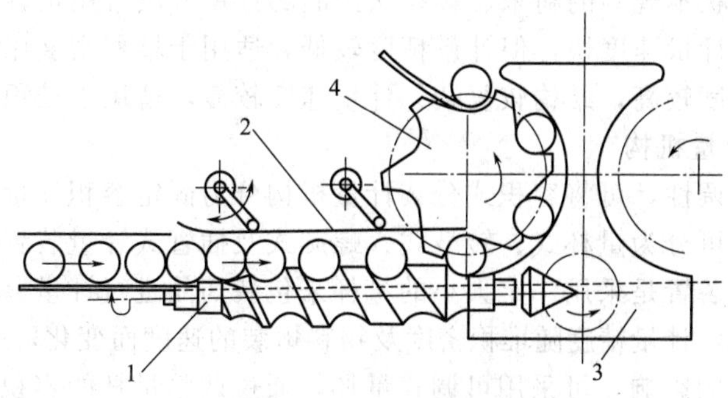

图 3-47　螺杆式分隔装置

1—螺杆；2—侧面导板；3—导板；4—星形拨轮

旋槽中，在螺旋的推动下前进并被螺旋槽分隔开，到另一端即传送给拨轮与导板组成的转送装置。螺杆每转一周，从螺杆入口导入一个容器，螺旋槽中容器前进一个螺距，螺杆出口端送出一个容器。螺杆材料应轻质耐磨，可用轻合金或工程塑料制造。

3. 链带式分隔转送装置

如图 3-48 所示的链带式分隔装置常用于直线式包装机物件的输送。它由链轮、张紧装置、链带、推板和滑轨、导向装置组成。推板间距根据所输送物件所需的间距而定，两侧设有物件的挡板。推板运动时沿导向滑轨滑行，当将物件送到预定位置，推板便在导向装置作用下脱离滑轨离开物件。

链带式分隔装置按链条数可分为单链式和双链式，前者用于小形物件，后者用于较大物件。

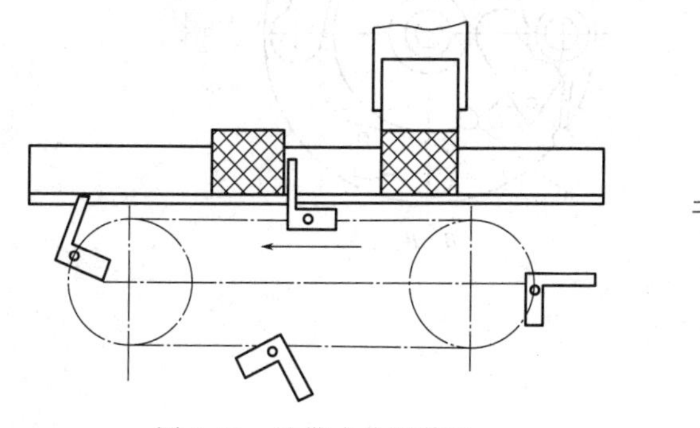
图 3-48　链带式分隔装置

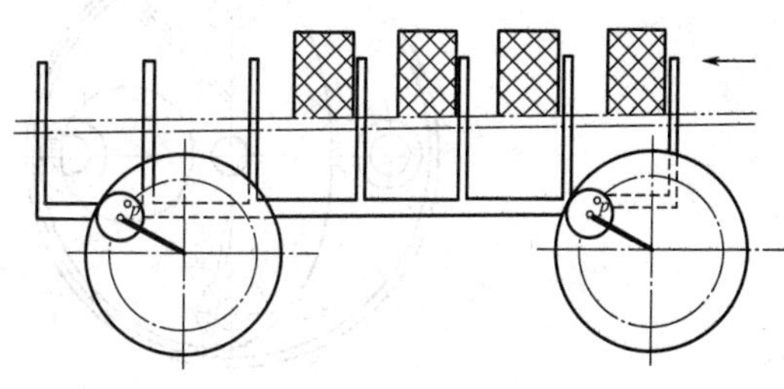

图 3-49　行星轮式动梁分隔装置

4. 动梁式分隔转送装置

图 3-49 为行星轮式动梁分隔装置，两个行星轮分别绕固定的中心轮做纯滚动，动梁偏心地铰接在行星轮的相同相位的 p 点上，两个行星轮的系杆由驱动装置带动以等速旋转，装于动梁上的推板即沿一定的轨迹分隔并步进输送物件。

第七节　药品分装计量机构

为方便药品的使用与销售，并有利于实现包装自动化，药品在包装之前均需进行定量计量。按药品的计量方式不同，分装计量机构有容积式、称重式和计数式。按药品的物理状态则可分为粉体充填机、粒状充填机、液体充填机及稠料充填机等。

固体物料的计量方法有定容法、称重法和计数法。形状规则的固体块状物料或颗粒状物料通常用计数法；形状不规则的粉末、颗粒状药品的计量方法常用定容法、称重法。采用定容法计量装置简单、计量速度快，但计量精度较低，适用于堆积密度比较稳定、剂量较小的药品。称重法计量精度较高，结构较复杂、计量速度较慢，适用于堆积密度不稳定的药品。

1. 容积式分装计量机构

按物料容腔的可调性，可将容积式分装计量机构分为固定容积计量和可调容积计量；按定量装置结构特点，可分为量杯式、转鼓式、螺旋式及插管式计量装置等。

量杯式定容计量装置是采用一定大小的量杯来包装药品进行计量。固定式量杯只能计量物料的某一特定容量，计量精度随堆积密度及物料填装的速度而变化，一般约±(2%～3%)；为克服物料堆积密度的影响，可采用可调式量杯，通过调整量杯的容积来提高计量精度。

如图 3-50 所示的固定式量杯计量装置，其料盘上面有固定的料盘罩用来贮料，料盘罩上有大圆孔可装置料斗。料盘通过轴由齿轮带动旋转，在其上等分安装 4 个量杯。在量杯的底部装有开闭器和固定的开销及闭销。当料盘如 *B*—*B* 视图所示逆时针旋转时，开闭器在开销作用下绕小轴转动而打开，药品即被充填到容器中。当充填完毕，随着料盘的继续转动，在闭销的作用下，将开闭器关上。料盘内有两个刮板和一个小刮板，用以刮除量杯上部多余的物料。量杯的孔径应按物料堆积密度的较大值计算，实际装料量以调整刮板与料盘的间隙来补偿，此间隙不应过大，以免造成计量精度不准确，但是也不能过小，以免引起刮板磨损，污染药品。

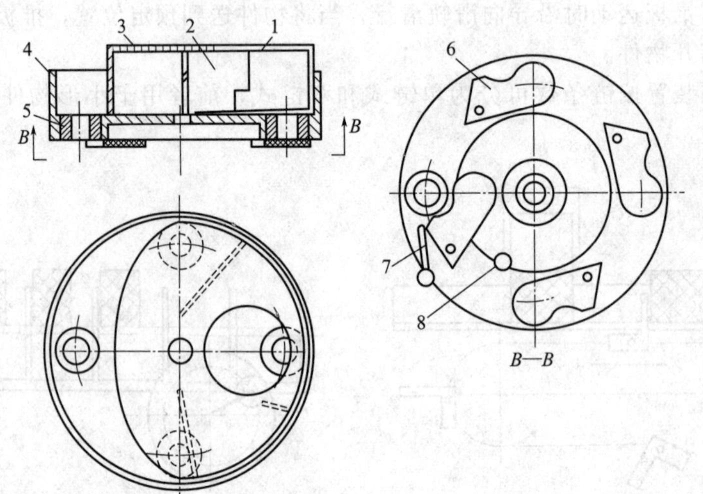

图 3-50 固定式量杯计量装置

1—加料口；2—刮板；3—料盘罩；4—料盘；5—量杯；6—开闭器；7—开销；8—闭销

可调式量杯由上、下两个量杯组成，通过调整下量杯套在上量杯的相对位置实现量杯内容量的微调。调整方法分手动及自动两种。手动方法是根据计量过程检测物料质量波动情况，由人工旋转手轮，调节下量杯的升降来达到。自动调整是根据物料计量的质量或物料的堆积密度所测得的电讯号经放大装置放大后，驱动电动机传给量杯调整机构，从而达到自动调节。

转鼓式计量装置的转鼓为圆柱形或圆盘形，定量容腔开在转鼓外缘，容腔形状有圆孔形、扇形、槽形等。容腔容积分固定式和可调式。转鼓回转时，粉料靠自重由上部料口装入容腔，随转鼓到下料口而落入容器中。转鼓的转速视粉料的物理性质及容腔结构而定，其圆周速度过快时会使计量偏差增大。转鼓式计量在抗生素分装中广泛采用，其代表装置是气流分装头，其特点是利用真空吸粉进行容积定量，并利用净化压缩空气卸粉，以提高计量精度和生产能力。

2. 称重式分装计量机构

称重式分装计量是将物料按预定质量充填到包装容器的操作过程。其充填精度主要取决于称量装置系统，与物料的密度变化无关，故充填精度高。

称重法适用于堆积密度变化较大、流动性差、易结块或计量量较大的产品计量。称重式分装计量，按事先称出产品的质量，然后再充填入包装容器，这种方法称净重式计量；如称量产品是连同包装容器一起进行的，此种方法称毛重式计量。前者称重结果不受容器皮重变化的影响，是最精确的称重充填法，广泛用于要求充填精度高及流动性好的固体物料，但该法充填速度低，所用设备价格高；后者多用于易结块或黏滞性强的产品包装。称重式分装计量还可按工作原理，分为基于杠杆力矩平衡原理的间歇称量法和基于瞬时物流闭环控制原理的连续称量法。

净重充填装置如图 3-51 所示。物料从贮料斗经进料器连续不断地送到秤盘上称重；当达到规定的质量时，就发出停止送料信号，称准的物料从秤盘上经落料斗落入包装容器。净重充填的计量装置一般采用机械秤或电子秤，用机械装置、光电管或限位开关来控制规定重量。

为达到较高级的充填精度，可采用分级进料的方法，先将大部分物料快速落入秤盘上，再用微量进料装置，将物料慢慢倒入秤盘上，直至达到规定的质量。也可以用电脑控制，对粗加料和精加料分别称重、记录、控制，做到差多少补多少。采用分级进料方法可提高充填速度，而且阀门关闭时，落下的物料流可达到极小，从而提高了充填精度。

由于计算机系统应用到称重充填系统中，产品称重计量方法发生了巨大变化，计量精度也有了很大的提高，计算机组合净重称重系统，采用多个称量斗，每个称量斗充填整个净重的一部分。微处理机分析每个斗的质量，同时选择出最接近目标重量的称量斗组合。由于选样时产品全部被称量，消除了由于产品进给或产品特性变化而引起的波动，因此，计量非常准确。

毛重充填装置如图 3-52 所示。贮料斗中的物料经进料器与落料斗充填进包装容器内；同时计量秤开始称重，当达到规定质量时停止进料，称得的质量是毛重。

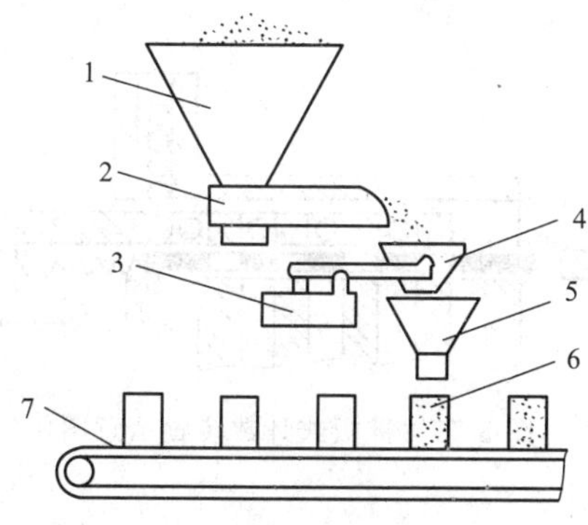

图 3-51　净重充填装置示意图

1—贮料斗；2—进料器；3—秤；4—秤盘；5—落料斗；6—包装容器；7—传送带

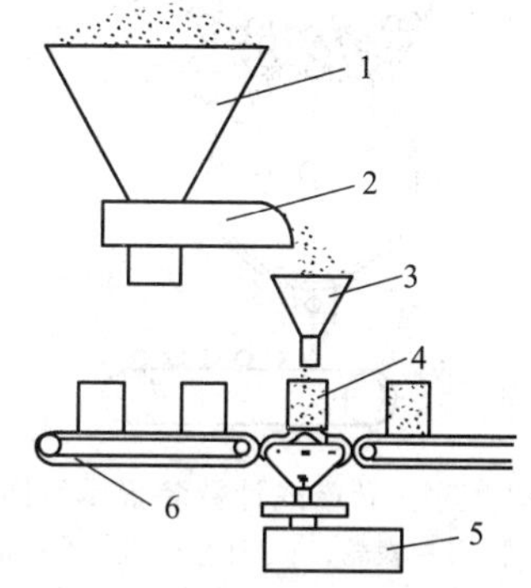

图 3-52　毛重充填装置示意图

1—贮料斗；2—进料器；3—落料斗；4—包装容器；5—秤；6—传送带

为了提高充填速度和精度，可采用容积充填和称重充填混合使用的方式，在粗进料时，采用容积式充填以提高充填速度；细进料时，采用称重充填以提高充填精度。

3. 计数式分装计量机构

片剂、胶囊剂等都有一定的质量和形状，在包装前多为散堆状态，装瓶时又需以严格的计数进行充填，这种从散堆的粒状药品集合体中直接取出一定数量的装置是计数集合包装。粒状药品计数多采用模孔计数，有盘式、转鼓式、推板式、直线条式等。此外，光电式计数也被广泛采用。

图 3-53 所示为转盘式计数装置。旋转的计数模板上开有若干组模孔，模孔的孔径比片剂直径大 0.5～1mm，模板厚度比片剂略厚一些，以确保每孔只容纳一个片剂。计数模板下面是固定的底盘，托住充填在模孔中的片剂。在计数模板旋转过程中，某组模孔转到卸料槽处，该孔组中的片剂靠自重落入卸料漏斗而进入待装容器；卸料后的孔组转到散堆片剂处，依靠转动的模板与片剂之间的相对运动与自重，片剂便自动充填到模孔中。随着计数模板的连续转动，便实现了片剂的连续计数。转盘式计数装置常倾斜安装，倾角大于片剂的休止角，常为 45°左右，以确保未充填入模孔的片剂不能随模孔转至卸料区。

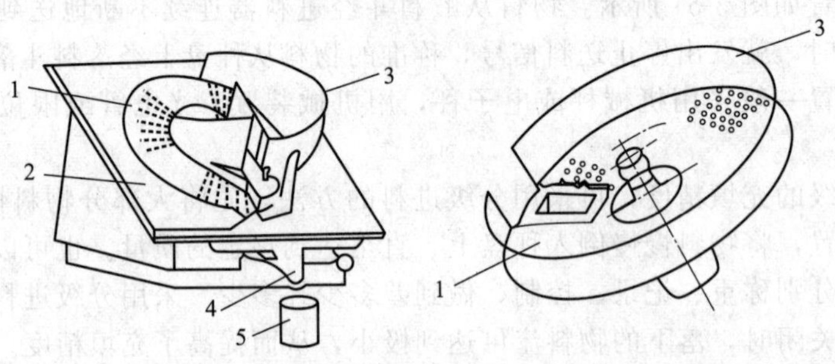

图 3-53　转盘式计数装置示意图

1—计数盘；2—底板；3—防护罩；4—落料槽；5—包装容器

图 3-54 所示为转鼓式计数装置。其计数原理与转盘式基本相同。转鼓上开有若干组模孔，转鼓转动时，粒状药品充填到各组的模孔中，当转至卸料口时卸料。转鼓旋转一周，即可充填与卸料一次。卸料时可将粒状药品充填到与转鼓上模孔组数相同数量的容器中。转鼓上的孔组也可轴向布置，在转鼓旋转一周时，卸料数次。

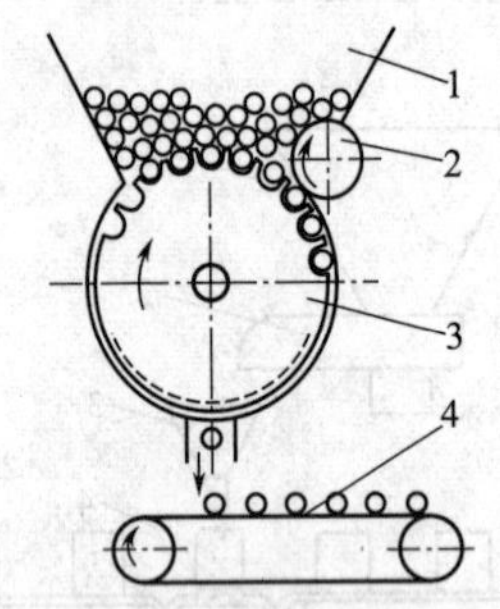

图 3-54　转鼓式计数装置示意图

1—料斗；2—拨轮；3—计量转鼓；4—输送带

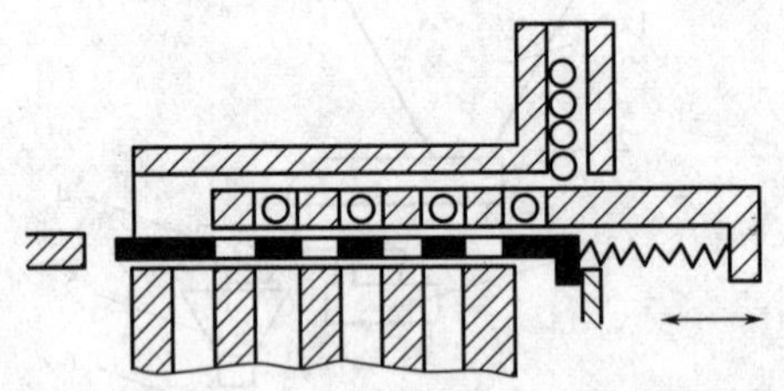

图 3-55　推板式计数装置示意图

图 3-55 所示为推板式计数装置。其工作原理是利用推板上若干个模孔计数。开始时，推板通过弹簧带动漏板向右移动，模孔逐个通过供料口，物料就落入推板的模孔中，每个模孔可容纳一粒或多粒物料。当推板带动漏板向左移动直至漏板被挡块挡住时，漏板上的模孔恰好对准卸料孔，推板克服弹簧的压力继续向左移动，就会出现三孔对齐的状态，于是推板模孔中的物料就分别充填入包装容器。然后，驱动机构又驱使推板向右移动，并进行下一个

包装的循环过程。

图 3-56 所示为直线条式模孔计数装置。由链轮通过链条带动的若干块模板做直线运动，模板上有数组模孔，当模孔运行至料斗加料区段时，模板板面相对粒状物料产生相对运动，使物料落入计数模孔内，并由模板下面的承托板支托在模孔内，直到卸料区段，物料从模孔排出，落入卸料漏斗，装入待装容器。随着条式模板的连续运行，便可实现连续的自动计数。

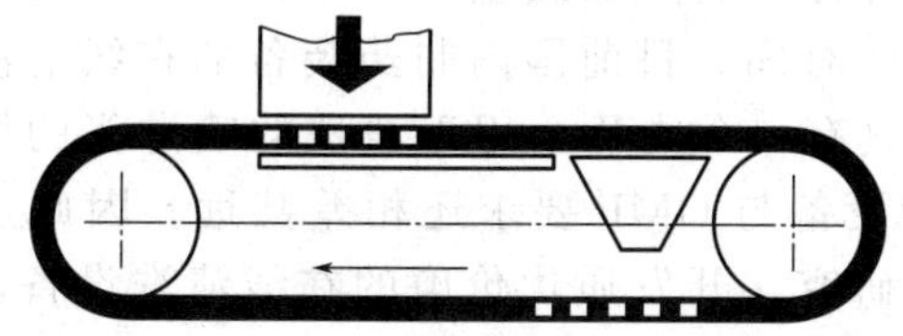

图 3-56　直线条式模孔计数装置示意图

图 3-57 所示为光电计数装置。当物品有规则地排列，依次通过光电管时，光源射出的光线由于物体通过形成明暗两种状态，在光电管中转换成电脉冲送入计数电路进行计数，并在数码屏上显示，还可发出信号，控制其他执行机构。

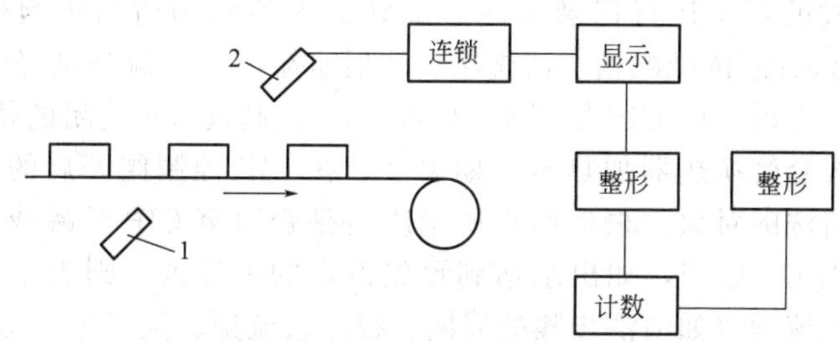

图 3-57　光电计数装置示意图

1—发光管；2—光敏元件

第八节　在线清洗及在线灭菌技术及设备

制药设备的清洗与灭菌是确保药品生产质量的关键所在，尤其是“换批”与“更换品种”时显得更为重要。GMP 提倡的设备在线清洗（CIP）及在线灭菌（SIP）功能，将成为清洗技术及灭菌技术的发展方向。

在线清洗（clean-in-place，简称 CIP）与在线灭菌（sterilization-in-place，简称 SIP）是指系统或设备在原安装位置不做拆卸及移动条件下的清洁与灭菌工作。以设备的清洗为例，GMP 极其重视对制药系统的中间设备、中间环节的清洗及监测。至于清洁何处、怎样清洗、清洗难易、清洁效果亦应结合考虑，对需要清洗或不易于清洗的设备开展 CIP 功能联想与设计。而在线清洗与手工清洗的方法和程序是不同的。在线清洗不需拆卸与重新装配设备及管路，就可以对设备及管路进行有效的清洗，将上批生产或实验在设备及管路中的残留物减少到不会影响下批产品质量和安全性的程度。目前，在线清洗技术已经在食品、饮料、制药和生物技术工艺中得到越来越广泛的应用，可以确保去除工艺残留物，减少污染菌，确保不同生产过程段与段之间的隔离。

GMP 规定设备的设计、选型、安装应符合生产要求，易于清洗、消毒或灭菌，便于生产操作和维修、保养，并能防止差错和减少污染。可见，在线清洗与在线灭菌是保证药品安全生产、不发生错药及混药的一个重要环节。

一、在线清洗技术与设备

在线清洗（CIP）技术是一种包括设备、管道、操作规程、清洗剂配方、有自动控制和监控要求的一整套技术系统，能在不拆卸、不挪动设备、管线的情况下，根据流体力学的分析，利用受控的清洗液的循环流动，洗净污垢。

在线清洗技术和设备旨在提高产品质量和延长产品寿命的同时，极大地减少人工干预和清洗生产设备及管路的时间。目前国内制药装备的在线清洗技术还处于发展不全面的水平，有些制药装备只具有一个或几个用于清洗的喷淋头的结构，有些零部件还需要拆洗，这样的 CIP 技术和设备与 GMP 要求还相差甚远。因此，强化及普及在线清洗意识，加强在线清洗技术的研究，开发质优价廉的在线清洗设备，对在线清洗工艺及在线清洗成本进行优化，提高在线清洗技术的自动化程度，是目前国内制药工业及制药装备行业的一个重点。

CIP 系统由清洗剂的配制、贮存容器和加热设备、输送泵和管道、液体分配板及相应的温度、流量、液位控制装置所组成。其规模根据清洗对象的情况而确定。在一家工厂内最好用同一理念设计所有的系统。这样可以统一运行方式，减少运行操作差错，提供一致的控制参数，使用统一格式的系统运行记录文件。如图 3-58 所示为适用于制药生物行业的典型 CIP 系统，主要设有浓酸/浓碱贮槽、清洗罐、注射水罐。酸、碱分别经泵 P1 和 P2 计量送入盛有去离子水的清洗罐，由 CIP 输送泵 P3 在 CIP 控制阀 V9 关闭的情况下，循环混合，配制的溶液由卫生级套管换热器加热至预期温度，在 CIP 控制阀开启的情况下，送至流量分配板连通至需要清洗的对象。根据回水质量决定是否回至 CIP 贮罐或进行排放。清洗后期出水由电导传感器 CS 监控，如出水达到预先设定的电导值，则表示酸/碱已全部除去。各种设备特定的清洗流程（如清洗步骤的周期、程序、流量、温度等）均可编制程序，以适应工厂操作弹性的需要。

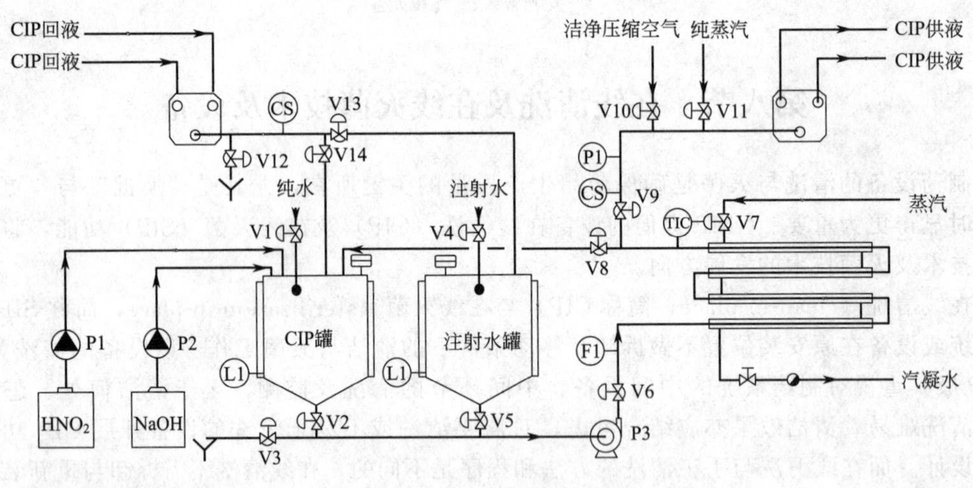

图 3-58 CIP 系统流程图

CIP 清洗过程是通过物理作用和化学作用两方面共同完成的。物理作用包括高速湍流、流体喷射和机械搅拌；而化学作用则是通过水、表面活性剂、碱、酸和卫生消毒剂进行的，占有主要地位。根据清洗方法的不同，在线清洗技术主要包括超声波清洗、干冰清洗、高压水清洗及化学清洗等。

1. 超声波清洗技术与设备

超声波清洗技术在制药工业中应用较广。其主要原理是利用超声波传播速度随着介质的变化而产生速度差，从而在界面上形成剪切应力，导致分子与分子之间、分子与管壁间结合力的减弱，阻止污垢晶体附着在管壁或器壁上。超声波在流体介质中的空化作用所产生的强大压力可以加速 Ca^{2+}、Mg^{2+} 的析出，并能够将已析出的碳酸盐污垢及颗粒杂质击碎成细小的颗粒而悬浮于介质中。超声波在流体中空化所造就的高温高压特殊物理环境会加速化学反应，以改变污垢物的结垢条件。因此，超声波在线清洗防垢技术迅速崛起，清洗效果广受好评。

2. 干冰清洗技术与设备

干冰清洗技术是将干冰颗粒作为喷射介质，用于清理各种顽固的油脂及混合附着物，是一种新型的清洗技术。20 世纪 80 年代，随着干冰生产设备的日趋小型化、低成本化，干冰清洗技术不断地被工业用户认可，越来越广泛地应用于各个领域。

干冰喷射清洗机经过改进，喷射压力由原来的 1.14MPa 下降到现在的 0.15MPa，由原来的双管喷射改为单管喷射，新的喷嘴技术使设备迅速小型化，设备的易用性和经济性以及清洗效果明显提高，带给用户实际的利益。

干冰在线清洗技术在清除黏附在传送带、炉膛、烤盘、滚轴和运送设备上的积炭等污垢，具有无可比拟的优越性。在医药领域，干冰清洗技术有安全环保的优点（如干式、无毒、低温杀菌等），Novo Nordisk（诺和诺德）制药的整个生产过程都采用干冰清洗技术。

干冰清洗后只留下清洗下来的污垢，干冰颗粒已经气化成二氧化碳气体，没有其他的化学残留，对环境不造成污染，而传统的洗涤剂清洗对水体和环境会造成二次污染。在国外，干冰清洗技术得到一系列的安全认可，符合美国农业部（USDA）、食品与药物管理局（FDA）、环境保护局（EPA）的安全要求。可以用于食品、卫生行业，而且不会对从业人员造成化学侵害，它是化学清洗剂的理想替代品。

3. 高压水射流清洗技术与设备

水射流是指由喷嘴流出形成的不同形状的高速水流束，射流的流速主要取决于喷嘴断面的压力降。低压水射流的工作压力不大于 10MPa，其设备主机多为离心泵或低压往复泵；高压水射流的工作压力在 10～100MPa 之间，其设备主机多为高压往复泵；超高压水射流的工作压力不小于 100MPa，其设备主机多为超高压往复泵和增压器。高压水射流设备泛指各种压力的水射流设备。它应是一个含有喷嘴的流体能量释放系统，其喷嘴功能是将流体的压力能转换为速度能，形成自由射流束。射流中可以介入固体颗粒或附加化学药剂，也可加温。

4. 化学清洗技术与设备

化学清洗技术即指利用化学清洗剂溶解污垢的作用、水的溶解及冲刷作用、温度作用，对容器设备和管道内表面进行清洗，达到工艺要求，从而实现在线清洗的方法。通过清洗，可除去残余产品、蛋白质、树脂、油等沉淀，除去有机和无机盐类以及容器表面的微生物，达到一定的清洁度。可以说，化学在线清洗技术是目前医药工程的主流清洗技术。例如，大型固定设备或系统一般宜采用化学在线清洗，即将一定温度的清洁液和淋洗液以控制的流速循环冲刷待清洗的系统表面，以达到清洗目的。在线清洗适用于灌装系统、配制系统及过滤系统等。

化学 CIP 在线清洗系统主要包括清洗剂站（洗涤杀菌液配制、贮存）、循环调节系统（输送泵、回收泵、管道和阀门）、控制系统和执行系统（洗罐器）等。

二、在线灭菌技术与设备

在线灭菌即SIP常指系统或设备在原安装位置不做拆卸及移动条件下的蒸汽灭菌。根据《中国药典》收入的灭菌法，包括了湿热灭菌法、干热灭菌法、过滤灭菌法、辐射灭菌法及环氧乙烷灭菌法，而湿热灭菌法与干热灭菌法又统属热力灭菌，也是这些灭菌方法中使用最广的方法。

能称为SIP的设备要具备"原安装位置不做拆卸及移动条件"，这也是区别其他灭菌与在线灭菌的重要标志。

微生物污染水平的制定应满足生产和质量控制的要求。发达国家GMP一般明确要求控制生产各步的微生物污染水平，尤其对无菌制剂，产品最终灭菌或除菌过滤前的微生物污染水平必须严格控制。如果设备清洗后立即投入下批生产，则设备中的微生物污染水平必须足够低，以免产品配制完成后微生物项目超标。微生物的特点是在一定环境条件下会迅速繁殖，数量急剧增加。而且空气中存在的微生物能通过各种途径污染已清洗的设备。设备清洗后存放的时间越长，被微生物污染的概率越大。因此，及时、有效地对生产过程结束后的设备进行灭菌显得尤为关键，特别是在无菌制剂的生产过程中则更是重中之重。

可采用在线灭菌手段的系统有管道输送线、配制柜、过滤系统、灌装系统、冻干机和水处理系统等。在线灭菌所需的拆装作业很少，容易实现自动化，从而减少人员的疏忽所致的污染及其他不利影响。但这些系统的在线灭菌验证需要一些特殊的供汽设备、排冷凝水的设备、一些额外的灭菌程序监控及结果记录的设备。对于大容量注射剂来说，一般情况下，在线灭菌不需要天天做，但它是微生物污染出现超标时企业控制微生物污染、保证产品安全的重要手段。

在线灭菌系统的验证始于系统的设计。在大容量注射剂生产有关系统设计时就应当考虑到系统在线灭菌的要求，如在氨基酸药液配制过程中所用的回滤泵、乳剂生产系统的均化机以及系统中保持循环的循环泵是不宜进行在线灭菌的，在在线灭菌时应当将它们暂时短路，排除在系统之外。又如，灌装系统中灌装机灌装头部分的部件结构比较复杂，同品种生产每天或同一天不同品种生产后均需拆洗，它们应当在清洗后在线灭菌。另外，整个系统中应有合适的空气及冷凝水排放口，在线灭菌可能的冷点处需设置温度监控探头等方面的问题在系统设计时均应予以考虑，以避免安装结束调试时才发现安装或设计的明显失误而不得不返工。

在有些制药设备中，在线清洗与在线灭菌的应用也是相辅相成、不可分割的。在线清洗与在线灭菌在无菌制剂生产设备中若使用得当，会发挥其他清洗与灭菌方法无法比拟的作用，会大大减少产品的交叉污染，提高产品质量。如某冻干机产品，其CIP/SIP功能在喷淋头的设计上是经CFD与动态试验而确定的，确保每个点都能有效清洗到。同时，产品上有整套CIP/SIP程序，有多项清洗与灭菌参数，可保存与记录。其SIP工艺流程为：准备阶段→箱门锁定→升温（预热）阶段→保温（灭菌）阶段→排气阶段→抽空干燥阶段→冷却阶段→箱门解锁→结束程序。

第九节　过程分析技术与应用

一、过程分析技术的概念与分类

过程分析技术（process analytical technology，PAT）是一个系统，即作为生产过程的分析和控制，是依据生产过程中的周期性检测、关键质量参数的控制、原材料和中间产品的质量控制及生产过程，确保最终产品质量达到认可标准的程序。

FDA认为，通过在药品生产过程中使用PAT技术，可以提高对于生产过程和产品的了解，提高对于药品生产过程的控制，在制剂工程设计阶段就考虑到确保产品质量。

对制剂过程和产品的了解应该贯穿整个产品周期，这其间需要的PAT技术包括化学、物理、微生物等过程的分析，数学和统计学数据的分析，以及风险分析。这样一来，关键的参数得到了确定和控制，产品质量的控制变得精确和可靠，从而增加了产品最终质量的保障。这也是一种手段以证明产品的质量是在整个生产过程中得到保证，而不是到成品后化验时才知道的。这体现了一种全新理念，即：产品质量是通过设计、生产出来的，而不是化验出来的。FDA将PAT技术分为以下四类：

① 近线PAT（at-line），样品从生产线取出，分析在接近生产线的地方进行。

② 连线PAT（on-line），样品从生产线取出，分析后可以返回生产线。

③ 在线PAT（in-line），样品不用取出直接在生产线上进行分析。

④ 离线PAT（off-line），样品从生产线取出，在质检室进行分析。

二、PAT技术在制剂过程与装备中的应用

1. PAT在片剂生产中的应用

在片剂生产过程分析中有一种在线分析仪，它是一种不具破坏性的测试分析，可利用NIR（近红外）光谱进行分析，主要用于片剂活性成分和水分的测定。特点：分析快速（<2min），分析精确在0.1%之内，没有破坏性。

另一种是IMA Kilian-RQ100型片剂专门分析仪，可用于压片后的成分测定，并能在线直接检测片剂压制后的质量。该结构是把一个特制的反射探测器安装在分析仪转台的检测位，其检测过程是片剂由真空输送至振动输送盘，每一片剂在跟踪开关控制下通过倾斜道至检测位进行检测。

此外，在片剂生产中应用PAT技术的还有：①片剂常规的溶出度检测，其是利用高效液相色谱（HPLC）仪，一般20min能出结果；②片剂质量NIR光谱分析的应用程序（API），随着对片剂光谱分析研发的深入，人们发现片剂质量对粉粒密度的依赖性，而对这种密度可建立起一种多元性模型，利用此模型可提高片剂质量检测的精确性。特点：无损伤、无破坏，提高统计精度，能提供实时信息，也能连续进行含量均匀性检测。

2. PAT在制粒、粉碎与混合生产中的应用

（1）粉粒的水分检测　在NIR（近红外）区域对水的吸收是非常显著的，利用近红外光谱的反射，固体粉粒中的水分很容易被测出。

特点：①检测不接触产品或样品；②检测的是粉粒表面水分（穿透深度仅为几个微米）；③虽检测结果不是很精确，但能反映百分数与趋势。

另一种NIR水分检测仪，能对粉粒进行在线水分检测。

特点：①用此仪测定水分的结果是客观公正又精确的，也可验证；②其测定数据为多元矩阵（PLS偏最小二乘法，PCA主成分回归法）；③此法较为精确。

还有一种NIR在线检测干燥期间的水分含量装置，可安装在干燥设备上（如沸腾制粒机），目的是用NIR光谱分析法对干燥过程的水分进行定量控制。

特点：提高实时信息、生产过程能在控制基础上、确保最终产品质量的均一性。

（2）在线粉碎粒径分析　现在制药生产所涉及的粉碎工艺正向超细化发展，对粉碎物粒径的在线分析尤其重要。德国新帕泰克公司MYTOS系统把HELOS激光衍射系统和功能强大的RODOS干法分散系统相结合，能对粉碎后颗粒粒径大小与粒径分布进行在线检测。其系统装在气流粉碎机出料口处，将取样装置TWISTER装在管道直径38～150mm工位

处，取样装置依次扫过管道整个横截面上各个点，有效地避免了取样误差。满足了对生产过程的实时监控要求。

(3) 物料混合过程的检测分析 混合生产过程中有很多指标需及时检测，Spectral Dimensions公司推出了一款PAT混合分析设备即混合监视器，这套设备可以实时检测，并应用到工艺的控制中而不需要停止生产，可完成取样、检测并重启设备等一系列操作。与传统混合的NIR分析设备不同，这套混合监视器采集近红外图像而不是点测量。NIR（近红外）测量平均的混合特性，而Spectral Dimensions公司的超光谱或化学成像能够迅速对混合组分的排列和尺寸进行鉴定并成像，从而得到混合过程更完整的信息，而这些信息的采集都不需要打开混合设备进行取样。Spectral Dimensions公司之前已经采用这项技术用几乎相同的方法对最终产品进行分析。NIR化学成像可以快速地确定固体药物用量成分的分布以及胶囊中赋形剂与活性药物成分的分布。

3. PAT在西林瓶粉针分装生产的应用

利用光谱分析技术对西林瓶分装压塞后进行瓶内真空度在线检测，它是一个二极管激光光谱检测装置。

特点：100%的无破坏性的真空度测试，分析时间快速（<1s）。

4. PAT在冻干过程的应用

(1) 气体质谱分析仪 用于监测过程中的水蒸气与其他气体的情况，其可以测定干燥过程中气体成分和干燥终点及系统受污染或外界泄漏程度。实际上这是气体质谱分析技术在冻干机上的应用。但这种方法对SIP不适用。

(2) LyoTrack传感器 LyoTrack传感器作为一种低温等离子体激发光子分析技术，经10年试用，证明了其在冻干机上推广运用的可行性，标志着冻干机冻干过程PAT进入了一个新时代。

LyoTrack传感器的特点：①可以作为PAT工具监测冻干过程，准确地判断一次干燥终点和二次干燥终点；② 相比较以往所有的工具，其可较准确地测定出产品的相对残余含水量；具备系统数据整体性和重复性，而不是个别性的；③可以进行在线SIP，符合现行的GMP；④必须在渗入N_2/空气条件下进行；⑤适用于双室结构的冻干机。

5. PAT在洁净空气检测中的应用

瞬间微生物检测仪利用光谱技术，可以测定存在于液体或空气中的小粒子的数量和大小，同时还能检测出每个粒子是惰性的还是具有生物活性的，而所有这些工作都是在瞬间完成的。其功能包括：①可检测单个微粒大小的光学组件；②通过紫外光激发某些微生物细胞或孢子细胞的代谢产物，从而产生荧光信号的光学组件；③可区分空气中微生物和惰性粉尘的系统。

PAT是一种通过定时对关键质量和性能指标进行测量，并进行设计、分析、控制和制造过程的系统。PAT已经成为规范生产过程最优化的有效工具，从PAT得到产品成分的实时数据可以改进人们对生产过程的认知程度和控制程度。因此，可以利用高密集的、可再现性的产品数据来提高产品质量，通过更好的控制单元操作来避免延迟，如由释放时间产生的延迟，PAT在这其中起着举足轻重的作用。PAT应该在制药装备设计阶段就考虑到，其目标是理解与控制整个过程。PAT是通过实行“设计保证质量”的原则来确保生产过程结束时的产品质量，在提高效率的同时减少质量降低的风险。在线的测量与控制系统将能缩短生产周期，防止次品和废料，提高操作人员的安全性和整体的生产效率。也可以说，PAT要求用户和供应商在制药装备的设计和研发阶段要进行一种高层次的合作，它要求智能的制药装备和传感器不仅能够传递加工过程的状态，而且还要能反馈传感器的状态，这导致了新一代集成控制系统的诞生。过去，制药装备只是简单地控制它自身的功能，另外三四套系统或者追踪机器的进料是什么，或者测定停机时间，或者追踪机器的性能。但是现在应用PAT的制药装备能知道什么时候它是一台好的制药装备，什么时候不是。虽然，PAT要求进行更多的验证，但是最终它会使加工过程更加趋于简单，也更有效，特别是在转换产品时，而转换产品对于验证来说是另一个巨大的挑战。

思考题

1. 简述制剂生产装置的基本特征及机器的组成。
2. 什么是机构？制剂设备有哪些常用机构？
3. 平面四杆机构及其基本形式是什么？
4. 如何判断铰链四杆机构的类型？铰链四杆机构是如何演化成其他形式的？举例说明其演化形式在制药生产中的应用。
5. 举例说明凸轮机构的特点及其在制药生产中的应用。
6. 齿轮传动有什么特点？简述齿轮传动的主要类型。
7. 试比较说明链传动与带传动的特点。
8. 间歇运动机构有哪些形式？试述各机构的特点和应用场合。
9. 简述固体制剂生产中的物料输送技术及其应用。
10. 常用固体物料输送设备有哪些？说明各自的特点及应用。
11. 气力输送设备按工作原理分类，有哪些类型？
12. 常用液体物料输送装置有哪些？
13. 举例说明制剂生产中的进料装置与机构。
14. 简述常用定距隔离转送装置的形式、原理及应用。
15. 举例说明药品分装机构的形式、原理及应用。
16. 什么是在线清洗及在线灭菌？
17. 常用在线清洗技术与设备有哪些？
18. 举例说明制药设备在线灭菌的工艺流程。
19. 简述PAT技术在制剂生产过程中的应用。

参考文献

[1] 张绪峤，胡鹤立．药物制剂设备与车间设计．北京：中国医药科技出版社，2000.
[2] 朱宏吉，张明贤．制药设备与工程设计．北京：化学工业出版社，2004.
[3] 王双乐．固体制剂生产物料输送技术的探讨 [J]. 机电信息，2007，29：9-14.
[4] 孙凤兰，马喜川．包装机械概论．北京：北京印刷工业出版社，1998.
[5] 刘永荣，孙家骏．国内外物理清洗技术应用比较与未来展望 [J]. 洗净技术，2003，3：22-26.
[6] 于颖，田耀华，黄娟．在线清洗（CIP）新技术及设备．机电信息，2010，251（5）：1-11.
[7] 李欢竹．超声波清洗技术在制药机械行业的应用．应用能源技术，2010，149（5）：18-20.
[8] 段学明，刘云峰．干冰清洗技术的应用 [J]. 清洗世界，2005，21（1）：28-30.
[9] 郑珂．无菌制剂生产设备在线清洗与在线灭菌的重要性探讨 [J]. 齐鲁药事，2009，28（5）：312-313.
[10] 田耀华．过程分析技术及其在制药生产与装备的应用 [J]. 机电信息，2009，20：5-12.

第四章 药用包装机械

药品包装是药品在贮存、运输和使用过程中必须运用的一种技术手段，是指选用适宜的材料和容器，利用一定技术对药物制剂的成品进行分（灌）、封、装、贴签等加工过程的总称。药品从原料、中间体、成品、制剂、包装到使用的整个转化过程中，药物包装起着重要的桥梁作用，具有特殊的功能。

第一节 概 述

一、药品包装的分类

药品包装的主要作用在于保护药品、方便流通销售、便于使用。根据药品的特殊性，又将药品的包装分为三类：单剂量包装、内包装和外包装。

1. 单剂量包装

单剂量包装是指按照用途和给药方式对药物制剂成品进行分剂量并进行包装的过程，如将颗粒剂装入小包装袋，注射剂的玻璃安瓿包装，将片剂、胶囊剂装入泡罩式铝塑材料中的分装过程等，此类包装也称分剂量包装。

2. 内包装

内包装是指将数个或数十个药物制剂成品装于一个容器或包材内的过程，如将数粒成品片剂或胶囊包装入一板泡罩式的铝塑料包装材料中，然后装入一个纸盒、塑料袋、金属容器等，以防止潮气、光、微生物、外力撞击等因素对药品造成破坏性影响。

3. 外包装

外包装是指将已完成内包装的药品装入箱中或其他袋、桶和罐等容器中的过程。进行外包装是指将小包装的药品进一步集中于较大的容器内，以便药品的贮存和运输。

二、药用包装机械的组成

药用包装机械作为包装机械的一部分，包括以下八个组成要素。

（1）药品的计量与进给装置　指将被包装药品进行计量、整理、排列，并输送至预定工位的装置系统。

（2）包装材料的整理与进给系统　指将包装材料进行定长切断或整理排列，并逐个输送至锁定工位的装置系统。有的在供送过程中还完成制袋或包装容器排列、定向、定位。

（3）主传送系统　指将被包装药品和包装材料由一个包装工位按顺序传送到下一个包装工位的装置系统。单工位包装机则没有主传送系统。

（4）包装执行机构　指直接进行裹包、填充、封口、贴标、捆扎和容器成型等包装操作的机构。

（5）成品输出机构　指将包装成品从包装机上卸下、定向排列并输出的机构。有的机器是由主传送系统或靠成品自重卸下。

（6）动力与传动系统　指将动力与运动传递给执行机构和控制元件，使之实现预定动作的装置系统，通常由机、电、光、液、气等多种形式的传动、操纵、控制以及辅助装置等组成。

(7) 控制系统　由各种自动和手动控制装置等所组成，是现代药品包装机的重要组成部分，包括包装过程及其参数的控制，包装质量、故障与安全的控制等。

(8) 机身　用于支撑和固定有关零部件，保持其工作时要求的相对位置，并起到一定的保护、美化外观的作用。

第二节　药用铝塑泡罩包装机

一、概述

药用铝塑泡罩包装机又称热塑成型泡罩包装机，是工业发达国家于20世纪60年代发展起来的独特的包装机械。随着科学技术的飞速发展，泡罩包装机发展很快，90年代的泡罩包装机已达到自动控制、高速高效、多功能，用来包装各种几何形状的口服固体药品，如片剂、胶囊、丸剂等。药品的铝塑泡罩包装有如下优点。

① 泡罩包装是在平面内进行包装作业，占地面积小，用较少的人力即能实现快速包装作业，便于环境净化、减少污染，简化包装工艺，减少能源消耗。

② 泡罩包装使得药品互相隔离，即使在运输过程中药品之间也不会发生碰撞。

③ 包装板块尺寸小，方便携带和服用。只有服用者在服用前打开药品的最后包装，增加安全感，减少患者用药时的细菌污染。

④ 在板块表面可以印刷与产品有关的文字，供服用时辨别，防止用药混乱。

二、泡罩包装的结构形式和包装材料

1. 泡罩包装的结构形式

泡罩包装是将一定数量的药品单独封合包装。底面是可以加热成型的PVC塑料硬片，形成单独的凹穴。上面是盖上一层表面涂敷有热熔黏合剂的铝箔，并与PVC塑料封合构成的包装，如图4-1所示。

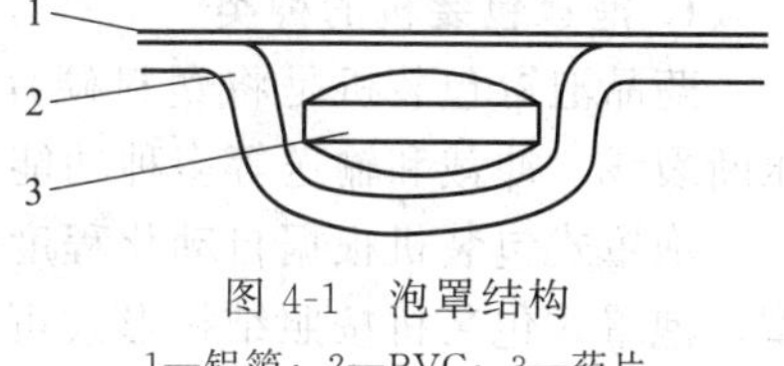

图4-1　泡罩结构

1—铝箔；2—PVC；3—药片

用力压下泡罩，可以使药片穿破铝箔取出，所以又称穿透包装。

板块尺寸的确定和药片排列形式的理想选择是药品泡罩包装的重要环节。板块尺寸的长宽比应该美观大方、便于携带。药片在板块上的排列既要考虑到节省包装材料降低成本，又要与药品每剂施用量适应，还要考虑到封合后符合密封性能要求。常见的板块尺寸是：78mm×56.5mm、35mm×110mm、64mm×100mm、48mm×110mm等。

每个板块上药品的粒数和排列根据板块的尺寸、药片的尺寸和服用量决定。目前，板块上排列的药片粒数大多为：10粒/板、12粒/板。个别小尺寸的药片有20粒/板。在每一泡窝中可容纳药片1粒、2粒或3粒，如图4-2所示。

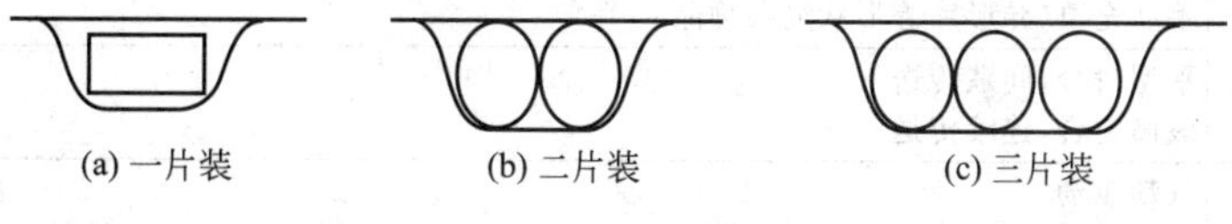

图4-2　泡窝中的药片

2. 泡罩包装的质量要求

泡罩包装的唯一不足是有的塑料泡罩防潮性能较差，因此在选择包装材料时应十分慎重，对于可热塑成型的塑料底片除了有技术性能要求之外，还需要满足下列要求。

① 对化学药剂有良好的抵抗性。

② 防潮性好，对于蒸气、气体以及香味有较低的渗透性。

③ 生理安全性。

3. 铝塑包装材料

铝塑包装机所使用的塑料膜多为0.25～0.35mm厚的无毒聚氯乙烯硬片（PVC）膜，又常称为硬膜。包装成型后的坚挺性取决于硬膜，有时在真空中吸塑成型中用0.2mm厚的塑料膜。

铝塑包装机上的铝箔多是用0.02mm厚的特制铝箔。使用铝箔的目的：一是利用其压延性好，可制得最薄的、密封性又好的包裹材料；二是由于它极薄，遇至稍微锋利的锐物时比较易撕破，以便取药；三是铝箔光亮美观，易于防潮。用于铝箔包装的铝箔在与塑料膜黏合的一侧需涂无毒的树脂胶以用于与塑料膜之间的密合。有时也用一种特制的纸制透析袋代替铝箔，纸的厚度多为0.08mm。这种浸涂过树脂的纸不易吸潮，又具有在压辊作用下能与塑料膜黏合的能力。

有些药物对避光要求严，也有利用两层铝箔包封的（称为双铝包装），即利用一种厚度为0.17mm左右的稍厚的铝箔代替塑料（PVC）硬膜，使药物完全被铝箔包裹起来。利用这种稍厚的铝箔时，由于铝箔较厚具有一定的塑性变形能力，可以在压力作用下，利用模具形成凹泡。

除了无毒聚氯乙烯硬片（PVC）外，适合于泡罩包装的底材还有以下几种：聚偏二氯乙烯硬片（PVDC）、聚丙烯硬片（PP）等。此外，还可用聚氯乙烯/聚偏二氯乙烯（PVC/PVDC）复合膜等。常用片材的厚度为0.25～0.35mm，片材的厚度根据被包装药品形状和泡窝的深度而定。

由于各类的塑料片具有各自不同的特点，又各有不足，近年来研究表明，将不同种类的塑料片复合在一起，能够获得比单独一种片材好得多的总体特性，满足了药品包装的要求。

三、泡罩包装机

1. 泡罩包装机的种类

药品泡罩包装机是将塑料硬片加热、成型、药品充填，与铝箔热封合、打字（批号）、压断裂线、冲裁和输送等多种功能在同一台机器上完成的高效率包装机。

泡罩式包装机根据自动化程度、成型方法、封接方法和驱动方式等的不同可分为多种机型。泡罩式包装机按照结构形式可分为滚筒式泡罩包装机、平板式泡罩包装机和滚板式泡罩包装机三大类。但它们的组成部件基本相同，见表4-1。

表4-1　泡罩包装机的结构与成型方式

结构组成	成型方式
加热部	直接加热：薄膜与加热部接触，使其加热 间接加热：利用辐射热，靠近薄膜加热
成型部	用压缩空气成型：间歇或连续传送的平板型 真空形成：负压成型，连续传送的滚筒型
充填部	自动充填 手动充填（异形片等形状复杂物品）
封合部	平型封合，间歇传送 滚筒封合，连续传送
驱动部	气动驱动 凸轮驱动、旋转
薄膜盖板	卷筒（铝箔、纸）薄膜进给 硬板纸（从料斗把硬板纸放在已成型的树脂薄膜上）
机身部	墙板型 箱体型

2. 泡罩包装工艺原理

由于塑料膜多具有热塑性，在成型模具上使其加热变软，利用真空或正压，将其吸（吹）塑成与待装药物外形相近的形状及尺寸的凹泡，再将单粒或双粒药物置于凹泡中，以铝箔覆盖后，用压辊将无药物处（即无凹泡处）的塑料膜及铝箔挤压粘结成一体。根据药物的常用剂量，将若干粒药物构成的部分（多为长方形）切割成一片，就完成了铝塑包装的过程。在泡罩包装机上需要完成薄膜输送、加热、凹泡成型、印刷、打批号、密封、压痕、冲裁等工艺过程，如图 4-3 所示。在工艺过程中对各工位是间歇过程，就整体而言是连续的。

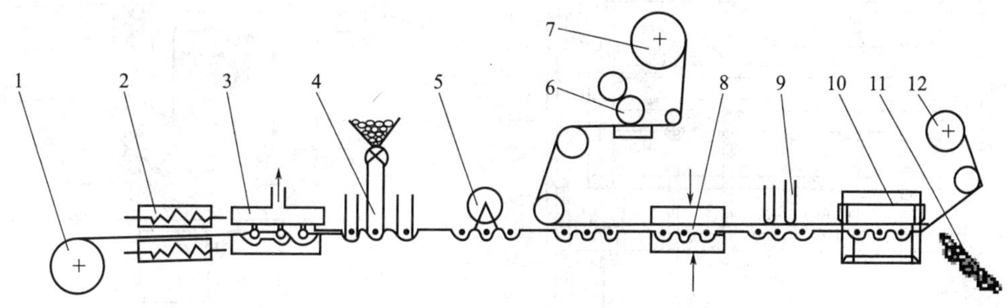

图 4-3　铝塑包装工艺过程

1—塑料薄膜；2—加热器；3—成型；4—加料（装药）；5—检整；6—印字；7—铝箔辊；8—密封；9—压痕；10—冲裁；11—成品；12—废料辊

（1）薄膜输送　包装机上设置有若干个薄膜输送机构，其作用是输送薄膜并使其通过上述各主要工位，完成泡罩包装工艺。国产各种类型泡罩包装机采用的输送机构有槽轮机构、凸杆-摇杆机构、凸轮分度机构、棘轮机构等，可以根据上述位置的准确度、加速度曲线和包装材料的适应性进行选择。

（2）加热　根据包装材料将成型膜加热到能够进行热成型加工的温度。塑料硬膜在通过模具之前先经过加热，加热的目的是使塑料软化，提高其塑性。对硬质 PVC 而言，较容易成型的温度范围为 110～180℃，此范围内的 PVC 薄膜具有足够的热强度和伸长率。温度的高低对热成型加工效果和包装材料的延展性有影响，因此要求对温度控制相当准确，温度的调节视季节、环境及塑料的情况，通过电脑预先控制。国产泡罩包装机加热方法有辐射加热和传导加热。传导加热装置的结构见图 4-4。

（3）成型　塑料片材用于药品泡罩包装的成型方法主要有两种，即真空负压成型和有辅助冲头或无辅助冲头的压缩空气正压成型。这两种方法都是受热的塑料片在模具中成型。成型工作台见图 4-5。

正压成型是靠压缩空气形成 0.3～0.6MPa 的压力，将塑料薄膜吹向模具的凹槽底部，使塑料膜依据凹槽的形状（如圆的、长圆的、椭圆的、方的、三角形的等）产生塑性变形。在模具的凹槽底部设有排气孔，当塑料膜变形时，凹槽空间内的空气由排气孔排出，以防该封闭空间内的气体阻碍其变形。为使压缩空气的压力有效地施加于塑料膜上，加气板应设置在对应于模具的位置上，并且应使加气板上的通气孔对准模具的凹槽。成型泡罩的壁厚比真空负压成型要均匀。对被包装物品厚度大或形状复杂的泡罩，要安装机械辅助冲头进行预拉伸，单独依靠压缩空气是不能完全成型的。采用压缩空气成型的机器要比真空成型的机器结构复杂得多，费用也比较高。这种成型方法都是应用在板式模具，故称之为平板式泡罩包装机。

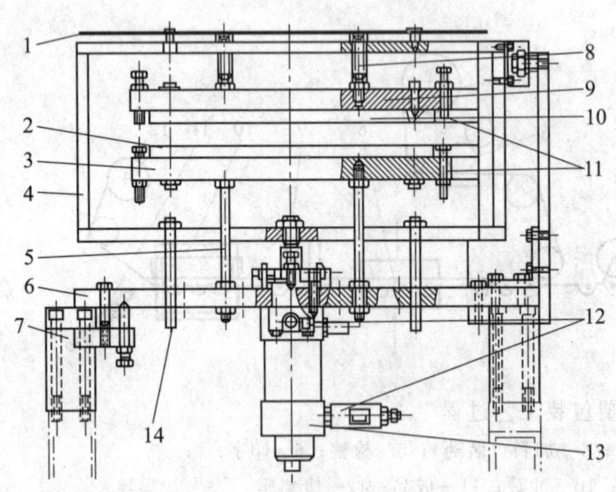

图 4-4 传导加热装置结构图

1—隔热板；2—热传导板（下）；3—下加热板；4—支撑架；5—下加热板支撑杆；6—座板；7—机架；8—上加热板固定螺栓；9—上加热板；10—热传导板（上）；11—调紧螺栓；12—控制阀；13—汽缸；14—导向杆

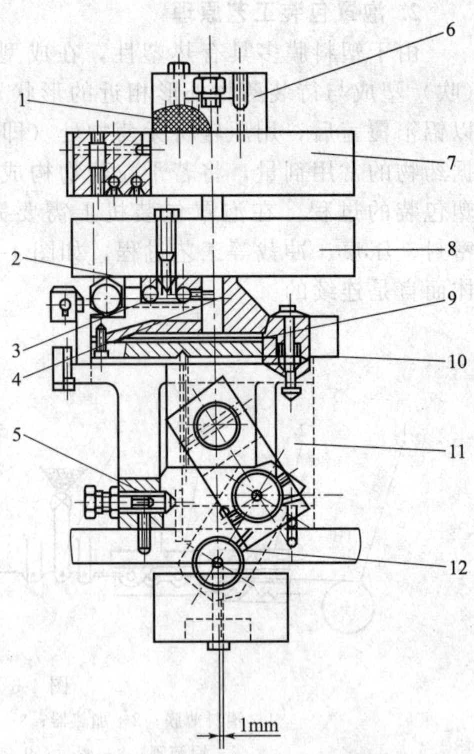

图 4-5 成型工作台结构图

1—冷却水；2—导柱；3—高压气路；4—下模具座；5—限位螺钉；6—上模具座；7—上模具；8—下模具；9—平衡气室；10—减震垫；11—模具支座；12—连杆

真空负压成型中，成型力来自真空模腔与大气压力之间的压力差。真空吸塑时，真空管线应与凹槽底部的小孔相通。与正压吹塑相比，真空吸塑的压力差要小。为了保证成型饱满，就要提高塑料片的成型温度而造成泡罩顶部很薄。目前，真空负压成型大多数采用滚筒式模具，用于包装较小的药品。

（4）加料　向成型后的塑料凹槽中充填药物可以使用多种形式加料器，并可以同时向一排（若干个）凹槽中装药。常用图 4-6 所示的旋转隔板加料装置及图 4-7 所示的弹簧软管加料器。可以通过严格的机械控制，间歇地单粒下料于塑料凹槽中；也可以一定速度均匀地铺散式下料，同时向若干排凹槽中加料。在料斗与旋转隔板间通过刮板或固定隔板限制旋转隔板凹槽或孔洞中，只落入单粒药物。旋转隔板的旋转速度应与带泡塑料膜的移动速度匹配，

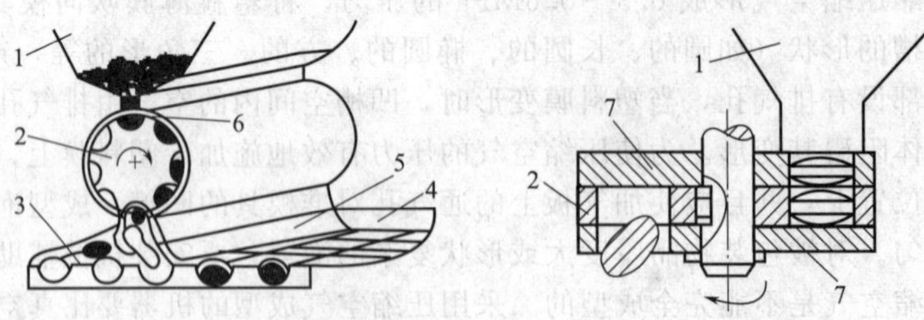

图 4-6 旋转隔板加料器

1—料斗；2—旋转隔板；3—带泡塑料膜；4—围堰；5—软皮板；6—刮板；7—固定隔板

即保证膜上每排均落入单粒药物。塑料膜上有几列凹泡就需相应设置有足够旋转隔板长度或个数。对于图 4-6 左侧的水平轴隔板，有时不设软皮板，但对于塑料膜宽度上两侧必须设有围堰及挡板，以防止药物落到膜外。

图 4-7 中所示的弹簧软管多是不锈钢细丝缠绕的密纹软管。常用于硬胶囊剂的铝塑包装，软管的内径略大于胶囊外径。可以保证管内只存贮单列胶囊。应注意保证软管不发生死弯，即可保证胶囊在管内流动通畅。通常借助整机的振动，软管自行抖动，即可使胶囊总堆贮在下端出口处。图示的卡簧机构形式很多，可以利用棘轮，间歇拨动卡簧启闭，从而保证每振动一次只放行一粒胶囊。也可以利用间歇往复运动启闭卡簧，每次放行一粒胶囊。在机构设置中，常是一排软管，由一个间歇机构保证联动。

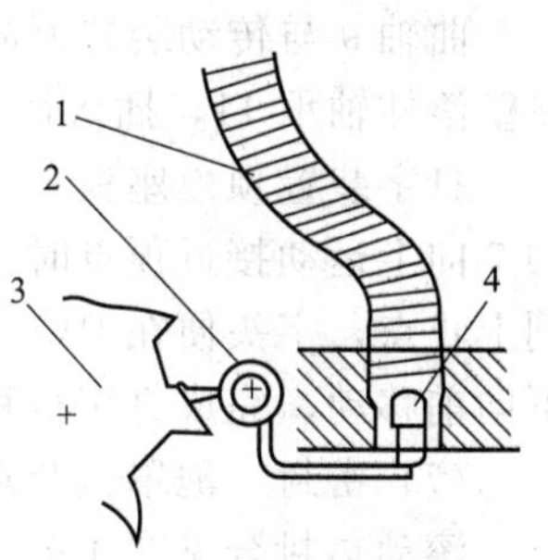

图 4-7　弹簧软管加料器

1—弹簧软管；2—卡簧片；3—棘轮；4—待装药物

(5) 检整　利用人工或光电检测装置在加料器后边及时检查药物填落的情况，必要时可以人工补片或拣取多余的丸粒。较普遍使用的是利用机械软刷，在塑料膜前进中，伴随着慢速推扫。由于软刷紧贴着塑料膜工作，多余的丸粒总是赶往未填充的凹泡方向，又由于软刷推扫，空缺的凹泡也必会填入药粒。

(6) 印刷　铝塑包装中药品名称、生产厂家、服用方法等应向患者提示的标注都需印刷在铝箔上。当成卷的铝箔引入机器将要与塑料膜压合前进行上述印刷工作。印刷中所用的无毒油墨，还应具有易干的特点，以确保字迹清晰、持久。除了印刷外，还有打字装置，其结构原理见图 4-8。

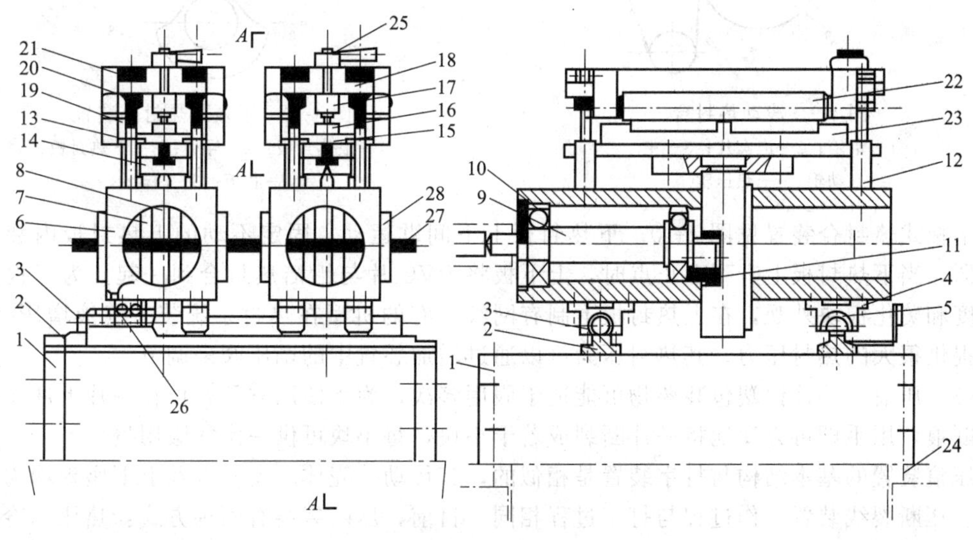

图 4-8　打字装置

1—立板；2—支架；3—导轨；4—导轨座；5—尼龙衬套；6—壳体；7—往复轴；8—导向键；9—曲轴；10,11—轴承；12—支柱；13—下支撑板；14—大卡板；15—顶模座板；16—顶模；17—字夹体；18,21—上支撑板；19—压印刃模底板；20—上模板；22—活辊；23—导向槽；24—架体；25—手柄；26—标尺；27—丝杠；28—丝母

打字装置有四个导轨座，安放在有导轨 3 的支架 2 上面。为了使字头或断裂线在泡罩板块上按规定的位置打出，利用丝杠 27 和丝母 28 使壳体 6 连同导轨座 4 在导轨 3 上滑动，并通过标尺 26 指出移动距离，待位置调准之后即可锁紧。

曲轴 9 与传动装置万向节联结，和冲裁形成同步间歇运动。在曲轴 9 的曲拐轴上有一个厚壁滚柱轴承 11，插入往复轴 7 的开口内，曲轴转动带动往复轴上下运动。

打字装置顶模座板 15 是依靠大卡板 14 与往复轴形成刚性联接。当顶模座板 15 随往复轴 7 向上运动接近顶点时，将 PVC 片夹在字头和顶模之间，随之顶模座板的进一步上行达到上止点，字头便在 PVC 片上冷压出字迹，而后顶模下行，PVC 片在冲裁前步进辊的带动下向前移动，完成打字行程。

(7) 密封　泡罩包装热封合有两种方法：双辊滚动热封合和平板式热封合。

滚动热封合见图 4-9。主动辊利用表面制成的型孔拖动充满药片的 PVC 泡窝片一起转动。表面制有网纹的热压辊具有一定的温度压到主动辊上与主动辊同步转动，将 PVC 片与铝箔封合到一起。这种封合是两个辊的线接触，封合比较牢固，效率高。

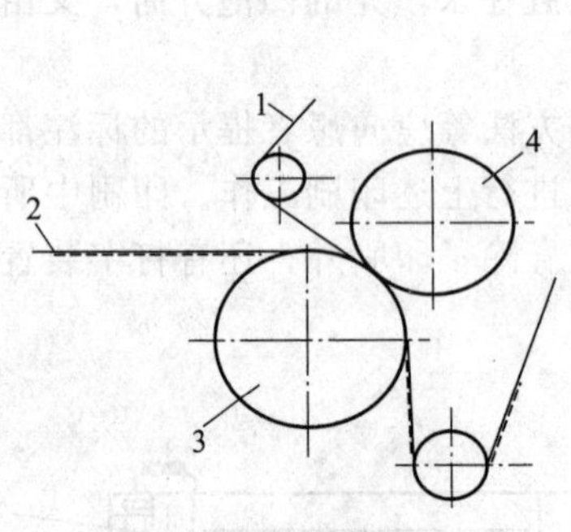

图 4-9　滚动热封合

1—铝箔；2—泡窝片；3—主动辊；4—热压辊

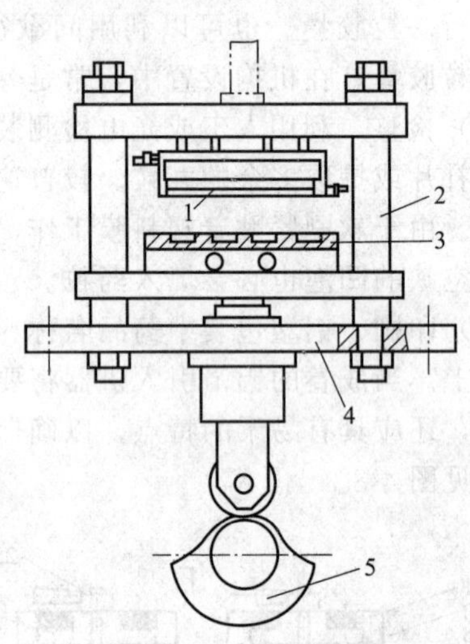

图 4-10　平板式热封合装置

1—上热封板；2—导柱；3—下热封板；4—底板；5—凸轮

平板式热封合装置见图 4-10。下热封板上下间歇运动，固定不动的上热封板内装有电加热器，当下热封板上升到上止点时，上下板将 PVC 片与铝箔热封合到一起。为了提高封合牢度和美化板块外观，在上热封板上制有网纹。有的机型在热封系统装有气液增压装置，能够提供很大的热封压力，其热封压力可以通过增加装置中的调压阀来调节。

(8) 压痕　一片铝塑包装药物可能适于服用多次，为了使用方便，可在一片上冲压出易裂的断痕，用手即可方便地将一片断裂成若干小块，每小块可供一次的服用量。

压痕装置的基本结构与打字装置是相似的，其传动、壳体、支柱以及上下座板均为相同结构。压断裂线装置工作过程与打字过程相同。目前，压断裂线有两种方式：热压和冷压。

① 热压。压印刀处于热状态工作，刀片的温度大约为 140℃，压入 PVC 片厚度的 1/3 左右，使 PVC 片被刀口压入处老化，很容易折断。

② 冷压。压印刀呈锯齿状，将 PVC 片切穿成点线状，便于折断或撕裂开。

夹字头体、顶模、压印刀模等是根据产品的不同需要按各药厂的要求设计制作。

(9) 冲裁　冲裁装置是将 PVC 泡罩片通过凸凹模时冲切成板块，并将纵向废料边切成小碎块。该种冲裁装置属于无横边废料，可以节省包装材料。该装置由 PVC 片同步进给、壳体与驱动机构、高速无横边冲裁机构、板块收集和废料箱所组成。

冲裁装置是泡罩包装机的关键部分之一，有诸多技术指标如冲裁频率、噪声等是衡量包装机械技术水平高低的主要指标，可以反映出制造厂的设计水平、加工工艺水平、设备精度和管理水平。DPT220 型流板泡罩包装机冲裁频率最高为 150 次/min，达到国际 20 世纪 90 年代初的水平。冲裁装置结构见图 4-11。

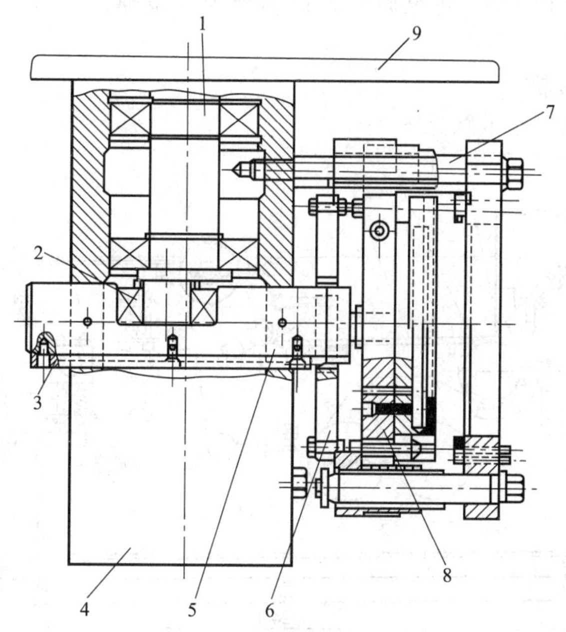

图 4-11　冲裁装置

1—曲轴；2—轴承；3—导向键；4—方箱；5—往复轴；6—横条板；7—支柱；8—高速无横边冲裁结构；9—立板

该冲裁装置是横向冲切，后端固定在架体中梁的立板上，前端固定于前梁的支撑板上。其传动方式与打字和压断裂线装置相同，并且两部分是同步转动。高速无横边冲裁结构原理见图 4-12。

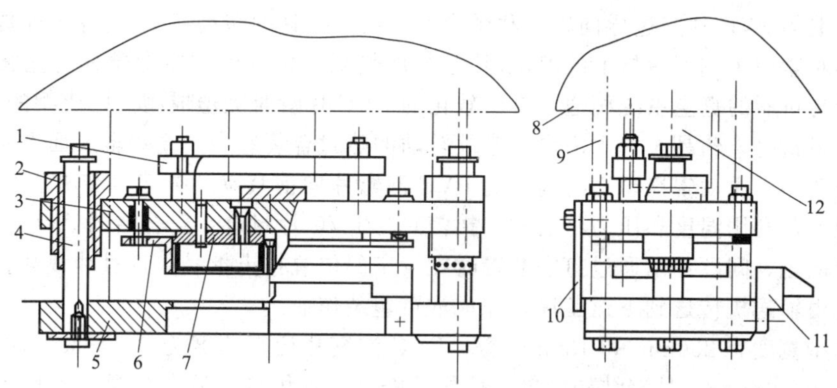

图 4-12　高速无横边冲裁结构

1—横条板；2—直线轴承；3—凸模座板；4—导柱；5—凹模；6—压料板；7—凸模；8—方箱体；9—支柱；10—废料边切刀；11—导向槽；12—往复轴

凸模 7 利用螺钉和定位销钉固定在凸模座板 3 上，在凸模座板上又安装有可以上下活动的压料板 6 构成运动件。凹模 5 靠四个支柱 9 支撑在方箱体 8 上。凹模板有两根导柱 4 和高精度的直线轴承 2 保证凸模往复运动的精度。直线轴承是无间隙配合，这样才能保证冲裁板块质量并实现高速冲裁。

当PVC泡罩片通过导向槽11进入凸凹模之间后，凸模向凹模运动开始冲裁。在冲裁之前，压料板先将PVC泡罩片压在凹模平面上，然后由凸模将板块从凹模内冲切下去。在冲切板块的同时，废料边切刀10将纵向废料边切断为碎块掉落在废料箱中，成品由输送带输出。

3. 滚筒式泡罩包装机

滚筒式泡罩包装机工作示意见图4-13。

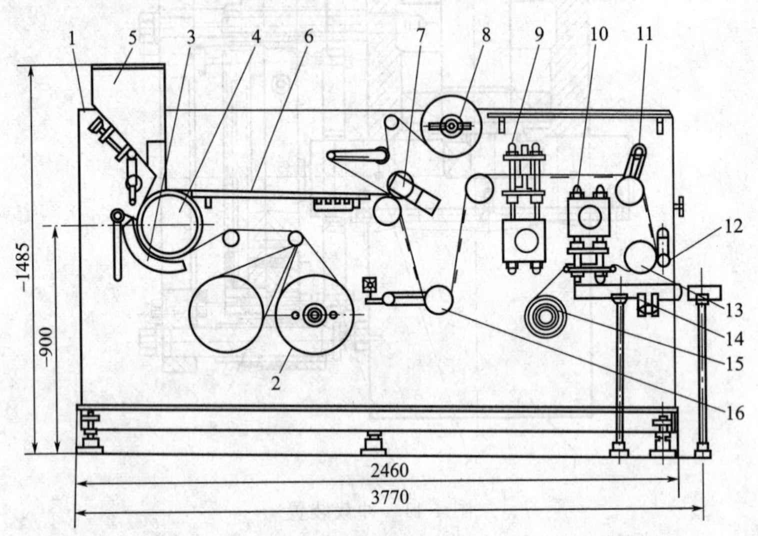

图4-13 DPA250型滚筒式泡罩包装机示意图

1—机体；2—薄膜卷筒（成型膜）；3—远红外加热器；4—成型装置；5—上料装置；6—监视平台；7—热封合装置；8—薄膜卷筒（复合膜）；9—打字装置；10—冲裁装置；11—可调式导向辊；12—压紧辊；13—间歇进给辊；14—运输机；15—废料辊；16—游辊

该种包装机主要用来包装各种规格的包衣片、素片、胶囊、胶丸等固体口服药品。工作原理是卷筒上的PVC片穿过导向辊，利用辊筒式成型模具的转动将PVC片匀速放卷，半圆弧形加热器对紧贴于成型模具上的PVC片进行加热至软化程度，成型模具的泡窝孔型转动到适当位置与机器的真空系统相通，将已软化的PVC片瞬时吸塑成型。已成型的PVC片通过料斗或上料机时，药品充填入泡窝。连续转动的热封合装置中的主动辊表面上制有与成型模具相似的孔型，主动辊拖动充有药片的PVC泡窝片向前移动，外表面带有网纹的热压辊压在主动辊上，利用温度和压力将盖材（铝箔）与PVC片封合。封合后的PVC泡窝片利用一系列的导向辊，间歇运动通过打字装置时在设定的位置打出批号，通过冲裁装置时冲切出成品板块，由输送机传送到下道工序，完成泡罩包装作业。

该种机型宽度有250mm和130mm等，PVC泡窝片运行速度为2.5～3.5m/min，冲裁次数为28～40次/min。具有结构简单、操作维修方便等优点，适合于同一品种大批量包装作业，是目前国内制药厂普遍使用的机型。

滚筒式泡罩包装机的特点如下：

① 真空吸塑成型、连续包装、生产效率高，适合大批包装作业；

② 瞬间封合、线接触、消耗动力小、传导到药片上的热量少、封合效果好；

③ 真空吸塑成型难以控制厚度，泡罩壁厚不均，不适合深泡窝成型；

④ 适合片剂、胶囊剂、胶丸等剂型的包装；

⑤ 具有结构简单、操作维修方便等优点。

4. 平板式泡罩包装机

平板式泡罩包装机的典型结构示意见图 4-14。

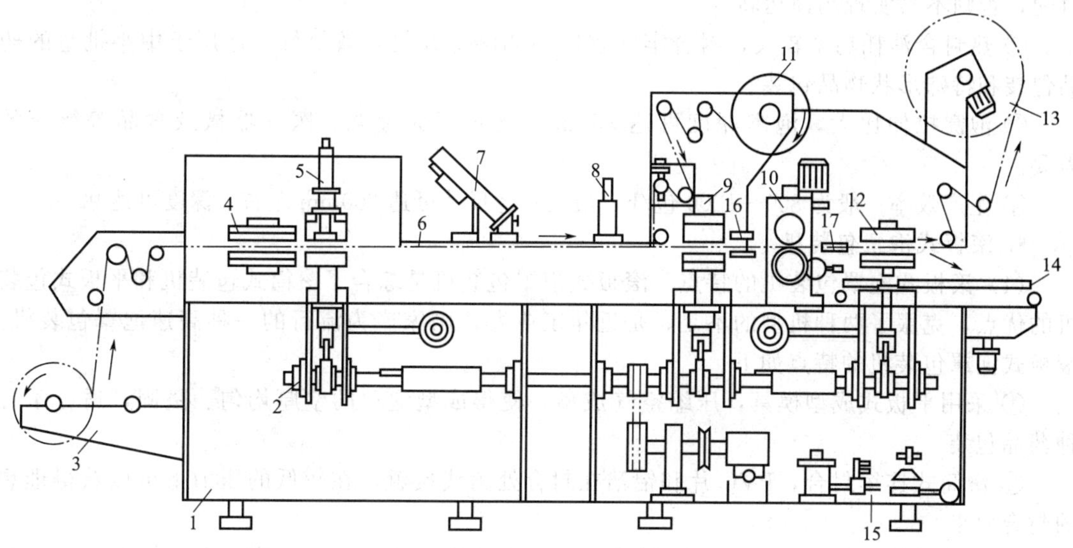

图 4-14　平板式泡罩包装机结构示意图

1—机体；2—传动系统；3—成型模辊组；4—预热装置；5—成型装置；6—导向平台；7—上料装置；8—压平装置；9—热封装置；10—驱动装置；11—覆盖膜辊组；12—冲裁装置；13—废料辊组；14—输送机；15—气控装置；16—冷却系统；17—电控系统

工作原理是 PVC 片通过预热装置预热软化，在成型装置中吹入高压空气或先以冲头预成型再加高压空气成型泡窝，PVC 泡窝片通过上料机时自动充填药品于泡窝内，在驱动装置作业下进入热封装置，使得 PVC 片与铝箔在一定温度和压力下密封，最后由冲裁装置冲剪成规定尺寸的板块。

平板式泡罩包装机工艺流程见图 4-15。

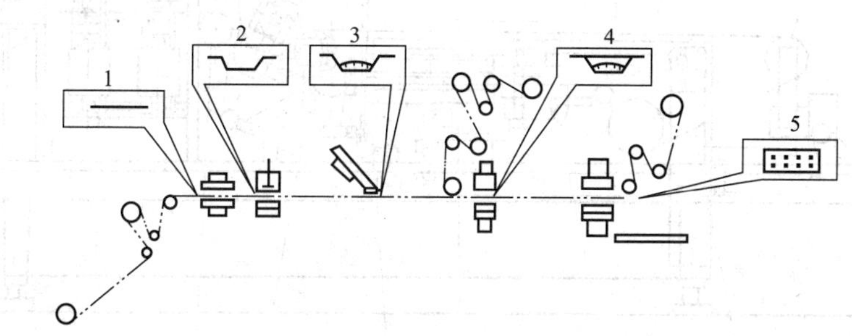

图 4-15　平板式泡罩包装机工艺流程图

1—预热；2—吹压；3—充填；4—热封；5—冲裁

该种包装机使用 PVC 片材宽度有 210mm 和 170mm 等几种，PVC 泡窝片运行速度最高可以达到 2m/min。最高冲裁次数为 30 次/min。各工位都是间歇运动。

目前，平板式泡罩包装机已发展出几种类型：有的封合装置可以沿着 PVC 片前进方向往复运动，在热封合的同时通过凸轮摆杆机构使得封合台整体向前移动一个工位，依靠封合夹紧力将 PVC 片盒盖材同时移动，实现封合和步进精度更准确；还有的机型中冲裁装置的传动与成型、热封合的长度是分开的，可以提高冲裁频率，最高可以达到 60 次/min 以上。

平板式泡罩包装机最大的特点是泡窝拉伸比大，泡窝深度可达 35mm，满足了大蜜丸、医疗器械及食品等行业的需要。平板式泡罩包装机的特点如下。

① 热封时，上下模具平面接触，为了保证封合质量，要有足够的温度和压力以及封合时间，否则不易实现高速运转。

② 热封合消耗功率较大，封合牢固程度不如滚筒式封合效果好，适用于中小批量的药品包装和特殊形状物品包装。

③ 泡窝拉伸比大，泡窝深度可达 35mm，满足了大蜜丸、医疗器械及食品等行业的需要。

④ 生产效率一般为 800～1200 包/h，最大容量尺寸可达 200mm 左右，深度可达 90mm。

5. 滚板式泡罩包装机

(1) 滚板式泡罩包装机的特点　滚板式泡罩包装机是综合了滚筒式包装机和平板式包装机的优点，克服了两种机型的不足，是近年工业发达国家广为流行的一种高速泡罩包装机。滚板式泡罩包装机的特点如下。

① 采用平板式成型模具，压缩空气成型，使得成型泡罩的壁厚均匀、坚固，适合于各种药品包装。

② 滚筒式连续封合，PVC 片和铝箔在封合处为线接触，在较低的压力下可以获得理想的封合效果。

③ 高速运转的打字、打孔（断裂线）和无横边废料冲裁，高效率、节省包装材料、包装质量好。

④ 上下模具通冷却水，下模具通压缩空气。

目前，滚板式泡罩包装机在国内有数家包装机械厂生产。其中 DPT220 型包装机的整机结构见图 4-16。

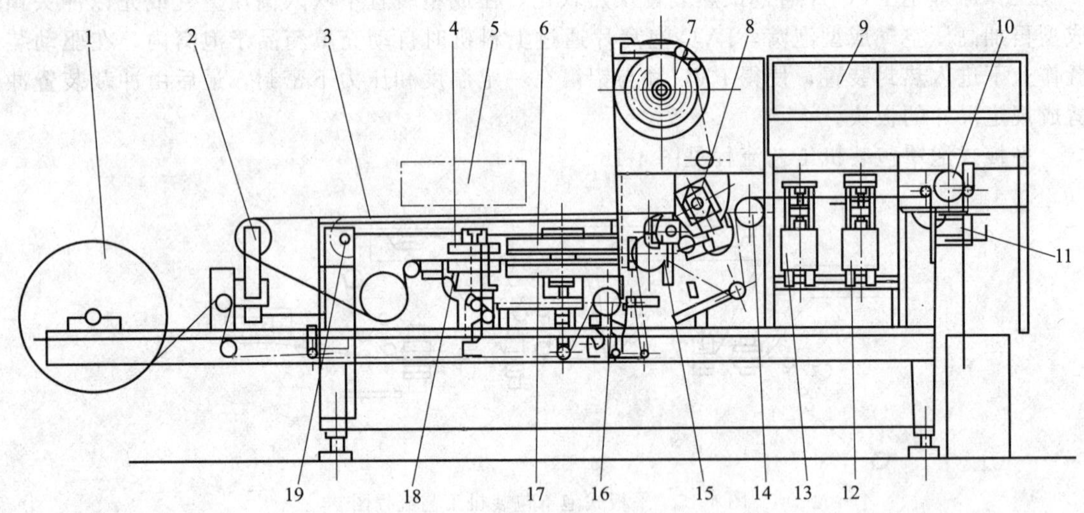

图 4-16　DPT220 型滚板式泡罩包装机

1—PVC 支架；2,14—张紧辊；3—充填台；4—成型上模；5—上料机；6—上加热器；7—铝箔支架；8—热压辊；9—仪表盘；10,19—进步辊；11—冲裁装置；12—压断裂线装置；13—打字装置；15—机架；16—PVC 送片装置；17—加热工作台；18—成型下模

整机是由送塑机构、加热部分、成型部分、步进机构、充填台、上料机、热封部分、打字、压断裂线部分、冲裁机构、盖材机构、气动系统、冷却系统、电控系统、传动机构和机架 15 个部分组成。该机的各个机构均为单个独立的组件组合安装在机架上。机架上平面加

工后作为各个机构的安装基准。由于有了准确而统一的基准面，使各组件机构便于统一调整。

（2）加热装置　其作用是将 PVC 片加热到热弹性温度区，为吹塑成型做好准备。PVC 片比较有利的成型温度为 110～120℃。当 PVC 片通过加热装置加热时，要求温度均匀一致，保证成型泡罩质量。板式吹塑成型是属于间歇加热和成型。PVC 片被加热后，再移动到成型工作台进行成型。在移动过程中，PVC 片因与空气接触而致温度降低，成型模具又要吸收一定的热量，所以从加热台移动出来的 PVC 片温度要高于成型温度，一般为 120℃ 左右。为了使 PVC 片能够被充分加热软化，加热板的长度是成型模具的 2～2.5 倍。

（3）成型工作台　成型工作台是利用压缩空气将已被加热盒加热的 PVC 片在模具中（吹塑）形成泡罩。

成型工作台是由上模、下模、模具支座、传动摆杆和连杆组成。在上、下模具中有冷却水，下模具通有高压空气。具体结构见图 4-17。

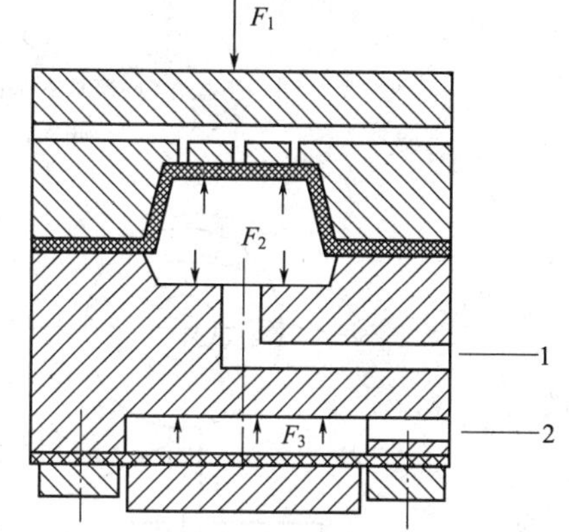

图 4-17　成型台的气路

1—成型高压空气；2—平衡高压空气

工作过程中，上模具由传动机构带动做上下间歇运动。在下模具座和模具之间有一个平衡气室，可通入压力可调的高压空气。当上下模具合拢，下模具吹入高压空气，使 PVC 片在上模具中形成泡罩，同时在上下模具之间产生一个分模力和向下的压力。为了有利于成型，在吹入高压空气的同时，平衡气室也通入高压空气，使得平衡，也保证上下模具之间有足够的合模力，见图 4-17，F_1 为分模力，F_2 为向下的压力，F_3 为平衡力。

合模力 F_1 应大于分模力 F_2。往往在工作中遇到较大的成型泡罩时，需提高成型高压空气的压力，使得马力增大。合模力 F_3 是机械传动产生的力，再提高 F_1 力必然增大动力消耗。通入平衡气室的高压空气压力 F_3 可调，使得 $F_1 \approx F_2$，保证了各种泡罩成型饱满。

（4）成型台传动机构　由传动系统提供的圆柱凸轮机构，按一定的速比，将凸轮的圆周运动转变成上模的上下往复运动。成型台传动机构见图 4-18。

摆杆 10 上端的滚子与传动凸轮配合，凸轮的转动使得摆杆间歇摆动。摆杆带动摆轴 9、连杆Ⅰ3 和连杆Ⅱ5 做左右摆动，使底板 7 做上下运动。导柱 6 下端与底板 7 连接，上端与上模具连接。由底板 7 的上下运动带动上模具上下运动，完成合模吹塑成型。

（5）步进机构　步进机构可将成型工作台已经完成泡罩成型的 PVC 泡窝片拉出来，送到充填台准备进行药品充填。同时，将加热平台已被加热软化的 PVC 片准确送入成型台，为下一次成型做好准备。

步进机构是以步进辊为动力，准确地移动 PVC 片一定距离。只有这样，才能将间歇运动的在成型台上成型后的 PVC 泡窝片移动到连续转动的热封合工作台准确入窝，并且与铝箔封合，不会出现错位的“压泡”和“赶泡”现象。步进机构设计中很关键的一点是传动比、步进辊直径和成型板块的排列，应进行准确计算，否则，极易因为小的差错而造成整机工作不同步。步进机构的结构原理见图 4-19。

在步进辊表面的圆周方向和纵向制成的泡窝与成型模的泡窝相一致。已成型的 PVC 片泡窝进入步进辊的泡窝内。当成型台上下模具分开时，步进辊开始转动一定的角度，拉动 PVC 泡罩片前进，经过定型板冷却定型。被步进辊拉出的 PVC 泡罩片通过张紧辊送入充

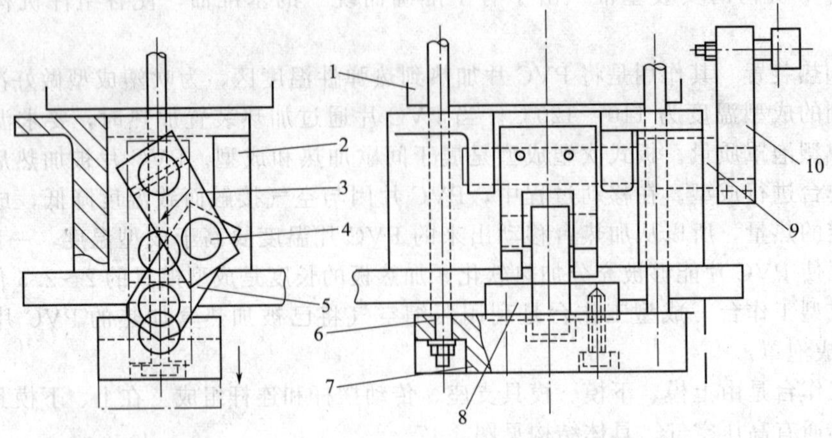

图 4-18 成型台传动机构

1—下模；2—模具支座；3—连杆Ⅰ；4—销轴；5—连杆Ⅱ；6—导柱；7—底板；8—固定销轴；9—摆轴；10—摆杆

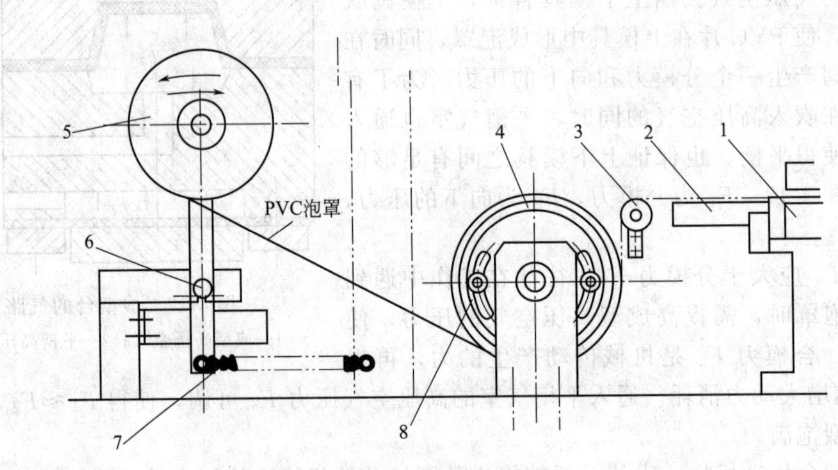

图 4-19 步进机构

1—成型台；2—定型板；3—支撑辊；4—步进辊；5—张紧辊；6—销轴；7—弹簧；8—螺钉

填台。

有的步进机构是采用摆杆机构带动滑座往复运动，在滑座上设有夹持微型汽缸，靠汽动夹持 PVC 泡罩片实现步进。步进长度可通过调整摆杆长度实现。此种结构比较简单，调整方便，已被广泛使用，但是要求气动元件必须可靠，否则容易造成不同步。

(6) 热封合部分　滚板式泡罩包装机的热封合属于滚式封合，其结构原理见图 4-20。

① 热压辊结构见图 4-21。热压辊靠适合于高温作业的球轴承支撑在热压辊支架的前后立板上，可以自由转动。在热压辊内圆周均匀安装有管状电加热器和一支热电偶，外部供电通过碳刷和铜环使加热管加热，该热量传导给热压辊。由于热压辊本身质量较大，储存热量较大，使热压辊表面形成均匀的热场。热量也会传导到热压辊轴和轴承上，为了防止轴承过热，在支撑轴承的前后立板上设有冷却水通道，通入循环冷却水对轴承进行冷却。为防止零件的制造精度和安装误差所造成热压辊与驱动辊不平行而影响封合质量，在热压辊支架的底板和侧板上设计有 4 个调整螺钉，分别用来调整热压辊的水平位置和垂直位置。通过水平和垂直位置的调整，使热压辊和驱动辊保持直线接触，确保封合质量。

热压辊压向驱动辊系依靠汽缸动力。当热压辊压向驱动辊，驱动辊的转动使 PVC 泡罩

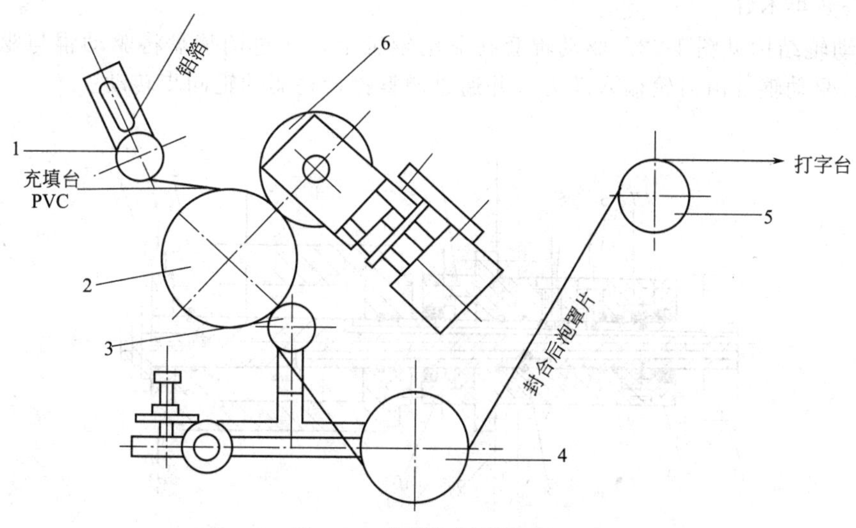

图 4-20　热封合部分原理图

1,3,5—支撑辊；2—驱动辊；4—摆动辊；6—热压辊

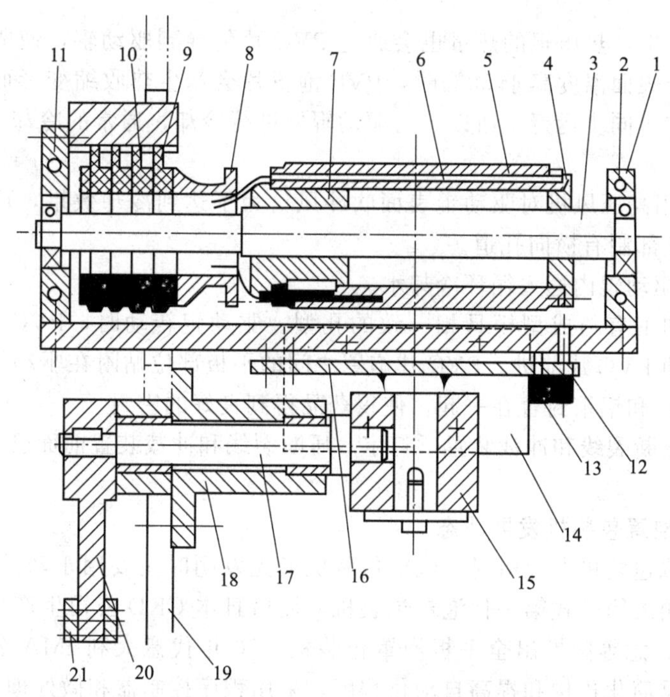

图 4-21　热压辊结构图

1—热压辊前立板；2—冷却水通道；3—热压辊轴；4—前衬套；5—热压辊；6—加热管；7—后衬套；8—支撑管；9—铜环；10—碳刷；11—热压辊后立板；12—支架固定螺钉；13—调节螺钉；14—侧支板；15—方体；16—底支板；17—方体轴；18—轴座；19—架体立板；20—摆杆；21—汽缸连杆

片和铝箔前进时，靠摩擦力使热压辊跟随转动，达到热封合的目的。

在热压辊表面有凸格状的网纹或凸点。为了确保封合的密封性，在泡窝之间和泡窝与板块边缘之间必须保持有三个以上的菱形凸格参与封合。凸点式封合很容易造成凹陷处相互串通，故封合效果不好。

② 驱动辊结构见图 4-22。驱动辊套在驱动辊轴上，通过调整盘将驱动辊与驱动辊轴联接在一起。驱动辊轴由齿轮输入动力，并通过调整盘带动驱动辊同步转动。

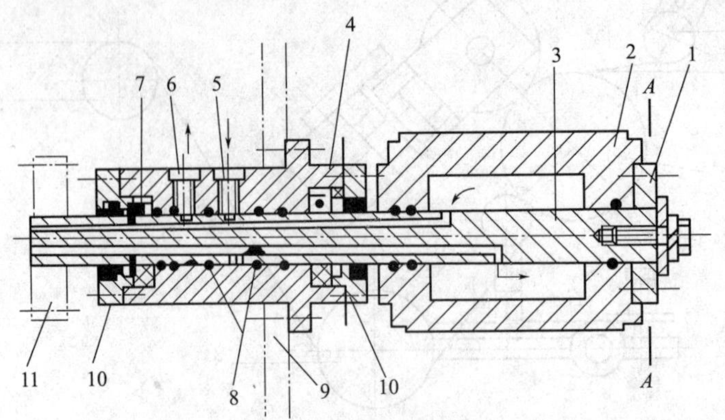

图 4-22　驱动辊结构图

1—调整盘；2—驱动辊；3—驱动辊轴；4—驱动辊轴座；5—进水口；6—出水口；7—轴承；8—密封圈；9—支架立板；10—挡盖；11—齿轮

在热封合过程中，热压辊的热量也会通过 PVC 片传导到驱动辊，使驱动辊表面温度逐渐升高。当驱动辊表面温度高于 50℃时，PVC 泡罩片会产生热收缩变形而影响包装板块质量，甚至会影响整机同步运行。所以，对驱动辊要进行冷却，通常的冷却方式有两种：风冷和水冷。

① 风冷。利用高压风机对驱动辊表面吹冷风，为了达到冷却效果，可将驱动辊泡窝加深，同时在泡窝底部制有横向孔道。

② 水冷。在驱动辊内通入循环冷却水。

驱动辊表面加工有与成型模具相一致的孔型。驱动辊转动时，PVC 泡罩进入泡窝内，如同链齿一样带动 PVC 片前进。PVC 片泡罩之间的平板部位贴附在驱动辊表面，在热压辊的压力下，PVC 片和铝箔封合在一起，使得药品得到良好的密封。

（7）打字、压断裂线和冲裁装置　打字、压断裂线和冲裁装置前面已经介绍，这里不再赘述。

6. 国外铝塑泡罩包装机发展动态

（1）铝塑泡罩包装机发展概况　泡罩包装机最先发明时主要用于药品包装。20 世纪 50 年代德国最先发明滚筒卧式第一代泡罩包装机，而后日本 CKD 公司生产单滚筒立式泡罩包装机。60 年代德、意等国推出全平板泡罩包装机。70 年代意大利 IMA 公司推出滚板包装机。近年来主要是简化机构和提高自动化程度，采用程序控制器和微处理装置，使操作者更易操纵自动化；可使用多种硬片成型，还可用于 PTP 式包装；提高生产能力到 400 片/min；能快速更换模具和运行中校正成型状态；采用摄像及电子仪器鉴别和剔除漏装或装入不完整药品的板块；泡罩包装与装盒机连接更为协调，冲裁下来的板块直接进入贮槽，成为装盒机的一部分；包装机的设计与制造实现了 CAD/CAM 系统，提高了产品的可靠性。

泡罩包装机除了用于包装药片、胶囊外，近年还向多种用途发展，还可用于包装安瓿、西林瓶、药膏等，国外已用于输液袋的保护包装及已灌封的注射器包装，还可用于包装液体、散剂等，其用途不断扩大。

国外新型泡罩包装机结构特点如下：由电子程序设定的三个独立的伺服电机分别应用于

加热成型和热封工位、薄膜传送工位、压断裂线和冲裁工位；加热、成型、热封和冷却工位上的各动作为往复运动，塑料膜匀速传送，保证了泡罩质量和药品充填；加热板外覆陶瓷可保证塑膜不粘、不破；热封压力可在不停机下进行调整；热封工位与密封的驱动装置为一体，不影响主驱动装置；泡罩热成型后，在固定泡罩膜下，冷却板将其冷却，可保证泡罩膜不弯曲；冲裁下的板块不需输送带即可与装盒机联接；一机多用，能适合多种包装材料。

（2）热塑性包装材料的进展　PVC 片是使用最广泛的成型膜，因为它具有优异的二次加工性能、良好的刚性、透明度以及使用方便等优点，但其阻隔性不理想，使其使用受到局限，在国外已趋于淘汰，并正在被 PVC/PVDC 复合片、PE/VC 复合片所取代。由于 PVC 废料处理造成环境污染，PP 片作为理想替代品已经在日本使用，欧洲有几家药厂也在使用，PP 片作为无公害药用包装材料替换现用的 PVC 片将是必然。PP 片的水蒸气透过率远低于 PVC 片，但其可成型性则逊于 PVC 片。

PP 片的成型工艺完全不同，PP 片的韧性更强，拉伸性不如 PVC，因此泡罩的成型需先用机械预成型，再用压缩空气完全成型。在典型的成型温度下（110～120℃），PP 片成型需 2.5～3 倍的成型力。PP 片成型的温度范围比 PVC 片小得多，进一步提高温度对其成型几乎没有影响，因此底衬的加热需更有效率和更均匀，一般加热的长度是成型模具长度的 3 倍。PP 片对可能发生的两次加热十分敏感，一次加热定型后，若再加热则不可能变型。PP 片成型后需立即获得冷却，成型模具的高效水冷系统是十分必要的，对已成型泡罩的快速插入式冷却系统也能保证泡罩的成型，使泡罩厚度均匀一致。

PP 片的收缩几乎不可预测，在泡罩片冷却到环境温度时，还会持续收缩几分钟甚至几小时。倘若包装操作中短时间停顿，则泡罩片的收缩会使封膜模具无法对应，引起泡罩破碎，解决此问题可采用浮式封膜工位，即参照成型工位和后来的泡罩片的泡罩使封膜器伺服移动，使泡罩与封模的泡窝精确对位。此现象也出现在打印、压断裂线和冲裁工位，这些工位也可以配置自动对位系统。在封膜后应使泡罩上的余热尽量多地带走，并防止泡罩片翘曲打卷，封膜后应经一个长而有效的冷却板。

PP 片的泡罩包装需在先进的泡罩包装机上进行，这些先进的包装机也可适用于 PVC 片。

第三节　制袋充填封口包装机

一、概述

制袋充填封口包装机又称为制袋包装机，它是将可热封的薄膜材料完成制袋、药物充填、封口和切断成型的多功能包装机。此种包装机可用来包装粉状、颗粒状、片状物料，如冲剂、片剂、胶囊剂等，也可包装液体、膏状物料。所使用的包装材料均为卷材，有纸/聚乙烯、玻璃纸/聚乙烯、聚酯/镀铝/聚乙烯、聚酯/聚乙烯、聚丙烯等。它们具有一定的防潮阻气性、良好的热封性和印刷性，还具有质轻、价廉等优点。制袋包装机制成包装袋的形式主要有扁平袋、枕形袋和直立袋。扁平袋的封口有三边封口式和四边封口式。从封合条件上，纵缝在外侧的三边或四边封口封合质量较好，用于药品包装较多。

制袋充填封口包装机的工作程序如下。

① 制袋。即包装材料的引进、成型、纵封，制成一定形状的袋。

② 物料的计量与充填。

③ 封口与切断。

④ 检测、计数。

此类包装机按制袋方向可分为立式和卧式；按其操作可分为间歇和连续；按所包装的物料可分为颗粒包装机、片剂包装机、粉剂包装机和膏体包装机等；按充填物料种类可分为普通（一种物料）包装机、多料（三种或四种物料）包装机。以下主要介绍广泛使用的立式自动制袋充填包装机。

二、立式自动制袋充填包装机的包装原理

1. 立式间歇制袋中缝封口包装机

此类机型包装原理如图 4-23 所示。卷筒薄膜 3 经导辊 2 被引入成型器 4，通过成型器 4 和加料管 5 以及成型筒 6 的作用，形成中缝搭接的圆筒形。其中加料管 5 的作用为：外作制袋管，内为输料管。

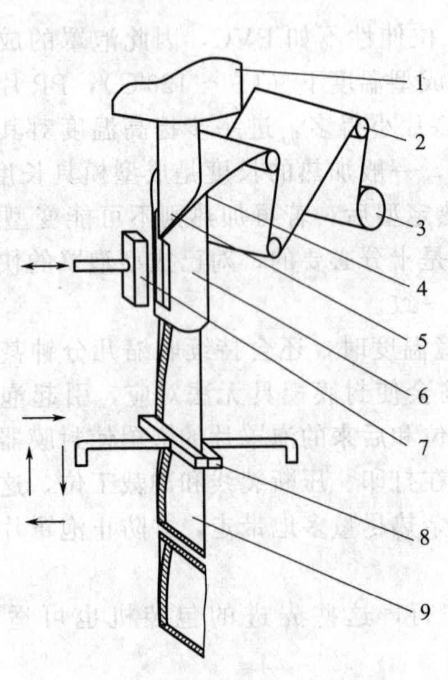

图 4-23 立式间歇制袋中缝封口包装机原理图

1—供料器；2—导辊；3—卷筒薄膜；4—成型器；5—加料管；6—成型筒；7—纵封器；8—横封牵引器；9—成品袋

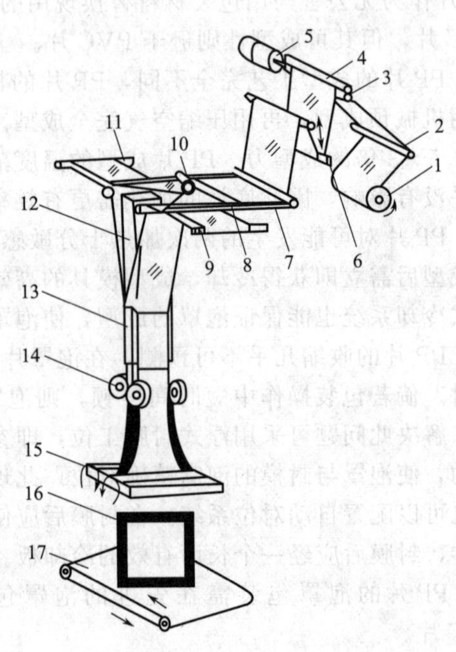

图 4-24 等切对合成型制袋四边封口包装原理

1—包装卷膜；2—导辊；3—供纸辊；4,8—压辊；5—供纸电机；6—浮辊；7—缺口导板；9,11—转向导辊；10—分切滚刀；12—入料口；13—成型器；14—纵封辊；15—横封辊；16—成品袋；17—输送带

封合时，纵封器 7 垂直压合在套于加料管 5 外壁的薄膜搭接处，加热形成牢固的纵封。其后，纵封器回退复位，由横封牵引管 8 闭合对薄膜进行横封的同时向下牵引一个袋的距离，并在最终位置加压切断。可见，每一次横封可以同时完成上袋的下口和下袋的上口封合。而物料的充填是在薄膜受牵引下移时完成的。

2. 立式双卷膜制袋和单卷膜等切对合成型制袋四边封口包装机

此类包装机可制造四边封口的包装袋型。双卷膜制袋包装机采用两卷薄膜进行连续制袋，左右薄膜卷料对称配置，经各自的导辊被纵封滚轮牵引，进入引导管处汇合。薄膜在牵引的同时被封合两边缘，形成两条纵封缝。在横封辊闭合后，物料由加料器进入，随后完成横封切断，分离上下包装袋。

单卷膜等切对合成型制袋四边封口包装机只采用一卷薄膜制袋，其制袋过程是先将薄膜对中等切分离，然后两半材料复合成型。工作原理如图 4-24 所示，包装采用单筒卷膜，由

供纸电机 5 驱动供纸辊 3 松卷，薄膜经系列导辊后送入缺口导板 7。在进入直角缺口前，薄膜被分切滚刀 10 对中分切，一分为二的薄膜由缺口翻折，分别经左右转向导辊 9、11 转向导引后，形成对合状态。然后，薄膜在入料口 12 和成型器 13 的联合导引下形成对合筒形，受纵封辊 14 的连续牵引并实现纵缝封合。纵封后的袋筒进入横封辊 15 的同时装填物料，并被横封切断。最后包装成品经卸料输送带 17 送出。

3. 立式连续制袋三边封口包装机

此种包装机的包装原理如图 4-25 所示。卷筒薄膜 1 在纵封辊 5 的牵引下，经导辊 2 进入制袋成型器 3 形成纸管状。纵封辊在牵引的同时封合纸管对接两边缘。随后由横封辊 6 闭合实行横封切断。同样，每次横封动作可同时完成上袋的下口和下袋的上口封合，并切断分离。物料的充填是在纸管受纵封牵引下行至横封闭合前完成的。

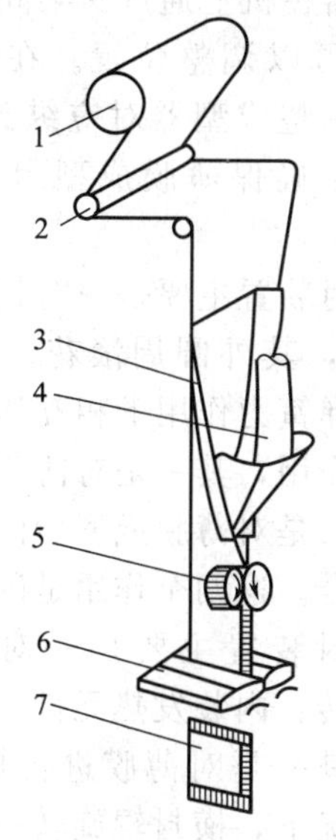

图 4-25　立式连续制袋三边封口包装原理

1—卷筒薄膜；2—导辊；3—成型器；4—加料器；5—纵封辊；6—横封辊；7—成品袋

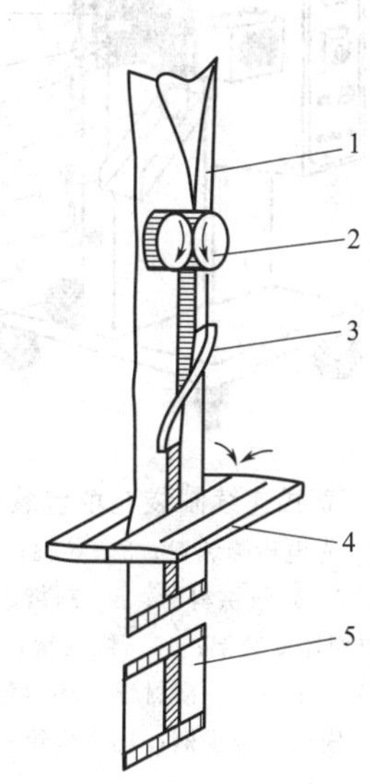

图 4-26　中缝对接两端封口包装原理图

1—包装卷膜；2—纵封辊；3—导向板；4—横封辊；5—成品袋

这种机型是一种广泛应用的机型，因其包装原理的合理性和科学性而成为较多采用的设计方案。根据这一包装原理可设计出多种的袋型。例如，在如图 4-25 所示的基础上增加一对纵封辊，使两对纵封辊对称布置在纸管两边缘，同时进行牵引纵封则形成两条纵封缝，经横封后产生的袋型则为四边封口袋。采用这种制袋方法主要是以美观为出发点，因为增加的一条纵封缝在包装袋结构上是“多余”的，称作“假封”，但它却起到一种对称美的作用。

另外，把图 4-25 中横封辊旋转 90°布置，使纵封的封合面与横封的封合面成垂直状态，则可产生另一种袋型（需配套合适的成型器），如图 4-26 所示。包装卷膜 1 经成型器被纵封辊 2 牵引纵封，随后经过导向板 3 并被与纵封面成垂直布置的横封辊 4 封合切断，形成一个中缝对折两端封合的包装袋，也就是平常所说的“枕式包装”。

三、立式连续制袋充填包装机总体结构

典型的立式连续制袋充填包装机总体结构如图 4-27 所示。整机包括七大部分：传动系统、薄膜供送装置、袋成型装置、纵封装置、横封及切断装置、物料供给装置以及电控检测系统。

机箱 18 内安装有动力装置及传动系统，驱动纵封辊 11 和横封辊 14 转动，同时传送动

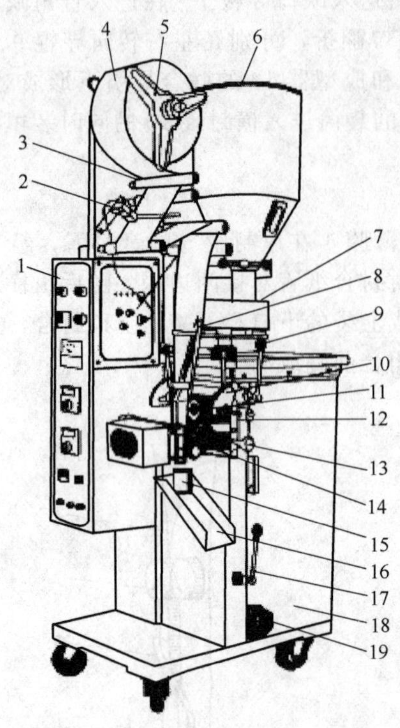

图 4-27　立式连续制袋充填包装机结构示意图

1—电控拒；2—光电检测装置；3—导辊；4—薄膜辊；5—退卷架；6—料仓；7—定量供料器；8—制袋成型器；9—供料离合手柄；10—成型器安装架；11—纵封辊；12—纵封调节旋钮；13—横封调节旋钮；14—横封辊；15—包装成品；16—卸料槽；17—横封离合手柄；18—机箱；19—转速旋钮

力给定量供料器 7 使其工作给料。

薄膜辊 4 安装在退卷架 5 上，可以平稳地自由转动。在牵引力的作用下，薄膜展开经导辊 3 引导送出。导辊对薄膜起到张紧平整以及纠偏的作用，使薄膜能正确地平展输送。

袋成型装置的主要部件是一个制袋成型器 8，它使薄膜内平展逐渐形成袋型，是制袋的关键部件。它有多种的设计形式，可根据具体的要求而选择。制袋成型器在机上通过支架固定在安装架 10 上，可以调整位置。在操作中，需要正确调整成型器对应纵封辊 11 的相对位置，确保薄膜成型封合的顺利和正确。

纵封装置主要是一对相对旋转的纵封辊 11，其外圆周滚花，内装发热元件，在弹簧力作用下相互压紧。纵封辊有两个作用，其一是对薄膜进行牵引输送；其二是对薄膜成型后的对接纵边进行热封合。这两个作用是同时进行的。

横封装置主要是一对横封辊 14，相对旋转，内装发热元件。其作用也有两个：其一是对薄膜进行横向热封合。一般情况下，横封辊旋转一周进行一次或两次的封合动作。当每个横封辊上对称加工有两个封合面时，旋转一周，两辊相互压合两次。其二是切断包装袋，这是在热封合的同时完成的。在两个横封辊的封合面中间，分别装嵌有刃刀及刀板，在两辊压合热封时能轻易地切断薄膜。在一些机型中，横封和切断是分开的，即在横封辊下另外配置有切断刀，包装袋先横封再进入切断刀分割。不过，这种方法已较少采用。因为不但机构增加了，而且定位控制也变得复杂。

物料供给装置是一个定量供料器 7。对于粉状及颗粒物料，主要采用量杯式定容计量，量杯容积可调。图示定量供料器 7 为转盘式结构，从料仓 6 流入的物料在其内由若干个圆周分布的量杯计量，并自动充填入成型后的薄膜管内。

电控检测系统是包装机工作的中枢系统。在此机的电控柜上可按需设置纵封温度、模封温度以及对印刷薄膜设定色标检测数据等，这对控制包装质量起到至关重要的作用。

第四节　带状包装机与双铝箔包装机

一、带状包装机

带状包装机又称条形热封包装机或条形包装机，它是将一个或一组药片或胶囊之类的小型药品包封在两层连续的带状包装材料之间，每组药品周围热封合成一个单元的包装方法。

每个单元可以单独撕开或剪开以便于使用和销售。带状包装还可以用来包装少量的液体、粉末或颗粒状产品。带状包装机是以塑料薄膜为包装材料，每个单元多为二片或单片片剂，具有压合密封性好、使用方便等特点，属于一种小剂量片剂包装机。

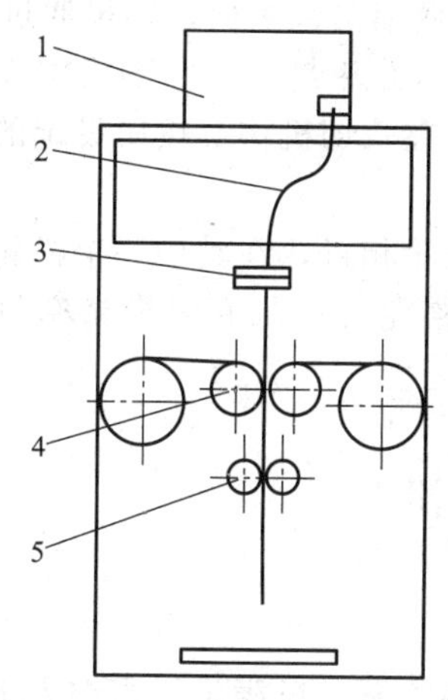

图 4-28　片剂热封包装机

1—贮片装置；2—方形弹簧；3—控片装置；4—热压轮；5—切刀

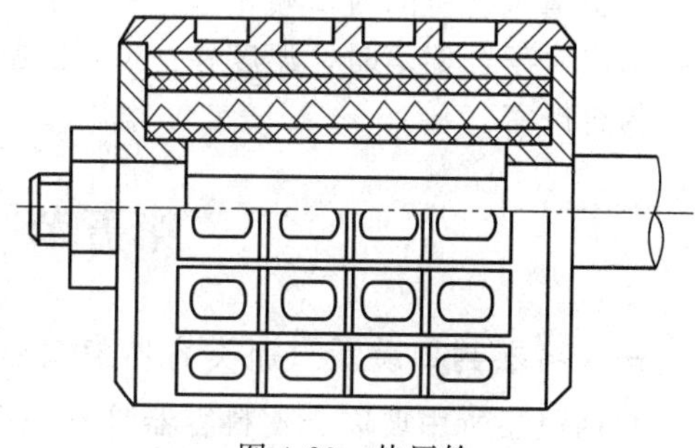

图 4-29　热压轮

图 4-28 为片剂热封包装机。该机采用机械传动，皮带无级调速，电阻加热自动恒温控制，其结构由贮片装置、控片装置、热压轮、切刀等组成，可以完成理片、供片、热合和剪裁工序。贮片装置是将料斗中的药片在离心盘作用下，向周边散开，进入出片轨道，经方形弹簧下片轨道进入控片装置。控片装置将片剂经往复运动并带有缺口的牙条逐片地供出，进入下片槽。热压轮有两个，相向旋转。热压轮的外表面均匀分布 64 个长凹槽，用以容纳药片，轮表面铣有花纹。热压轮由压轮、铝套、炉胆、电热丝等组成，见图 4-29。

其中铝套起均匀散热作用；炉胆内装有电阻丝，两端有绝缘云母片以防漏电。其中一个热压轮的铝套和压轮上并联一组热敏电阻，是控制回路的感温元件。另一压轮内装有半导体温度计的插头，用以显示热封温度。

二、双铝箔包装机

双铝箔包装机全称是双铝箔自动充填热封包装机。其所采用的包装材料是涂覆铝箔，热封的方式近似带状包装机，产品的形式为板式包装。由于涂覆铝箔具有优良的气密性、防湿性和遮光性，双铝箔包装对要求密封、避光的片剂、丸剂等的包装具有优越性，效果优于玻璃黄圆瓶包装。双铝箔包装除可包装圆形片外，还可包装异形片、胶囊、颗粒、粉剂等。

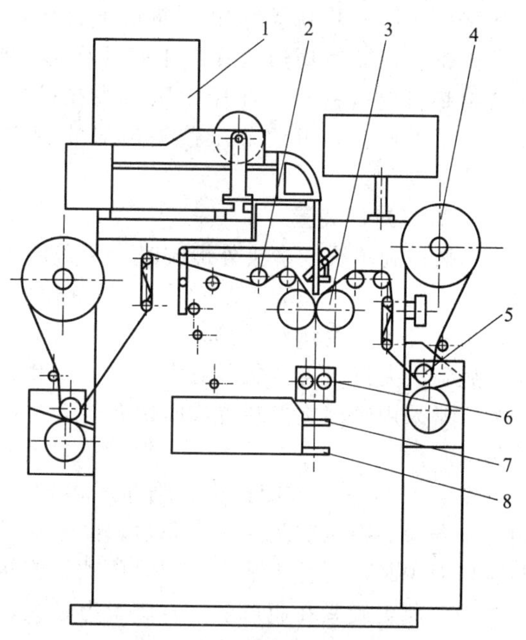

图 4-30　双铝箔包装机

1—振动上料器；2—预热辊；3—模轮；4—铝箔；5—印刷器；6—切割机构；7—压痕切线器；8—裁切机构

双铝箔包装机采用变频调速，裁切尺寸大小可任意设定，配振动式整列送料机构与凹版印刷装置，能在两片铝箔外侧同时对版印刷，其充填、热封、压痕、打批号、裁切等工序连续完成。整机采用微机控制，大规模液晶显示，可自动剔除废品、统计产量及协调各工序之操作。双铝箔包装机也可用于纸/铝包装。图 4-30 为双铝箔包装机。铝箔通过印刷器 5，经一系列导向轮、预热辊 2，在两个封口模轮 3 间进行充填并热封，在切割机构 6 进行纵切及纵向压痕，在压痕切线器 7 处横向压痕、打批号，最后在裁切机构 8 按所设定的排数进行裁切。

双铝箔包装机的封口模轮 3 结构与带状包装机的热压轮相近，在其中一个模轮中心有感温线引出。压合铝箔时，温度在 130～140℃之间。封口模轮表面刻有纵横精密棋盘纹，可确保封合严密。

第五节　辅助包装机

一、容器封口装置（瓶类容器封口装置）

制剂包装所用玻璃、塑料容器具有一定的刚性、质地致密，可满足气密性要求，广泛用于盛装固体、液体药剂。此类容器的封口形式有压盖封口、旋盖封口、卷边封口、开合轧盖封口、压塞封口、电磁感应封口等。

1. 压盖封口装置

压盖封口装置多用于皇冠盖的封口。皇冠盖是预压成周边有折痕、内有密封垫的圆盖，在压盖过程中迫使瓶盖产生塑性变形，使其咬合在瓶口，以达到密封。压盖头与瓶均绕压盖机主轴同步运行，同时装在压盖头上的滚轮又在固定的凸轮导槽中运行，因此压盖头又可以上下运动。图 4-31 为皇冠盖压盖头的结构。压盖时，瓶盖由供盖滑槽送至压盖模下方的导槽内，压盖头下行，使瓶口经对中罩抵达瓶盖下方，瓶盖抵住压盖心杆，小弹簧受压缩，将瓶盖稳定于瓶口上；压头继续下行，大弹簧压力逐渐增大，以至压盖模的内锥面使瓶盖周边收拢产生塑性变形，紧扣在瓶唇上，同时压盖心杆受力也在增大，使密封垫将瓶口密封。此后，压盖头在凸轮作用下上升。完成此瓶的压盖封口。对不同高度瓶子的压盖，可调节压盖头顶部的调节杆，使压盖头整体长度有所变化，以适应瓶子规格的变化。

2. 旋盖封口装置

当瓶口为单头或多头外螺纹时，瓶盖需用内有内螺纹的螺旋盖或快旋盖。单头螺纹常用于小口径瓶，螺纹一般 1.5～2 圈，具有较好的自锁性。瓶盖内需有密封垫圈，当旋紧瓶盖时，垫圈受压产生弹性变形，以达到气密的要求。常用的旋盖机在旋盖时，瓶子被夹紧固定，旋盖头夹持瓶盖与瓶子对中，并下降和旋转，进行旋盖。旋拧瓶盖的力矩需适中，为防过紧，常采用摩擦旋拧装置或摩擦轮传动。按旋盖头夹瓶盖的夹爪分类有三爪式及两爪式旋盖头。

图 4-32 为三爪式旋盖头。当瓶子由输送装置输送到旋盖机上后，瓶底被夹瓶器固定，同时旋盖头的夹爪被压入一个瓶盖，由于夹爪受弹簧的束缚，故瓶盖得以被夹持。当旋盖头与瓶口对中时，旋盖头下降，同时传动轴旋转。此力经摩擦片传递到橡胶压头；橡胶压头靠摩擦力将瓶盖旋紧在瓶口上。若旋紧力过大，则摩擦片打滑，可防拧坏瓶盖。对不同高度的瓶子，可调节螺杆以调节旋盖头长度。

3. 卷边封口装置

直管瓶、西林瓶和输液瓶封口所用的铝盖常用卷边封口。铝盖内放置密封垫片或胶塞，依靠封口时卷边滚压，使瓶子得到良好密封。

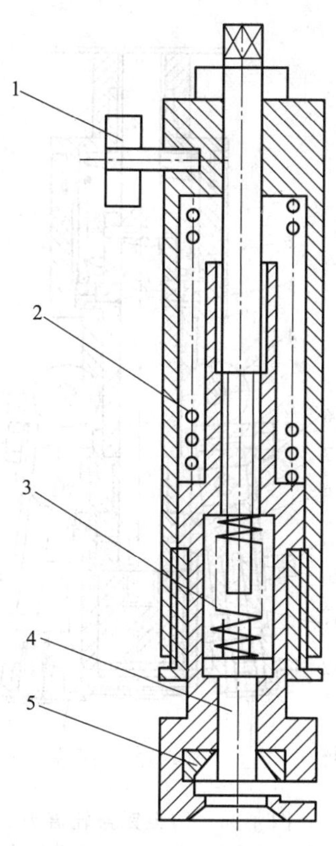

图 4-31　皇冠盖压盖头

1—滚轮；2—大弹簧；3—小弹簧；4—压盖心杆；5—压盖模

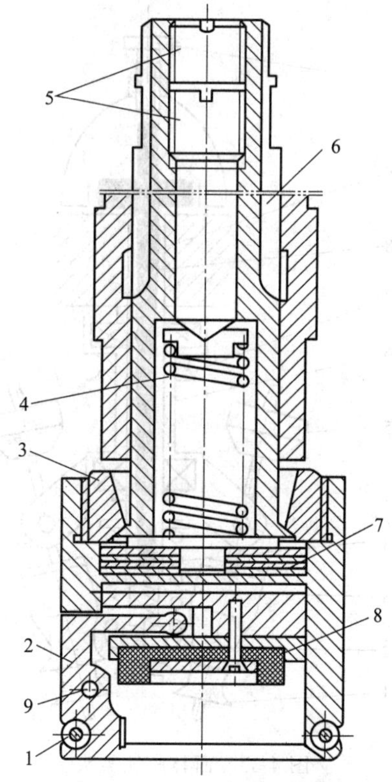

图 4-32　三爪式旋盖头

1,4—弹簧；2—夹爪；3—球铰；5—螺杆；6—传动轴；7—摩擦片；8—橡胶压头；9—销轴

图 4-33 为三刀离心式轧盖机所用轧盖头，用于西林瓶轧紧铝盖，使橡胶塞封闭严密，延长药品贮存期。电机通过皮带使转子高速旋转，转子上均布三个轧盖刀组件，在配重所产生离心力作用下，使轧盖刀向心收拢。已盖好胶塞及套上铝盖的药瓶进入轧盖工位后，瓶下凸轮使瓶口送入主轴下端的锥孔中，主轴被顶起上升，直至主轴顶端被限位螺钉限位，此时小弹簧及大弹簧均被压缩，使胶塞压紧，轧盖刀上的凸缘在配重离心力作用下收拢，进入主轴与导圈间所形成的空隙内，轧盖刀接触铝盖下缘，进行旋转轧口。轧口完成后，药瓶在凸轮作用下下降，主轴上的大弹簧使主轴及导圈下移，迫使轧盖刀张开，西林瓶即由小弹簧作用下脱离轧盖头。

轧口刀可旋转配重使其升降来调整。轧口位置可调限位螺钉进行调节。对螺旋瓶口的防盗铝盖轧盖时，既需将瓶盖裙边用锁口滚轮滚卷在瓶颈凸肩下部，又需沿瓶口螺纹用螺纹滚轮使铝盖滚出螺纹，与瓶口螺纹扣合。图 4-34 为防盗盖轧盖机的轧盖头原理图。轧头在传动部件带动下，一方面绕轴旋转，并带着轧刀绕瓶子旋转，另一方面做上下往复运动。轧头下降时，首先由对中套将瓶子校正，随着轧盖头继续下降，压头 12 接触已套上铝盖的瓶子，这时由瓶子顶着压头 12，经轴承 10、隔垫 8 推动刀架相对联接套 1 向上运动，迫使滚子 4 沿联接套的锥面滚动，轧臂将绕轴 6 转动，锁口轧刀 16 和螺纹轧刀 14 将向轴线方向收拢，进行轧盖。其中螺纹轧刀可以沿轧刀轴向下移动，当接触到瓶口螺纹时，将沿着瓶口螺纹将铝盖轧制出与瓶口螺纹一致的螺纹。而锁口轧刀则完成锁口锥面的锁口工作。轧盖动作完成后，轧盖头随着传动机构上升，轧刀架在弹簧 2 作用下复位，轧刀在弹簧 13 和弹簧 7 的作用下复位。调整内六角螺栓可调整板弹簧 5 的力量大小，从而改变轧盖力的大小，调整轧头的高低可以改变轧盖的圈数。

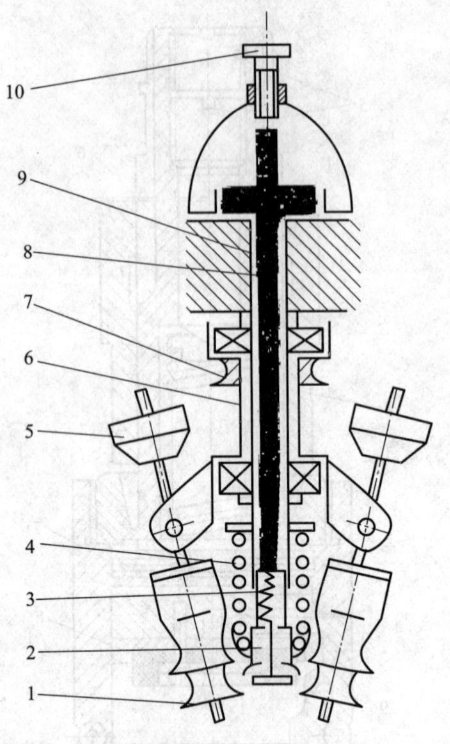

图 4-33 西林瓶轧盖头

1—轧盖力；2—导圈；3—小弹簧；4—大弹簧；5—配重；6—转子；7—皮带轮；8—主轴；9—轴套；10—限位螺钉

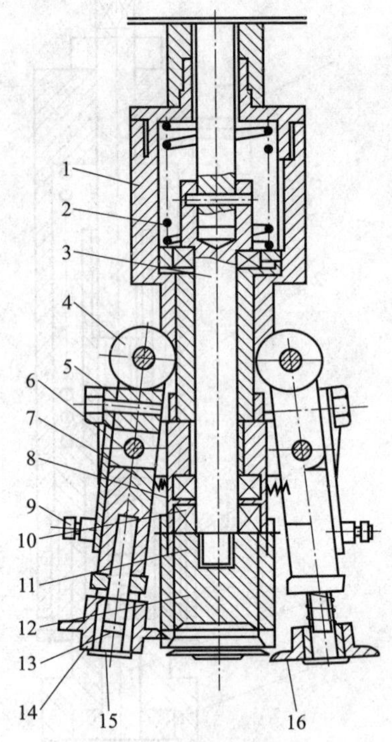

图 4-34 防盗铝盖轧盖头

1—联接套；2,7,13—弹簧；3—中心轴；4—滚子；5—板弹簧；6,15—轴；8—隔垫；9—螺钉；10—轴承；11—轧臂；12—压头；14—螺纹轧刀；16—锁口轧刀

4. 开合轧盖封口装置

对小型容器，如西林瓶的铝盖封口，常用开合轧盖封口。利用围绕成环形的 4～6 片开合爪下部的钩状爪头的收拢将铝盖的下缘轧出不连续的轧口，可将西林瓶很好地密封。开合爪的中部有凸缘，凸缘悬置于轧头体的下端，故开合爪可以以凸缘为中心进行开合。轧盖装置上部的偏心轮通过连杆带动顶杆在轧头体内上下运动，顶杆的下端连有 X 形心轴，X 形心轴上部的倒锥面的上下运动可使开合爪张开或收拢。操作时，西林瓶在进瓶转盘拨动下送到轧头下面的浮动座上。偏心轴的旋转通过连杆推动顶杆和 X 形心轴下行，轧头体在弹簧作用下同步下行一段距离后被调节座挡住不再下行，此时正好是开合爪以张开的状态围拢铝盖的下缘。偏心轴继续转动时，顶杆和 X 形心轴继续下行直至压紧铝盖的顶部，同时由于 X 形心轴上锥面的作用迫使开合爪收拢闭合完成轧盖工作。偏心轴继续转动，X 形心轴上升，开合爪在弹簧片作用下张开，轧头体上升，西林瓶被转盘送出。

开合式轧盖装置结构简单，轧制时瓶子不起落、不旋转，对瓶身无压力、无摩擦，轧制时瓶子不破碎、无铝屑，封口质量好，故应用日益广泛。

5. 压塞封口装置

压塞封口是将具有弹性的瓶内塞在机械力作用下压入瓶口，依靠瓶塞与瓶口间的挤压变形而达到瓶口的密封。瓶塞常用的材质有橡胶、软木及塑料等。压塞封口一般由瓶塞供给和压入二步组成，首先将瓶塞送至瓶口，最后由压头将瓶塞压入瓶口。瓶塞的压入可利用凸轮或滚轮压塞装置进行。如西林瓶胶塞的滚压式压塞机，原理见图 4-35，黄圆瓶的软木塞及其烫蜡封口包装方法已淘汰。

6. 电磁感应封口机

在瓶口表面黏合一层铝箔或纸塑等复合材料可提高容器的气密性、防潮性，并具有防伪、防盗功能。近年来，对瓶口的密封提出更高的要求，采用复合铝箔封口取得很好效果。其封口方法有热封、高频、电磁感应等，其中电磁感应封口质量最高。

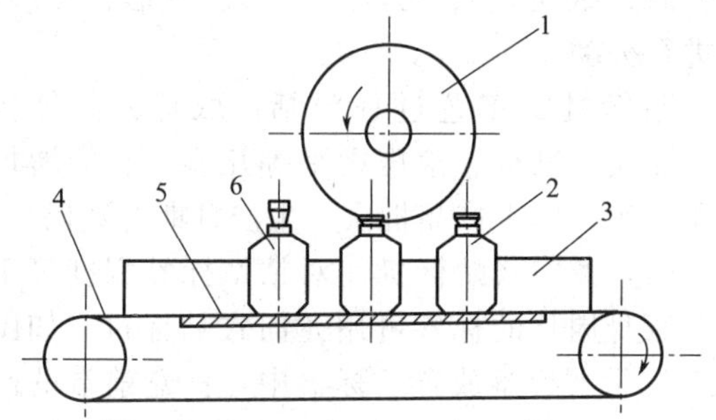

图 4-35　滚压式压塞机

1—滚压轮；2—压后瓶；3—导板；
4—输瓶带；5—承托板；6—未压瓶

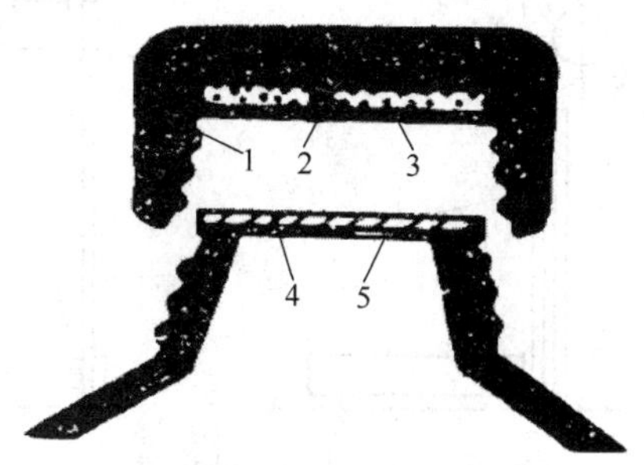

图 4-36　电磁感应封口的瓶盖

1—瓶盖；2—纸板；3—蜡层；
4—铝箔；5—黏合层

电磁感应是一种非接触式加热方法。位于药瓶上方的电磁感应头内置有线圈，线圈内通以 20～100Hz 频率交变电流，于是线圈产生的交变磁力线穿过瓶口的铝箔，并在铝箔上感应出环绕磁力线的电流即涡流，涡流直接在铝箔上形成一个闭合电路，使电能转化成热能，于是铝箔受热而黏合于瓶口。用于药瓶封口的铝箔复合层由纸板/蜡层/铝箔/聚合胶组成，如图 4-36 所示。铝箔受热后，使铝箔与纸板黏合的蜡层融化，蜡层被纸板吸收，于是纸板与铝箔分离，纸板起垫片作用；同时，聚合胶层也受热熔化，将铝箔与瓶口黏合起来。电磁感应封口操作方便、能量效率高、对容器内药品不产生影响，适用于玻璃瓶、塑料瓶等多种形式容器的铝箔封口。

电磁感应封口由频率发生器、电磁感应工作线圈、水再循环冷却器及配套装置组成。国外先进的电磁感应封口机设计是采用高功率晶体模块和自动封闭回路，能有效地控制频率及磁通密度，频率范围对人体无伤害。电磁感应封口技术特点如下：

① 感应线圈的能量集中，包装容器可快速运行，线速度可在 4.5～91m/min；

② 感应封口是非接触式瞬间完成，对容器内药品质量无影响；而热传导封口时，极热板接触瓶口，将影响药品质量；

③ 瓶口密封均匀，密封性优良；

④ 采用晶体模块的电子线路设计，故频率发生器体积很小；频率为超音频范围，对人体无伤害；

⑤ 容器适用范围广，除塑料瓶、玻璃瓶外，也适用于纸质容器、陶瓷容器。

二、贴标机

药品包装完成后需用标签明示产品的说明。标签可用纸和其他材料，也可直接印在包装容器上。标签的内容包括：注册商标、品名、主要成分含量、装量、主治、用法、用量、禁忌、厂名、批准文号、批号、有效期及警告标志等。如标签面积过小，内容可以从简，由说明书详细介绍。制剂产品除少数剂型外，一般用的是纸标签，依靠液体黏合剂粘贴到容器上。此外，一些新型标签也在用，如压敏胶标签、热黏性标签、收缩筒形标签等。

贴标机种类较多，其分类通常是：①按自动化程度可分为自动、半自动贴标机；②按标

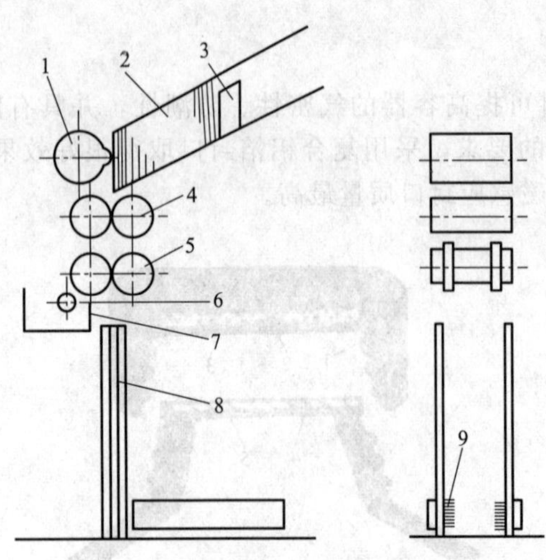

图 4-37 龙门式贴标机

1—取标凸轮；2—标盒；3—推标重块；4—拉标辊；5—涂胶辊；6—上胶辊；7—胶水槽；8—导轨；9—毛刷

签种类可分为片状标签、卷辊状标签贴标机；③按容器运动方向可分为立式和卧式贴标机；④按容器运动形式可分为直通式和转盘式贴标机；⑤按贴标机构可分为龙门式、真空转鼓式等。此外，还可根据包装容器材料（玻璃瓶、塑料瓶、纸质盒）、形状（圆形、方形、异形）等进行分类。

贴标机的工艺过程包括：取标、标签传送、涂胶、贴标、滚压烫平等几步，有的增加盖印一步，印上产品批次、生产日期等数码。

（1）龙门式贴标机　对粘贴标签宽度等于半个瓶身周长的标签可用龙门式贴标机，如图 4-37 所示。标签放置于标盒中，标盒前端的凸辊每旋转一周，就可从标盒中取出一张标签，标签受相向旋转的拉标辊拉动，经涂胶辊时在标签背面两侧涂上胶水；胶水是由上胶辊从胶水槽中带到涂胶辊上的。随后，标签沿龙门导轨滑下。瓶罐等容器由输送带送经龙门导轨时，便带着标签向前移动，并经毛刷将标签抚平在容器上。此种贴标机结构简单，适合于产量不大但容器容量较大的瓶罐的贴标。

（2）真空转鼓式贴标机　图 4-38 为真空转鼓式贴标机，系直线式贴标机。真空转鼓 3 绕自身中心轴旋转，其侧面有六组小孔，可与真空或与大气相通；当一组连通真空的小孔旋转至与标签盒 6 相遇时，便吸出一张标签；待其转至涂胶装置 4 时，涂胶辊靠近标签涂胶；待其与输送带来的容器相遇时，此时标签的前端与容器相切，转鼓上的小孔已与大气相通，标签遂与转鼓脱离而被黏附于容器上；最后，容器进入滚压熨平装置，标签被贴牢。该贴标机中，各装置动作的协调很重要。本机瓶子由链板输送机输送，并由进瓶螺杆定距间隔送出；标签盒做由曲柄连杆机构驱动的扇形摆动与由凸轮控制的前后移动的复合运动，使其向前运动到扇形轨迹的中点时与真空转鼓相切，并使标签具有与转鼓相同的切线速度，以使标签被吸到转鼓上；涂胶装置依靠摆杆使涂胶辊与真空转鼓相切，将胶液涂到标签上，当转鼓

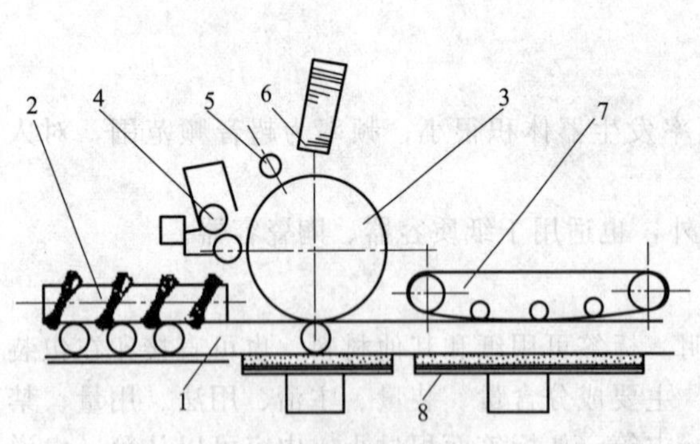

图 4-38 真空转鼓式贴标机

1—输送带；2—送瓶螺杆；3—真空转鼓；4—涂胶装置；5—印刷装置；6—标签盒；7—滚压烫平装置；8—海绵橡胶垫

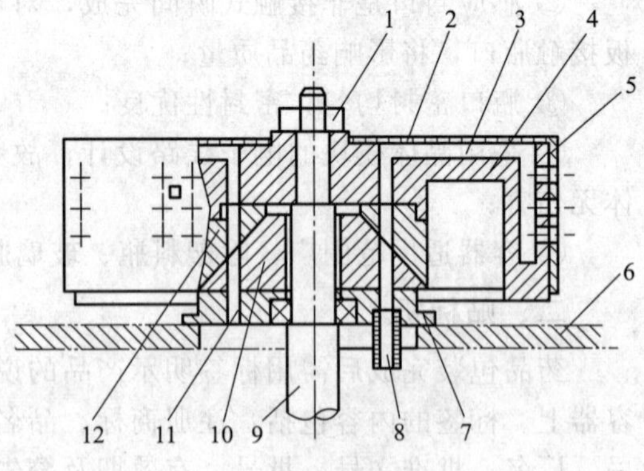

图 4-39 真空转鼓

1—螺母；2—鼓盖；3—通道；4—鼓身；5—鼓面；6—工作台；7—错气阀座；8—真空管；9—转鼓轴；10—固定阀盘；11—排气通道；12—转动阀盘

上无标签时，摆杆使涂胶辊脱离转鼓。图 4-39 为真空转鼓结构图。固定阀盘 10 与错气阀座 7 紧固在一起并固定于工作台 6 上；固定阀盘上的真空管和排气通道，分别与错气阀座上的真空管与排气通道相连。鼓身 4 与转动阀盘 12 固接在一起，由转鼓轴 9 带动旋转；转鼓内有六组通气道，每组通气道与鼓面 5 的九个气孔连通；当其中一组气道与真空管相通时，与此气道相通的鼓面的九个气孔产生真空，此时恰好与标签盒中的标签相遇，将标签吸住拉出，此标签随转鼓运动，完成涂胶等工序；当此通道与排气相通时，标签被释放并与容器相遇，遂即转移到容器上。

(3) 压敏胶贴标机　压敏胶通称不干胶，系黏弹性体，既具有固体性质，又具有液体性质。压敏胶是由聚合物、填料及溶剂等组成。用于胶带、标签的聚合物多为天然橡胶、丁苯橡胶等，通称为橡胶型压敏胶。涂有压敏胶的标签称含胶标签，由于使用方便，近年来应用日益广泛。含胶标签由黏性纸签与剥离纸构成。应用于贴标机的含胶标签是成卷的形式，即在剥离纸上定距排列标签，然后卷成卷状，使用时将剥离纸剥开，标签即可取下。

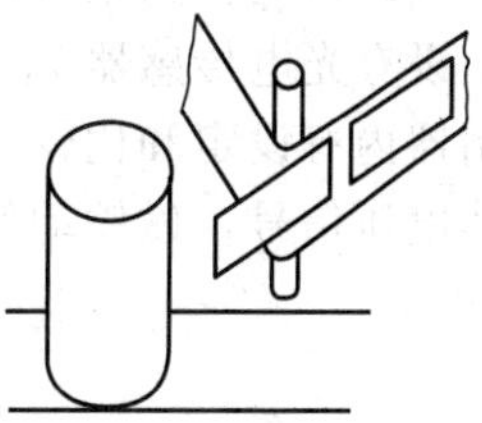

图 4-40　压敏胶贴标机原理

图 4-40 为压敏胶贴标机原理。其主要组成有标签卷带供送装置、剥标器、卷带器、贴标器、光电检测装置等。其工作过程为：在剥标器将剥离纸剥开，标签由于较坚韧不易变形，与剥离纸分离，径直前进与容器接触，经压按、滚压被贴到容器表面。压敏胶贴标机结构简单、生产能力大，且可满足不同形状大小容器的贴标。

三、数片机

目前广泛使用的数粒（片、丸）计数机构主要有两类，一类为传统的圆盘计数机构，另一类为先进的光电计数机构。

(1) 圆盘计数结构　圆盘计数结构也叫做圆盘式数片机构，如图 4-41 所示。一个与水平成 30°倾角的带孔转盘，盘上开有几组(3～4 组) 小孔，每组的孔数依每瓶的装量数决定。在转盘下面装有一个固定不动的托盘 4，托板不是一个完整的圆盘，而具有一个扇形缺口，其扇形面积只容纳转盘上的一组小孔。缺口的下边紧连着一个落片斗 3，落片斗下口直抵装药瓶口。转盘的围墙具有一定高度，其高度要保证倾斜转盘内可存积一定量的药片或胶囊。转盘上小孔的形状应与待装药粒形状相同，且尺寸略大，转盘的厚度要满足小孔内只能容纳一粒药的要求。转盘速度不能过高(约 0.5～2r/min)，因为：①要与输瓶带上瓶子的移动频率匹配；②如果太快将产生过大离心力，不能保证转盘转动时，药粒在盘上靠自重而滚动。当每组小孔随转盘旋至最低位置时，药粒将埋住小孔，并落满小孔。当小孔随转盘向高处旋转时，小孔上面叠堆的药粒靠自重将沿斜面滚落到转盘的最低处。

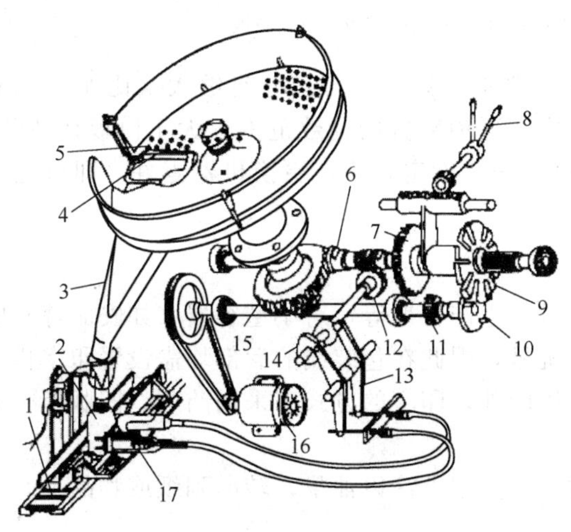

图 4-41　圆盘式数片机构

1—输瓶带；2—药瓶；3—落片斗；4—托板；5—带孔转盘；6—蜗杆；7—直齿轮；8—手柄；9—槽轮；10—拨销；11—小直齿轮；12—涡轮；13—摆动杆；14—凸轮；15—大涡轮；16—电机；17—定瓶器

为了保证每个小孔均落满药粒和使

多余的药粒自动滚落，常需使转盘不是保持匀速旋转。为此利用图中的手柄 8 搬向实线位置，使槽轮 9 沿花键滑向左侧，与拨销 10 配合，同时将直齿轮 7 及小直齿轮 11 脱开。拨销轴受电机驱动匀速旋转，槽轮 9 则以间歇变速旋转，因此引起转盘抖动着旋转，以利于计数准确。为了使数瓶带上的瓶口和落片斗下口准确对位，利用凸轮 14 带动一对撞针，经软线传输定瓶器 17 动作，使将到位附近的药瓶定位，以防药粒散落瓶外。

当改变装瓶粒数时，则需要更换带孔转盘（多用有机玻璃制作）。还可以将几个圆盘式数片机构并列安装，或错位安装，可以同时向数个输瓶带上的药瓶内装药。

（2）光电计数机构　光电计数机构利用一个旋转平盘，将药粒抛向转盘周边，在周边围墙开缺口处，药粒将被抛出转盘。如图 4-42 所示，在药粒由转盘滑入药粒溜槽 6 时，溜槽上设有光电传感器 7，通过光电系统将信号放大并转换成脉冲电信号，输入到控制器内。控制器内有设定和比较功能，当输入的脉冲个数等于设定的数目时，控制器向磁铁 11 发出脉冲电压信号，磁铁动作，将通道上的翻板 10 翻转，药粒通过并引导入瓶。

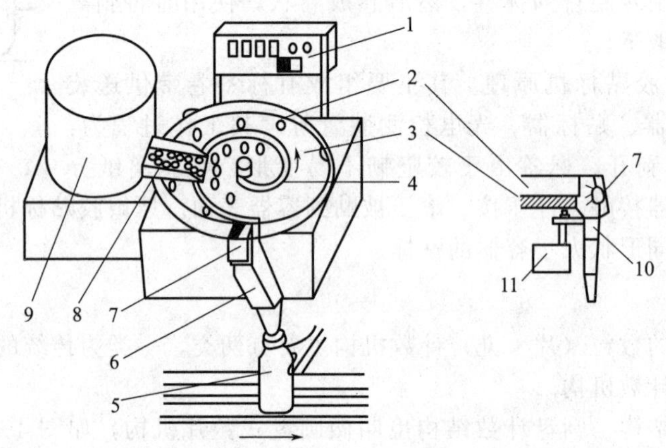

图 4-42　光电计数机构

1—控制面板；2—围墙；3—旋转平盘；4—回形拨杆；5—药瓶；6—药粒溜槽；7—光电传感器；8—下料溜板；9—料桶；10—翻板；11—磁铁

对于光电计数装置，根据光电系统的精度要求，只要药粒尺寸足够大（比如＞8mm），反射的光通量足以起动信号转换器就可以工作。这种装置的计数范围远大于模板计数装置，在预先设定中，根据瓶装要求（如 1～999 粒）任意设定，不需更换机器零件，即可完成不同装量的调整。

四、印字机

包装的成品都需打印编码以显示生产批号、生产日期等，对小型容器（如安瓿等）的标签可印在容器表面以显示药品名称、剂量、批号，因此在包装线的后部均需设置印字机。制药生产中，除塑料封口袋可在封边采用钢字压印外，印字的方式多采用凸版、凹版印字和无接触印字。

（1）凸版印字　凸版印字就是在印版的凸起文字上涂以油量，转印到纸或物品上，形成文字或商标。它可分为柔性印字与胶辊印字。

柔性印字所用的印版由柔性材料制作，印字时直接将印版上凸起数码的油墨印到标签或纸箱表面。图 4-43 为真空转鼓贴标机上所用滚压式印码机。在凸版辊 2 上嵌有字码，油墨贮于油墨辊 6 中，涂墨辊 3 在旋转时，表面被涂一层油墨，当凸版辊旋转时，字码表面从涂墨辊获得油墨，待其旋转 180°即印到真空转鼓上的标签上。操作时，转鼓吸住标签，转鼓内有一定真空度，由真空继电器使电磁铁 5 克服弹簧 7 的拉力，使电磁铁下方的摆杆被拉上，整个印码机绕轴 1 顺时针转动，凸版辊与标签接触，完成印码工作。若转鼓上无标签时，电磁铁不励磁，印码机被弹簧拉下，凸版辊不接触标签，可达到无签不印字的目的。

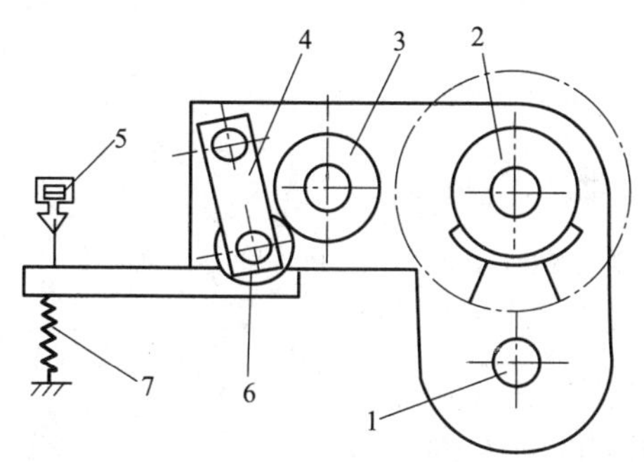

图 4-43　滚压式印码机

1—轴；2—凸版辊；3—涂墨辊；4—支撑板；5—电磁铁；6—油墨辊；7—弹簧

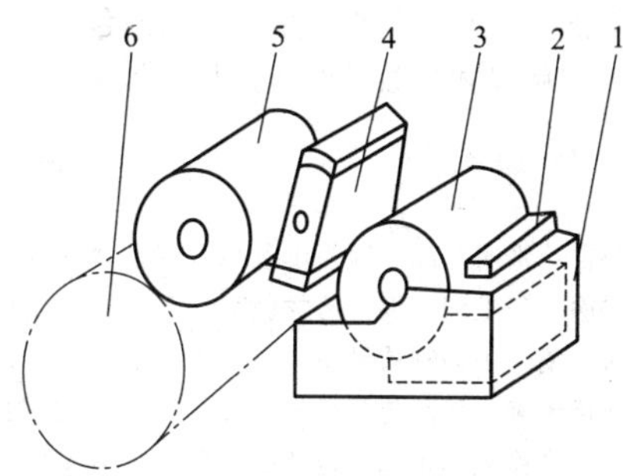

图 4-44　胶辊印字

1—油墨槽；2—刮刀；3—墨辊；4—印刷辊；5—橡胶辊；6—容器

胶辊印字是将印版上数码文字的油墨通过橡胶辊转移到被印表面的间接印字方法，适合在曲面如安瓿等表面的印字。图 4-44 表示胶辊印字原理。墨辊 3 在旋转中将油墨从油墨槽 1 中沾起，刮刀 2 刮去余墨，墨辊将油墨转移到印刷辊 4 的印版上，最后将印码的图像转移到橡胶辊 5。当橡胶辊与容器接触时，即将文字印到容器表面。胶辊印字的印版可由铜板、光敏树脂、橡胶制作，也可夹持单独的数字或字母。

(2) 凹版印字　凹版印字与凸版相反，它的图像文字凹入版面，刻在滚筒上，然后将油墨涂填在版面上，用刮墨刀片将版面多余的油墨刮净。印字时，将油墨转移到橡胶印字轮上，再转印到物品上。印版多由铜制，可雕刻、腐蚀或照相制版。凹版印字层次清晰、字迹厚实醒目，多用于体积较小的药品，如胶囊、糖衣片的印字等。凹版印字所用油墨需较稠厚，一般用不同颜色的快干色膏。

(3) 喷墨印字机　喷墨印字是按微机给定的程序使墨滴带电，在强电场作用下喷印到被印表面形成图像的无接触印字方法。其原理是用超声波将油墨击碎成微小的墨滴，同时将墨滴充电，形成带静电的高速墨滴流。每个墨滴充电量的大小由微机控制。墨滴从充电通道进入具有 4.5kV 固定电场的两偏转板之间，带电墨滴在电场作用下发生偏移，负电量大的墨滴偏向上方，负电量小的偏向下方，每喷射一次可垂直喷印 7 个墨点，每个字符扫描五次，即形成一个字符。空白部位的墨滴不带电，喷印时落到底部回流入墨池。编码可通过微机控制。喷墨印字速度可达每秒 320 个字符，可进行高速印字编码，可同时在容器表面进行 10 个字符的印字。

(4) 激光编码机　激光编码机是由激光源产生的激光光束通过模板，其光像集束于物体表面而印字的装置。激光束是在 36kV 电压下通过氮、氦、二氧化碳混合气体或二氧化碳气体激发产生的，可在微秒内产生 6J 的高能。光束在封闭导管内折射，并通过带镂空字符的模板，经调焦，最后聚焦于容器表面。当容器行进到位时，光电管发出信号使激光源激发一次，即可打印上编码。通过调换模板可改变字符编码。激光编码机印字速度快（600 次/min），寿命长，无接触，印码永久，可用于除裸露金属表面以外很多材料上的印字。对金属材料表面可在涂油漆或其他吸光材料后印字。容器上印字需要有一定的激光能量密度，各种材料所需能量密度不同。能量密度与光束形状调焦后缩小的比例成平方关系。

思考题

1. 药用包装机械一般由哪几部分组成？
2. 简述泡罩包装工艺原理。
3. 简述立式自动制袋充填包装机的包装原理。
4. 简述圆盘式计数机的结构与工作原理。

参考文献

[1] 朱宏吉．张明贤编．制药设备与工程设计［M］．北京：化学工业出版社，2004：283-310.
[2] 孙传瑜．张维洲主编．药物制剂设备［M］．济南：山东大学出版社，2007：225-318.
[3] 王沛主编．中药制药设备［M］．北京：中国中医药出版社，2006：380-412.
[4] 孙怀远编著．药品包装技术与设备［M］．北京：印刷工业出版社，2008：159-230.
[5] 孙智慧，徐克非主编．包装机械概论［M］．北京：印刷工业出版社，2007：162-226.

第五章　口服固体制剂工艺与设备

口服固体制剂系指原料药加适宜辅料经一定生产技术加工成固体状给药形式，固体制剂具有剂量准确、质量稳定、服用方便等优点，并适用于低成本、高效率的工业化大生产，是目前临床使用最广泛的制剂。

常用的口服固体剂型有片剂、胶囊剂、颗粒剂、散剂、滴丸、膜剂等，在药物制剂中约占70%。

第一节　片剂工艺流程

片剂的生产工艺一般可分为制粒压片法和直接压片法两种，前者又可分为湿法制粒压片法和干法制粒压片法，后者又可分为药物粉末直接压片法和药物结晶直接压片法，片剂生产工艺流程及生产区域划分如图5-1。

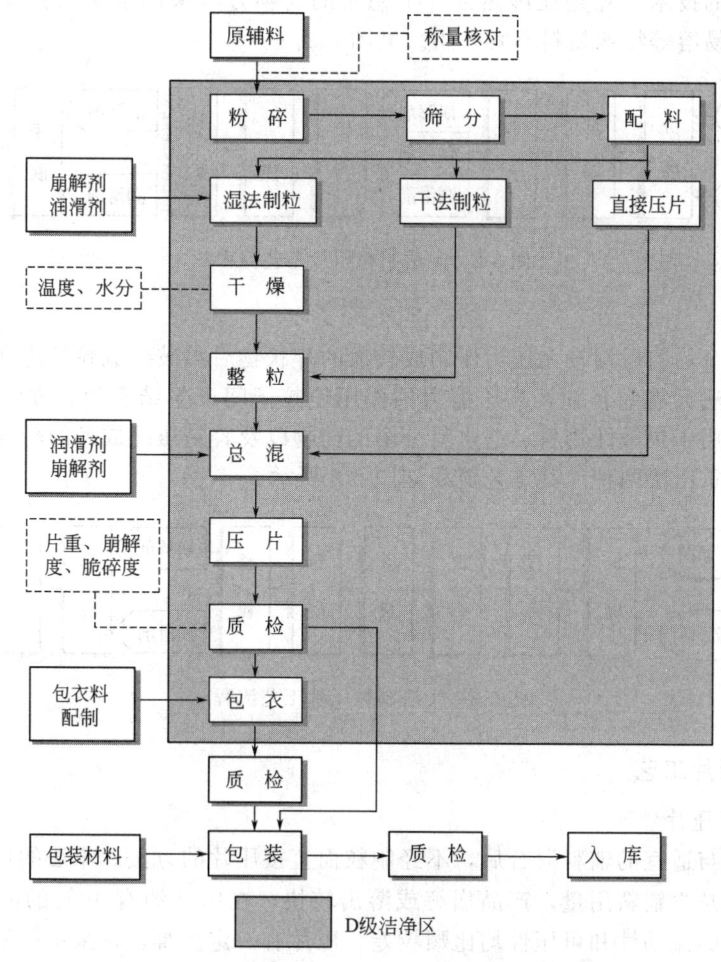

图5-1　片剂生产工艺流程

一、制粒压片工艺

制粒压片工艺通常需要具备两个重要前提条件，即：用于压片的物料（颗粒或粉末）必须具有良好的流动性和良好的可压性。首先，片剂是在较大的压力下压制成型的，在加压的初期，颗粒（或粉末）被挤紧，发生移动或滑动，从而接触更为紧密；随着压力的增加，颗粒间的距离和间隙进一步缩小并产生塑性或弹性变形，同时也有部分颗粒被压碎（比表面积急剧增加）并填充于颗粒的间隙当中；当达到一定压力时，颗粒间的距离已非常小（约 $10^{-8}\sim10^{-7}$m），分子间的引力（内聚力）足以使颗粒固结成为整体的片状物。因此，若要制得符合质量要求的片剂，用于压片的物料就必须具有良好的可压性。这种可压性实际上就是指物料在受压过程中可塑性的大小，可塑性大即可压性好，亦即易于成型，在适度的压力下，即可压成符合要求的片剂；反之，则需选用可压性较好的辅料来调整或改善原物料的可压性，才能压成合格的片剂。其次，除了可压性的要求外，在片剂的生产中还要求物料具有良好的流动性，否则，物料将难以流畅均匀地填充于压片机的模孔中，造成片剂重量差异过大及含量不均匀。因此，良好的流动性和可压性是制备片剂的两个重要前提条件。为了满足这两个前提条件，产生了不同的制备方法。

1. 湿法制粒

湿法制粒是在原料粉末中加入液体黏合剂拌和，靠黏合剂的架桥或黏结作用使粉末聚集在一起制备颗粒的技术。凡是在湿热条件下稳定的药物方可采用湿法制粒技术；对于热敏性、湿敏性、极易溶等特殊物料不宜采用。见图 5-2。

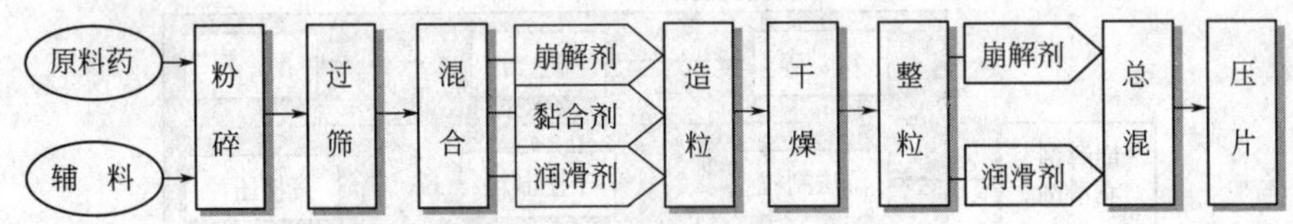

图 5-2 湿法制粒压片工艺流程

2. 干法制粒

将原辅料混合均匀后用较大压力压制成较大的片状物后再破碎成粒径适宜的颗粒的过程叫干法制粒。该法无需黏合剂，靠压缩力的作用使粒子间产生结合力，方法简单、省工省时。干法制粒常用于热敏性物料、遇水易分解的药物以及容易压缩成型的药物的制粒，干法制粒有滚压法和重压法两种。其工艺流程如图 5-3 所示。

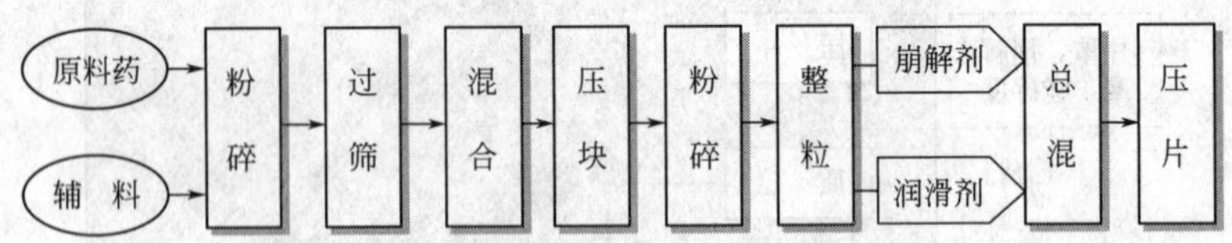

图 5-3 干法制粒压片工艺流程

二、直接压片工艺

1. 粉末直接压片

指药物粉末与适宜的辅料混合后，不经制粒而直接压片的方法。本法的优点是生产工序少，设备简单，减少辅料用量，产品崩解或溶出较快，在国外约有 40% 的品种采用这种工艺。但由于细粉的流动性和可压性均比颗粒差，压片有一定困难，常采用改善压片物料的性能、改进压片机的办法解决。

2. 结晶药物直接压片

某些结晶性药物如阿司匹林、氯化钠、氯化钾、溴化钾、硫酸亚铁等无机盐及维生素C等有机药物，呈正方结晶，具有适宜的流动性和可压性，只需经适当粉碎等处理，筛出适宜大小的晶体或颗粒，再加入适量崩解剂和润滑剂混合均匀，不经制粒直接粉末压片。制备溶液片时，常用此法。其一般制备操作过程如图5-4所示。

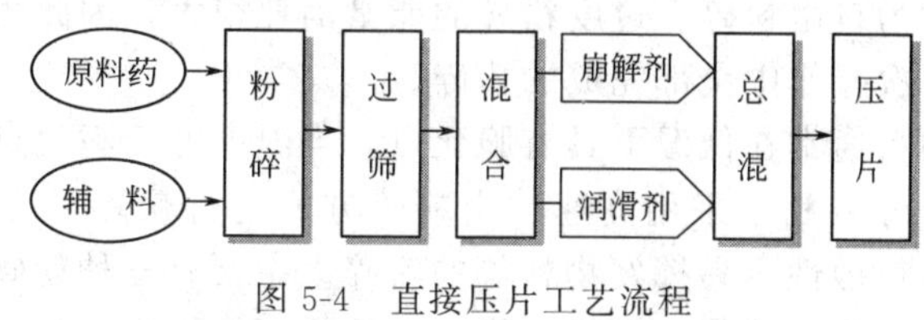

图5-4　直接压片工艺流程

第二节　粉碎与筛分设备

一、粉碎原理与技术

粉碎是借助机械力将大块物料粉碎成适宜程度的碎块和细粉的操作过程。通常要对粉碎后的物料进行过筛，以获得均匀的粒子。粉碎的主要目的是减少药物的粒径，增加比表面积，为制剂提供所要求粒度的物料。粉碎操作对制剂过程有一系列的意义：①有利于提高难溶性药物的溶出速率和生物利用度；②有利于提高药物在制剂中的分散性；③有利于提高有效成分从药材中的浸出；④有利于各种制剂的制备。但粉碎过程也有可能带来不良影响，如晶型转变、热分解、黏附和吸湿性的增大等。药物粉碎后粒子的大小直接或间接影响了药物制剂的稳定性和有效性，药物粉碎不匀，不但不能使药物彼此混匀，而且也会使制剂的剂量或含量不准确，进而影响疗效。

1. 粉碎原理

粉碎过程是利用外加的机械力破坏物质分子间的内聚力来实现，被粉碎的物料受到外力的作用后在局部产生很大的应力和形变，当应力超过物料分子间力时，物料即产生裂缝而粉碎。粉碎过程中常见的外加力有：冲击力、压缩力、剪切力、弯曲力、研磨力等，被粉碎物料的性质、粉碎程度不同，所需加的外力也有所不同，冲击、压缩和研磨作用对脆性物质有效，剪切对纤维状物料有效，粗粒以冲击力和压缩力为主，细碎以剪切力、研磨力为主，实际粉碎过程是几种力综合作用的结果。

2. 粉碎方式

粉碎方式和设备根据物料粉碎时的状态、组成、环境条件、分散方法不同，选择不同的粉碎方法，常见的有干法粉碎、湿法粉碎、单独粉碎、混合粉碎、低温粉碎等。

(1) 干法粉碎与湿法粉碎　干法粉碎是指把物料经过适当干燥处理，降低水分再粉碎的操作，这种粉碎是制剂生产中最常用的粉碎方法。湿法粉碎是指在物料中添加适量的水或其他液体进行磨碎的方法。湿法粉碎粉碎度高，又避免了粉碎时粉尘飞扬，对于某些刺激性较强或毒性药物的粉碎具有特殊意义。

(2) 单独粉碎与混合粉碎　单独粉碎是指对同一物料进行的粉碎操作。贵重细料药、刺激性药物、易于引起爆炸的氧化性和还原性药物、适宜单独处理的药物（如滑石粉、石膏等）等应采用单独粉碎。混合粉碎是指两种以上物料同时粉碎的操作。若处方中某些物料的性质及硬度相似，则可以将其掺合在一起粉碎，混合粉碎既可避免一些黏性药物单独粉碎的困难，又可使粉碎与混合操作结合进行。

(3) 循环粉碎与开路粉碎　粉碎的产品中，若含有尚未被充分粉碎的物料时，一般经筛选后将大粒径物料返回粉碎机再次粉碎，称为循环粉碎。若物料只通过设备一次，则称为开路粉碎。

(4) 闭塞粉碎与自由粉碎　粉碎时粉碎机内物料的滞留量对粉碎效果影响较大，已粉碎的粒子在排出设备前多次被重复粉碎，这种操作称为闭塞粉碎。与此相反，已粉碎的粒子及时被排出设备的操作称为自由粉碎。过度粉碎的能量消耗很大，因此闭塞粉碎适用于破碎少量的物料，并希望在一次操作中全部完成的粉碎。

(5) 低温粉碎　物料通常在低温下具有脆化点，当温度低于脆化点时，物料会变脆。物料的这种低温脆性，十分有利于采用高速冲击粉碎方式进行粉碎。适合于软化点或熔点较低、热塑性、强韧性、热敏性及易挥发物料等的粉碎。主要有三种粉碎方式：①先使原材料在低温下冷却，达到低温脆化状态，再投入常温态的粉碎机中进行粉碎；该法可用于与食品有关材料的粉碎；②在原材料为常温、粉碎机内部温度为低温的情况下进行粉碎，可防止原材料粉碎过程中局部过热变质；该法可用于食品原材料的粉碎；③将原材料冷冻至液氮温度(－196℃)，同时将粉碎机内部温度保持在合适的低温状态而进行的粉碎。

二、粉碎设备

1. 锤式粉碎机

锤式粉碎机属于常用机械撞击式粉碎机之一，主要结构如图 5-5 所示。它的主要部件有：带有衬板的机壳、装有许多可自由摆动的 T 形锤并做高速旋转的转子、加料斗、螺旋加料器、筛板及产品排出口。固体物料自加料口由螺旋加料器连续定量加入粉碎室，物料受高速旋转锤的强大冲击作用以及受锤子离心力作用冲向内壁，在冲击、摩擦、剪切等力的作用下被粉碎成微细颗粒，然后通过筛板经出口排出为成品。机壳内的衬板可更换，衬板的工作面呈锯齿状，有利于颗粒撞击内壁而被粉碎。

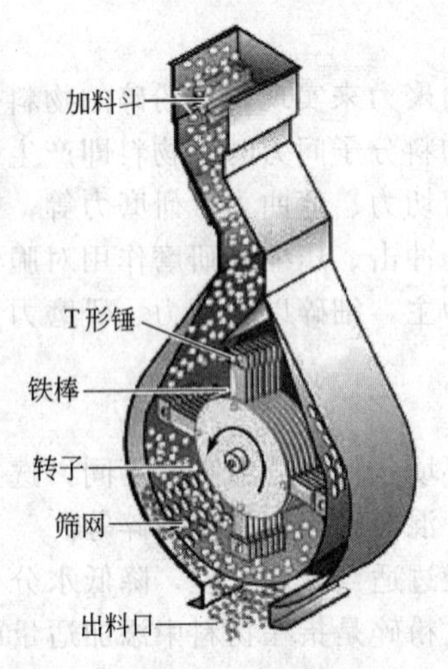

图 5-5　锤式粉碎机示意图

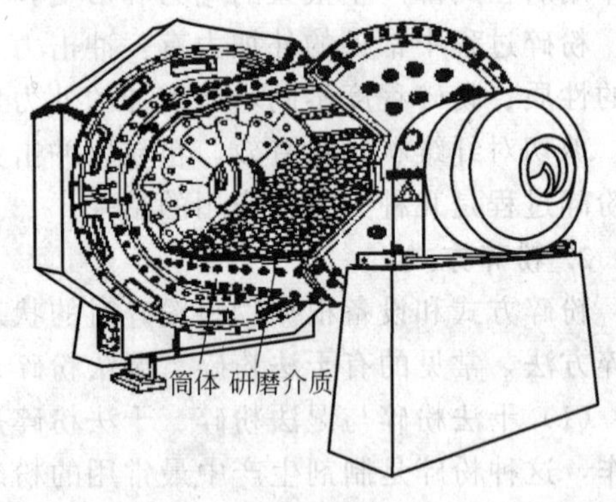

图 5-6　球磨机的结构

2. 球磨机

(1) 结构与工作原理　球磨机是一种常用的细碎设备。在固体制剂生产中有着广泛的应用。球磨机的结构如图 5-6 所示。其主体是一个不锈钢或瓷制的圆筒体，按筒体内仓室数可分为单仓和多仓；筒体内装有直径为 25～150mm 的钢球、瓷球或棒，即研磨介质。装入量约为筒体有效容积的 25％～45％。工作时，电动机通过联轴器和小齿轮带动大齿圈，使筒体缓慢转动。当筒体转动时，研磨介质随筒体上升至一定高度后向下滚落或滑动。在运动过程中，物料在研磨介质的连续撞击、研磨和滚压下而逐渐被粉碎成细粉。固体物料由进料口进入筒体，并逐渐向出料口运动。

(2) 临界转速与最佳工作转速　球磨机的转速直接影响到钢球和物料的运动状况及物料的研磨过程。在不同的转速下，筒体内的钢球和物料的运动状况不同；若转速比较低时，钢球和物料随筒体内壁上升，当钢球和物料的倾角等于或大于自然倾角时，钢球沿斜面滑下，不能形成足够的落差，钢球对物料的磨碎作用很小，这种情况效率很低。如果筒体的转速很高，由于离心力的作用，以致物料和钢球不再脱离筒壁，而随其一同旋转。产生这种状态的最低转速称为临界转速。这时钢球没有撞击作用，物料只受到轻微的研磨，效率也很低。当筒体的转速处于上述二者之间时，钢球被带到一定的高度后沿抛物线落下。此时钢球对筒底的物料产生强烈的撞击作用，效率最高（见图 5-7 所示）。效率最高时的工作转速称为最佳工作转速，一般情况下，最佳转速为临界转速的 60%～85%。临界转速与球磨机筒体直径有关，可用下式计算：

$$N_c = \frac{42.2}{\sqrt{D}}$$

式中，N_c 为球磨机筒体临界转速，r/min；D 为球磨机筒体内径，m。

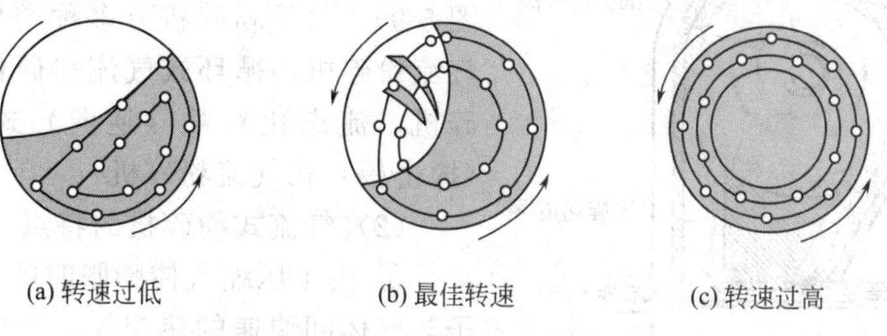

图 5-7　球磨机转速与效率

(3) 球磨机的特点　球磨机结构简单，运行可靠，无须特别管理，且可密闭操作，因而操作粉尘少，劳动条件好。球磨机常用于结晶性或脆性药物的粉碎。密闭操作时，可用于毒剧药、贵重药以及具有吸湿性、易氧化性和刺激性药物的粉碎。球磨机的缺点是运行时有强烈的振动和噪声，需有牢固的基础；粉碎时间长、工作效率低、能耗高、清洗麻烦；研磨介质与筒体衬板的损耗较大。

3. 振动磨

振动磨是一种超细粉碎设备，它与一般常规球磨机粉碎原理的区别在于前者利用机械使振动磨筒体产生强烈转动和振动，从而将物料粉碎、磨细，同时将物料均匀混合、分散。振动磨工作时，筒体内研磨介质的运动方向和主轴旋转方向相反，筒体除了有公转外还有自转。这种运动使研磨介质之间以及研磨介质与筒体之间产生强烈的冲击、摩擦和剪切作用，在短时间内将物料研磨成细小粒子。振动磨按照振动机构的特点可分为惯性式和回转式两大类。惯性振动磨的筒体支撑在弹簧上，当筒体由电机带动旋转时，筒体本身做振动，如图 5-8 所示。回转式振动磨的筒体支撑在弹簧上，主轴的两端有偏心配重，主轴的轴承装在筒体上并通过挠性联轴器与电动机相联，当电动机带动主轴快速旋转时偏心配重产生的离心力使筒体产生近似椭圆轨迹的运动。这种高速回转的运动使筒体中的研磨介质及物料呈悬浮状态，介质的抛射、冲击、研磨作用可有效地粉碎物料。

振动磨具有单位磨机容积产量大、占地面积小、流程简单等优点。而且改进磨机筒体使之密封，或充以惰性气体可以用于易燃、易爆、易于氧化的固体物料的粉碎。缺点是机械部

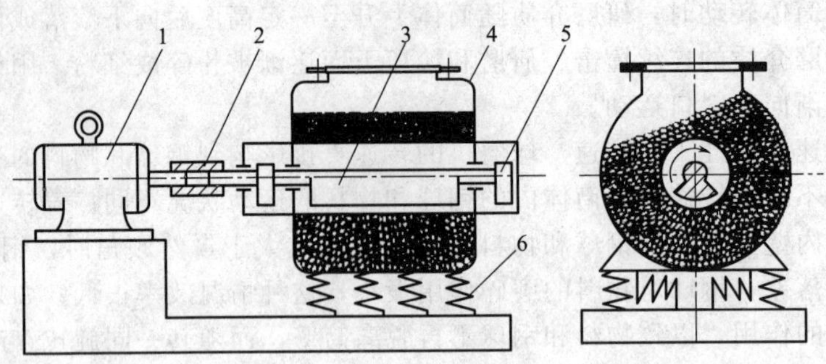

图 5-8 单筒惯性振动磨示意图

1—电动机；2—联轴节；3—主轴；4—筒体；5—不平衡体；6—弹簧

件强度及加工要求高，生产时振动噪声大。

4. 气流式粉碎机

（1）结构与工作原理　气流粉碎机亦称气流磨、流能磨或喷射磨，是最常用的超细粉碎设备之一。它是利用高速气流（300～500m/s）或过热蒸汽（300～400℃）的能量，使颗粒相互产生冲击、碰撞、摩擦而产生超细粉碎作用（见图 5-9）。气流粉碎机有多种类型，主要有扁平式气流粉碎机、循环式气流粉碎机、对喷式气流粉碎机、流态化对喷（逆向）式气流粉碎机、靶（撞击板）式气流粉碎机。

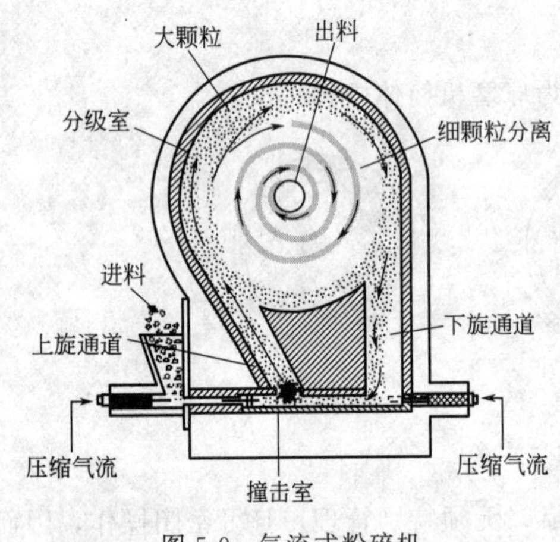

图 5-9 气流式粉碎机

（2）气流式粉碎机的特点

① 由于压缩气体膨胀时的冷却作用，以及粒子与气体间快速的热交换，气流粉碎机在运转时不产生热量。尤其适用于热敏性物质，如抗生素、酶以及低熔点物质的粉碎处理。

② 对于易氧化药物，改用惰性气体进行粉碎，能避免氧化。气流粉碎机的进料粒度不能太大，一般控制在 20～10 目，且进料速度应控制均匀，避免其失效。

③ 结构简单，易于对机器和气体进行无菌处理，常用于粉碎无菌粉末，以免堵塞喷嘴。

④ 缺点是气流撞击噪声大，产量低。仅适用于精细粉碎。

（3）气流粉碎工艺系统　在气流粉碎工艺中，除了粉碎机本身外，还有气流产生设备、气流净化和处理设备、加料装置、成品收集器、废气流夹带物料的捕集回收设备等辅助设备。常用的有空气气流粉碎、过热蒸汽气流粉碎及粉碎与干燥联合作业等工艺系统。下面以常温空气气流粉碎工艺系统为例进行说明。

常温空气气流粉碎工艺系统如图 5-10 所示。从空气压缩机 1 出来的较高温度压缩空气，经后冷却器 2 冷却后，进行除油、除水。从储气罐 5 出来的压缩空气，经除沫器 6 捕集，进入空气过滤器 7 进一步净化。纯净的常温压缩空气一路进入喷射式加料器 9，另一路进入（扁平式）气流粉碎机 10，粉碎产品经卸料-锁气器 15，落在成品输送器 16 上。废气夹带的物料经旋风分离器 11 预捕集后，进入布袋除尘器 12。捕集下来的成品也落入成品输送器 16 中。废气流经引风机排空，为防止有些产品发生粘壁现象，在成品收集器、预捕集旋风分离器和布袋收尘器下料锥体上安装有振动器 14。该流程的特点是：压缩空气在冷却降温后进行除油、除水，以防压缩空气中的油水污染产品，堵塞粉碎系统。如采用无油润滑空压机则

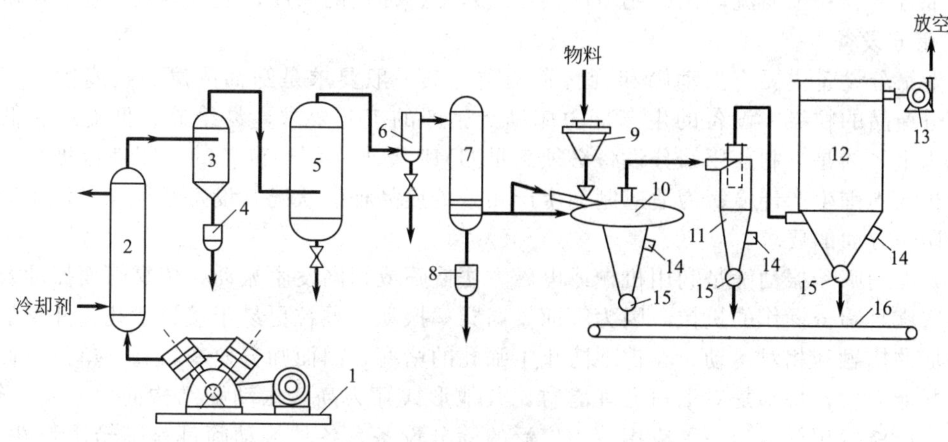

图 5-10　常温空气气流粉碎工艺系统

1—空气压缩机；2—后冷却器；3—油水分离器；4,8—排液器；5—储气罐；6—除沫器；7—空气过滤器；9—喷射式加料器；10—气流粉碎机；11—旋风分离器；12—布袋除尘器；13—引风机；14—振动器；15—卸料-锁气器；16—成品输送器

只需除水。

三、粉碎设备的选型

1. 掌握物料性质和对粉碎的要求

包括粉碎物料的原始形状、大小、硬度、韧脆性、可磨性和磨蚀性等有关数据。同时对粉碎产品的粒度大小及分布，对粉碎机的生产速率、预期产量、能量消耗、磨损程度及占地面积等要求有全面的了解。

2. 合理设计和选择粉碎流程和粉碎机械

如采用粉碎级数、开式或闭式、干法或湿法等，根据要求对粉碎机械正确选型是完成粉碎操作的重要环节，例如处理磨蚀性很大的物料不宜采用高速冲击的磨机，以免采用昂贵的耐磨材料；而对于处理非磨蚀性的物料、粉碎粒径要求又不是特别细（如大于 100μm）时，就不必采用耗能较高的气流磨，而选用耗能较低的机械磨，若能再配置高效分级器，则不仅可避免过粉碎且可提高产量。

3. 符合 GMP 要求的系统设计

一个完善的粉碎工序设计必须对整套工程进行系统考虑。除了粉碎机主体结构外，其他配套设施如给料装置及计量、分级装置、粉尘及产品收集、包装、消声措施等都必须充分注意。特别应指出的是，粉碎作业往往是工厂产生粉尘的污染源，如有可能，整个系统最好在微负压下操作以使粉碎系统符合 GMP 要求。

四、筛分技术与设备

1. 筛分原理与目的

固体药物被粉碎后，得到粗细不同的混合物，必须将不同粒度的药物颗粒、粉末按不同的粒度范围要求将其分离出来，以作不同的处理及用途。筛分就是借助筛网孔径大小将物料按粒径进行分离的方法。筛分操作简单、经济且分级精度较高，因此是在医药工业中应用最广泛的分级操作之一。其目的概括起来就是为了获得较均匀的粒子群，即或筛除粗粉取细粉，或筛除细粉取粗粉，或筛除粗、细粉取中粉等。这对药品质量以及制剂生产的顺利进行都有重要意义。如颗粒剂、散剂等制剂都有药典规定的粒度要求，在混合、制粒、压片等操作中对混合度、粒子的流动性、充填性、片重差异、片剂的硬度、裂片等具有显著影响。

2. 筛分设备

工业筛分设备主要有振动筛和旋转筛两类。其一般要求是筛面耐磨、抗腐蚀，工作可靠，筛分产品的粒级、设备的生产能力应满足生产的工艺要求，易维修、低能耗、低噪声等。尤为重要的是，制药用筛分设备必须满足GMP要求，例如设备的密闭性应极高，以防止粉尘进入周围生产环境；为适应制剂生产频繁更换品种的状况，设备必须满足便于彻底清洗以及防锈方面的要求。

（1）振动筛　振动筛是利用机械或电磁方法使筛或筛网发生振动，依靠筛面振动及一定的倾角来满足筛分操作的机械。因为筛面做高频率振动，颗粒更易于接近筛孔，并增加了物粒与筛面的接触和相对运动，有效地防止了筛孔的堵塞，因而筛分效率较高。单位筛面面积处理物料能力大，特别是对细粉处理能力比其他形式筛为高。振动筛结构简单紧凑、轻便、体积小、维修费用低，是一种应用较为广泛的筛分设备。各种振动筛都是筛箱用弹性支撑，依靠振动发生器使筛面产生振动进行工作的。根据动力来源可分机械振动筛和电磁振动筛；根据筛面的运动规律可分为直线摇动筛、平面摇晃筛和差动筛等。常用的振动筛见图5-11。

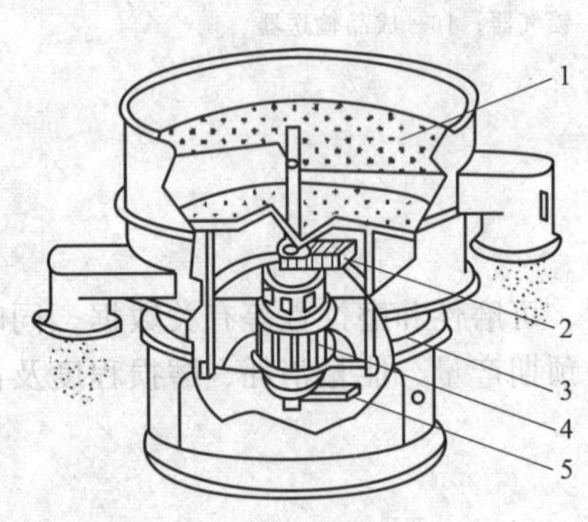

图5-11　旋转式振动筛的结构

1—筛网；2—上部重锤；3—弹簧；4—电动机；5—下部重锤

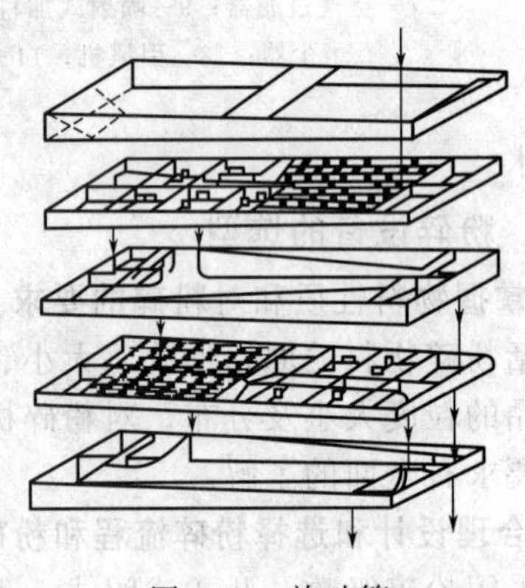

图5-12　旋动筛

旋转式振动筛主要由筛网、电动机、重锤、弹簧等组成。电动机通轴的上下部分别设有不平衡重锤，轴上部穿过筛网并与其相连，筛框以弹簧支撑于底座上。工作时，上部重锤使筛网产生水平圆周运动，下部重锤使筛网产生垂直运动，由此形成筛网的三维振动。当物料加至筛网中心部位后，将以一定的曲线轨迹向器壁运动，其中的细颗粒通过筛网由下部出料口排出，而粗颗粒则由上部出料口排出。

旋转式振动筛具有占地面积小、重量轻、维修费用低、分离效率高、可连续操作、生产能力大等优点，适合于大批量物料的筛分。

（2）旋动筛　旋动筛其结构如图5-12所示。筛框一般为长方形或正方形，由偏心轴带动在水平面内绕轴沿圆形轨迹旋动，回转速度为150～260r/min，回转半径为32～60mm。筛网具有一定的倾斜度，故当筛旋动时，筛网本身产生高频振动，为防止堵网，在筛网底部格内置有若干小球，利用小球撞击筛网底部可引起筛网的振动。旋动筛可以连续操作，粗筛、细筛可组合使用，粗物

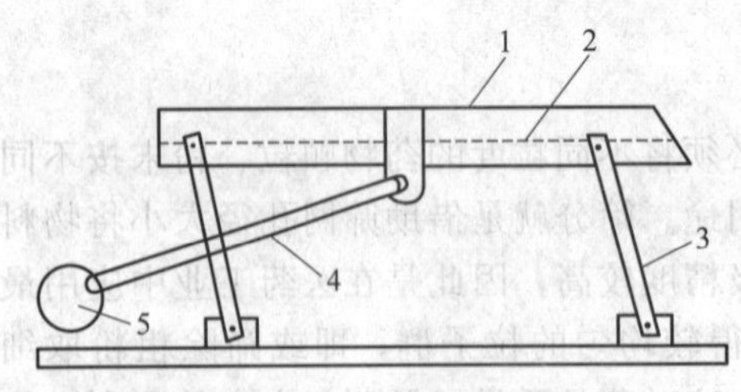

图5-13　双曲柄摇动筛的结构

1—筛框；2—筛网；3—摇杆；4—连杆；5—偏心轮

料、细物料分别从各层排出口排出。

（3）双曲柄摇动筛　双曲柄摇动筛主要由筛网、偏心轮、连杆、摇杆等组成（图5-13）。筛网通常为长方形，放置时保持水平或略有倾斜。筛框支撑于摇杆上或悬挂于支架上。工作时，旋转的偏心轮通过连杆使筛网做往复运动，物料由一端加入，其中的细颗粒通过筛网落于网下，粗颗粒则在筛网上运动至另一端排出。

第三节　混合技术与设备

一、混合原理

混合是指将两种以上组分在外力作用下使其不均一性不断降低、相互分散而达到均一状态的过程操作，目的是为了制备均匀的混合物。依据固体粒子在混合机内运动状态的不同，可将混合操作的机理分为三种基本形式，即对流混合、剪切混合和扩散混合。

1. 对流混合

在混合设备翻转或搅拌器的搅拌下，颗粒之间或较大的颗粒群之间将产生相对运动，从而形成环流，即许多成团的物料颗粒从混合室的某处移向另一处，而另一处物料做对向移动，这两群物料在对流中进行相互渗透变位而进行混合。这种混合方式称为对流混合。对流混合的效率与混合设备的类型及操作方法有关。

2. 剪切混合

固体颗粒在混合器内运动时会产生一些滑动平面，从而在不同成分的界面间产生剪切作用，由此而产生的剪切力作用于粒子交界面，可引起颗粒之间的混合。这种混合方式称为剪切混合。剪切混合时的剪切力还具有粉碎颗粒的作用。

3. 扩散混合

当固体颗粒在混合器内混合时，粒子的紊乱运动会使相邻粒子相互交换位置，从而产生局部混合。这种混合方式称为扩散混合。当粒子形状、充填状态或流动速度不同时，即可发生扩散混合。需要指出的是，上述混合方式往往不是以单一方式进行的，实际混合过程通常是上述三种方式共同作用的结果。但对于特定的混合设备和混合方法，可能只是以某种混合方式为主。此外，对于不同粒径的自由流动粉体。剪切和扩散混合过程中常伴随着分离，从而使混合效果下降。

二、混合设备的类型

混合设备通常由两个基本部件构成，即装载物料的容器和提供动力的装置。由于固体颗粒的形状、粒径、密度等的差异以及对混合要求的不同，提供动力的装置是多种多样的。按照结构和运行特点的差异，混合设备大致可分为三类，即固定型、回转型和复合型（见表5-1）。

三、混合设备

1. 容器固定型混合机

（1）槽型混合机　主要由混合槽、搅拌器、机架和驱动装置等组成。其结构如图5-14所示。搅拌器通常为螺带式，并水平安装于混合槽内。其轴与驱动装置相连，当螺带以一定的速度旋转时，螺带表面将推动与其接触的物料沿螺旋方向移动，从而使螺带推力面一侧的物料产生螺旋状的轴向运动，而四周的物料则向螺带中心运动，以填补因物料轴向运动而产生的“空缺”，结果使混合槽内的物料上下翻滚，从而达到使物料混合均匀的目的。

表 5-1　混合设备的类型

操作方式	形　式	机　型
间歇混合	固定型①	螺旋桨型、喷流型、搅拌釜型
	回转型②	V形、S形、圆筒形、双圆锥形、水平圆锥形
	复合型③	回转容器内装搅拌器的型式
连续混合	固定型	水平圆锥形、连续V形、水平圆筒形
	回转型	螺旋桨型、重力流动无搅拌型
	复合型	回转容器吹入气流型

① 运行时容器固定。
② 运行时容器转动。
③ 兼有固定型和转动型的特点

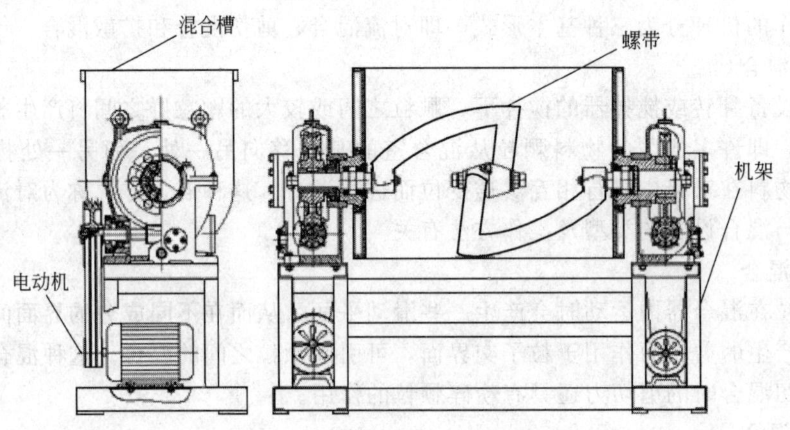

图 5-14　槽型混合机

槽式混合机结构简单、操作维修方便，在药品生产中有着广泛的应用。缺点是混合强度小、混合时间长。此外，当颗粒密度相差较大时，密度大的颗粒易沉积于底部，故仅适用于密度相近的物料混合。

(2) 锥形混合机　锥形混合机主要由锥形壳体和传动装置组成。壳体内一般装有1～2个与锥体壁平行的螺旋式推进器。常见的双螺旋锥形混合机主要由锥形筒体、螺旋杆和传动装置等组成。其结构如图5-15(a)所示。工作时，螺旋式推进器在容器内既有公转又有自转。两螺旋杆的自转可将物料自下而上提升，形成两股对称的沿锥体壁上升的螺柱形物料流，并在锥体中心汇合后向下流动，从而在筒体内形成物料的总体循环流动。同时，螺旋杆在旋转臂的带动下在筒体内做公转，使螺柱体外的物料不断混入螺柱体内，从而使物料在整个锥体内不断混掺错位。

双螺旋锥形混合机可使物料在短时间内混合均匀，多数情况下仅需7～8min即可使物料达到最大程度的混合。但在混合某些物料时可能会产生分离作用，此时可采用图5-15(b)所示的非对称双螺旋锥形混合机。锥形混合机可密闭操作，并具有混合效率高、清理方便、无粉尘等优点。

2. 容器回转型混合机

容器回转型混合设备是最简单且通用的固体混合设备，其混合室为一环绕轴旋转的完全封闭的容器。根据不同的混合过程，回转轴线与容器轴线可以重合，也可以互成一定角度，甚至相互垂直。当驱动轴旋转时，容器内的颗粒在混合物表面相互翻滚，使各个粒子流动性

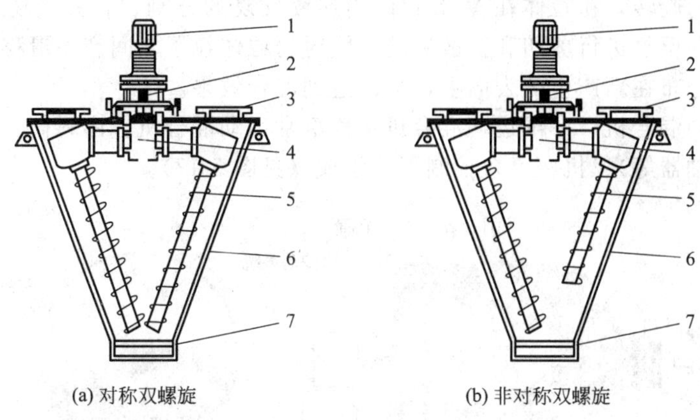

(a) 对称双螺旋　　(b) 非对称双螺旋

图 5-15　双螺旋锥形混合机

1—电动机；2—减速机；3—进料口；4—传动装置；5—螺旋杆；6—锥形筒体；7—出料口

增加，从而实现扩散混合。容器有多种结构型式，常见的有 V 形、双重圆锥形、滚筒形、Y 形、正立方体形和混合型等。物料在这些不同外形容器中的运动状态是不一样的，有的产生径向运动，有的产生轴向运动，有的还同时产生环向、径向和轴向三个方向的复合运动。选用时，可根据混合介质和混合要求选择适宜的容器结构型式；同时依物料和过程不同，容器内还可设置破碎装置、加液装置、挡板、搅拌桨叶等辅助设施。容器回转型混合设备的混合效果除了与混合室结构有关外，还与转速、装料系数及混合时间等有关。

(1) V 形混合机　V 形混合设备由容器及传动部分构成。容器部分由两个圆筒形的筒体以 V 字形形式焊接而成，两个圆筒的夹角一般为 80°（见图 5-16）。但对流动性能差的粉粒体，其夹角应减小些。加料口在 V 形的底部，通常采用 O 形圈密封。容器内壁需进行抛光处理，使内表面十分光滑，便于粉粒体充分流动，同时也有利于出料和清洗。V 形混合设备的两个料筒是不等长的，以便更有效地扰乱物料在混合室内的运动形态，增大“紊流”程度，以有利于物料的充分混合。另外，为增加混合作用，有时也在容器内部装设挡板、桨叶或强制搅拌桨，对物料进行搅拌和折流。强制搅拌桨的转速一般在 450～950r/min，其转动方向与筒体回转方向相反，以增加混合速度。V 形混合设备的传动部分主要由电动机、减速机、转轴等组成。轴与容器一般由凸缘连接，轴和密封套与混合物不直接接触，以避免润滑油污染。容器的形状相对于轴是非对称的，因而，当 V 形混合设备的混合室绕轴做回转运动时，两个料筒内的物料交替发生流动。如 V 形混合室的连接处位于底部位置时，物料在 V 形底部汇集；而当混合室的连接处位于顶部位置时，汇集的物料又分置于两个料筒

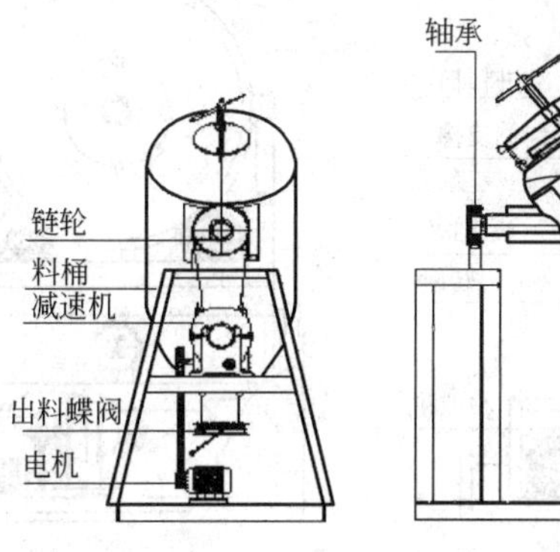

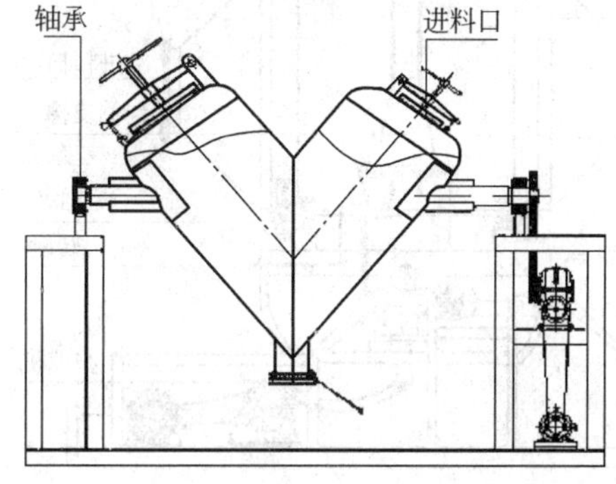

图 5-16　V 形混合机

内。随着混合室的旋转，粉粒体在V形圆筒内连续反复的分割、合并。物料随机地从一区流动到另一区，即反复进行剪切和扩散运动；同时粉粒体粒子之间产生滑移，进行空间多次叠加，粒子不断分布在新产生的表面上，从而达到混合效果。

（2）一维运动混合机　一维运动混合机又称滚翻运动混合机。由料筒、传动系统（有电机、减速机、联轴器等）、机座（含控制器）组成（见图5-17）。

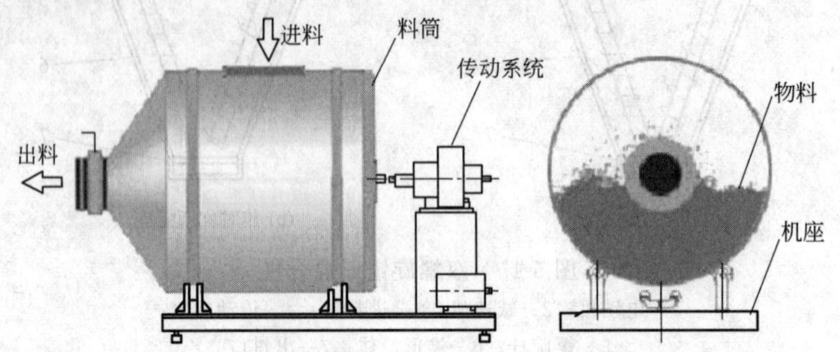

图5-17　一维运动混合机

装有混合物料的筒体在电机的带动下做匀速旋转运动，由于筒体内壁焊有若干特制的“抄板”，物料在抄板的推动下，沿着筒壁做环向运动，也就是有了上、下、左、右方向的运动，又由于抄板与筒体中轴线有一定的角度（每块抄板的角度是通过计算和实践决定的），使物料在筒体内做前后方向的运动，由此可以看出，虽然料筒的运动很简单（一维运动），但料筒内物料在料筒内充分的滚翻，做的是三维运动，加上料筒内保留合理的剩余空间（物料以外的空间）和料筒合理的旋转速度，使参加混合的不同组分（物料）能最大可能地做相对运动，从而达到混合的目的。

（3）二维运动混合机　二维运动混合机又称摇滚运动混合机，是指转筒可同时进行两个方向运动的混合机。两个运动方向分别是转筒的转动，转筒随摆动架的摆动。被混合物料在转筒内随转筒转动、翻转、混合的同时又随转筒的摆动而发生左右来回的掺混运动。

其基本结构由转筒、摆动架、机架三大部分构成。转筒装在摆动架上，由四个滚轮支撑并由两个挡轮对其进行轴向定位，在四个支撑滚轮中，其中两个传动轮由转动动力系统拖动使转筒产生转动。摆动架由一组曲柄摆杆机构来驱动，曲柄摆杆机构装在机架上，摆动架由轴承组件支撑在机架上，使转筒在转动的同时又参与摆动，使筒中物料得以充分混合（见图5-18）。

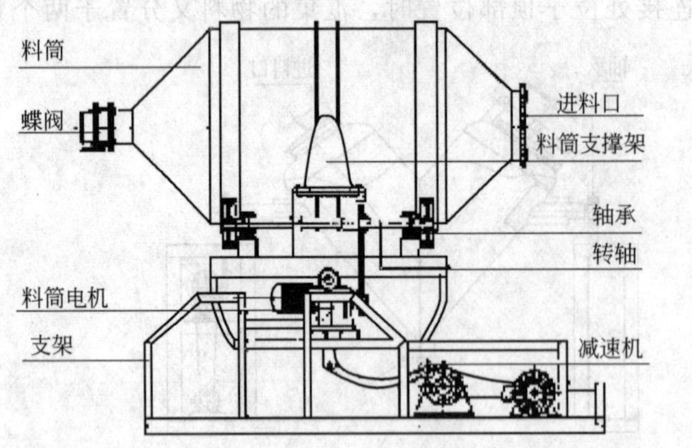

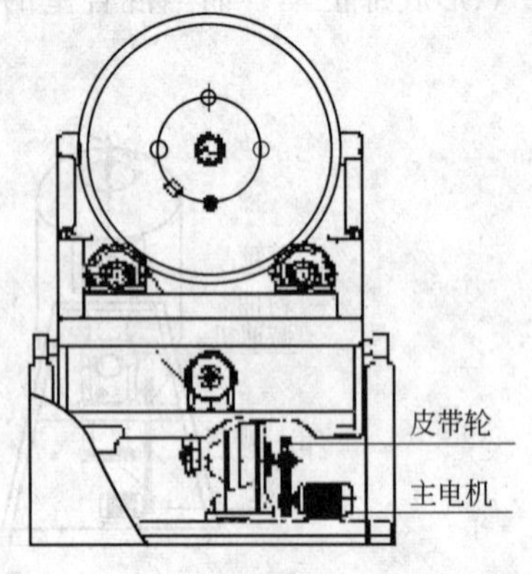

图5-18　二维运动混合机

二维运动混合机具有混合迅速、混合量大、出料便捷等优点。批处理量可达 250～2500kg，常用于大批量粉、粒状物料的混合。缺点是间歇操作，劳动强度较大。

（4）三维运动混合机　三维运动混合机主要由料筒、传动系统、控制系统、多向运行机构和机座等组成，如图 5-19 所示。料筒与两个带有万向节的轴相连，其中一个为主动轴，另一个为从动轴。三维运动混合机充分利用了三维摆动、平移转动和摇滚原理，使混合筒在工作中形成复杂的空间运动，并产生强烈的交替脉动，从而加速物料的流动与扩散，使物料在短时间内混合均匀。

三维运动混合机可避免一般混合机因离心力作用而产生的物料偏析和积聚现象，可对不同粒度和不同密度的几种物料进行混合，并具有装料系数大、混合均匀度高、混合速度快和混合过程无升温现象等优点。缺点是间歇操作、批处理量小于二维运动混合机。

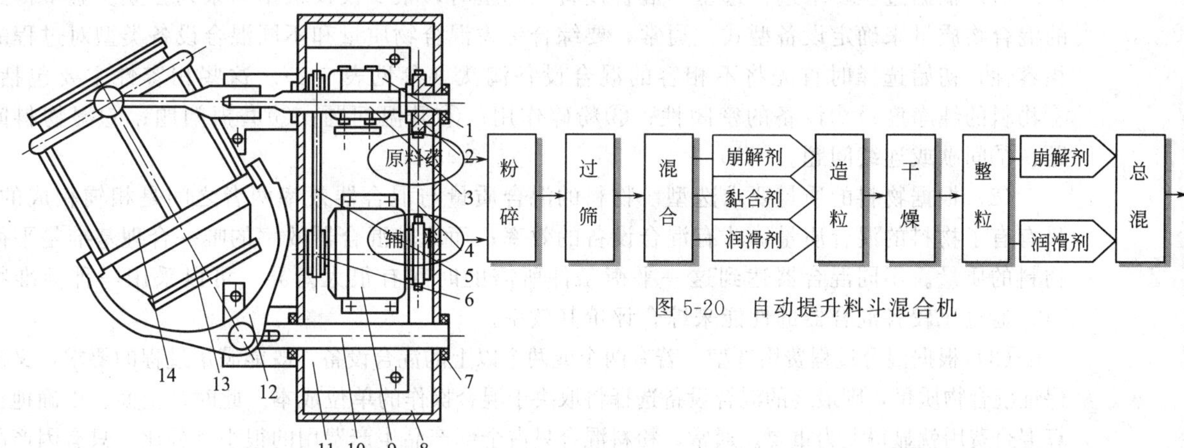

图 5-20　自动提升料斗混合机

图 5-19　三维运动混合机结构

1—电动机；2—链轮；3—主动轴；4—链条；5—皮带；6—皮带轮；7—轴承；8—箱体；9—减速机；10—从动轴；11—底板；12—摆叉；13—料筒；14—外摆筒

（5）自动提升料斗混合机　自动提升料斗混合机由机架、回转体、驱动系统、夹持系统、提升系统、制动系统及电脑控制系统组成（见图 5-20）。

可以夹持大小不同容积的料斗，自动完成夹持、提升、混合、下降、松夹等全部动作。药厂只需配置一台自动提升料斗混合机及多个不同规格的料斗，就能满足不同批量、多品种的混合要求。

其工作原理是将料斗移放在回转体内，将回转体提升至一定高度并自动将料斗夹紧；压力传感器得到夹紧信号后，驱动系统便自动按设定参数进行混合；达到设定时间后，回转体能自动停止在出料斗的状态，同时停止制动系统工作，混合结束；然后提升系统工作，将回转体下降至地面，并松开夹紧系统；移开料斗完成混合周期，自动打印该数据。具有以下特点：

① 回转体的回转轴线与几何对称轴线成一夹角，物料除随回转体翻动外，亦同时做沿斗壁的切向运动；物料产生强烈的翻转和较高的切向运动，达到最佳的混合效果。

② 能夹持不同规格的料斗，适应多品种固体制剂的混合要求。

③ 自动完成提升、混合全部程序，能自动夹紧料斗，取消了混合机专用的提升铲车，同时，料斗接口标准化，适合自动化密闭操作。

④ 采用 PLC 全自动控制，并设置了隔离连锁装置，操作人员离开工作区后才自动启动

工作，提高了安全性。

四、混合设备的选型

1. 混合设备选型的基本原则

混合设备选型时，首先要了解该混合操作过程在整个生产中所处的位置、混合目的、最终要求达到的混合度大小、粉粒体的物性和处理量，以及其他相应的工作条件。这些工作条件主要包括：间歇式还是连续式操作，物料是否对剪切敏感，有无腐蚀性或需要特殊的结构材料，是否允许粉粒体尺寸的减小，热量的移出或加入，环境要求，混合设备的维护清洗要求等。同时还必须结合混合设备本身的特性来选用合适的混合设备的型式。在遵循 GMP 原则的前提下，可根据下列三个基本原则进行选型。

（1）根据过程要求进行选型　混合设备在选型时，很少仅仅根据一系列独立实验中得到的混合物质量来确定设备型式。通常，要综合考虑混合物质量和不同混合设备类型对过程的相容性，初始选择时首先将不相容的混合设备淘汰（参见表 5-2）。这些相容性主要包括：①物料的纯净度；②设备的密闭性；③粉碎作用；④升温问题；⑤磨损问题；⑥湿物料问题；⑦间歇或连续问题。

（2）根据物料的质量要求选型　物料的混合质量与混合器效率两者之间是相辅相成的，只有有了物料的混合质量，才有混合设备的效率；而比较混合器效率的唯一合理基准是平衡物料的质量。不同混合器达到这一平衡条件所需的时间有很大差异，可以采用一种标准物料，通过比较各混合器的性能来综合评价其效率。

（3）根据混合过程费用选型　若有两个或两个以上的混合设备，既能满足过程的要求，又能保证混合物质量，则最终的混合设备选择将取决于混合操作的单位成本。此时，全面、正确地估算混合费用就显得尤为重要。通常，粉料混合只占全部产品生产费用的很小百分比，只有因产品不合规格而耗费较长生产时间时，混合才成为代价较大的过程。因此，选择既能满足混合物质量规格要求，又能与整个过程十分协调的混合设备，比操作费用的少量节省更为重要。

表 5-2　混合设备特征评价表

混合机型式		粒径/mm			休止角/°			含水率			物料差异小	物料差异大	磨损性大	出料难易	清洗难易	无菌生产
		0.1以上	0.01～0.1	μm以下	35以下	35～45	45以上	黏结	干燥	润湿						
容器回转	V形混合	○	△	×	○	△	×	×	○	×	○	×	○	易	易	△
	双重圆锥	○	△	×	○	△	×	×	○	×	○	×	○	易	易	△
	三维运动	○	△	×	○	△	×	×	○	×	○	△	○	易	易	△
	方锥料斗	○	△	×	○	△	×	×	○	×	○	△	○	易	易	○
容器固定	槽型混合	○	○	×	○	○	×	×	○	△	○	×	×	易	易	×
	立式螺带	○	○	×	○	○	○	×	○	×	○	○	×	易	易	×
	行星锥形	○	○	○	○	○	○	△	○	×	○	○	○	易	难	△
	气流搅拌	○	×	×	○	△	×	×	○	×	○	×	×	易	易	×
复合型	一维运动	○	○	×	○	○	△	×	○	△	○	△	○	易	易	△
	二维运动	○	○	×	○	○	△	×	○	△	○	△	○	易	易	△
	V形搅拌	○	○	×	○	○	△	×	○	△	○	○	○	易	难	×
	圆锥搅拌	○	○	×	○	○	△	×	○	△	○	△	○	易	难	×

注：○为适合，△为可以使用，×为不适用。

2. 混合设备的选型方法

（1）类比法　根据物料，参照同行厂家选用的机型，可以较快选定自己所需的混合机机型。该方法的优点是方便简洁。

（2）小试法　根据物料，参照设备技术资料和上述表格，初步选定小试机型进行试验，在小试中要测定混合机的性能、混合均匀度、最佳混合状态等。

（3）中试法　对大型混合设备选型来说，有时仅用小试结果还不够，最好还要进行中试。

第四节　制粒技术与设备

一、挤压制粒

挤压制粒是湿法制粒工艺中常用的一种制粒技术，是指将物料粉末经混合均匀，再加入适当的黏合剂捏合制成软材后，用强制挤压的方式使其通过具有一定大小筛孔的孔板或筛网（板）而制成均匀颗粒的方法。常见设备有：摇摆式制粒机、旋转式制粒机、螺旋挤压式制粒机等。

1. 摇摆式制粒机

摇摆式制粒机主要由制粒部分、传动部分和机架组成。其中，制粒部分由加料斗、七角滚筒、筛网及夹管等部件组成（见图 5-21）。

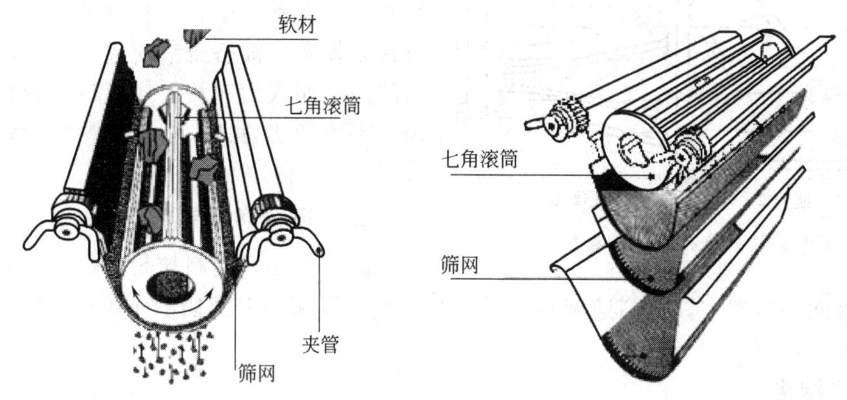

图 5-21　摇摆式制粒机工作原理

当七角滚筒的正反向旋转运动周而复始地进行时，受左右夹管而夹紧的筛网紧贴于滚筒的外缘上，滚筒外缘由七根截面为梯形的刮刀组成，刮刀对软材产生挤压和剪切作用，将软材压过筛网而成为颗粒。这种制粒原理是模仿人工在筛网上用手搓压的动作来制粒的。

摇摆式制粒机常与槽型混合机配合使用，后者将物料制成软材后，再经摇摆式制粒机制成湿颗粒。

2. 旋转式制粒机

（1）结构与组成　旋转式制粒机由筛孔、挡板、圆钢桶、旋转叶片、齿轮、出料口、颗粒接收盘组成。如图 5-22 所示。

（2）制粒原理　旋转式制粒机的圆筒形制粒室内有上下两组叶片：上部的倾斜叶片（压料叶片）将物料压向下方；下部的弯形叶片（碾刀）将物料推向周边。两组叶片逆向旋转，物料从制粒室上部加料口加入，在两组叶片的联合作用下，物料由制粒室下部的细孔挤出而成为颗粒。颗粒的大小由细孔的孔径而定，一般选用孔径 0.7～1.0mm。它适用于制备湿颗

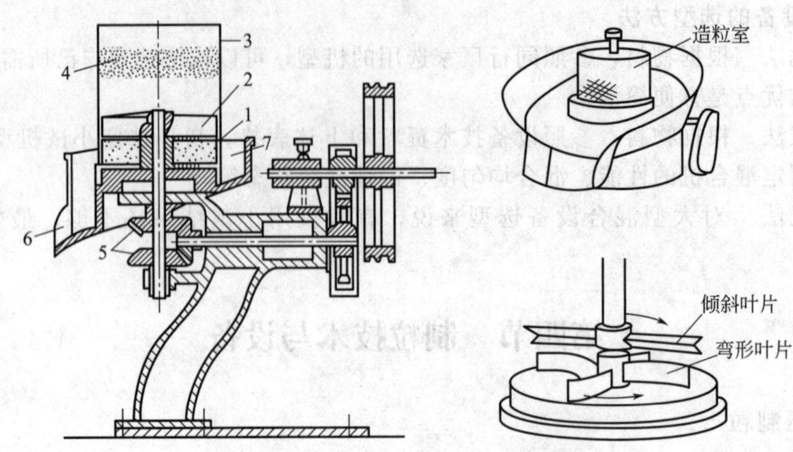

图 5-22 旋转式制粒机

1—筛孔；2—挡板；3—带筛孔的圆钢桶；4—备用筛孔；5—伞形齿轮；6—出料口；7—颗粒料斗

粒，也可将干硬原料研成颗粒或将需要返工的药片研成颗粒。

3. 螺旋挤压式制粒机

螺旋挤压式制粒机如图（俯视图）5-23 所示，螺旋挤压式制粒机由混合室和制粒室两部分组成。物料从混合室双螺杆上方的加料口加入。两个螺杆分别由齿轮带动相向旋转，借助螺杆上螺旋的推力，物料被挤进制粒室。物料在制粒室内被挤压滚筒进一步挤压通过筛筒上的筛孔而成为颗粒。螺旋挤压制粒机的特点是：①生产能力大；②制得颗粒较结实，不易破碎。

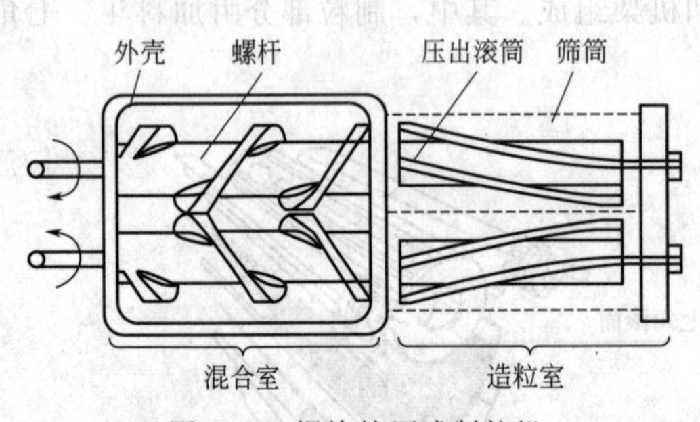

图 5-23 螺旋挤压式制粒机

二、搅拌切割制粒

高速搅拌切割制粒是将药物粉末、辅料和黏合剂加入同一容器中，靠高速旋转的搅拌器的搅拌及切割刀的切割作用迅速完成混合并制成颗粒的方法。

1. 基本结构

高效搅拌制粒机由混合筒、搅拌桨、切割刀和动力系统（搅拌电机、制粒电机、电器控制器和机架）组成，根据结构形式可分为卧式和立式两种，如图 5-24 所示。

2. 过程操作

该机是将物料与黏合剂共置圆筒形容器中，由底部混合桨充分混合成湿润软材，再由侧置的高速粉碎桨将其切割成均匀的湿颗粒。操作时，将原辅料按处方量加入混合筒中，密盖，开动搅拌桨将干粉混合 1～2min。待混合均匀后加入黏合剂或润湿剂，再搅拌 4～5min，物料即被制成软材。开动切割刀，将物料切割成颗粒。

3. 特点

① 制得的颗粒粒度均匀，干燥后制成的片剂硬度、光洁度、崩解性能和溶出度均优于传统工艺。

② 混合和制粒一步完成，自动卸料，全过程约 10min，工效比传统工艺提高 4～5 倍。

③ 黏合剂用量比传统工艺减少 15%～25%，颗粒干燥时间也可缩短。

④ 采取洁净气封系统能比较有效地防止物料交叉污染和机械磨损尘埃引起的污染。

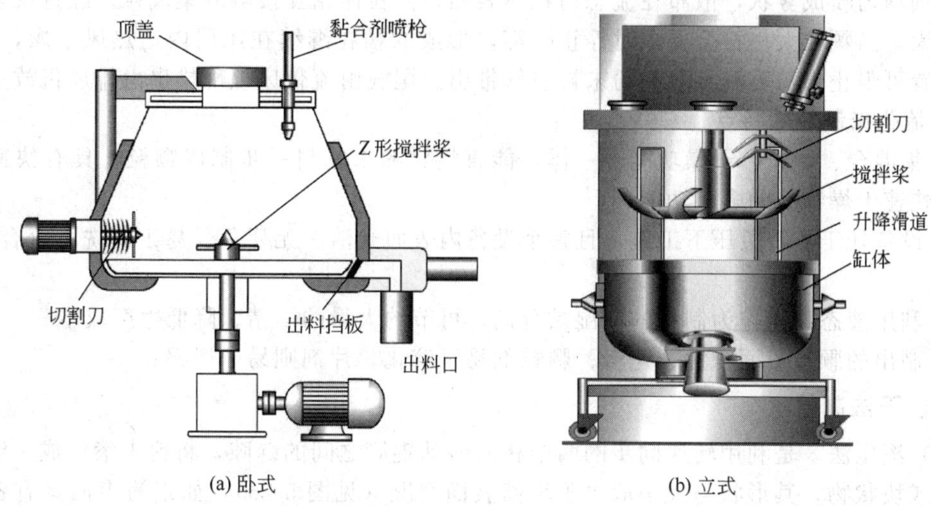

(a) 卧式　(b) 立式

图 5-24　高速混合制粒机结构

三、流化床制粒

1. 流化制粒原理

粉末物料在形成颗粒的过程中，起作用的是黏合剂溶液与颗粒间的表面张力以及负压吸力，在这些力作用下物料粉末经黏合剂的架桥作用相互聚结成粒。当黏合剂液体均匀喷于悬浮松散的粉体层时，黏合剂雾滴使接触到的粉末润湿并聚结在自己周围形成粒子核，同时再由继续喷入的液滴落在粒子核表面产生黏合架桥，使粒子核与粒子核之间、粒子核与粒子之间相互交联结合，逐渐凝集长大成较大颗粒。干燥后，粉末间的液体变成固体骨架，最终形成多孔颗粒产品。

2. 流化床设备结构

流化床制粒机主要构造由容器、气体分布装置（如筛板等）、喷嘴（雾化器）、气固分离装置（如袋滤器）、空气送和排装置、物料进出装置等组成（见图 5-25）。

3. 流化床制粒过程

空气由送风机吸入，经过空气过滤器和加热器，从流化床下部通过筛板吹入流化床内，热空气使床层内的物料呈流化状态，然后送液装置泵将黏合剂溶液送至喷嘴管，由压缩空气

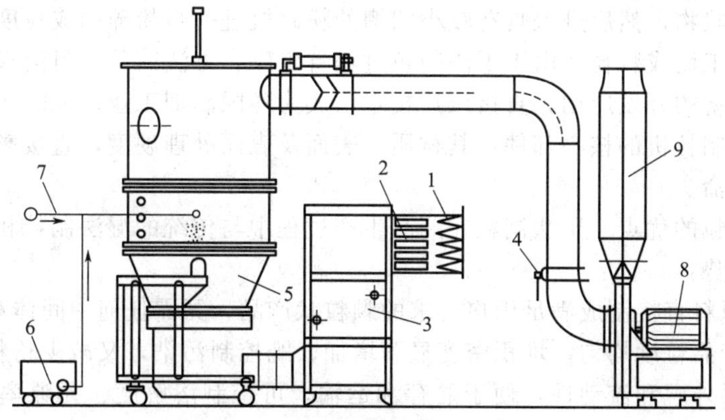

图 5-25　流化床制粒装置

1—中效过滤器；2—高效过滤器；3—加热器；4—调风阀；5—盛料器；
6—输液泵；7—压缩空气；8—引风机；9—除尘器

将黏合剂均匀喷成雾状，散布在流态粉粒体表面，使粒体相互接触凝集成粒。经过反复的喷雾和干燥，当颗粒大小符合要求时停止喷雾，形成的颗粒继续在床层内送热风干燥，出料。集尘装置可阻止未与雾滴接触的粉末被空气带出。尾气由流化床顶部排出由排风机放空。

4. 流化床制粒的特点

① 集混合、制粒、干燥功能于一体，能直接将粉末物料一步制成颗粒，具有快速沸腾制粒、快速干燥物料的多种功能。

② 设备处于密闭负压下工作，且整个设备内表面光洁、无死角、易于清洗，符合 GMP 要求。

③ 利用液态物料作为制粒的润湿黏合剂，可节约大量的酒精、降低生产成本。

④ 制出的颗粒表面积大、速溶；颗粒剂易于溶化，片剂则易于崩解。

四、干法制粒

(1) 滚压法　是利用转速同步的两个相向转动辊筒之间的缝隙，将粉末滚压成一定形状的片状或块状物，其形状与大小取决于辊筒表面情况（见图 5-26），如辊筒表面具有各种形状的凹槽，可压制成各种形状的块状物，如辊筒表面光滑或有瓦楞状沟槽，则可压制成大片状，片状物的形状根据辊筒表面的凹槽花纹来决定，如光滑表面或瓦楞状沟槽等，然后通过颗粒机破碎成一定大小的颗粒。

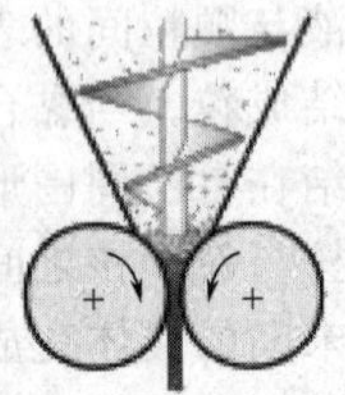
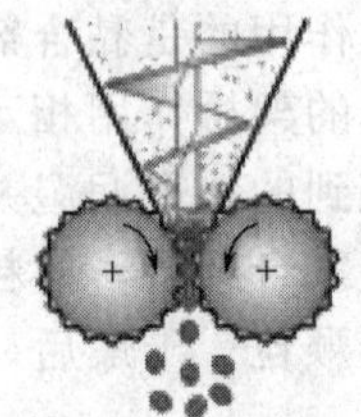
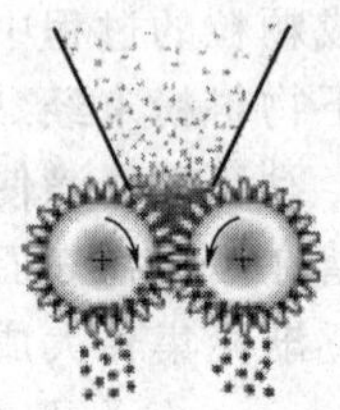

图 5-26　滚压法示意图

(2) 重压法　又称大片法，系将固体粉末首先在重型压片机压实，成为直径为 20～25mm 的片坯，然后再破碎成所需粒度的颗粒。

干法制粒机结构如图 5-27 所示，其工作原理是加入料斗中的粉料被送料螺杆推送到两辊筒之间，被挤压成硬条片，再落入粉碎机中打碎、筛分，然后压片。操作时先将原料粉末投入料斗中，用加料器将粉末送至辊筒之间进行压缩，由辊筒压出的固体片坯落入料斗，被粗碎机破碎成块状物，然后进入具有较小凹槽的粉碎机进一步粉碎制成粒度适宜的颗粒，最后进入整粒机加工而成颗粒。由于干法制粒过程省工序、方法简单，目前很受重视。随着各种辅料和先进设备的开发应用，直接压片技术已成为各国制剂工业研究的热点之一。

辊筒是湿法制粒机的核心部件，其材质、表面及表面处理硬度，直接影响到物料的压片效果及其使用寿命。

(3) 干法制粒的优点　干法制粒在药品生产过程中与传统的湿法制粒相比较，在许多方面具有明显的优势：

① 将粉体原料直接制成满足用户要求的颗粒状产品，无需任何中间体和添加剂；

② 造粒后产品粒度均匀，堆积密度显著增加，既控制污染，又减少粉料和能源浪费；

③ 改善物料外观和流动性，便于贮存和运输，可控制溶解度、孔隙率和比表面积，尤其适用于湿法混合制粒、一步沸腾制粒无法作业的物料；

④ 设备占地面积小，加工成本较低。

(4) 影响干轧效果的因素

① 物料特性。物料特性是指物料的可压缩性、流动性（含糖黏性）、热敏性以及物料本身的湿度、含水量等。这些因素将直接决定该物料是否适合进行干法制粒加工，因此在对物料干法制粒前必须进行试验，以充分了解物料的特性。

② 压轮的转速。压轮的转速决定了物料在压轮之间轧合区域内的停留时间，直接影响到物料中所含空气被排出的状况。

③ 压轮的间隙。压轮的间隙是指两个压轮之间最近点距离，这个数据与压轮间物料所受压力及所通过的物料数量密切相关，同时调节压轮的间隙，也可以改变其物料轧合时的轧合角度，通常易轧缩的产品其对应的轧合角度较大（即压轮的间隙可以调小一点）。

④ 送料系统及螺杆送料压力。螺杆送料产生预轧力在整个轧合过程中也是相当关键的因素之一，不同的物料特性其所需的预轧压力不同。因此，合理地调节送料速度及螺杆送料压力，使物料更加稳定，更能有效提高干轧效果。

⑤ 料筒座与压轮的侧间隙及密封。合理的结构设计能使最低程度降低侧间隙漏粉，以利于提高产品成品率。

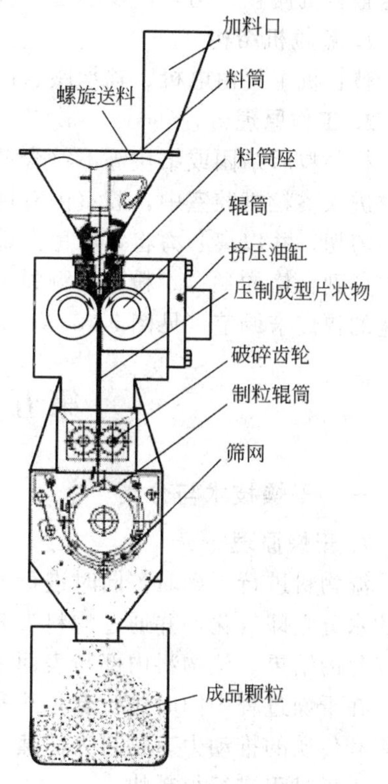

图 5-27　干法制粒机结构示意

⑥ 压轮表面的水冷却。为能更有效地降低物料在轧合过程中产生的挤压热，采用压轮表面强制水冷却，同时根据用户需要，有水循环冷却系统的冰水机可以把压轮表面温度调节到常温以下，以使能更有效地冷却压轮表面，提高干轧效果。

⑦ 粉碎制粒系统。粉碎系统采取先粉碎后整粒的方式，大大提高了产品成品率，改变了用传统摇摆制粒机做粉碎系统成品率低的现象。

五、整粒机

在湿法或干法制粒后，往往颗粒有大小或结块不均匀等现象，因此，在生产中往往采用

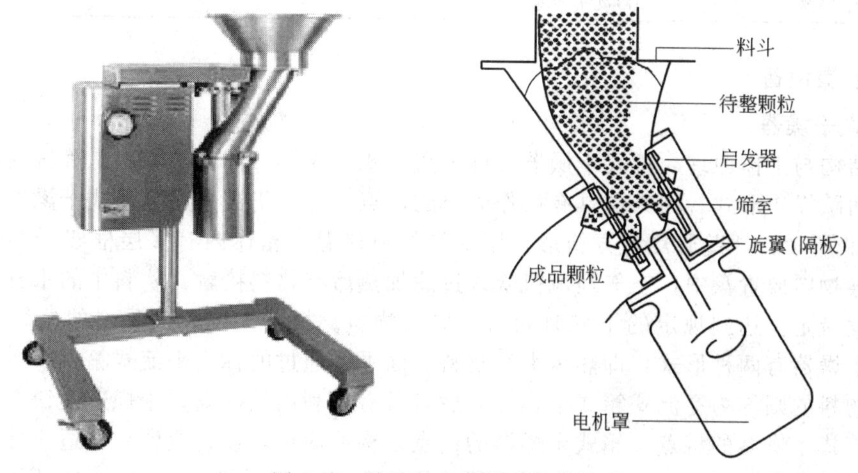

图 5-28　快速整粒机外形与结构

快速整粒机使颗粒均匀，以便进一步压片。

1. 整粒机结构

整粒机主要由电机、轴承座、回转整粒刀片、筛网、进料斗及机架等组成。

2. 工作原理

将制粒后结团或结块等不符合要求的颗粒加入到整粒机的料斗中，开启阀门，待加工的颗粒进入整粒机腔室中，腔室内有回转整粒刀片，物料在整粒刀片的回旋过程中被撞击、挤压、剪切，并以离心力将颗粒甩向筛网面，然后，通过筛网孔排出腔体，经过导流筒流向容器中得到合格的颗粒。粉碎的颗粒大小，由筛网的数目、回转刀与筛网之间的间距以及回转转速的快慢来调节（见图 5-28）。

第五节 干燥原理与设备

一、干燥技术与分类

1. 干燥原理

湿物料进行干燥时，同时进行着两个过程：①热量由热空气传递给湿物料，使物料表面上的水分立即气化，并通过物料表面处的气膜，向气流主体中扩散；②由于湿物料表面处水分气化的结果，使物料内部与表面之间产生水分浓度差，于是水分即由内部向表面扩散。因此，在干燥过程中同时进行着传热和传质两个相反的过程。干燥过程的重要条件是必须具有传热和传质的推动力。物料表面蒸气压一定要大于干燥介质（空气）中的蒸气分压，压差越大，干燥过程进行得越快。

2. 干燥器的分类

干燥器以加热方式的不同可分为对流式、传导式、辐射式和介电加热式干燥器，如表 5-3 所示。制剂生产中常用的形式是对流干燥器。

表 5-3 干燥器的分类

对流干燥器	传导干燥器	辐射干燥器	介电加热干燥器
箱式干燥器 气流干燥器 转筒干燥器 流化干燥器 喷雾干燥器	盘架式真空干燥器 耙式真空干燥器 滚筒干燥器 间接加热干燥器 冷冻干燥器	红外线干燥器	微波干燥器

二、干燥设备

1. 箱式干燥器

（1）结构与工作原理　箱式干燥器又称为盘架式干燥器。其中的物料是静置式的，是一种传统的间歇操作形式。因为它具有操作简单的优点，至今仍被采用。箱式干燥器的基本结构如图 5-29 所示，外壁通常为方箱形，用绝热材料保温。箱体内有多层框架，上面放置烘盘，被干燥物料放置盘中，空气经风机吹入过滤加热后与物料接触，物料中的水分或溶剂被热空气蒸发带走。达到规定的干燥时间后，取出物料。根据空气流与物料的接触方式的不同，箱式干燥器有两种形式：即热风沿着物料表面平行通过的称为平流式箱式干燥器；热风垂直穿过物料的则称为穿流式箱式干燥器。后者具有热利用效率高，干燥速度快等优点。

（2）箱式干燥器的特点　箱式干燥器的优点是构造简单，设备投资少，适应性较强。缺点是装卸物料的劳动强度大，设备利用率低，能耗高且产品质量不均匀。它适用于小规模、

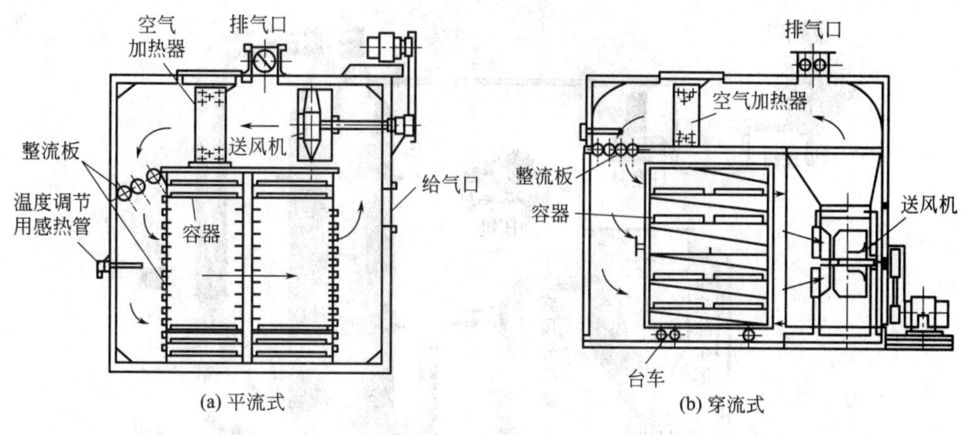

图 5-29　箱式干燥器

多品种、要求干燥条件变动大及干燥时间长等场合的干燥，特别适用于作为实验室或中试的干燥装置。

2. 流化床干燥器

流化床干燥器又称沸腾床干燥器。加热空气从下部通入向上流动，穿过干燥室底部的气体分布板，将分布板上的湿物料吹松并悬浮在空气中，物料所处的状态称为流化态，进行流化态操作的设备叫流化床。制药行业所使用的流化床干燥装置可分为单层流化床、多层流化床、卧式多室流化床、塞流式流化床、振动流化床、机械搅拌流化床等多种类型。

(1) 单层流化床基本结构　单层流化床干燥器如图 5-30 所示，单层流化床干燥器由鼓风机、加热器、螺旋加料器、流化干燥室、旋风分离器、袋滤器、气体分布板组成。

(2) 干燥原理与特点　流化床干燥器是用于湿颗粒干燥最常用的方法之一。它是利用热空气流使湿颗粒悬浮似“流化态”，热空气在湿颗粒间穿过，在动态下进行热交换带走水气，从而达到干燥目的。其特点是气流阻力较小，物料磨损较轻，热利用率较高，干燥速度快，产品质量好。一般湿颗粒流化干燥时间为 20min 左右，制品干湿度均匀，没有杂质。干燥时无需翻料且能自动出料，节省劳力，适合大规模生产。但流化床干燥器适用于干燥较硬的湿颗粒，否则会因料层的自重而发生黏结。

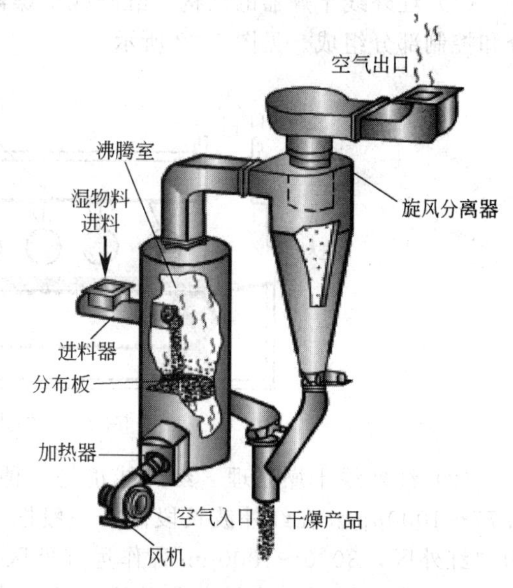

图 5-30　单层流化床干燥装置

3. 喷雾干燥器

按雾化器的结构分类，将喷雾干燥器分为压力式（机械式）、离心式（转盘式）、气流式等三种形式。

(1) 组成与结构　压力喷雾干燥器的组成如图 5-31 所示。主要由空气预热器、气体分布板、雾化器、喷雾干燥室、高压液泵、无菌过滤器、贮液罐、抽风机、旋风分离器等部件组成。

(2) 干燥过程　空气通过过滤器进入加热器，热交换后成为热空气，进入干燥室顶部的

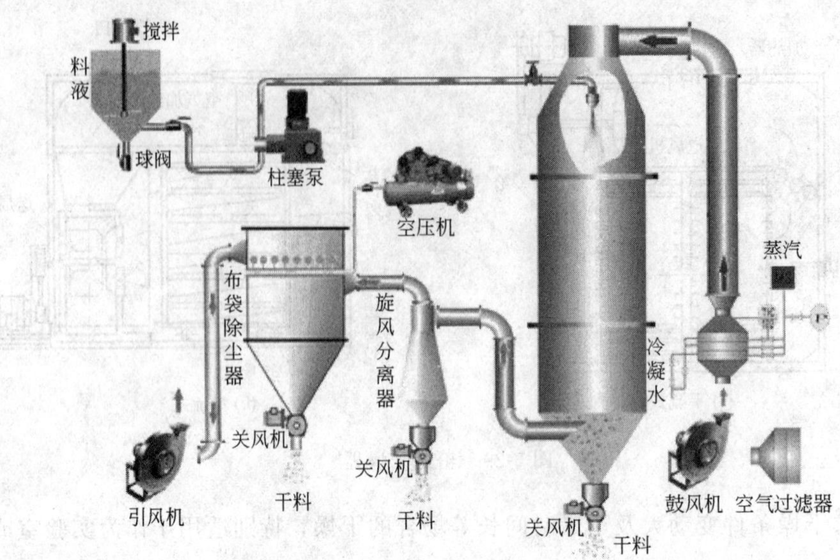

图 5-31　压力喷雾干燥装置

空气分配器，使空气均匀地呈旋转状进入干燥室；料液经过筛选后由高压泵送至在干燥室中部的喷嘴，将料液雾化，使液滴表面积大大增加，与热空气相遇接触，使水分迅速蒸发，在极短的时间内干燥成颗粒产品，大部分粉粒由塔底出料口收集，废气及其微小粉末经旋风分离器分离，废气由抽风机排出，粉末由设在旋风分离器下端的收粉筒收集。

4. 红外干燥器

(1) 红外线干燥器的结构　红外线干燥器由照射部分、冷却部分、传送带部分、排风部分和控制部分组成。见图 5-32 所示。

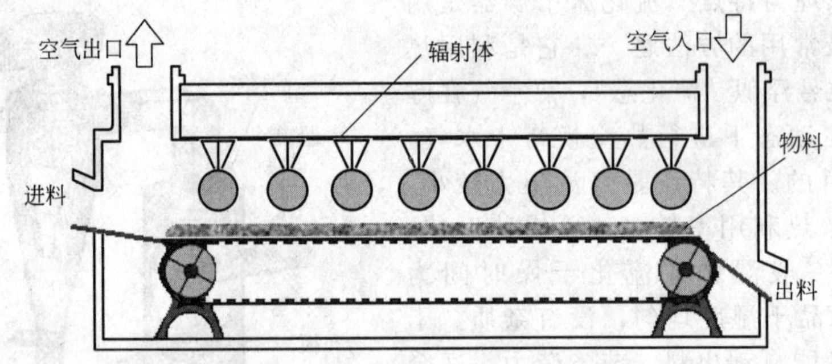

图 5-32　红外线干燥器结构示意图

(2) 红外线干燥原理　红外线也是一种电磁波，它的波长介于可见光和微波之间，为 0.77～1000μm。在红外波长段内，一般把 0.77～3.0μm 称作近红外区，3.0～30.0μm 称为中红外区，30.0～1000μm 称作远红外区。当红外线照射到被干燥的物料时，若红外线的发射频率与被干燥物料中分子的运动频率相匹配，将使物料分子强烈振动，引起温度升高，进而气化水分子达到干燥目的。红外线越强，物料吸收红外线的能力越大，物料和红外光源之间的距离越短，干燥的速率越快。由于远红外线的频率与许多高分子及水等物质分子的固有频率相匹配，因而能够激发它们的强烈共振，制剂生产上常采用远红外光干燥物料。

(3) 远红外线干燥器的特点

① 干燥速率快，生产效率高，特别适用于大面积、表层的加热干燥。

② 设备小，建设费用低，特别是远红外线烘道可缩短为原来的一半以上，因而建设费用低。若与微波干燥、高频干燥等相比，远红外加热干燥装置更简单、便宜。

③ 干燥质量好。由于涂层表面和内部的物质分子同时吸收远红外辐射，因此加热均匀，产品的外观、力学性能等均有提高。

④ 建造简便，易于推广。远红外或红外线辐射元件结构简单，烘道设计方便，便于施工安装。

三、干燥器的选型

在制剂生产中，关于干燥器的选择，通常要考虑以下各项因素。

(1) 产品的质量 例如在医药工业中许多产品要求无菌，避免高温分解，此时干燥器的选型主要从保证质量上考虑，其次才考虑经济性等问题。

(2) 物料的特性 物料的特性不同，采用的干燥方法也不同。物料的特性包括物料形状、含水量、水分结合方式、热敏性等。例如对于散粒状物料，以选用气流干燥器和沸腾干燥器为多。

(3) 生产能力 生产能力不同，干燥方法也不尽相同。例如当干燥大量浆液时可采用喷雾干燥，而生产能力低时宜用滚筒干燥。

(4) 劳动条件 某些干燥器虽然经济适用，但劳动强度大、条件差，且生产不能连续化，这样的干燥器特别不宜处理高温、有毒、粉尘多的物料。

(5) 经济性 在符合上述要求下，应使干燥器的投资费用和操作费用为最低，即采用适宜的或最优的干燥器形式。

(6) 其他要求 例如设备的制造、维修、操作及设备尺寸是否受到限制等也是应考虑的因素。此外，根据干燥过程的特点和要求，还可采用组合式干燥器。例如，对于最终含水量要求较高的可采用气流-沸腾干燥器；对于膏状物料，可采用沸腾-气流干燥器。

第六节 压片机结构与工作原理

一、概述

目前国内各制药企业所使用的国产压片机可简单地分为单冲式压片机（单冲压片机、花篮式压片机）和多冲式或旋转压片机（普通旋转压片机、亚高速压片机、高速压片机、包芯片压片机、全粉末直接压片机等）两大类。其中，单冲压片机价格低廉、操作方便、结构简单，因此广受实验室、研究所和医院院校等研究人员的欢迎，然而由于单冲压片机存在诸多的不足，有时实验室小试的结果与实际大生产旋转式压片机所得的结果差异很大，无法将其数据直接复制用于实践生产。旋转式压片机则由于结构复杂、价格昂贵、操作者需经过培训等，使其应用受到一定的限制，多数只用于药厂生产。单冲压片机和多冲压片机特点比较如表 5-4 所示。

二、单冲压片机

1. 结构组成

单冲压片机基本结构示意如图 5-33 所示。该压片机只有一副冲模，利用偏心轮和凸轮等机构，旋转一周完成压片及出片等基本动作。主要由转动轮、加料斗、模圈、上下两个冲头、三个调节器（片重、压力、出片）和一个加料器组成。

表 5-4 单冲压片机和多冲压片机的比较

项　目	单冲压片机	多冲压片机
压力大小	小,1.5kN	大,5～150kN
预压装置	无	有
速度快慢	无调速	快,可调速
过载保护	没有	有
数显自控	没有	有
物料流动	不能观察	能观察
加料方式	靴式加料	月形栅式、强迫加料
受压方式	撞击式,压力不均	压力逐渐增加,均匀
压缩过程	无保压时间,排气差	有保压时间,排气好
成品情况	一般,易顶裂	较好
操作过程	简单、不封闭、不符合 GMP	复杂、封闭、符合 GMP

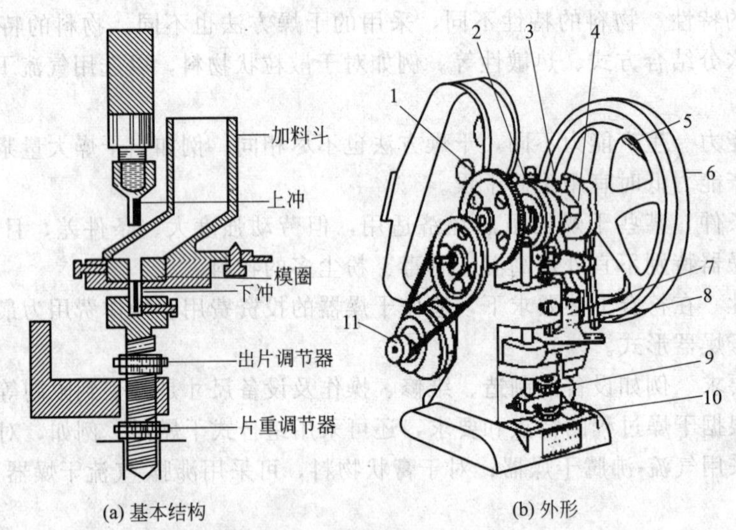

(a) 基本结构　　(b) 外形

图 5-33 单冲压片机

1—齿轮；2—左偏心轮；3—中偏心轮；4—右偏心轮；5—手柄；6—飞轮；7—加料器；8—上冲；9—出片调节器；10—片重调节器；11—电机

2. 压片过程

单冲压片机压片过程见图 5-34 所示。

在曲柄单冲式压片机中靴形加料器是左右摆动间歇加料，在花篮式压片机中是前后往复直线运动间歇加料。靴形加料器无论是单冲式还是花篮式，都是加料器做填充和刮料的运动，而模孔静止待料。

3. 片重与硬度的调节

下冲杆附有两个调节器，上面一个为调节冲头使与模圈相平，称出片调节器；下面一个是调节下冲的下降深度，叫片重调节器。如片重轻时，将片重调节器上转，使下冲杆下降，这样增大了模孔的容积使片重增加。如片重过大，可将片重调节器向下转，使下冲杆上升，以减少填充颗粒的容积，使片重减轻。片重调毕后，再调节压力。压力的调节，主要靠连接于上冲杆内的压力调节器，调节器调节上冲下降，则上、下冲间距离缩短，压力增大，片剂变硬；反之，压力减小，片剂变松。

三、旋转式压片机

目前广泛采用的是旋转式压片机，又称为旋转式多冲压片机。该机填料方式合理，由

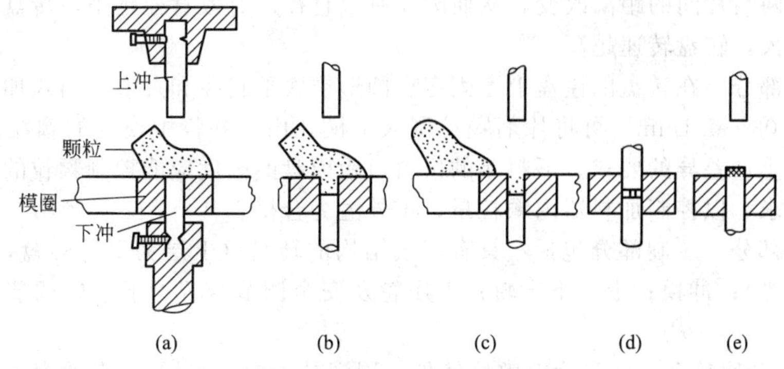

图 5-34　单冲压片机压片过程

(a) 上冲上升，下冲下降；(b) 饲料靴转移至模圈上，将靴内颗粒填满模孔；(c) 饲料靴转移离开模圈，同时上冲下降，把颗粒压成片剂；(d) 上、下冲相继上升，下冲把药片从模孔中顶出至与模圈上缘齐平；(e) 加料器转移至模圈上面把片剂推下冲模台落入接受器中；同时下冲下降，使模内又填满了颗粒，如此反复压片出片

上、下冲头相对加压，压力分布均匀；片重差异较小；连续操作、生产效率较高。

旋转式压片机是目前生产中应用较广的多冲压片机，虽然机型各异，但压制机构和原理基本相同。旋转式压片机通常按转盘上的模孔数分为 19 冲、21 冲、27 冲、33 冲、35 冲、55 冲等；按转盘旋转一周填充、压片、出片等操作的次数，可分单压、双压等。单压指转盘旋转一周时一个模孔出一片，双压指转盘旋转一周时一个模孔出两片，所以生产能力是单压的两倍。我国各大药厂大多采用 ZP19 及 ZP33 等型号的压片机。

1. 结构组成

旋转式压片机结构一般分为四部分：动力及传动部分、加料部分、压制部分、吸粉装置等，其外形如图 5-35 所示。

(1) 动力及传动部分　电机通常固定在机身内部。电机的伸出轴固定有无级变速轮，通过三角带带动机座上部的传动轴转动，传动轴水平装置在轴承托架内，中间有蜗杆，此蜗杆带动转盘上的蜗轮，转盘即可正常运转。

传动轴的前端为试车手轮，另一端为离合器。离合器工作原理是通过拨叉带动摩擦轮沿轴向移动，使之与皮带轮压紧和分离，压紧时传动轴转动，分离时传动轴停止转动。当需要临时停车时，按逆时针方向向下拉动手柄，手柄通过拉杆右端螺纹使拉杆轴向移动，并带动拨叉使摩擦轮向右移动与三角皮带轮分离。手柄复位后，摩擦轮由弹簧压紧，使之与三角皮带轮一起转动。如果机器的负荷超过弹簧压力时，离合器就会发生打滑，使机器免受损坏。

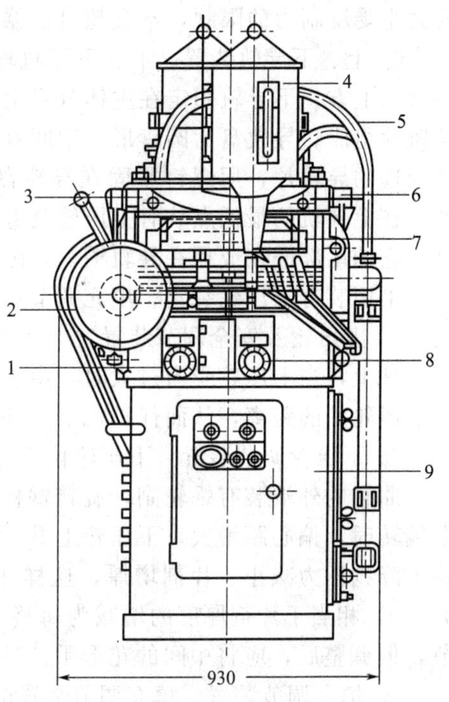

图 5-35　旋转式压片机

1—后片重调节装置；2—转轮；3—离合器手柄；4—加料斗；5—吸尘器；6—上压轮及安全调节装置；7—上冲转盘；8—前片重调节装置；9—机座

压片机的调速通常是靠调节电机轴上的无级变速轮的有效直径。调速方法是调节变速手轮，使无

级变速轮内部两活片间的距离改变，从而改变有效直径。有效直径越小，转盘转速越低，反之有效直径越大，转盘转速越高。

（2）加料部分　在转盘的模盘上方固定有圆形锥底下料斗和月形回栅式加料器。加料器底部距模盘0.03～0.1mm，可将片剂颗粒刮入中模孔内，并将中模内的颗粒刮匀，以使所压的片剂符合重量差异的要求。下料斗的出料口距模盘的高度应能控制颗粒的流量，使其满足填充量的要求，以控制加料器内颗粒量，不外溢为合格。

（3）压制部分　压制部分包括：具有三层结构的转盘（上层为上冲转盘，中层为转盘，下层为下冲转盘）；冲模；上、下导轨；上压轮及安全调节装置、下压轮调节装置；填充调节装置等。

① 转盘。又称转台。转盘为一整体铸件，周围有均匀分布的33个冲模孔，转盘垂直地固定在立轴上，转盘的最下层装有蜗轮，由电机经皮带轮传至传动轴上的蜗杆，经蜗杆传给转盘下方的蜗轮，于是转盘绕立轴旋转。冲头及中模随转盘做顺时针方向旋转，完成加料、填充、压片、出片等压片全过程。

② 冲模。冲模是压片机最重要的部件，由优质合金钢制造，并经热处理以使其具有足够的强度和耐磨性。一副冲模由上冲、下冲及中模构成。冲模具有良好的配合性，其加工尺寸是以冲头的直径或中模的孔径来表示，共有14种规格，一般在5.5～12mm之间，每0.5mm为一种规格。其规格为全国统一标准，具有互换性。

冲头断面的形状、弧度以及上面刻有的文字、数字、字母、线条等，均可使压制出的片剂不同，以适应不同的要求，既使片剂外形美观、新奇，又便于识别和使用。另外，冲头和模孔截面的形状决定压制出的片剂可以是圆形，也可以是三角形、椭圆形等异形。但是截面的大小受压制力的限制，不宜超过机器所允许的最大面积，以免损坏机器。

③ 上、下导轨装置。上、下导轨均为圆柱形凸轮。上导轨装置固定在立轴套上，位于转盘的上方，下导轨固定在主体分界上台面处，位于转盘的下方。上导轨装置是由导轨盘及导轨片组成。导轨盘为圆盘形，中间有轴孔，用键将其固定于立轴上，导轨盘的外缘有经过热处理的导轨片，用螺钉紧固在导轨盘上。上冲尾部的凹槽沿导轨的凸边运转，做上下运动。在上导轨的最低点装有上压轮装置。下导轨用螺钉紧固在主体分界面之上，当下冲运行时，它的尾部嵌在或顶在导轨槽内，随着导轨槽的坡度做上下运动。在下导轨的圆周内主体的上平面装有下压轮装置、填充调节装置等。

④ 上压轮及安全调节装置。上压轮在曲轴上，轴外端有杠杆铰链，其下端被连接到弹簧座杆上，当上压轮受力过大时，由于曲轴的偏心力矩作用而使弹簧压缩，瞬间增大上压轮与下压轮间的距离，从而保护机器和冲模的安全。

⑤ 下压轮调节装置。下压轮位于主体的槽孔内，并被安装在主体的两侧，它套在曲轴上。曲轴的外端装有蜗轮副，旋转蜗杆通过蜗轮的减速而做微量的转动，当曲轴的偏心轮向上偏转时，偏心距增大，下压轮上升，压力增加，被压片剂变薄；反之，偏心距减小，下压轮下降则压力减小、片剂增厚，这样达到既调节压力又改变片厚的目的，标牌上的标记从0～10，相当于片剂厚度的增减为每格0.25mm。因蜗轮有自锁作用，允许在运转中进行调节，但调整后，应将中间的花形手把锁紧，防止改变调整结果。

⑥ 填充调节装置。填充调节装置的作用就是用来调整模盘上面的加料器最后刮粉时下冲杆在中模孔内的位置，从而改变中模内的药粉量即片剂重量。填充调节装置在主体的内部，在主体分界机的上平面有槽孔，使月形的填充轨凸出其上，它的下部为一螺杆，螺杆外有一螺母配合，利用调节与螺母同轴的蜗轮蜗杆装置可使螺母转动，由于螺母在原位转动，所以可使与填充轨相连的螺杆垂直地上升或下降来控制填充量。前轨为控制左下压轮的压片

量，后轨为控制右下压轮的压片量，左右调整手轮（与蜗杆同轴）之间的标牌刻度从 0～45，相当于填充量每格 0.01mm。转动充填调整手轮进行调节时，顺时针转动充填手轮，填充轨下降，填充量增加：逆时针转时，填充轨上升，填充量减少。

（4）吸粉装置　吸粉装置是指压片过程中冲模上所产生的飞粉和中模下漏的粉末通过吸气管回收，避免污染环境，用于保护设备的装置。吸粉装置是一铝制长方体，装在机座的右侧面，其中有鼓风机，用三角皮带带动，下为贮粉室，上左为滤粉室，内有扁圆形滤粉盘，5 只重叠着，其通孔为交叉排列，当鼓风机工作时产生吸力，使粉末通过吸粉管落入贮粉室中。

2. 工作原理与压片过程

（1）工作原理　动力由电机输出，通过无级调速轮输送到三角皮带轮，再通过传动轴离合器中的摩擦轮带动蜗杆轴，经蜗杆传给转盘下方的蜗轮，从而带动转盘转动。

33 副冲杆一方面随转盘一起做圆周运动，另一方面沿固定的上下导轨做升降运动，经过加料装置、填充装置、压片装置等机构完成加料、填充、压片、出片等连续的工艺过程。

（2）压片过程

① 加料。当下冲在加料斗下面时，药粉填入模孔中。

② 填充。当下冲运行至片重调节器的上面时略有上升，被刮粉器的最后一格刮平，再把多余的药粉推出。

③ 压片。当下冲运行到下压轮的上面时，同时，上冲运行到上压轮的下面，两者距离最小，这时模孔内药粉受压成型。

④ 出片。压成片后，上、下冲分别沿轨道上升，当下冲运行到出片调节器的上方时，则将片推出模孔，经刮片器推开，导入盛装器中，如此反复进行。如图 5-36 所示。

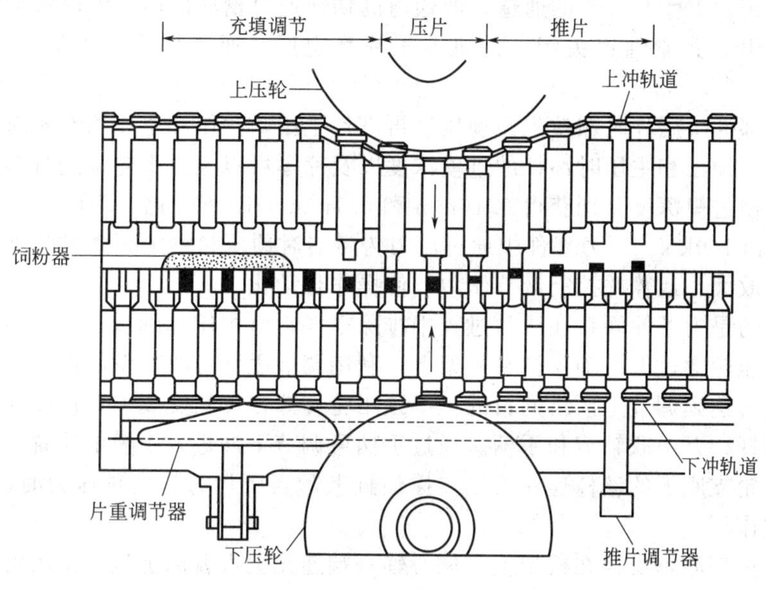

图 5-36　旋转式压片机压片过程

四、高速压片机

旋转式压片机已逐渐发展成为能以高速度压片的全自动高速压片机，具有全封闭、压力大、噪声低、转速快、生产效率高、质量好等特点。压片时采用双压，并由触屏式微机控制，实现对压力、片重的自动控制，废片自动剔除，除可压普通片外，还可以压制异形片。

另外，机器在传动、加压、充填、加料、冲头导轨、控制系统等方面都明显优于普通压片机。我国已经研制开发出37冲（UPK37A）、28冲（HZP-28）的全自动高速压片机。

1. 结构组成

主要包括：传动部件、转台、导轨、加料器、填充和出片部件、片剂计数与剔废部件、润滑系统、液压系统、控制系统、吸尘部件等。

（1）传动部件　传动部件由一台带制动的交流电机、带轮、蜗轮减速器及调节手轮等组成。电机启动后通过一对带轮将动力传递到减速蜗轮上，而减速器的输出轴带动转台主轴旋转。电机的转速可通过交流变频无级调速器调节，电机的变速可使转台转速变化，使压片产量由1万片/h提高到34万片/h。

（2）加料器　高速压片机采用强迫加料器。由小型直流电机通过小蜗轮减速器将动力传递给加料器的齿轮并分别驱动计量、配料和加料叶轮，颗粒物料从料斗底部进入计量室经叶轮混合后压入配料室，再流向加料室并经配料叶轮、加料叶轮通过出料口送入中模。加料器的加料速度可根据具体情况由无级调速器调节。

（3）填充和出片部件　高速压片机设计时已将下冲下行轨分成A、B、C、D、E五档，每档范围均为4mm，极限量为5.5mm，操作前按品种确定所压片重后，应选用某一挡轨道。机器控制系统对填充调节的范围是0～2mm，仅可完成小量的填充调节。控制系统从压轮所承受的压力值取得检测信号，通过运算后发出指令控制步进电机左右旋转，步进电机通过齿轮带动填充调节手轮旋转，便填充深度发生变化。步进电机使手轮每旋转一格调节深度为0.01mm，手动旋转手轮可使填充轨上下移动，每旋转一周填充深度变化0.5mm。有的高速压片机连接有液压提升油缸，液压提升油缸平时只起软连接支撑作用，当设备出现故障时，油缸可泄压，起到保护机器的作用。该机在出片槽中安装了两条通道，左通道排除废片，右通道是正常工作时片子的通道，两通道的切换通过槽底的旋转电磁铁加以控制。开车时废片通道打开，正常通道关闭，待机器压片稳定后，通道切换，正常片子通过筛片机出片。

（4）压力部件　压片时颗粒先经预压后再进行主压，预压和主压均有相对独立的调节机构和控制机构。预压和主压时冲杆的进模深度以及片厚可以通过手轮来进行调节，两个手轮各旋转一周可使进模深度分别获得0.16mm和0.1mm的距离变化。两压轮的最大压力分别可达到20kN和100kN。压力部件中通过压力传感器对预压和主压的微弱变化而产生的电信号进行采样、放大、运算并控制调节压力，使操作自动化。

预压的目的是为了使颗粒在压片过程中排除空气，对主压起到缓冲作用，提高片剂质量和产量。上预压轮通过偏心轴支撑在机架上，利用调节手柄可改变偏心距，从而改变上冲进入中模的位置，达到调节上预压的目的。下预压轮支撑在压轮支座上，压轮支座下部连有丝杆、蜗轮、蜗杆、万向联轴节和手柄。通过手柄可调节下冲进入中模的位置，达到调节下预压的目的。压轮支座下的丝杆连在液压支撑油缸上，当压片力超出预压力时，油缸可泄压，起到安全保护作用。

上压轮通过偏心轴支撑在机架上，偏心轴一端连在上大臂的上端，上大臂的下端连在液压支撑油缸上端的活塞杆上。液压支撑油缸起软连接作用，并保护机器超压时不受损坏。下压轮也通过偏心轴支撑在机架上，偏心轴一端连在下大臂的上端，下大臂的下端通过丝母、丝杆、螺旋齿轮副、万向联轴节等连在手柄上，通过手柄即可调节片厚。

为延长中模的使用寿命，避免长期在中模内一个位置压片，高速压片机上安装有冲头平移调节装置，就是在保持上、下压轮距离不变的条件下，同时实现上、下压轮向上或向下移动的调节，即在片剂厚度保持不变的条件下，使上、下冲头在中模孔内同时向上或向下移动，从而实现冲头平移。

（5）片剂计数与剔废部件　片剂自动计数是利用磁电式接近传感器来工作的。在传动部件的一个皮带轮外侧固定一个带齿的计数盘，其齿数与压片机转盘的冲头数相对应。在齿的下方有一个固定的磁电式接近传感器，传感器内有永久磁铁和线圈。当计数盘上的齿移过传感器时，永久磁铁周围的磁力线发生偏移，这样就相当于线圈切割了磁力线，在线圈中产生感应电流并将电信号传递至控制系统。这样，计数盘所转过的齿数就代表转盘上所压片的冲头数，也就是压出的片数。根据齿的顺序，通过控制系统就可以判断出冲头所在的顺序号。对同一规格的片剂，压片机生产开始时，通过手动将片重、硬度、崩解度调节至符合要求，然后转至电脑控制状态，所压制出的片的片厚、片重是相同的。如果中模内颗粒填充得过松、过紧，说明片重产生了差异，此时压片的冲杆反力也发生了变化。在上压轮的上大臂处装有压力应变片，检测每一次压片时的冲杆反力并输入电脑，冲杆反力在上、下限内所压出的片剂为合格品，反之为不合格品，记下压制此片的冲杆序号。在转盘的出片处装有剔废器，剔废器有一压缩空气的吹气孔对向出片通道，平时吹气孔是关闭的。当出现废片时，电脑根据产生废片的冲杆顺序号，给吹气孔开关输出电信号，压缩空气可将不合格片剔出。同时，电脑也将电信号输给出片机构，经放大使电磁装置通电，迅速吸合出片挡板，挡住合格片通道，使废片通过废片通道出片。

（6）润滑系统　高速压片机有一套完善的润滑系统，通过油路集中向各零部件的润滑部位提供润滑油，以保证机器的正常运转。机器首次使用时应空转 1h，让油路充分流畅，然后再装冲模等部件，进行正常操作。以后机器开动后润滑油自动沿管路流经各润滑点。

（7）液压系统　液压系统由液压泵、贮能器、液压油缸、溢流阀等组成。正常操作时，油缸内的液压油起支撑作用。当支撑压力超过所设定的压力时，液压油通过溢流阀释压，从而起到安全保护作用。

（8）控制系统　GZPK37A 型全自动高速压片机有一套控制系统，能对整个压片过程进行自动检测和控制。主要包括：远距离控制装置、定量加料装置、记忆自动操作系统、片重的自动控制装置、压力的自动控制装置和安全装置。系统的核心是可编程序器，其控制电路有 80 个输入、输出点。程序编制方便、可靠。控制器根据压力检测信号，利用一套液压系统来调节预压力和主压力，并根据片重值相应调整填充量。当片重超过设定值的界限时。机器给予自动剔除，若出现异常情况，能自动停机。控制器还有一套显示和打印功能，能将设定数据、实际工作数据、统计数据及故障原因、操作环境等显示、打印出来。

（9）除尘部件　压片机有两个吸尘口，一个在中模上方的加料器旁，另一个在下层转盘的上方，通过底座后保护板与吸尘器相连，吸尘器独立于压片机之外。吸尘器与压片机同时启动，将中模所在的转盘上方、下方的粉尘吸出。

2. 工作原理

压片机的主电机通过交流变频无级调速器，并经蜗轮减速后带动转台旋转。转台的转动使上、下冲头在导轨的作用下产生上、下相对运动。颗粒经填充、预压、主压、出片等工序被压成片剂，压片基本原理与旋转压片机相同，但在整个压片过程中，控制系统通过对压力信号的检测、传输、计算、处理等实现对片重的自动控制、废片自动剔除以及自动采样、故障显示和打印各种统计数据。以 CZPK37A 为例，机器由压片机、计算机控制系统、ZS9 真空上料器、ZWS137 筛片机和 XC320 吸尘机等组成。如图 5-37 所示。

五、旋转式包芯压片机

1. 结构组成与工作原理

（1）结构组成　旋转式包芯压片机由罩壳、上压轮、上与下轨道、转台、加料、下压

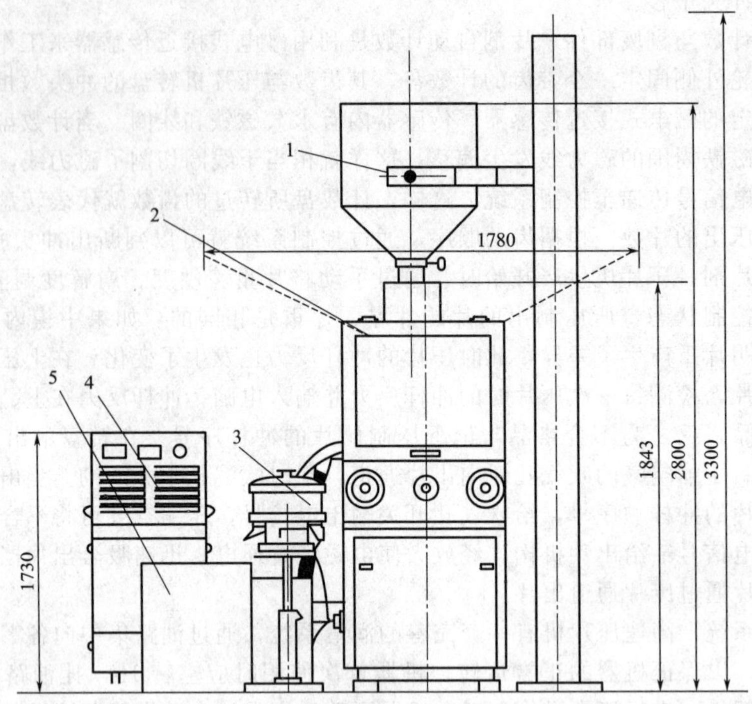

图 5-37 高速压片机系统配置示意图

1—上料机；2—压片机；3—筛片机；4—吸尘器；5—成品桶

轮、传动、润滑以及加芯部件或装置组成。

加芯系统是包芯压片机的关键，其涉及芯片位置的精确定位和检测。在加芯盘运转时，确保了芯片的加芯位置准确，并避免了芯片错位。

（2）工作原理 该机在电动机带动下，转台转动，转台带动冲模旋转运动时，带有齿轮的转台也使加芯盘转动，由上下冲随曲线导轨做升降运动完成填充与压片动作，而由加芯装置动作完成加芯，即外层初填充、加芯、再填充到完成包芯片的压制。其中，上压轮可通过上下移动调节上冲进模深度，从而达到压制过程厚度的控制；上下轨道则相当于圆柱凸轮，其决定了上下冲在圆周上升降运动的轨道。

（3）特殊装置

① 吸粉装置。该装置由吸粉嘴、阻尼销、弹簧与调节螺钉等组成。吸粉嘴固定在机架上，其吸粉口对准芯盘节圆上，而吸口位上不可调，满足吸芯片要求；在吸粉嘴的前通孔中通过弹簧顶住阻尼销，调节螺钉顶在弹簧上，调节螺钉则用来调整弹簧松紧，使阻尼销的端面紧贴加芯盘，可消除由三组齿轮传动带动加芯盘时所产生的齿轮侧隙，使加芯盘运转平稳，相应提高了包芯的合格率。机器运转时，吸粉装置可采用负压将卡住的芯片和粉末吸出，可避免芯片表面易产生的粉末吸附在芯盘孔内发生“卡芯”现象，这会造成片剂缺芯率上升，严重时被卡芯片会破裂使加芯过程不能进行。

② 加芯装置。该装置由转台、加芯盘、下冲杆、下冲加芯轨及齿轮组成。其中，转台的中心连接有中心轴，转盘节圆上均布有冲模孔；而加芯盘的中心连接有加芯轴，盘节圆上均布有加芯孔；下冲加芯轨上固定连接下冲加芯压下轨，下冲杆在下冲加芯压下轨的轨道上滑动，同时下冲加芯轨与水平有一夹角，使转台的节圆与加芯盘节圆相交两点。这样此套特殊装置将落芯片位置由相切一点改为两点，使得落芯时位置准确，达到芯片与中模运行同步，确保了加芯的准确度，也提高了运行的稳定性。

③ 加芯嘴装置。其属分体式结构，加芯管可通过调节支架来调节其径向和上下位置，经调整的加芯嘴位置能使芯片既不跑偏又不卡死。

2. 旋转式包芯压片机的特点

（1）结构特点

① 采用全封闭式结构，工作室与外界隔离，保证了包芯与压片区域的清洁，不会造成与外界的交叉污染。

② 包芯与压片室采用不锈钢材料制作，便于清洁保养，确保与药品接触部位的干净和无污染。

③ 由于转台与药粉直接接触，故转台表面由不锈钢制作并采用创新的表面处理工艺，表面具有较高的硬度，以确保这些表面耐蚀耐磨，相应抑制了不溶性粒子的析出。

④ 采用分体式转台，与药品直接接触部分均可拆卸其结构，以确保这些零件表面的可靠清洗与消毒。

⑤ 对影响包芯片的质量控制，均采用“双重多次”自动检测与剔除处理，使包芯片含芯率达到100%，达到了工艺要求。

（2）控制系统

① 整机电器控制采用PLC控制器和可变程序控制，具有压片过载停机，芯片料斗缺料停机等多种自动控制功能。

② 光电开关和压力传感器的双重检测，保证了缺芯片的自动剔片。首先，采用了光电传感，遇缺芯片或芯片位置不准确时会立即发出异常信号；其次，压力传感器在遇到欠压时也会发出异常信号。这双重检测的任一单元发生异常信号时，PLC控制器均会启动剔片程序完成剔片动作。为了保证光电传感器失效时仍能完成检测，加装了第二套光电传感器，使得包芯片含芯率达到100%。

③ 基于包芯压片机在压片时，动作多、检测点多，故要求速度调整和控制的准确，该机是通过先进的变频电机与变频器来调速控制。

（3）操作方式

① 整机的操作手轮及电器控制集中在正方向，操作方便。其片剂厚度、充填量、压力大小、速度快慢均由调节手轮和按钮控制，调节范围由专门装置控制，调节大小由刻度显示，压力调节与速度调节只需按触摸屏上的功能键，即可达到其设定值，同时由读数转速表和压力表直接读出，易于操作与控制。

② 整机的电气控制系统具有安全可靠、操作维修方便的特点，控制系统具有多项保护措施，操作面板上具有形象化符号，操作指示极为直观，有利于操作和维修人员排除故障。

③ 该机经少许的变动就可以作为一般普通压片机使用或用来压制双层片。

（4）性能指标

① 较高的压片压力，能确保包芯片的机械性能，特别是包芯片成品硬度和脆碎度等项的性能验证。同时，这些指标对薄膜包衣起到决定性的影响。

② 芯片与包芯片同轴度≤Φ0.3。

3. 旋转式包芯压片机的应用前景

目前我国剂型研究和开发与西方发达国家相比有较大差距，从某种意义而言，创制一个新剂型就相当于创制一个新药，而缓释控释就是其中的新剂型之一。在国内外这种新剂型也是享受同等条件的专利保护，类似缓释控释药品的新药研制便是一个多快好省的开发途径，特别是在我国制剂相对落后的现实下，研制开发此类药品尤为重要。

而包芯片便是缓控释药物的一部分，大多缓控释药物以微丸居多。包芯片片剂的最大作用是缓控释，其可使药物按一定规律缓慢（缓释）或恒速（控释）地释放，药物在体内较长时间保持有效药物浓度，从而达到减小药物剂量、提高药效和安全度、延长药物作用和减少用药频率、降低血药浓度峰谷现象的目的。此类剂型的开发和研究在国外得到广泛重视，而在国内则刚开始。

包芯片之所以受到人们的青睐，这是因为它有着诸多一般片剂所无法比拟的特点。

① 在用药时，包芯片外层组分在给药过程中分布在肠道黏膜表面，而片芯药组分则集中能分布在胃黏膜表面，使药物吸收完全，从而提高生物利用度。

② 通过两层不同释药速率的组合，可获得较理想的释药速率，达到预期的血药浓度，并能维持平稳的、长时间的有效浓度，降低药物的毒性作用，避免对胃黏膜的刺激等不良反应。

③ 由两种不同组分压制成互相不混合的片剂，可增加药物的稳定性。

④ 用压片方式达到外层包衣而制成的缓控释包芯片的工艺比在片剂表面直接包衣可靠，可避免片剂直接包衣不均匀引起的药物泄漏等问题。

⑤ 包芯片技术再加入缓控释微丸和外层再包衣技术，就可制备出更多符合不同要求的缓控释组合，其克服了用单一缓控释微丸压片效果的局限性，也可延伸出更多给药过程的缓控释要求。

从包芯片的特点看到：包芯片剂型的开发有着更美好的前景，而作为实施包芯片规模生产的装备——旋转式包芯压片机也将有着更广的前景。

六、压片机的选型

如何选择压片机以适应生产需要，首先应符合当前 GMP 的要求，根据所压片剂的物料情况，准备压成什么样的片剂，然后从生产规模、产量、压片力、压片直径以及是否有特殊要求等方面综合考量。

1. 压片机的规格型号、结构

从结构上分，有单冲压片机和多冲旋转式压片机；从压片压力上分，有 50kN 以下的、50～100kN 的和 100kN 以上的；从转台转速度上分，有中速、亚高速和高速压片机三档。现将其主要技术参数列入表 5-5，供用户选型时参考。表中列出了压片机的主要技术参数、特点和应用范围，客户可参考表中的数据，结合自己的实际情况选择压片机的类型，然后再搜集各压片机生产企业的产品样本和技术资料进行详细的对比分析。

2. 对比分析

在进行各压片机产品样本和技术资料的详细对比分析时，要特别关注压片机以下的技术指标和其他问题。

① 最大压片直径。它决定了片剂的外形尺寸，同时也影响片剂片重。

② 最大充填深度，它决定了片剂的最大片重要求。

③ 最大压片压力，它影响着片剂的硬度要求。

④ 最大压片厚度与最大压片直径决定了片剂的体积大小。

⑤ 最大产量，它决定了生产规模的大小。实际计算时一般按最大产量的 60%～80%来推算生产规模的大小。

⑥ 配用的模具型号，它影响着设备今后的运行成本。

⑦ 电器配置和自动化程度的高低，对操作技能的高低和维修保养的难易程度提出了相应的要求。

⑧ 配件的供应及时性，影响着片剂生产的连续性。

⑨ 售后服务的及时性和服务态度等。

结合以上条款进行综合分析，用户就可选出适合自己片剂生产的压片机设备。

表 5-5　压片机类别及相关参数

类别	类型	最高转台转速/(r/min)	最高产量/(万片/h)	配用冲模		最大压片直径/mm	特点	应用范围
单冲压片机	50kN 型		0.6	定制		12/24	结构简单、价格便宜	片剂实验室、特小批量的片剂生产
	100kN 型		0.3	定制		40		
	200kN 型		0.15	定制		80	压片力大，特别适合大直径、难压片	化工、食品、粉末冶金、农药行业
	300kN 型		0.15	定制		120		
多冲旋转式压片机	普通中速型(80kN 型)	30	10～13	ZP 型		13	属经济型、运行成本低	中规模、批量较小的片剂生产
	全自动亚高速型(100kN 型)	40	18～25	ZP 型		13	转速适中、结构紧凑、压力大、运行成本低、性价比好	大规模、集约化的片剂生产
				Ⅰ系列	B 型	16		
					D 型	22		
				Ⅰ系列	B 型	16		
					D 型	22		
	全自动高速型(100kN 型)	50	30～33	Ⅰ系列	B 型	16	转速快、产量高、自动化程度高、运行成本较高	大批量、大规模、集约化的片剂生产
					D 型	22		
				Ⅰ系列	B 型	16		
					D 型	22		

第七节　包衣设备结构与工作原理

包衣是片剂生产工艺流程中压片工序之后常用的一种制剂工艺，是在片芯表面包裹上适宜的包衣材料。根据衣层材料及溶解特性不同，常分为糖衣片、薄膜衣片、肠溶衣片及膜控释片等。目前国内常用的包衣设备主要有普通包衣锅和高效包衣机。

一、普通包衣锅

普通包衣锅是最为常用的滚转式包衣设备，一般由包衣锅、动力部分、加热部分、鼓风设备等组成。包衣锅的形式有多种，如荸荠形、苹果形、梨形、六角形和圆柱形等。荸荠形包衣设备见图 5-38 所示。

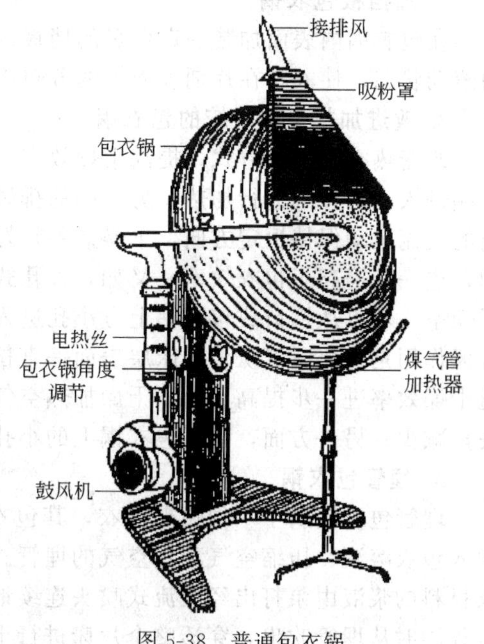

图 5-38　普通包衣锅

包衣锅用紫铜或不锈钢材料制成，直径为 100cm（或 80cm），深度约 55cm，内外抛光。片剂在锅内不断翻滚的情况下，多次添加包衣料液，并使之干燥，这样就使衣料在片剂表面不断沉积而成膜层。动力部分主要是由电动机带动的轴，包衣锅安放在轴上。该轴常与水平呈 30°～45°角倾斜，以便片剂在包衣锅中既能随锅的转动方向滚动，又能沿轴的方向运动有利于包衣材料在片芯表面均匀分布，有利于干燥。轴的转速尚可根据包衣锅的体积、片芯性质和不同包衣阶段加以调节。生产中常用转速范围为12～40r/min。包衣锅以一定速度旋转，可使片芯受离心力的作用，沿锅壁向上移动一直到片子的重力大于离心力和摩擦力后，自底部转向前面的片芯分别沿弧线滚转而下，使片芯均匀有效地翻滚，在锅口形成旋涡（见图5-39）。加热部分主要对包衣锅表面进行加热，使片剂表面上的衣料干燥。目前常用煤气或电能加热，煤气加热成本较低，也可在包衣锅内通入热空气，使翻滚片剂表面进一步干燥，同时采用排风装置帮助吸除湿气和粉尘。普通包衣锅有下列缺点。

① 自动化程度和生产效率较低，特别是包糖衣时，每包一批糖衣常需十几个小时，甚至30h。

② 操作较麻烦，一般工人不易掌握。包衣液一般由人工加入分布不易均匀，包衣质量受操作人员技术熟练程度影响较大。

③ 粉尘大、噪声大。因此，这类包衣设备需进一步改进。

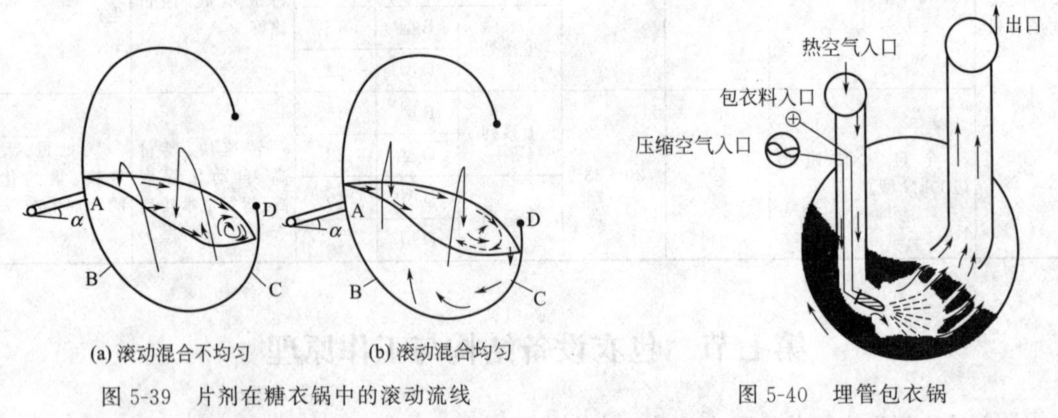

图5-39 片剂在糖衣锅中的滚动流线

A—锅背；B—锅底；C—锅口前沿；D—锅口

图5-40 埋管包衣锅

1. 加挡板包衣锅

在包衣锅内表面加装一定数量的挡板以减少片剂在锅内光滑表面上打滑，改善片剂锅内的滚动状态，使衣料在片剂表面上的分布更加均匀，提高了包衣质量。

2. 改进加热干燥系统的包衣锅

改变热空气气流方式，提高干燥效率，缩短生产时间。如后孔式包衣锅，热风从包衣锅一端进入，对片剂进行加热，另一端的排风装置则不断将挥发的湿气和粉尘吸除，这样使锅内的气流运动保持恒定方向，干燥效果较好。这种包衣锅也装有挡板，使片剂在锅内剧烈滚动，进一步提高了包衣效率。又如，开孔式包衣锅，在锅壁上有数千个直径几毫米的小孔，干燥空气可以从锅口或包衣锅上方小孔进入锅内，但其排风装置则安装在包衣锅下方。由于排风作用是将热空气从片剂床层表面一直拉到底部，对锅中所有包衣片剂进行均匀加热，因此干燥效率进一步提高。由于干燥加热空气分布均匀，包衣液的分布也均匀，因此包衣物损失量减少；另一方面，由于包衣锅上的小孔存在，清洗更为方便。

3. 埋管包衣锅

埋管包衣锅属于一种喷雾包衣，其包衣锅见图5-40所示。系在普通包衣锅的底部装有通入包衣溶液、压缩空气和热空气的埋管。包衣时，埋管插入包衣锅中翻动着的片床内，包衣材料的浆液由泵打出经气流式喷头连续地雾化、直接喷洒在片剂上，干热空气也伴随雾化过程同时从埋管吹出，穿透整个片床进行干燥，湿空气从排出口引出，经集尘滤过器滤过后排出。本设备用于包薄膜衣和糖衣，可用有机溶剂溶解的衣料，也可用水性混悬浆液的衣料。埋管式包衣设备结构简单，能耗低，普通包衣锅上装埋管和喷雾系统也能进行生产，是一种值得推广的包衣方法。

国内很多厂家生产无气喷雾包衣机，如图 5-41 所示，喷浆系统由无气喷浆机、喷浆管道、空气管道和喷嘴组成。由压缩空气推动高压无气泵，将包衣液加压，经稳压过滤器，送至各台包衣锅，通过专门设计的喷嘴雾化进行包衣。整个包衣过程由计算机控制，按照常规操作顺序编排的自动操作程序输入控制器后，操作人员只需打开控制箱开关即可让机器自动转运并完成整个包衣操作。一台程控箱能够同时控制多台包衣锅，参与操作人员数降低到最低限度，产品质量重现性好，技术参数稳定。无气喷雾包衣适用于薄膜包衣和包糖衣。由于压缩空气只用于对液体加压并循环使用，因此无气喷雾包衣操作的费用及对空气要求均相对较低，但包衣时液体的喷出量较大，只适用于大规模生产，且生产中还需严格调整好包衣液喷出速度、包衣液雾化程度，以及片床温度、干燥空气温度和流量三者之间的平衡。

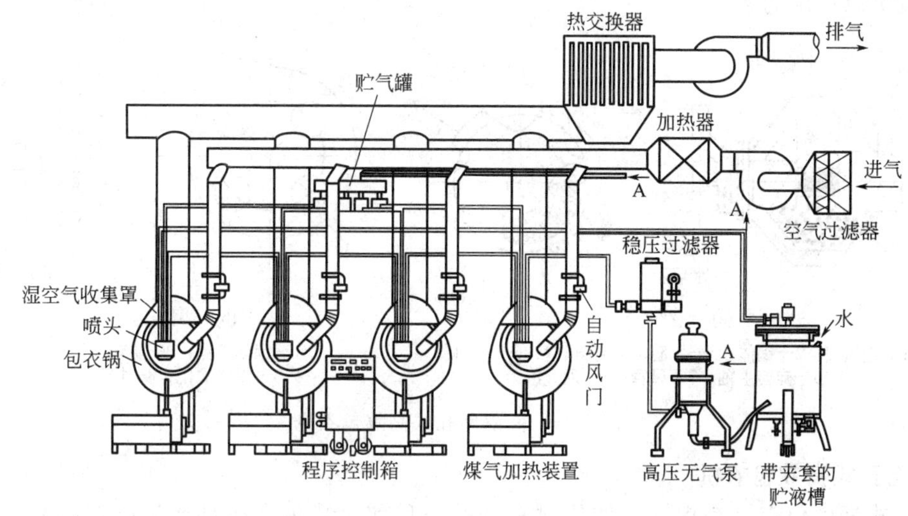

图 5-41　高压无气喷雾包衣设备及管道示意图

二、高效包衣机

高效包衣机的结构、原理以及制剂工艺与传统的普通包衣锅完全不同。普通包衣锅敞口包衣工作时，热风仅吹在片芯层表面，就被反回吸出，热交换仅限于表面层，且部分热量由吸风口直接吸出而没有利用，浪费了部分热源。而高效包衣机干燥时热风是穿过片芯间隙，并与表面的水分或有机溶剂进行热交换。这样热源得到充分的利用，片芯表面的湿液充分挥发，因而干燥效率大幅度提高。

根据锅型结构的不同，高效包衣机大致可分为网孔式、间隔网孔式和无孔式三类。

网孔式高效包衣机和间隔网孔式高效包衣机统称为有孔高效包衣机。

1. 网孔式高效包衣机

如图 5-42 所示，图中包衣锅锅体的整个圆周都带有圆孔，经过滤并被预热的洁净空气从锅的右上部通

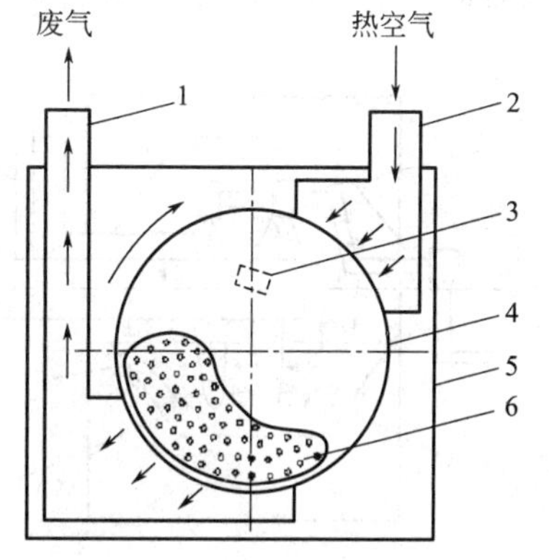

图 5-42　网孔式高效包衣机

1—排气管；2—进气管；3—喷嘴；4—网孔包衣锅；5—外壳；6—片芯

过网孔进入锅内，热空气穿过运动状态的片芯间隙，由于整个锅体被包在一个封闭的金属外壳内因而热气流不能从其他孔中排出，而由锅底下部的网孔穿过再经排风管排出。热空气流动的途径可以是逆向的，也可以从锅底左下部网孔中进入，再经右上方风管排出。前一种称为直流式，后一种称为反流式。这两种方式使片芯分别处于“紧密”和“疏松”的状态，可根据品种的不同进行选择。

2. 间隔网孔式高效包衣机

如图 5-43 所示，间隔网孔式的开孔部分不是整个圆周，而是按圆周的几个等份的分部。图中是 4 个等份，即沿着每隔 90°开孔一个区域的网孔，并与四个风管相联结。工作时 4 个风管与锅体一起转动。由于 4 个风管分别与 4 个风门连通，旋转风门旋转时，旋转风门的 4 个圆孔与锅体 4 个管路相连，管路的圆口正好与固定风门的圆口对准，处于通风状态，分别间隔地被出风口接通每一管路而达到排湿的效果。这种间隙的排湿结构使锅体减少了打孔的范围，减轻了加工量。同时热量也得到充分的利用，节约了能源，不足之处是风机负载不均匀，对风机有一定的影响。

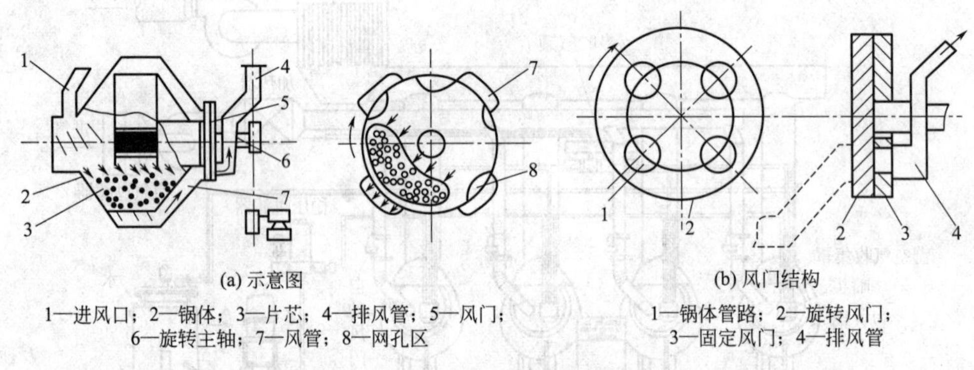

(a) 示意图

1—进风口；2—锅体；3—片芯；4—排风管；5—风门；6—旋转主轴；7—风管；8—网孔区

(b) 风门结构

1—锅体管路；2—旋转风门；3—固定风门；4—排风管

图 5-43 间隔网孔式高效包衣机

3. 无孔式高效包衣机

无孔式高效包衣机是指锅的圆周没有圆孔，目前，其热交换是通过以下两种形式实现的，一是将布满小孔的带孔桨叶浸没在片芯内，使加热空气穿过片芯层，再穿过桨叶小孔进入吸气管路内被排出（图 5-44），进风管引入经净化的热空气，通过片芯层再穿过带孔桨叶的网孔进入排风机并被排出机外；二是其流通的热风是由旋转轴的部位进入锅内，然后穿过运动着的片芯层，通过锅的下部两侧而被排出锅外（图 5-45）。

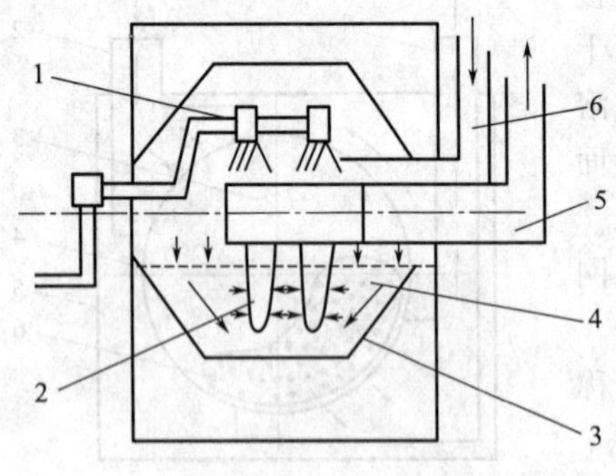

图 5-44 无孔式高效包衣机

1—喷枪；2—桨叶；3—锅体；4—片芯层；5—排风管；6—进风管

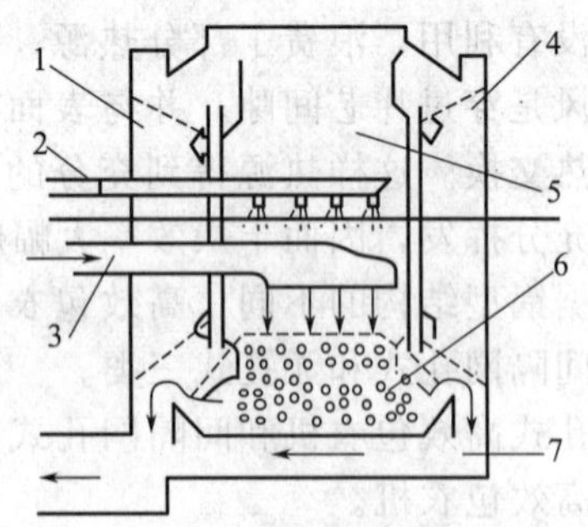

图 5-45 新型无孔式包衣机

1—后盖；2—喷雾系统；3—进风；4—前盖；5—锅体；6—片芯；7—排风

无孔高效包衣机除了能达到与有孔机同样的效果外，由于锅体内表面平整、光洁，因此对运动着的物料没有任何损伤，在加工时也省却了钻孔这一工序，而且除适用于片剂包衣外，也适用于微丸等小型药物的包衣。

高效包衣机不是孤立的一台设备，而是由多组装置配套而成的整体（图 5-46）。除主体包衣锅外，大致可分为四大部分：定量喷雾系统、送风系统、排风系统，以及程序控制系统。

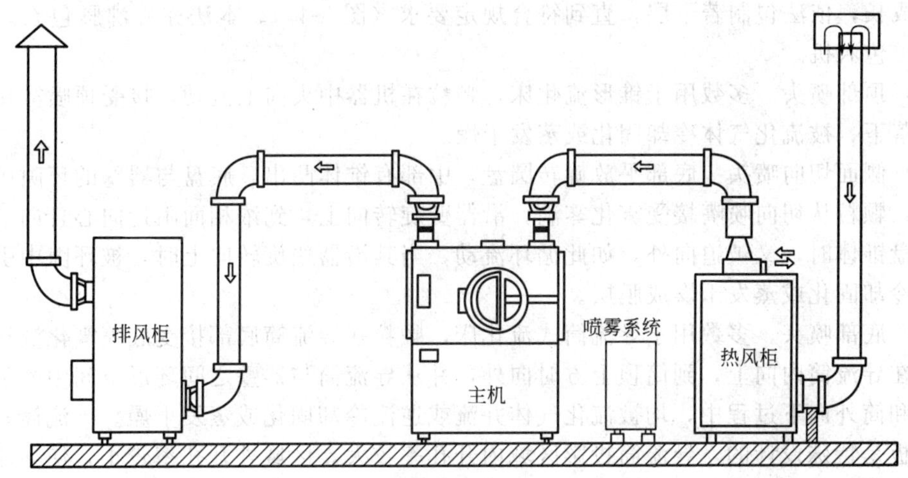

图 5-46　高效包衣机系统配置

定量喷雾系统是将包衣溶液按程序要求定量送入包衣锅，并通过喷枪口雾化喷到片芯表面。该系统由液压缸、泵和喷枪等组成。定量控制一般是采用活塞定量结构。它是利用活塞行程确定容积的方法来达到量的控制，也有利用计时器进行时间控制流量的方法。喷枪是由气动控制，按有气和无气喷雾两种不同方式选用不同喷枪，以达到均匀喷洒的效果。另外根

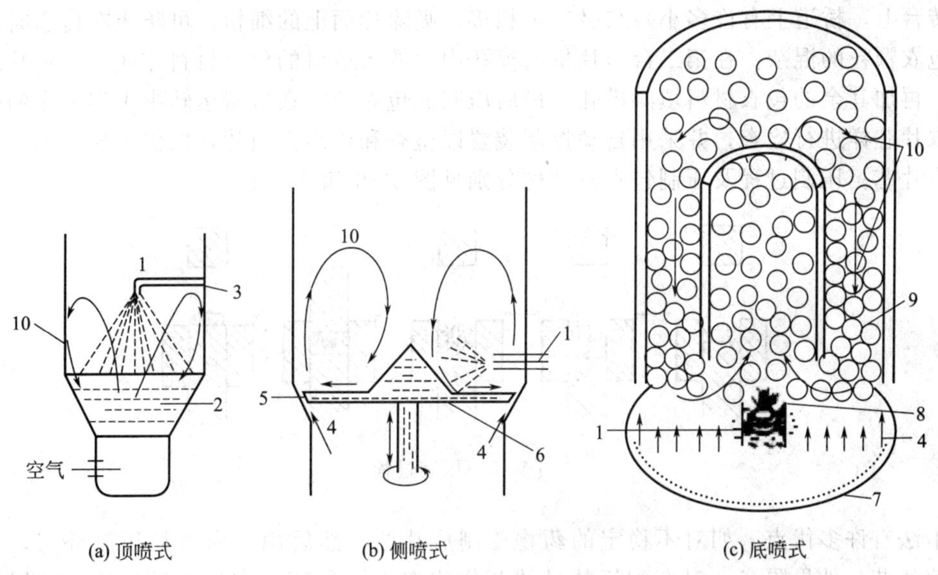

(a) 顶喷式　(b) 侧喷式　(c) 底喷式

图 5-47　流化床包衣机结构

1—喷嘴；2—流化床浓相；3—流化床稀相；4—空气流；5—环隙；6—旋转盘
7—空气分布板；8—雾化包衣液；9—包衣区；10—颗粒流向

据包衣溶液的特性选用有气或无气喷雾，并相应选用高压无气泵或电动蠕动泵。而空气压缩机产生的压缩空气经处理后供给自动喷枪和无气泵。

三、流化包衣

流化包衣法系将待包衣的物料（片芯、小丸、颗粒、胶囊等）置于流化床中，通入洁净气流使物料上下翻腾浮动处于流化状态（沸腾状态），与此同时将包衣材料的溶液或混悬液喷入流化床并雾化，使固体物料的表面黏附一层包衣材料，由于热气流的作用，物料表面迅速干燥成长，依法包制若干层，直到符合规定要求（图 5-47）。本法亦称沸腾包衣。常用设备为悬浮包衣机。

(1) 顶部喷头　多数用于锥形流化床，颗粒在机器中央向上流动，接受顶喷雾化液沫后向四周落下，被流化气体冷却固化或蒸发干燥。

(2) 侧面切向喷头　底部平放旋转圆盘，中部有锥体凸出，底盘与器壁的环隙中引入流化气体，颗粒从切向喷嘴接受雾化雾滴，沿器壁旋转向上，到浓相面附近向心且向下，下降碰到底盘锥体时，又被迫向外，如此循环流动，当其沿器壁旋转向上时，被环隙中引入的流化气体冷却固化或蒸发干燥成膜层。

(3) 底部喷头　多数用于导流筒式流化床，颗粒在导流筒底部接受底喷雾化液沫，随流化气体在导流筒内向上，到筒顶上方时向外，并从导流筒与器壁之间环形空间中落下，在筒内向上和筒外向下过程中，均被流化气体并流或逆流冷却固化或蒸发干燥。导流筒式流化床的分布板是特殊设计的，导流筒投影区域内开孔率较大，区域外开孔率较小，使导流筒内气流速度大，保证筒内颗粒向上流动，稳定颗粒循环流动。流化床包衣机的应用范围很广，只要被涂颗粒粒径不是太大，包衣物质可以在不太高的温度熔融或能配制成溶液，均可应用流化床包衣机。

四、压制包衣

压制包衣法又称干压包衣法，本法的工作原理是先用一般方式制好片芯，由特制的传送器送到另外一台压片机的模孔中，当片芯从模孔推出时，即由传递杯捡起，通过桥道输送到包衣转台上，桥道上有许多小眼与吸气泵相接，吸除片面上的细粉，可防止在传递时片芯颗粒对包衣颗粒的混杂。在第二台压片机的模孔中，放入适量的包衣材料作底层，将片芯置入其上，再加其余的包衣材料填满模孔，最后压制成包衣片。在机器运转中不需要中断操作即可抽取片芯样进行检查，并采用自动控制装置以检查和检出空白片，以保证压成的所有片剂均含有片芯。压制过程及压制包衣机结构分别见图 5-48 和图 5-49。

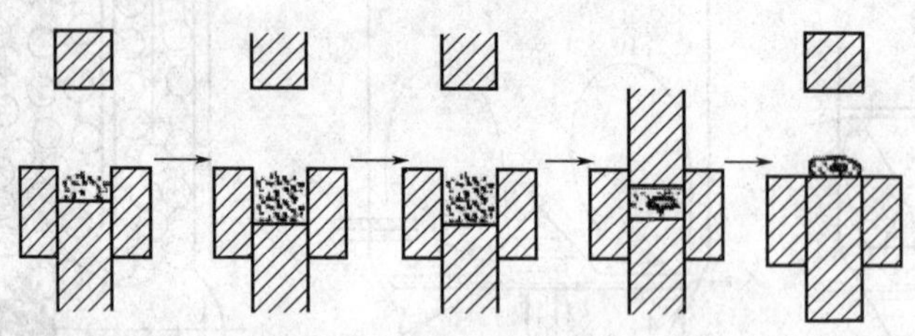

图 5-48　压制过程

本法有许多优点：如对不稳定的药物压制成片芯，然后用空白颗粒压制外层，为包衣层，使片芯与外界隔离；对有配伍禁忌的药物或有不同释药要求的两种药物，如胃溶与肠溶，可分别制粒，压制成内外层片；且包衣速度快，外层可着色或刻字，但对机械精密度要求高。

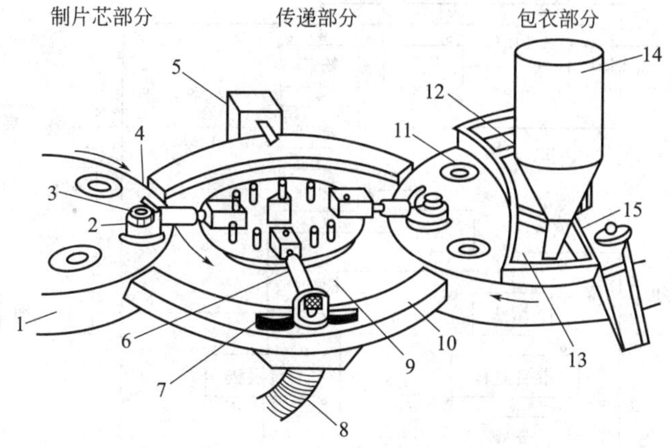

图 5-49 压制包衣机结构

1—片模；2—传递杯；3—负荷塞柱；4—传感器；5—检出装置；6—弹性传递导臂；7—除粉尘小孔眼；8—吸气管；9—计数器轴环；10—桥道；11—沉入片芯；12—充填片面及周围用包衣颗粒；13—充填片底用包衣颗粒；14—包衣颗粒漏斗；15—饲料框

第八节 硬胶囊剂工艺与设备

硬胶囊剂的生产是将经过处理的固体、半固体或液体药物直接灌装于胶壳中，是目前除片剂之外应用最为广泛的一种固体剂型。装入胶壳的药物为粉末、颗粒、微丸、片剂及胶囊，甚至液体或半固体糊状物。硬胶囊能够达到速释、缓释或控制释药等多种目的（图 5-50）。由于胶壳具有掩味、遮光等作用，刺激性药物和不稳定药物均可制成硬胶囊剂以获得良好的稳定性和疗效。

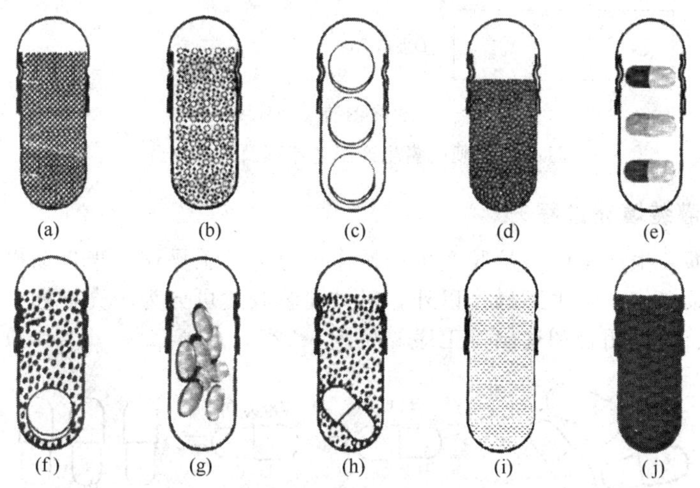

图 5-50 各种不同配方的药物胶囊

(a) 小球状颗粒混合；(b) 粉末加颗粒；(c) 片剂；(d) 微丸；(e) 硬胶囊；(f) 片剂加颗粒；(g) 软胶囊；(h) 硬胶囊加颗粒；(i) 溶液；(j) 糊剂

一、硬胶囊生产工艺过程

硬胶囊剂的生产工艺一般为空心胶囊的制备、原辅料的处理、填充、抛光、包装等过程。其工艺流程及环境区域划分如图 5-51 所示。

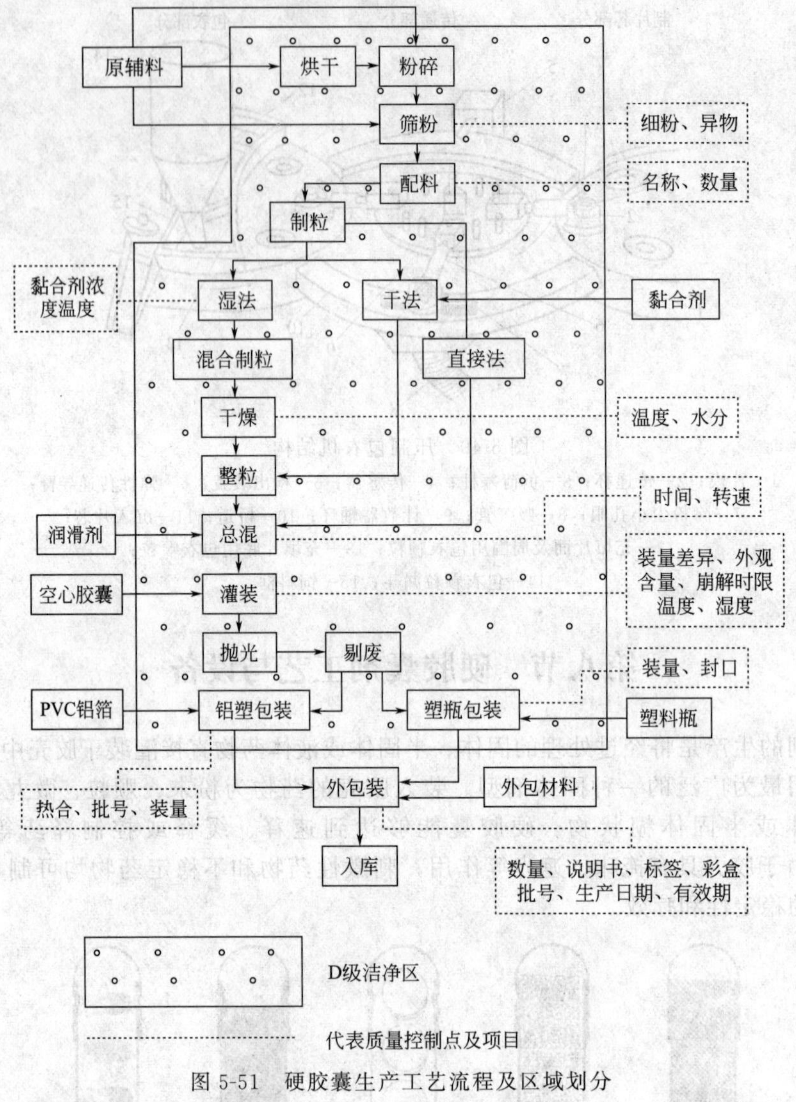

图 5-51 硬胶囊生产工艺流程及区域划分

二、硬胶囊灌装填充过程

根据硬胶囊灌装生产工序，硬胶囊生产操作可分为手工操作、半自动操作、全自动间隙操作和全自动连续操作。除手工操作以外，机械灌装胶囊可分为胶壳排列、校准方向、胶壳分离、药物填充、胶壳闭合和送出等工序，见图 5-52。

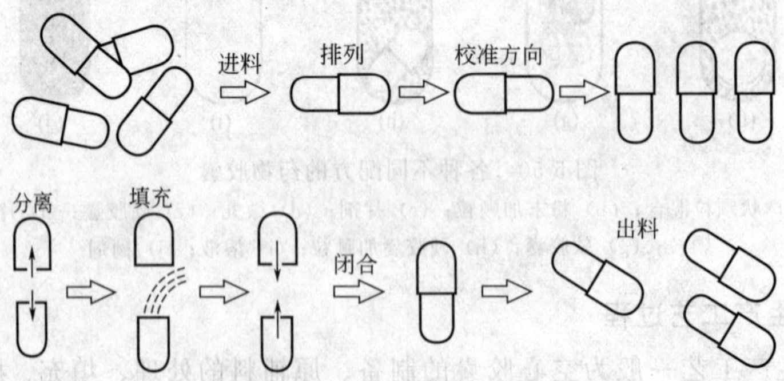

图 5-52 硬胶囊填充过程

三、胶囊填充机的分类及填充方式

胶囊填充机可分为半自动型及全自动型，全自动胶囊填充机按其工作台运动形式可分为间歇运转式和连续回转式。按填充方式可分为冲程法、插管式定量法、填塞式（夯实及杯式）定量法等多种。

不同填充方式的填充机适应于不同药物的分装，在设备选型时需按药物的流动性、吸湿性、物料状态（粉状或颗粒状、固态或液态）选择填充方式和机型，以确保生产操作和分装重量差异符合要求。

1. 粉末及颗粒的填充

（1）冲程法　是根据药物的密度和容积及剂量之间的关系，通过调节填充机速度、变更推进螺杆的导程来增减填充时的压力，以控制分装重量及差异（图 5-53）。半自动填充机就是采用这种填充方式，它对药物的适应性较强，一般的粉末及颗粒均适用。

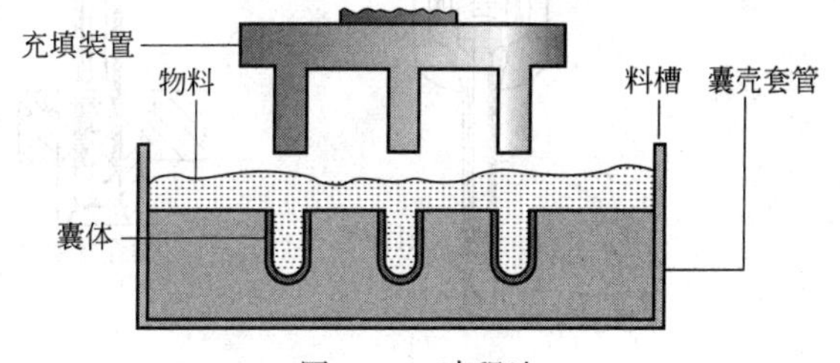

图 5-53　冲程法

（2）填塞式定量法　依靠螺旋式加料杆的转动将药物粉末直接填入胶壳。加药量主要通过调节加料杆的转速和料斗在胶丸上停留时间加以控制；另一种方法是利用压缩杆将药物粉末压缩成一定厚度的块状，然后再将其填入胶壳内（图 5-54）。平板法对药物粉末要求较高，要有良好的流动性，且各成分间密度相近。主要用于半自动化操作中。

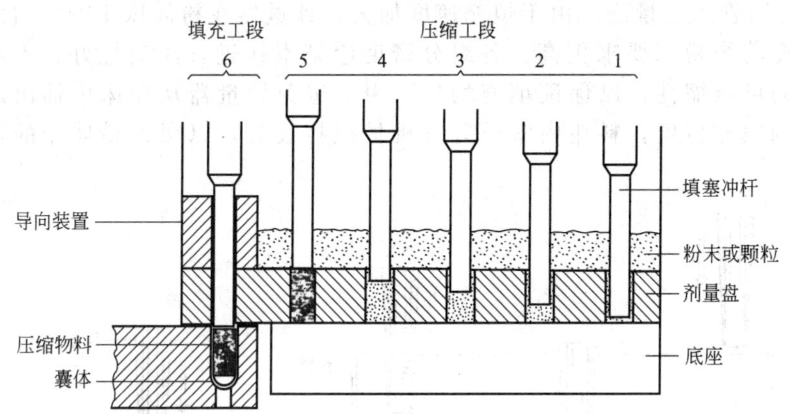

图 5-54　填塞式定量法

（3）间歇插管式定量法　间歇式插管定量法主要用于全自动间歇操作，它依靠计量器定量吸取药物并将粉末填入胶壳。计量器的结构见图 5-55(a)。计量器由计量活塞、校准尺、重量调节环、弹簧和计量管等组成。调节活塞在计量管中的高度可控制填充计量。实际操作时，计量器插入粉体储料斗内后，活塞可将进入计量管内的药物粉末压缩成具有一定黏性的块状物，然后计量管离开粉面，旋转 180°，冲塞下降，将孔里的药粉压入胶囊体中。灌装操作见图 5-55(b)。

间歇式插管定量法填充效果直接取决于储料斗内粉末的流动性及粉床高度。为了减少填充差异，应经常保持料斗内粉末具有一定的高度和流动性，同时药物处方中常加入一些润滑剂或助流剂，如硬脂酸镁、微粉硅胶等，以防止药物粉末黏附于计量头内或活塞表面。有些

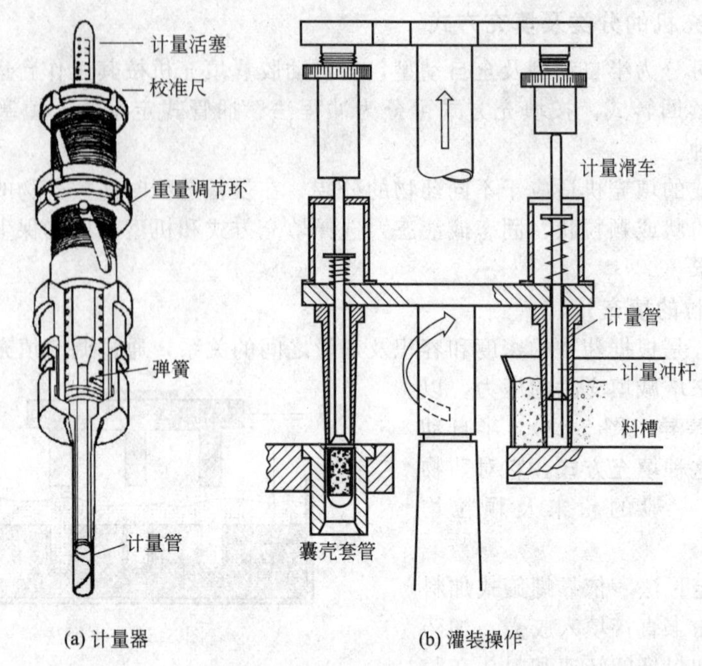

图 5-55 间歇插管式定量法

处方中药物粉末在计量管内能自行黏附成型，此时无需再用活塞将其压制成块，可由计量器直接取样后送入胶壳。

(4) 连续插管式定量法 由于填充速度加大，计量器在粉体床中的停留时间相应减少，故对填充药物粉末要求更高。各组分密度应基本接近，流动性好，不易分层。同时应有一定的可压缩性，以保证填充均匀。为了避免计量器从粉床中抽出后在粉床内留有空洞影响填充精度，料斗内常设置有机械搅拌装置，以保证粉体床的均匀和流动(图 5-56)。

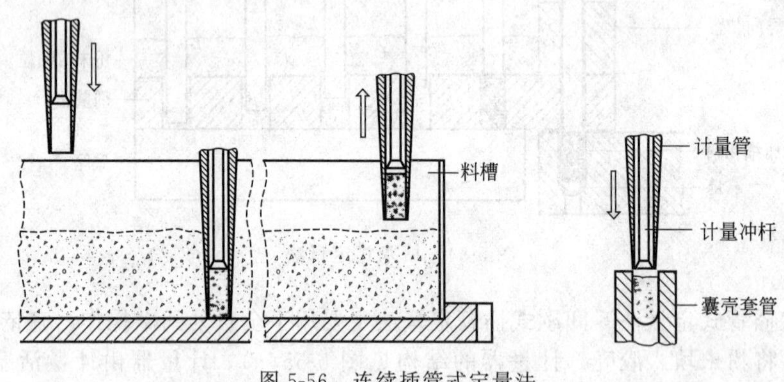

图 5-56 连续插管式定量法

2. 微粒的填充

(1) 逐粒填充法 逐粒填充法（见图 5-57）充填物通过腰子形充填器或锥形定量斗单独地逐粒充入胶囊体。半自动胶囊填充机及间歇式填充的全自动胶囊填充机采取这种填充法。但胶囊应充满。

(2) 双滑块定量法 是根据容积定量原理，利用双滑块按计量室容积控制进入胶囊的药粉量（图 5-58），该法适合混有药粉的颗粒填充，尤其是几种微粒填充入同一胶囊体。

(3) 滑块/活塞定量法　20世纪80年代以来，常将微丸填充入胶囊中使用，胶囊灌装设备也做了相应改进。灌装微丸最早的方法是活塞法和滑板法。目前已将这两种方法加以组合，成为滑块/活塞定量法，灌装效果进一步改善。

同样是容积定量法，微粒流入计量管，然后输入囊体。微粒经一个料斗流入微粒盘中，定量室在盘的下方，它有多个平行计量管，此管被一个滑块与盘隔开，当滑块移动时，微粒经滑块的圆孔流入计量管，每一计量管内有一定量活塞，滑块移动将盘口关闭后，定量活塞向下移动，使定量管打开，微粒通过此孔流入胶囊。见图5-59。

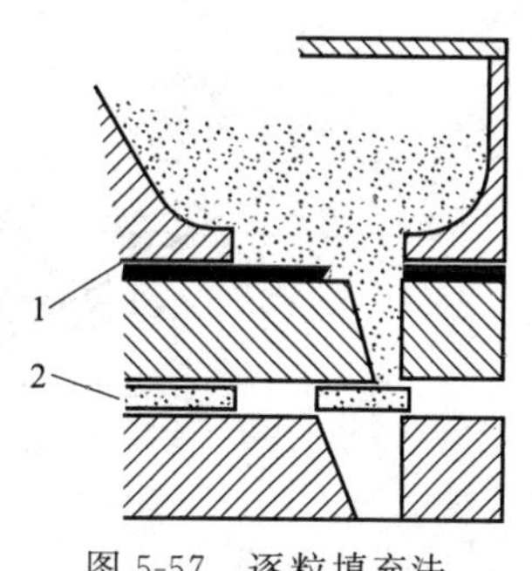

图5-57　逐粒填充法
1—上滑块；2—下滑块

(4) 活塞定量法　活塞定量法（见图5-60）是依据在特殊计量管里采用容积定量。微粒从药物料斗进入定量室的微粒盘，计量管在盘下方，可上下移动。填充时，计量管在微粒盘内上升，至最高点时，管内的活塞上升，这样使微粒经专用通路进入胶囊体。

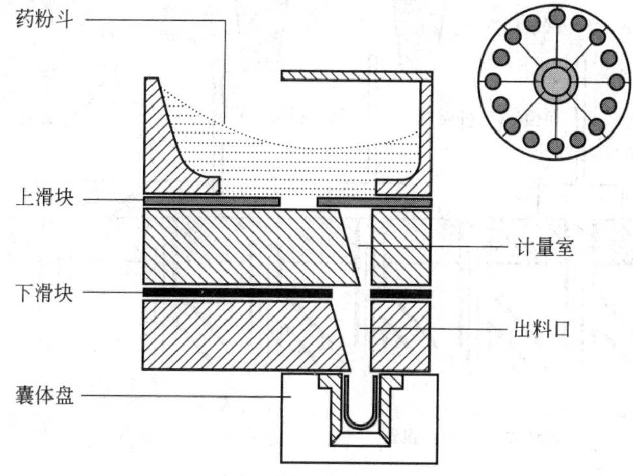

图5-58　双滑块定量法

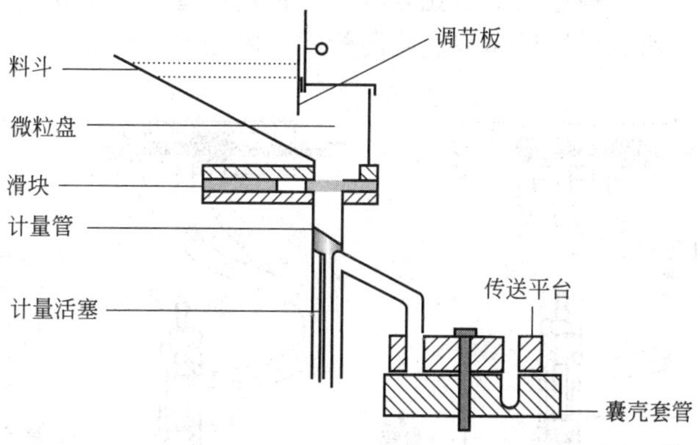

图5-59　滑块/活塞定量法

(5) 定量圆筒法　微粒由料斗进入定量斗，此斗在靠近边上有一具椭圆形定量切口的平面板，其作用是将药物送进定量圆筒并将多余的微粒刮去。平板紧贴一个有定量圆筒的转盘，活塞使它在底部封闭，而在顶部由定量板开启，完成定量和刮净后，活塞下降，第二次定量及刮净，然后送至定量圆筒的横向孔里，微粒经连接管进入胶囊体（图5-61）。

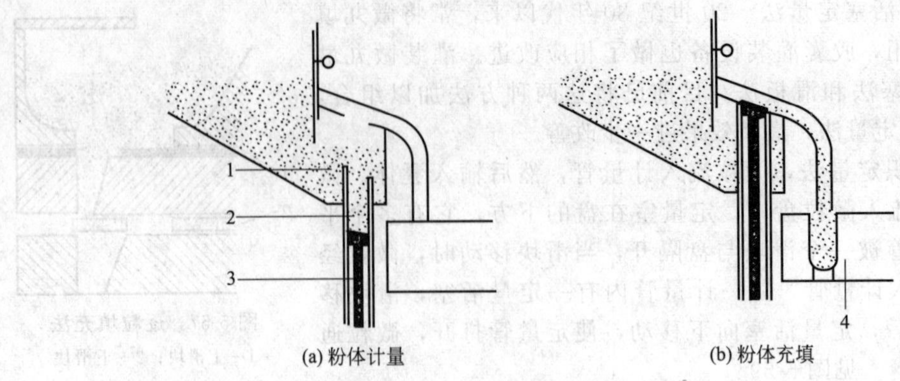

图 5-60 活塞定量法

1—微粒盘；2—计量管；3—活塞；4—囊体盘

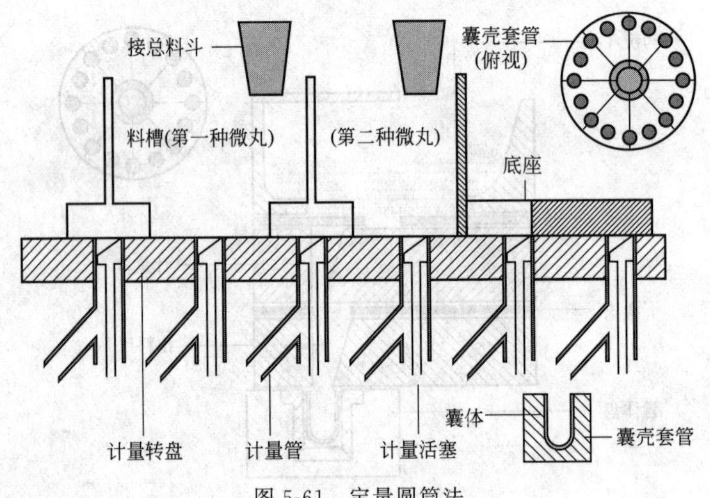

图 5-61 定量圆筒法

(6) 真空填充法　是一种连续式填充方法，亦称定量管法。主要利用抽真空系统将药物粉末吸附于计量器内，然后再用压缩空气将药粉吹入胶壳内（图 5-62）。

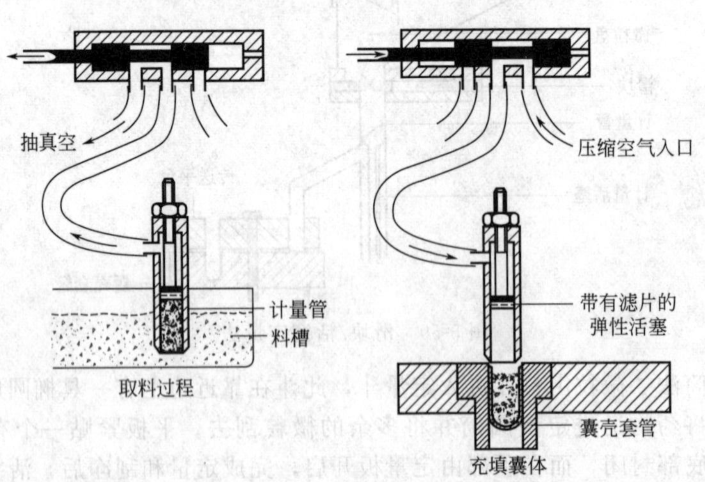

图 5-62 真空填充法

3. 固体药物的填充

两种或更多种的不同形状药物及小片能填充至同一腔囊里。但被填充的片芯、小丸、包衣片等必须具有足够硬度，在其送入定量腔或在通道里排列和排出时防止破碎。一般不用素片，而用糖衣片和药丸作为填充物。

被填充的固体药物尺寸应要求严格，否则很难在输送管里排列。从流动性来看，圆形最好排列。为保证其顺利填充，对糖衣片和糖衣药丸的半径与长度之比以 1.08 和 1.05 为宜。固体药物的填充主要采用滑块定量法（图 5-63）。

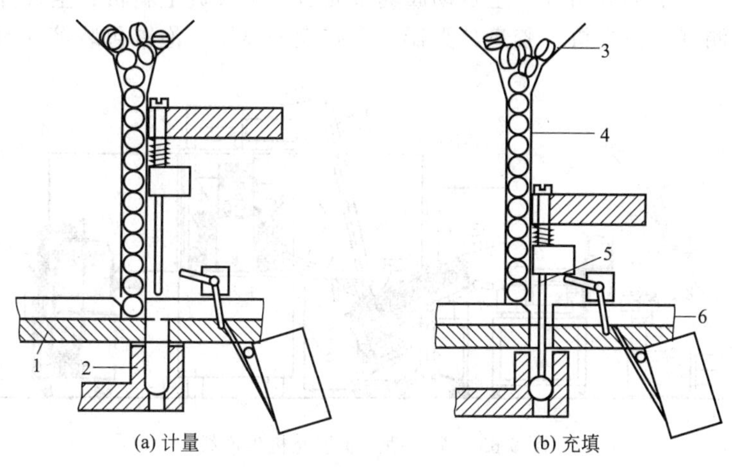

图 5-63　滑块定量法

1—底板；2—囊体板；3—料斗；4—滑道；5—加料器；6—滑块

4. 液体药物的填充

硬胶囊主要用于填充粉末、颗粒、微粒以及它们的混合物。由于近年来填充机的发展，目前国外已发展到可填充膏类及油剂，在标准填充机上加装精确的液体定量泵，填充误差可控制在±1%。对高黏度药物的填充，料斗和泵应可加热，以防止药物凝固，同时料斗里应装有搅拌系统，以保持药物的流动性（图 5-64）。

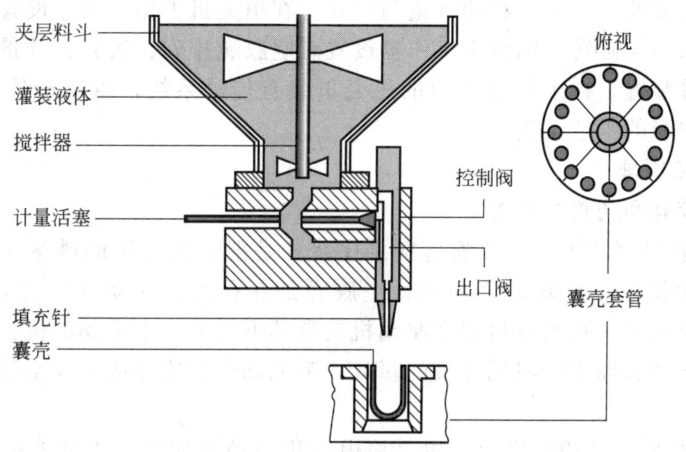

图 5-64　液体药物的填充

胶囊的特性，如惰性和稳定性，要求充入的液体对明胶无副作用。明胶仅溶于极性溶剂，所以应避免与水接触，它在 30℃溶于水，但在低温吸水膨胀并变形，被填充的药物不应含水，最好为纯油剂。

四、全自动硬胶囊填充机

全自动硬胶囊填充机，是指将预套合的硬胶囊及药粉直接放入机器上的胶囊贮桶及药粉贮桶后，不需要人工加以任何辅助动作，填充机即可自动完成填充药粉，制成胶囊制剂。此外，机器上还带有剔除未曾拨开和未填充药粉的胶囊、清洁囊板等功能的辅助机构。现有的各种胶囊填充机的胶囊处理与填充机构基本上是相同的。

1. 生产线基本结构

胶囊生产线由以下部分组成：全自动胶囊填充机、空胶囊上料机、空气排气装置、金属探测器、重量监测器、抛光机、胶囊分类器、空胶囊分离器、泡罩包装等（图 5-65）。

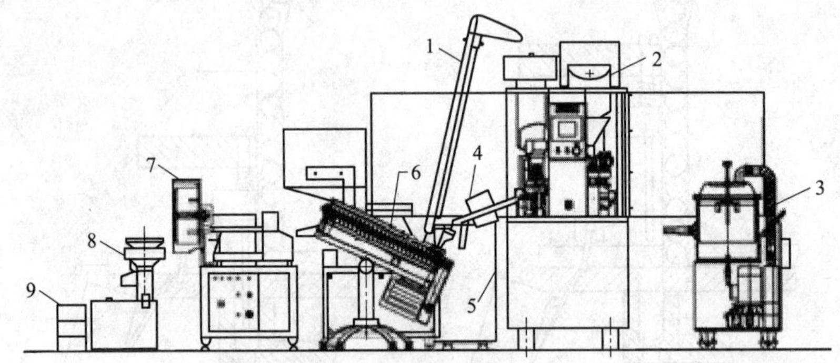

图 5-65 全自动胶囊填充机生产线

1—空胶囊上料机；2—全自动胶囊填充机；3—空气排气装置；4—金属探测器；5—重量监测器；6—抛光机；7—胶囊分类器；8—空胶囊分离器；9—泡罩包装

2. 填充工艺过程

在填充机上首先要将杂乱堆垛的空心套合胶囊的轴线排列一致，并保证胶囊帽在上、胶囊体在下的体位。即首先要完成空心胶囊的定向排列，并将排列好的胶囊落入囊板。然后将空心胶囊帽、胶囊体轴向分离（俗称拔囊），再将空心胶囊帽、胶囊体轴线水平错离，以便于填充药粉。

填充机另一重要的功能是药粉的计量与填充。在填充机工作台面上设置有主工作盘，由此盘拖动胶囊板做周向旋转。围绕主工作盘设置有空胶囊排列、拔囊、计量、剔除废囊、闭合、出料、清洁等装置。在工作台下边的机壳里装有传动系统，将运动传递给各装置及机构，以完成填充胶囊的工艺（图 5-66）。

3. 主要机构及原理

(1) 供给硬胶囊和药粉的装置

① 空胶囊落料排序装置。空胶囊落料排序装置是把空胶囊从饲料斗（又称供囊斗）连续不断地供给定向装置，如图 5-67 所示。空胶囊是在孔槽落料器（空胶囊落料供给装置）中移动完成落料动作的。孔槽落料器在驱动机构带动下做上、下滑动的机械运动，落料器上下滑动一次，由于落料器下端阻尼弹簧的释放，阻尼动作相应完成一次空胶囊的输送、截止动作。

② 供给药粉装置。药粉的供给装置是由电动机带动减速器输出轴连接的输粉螺旋，将进料斗中的药粉或颗粒定量供入计量盛粉器腔内，借助于转盘的转动和搅粉环，将物料供给填充装置的接受器（即计量环），实现药粉供给。

(2) 定向装置　如图 5-68 所示，它的原理是利用囊身与囊帽的直径差和排斥力差使空胶囊落到比囊帽外径稍窄一点的定向槽内，由水平校正器将空胶囊推成水平状态，转换成帽在后、体在前，接着由垂直校正器下移，实现了胶囊帽在上、体在下的第二次转换，使之落入重合且对中的上下模块孔中，以便下步进行分囊。

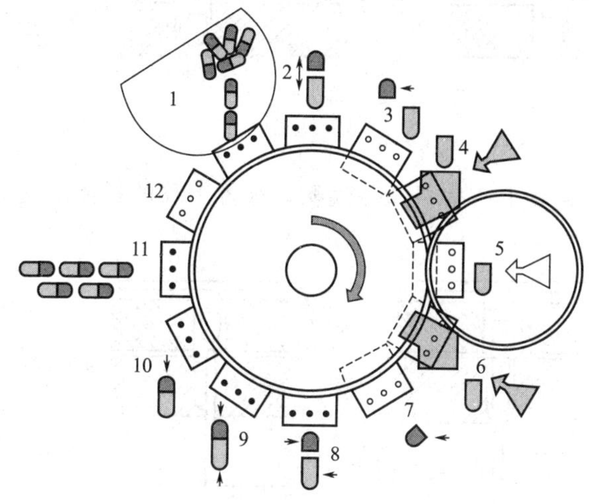

图 5-66　胶囊填充工艺过程

1—排序；2—拔囊；3—错离；4—小片填充；5—粉料填充；6—小丸填充；7—废囊剔除；8—校准定位；9,10—闭合；11—出料；12—真空吸尘

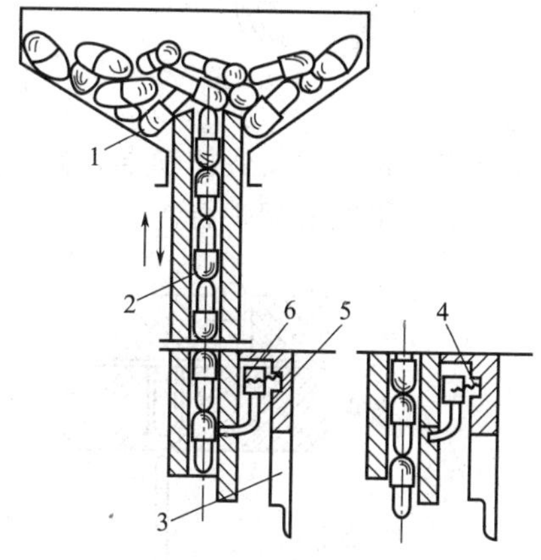

图 5-67　空胶囊落料排序装置

1—贮囊斗；2—落料器；3—压囊爪；4—弹簧；5—卡囊弹簧；6—簧片架

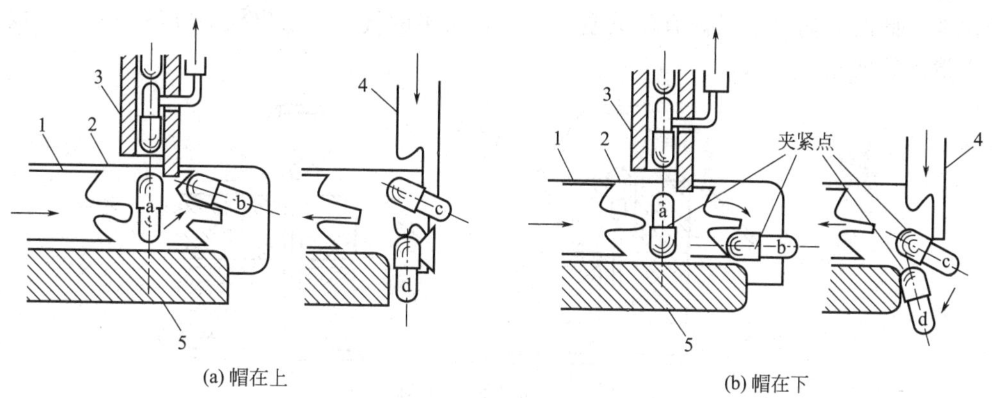

(a) 帽在上　(b) 帽在下

图 5-68　定向装置的结构与工作原理

1—水平校正器；2—定向滑槽；3—落料器；4—垂直校正器；5—定向器座；a～d 分别表示定向过程中胶囊所处的空间状态

（3）囊体与囊帽分离装置　空胶囊在间歇回转台上的上、下模块中，由真空把胶囊体吸向下模块中，囊帽则因下模孔内径小于囊帽外径而被留在上模孔中，实现了囊体与囊帽分离，如图 5-69 所示。

（4）填充药物装置　药物定量填充装置的类型很多，按药物的流动性、吸湿性、物料状态（粉状、颗粒状、固态或液态）选择填充方式和机型。

（5）自动剔废装置　自动剔废是指在工作过程中自动剔出空胶囊的装置。它是依靠驱动机构带动顶囊顶杆上移，将上夹具中未分离的胶囊顶出模孔，利用真空吸入吸尘器中。

（6）囊体与囊帽锁合装置　如图 5-70 所示，已填充的囊体应立即与囊帽锁合。欲锁合的囊帽和囊体需将囊帽与囊体通过各自夹具（模块）重合对中，然后驱动下夹具内的顶杆，

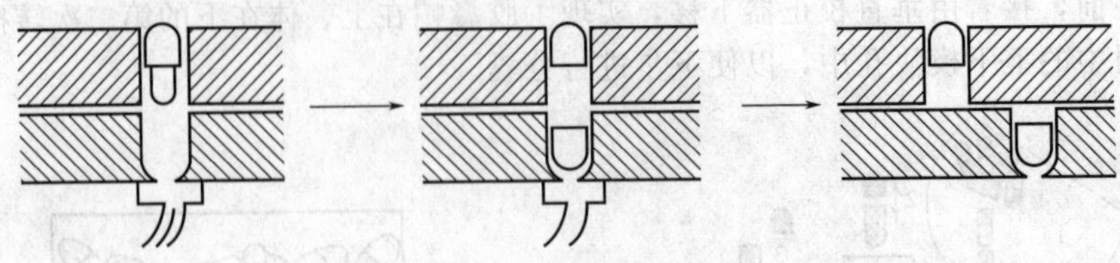
图 5-69　真空分离囊帽与囊体装置

顶住囊体上移，驱使囊体锁合入帽；同时上夹具上有盖板压住囊帽，被推上移的囊体沿夹具孔道上滑与囊帽实现锁合。

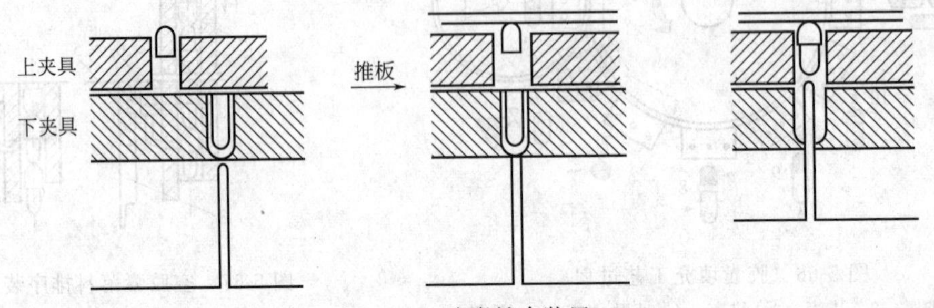

图 5-70　胶囊锁合装置

（7）成品出料装置　如图 5-71 所示，它主要靠排囊工位的驱动机构带动顶囊顶杆（比合囊顶杆长）上移，将留在上夹具中的合囊成品顶出模孔。已被顶出上模孔的胶囊在重力作用下倾斜，此时导向槽上缘设有压缩空气出口，吹出的气体使已出模的胶囊在风力和重力的作用下滑向集囊箱中。

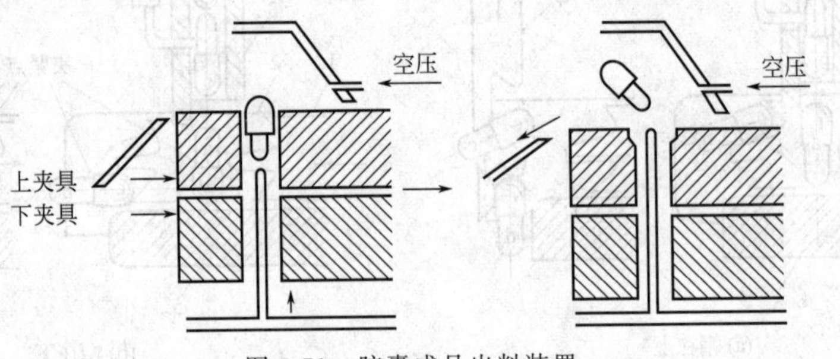

图 5-71　胶囊成品出料装置

（8）清洁吸尘装置　清洁吸尘是利用真空吸气管对回转台及模块进行清洁。

第九节　软胶囊剂工艺与设备

一、软胶囊概述

软胶囊系将一定量的液体药物直接包封于球形或椭圆形的软质囊材中制成的胶囊剂。软胶囊的制法可分为压制法及滴制法两种。

二、压制法生产工艺与设备

压制法系先将明胶、甘油、水等混合溶解，制成胶皮（胶带），再将药物置于两块胶皮之间，用钢模压制而成。压制法又分为平板模式和滚模式两种。

生产中使用更普遍的是滚模式软胶囊机，见图 5-72 所示。其成套设备由软胶囊压制主机、输送机、干燥机、电控柜、明胶桶和料桶等部分组成。其中关键设备是主机。主机机头上有两个滚模轴，轴上装有模子，左右两个模子组成一套模具。模子上模孔的形状、大小决定胶囊剂的形状和型号。两个滚模轴相对转动。右滚模轴能够转动，但不能移动。左滚模轴既能转动，又能横向水平移动。胶带均匀压紧于两个模子之间。

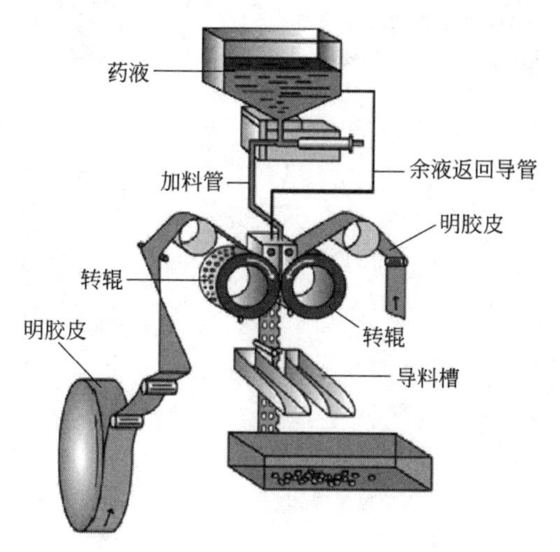

图 5-72　滚模式软胶囊机

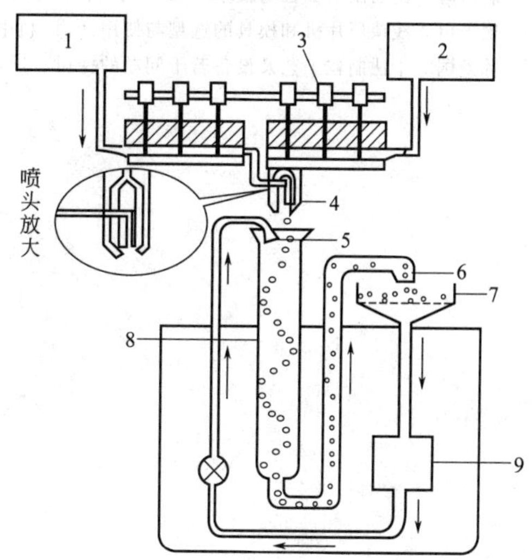

图 5-73　滴制法软胶囊机

1—药液贮槽；2—明胶液贮槽；3—定量控制器；4—喷头；5—冷却液石蜡出口；6—胶囊出口；7—胶囊收集器；8—冷却槽；9—液体石蜡贮箱

三、滴制法生产工艺与设备

1. 滴制法软胶囊机的结构

主要由原料贮槽、定量控制器、喷头和冷却器、电器自控系统、干燥部分等组成。外形结构见图 5-73。

2. 滴制法软胶囊机的工作原理

将明胶、甘油、水和其他添加剂加入化胶罐中加温熔化制成胶液，底部有导管和热胶箱连接，在热胶箱内及药液底部设置定量柱塞泵，用柱塞泵将药液及胶液两相按比例定量通过滴丸机喷头，以不同速度喷出，当一定量的明胶液将定量的油状物包裹后，滴入另一种不相溶的冷却液中，胶液接触冷却液后，由于表面张力的作用形成球形，并逐渐凝固成软胶囊。滴制出的软胶囊经酒精清洗，除去表面的液体石蜡。技术关键点是双层喷头外层通入 75～80℃的明胶溶液，内层通入 60℃的油状药物溶液，喷头滴制速度的控制很重要。

思　考　题

1. 简述片剂生产工艺流程？
2. 常见的混合设备有哪些？各有何特点？
3. 简述湿法制粒和干法制粒的原理及相关设备？
4. 简述高效包衣机的结构与工作原理？
5. 硬胶囊填充的方法有哪些？各适合哪些物料？
6. 简述软胶囊的生产工艺与设备？

参 考 文 献

[1] 任晓文. 药物制剂工艺及设备选型 [M]. 北京：化学工业出版社，2010：1-53.

[2] 刘精婵. 中药制药设备 [M]. 北京：人民卫生出版社，2009：149-160.

[3] 唐燕辉. 药物制剂工程与技术 [M]. 北京：清华大学出版社，2009：4-48.

[4] 庞玉申. 浅谈压片机和模具的选型与使用 [J]. 机电信息，2009，23：34-37.

[5] 孙爱国. 干法制粒工艺及设备若干问题的探讨 [J]. 机电信息，2011，17：43-45.

第六章　注射剂工艺与设备

注射剂是采用针头注射方法将药物直接注入人体的一种制剂，又称针剂。针剂的类型很多，如溶液型针剂、粉针、混悬型或乳剂型针剂等，其中溶液型针剂又包括水溶性针剂和非水溶性针剂两大类。水溶性针剂又称为水针剂，它是各类针剂中应用最广泛的。

按所用容器包装材质的不同，水针剂可分为玻璃容器、塑料容器和非 PVC 软袋三大类。按分装剂量的多少，又可分为小针剂和大输液。

此外近年来还出现了一种所谓预充式注射剂（图 6-1），是直接将一次性注射器作为水针药品的内包装，通过机械化工序完成药液的灌装程序，适合于包装那些在液体剂型中药物活性稳定的小容量注射剂，其容量从 0.5～20mL 不等。和其他类型的小容量注射剂相比，特点有：①简化临床操作、方便使用，降低患者的注射成本；②避免使用稀释液后反复抽吸，减少二次污染机会；③无死腔设计，用药剂量更准确；④单位剂量体积小，皮下注射时胀痛感较轻；⑤针头锐利，方便操作，减少刺痛感；⑥价格合理，患者易接受。

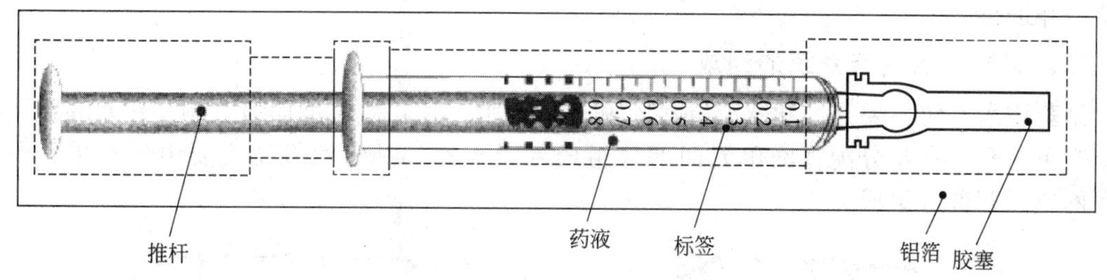

图 6-1　预充式注射剂

水针剂使用的玻璃小容器又称为安瓿，常用规格有 1mL、2mL、5mL、10mL 和 20mL 5 种。目前，我国水针剂所使用的容器都采用曲颈易折安瓿。

水针剂的生产有灭菌和无菌两种工艺。在灭菌生产工艺中，由原料及辅料生产成品的过程是带菌的，生产出的成品经高温灭菌后达到无菌要求。该工艺设备简单，生产成本较低，但药品必须能够承受灭菌时的高温，且药效不受影响。在无菌生产工艺中，由原料及辅料生产成品的每个工序都要实行无菌处理，各工序的设备和人员也必须有严格的无菌消毒措施，以确保产品无菌。该工艺的生产成本较高，常用于热敏性药物针剂的生产。

目前我国的水针剂生产大多采用灭菌工艺，因此，本章主要讨论采用灭菌工艺生产水针剂时所涉及的工艺与主要设备。

第一节　制药用水概述

制药用水和纯蒸汽是生物技术和制药过程的重要原料，并参与了整个生产工艺过程，包括原料生产、分离纯化、成本制备、洗涤过程、清洗过程和消毒过程等，因此，在所有生产设施中，制药用水系统和纯蒸汽系统是一个关键部分。生产制药用水的本质是减少或消灭潜在的污染源。

一、制药用水的分类

从广义角度分类，制药用水主要分为原料水和产品水两种。原料水特指制药生产工艺过程中使用的水。我国 2010 年版 GMP 分为饮用水（drinking water）、纯化水（purified water）、注射用水（water for injection）和灭菌注射用水（sterile water for injection）；欧盟 GMP 和 WHO GMP 分为饮用水、纯化水、高纯水和注射用水；美国 cGMP 分为饮用水、纯化水、血液透析用水（water for hemodialysis）、注射用水和纯蒸汽（pure steam）。饮用水为天然水经净化处理所得的水，其质量必须符合官方标准。

从产品角度分类，制药用水分为抑菌注射用水（bacteriostatic water for injection）、灭菌吸入用水（sterile water for inhalation）、灭菌注射用水（sterile water for injection）、灭菌冲洗用水（sterile water for irrigation）和灭菌纯化水（sterile purified water）等。《中国药典》2010 年版收录了“纯化水”、“注射用水”和“灭菌注射用水”三种水质质量标准。“灭菌注射用水”为注射用水按照注射剂生产工艺制备所得，主要用于注射用灭菌粉末的溶剂或注射剂的稀释剂，其质量需符合《中国药典》2010 年版“灭菌注射用水”的相关质量规定。“灭菌注射用水”是制药工艺生产的最终产品，属于产品水的范畴，可作为注射剂看待。

纯蒸汽主要应用于灭菌柜、生物反应器、罐类容器、管路系统、过滤器等重要设备的灭菌，其冷凝水需满足各国药典中关于注射用水质量的要求。与制药用水系统一样，纯蒸汽系统也是医药生产工艺过程中一个非常重要的洁净公用工程系统，因此，本文将其与制药用水系统一并进行介绍。

二、制药用水生产系统的组成

制药用水系统主要是纯化水、高纯水和注射用水。从功能角度而言，制药用水系统主要由生产单元和储存与分配管网单元两部分组成（图 6-2）；纯蒸汽系统主要由生产单元与分配管网单元两部分组成。

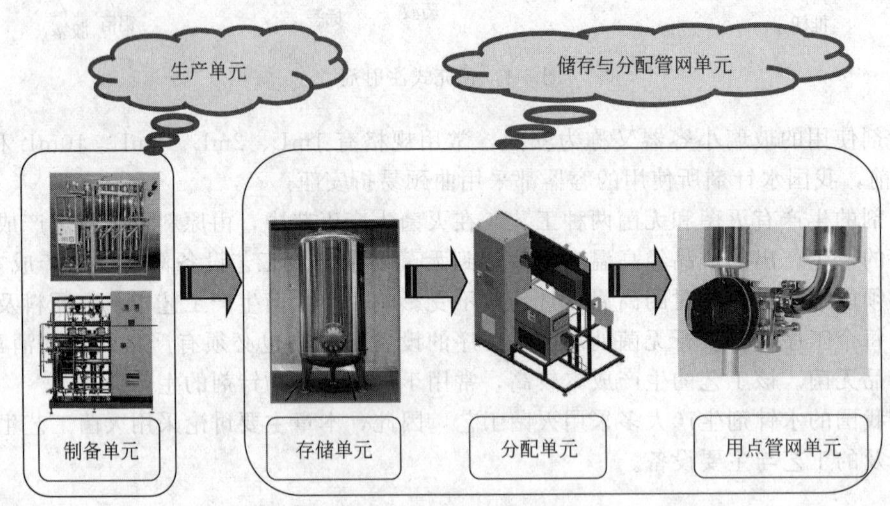

图 6-2 制药用水系统的组成

生产单元主要包括纯化水机、高纯水机、蒸馏水机和纯蒸汽发生器。储存与分配管网单元主要包括储存单元、分配单元和用点管网单元。

（1）纯化水系统 主要包括纯化水机、纯化水储存单元、纯化水分配单元和纯化水用点管网单元。

（2）高纯水系统 主要包括高纯水机、高纯水储存单元、高纯水分配单元和高纯水用点管网单元。

(3) 注射用水系统　主要包括蒸馏水机、注射用水储存单元、注射用水分配单元和注射用水用点管网单元。

(4) 纯蒸汽系统　主要包括纯蒸汽发生器和纯蒸汽用点管网单元。

三、制药用水系统的用途

一个良好的制药用水系统需满足如下三个主要目的：

① 维持制药用水水质在药典要求的可接受范围内；

② 将制药用水分配到各工艺使用点，且满足实际生产所需的温度、流量和压力等要求；

③ 保证初期投资与运行投资最优化。

第二节　制药用水工艺与设备

制药用水主要由生产单元和储存与分配管网系统两部分组成。生产单元主要包括纯化水机、蒸馏水机和纯蒸汽发生器。储存与分配管网系统包括储存单元、分配单元和用点管网单元。本节将对纯化水机、蒸馏水机、纯蒸汽发生器、储存与分配管网系统等分别进行介绍。

饮用水可采用混凝、沉淀、澄清、过滤、软化、消毒、去离子、沉淀、减少特定的无机/有机物等适宜的物理、化学和物理化学的方法制备。饮用水常规处理工艺的主要去除对象是水源水中的悬浮物、胶体物和病原微生物等。饮用水常规处理工艺所使用的处理技术有混凝、沉淀、澄清、过滤、消毒等。我国目前95%以上的自来水厂都是采用常规处理工艺，因此常规处理工艺是饮用水处理系统的主要工艺。通常，医药生产过程中饮用水来源于城市自来水，正常情况下能保证供水水质符合国家标准GB 5749—2006，但小型集中式供水和分散式供水以及当发生影响水质的突发性公共事件时，水质部分指标可能会超过正常指标。

一、制药用水生产设备

制药行业纯化水制备系统一般由前端的预处理系统和后端的纯化系统两部分组成。纯化水生产是以饮用水作为原水，采用合适的单元操作或组合的方法制备，常见的有：蒸馏法、离子交换法、电渗析法（EDR）、反渗透法（RO）、电法去离子（EDI）等。而注射用水则是以纯化水为原水经蒸馏制得。

二、水质预处理

预处理系统的主要目的是去除原水中的不溶性杂质、可溶性杂质、有机物、微生物，使其主要水质参数达到后续处理设备的进水要求，从而有效减轻后续纯化系统的净化负荷。预处理系统一般包括原水箱、多介质过滤器、活性炭过滤器、软化器等多个单元，预处理系统见图6-3所示。

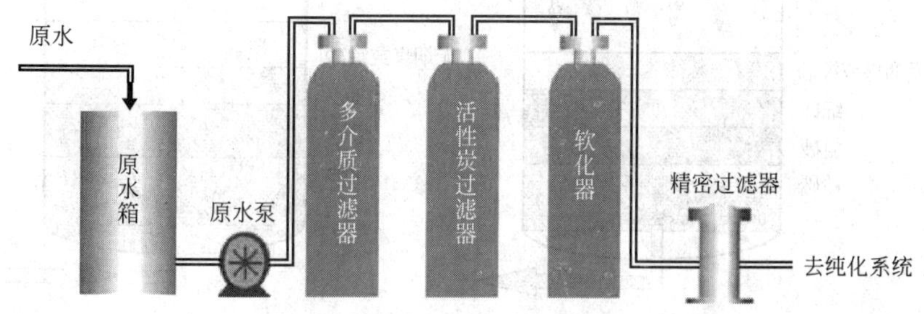

图6-3　预处理系统流程图

(1) 原水箱　原水箱是预处理的第一个处理单元，一般设置一定体积的缓冲水罐，其体积的配置需要与系统产量相匹配，具备足够的缓冲时间并保证整套系统的稳定运行。缓冲装置的材质有多种选择，在制药行业都符合要求。由于罐体的缓冲时间会造成水流的流速较慢，存在产生微生物繁殖的风险，所以需要采取一定的措施避免市政水或其他原水进入制水系统可能产生的微生物繁殖的风险。一般建议在进入缓冲罐前添加一定量的次氯酸钠溶液，该添加浓度需要和罐体的缓冲时间相匹配，预处理单元次氯酸钠的浓度不宜过高或过低，一般控制在 0.3～0.5mg/kg，可通过余氯监测仪进行自动检测，并在进入 RO 膜之前进行去除。

（2）多介质过滤装置与超滤装置　当原水浊度满足不了后续处理设备的进水标准时，预处理应设机械过滤器。否则，会造成后续处理设备以下危害：悬浮物会附着在离子交换剂颗粒表面，降低交换容量，堵塞树脂层孔隙，引起压力损失增加；悬浮物黏附在电渗析膜表面成为离子迁移的障碍，增加膜电阻；悬浮物会堵塞反渗透膜孔，减小膜的有效工作面积，导致产水量和脱盐率下降。

当原水中铁、锰含量较高，超过后续处理设备的进水标准时，会对后续处理设备造成以下危害，影响设备的运行使用寿命和出水水质。铁、锰离子比钙、镁、钠离子更易被树脂吸附，且不容易被低浓度再生剂取代，积累在树脂颗粒内部，使交换容量下降，恶化出水水质。铁、锰离子易形成氢氧化物胶体，堵塞树脂微孔和孔隙，增大压降。铁、锰离子会使电渗析阳离子交换膜的离子选择性透过性严重受损而中毒。原水中铁、锰含量较高会在反渗透膜上形成氢氧化物胶体，堵塞膜孔。锰砂过滤器填充的是锰砂等滤料，它的优点是对铁、锰的去除效果显著。

多介质过滤器（图 6-4）大多填充石英砂、无烟煤、锰砂等。其作用主要是通过薄膜过滤、渗透过滤及接触过滤作用，去除水中的大颗粒杂质、悬浮物、胶体等。多介质过滤器日常维护比较简单，此种处理工艺在国内有广泛的应用，其运行成本也比较低，只需要在自控程序设置上进行定期反洗即可恢复多介质过滤器的处理效果，将截留在滤料孔隙中的杂质排出。过滤器的反冲程序也可以通过浊度仪或进出口压差来判定是否反洗。也可以在系统中设定反洗的间隔时间（设计值一般为 24h/次）。由于进水水质的波动对多介质过滤器的运行状态会有比较大的影响，通常会设置一个手动启动反洗的功能。在原水缓冲罐中定量投加 NaClO 能有效控制多介质过滤器的微生物繁殖。为保证系统有良好的运行效果，需对机械过滤装置内的填料介质进行定期更换，更换周期一般为 2～3 年/次。

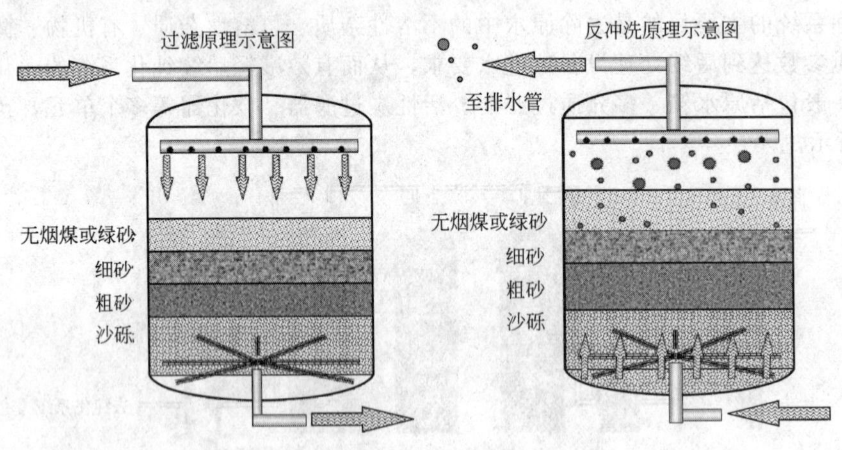

图 6-4　多介质过滤器的工作原理

水的过滤要考虑到两个方面因素，分别为产水的质量和产水的数量，而影响这两个因素的主要是进水水质和过滤器形式的选择。在设计和选择多介质过滤器时，需要对原水中的浊度和硅化物含量进行重点分析。当原水中含有较高浊度和较高浓度的硅化合物时，需要在多介质过滤器前端添加一定浓度的絮凝剂，通过絮凝作用和混凝脱硅作用分别降低水中的浊度和硅化合物负荷。混凝脱硅是利用某些金属的氧化物或氢氧化物对硅的吸附或凝聚来达到脱硅目的的一种物理化学方法。该种物质的添加会增强多介质过滤器的处理效果，但该混凝剂物质可能会有部分泄露至后端处理单元，给纯化水水质带来额外的质量风险。一旦使用絮凝剂就必须对其进行非常严格的残留量检测和验证，因此，建议企业结合自身情况，尽可能提供水质稍好的原水，以有效降低整个系统的质量风险和运行成本。

(3) 活性炭过滤器　当原水中有机物含量超过后续处理设备的进水标准时，会对后续处理设备造成以下危害：影响设备的运行使用寿命和出水水质。为除去这部分有机物，预处理应设活性炭过滤器，使水达到符合后续处理设备要求的质量水平。

活性炭过滤器主要是通过炭表面毛细孔的吸附能力，来吸附水中的余氯、浊度、气味和部分 TOC，以减轻后端过滤单元的压力。同时水中 ClO^- 在碳作为催化剂的条件下能生成氧自由基，氧自由基能氧化小分子量的有机物并将大分子量的有机物氧化成小分子量的有机物。当活性炭过滤吸附趋于饱和时，需对活性炭过滤器进行及时反冲洗，活性炭过滤器反冲洗的设计值一般为 24h/次。

一般建议活性炭采用椰壳材质的活性炭，其硬度及对上述物质的吸附能力都是最优秀的。硬度是活性炭使用寿命的重要指标，由于经常需要对活性炭过滤器进行巴氏灭菌和反洗等操作步骤，硬度不够的活性炭颗粒会很快破碎失去吸附能力并可能泄露到后端的处理单元。

若原水中的游离氯浓度超过后续处理设备（离子交换柱、电渗析器、电去离子系统、反渗透装置等）进水标准时，会对这些设备造成以下危害：影响设备的运行使用寿命和出水水质；游离氯的存在会使阳离子交换树脂的活性基团氧化分解，长链断裂，引起树脂的不可逆膨胀，破坏离子交换树脂的结构，使其强度变差，容易破碎；游离氯会使电渗析器、电法去离子系统和反渗透装置的膜产生氧化，影响膜的物理结构，造成膜不可修复性损坏。

对水中 TOC 和余氯的吸附能力是活性炭最主要的考察指标，同时，从前端处理单元泄露过来的少量胶体物质也可被活性炭吸附。研究表明，活性炭过滤法对水中余氯的去除非常彻底，活性炭将余氯吸附在其表面后，再依靠碳基对余氯物质进行彻底水解，从而将具有氧化性的 ClO^- 离子还原分解成不具有氧化性的氯离子和氧原子。具体方程式如下：

$$Cl_2 + H_2O \rightleftharpoons HCl + HClO$$

$$HClO \longrightarrow HCl + [O]$$

原子氧与碳原子由吸附状态迅速地转变成化合状态：

$$C + 2[O] \longrightarrow CO_2 \uparrow$$

综上所述，氯与活性炭的反应可如下式：

$$C + 2Cl_2 + 2H_2O \longrightarrow 4HCl + CO_2 \uparrow$$

从上面可以看到，活性炭过滤器在其催化作用过程中的活性炭总量会发生减少，所以定期通过活性炭的更换即可保证其脱氯效果，一般推荐的活性炭更换周期为每年一次。

由于活性炭有多孔吸附的特性，大量的 TOC 被吸附后会出现微生物繁殖，长时间运行后产生的微生物一旦泄露至后端处理单元，势必会对后端处理单元的使用效果产生影响并带来很大的微生物污染风险，因此需要为活性炭过滤器设置高温消毒系统，从而对其产水的微生物指标进行有效控制。巴氏消毒和蒸汽消毒是活性炭过滤器非常有效的消毒方式，同时，高温高压下有助于催化剂碳的活化。

在原水水质中TOC指标不是很高的情况下，也可以选择化学加药的方式来对水中的余氯等氧化物质进行处理，以取代活性炭过滤器的功能，一般采用设置氧化物质检测仪表来控制水中的亚硫酸氢钠的加药量，确保进入下一处理单元的水中氧化物质含量被有效还原。其方程式如下：

$$NaHSO_3 + HClO = NaHSO_4 + HCl$$

这样的加药方式的优点是成本比较低、操作运行很简便，但缺点也很鲜明，一方面其加药量是通过仪表控制加药泵频率来实现的，存在仪表探头失效和控制不稳定的风险；另一方面则是由于是通过加药才能发生还原反应，大量的外来化学物质的介入增加了后端纯化系统的处理负荷，严重时会影响RO膜的使用寿命。所以具体项目的处理工艺需要根据水质状况和客户的承受能力来进行合理选择。

(4) 软化处理工艺　为了确保后续处理设备运行良好，后续处理设备的进水对钙、镁离子浓度都规定了严格的要求，因此，当原水硬度较高时，应增加软化器。这对防止后续处理设备的膜表面结垢，提高后续处理设备的工作寿命和处理效果意义极大。

软化处理工艺的主要功能是去除水中的硬度，如钙、镁离子。RO浓水侧的离子浓度是富集后的累计，如果进入RO膜系统的进水未能将钙、镁离子去除，那么就会在RO浓水侧与CO_3^{2-}和SO_4^{2-}反应生成难以溶解的物质，从而在膜表面结垢，最终影响RO膜的产水水量和使用寿命。软化原理主要是通过钠型的软化树脂来对水中的钙、镁离子进行离子交换，从而把其去除。软化树脂对重金属的污染比较敏感，个别地区的市政水中可能含有铁离子和锰离子超标的情况，那么就需要在软化器之前对这些离子进行处理，传统工艺为使用除铁、除锰的锰砂过滤器，其基本原理为：铁、锰离子含量过高的水可在催化剂（如锰砂）的作用下将溶解状态的二价铁或二价锰分别氧化成不溶解的三价铁或四价锰的化合物，利用锰砂过滤器的反冲洗功能达到去除净化的目的。

$$4Fe^{2+} + O_2 + 10H_2O = 4Fe(OH)_3 + 8H^+$$

$$2Mn^{2+} + O_2 + 2H_2O = 2MnO_2 + 4H^+$$

在软化器的离子交换过程中，水中的Ca^{2+}、Mg^{2+}离子被RNa型树脂中的Na^+交换出来后存留在树脂中，使离子交换树脂由RNa型变成R_2Ca或R_2Mg型树脂。其软化过程的离子反应式为：

$$Ca^{2+} + 2RNa = R_2Ca + 2Na^+$$

$$Mg^{2+} + 2RNa = R_2Mg + 2Na^+$$

当离子树脂吸收一定量的钙镁离子后就必须进行再生。软化器内树脂的再生是将转型后的树脂用食盐水还原，树脂中的Ca^{2+}、Mg^{2+}离子又被Na^+离子转换出来，重新生成RNa型离子，恢复树脂的交换能力，并将废液污水排出。再生过程的离子反应为：

$$R_2Ca + 2NaCl = 2RNa + CaCl_2$$

$$R_2Mg + 2NaCl = 2RNa + MgCl_2$$

由于软化器中的树脂需要通过再生才能恢复其交换能力，为了保证纯化水制备系统能实现24h连续运行，通常都是采用双级串联软化系统。它能实现一台软化器再生时另外一台仍然可以制水，并有效避免了水中微生物的快速滋生。结合产水能力、软化能力和初期投资等综合因素的考虑，软化器应填充符合食品法规的树脂，如果罐体的内壁需要衬胶，也应当选用食品级衬胶或者环氧树脂。

软化水箱的设置需结合软化水的使用工况而定，通常情况下，软化水硬度不高于15mg/kg时可满足RO膜的进水条件，当软化水全部作为RO进水使用时，没有必要过度提高软化水的出水硬度指标，一般保证出水硬度不高于 3～5mg/kg 即可，同时可不设置软化水箱，这样能有效降低软化器的运行成本和再生成本。当企业需要将预处理的部分软化水送往中高压锅炉进行补水处理时，需考虑国家标准对于锅炉补水的硬度要求，以软化器出水硬度控制在不高于 1mg/kg 为宜，并考虑设置一个软化水缓冲水箱。根据原水水质及设备运行情况，可按照用户的需要，设定全自动软水器的运行周期和时间（软化器再生周期一般控制在 12～24h/次），也可以在软化器的出口安装硬度测试仪，一旦硬度达到了设定值，再生程序自动启动。

对于产水量较大的系统，单纯依靠软化器来降低硬度时软化器体积会很大，日常的耗盐量和维护成本很高，所以可考虑用添加阻垢剂的方法来降低钙镁离子在 RO 膜浓水侧结垢的风险。在防止难溶盐在反渗透膜表面结垢方面，阻垢剂非常有效，它的机理是通过延缓盐晶体成长来推迟沉淀的过程，促使不会形成一定大小和足够的浓度而沉淀下来。也可以理解为让这些难溶解的盐类还没有在 RO 膜表面沉淀下来前被浓水带出膜系统排放掉。RO 膜的生产商也会推荐使用一些品牌和成分的阻垢剂。目前在制药行业推荐使用的阻垢剂为六偏磷酸钠，而不推荐使用有机化合物作为阻垢剂，有机化合物如进入 RO 系统，其残留验证一直无法得到有效的解决。

实践表明，当次氯酸钠浓度不高于 1mg/kg 时，其对树脂的氧化伤害作用相对较小，当系统控制预处理系统次氯酸钠浓度在 0.3～0.5mg/kg 时，可将串联软化器放置在活性炭过滤器之前，这样能有效利用预处理系统中次氯酸钠的杀菌作用，预防微生物在软化器中的快速滋生。

三、蒸馏法

常用设备为多效蒸馏水机和气压式蒸馏水机，其中多效蒸馏水机又有列管式、盘管式和板式三种类型。

（1）多效蒸馏水机　多效蒸馏水机的工作原理是让经充分预热的纯化水通过多效蒸发和冷凝，排除不凝性气体和杂质，从而获得高纯度的蒸馏水。

① 基本工艺流程。进料水预热→料液的蒸发→气液分离→蒸汽的冷凝→蒸馏水

② 结构组成。由蒸馏塔、冷凝器、高压水泵、电气控制元器件及有关管道、阀门、计量显示仪器仪表加上机架、电控制箱等主要部件组成。

此类蒸馏水机采用列管式多效蒸发器制取蒸馏水。理论上，效数越多，能量的利用率就越高，但随着效数的增加，设备投资和操作费用亦随之增大，且超过五效后，节能效果的提高并不明显。实际生产中，多效蒸馏水机一般采用 3～5 效。

图 6-5 是列管式四效蒸馏水机的工艺流程，其中最后一效即第四效也称为末效。工作时，进料水经冷凝器 5，依次经各蒸发器内的发夹形换热器被加热至 142℃进入蒸发器 1。在蒸发器 1 内，加热蒸汽（165℃）进入管间将进料水蒸发，蒸汽被冷凝后排出。进料水在蒸发器 1 内约有 30％被蒸发，其余的进入蒸发器 2（130℃）内，生成的纯蒸汽（141℃）作为热源进入蒸发器 2。在蒸发器 2 内，进料水被再次蒸发，所产生的纯蒸汽（130℃）作为热源进入蒸发器 3，而由蒸发器 1 引入的纯蒸汽则全部被冷凝为蒸馏水。蒸发器 3 和 4 的工作原理与蒸发器 2 的相同。最后从蒸发器 4 排出的蒸馏水及二次蒸汽全部引入冷凝器，被进料水和冷却水冷凝。进料水经蒸发后所剩余的含有杂质的浓缩水由末效蒸发器的底部排出，而不凝性气体由冷凝器 5 的顶部排出。通常情况下，蒸馏水的出口温度约为 97～99℃。

（2）蒸汽压缩式蒸馏水机　蒸汽压缩式蒸馏水机（简称汽压式，又称热压式），是利用动力对二次蒸汽进行压缩、循环蒸发而制备注射用水的设备。

① 结构组成。主要由自动进水器、热交换器、加热室、蒸发室、冷凝器及蒸汽压缩机

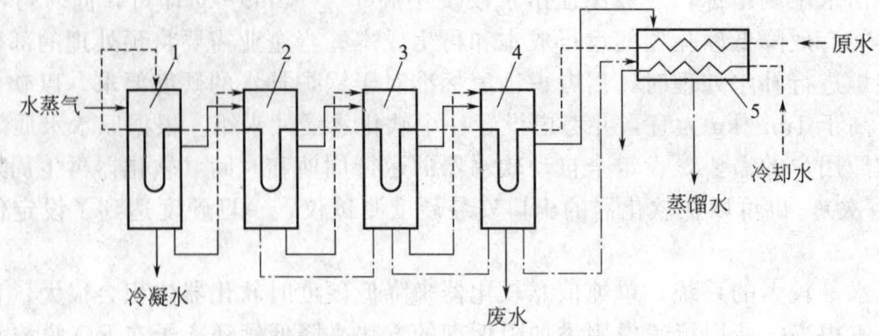

图 6-5　列管式四效蒸馏水机工艺流程图

1～4—蒸发器；5—冷凝器

或罗茨鼓风机等组成。

② 工作原理。见图 6-6 所示，原水自进水管经预热器由离心泵打入蒸发的管内，受热蒸发；蒸汽自蒸发室上升，经除沫器进入压缩器；蒸汽被压缩成热蒸汽，在蒸发冷凝器的管内进水进行热交换，纯蒸汽被冷凝为蒸馏水，冷凝时释放的热量使进水受热蒸发；蒸馏水经水泵打入蒸馏水换热器，对新进水进行预热，成品水经蒸馏水出口引出。

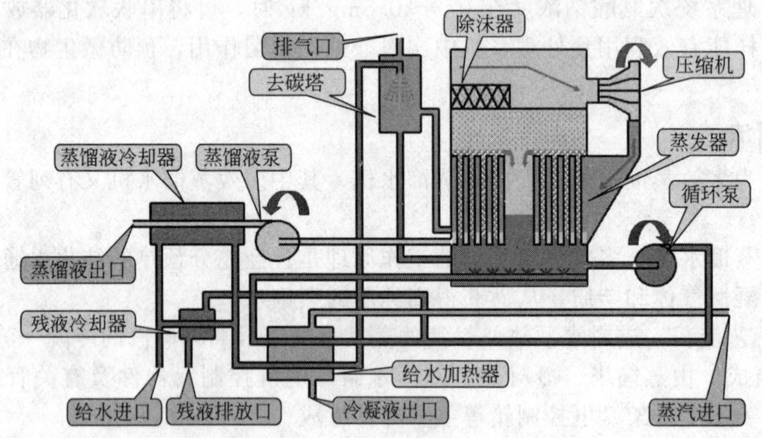

图 6-6　蒸汽压缩式蒸馏水机的结构原理

从能够进入系统的方式来分，可分为机械式蒸汽再压缩设备，即如果压缩使用机械驱动如离心式压缩机、罗茨风机、轴流压气机等方式，这种蒸发工艺通常被称为机械式蒸汽再压缩；以及热压式设备，即如果这种压缩使用高压动力蒸汽喷射器，这种工艺通常被称为热力学压缩或蒸汽压缩。

工作时，原水自进水管进入预加热器，此后由泵打入蒸发冷凝器的管内受热蒸发。蒸汽自蒸发室上升，经除沫器后，由压缩机或风机等压缩成过热蒸汽，在蒸发冷凝器的管间，通过管壁与进料水进行热交换，使进料水受热蒸发，自身则因放出潜热而冷凝，再经泵打入换热器对新进水进行预热，产品由出口排出。蒸发冷凝器下部设有蒸汽加热管及辅助电加热器。

四、离子交换法

该法是利用离子交换树脂将水中的盐类、矿物质及溶解性气体等杂质去除。由于水中杂质种类繁多，因此该法常需同时使用阳离子交换树脂和阴离子交换树脂，或在装有混合树脂的离子交换器中进行。图 6-7 是离子交换法制备纯水的成套设备。

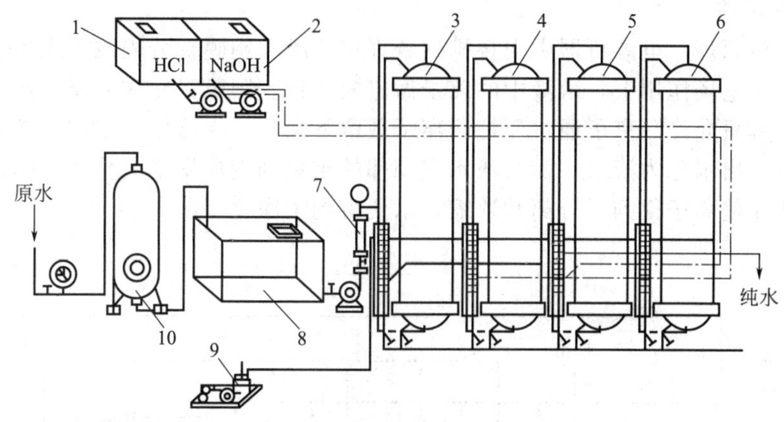

图 6-7　离子交换法生产纯化水设备

1—酸液罐；2—碱液罐；3—阳离子交换柱；4—阴离子交换柱；5—混合交换柱；6—再生柱；7—转子流量计；8—储水箱；9—真空泵；10—过滤器

(1) 结构组成　它主要由酸液罐、碱液罐、阳离子交换柱、阴离子交换柱、混合交换柱、再生柱和过滤器等组成。离子交换柱的上、下端均设有液体分布器，其作用是使来水分布均匀，并能阻止树脂颗粒与水或再生液一起流失。阳离子和阴离子交换柱内的树脂填充量一般为柱高的 2/3。混合离子交换柱中阴离子、阳离子树脂常按 2∶1 的比例混合放置，填充量一般为柱高的 3/5。根据水源情况，过滤器可选择丙纶线绕管、陶瓷砂芯以及各种折叠式滤芯等作为过滤滤芯。再生柱的作用是配合混合柱对混合树脂进行再生。

(2) 工作原理　工作时，原水先经过滤器除去有机物、固体颗粒、细菌及其他杂质，再进入阳离子交换柱，使水中的阳离子与树脂上的氢离子进行交换，并结合成无机酸。然后原水进入阴离子交换柱，以去除水中的阴离子。经阳离子和阴离子交换柱后，原水已得到初步净化。此后，原水进入混合离子交换柱使水质得到再一次净化，即得产品纯水。

树脂经一段时间使用后，会逐步失去交换能力，因此需定期对树脂进行活化再生。阳离子树脂可用 5%的盐酸溶液再生，阴离子树脂则用 5%的氢氧化钠溶液再生。由于阴离子、阳离子树脂所用的再生试剂不同，因此混合柱再生前需于柱底逆流注水，利用阴离子、阳离子树脂的密度差而使其分层，将上层的阳离子树脂引入再生柱，两种树脂分别于两个容器中再生，再生后将阳离子树脂抽入混合柱中混合，使其恢复交换能力。

用离子交换法制得的纯水在 25℃时的电阻率可达 10×10^6 Ω·cm 以上。但由于树脂床层可能存有微生物，以致水中可能含有热原。此外，树脂本身可能释放出一些低分子量的胺类物质以及大分子有机物等，均可能被树脂吸附或截留，从而使树脂毒化，这是用离子交换法进行水处理时可能引起水质下降的主要原因。

(3) 特点

① 预处理要求简单、工艺成熟，出水水质稳定，设备初期投入低。

② 在原水为低含盐量的区域应用运行成本较低。

③ 由于离子交换床阀门众多，操作复杂烦琐。

④ 离子交换法自动化操作难度大，投资高。

⑤ 需要酸碱再生，再生废水必须经处理合格后排放，存在环境污染隐患。

⑥ 细菌易在床层中繁殖，且离子交换树脂会长期向纯水中渗溶有机物。

⑦ 在含盐量高的区域，运行成本高。

五、电渗析法

(1) 电渗析原理　电渗析器中交替排列着许多阳膜和阴膜，分隔成小水室。当原水进入这些小室时，在电场作用下，溶液中的离子做定向迁移。阳膜只允许阳离子通过而把阴离子截留下来；阴膜只允许阴离子通过而把阳离子截留下来。结果这些小室的一部分变成含离子很少的淡水室，出水称为淡水。而与淡水室相邻的小室则变成聚集大量离子的浓水室，出水称为浓水。从而使离子得到了分离和浓缩，水便得到了净化（图 6-8）。

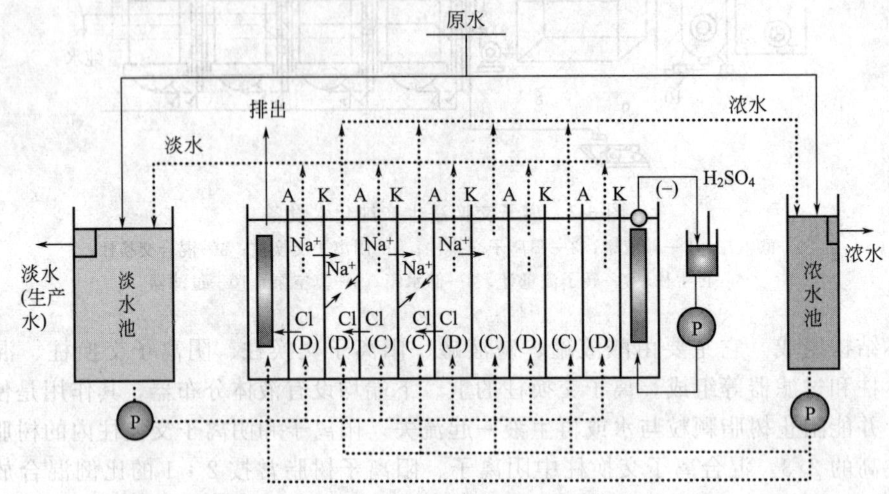

图 6-8　电渗析原理

K—阳离子交换膜；A—阴离子交换膜；D—淡水室；C—浓水室

(2) 结构组成与特点　电渗析器有立式和卧式两种。基本部件：离子交换膜、隔板、电极、极框、压紧装置等。

电渗析和离子交换相比，有以下异同点：

① 分离离子的工作介质虽均为离子交换树脂，但前者是呈片状的薄膜，后者则为圆球形的颗粒。

② 从作用机理来说，离子交换属于离子转移置换，离子交换树脂在过程中发生离子交换反应。而电渗析属于离子截留置换，离子交换膜在过程中起离子选择透过和截阻作用。所以更精确地说，应该把离子交换膜称为离子选择性透过膜。

③ 电渗析的工作介质不需要再生，但消耗电能；而离子交换的工作介质必须再生，但不消耗电能。

六、反渗透法（RO）

(1) 反渗透原理　在进水侧（浓溶液）施加操作压力以克服水的自然渗透压，当高于自然渗透压的操作压力施加于浓溶液侧时，水分子自然渗透的流动方向就会逆转，进水（浓溶液）中的水分子部分通过膜并成为稀溶液侧的净化产水（图 6-9）。

(2) 反渗透膜的结构　有非对称膜和均相膜两类。当前使用的膜材料主要为醋酸纤维素和芳香聚酰胺类。其组件有中空纤维式、卷式、板框式和管式，卷式结构是制药行业中常规使用的 RO 膜（图 6-10）。

(3) 反渗透制水工艺流程　常见的反渗透制水工艺有以下四种，典型的设备工艺流程见图 6-11 所示。

① 原水→预处理→反渗透→纯水箱→离子交换器→紫外线杀菌→纯水泵→用水点。

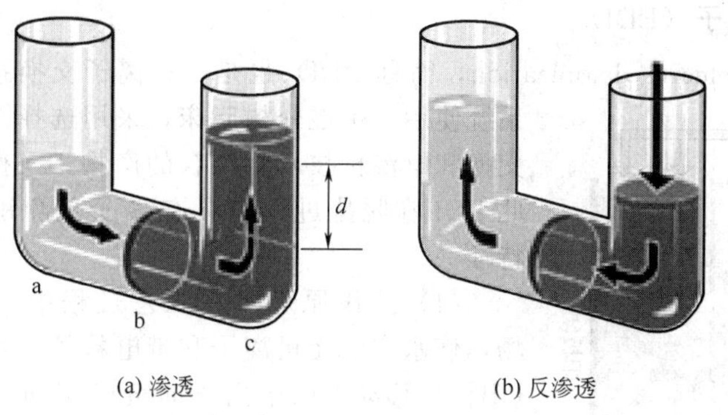

图 6-9　反渗透的原理

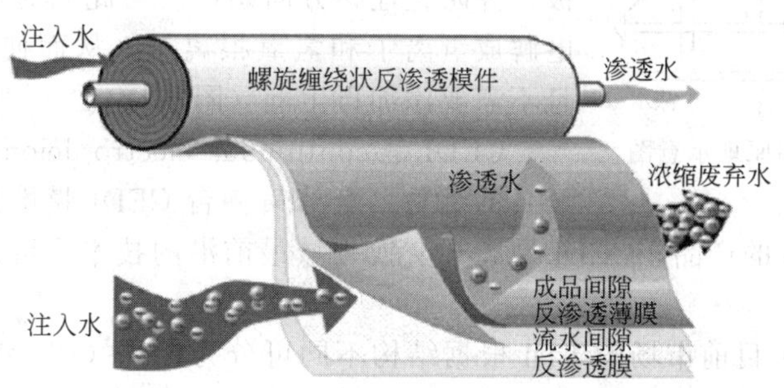

图 6-10　反渗透膜

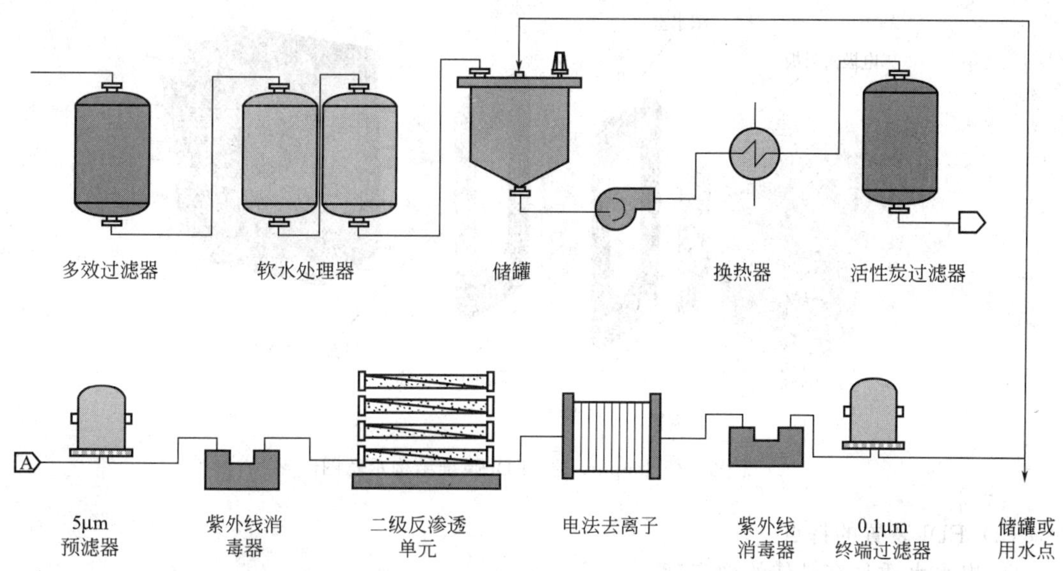

图 6-11　二级反渗透纯化水工艺流程

② 原水→预处理→一级反渗透→二级反渗透→纯水箱→纯水泵→紫外线杀菌→用水点。

③ 原水→预处理→反渗透→中间水箱→中间水泵→EDI 装置→纯水箱→纯水泵→紫外线杀菌→用水点。

④ 原水→预处理→紫外线杀菌→一级反渗透装置→二级反渗透装置→中间水箱→EDI 装置→脱氧装置→纯水箱→抛光混床→超滤装置→用水点。

七、电法去离子（EDI）

电法去离子（electro deionization，简称 EDI）也是一种离子交换系统，这种离子交换系统使用一个混合树脂床，采用选择性的渗透膜，是离子交换和电渗析技术相结合的产物，又称填充床电渗析，因此 EDI 在脱盐过程中具有离子交换和电渗析的所有工作特征。

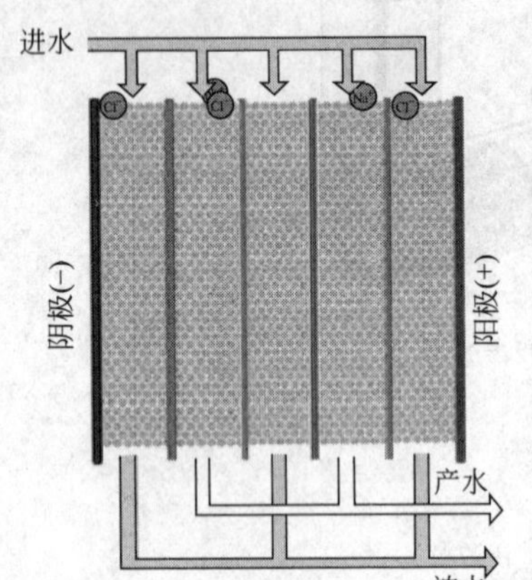

图 6-12 CEDI 工作原理示意图

（1）工作原理　在工艺过程中，驱动力为恒定的电场，使水中的无机离子和带电粒子迁移。阴离子向正电极（阳极）移动，而阳离子向负极移动，离子选择性的渗透膜确保只有阴离子能够到达阳极，且阳离子能够到达阴极，并防止迁移方向颠倒。与此同时，电位的势能又将水电解成氢离子和氢氧根离子，从而使树脂得以连续再生，且不需要添加再生剂（图 6-12）。

CEDI 是 continuous electro-deionization（连续电去离子）的缩写，全球第一台 CEDI 膜堆是由 SIEMENS 研发的商品名为 Ionpure 的产品，CEDI 是离子交换领域最前沿的技术，可以连续运行，成本显著降低。

（2）结构组成　目前市场的 EDI 根据结构不同可分为板式（图 6-13）和卷式；根据运行工艺不同可分为浓水循环和非浓水循环；根据电源要求不同分为高压低流和低压高流，客户可根据实际情况合理选择。

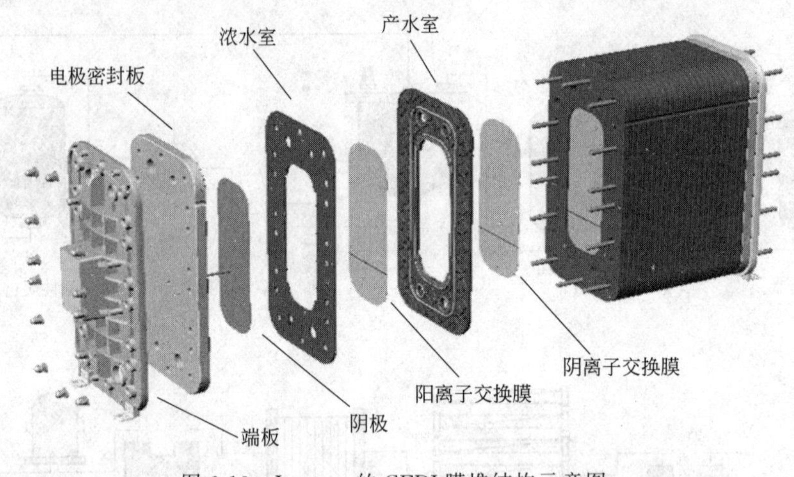

图 6-13 Ionpure 的 CEDI 膜堆结构示意图

（3）EDI 装置的特点

① 出水水质具有最佳的稳定度。

② 能连续生产出符合用户要求的超纯水。

③ 模块化生产，并可实现 PLC 全自动控制。

④ 再生只耗电，不需酸碱水洗，无污水排放。

⑤ 运行费用低，不会因再生而停机。

⑥ 占地空间小，省略了混床和再生装置。

⑦ 树脂使用量仅为传统混床的 5%，经济高效。

八、纯化水系统的消毒灭菌技术

（1）纯蒸汽灭菌　制药用水系统应首选纯蒸汽灭菌，这种方法消毒效果最可靠，但管道系统及储罐需耐压。

① 制药用水管道进行纯蒸汽灭菌时，纯蒸汽压力为0.2MPa；纯蒸汽刚开始以流通蒸汽形式从罐底阀门进入系统（回水管路上装有恒压阀时），置换出管路系统中的空气（由呼吸过滤器排出），一段时间后开启罐底阀，置换出罐内空气，再关闭呼吸过滤器，密闭系统内压力及温度均开始上升，通过人工在各使用点及最低点微启阀门排凝结水。

② 当管道内温度升至121℃时开始计时，灭菌35min。灭菌指示带应变色，否则须重新灭菌。

③ 灭菌后若水系统不立即使用，应对系统充氮或充压缩空气保护，避免冷凝形成真空可能带来污染。

④ 储罐等容器设备，在纯蒸汽灭菌前应进行清洗，灭菌后若过夜后使用，在使用前应用注射用水再次淋洗。

⑤ 对于装在注射用水系统用于自动排凝结水的疏水器要求为：热动力型带温度检测，314或316L不锈钢制造，具有卫生接口和自排功能。

⑥ 用于纯蒸汽消毒的管路储罐应有良好的保温设施，避免死角和积水。通常WFI（注射用水）系统除阀门外全程保温，PW系统（热力灭菌方式）除净化区内管路外全程保温。洁净区内管道保温层外壳应有304不锈钢保护外壳。

（2）巴氏消毒灭菌　巴氏消毒主要用于纯化水管路系统，在循环回路上安装换热器或储罐带夹套，将纯化水加热到80℃以上（以最难温升处达到80℃开始计时），维持1h，即可达到预定要求，关键在于管路要有加温保温装置（加热量＞散热量），保证灭菌温度和时间。输送泵、传感器等也应耐受80℃以上热水。

（3）过热水灭菌　过热水灭菌过程与巴式消毒灭菌类似，区别在于加热开始前，系统内用过滤的氮气或压缩空气充压至约0.25MPa，然后将系统水温加热到125℃，持续一段时间，然后冷却排放，系统用过滤的氮气或压缩空气充压保护。

（4）臭氧消毒灭菌　臭氧消毒分两种；一是对水的消毒，当其浓度达0.3mg/L时，只要0.5～1min即达到致死细菌效果；二是对空管路消毒，原理同空气净化原理。使用臭氧水消毒并在用水前开启紫外灯减少臭氧残留，是制药用水系统，尤其是纯化水系统消毒的常用方法之一。

产生臭氧的方法是用干燥空气或干燥氧气作原料，通过放电法制得。另一个生产臭氧的方法是电解法，将水电解变成氧元素，然后使其中的自由氧变成臭氧。使用电解系统生产臭氧的主要优点是：没有离子污染；待消毒处理的水是用来产生臭氧的原料，因此没有来自系统外部的其他污染；臭氧在处理过程中一生成就被溶解，即可以用较少的设备进行臭氧处理。若在加压条件下，可生产出较高浓度的臭氧。经臭氧消毒处理过的水在投入药品生产前，应当将水中残存（过剩）的臭氧去除掉，以免影响产品质量。臭氧的残留量一般应控制在低于0.0005～0.5mg/L的水平。在制药工艺中应用最广的方法是以催化分解为基础的紫外线法。具体做法是在管道系统中的第一个用水点前安装一个紫外杀菌器，当开始用水或生产前，先打开紫外灯即可。

（5）紫外线消毒　紫外线有一定的杀菌能力，通常安装在纯化水系统中用于控制微生物的滋生，延长运行周期，另在臭氧灭菌系统中可用于残余臭氧的分解。

九、纯蒸汽发生器

（1）纯蒸汽的分类　制药厂用的蒸汽依用途可分为如下三类：工厂蒸汽（plant steam）、

洁净蒸汽（clean steam）和纯蒸汽（pure steam）（表 6-1）。ASME BPE（美国机械工程师协会生物加工设备标准）2009 年版对洁净蒸汽和纯蒸汽的定义如下。

洁净蒸汽：由锅炉制备的蒸汽，锅炉中未添加任何可能被净化、过滤或分解过的添加剂。在制药行业通常用于临时加热。

纯蒸汽：由蒸汽发生器产生的蒸汽，冷凝后水质质量达到注射用水的要求。

表 6-1 各种蒸汽的比较

项目	工厂蒸汽	洁净蒸汽	纯蒸汽
用途	加热用	通常用于制药应用中次要的加热	蒸汽灭菌柜 GMP 应用 最终灭菌 药品包装的蒸汽灭菌 WFI 系统部件的灭菌 SIP 系统 过滤器灭菌 分配管道的灭菌 灌装线 反应器 洁净室湿度控制
生产设备	由蒸汽锅炉生产；由于与药品或其原料没有直接接触，所以用工业蒸汽锅炉所产生的蒸汽即可	以工厂蒸汽为热源生产纯蒸汽或电加热生产	以工厂蒸汽为热源生产纯蒸汽，降膜蒸发（Finn-Aqua）或者锅炉煮沸
蒸汽质量	有化学添加剂；pH 相对较高	生产等同于进料水质的蒸汽；没有添加剂；pH 相对较低	生产等同于 WFI 要求的蒸汽
热原分离	无	无	热原分离
进水要求	软化水	软化水	去离子水或纯化水

（2）纯蒸汽发生器工作原理　纯蒸汽发生器由两个并联的柱体组成，即双壳无缝管洁净型交换器和除污染柱体。生产时原料水通过进料泵输送到除污染柱体和热交换器的管子一侧，液位由液位计控制。工作原理见图 6-14。

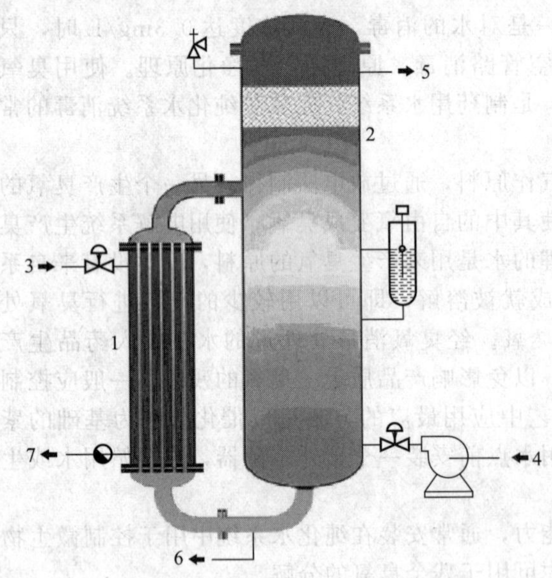

图 6-14　纯蒸汽发生器工作原理

1—蒸发器；2—分离器；3—工业蒸汽；4—原料水；5—纯蒸汽；6—浓缩水排放；7—冷凝水排放

工业蒸汽或过热水进入到热交换器后，将原料水加热到蒸发温度，并在两个柱体内部形成强烈的热循环。纯蒸汽在蒸发器（除污染柱）中产生。蒸汽的低速和柱体的高度在重力作用下将会去除任何可能不纯净的小水滴。通过气动调节器调节工业蒸汽进汽阀门的开启度，纯蒸汽压力可以恒定维持在设定的压力值，范围为 0～0.3MPa。当纯蒸汽有非冷凝气体含量限制要求时，蒸汽发生器将会配置特殊的进料水脱气装置。纯蒸汽发生器可以使用工业蒸汽进行加热，也可以使用过热水加热。该设备技术的优势是操作灵活，整个装置可以根据需要自动在0～100%范围内调节生产能力；无热原蒸汽的质量稳定可靠，不会因压力和生产速度的改变而受影响；除污染腔中的水量和温度将保证整个装置可以在很短时间内从待机状态达到最大生产能力；设计紧凑，设备不需要额外的维修保养。

（3）纯蒸汽的质量要求　在制药行业药品生产工艺中，纯蒸汽及其产生的冷凝液直接或者间接同药品接触，产品质量将影响产品完整性（化学纯度/生物纯度）、灭菌保证、化学性质和物理性质。以灭菌柜为例，通常一套新安装或者更换的灭菌柜在交付使用者之前，蒸汽的质量需要按相关法规进行检验和测试以确保其使用效果。纯蒸汽的冷凝液需要符合和超过相关药典中的散装WFI要求，详细见最新版药典及前文所述；在HTM 2010及EN285标准中，对纯蒸汽的质量提出了如下额外的要求。

① 不凝性气体含量。干的饱和蒸汽的不凝性气体含量不超过3.5%（v/v）。

② 干燥度。干燥度不低于0.9（用于金属物品负载不低于0.95）。

③ 过热度。大气压下的自由蒸汽的过热度值不超过20℃。

第三节　制药用水储存与分配系统

制药用水（在此指纯化水和注射用水，下同）储存分配系统的良好设计是保证制药用水质量的重要前提之一，“纯化水、注射用水的制备、贮存和分配应当能够防止微生物的滋生”是GMP对制药用水储存分配系统的核心要求。针对该要求GMP本身以及国内外众多实施指南对制药用水储存分配系统的设计制造可以概括为如下主要原则：

① 采用连续循环的方式为各使用点供水，注射用水循环温度须保持在70℃以上；

② 储罐的容量应与用水量及系统制备的产水能力相匹配、尽量缩短制药用水从制备到使用的储存时间；

③ 储罐和输配管道的设计和安装应无死角和盲管，采用304及316L等材料，内壁表面粗糙度$Ra \leqslant 0.8$；

④ 管件、阀门、输送泵等采用卫生级的设计及相应材质，储罐、管路以及元件能够完全排尽；

⑤ 储罐的通气口应当安装不脱落纤维的疏水性除菌滤器、回水设置喷淋球等；

⑥ 设置卫生级的在线监测仪表对水质和系统工作状态进行在线监测和控制；

⑦ 设置适宜的消毒灭菌装置对存储分配系统进行定期消毒灭菌。

一、储存与分配系统的基本原理

储存与分配管网系统包括储存单元、分配单元和用水点管网单元。

对于储存与分配系统，储罐容积与输送泵的流量之比称之为储罐周转或循环周转，如注射用水储罐为$5m^3$，注射用水泵体为$10m^3/h$，则储罐周转时间为30min。对于生产、储存与分配系统，储罐容积与蒸馏水机产能之比称之为系统周转或置换周转。如注射用水储罐为$5m^3$，蒸馏水机产能为$0.5m^3/h$，则系统周转时间为10h（图6-15）。

二、储存单元

储存单元用来储存符合药典要求的制药用水并满足系统的最大峰值用量要求。储存系统必须保持供水质量，以便保证产品终端使用的质量合格。储存系统允许使用产量较小、成本较少并满足最大生产要求的制备系统。从细菌角度看，储罐越小越好，因为这样系统循环率会较高，降低了细菌快速繁殖的可能性。较小的制备系统运行比较接近连续的动态湍流状态，一般而言，储存系统的腾空次数需满足1～5次/h，推荐为2～3次/h，相当于储罐周转

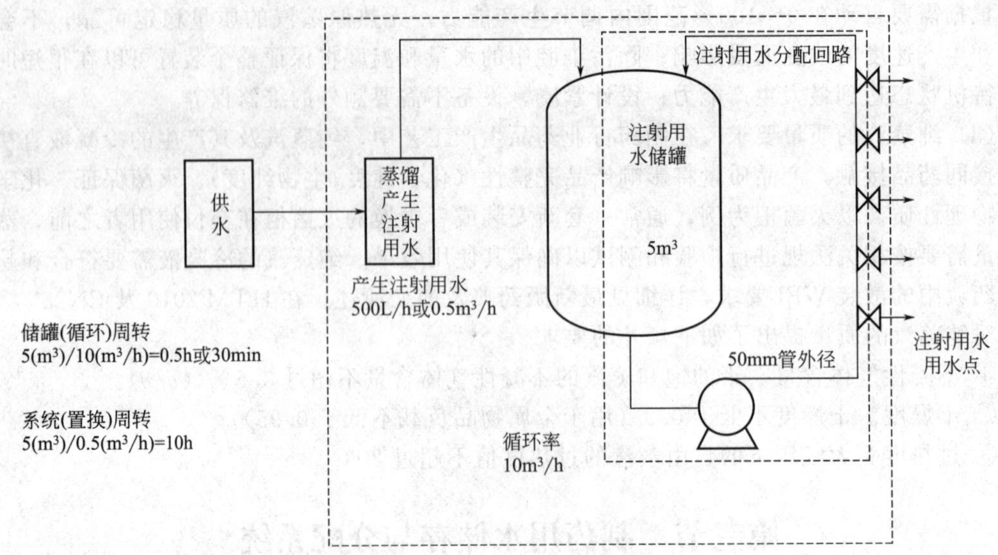

图 6-15 系统周转与储罐周转

时间为 20～30min。对于臭氧消毒的储存与分配系统，罐体容量降低有利于缩减罐体内表面积，这样更有利于臭氧在水中的快速溶解。储存单元主要由储罐、喷淋球、压力传感器、爆破片、罐体呼吸器、液位传感器、罐体连接件等组成。

1. 储罐的选择

储罐的大小选择一般依据经济考虑以及预处理量。同一个生产车间，采用稍小的制备单元配备稍大的储罐与采用稍大的制备单元配备稍小的储罐均能满足生产需求，一般而言，系统周转时间控制在 1～2h 为宜。水机产量选择过大，则投资增加显著；储罐容积选择过大，则罐体腾空次数受限，微生物污染的风险升高。

有效容积比是指罐体的有效容积与实际总容积之比。制药用水系统的储罐可按照有效容积比 0.8～0.85 来考虑。例如，当企业需要纯化水罐体储存 8000L 纯化水时，可考虑罐体总体积为 10000L。

储罐有立式和卧式两种形式，其选择原则需结合罐体容积、安装要求、罐体刚性要求、投资要求和设计要求综合考虑，通常情况下，立式罐体可优先考虑，因为立式罐体的最低排放点是一个“点”，很容易满足“全系统可排尽”，而卧式罐体的“罐体最低排放点”不如立式罐体优秀，但出现如下几个状况时，卧式或许是更好的选择：

① 罐体体积过大时，如超过 10000L；

② 制水间对罐体高度有限制时；

③ 蒸馏水机出水口需高于罐体入水口时；

④ 相同体积时，卧式罐体的投资较立式罐体节省较多时。

当储存与分配系统采用巴氏消毒进行消毒时，罐体一般采用材质 316L 的常压或压力设计，按 ASME BPE 标准进行设计和加工，罐体外壁带保温层以维持温度并防止人员烫伤，罐体附件包含：360°旋转喷淋球、压力传感器、温度传感器、带电加热夹套的呼吸器、液位传感器、罐底排放阀。

当储存与分配系统采用臭氧消毒进行杀菌时，罐体一般采用材质 316L 的常压或压力设计，按 ASME BPE 标准进行设计和加工，罐体外壁的保温层可以取消，罐体附件包含：压力传感器、温度传感器、呼吸器、液位传感器、罐底排放阀和臭氧破除器（ozone destruction unit)。臭氧消毒系统无需安装喷淋球，以防臭氧被雾化溢出。在呼吸器出口安装臭氧破除器以保护环境和人员安全。

当工艺用水储罐采用大于 0.1MPa 蒸汽灭菌时，储罐应按压力容器设计，如储存与分配系统采用纯蒸汽或过热水消毒进行消毒时，罐体一般采用材质 316L 的－1～3bar[1] 压力设计，按 ASME BPE 标准进行设计和加工，将由当地锅炉压力容器审批组织提供整套的文件。罐体外壁带保温层以维持温度并防止人员烫伤，罐体附件包含：360°旋转喷淋球、爆破片、压力传感器、温度传感器、带电加热夹套的呼吸器、液位传感器、罐底排放阀。呼吸器能实现在线灭菌和在线完整性检测。对于需采用罐体自身加热来维持水温的储存单元，其罐体还需设计工业蒸汽夹套。

2. 喷淋球

喷淋球的主要目的是保证罐体始终处于润湿状态，并保证全系统温度均一。罐体表面需避免有干有湿，干湿并存会促进不锈钢腐蚀并导致微生物滋生。如果仪器从罐体上封头垂直到罐体内部（如电容式液位传感器），那么就需要采取多个喷淋球来避免在喷淋方式上造成“阴影”。

制药用水系统的罐体喷淋球推荐采用 360°旋转式（rotary spray ball），选择固定式喷淋球（static spray ball）虽也能起到全系统润湿作用，但其清洗时所需水量很大，且长时间使用后，系统有发生红锈的风险（图 6-16）。旋转喷淋球需要有一定的开启压力，一般为 1.5～2bar 左右，采用水润滑的原理，旋转喷淋球在高压回水的冲击下能自动旋转而起到 360°喷淋的效果，如果旋转喷淋球本身易脱落铁屑，则整个系统（尤其是注射用水系统）发生红锈的风险会非常大，故企业需选择性能可靠的旋转喷淋球，以减少系统发生红锈的风险。

固定式喷淋球

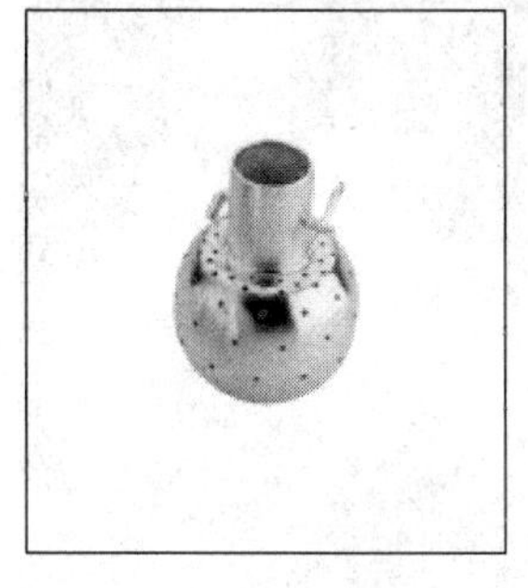

360°旋转式喷淋球

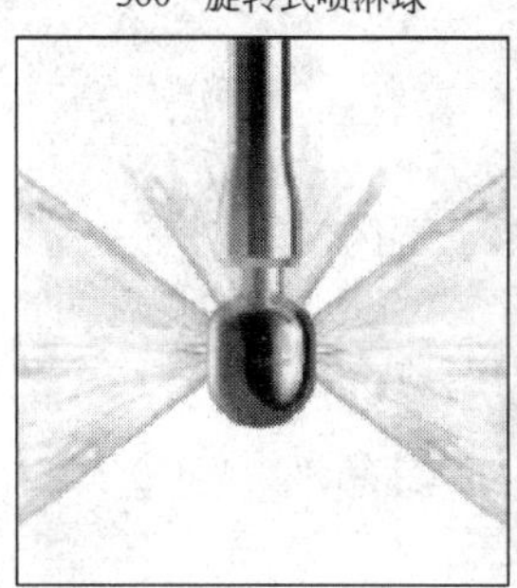

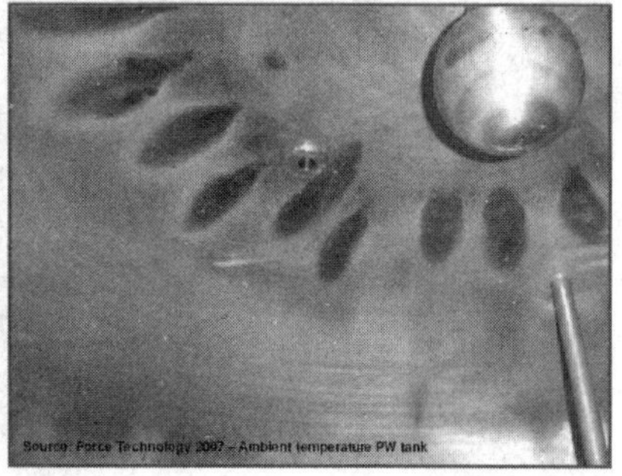

图 6-16　固定式喷淋球与红锈

3. 压力传感器

罐体压力传感器主要是检测罐内实时压力，同时为罐体杀菌时呼吸器开启或关闭的指令提供依据，罐内的压力将通过 PLC 控制和监控。国内部分企业对常压罐体的纯化水系统或不耐负压的注射用水罐体采用纯蒸汽消毒，实际上存在非常大的“瘪罐”风险。当系统采用纯蒸汽或过热水杀菌时，一定要选择耐受负压的压力罐体设计，以避免不必要的安全隐患。

罐体温度传感器主要是为罐体水温实时监控提供帮助，为有效控制微生物滋生，罐内的温度将通过 PLC 控制和监控。推荐纯化水罐体水温维持在 18～20℃，注射用水水温维持在 70～85℃为宜。纯化水水温超过 25℃，系统微生物滋生的风险较大，注射用水水温高于

[1] 1bar＝10^5Pa，全书余同。

85℃，系统发生红锈的风险较大。

4. 爆破片

爆破片（bursting disc，图 6-17）主要用在需要承压的压力罐体上，它是传统安全阀门的替代品，一般为反拱形设计，其优点是卫生型卡箍连接，316L 材质设计，有效解决了老式安全阀存在的死角风险。WHO 的 GMP 要求爆破片带报警装置，以便系统发生爆破时能及时发现。

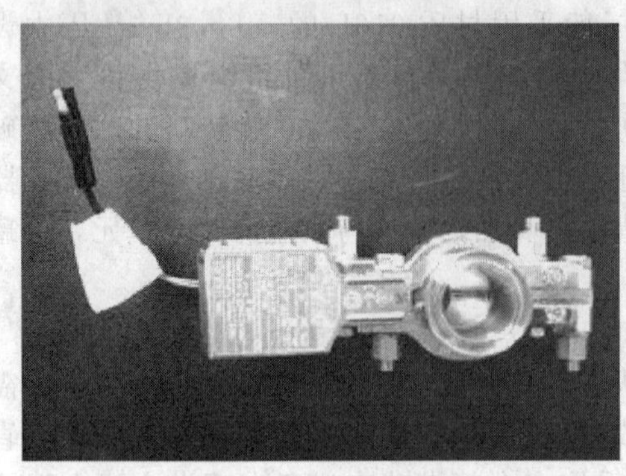

图 6-17 带报警装置的爆破片

5. 罐体呼吸器

罐体呼吸器（vent filter，图 6-18）为所有 GMP 均明确提及的基本要求之一，其主要目的是有效阻断外界颗粒物和微生物对罐体水质的影响，滤芯孔径为 0.2μm，材质为聚四氟乙烯 PTFE，套筒形式有 T 型和 L 型两种（图6-19）。当系统处于高温状态时（如巴氏消毒的纯化水、纯蒸汽或过热水消毒的注射用水），冷凝水容易聚集在滤膜上并导致呼吸器堵塞，采用带电加热夹套的呼吸器，它能有效防止“瘪罐”发生，并能有效降低呼吸器的染菌概率。而对于臭氧消毒的纯化水系统，因没有任何呼吸器堵塞的风险，且呼吸器长时间处于臭氧保护下，故无需安装电加热夹套。结合风险分析考虑，纯化水呼吸器，可采用定期更换滤芯的方式来防止微生物的滋生；而注射用水系统推荐采用在线杀菌的方式来防止微生物的滋生。

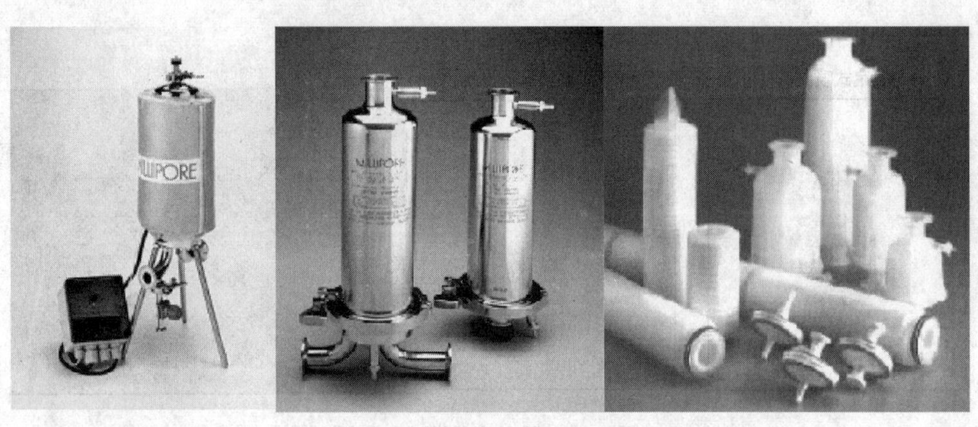

图 6-18 呼吸器及其滤芯

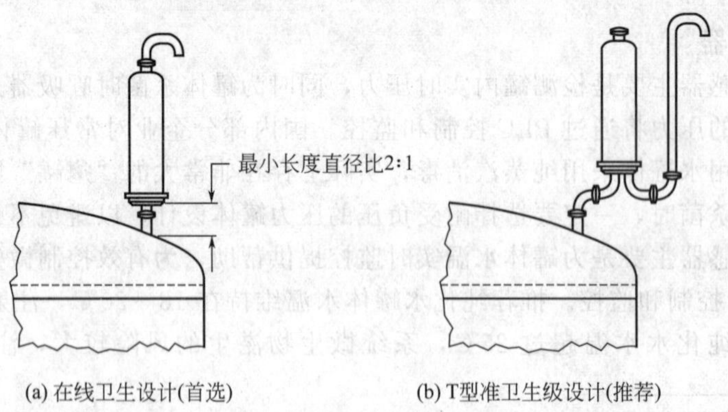

图 6-19 T 型与 L 型呼吸器

ISPE 建议：需对制药用水储罐用呼吸器进行完整性测试，但无需做类似无菌过滤器一样的验证。

呼吸器的微生物控制方法主要包括：定期更换滤芯或定期进行灭菌。当呼吸器采用在线灭菌时，需重点关注正向或反向灭菌时，膜内外实际压差不能高于膜本身的最大耐受压差。例如，0.22μm 过滤器的正向最大灭菌压差为 5.5bar、25℃、1.7bar、80℃和 0.35bar、135℃；0.22μm 过滤器的反向最大灭菌压差为 3.5bar、25℃和 0.1bar、135℃。如采用高压灭菌，在 135℃、30min 条件下，滤膜能耐受的反复灭菌极限次数为 30 次；如采用循环灭菌，在 126℃、60min 条件下，滤膜能耐受的反复灭菌极限次数也为 30 次。

6. 液位传感器

液位传感器是罐体的重要附件之一，罐内的液位将通过 PLC 控制和监控。其功能主要是为水机提供启停信号，并防止后端离心泵发生空转。传统设计中，将液位传感器信号分为五档（高高液位、高液位、低液位、低低液位和停泵液位），水机的启停主要通过高液位和低液位两个信号进行，而停泵液位（一般为 10%～15%）主要是为了保护后端的水系统输送用离心泵，防止其发生空转。适用于水系统的液位传感器主要有如下几种：静压式液位传感器、电容式液位传感器和压差式液位传感器。三种液位传感器均为卫生型卡箍连接，耐受高温消毒，但其原理不同。

（1）静压式液位传感器　原理为 $p=\rho gh$，在气相压力（大气压）、液体密度和重力加速度一定的情况下，罐内液体压力与罐内液位高度成正比。静压式液位传感器经济，原理简单，安装于罐体侧壁。可用于水温不发生变化且不频繁启停泵体的工况，如臭氧消毒的纯化水储存与分配系统。

（2）电容式液位传感器　是利用液体介电常数恒定时，极间电容正比于液位的原理进行设计的。因为纯化水系统和注射用水系统的液体介电常数偏差较小，不影响正常的液位检测，故电容式液位传感器也能有效使用于制药用水储存与分配系统。电容式液位传感器需从罐顶插入安装，故对罐体高度有一定要求。

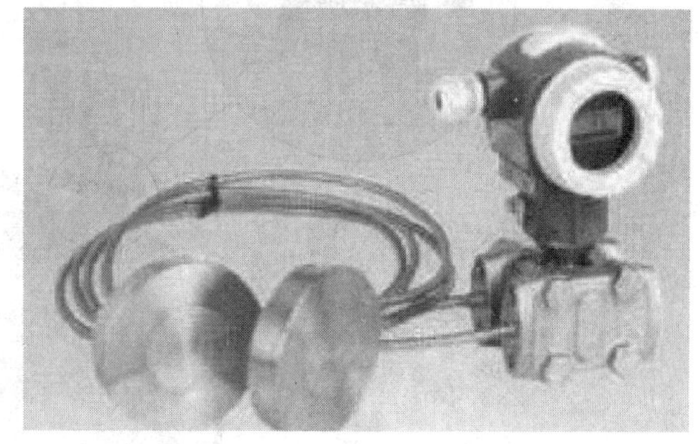

图 6-20　压差式液位传感器

（3）压差式液位传感器（图 6-20）　原理为 $\Delta p=\Delta\rho gh$，采用罐体液相和气相压差来实现液位的监控。与静压式液位传感器和电容式液位传感器相比，气相压力、水温和水的电导变化均不会影响其检测准确度，且不受罐体安装高度的影响，因此，压差式液位传感器是制药用水系统中最理想的液位传感器。压差式液位传感器有两个探头，用于测定气相和液相压力，分别安装于罐体上封头和罐体底部封头（或侧壁）上。

7. 罐体连接件

因储罐中的制药用水相对处于“相对静止”状态，罐体是整个储存与分配系统中微生物滋生风险最大的地方，因此，除周期性对储存系统进行消毒或杀菌外，罐体内壁还需有足够的表面光洁度（即抛光度），以有效阻断微生物附着在罐壁上形成难以去除的生物膜。一般推荐罐体表面光洁度 Ra 不高于 0.6μm，以抛光度 Ra 为 0.4μm 且电解抛光为佳。

为实现罐体附件连接无死角，ASME BPE 2009 推荐了如下两种方式：Tri-Clamp 和

NA Clamp（图 6-21），NA Clamp 是一种新发展起来的罐体连接件，能实现“无死角”安装，很好地解决了连接处可能存在的微生物滋生风险（图 6-22）。

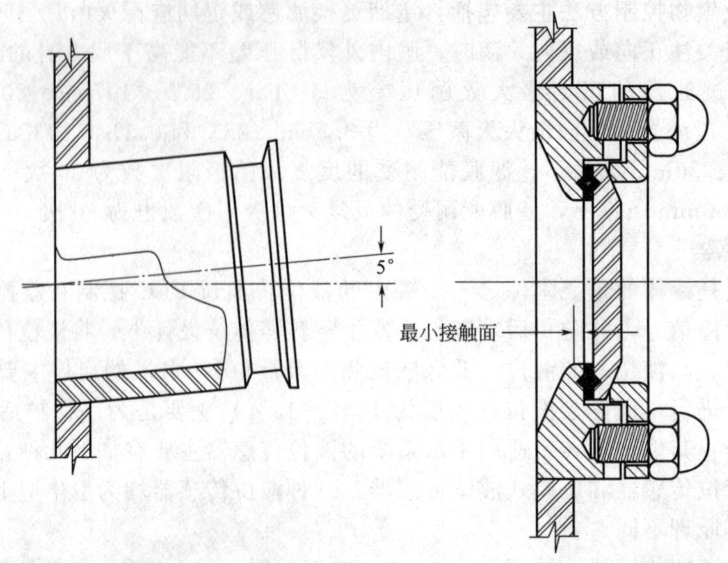

图 6-21　Tri-Clamp（卫生级连接件）和 NA Clamp（无死角连接件）

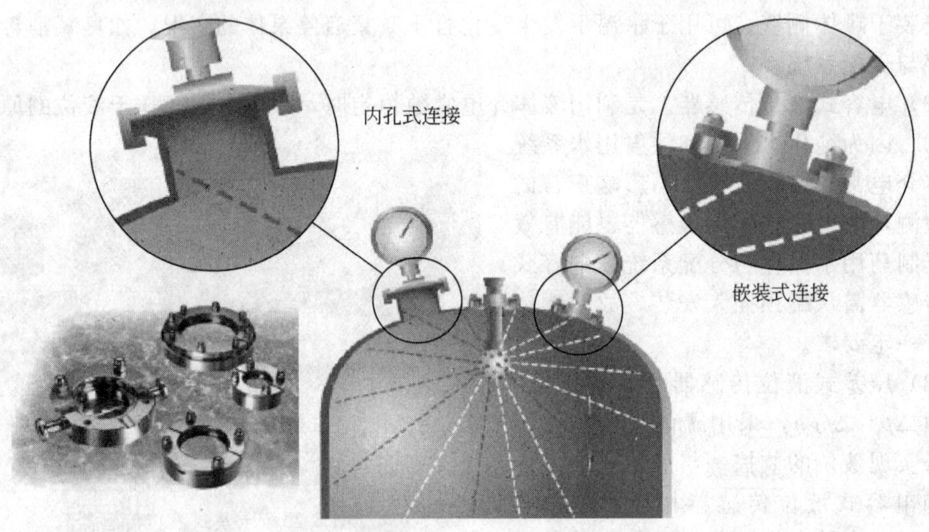

图 6-22　NA Clamp

有些项目的多套分配管网系统可能会共用一个储存单元，以节省占地面积和投资。例如某制剂车间为二层设计，其一楼为原液车间，二楼为制剂车间，对于这样的系统，其纯化水系统可采用一个公用的纯化水罐体和两台独立的分配输送系统分别给一楼、二楼单独供水。为防止输送泵之间“抢水”，每台分配系统的输送泵与纯化水罐底连接口最好也为独立的接口。

三、分配单元

1. 制药用水的分配形式

制药用水系统根据使用温度的不同分为三个不同的温度形式：热水系统，常温水系统，冷水系统。ISPE（ISPE BASELINE GUIDES-VOLUME 4）列举了 8 种常用的制药用水分配形式，见图 6-23。具体选择什么样的设计要基于费用及污染风险的考虑，要利用设计在

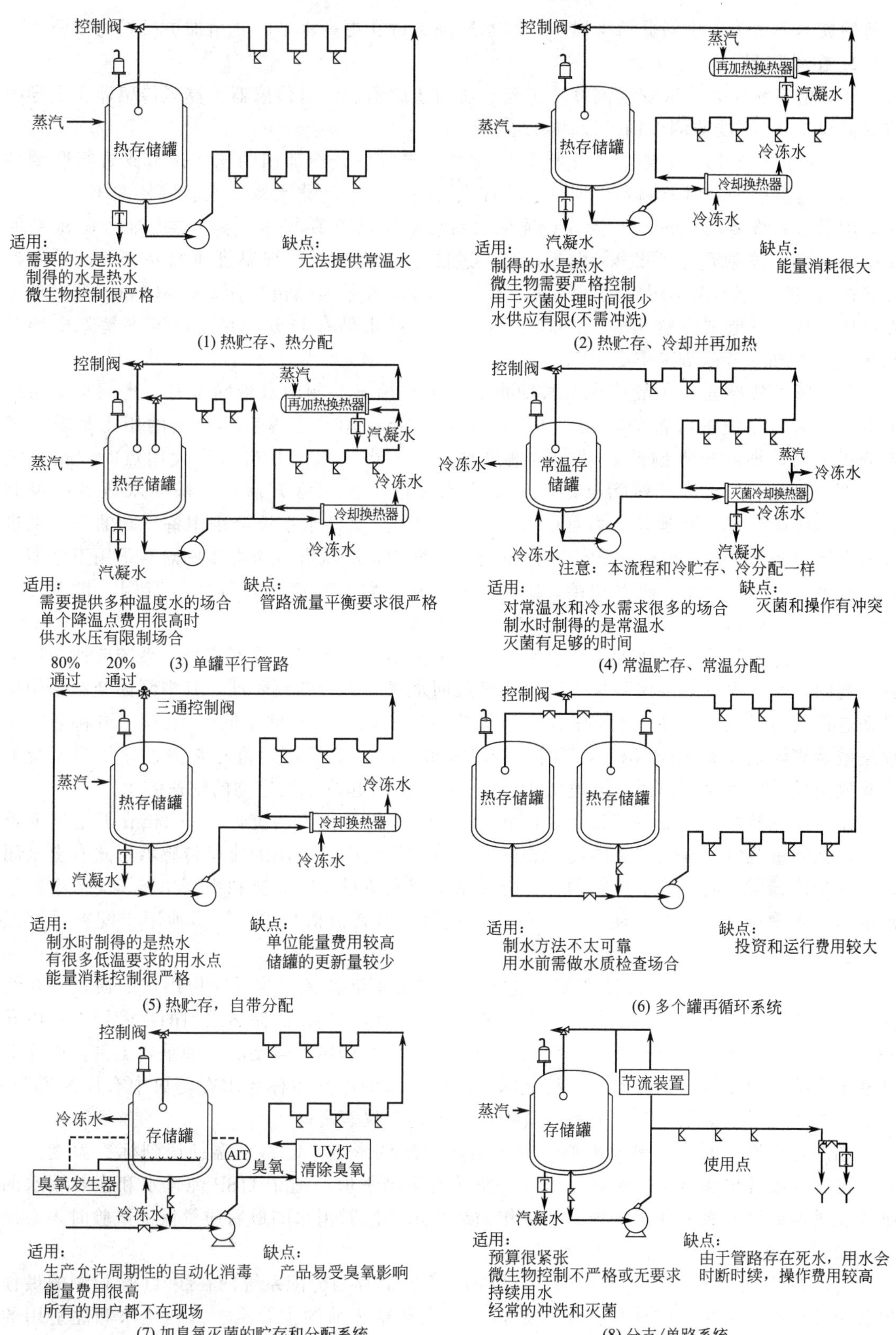

图 6-23　ISPE 列举的 8 种制药用水分配方式

合理的成本下最大限度降低污染风险，当水质须维持在更高水平时才增加更昂贵的投资。

2. 在线监测

在分配系统中，一般安装温度传感器、压力传感器、流量传感器、臭氧传感器、电导率传感器和 TOC 在线监测仪用于监测水质和运行。

(1) 温度传感器　一般置于主换热器前后，与加热或冷却用的比例调节阀进行联动控制，为管网温度的实时监测和周期性杀菌提供帮助。一般纯化水罐体水温维持在 18～20℃，注射用水水温维持在 70～80℃为宜。纯化水系统采用巴氏消毒时，系统温度维持在 80℃并保持 1～2h；注射用水系统采用纯蒸汽或过热水杀菌时，系统温度维持在 121℃并保持 30min。温度传感器需采用卫生型设计，满足 4～20mA 信号输出功能，Tri-Clamp 卫生型卡箍连接，其测量范围一般为 0～150℃。对于注射用水储存与分配系统，温度是除电导和 TOC 外的另外一个关键参数。

(2) 压力传感器　一般置于末端回水端，主要用于监测回水管网压力，当回水压力低于设定值时，系统进行报警，操作人员需查看是否有用水点发生不恰当的用水情况。风险分析表明，回水压力偏低对系统污染风险较大，当用水点开启某个大用点时，很可能发生空气倒吸而引发水系统污染。为保证回水喷淋球能正常开启，一般回水压力以控制在 1.5～2bar 为宜，其报警压力可设置为 0.5～1bar。某些水系统会采用备压阀的方式来进行回水压力调节，其目的也是为了保证系统始终处于正压状态。压力传感器需采用卫生型设计，满足 4～20mA 信号输出功能，Tri-Clamp 卫生型卡箍连接，其测量范围一般为 0～10bar 或－1～6bar。

(3) 流量传感器　一般置于末端回水端，主要用于监测回水管网流量。系统流速与压力有一定的关系，水系统泵体可采用回水流量或回水压力进行变频联动，其中泵体变频采用流量来进行联动控制的居多。正常情况下，保持系统末端回水流量不低于 1m/s。可将泵体变频流量始终设定为 1.2～1.5m/s 左右。流速对水质的长期稳定运行非常关键，但当系统处于峰值用量时，短时期内回水流速低于 1m/s 并不会引起系统微生物的快速滋生。

流量传感器需采用卫生型设计，满足 4～20mA 信号输出功能，Tri-Clamp 卫生型卡箍连接，其测量范围一般为与泵体流量相匹配。分配系统中，常用的流量传感器形式有全金属转子流量传感器、涡街流量传感器等。分配系统回水流量仅需监测和报警功能，无需准确进行定量，质量流量传感器虽能准确进行质量定容，但其价格昂贵，更多地用于配料系统或 CIP 系统。

(4) 电导率传感器　ISPE 推荐，电导率仪的安装位置必须能反映使用水的质量。在线检测的最佳位置一般为管路中最后一个“使用点”阀后，且在回储罐之前的主管网上。电导率仪传感器虽然属非离子特性，但导电率仍是测定水的总离子强度的一种重要工具，因而对许多水系统来说是一个关键参数。纯化水和注射用水的电导指标要求在药典中有详细说明，因此，在线电导监测仪为整个分配系统中的“关键”仪表之一。

温度对电导率测量有很大影响。为了消除温度的影响，需将水温补偿到标准温度。不过，由于温度补偿法本身不精确，所以补偿导电率测量值不适于 USP 纯化水和注射用水的重要质量保证试验。当使用在线导电仪作为纯化水和注射用水的最后质量保证试验时，必须按 USP 要求测取非补偿电导率值和水温。

(5) TOC 传感器　与电导率仪安装位置一样，储存与分配系统的在线 TOC 检测的最佳位置为管路中最后一个“使用点”阀后，且在回储罐之前的主管网上。纯化水和注射用的 TOC 指标要求在药典中有详细说明，因此，在线 TOC 监测仪为整个分配系统中另外一个“关键”的仪表。药典要求 TOC 指标不能高于 500×10^{-9}，一般程序上设定的 TOC 报警值为 100×10⁻⁹，TOC 行动值为 250×10⁻⁹。

使用 TOC 分析仪指示内毒素污染意义重大，但当内毒素污染导致更高的 TOC 含量时，内毒素与 TOC 之间的线性关系就不存在了。另外，TOC 测试结果不能代替微生物或内毒素试验。

TOC 可采用在线监测和离线取样分析两种方法，是否安装在线 TOC 分析仪，可依据企业自身情况而定。安装在线 TOC 监测仪后，有利于水质的实时监测并进行合理的趋势分析。

(6) pH 传感器　pH 传感器主要安装于纯化水的制备单元。因 pH 传感器需要定期更换缓冲液，且耐受高温消毒次数有限，在储存与分配系统中，不推荐安装在线 pH 传感器，水质的 pH 值可采用离线监测法获得。

(7) 臭氧传感器　在臭氧消毒的纯化水系统中，需安装在线臭氧传感器用于实时监测水中臭氧浓度。臭氧传感器采用溶氧池的方式进行在线臭氧浓度的测定。

四、制药用水点管网单元

1. 制药用水点的要求

用水点管网单元是指从制水间分配单元出发，经过所有工艺用水点后回到制水间的循环管网系统，其主要功能是通过管道将符合药典的制药用水输送到使用点。用点管网单元主要由如下元器件组成：取样阀、隔膜阀、管道管件、支架与辅材、保温材料等，对于注射用水系统，还包含冷用点模块。ASME BPE（2005）对制药用水使用点的要求见图 6-24。

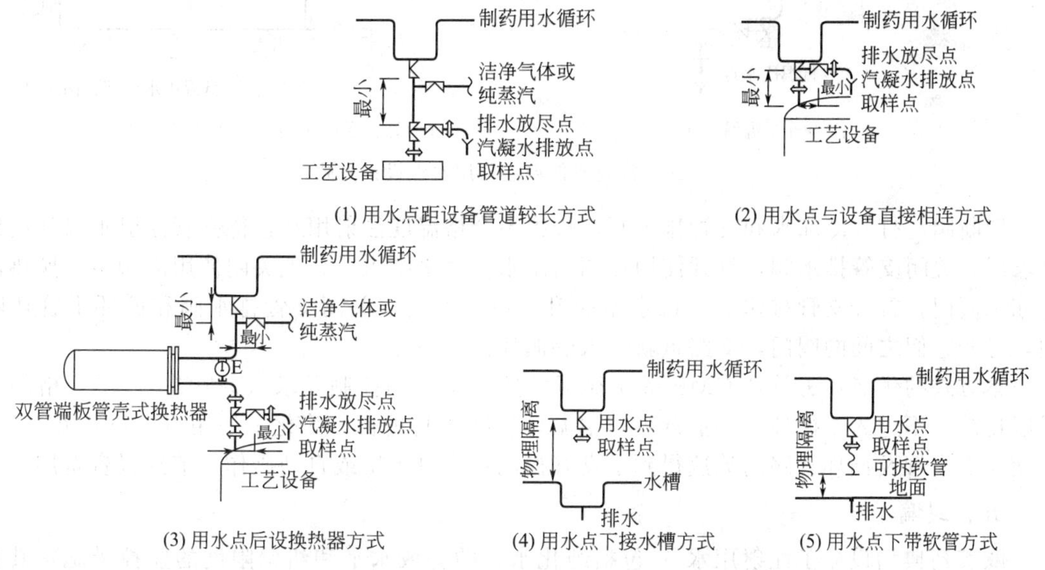

图 6-24　ASME BPE（2005）对制药用水点的要求

2. 制药用水点设计方式

(1) 热注射用水点　ISPE 列举了部分热注射用水点的设计方式（图 6-25）。

(2) 常温及低温注射用水点　结合国内实际情况和 GMP 要求，提出如下解决方案（见图 6-26），使用时分两个工况。

① 使用点不使用低温注射用水时，关闭循环干管上的切断阀，全部使用点管路进入热循环，有利于系统自消毒及节约冷冻水。

② 使用点使用低温注射用水时，打开循环干管上的切断阀，关闭循环干管上切断阀右

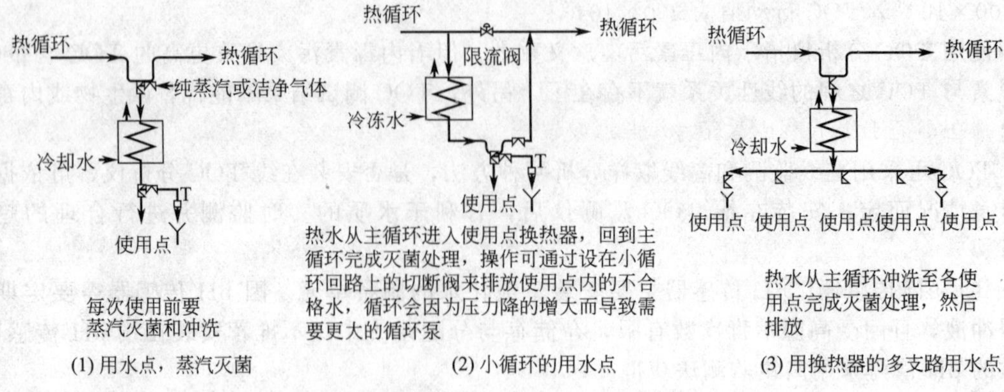

(1) 用水点，蒸汽灭菌　　(2) 小循环的用水点　　(3) 用换热器的多支路用水点

图 6-25　ISPE 列举的用水点设计方式

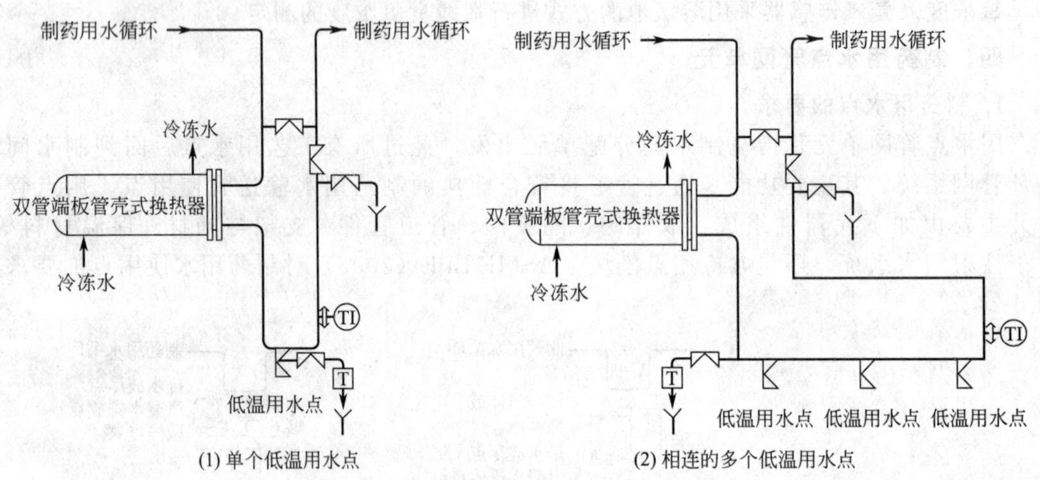

(1) 单个低温用水点　　(2) 相连的多个低温用水点

图 6-26　常温或低温注射用水点设计方式

下的切断阀，打开冷冻水和支管排水阀，排去不合格温度注射用水，待支管注射水温度达到要求后，关闭支管排水阀，打开使用点阀门用水；用水结束后，先关闭使用点阀门和换热器冷冻水阀门，打开支管排水阀，待水温回升至＞70℃时，关闭支管排水阀和循环干管切断阀，打开它们之间的阀门，支路重新进入热循环。

本方式的优点：①符合 GMP 关于循环管路中水温的控制要求（＞70℃），不合格的水予以排放，不进入主循环；②消毒可与主循环管路一起进行，简化了使用点的操作及配管；③使用点支管及循环管路的流速得到了良好控制；④可手工或自动操作，节约投资费用。

五、纠偏

欧美药典均设立了注射用水（包括纯化水）的警戒水平和纠偏限度的监控措施，其目的是建立各种规程，以便监控结果显示某种超标风险时，可实施这些规程，从而确保制水系统始终达标运行，生产出合格的水，它可被理解为制药用水系统的“运行控制标准”，体现了动态管理的基本思想。所谓警戒水平是指微生物某一污染水平，表明系统有偏离正常运行条件的趋势，警戒水平的含意是报警和提醒注意，通常属企业的内控标准，尚不需采取纠正措施；而纠偏限度是指微生物污染的某一限度，监控结果超过此限度时，表明系统已偏离了正常的运行条件，需立即采取纠偏措施，使系统回到正常的运行状态。应当指出，警戒水平和纠偏限度一般应根据所积累的足够多的数据，从对技术和产品的综合考虑，建立在工艺和产品规格标准的范围之内。因此，超出警戒水平和纠偏限度并不意味着整个工艺过程已危及产品质量，因为它已经考虑了产品的安全因素，但这也并不是说监控数据超标不影响产品出厂，因此可以放任注射用水系统在超过纠偏限度条件下运行，这不仅违背了设定限度的初衷，而且也从根本上违背了GMP的准则。因此，一旦发现监控状况出现偏差，即应调查原因，采取有效措施，使系统始终处于适当的受控状态，生产出符合质量要求的制药用水。一般认为合适的纠偏限度为：纯化水为100CFU/mL，注射用水10CFU/100mL（USP24），其中CFU为菌落数。

另外常规定连续三次超过警戒限度视为超过一次纠偏限度。由此可见，优良的设计会给生产、运行、维护、验证带来极大的便利，反之，则造成质量事故和极大的浪费。

第四节　小容量注射剂工艺与设备

一、药液的配制

原辅料和注射用水按工艺处方要求精确称量、核对后，在洁净的不锈钢配料罐中进行投料、溶解、配制。通常取总量一定百分比的注射用水，加入处方量的原辅料，搅拌使溶解后加注射用水稀释至全量，粗滤，调整pH值，测定半成品含量，合格后经精滤，即完成药液的配制和精制。药液的配制和精制工艺流程见图6-27。配制方法一般有浓配法和稀配法两种。

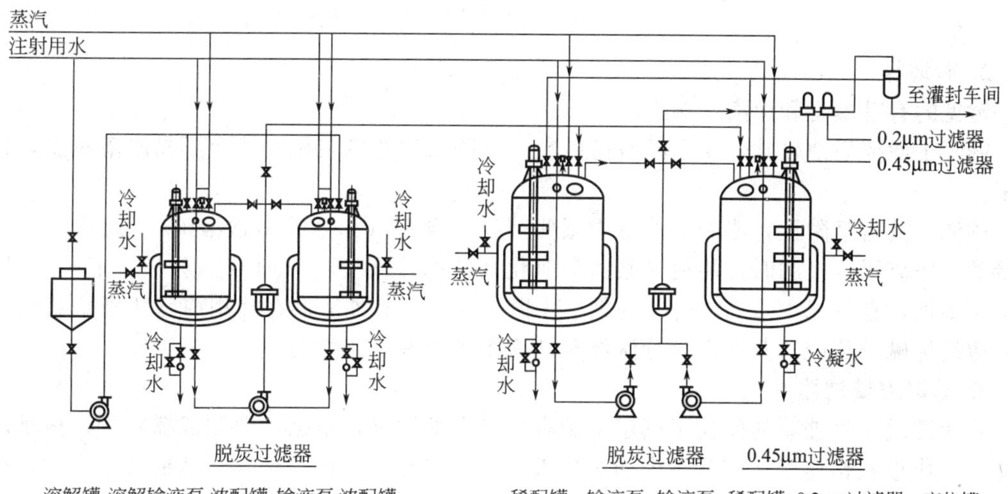

图6-27　配料系统工艺流程

1. 浓配法

亦称为浓配稀释二次脱炭法，在原料质量较差、含杂质较多的情况下，此法可使溶解度较小的杂质在高浓度时不溶解而除去。常用方法是：在浓配锅内按不同品种配成一定浓度的浓溶液（如葡萄糖加注射用水配成50%、70%的浓溶液），加活性炭，必要时调节pH值，加热煮沸15min左右，冷却至50℃左右，经砂棒过滤器加压过滤脱炭后，输入稀释锅，补加活性炭，调整容量，搅拌均匀，测定含量及pH值合格，控制好药液温度。

2. 稀配法

亦称为直接投料法，一般是原料质量较好、纯度较高的情况下可采用稀配法（氯化钠常采用稀配法直接投料），方法是称取原料加注射用水直接配成所需浓度，加活性炭，调整pH值，搅拌均匀，放置20min后，测定含量及pH值合格，控制好药液温度。

二、药液精制过滤设备

1. 板框过滤器

结构与工作原理：药液经泵输送加压引入，板与框上预先开有药液通道，这些通道与滤框内侧小孔相通，故药液可同时并行进入各滤框与其两侧的过滤介质所构成的滤室中。经过滤介质过滤后的药液在滤板的沟槽中汇集并流入滤板底部与滤液通道相通的小孔，然后由滤液通道引出（图 6-28）。

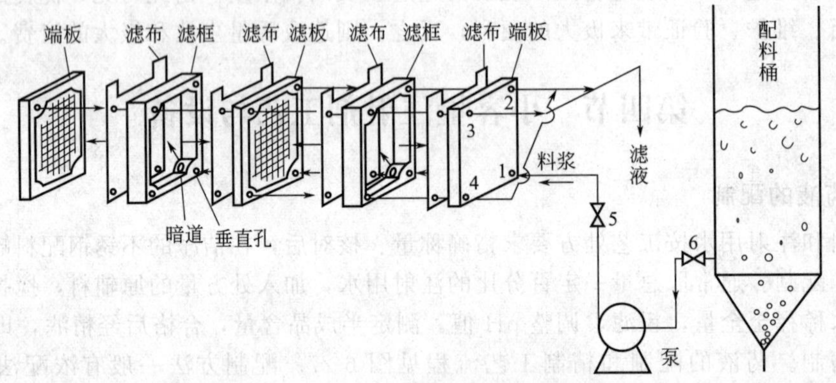

图 6-28　板框压滤机的结构与工作原理

1—料浆通道；2～4—滤液通道；5,6—进口阀

2. 砂滤棒

常见的有硅藻土和白陶土两类。

硅藻土滤棒质地较软，棒上易脱落砂粒。白陶土滤棒则较硬，棒上不易脱落粒点，且耐洗刷。

砂滤棒具有吸附性，能降低滤液中某些药物的含量（如生物碱盐溶液）。滤棒中均含有微量的金属离子，过滤时，能促使某些易氧化药物的溶液变色（如维生素 C 溶液）。滤棒本身呈微碱性，在过滤少量药液时，易使 pH 值改变。故此种滤器在使用前（特别是新的砂滤棒）应用稀碱、稀酸与蒸馏水充分洗涤至洗涤水澄明并呈中性为止。

3. 垂熔玻璃滤器

系用硬质中性玻璃的微粒于高温下熔合成带孔的滤材，根据需要制成棒状的，称垂熔玻璃棒；制成板状粘连于玻璃漏斗中的，称垂熔玻璃漏斗；将此板粘连于球形玻璃中的，称垂熔玻璃滤球。

国产垂熔玻璃滤器按滤孔的大小分为六个型号，号数愈大，孔径愈小，5 号以上可以除菌。

此种滤器化学稳定性高，过滤时与药液不起作用，不影响药液的 pH 值，其中滤球可装成密闭管路，不为外界空气所污染，比砂滤棒容易洗涤（可用清洁液处理）。

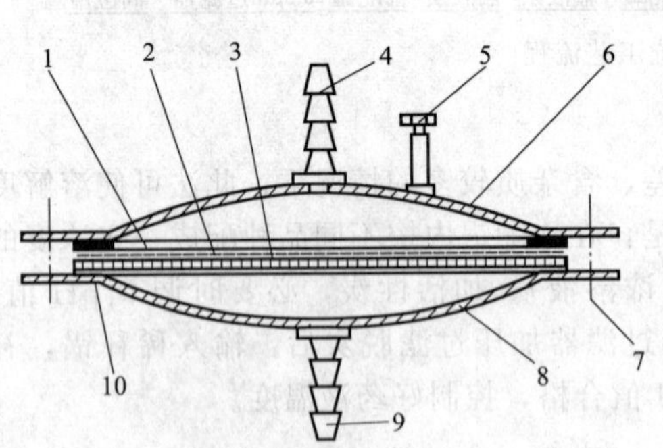

图 6-29　微孔膜滤器

1,10—硅胶圈；2—滤膜；3—滤网托板；4—进液嘴；5—排气嘴；6—上滤盖；7—连接螺栓；8—下滤盖；9—出液嘴

4. 微孔滤膜

药用微孔膜滤器的结构如图 6-29 所示。采用高分子材料（如醋酸纤维素等）制作的微孔滤膜置于滤网托板（网板或孔板）上，以获得

承受过滤压差所需要的足够刚度及强度。滤膜托板与上盖之间的空间构成滤室。经一段操作时间后，药液中所夹带的气体将汇集于滤室上部，故需定期使用排气嘴将气体排出，以防影响药液向滤室的输入和影响膜面的有效工作面积。托板与下滤盖间的空间用以收集滤液并集中由出液嘴将滤后的药液引走。单程微孔膜滤器，其过滤面积十分有限（一般膜直径为25～300mm），当需要时也可制成如板框式膜滤器和波折管式膜滤器形式。

三、安瓿洗涤设备

目前国内使用的安瓿（ampoule）洗涤设备主要有冲淋式安瓿洗涤机组、气水喷射式安瓿洗涤机组和超声安瓿洗涤机。

1. 冲淋式安瓿洗涤机组

冲淋式安瓿洗涤机组由冲淋机、蒸煮箱和甩水机组成。

（1）安瓿冲淋机　安瓿冲淋机是利用清洗液（通常为水）冲淋安瓿内、外壁浮尘，并向瓶内注水的设备。图6-30是一种简单的安瓿冲淋机，它仅由传送系统和供水系统组成。

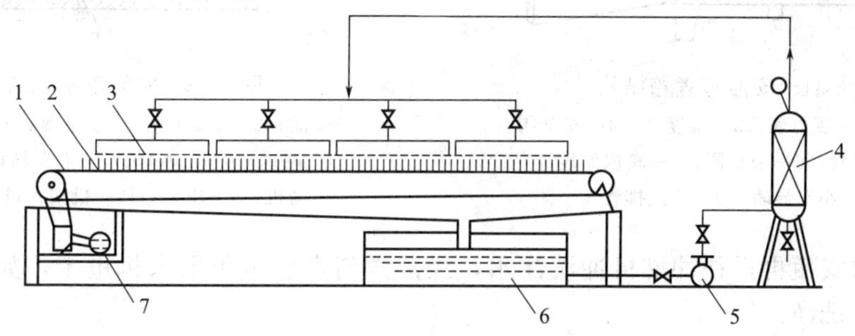

图6-30　安瓿冲淋机

1—输送带；2—安瓿盘；3—多孔喷嘴；4—过滤器；5—循环泵；6—集水箱；7—电动机

工作时，安瓿以口朝上的方式整齐排列于安瓿盘内，并在输送带的带动下，逐一通过各组喷嘴的下方。同时，水以一定的压力和速度由各组喷嘴喷出，所产生的冲淋力将瓶内外的脏物污垢冲净，并将安瓿内注满水。由于冲淋下来的脏物污垢将随水一起汇入集水箱，故在循环水泵后设置了一台过滤器，该过滤器可不断对洗涤水进行过滤净化，从而可保证洗涤水的清洁。此种冲淋机的优点是结构简单，效率高。缺点是耗水量大，且个别安瓿可能会因受水量不足而难以保证淋洗效果。

为克服上述缺点，可增设一排能往复运动的喷射针头。工作时，针头可伸入到传送到位的安瓿瓶颈中，并将水直接喷射到内壁上，从而可提高淋洗效果。此外，也可以增设翻盘机构，并在下面增设一排向上的喷射针头。当安瓿盘入机后，利用翻盘机构使安瓿口朝下，上面的喷嘴冲洗安瓿的外壁，下面的针头自下而上冲洗安瓿的内壁。由于冲淋下来的脏物污垢能及时流出安瓿，故能提高淋洗效果。

（2）安瓿蒸煮箱　安瓿经冲淋并注满水后，需送入蒸煮箱蒸煮消毒。蒸煮箱可由普通消毒箱改制而成，其结构如图6-31所示。小型蒸煮箱内设有若干层盘架，其上可放置安瓿盘。大型蒸煮箱内常设有小车导轨，工作时可将安瓿盘放在可移动的小车盘架上，再推入蒸煮箱。蒸煮时，蒸汽直接从底部蒸汽排管中喷出，利用蒸汽冷凝所放出的潜热加热注满水的安瓿。

（3）安瓿甩水机　经蒸煮消毒后的安瓿应送入甩水机，以将安瓿内的积水甩干。

安瓿甩水机主要由圆筒形外壳、离心框架、固定杆、传动机构和电动机等组成，其结构如图6-32所示。离心框架上焊有两根固定安瓿盘的压紧栏杆。工作时，不锈钢框架上装满安瓿盘，瓶口朝外，并在瓶口上加装尼龙网罩，以免安瓿被甩出。机器开动后，在离心力的作用下，安瓿内的积水被甩干。

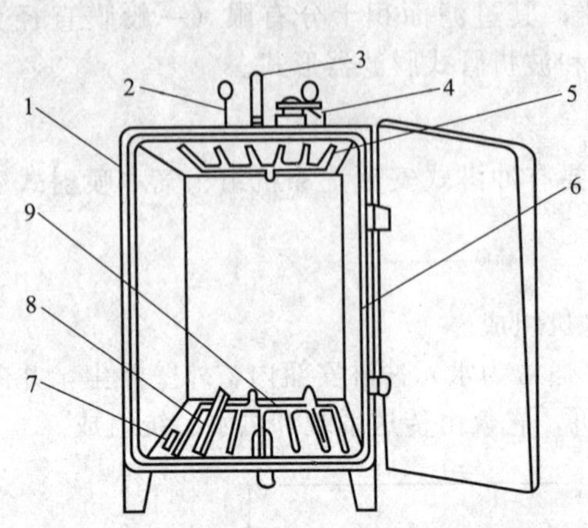

图 6-31　安瓿蒸煮箱结构

1—箱体；2—压力表；3—温度计；4—安全阀；5—淋水排管；6—密封圈；7—箱内温度计；8—小车导轨；9—蒸汽排管

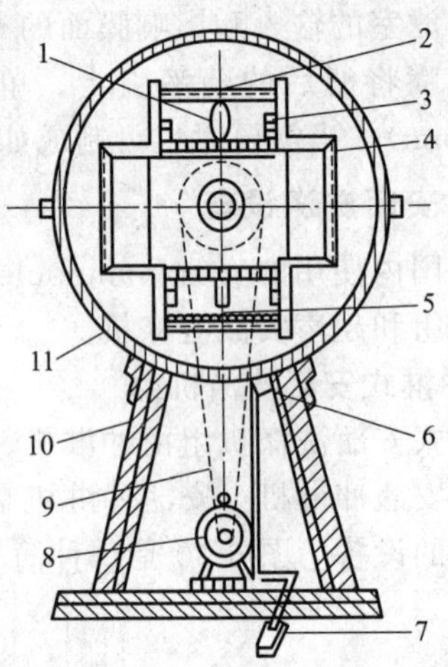

图 6-32　安瓿甩水机结构

1—安瓿；2—固定杆；3—安瓿盘；4—离心框架；5—网罩；6—出水口；7—刹车踏板；8—电动机；9—皮带；10—机架；11—外壳

甩干后的安瓿再送往冲淋机冲洗注水，经蒸煮消毒后再用甩水机甩干，如此反复 2～3 次即可将安瓿洗净。

冲淋式安瓿洗涤机组具有设备简单、生产效率高等优点，曾被广泛用于安瓿的预处理。但该机组具有占地面积大、耗水量多及洗涤效果欠佳等缺点，且不适用于现在推广使用的易折曲颈安瓿。

2. 气水喷射式安瓿洗涤机组

气水喷射式安瓿洗涤机组主要由供水系统、压缩空气及过滤系统、洗瓶机等部分组成，其工作原理如图 6-33 所示。工作时电磁喷水阀和电磁喷气阀在偏心轮及行程开关的控制下

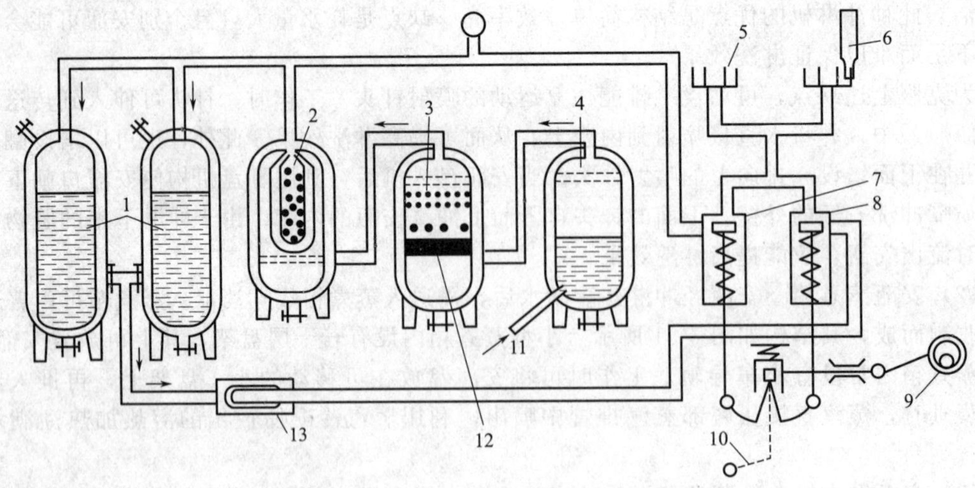

图 6-33　气水喷射式安瓿洗涤机组工作原理

1—水罐；2,13—双层涤纶袋滤器；3—瓷环层；4—洗气罐；5—针头；6—安瓿；7—喷气阀；8—喷水阀；9—偏心轮；10—脚踏板；11—压缩空气进口；12—木炭层

交替启闭，向安瓿内外部交替喷射洁净洗涤水或净化压缩空气，以将安瓿洗净。

3. 超声安瓿洗涤机

超声安瓿洗涤机是一种利用超声技术清洗安瓿的先进设备，其工作原理是利用超声波使浸于清洗液中的安瓿与液体的接触界面处产生“空化”，从而使安瓿表面的污垢因冲击而剥落，进而达到清洗安瓿的目的。

所谓“空化”是指在超声波的作用下，液体内部将产生无数内部几近真空的微气泡（空穴）。在超声波的压缩阶段，刚形成的微气泡因受压而湮灭。在微气泡的湮灭过程中，自微气泡中心向外将产生能量极大的微驻波，随之产生高温、高压。与此同时，微气泡间的激烈摩擦还会引起放电、发光和发声现象。

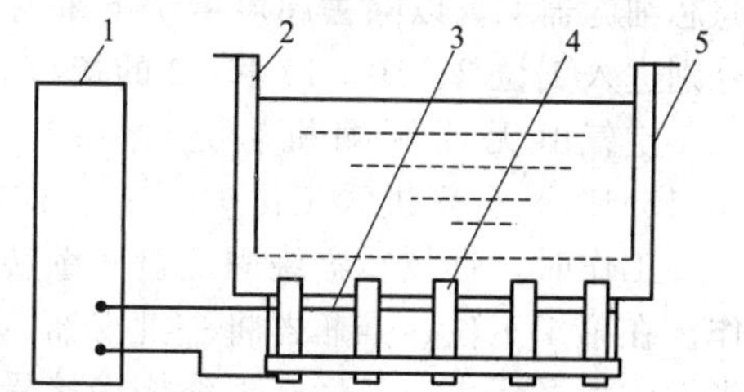

图 6-34　简易超声安瓿波洗涤机结构
1—超声波发生器；2—框架；3—压电陶瓷晶体；4—超声波振子；5—清洗槽

（1）简易超声安瓿洗涤机　简易超声安瓿洗涤机主要由超声波发生器和清洗槽组成，其结构如图 6-34 所示。工作时，超声波发生器可产生 6～25kHz 的高频电振荡，并通过压电陶瓷将电振荡转化为机械振荡，再通过耦合振子将振荡传递至清洗槽底部，使清洗液产生超声空化现象，从而达到清洗安瓿的目的。

在进行超声清洗时，可将安瓿置于能透声的框架内，并悬吊于清洗液中。应注意不能将安瓿直接置于清洗槽底部，以免超声振子受压迫而无法振动。

安瓿清洗液通常为纯化水。提高清洗液的温度，不仅可加速污垢的溶解，而且可降低清洗液的黏度，提高超声空化效果。但温度太高会影响压电陶瓷和振子的正常工作，并容易使超声能转化为热能。实际操作中，清洗液的温度以 60～70℃为宜。

（2）回转式超声安瓿洗涤机　回转式超声安瓿洗涤机是一种综合运用超声清洗技术和针头单支清洗技术的大型连续式安瓿洗涤设备，其工作原理如图 6-35 所示。

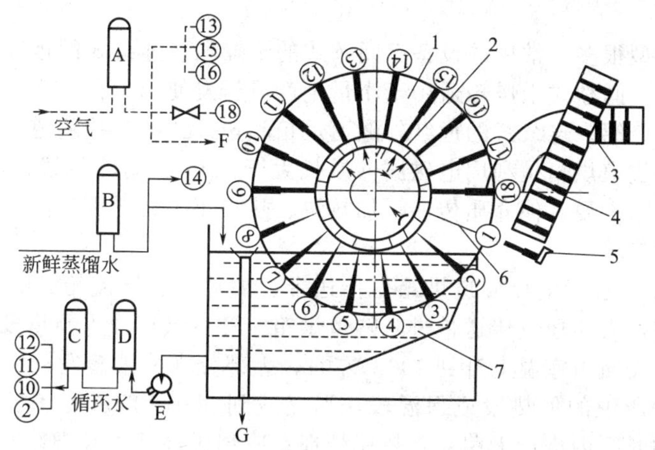

图 6-35　18 工位连续回转式超声安瓿洗涤机工作原理
1—针鼓转盘；2—固定盘；3—出瓶装置；4—安瓿斗；5—推瓶器；6—针管；7—超声波洗涤槽；A～D—过滤器；E—循环泵；F—吹除玻璃屑；G—溢流回收；①～⑱表示工位

在水平卧装的针鼓转盘上设有 18 排针管，每排针管有 18 支针头，共有 324 支针头。在与转盘相对的固定盘上，于不同工位上设有管路接口，以通入水或空气。当针鼓转盘间歇转动时，各排针头座依次与循环水、压缩空气、新鲜纯化水等接口相通。

安瓿斗呈45°倾斜，下部出口与清洗机的主轴平行，并开有18个通道。借助于推瓶器，每次可将18支安瓿推入针鼓转盘的第1个工位。

洗涤槽内设有超声振荡装置，并充满洗涤水。洗涤槽内还设有溢流装置，故能保持所需的液面高度。新鲜纯化水（50℃）由泵输送至0.45μm微孔膜滤器B，经除菌后送入洗涤槽。除菌后的新鲜纯化水被引至工位14的接口，用来冲净安瓿内壁。

洗涤槽下部出水口与循环泵相连，利用循环泵将水依次送入10μm滤芯粗滤器D和1μm滤芯细滤器C，以除去超声清洗下来的脏物和污垢。过滤后的水以一定的压力（0.18MPa）分别进入工位2、10、11和12的接口。

空气由无油压缩机输送至0.45μm微孔膜滤器A，除菌后的空气以一定的压力（0.15MPa）分别进入工位13、15、16和18的接口，用于吹净瓶内残水和推送安瓿。

工作时，针鼓转盘绕固定盘间歇转动，在每一停顿时间段内，各工位分别完成相应的操作。在第1工位，推瓶器将一批安瓿（18支）推入针鼓转盘。在第2至第7工位，安瓿首先被注满循环水，然后在洗涤槽内接受超声清洗。第8和第9两个工位为空位。在第10至第12工位，针管喷出循环水对倒置的安瓿内壁进行冲洗。在第13工位，针管喷出净化压缩空气将安瓿吹干。在第14工位，针管喷出新鲜蒸馏水对倒置的安瓿内壁进行冲洗。在第15和第16工位，针管喷出净化压缩空气将安瓿吹干。第17工位为空位。在第18工位，推瓶器将洗净的安瓿推出清洗机。可见，安瓿进入清洗机后，在针鼓转盘的带动下，将依次通过18个工位，逐步完成清洗安瓿的各项操作。

回转式超声安瓿洗涤机可连续自动操作，劳动条件好，生产能力大，尤其适用于大批量安瓿的洗涤。缺点是附属设备较多，设备投资较大。

四、安瓿干燥灭菌设备

安瓿的干燥灭菌设备是将清洗后的安瓿进行干燥、除菌和除热原的过程，并保证安瓿的洁净度符合小容量注射剂的要求。常规工艺是：300～350℃保温不低于6min，其灭菌和除热原需通过热分布试验、热穿透试验、微生物挑战试验进行验证合格后方可投入使用。

干燥设备的类型很多，常用的设备有间歇式的干燥箱、连续式的远红外隧道烘箱、连续式的电热隧道烘箱。间歇式干燥箱适用于小量生产或研发使用，在大生产中现在已逐步处于淘汰过程中，不做介绍。连续式的远红外隧道烘箱和连续式的电热隧道烘箱的工作方式基本相同，只是远红外隧道烘箱是利用电磁波（波长大于5.6μm的红外线）的形式直接辐射到被加热物体表面，不需要其他介质传递，加热快、热损小。目前安瓿的干燥灭菌中使用较多的是连续电热隧道烘箱。

如图6-36所示，连续电热隧道烘箱由传送带、加热器、层流箱、隔热层组成。在安瓿的干燥灭菌过程中，安瓿通过传送带进入隧道烘箱。隧道烘箱分为预热段、加热段、冷却段三部分。预热段内安瓿由室温上升到100℃左右，大部分水分被蒸发；中间段为高温干燥灭菌区，也就是通常所说的加热段或保温段，温度达到300～350℃，残余水分进一步蒸发，同时安瓿在设定的时间内进行灭菌和除热原处理；冷却段温度由高温降至100℃左右，再冷却后离开隧道。

五、安瓿灌封设备

安瓿灌封包括灌装设备、灌封设备、封口设备三个部分，一般灌封是连在一起的。本节主要介绍安瓿灌封机、安瓿拉丝灌封机、安瓿洗烘灌联动机的构造原理及特点。

1. 安瓿灌封工作流程

安瓿灌装封口的工艺过程一般包括安瓿的上瓶、料液的灌注、充氮和封口等工序。

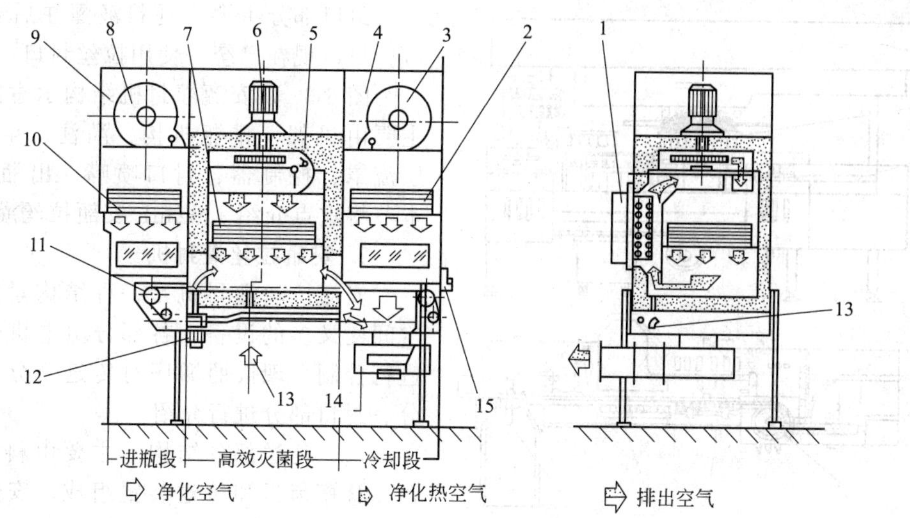

图 6-36　安瓿隧道式干燥灭菌机工作原理

1—空气加热器；2—高效空气过滤器；3—后层流风机；4—后层流箱；5—高温灭菌仓；6—热风机；7—热空气高效过滤器；8—前层流风机；9—前层流箱；10—高效空气过滤器；11—安瓿输送网带；12—前排风风机；13—新鲜空气补充；14—排风机；15—出瓶口

① 安瓿的上瓶是指将灭菌后的安瓿按照一定的顺序或要求进入安瓿灌封机。即在一定的时间间隔内，将定量的安瓿按照一定的距离间隔排放到灌封机的传送装置上，然后通过传送装置送到下一工序进行安瓿的灌封。

② 料液的灌注是指将经过无菌过滤的药液按照相应的装量要求或按照一定的体积注入安瓿中。料液的灌注主要通过灌注计量机构来实现，根据计量机构的动力原理可分为活塞式和蠕动泵等形式。活塞式根据材质的不同又可分为玻璃活塞式注射泵、陶瓷活塞式注射泵、不锈钢活塞式注射泵等。因为安瓿一般为 2 支、4 支、6 支、8 支等同时进行灌注，为了保证灌装精度，通常相应的每个安瓿对应一套计量机构和注射针头。

③ 充氮的目的是防止药品的氧化，对于易氧化的药品需要用惰性气体（一般为氮气，但根据药品的不同，有的可能需使用二氧化碳气体等其他的惰性气体进行保护）对料液上部的空间进行填充，取代其上部的空气。有时在料液灌注前也需进行预充氮气，提前将安瓿中的空气用氮气进行置换，以确保其药品不被氧化。氮气的填充是将经过酸碱处理后的氮气经过无菌过滤后通过与注射针头同步运行的充氮针头进行填充完成的。

④ 安瓿的封口是通过火焰加热来完成的。将已灌注完料液且充好氮气的安瓿通过传送部分进入安瓿的预热区，在预热区安瓿通过轴承进行自转以保证颈部受热的均匀性，均匀受热后进入封口区，在封口区内，安瓿在高温下熔化，同时在旋转作用下通过机械动作用拉丝钳将安瓿上部多余的部分强力拉走，在安瓿自身的旋转作用下，安瓿封口严密，颈部由于离心力和表面张力的作用呈现出光滑的球状。封口后的安瓿严密不漏，薄厚均匀。

通过对安瓿封口工艺过程的分析可以看出，安瓿灌封机按照其功能结构可主要分解为传送部分、灌注部分（计量）、封口部分三个基本部分。

传送部分主要实现安瓿的传送。通过机电控制可以实现安瓿输入数量和安瓿封口后数量的统计。

灌注部分主要实现将一定体积的料液注入灭菌后的安瓿中。可以根据安瓿输入数量进行自动止灌，防止料液的浪费。

封口部分主要实现料液灌注后安瓿的封口。封口现在已统一使用拉丝封口。

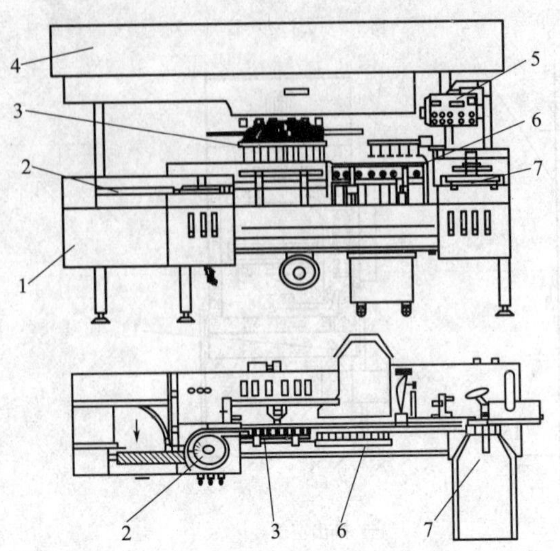

图 6-37 安瓿灌封机结构示意图

1—机架；2—排瓶机构；3—灌注、重启机构；4—层流罩；5—控制器；6—封口喷嘴；7—出瓶板

图 6-37 是安瓿灌封机结构示意图，该机主要由机架、排瓶机构、灌注、重启机构、层流罩、控制器、封口喷嘴、出瓶板组成。本节将重点介绍 1～2mL 安瓿拉丝灌封机。

2. 安瓿拉丝灌封机

安瓿拉丝灌封机是一种结构紧凑、杆件空间交叉多的设备，各部分由电机带动主轴进行控制。现按照顺序对传送部分、灌注部分、封口部分进行介绍。

(1) 传送部分结构 主要由料斗、梅花盘、移瓶齿板和传送装置组成，安瓿拉丝灌封机的传送部分见图 6-38。

原理：灭菌后的安瓿通过不锈钢盘放入到料斗上，料斗下的梅花盘由链条带动，随着转动可将 2 支安瓿推入到固定齿板上。固定齿板是由上下两条成三角形的齿板组成，齿板上三角形的位置正好对应，安瓿上下端刚好在其三角形槽中被其固定。安瓿与水平成 45°角，当偏心轴做圆周运动时，带动与之相连接的移瓶齿板动作，当随偏心轴做圆周运动的移瓶齿板动作到上半部后，先将安瓿从固定齿板上托起，然后超过固定齿板三角形槽的齿顶，再将安瓿移动两格放入到固定齿板上，这样偏心轴转动一周，安瓿通过移瓶齿板向前移动两格，如此循环运动中实现安瓿的传送。

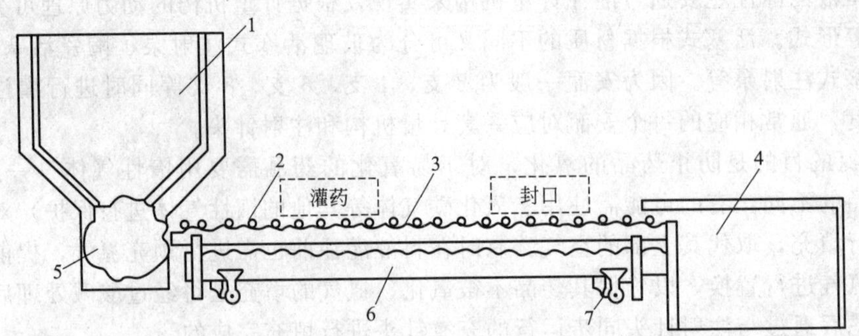

图 6-38 安瓿拉丝灌封机传送结构示意图

1—安瓿斗；2—梅花盘；3—安瓿；4—固定齿板；5—移瓶齿板；6—偏心轴；7—出瓶斗

特点：简单、方便、快捷、易操作，使安瓿传送更符合大生产的要求。

(2) 灌注部分结构 主要由凸轮杠杆装置、吸液灌液装置和缺瓶止灌装置组成，其结构与工作原理如图 6-39 所示。

原理：当压杆顺时针摆动时，压簧使针筒芯向上运动，针筒的下部将产生真空，此时针筒单向玻璃阀关闭而药液罐单向玻璃阀开启，药液罐中的药液被吸入针筒。当压杆逆时针摆动而使针筒芯向下运动时，针筒单向玻璃阀开启而药液罐单向玻璃阀关闭，药液经管路及伸入安瓿内的针头注入安瓿，完成药液灌装操作。此外，灌装药液后的安瓿常需充入氮气或其他惰性气体，以提高制剂的稳定性。充气针头（图中未示出）与灌液针头并列安装于同一针头托架上，灌装后随即充入气体。

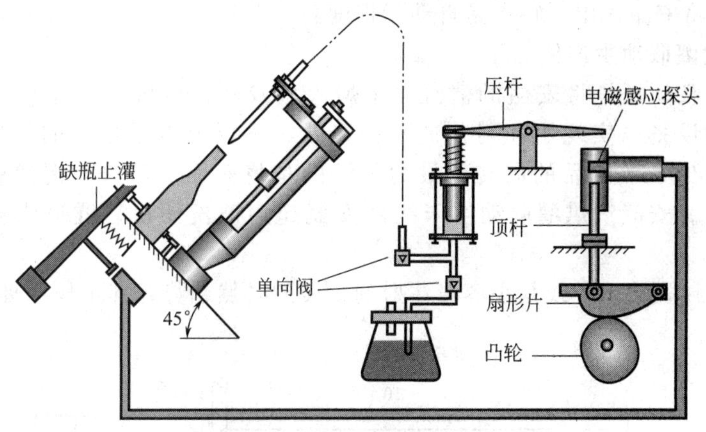

图 6-39 灌注部分结构与工作原理

特点：具有缺瓶止灌装置，安全、节约。

(3) 封口部分结构 主要由拉丝机构、加热机构、压瓶机构三部分组成，其结构与工作原理如图 6-40 所示。

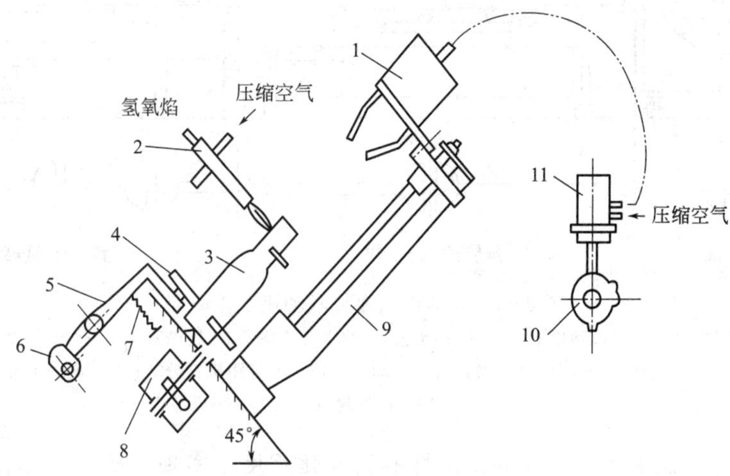

图 6-40 安瓿拉丝封口结构示意图

1—拉丝钳；2—喷嘴；3—安瓿；4—压瓶滚轮；5—摆杆；6—压瓶凸轮；7—拉簧；8—蜗轮蜗杆箱；9—钳座；10—凸轮；11—气阀

原理：拉丝装置中钳座上设有导轨，拉丝钳可沿导轨上下滑动。借助于凸轮和气阀，可控制压缩空气进入拉丝钳管路，进而可控制钳口的启闭；加热装置的主要部件是氢氧焰喷嘴。氢氧焰温度可达 2800℃，并且火焰集中性好，封口速度快。同时由于氢氧焰在燃烧时只生成洁净的水，因此对药品没有任何污染。氢氧焰水针剂拉丝封口机不贮存气体，边产边用，按需制造，供气压力低于 0.2MPa，因此使用比传统燃气安全。

当安瓿被移瓶齿板送至封口工位时，其颈部靠在固定齿板的齿槽上，下部放在蜗轮蜗杆箱的滚轮上，底部则放在呈半球形的支头上，而上部由压瓶滚轮压住。此时，蜗轮转动带动滚轮旋转，从而使安瓿围绕自身轴线缓慢旋转，同时来自于喷嘴的高温火焰对瓶颈进行加热。当瓶颈加热部位呈熔融状态时，拉丝钳张口向下，到达最低位置时，拉丝钳收口，将安瓿颈部钳住，随后拉丝钳向上将安瓿熔化丝头抽断，从而使安瓿闭合。当拉丝钳运动至最高位置时，钳口启闭两次，将拉出的玻璃丝头甩掉。安瓿封口后，压瓶凸轮和摆杆使压瓶滚轮松开，移瓶齿板将安瓿送出。特点是自动化程度高。

3. 安瓿洗烘灌联动生产线

安瓿洗烘灌联动机是将安瓿的清洗、干燥灭菌及药液的灌封三个原来分散的单元体进行联动生产的设备，实现了注射剂的一个飞跃，不仅节省了场地的投资，节省了人力资源的消耗，减少了半成品的周转，最为关键的是将药品受污染、混淆和交叉污染的可能性降到了最低。安瓿洗烘灌联动生产线由安瓿超声波洗瓶机、隧道烘箱和拉丝灌封机三部分组成。

安瓿洗烘灌封联动生产线是小容量注射剂发展的必然趋势，其工作原理如图 6-41 所示。其主要特点如下。

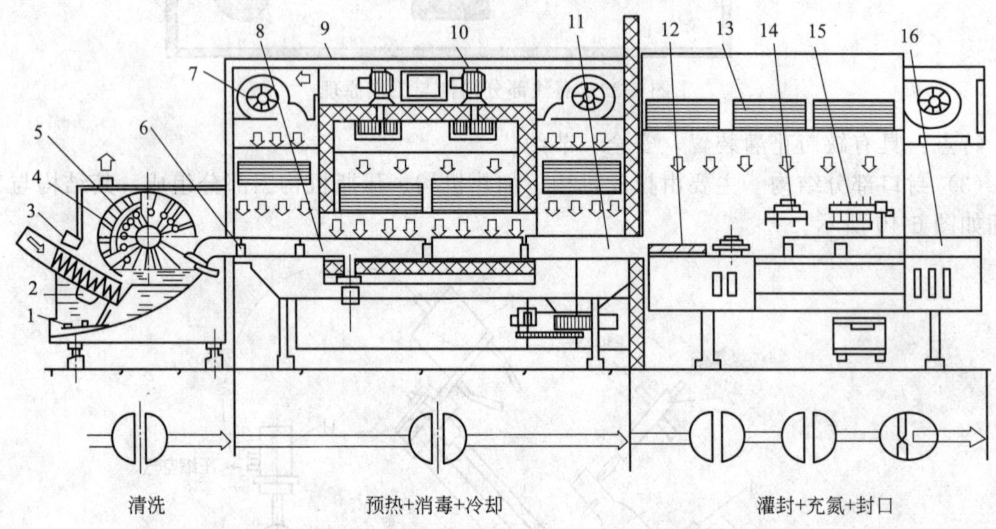

图 6-41 安瓿洗烘灌封联动机工作原理

1—水加热器；2—超声波换能器；3—喷淋水；4—冲水气喷嘴；5—转鼓；6—预热器；7,10—风机；8—高温灭菌区；9—高效过滤器；11—冷却区；12—不等距螺杆分离；13—洁净层流罩；14—充气灌封工位；15—拉丝封口工位；16—成品出料口

① 全机设计考虑了运行过程的稳定性和自动化程度，实现了机电一体化，大量使用了先进的电子技术、计算机技术，自动控温、自动记录、自动报警、自动故障显示；根据程序输入正确的运行参数和工艺控制参数，便能最大限度地保证生产的可靠性，最大限度地避免了人为操作失误。

② 生产全过程在密闭和层流条件下进行，确保了安瓿的灭菌质量，符合 GMP 要求。

③ 设备采用了多项先进工艺技术，物料的进入完全采用输送轨道进行，结构清晰，占地面积小，有效地避免了混淆和交叉污染。

④ 各种规格可更换性强，更换容易。但设备造价高，对操作和维修人员的要求较高。

六、灭菌检漏设备

小容量注射剂属于无菌制剂，灌封后注射剂的灭菌是其重要和必需的工序，以确保注射剂产品的无菌性和无热原性。灭菌设备一般有湿热蒸汽灭菌和水浴灭菌两种，而小容量注射液主要采用湿热灭菌，当然根据产品的性质其工艺参数可以进行相应的确定，但必须按照验证要求进行验证，确保产品的质量。下面介绍热压灭菌检漏柜。

热压灭菌检漏柜的工作程序包括灭菌、检漏和冲洗几个过程。结构如图 6-42 所示。主要由箱体、蒸汽管、导轨、液位计、密封圈、温度计、真空表、压力表、安全阀、淋水管等组成。

工作时将物品按照要求放好后推入，关闭箱门。然后先开蒸汽阀门，让蒸汽通入夹层加热约 10min，夹层压力达到 0.2MPa 左右，当箱内温度达到所控制的温度时开始计时，灭菌时间到后，先关闭蒸汽阀门，然后开排气阀排出箱内的蒸汽，灭菌结束。常规为了保证灭菌效果，确保冷点的去除，在热压灭菌检漏柜中增加了电子技术和真空技术，通过电子控制实现蒸汽按照规定的压力和时间进行产品的灭菌，且在灭菌过程中，利用真空脉动技术尽量排除灭菌柜中的空气，保证冷点的消除，从而保证产品的质量。

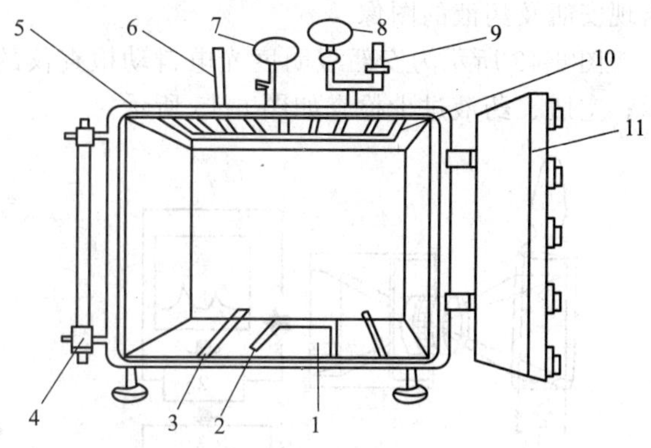

图 6-42　热压灭菌检漏柜结构

1—箱体；2—蒸汽管；3—导轨；4—液位计；5—密封圈；6—温度计；7—真空表；8—压力表；9—安全阀；10—淋水管；11—门

七、澄明度检测设备

由于注射剂生产过程中难免会带入一些异物，如未滤去的不溶物、容器或滤器的剥落物以及空气中的尘埃等，这些异物在体内会引起肉芽肿、微血管阻塞及肿块等不同的不良反应，所以注射剂的澄明度检查是保证注射剂质量的关键，这些带有异物的注射剂通过澄明度检查必须剔除。通常有两种方法。

1. 人工灯检

人工灯检主要通过目测，检查时一般采用日光灯作光源，并用挡板遮挡以避免光线直射入眼内，背景应为黑色或白色（检查有色异物时用白色，使其有明显的对比度，提高检测效率），依靠待测安瓿被振摇后药液中微粒的运动从而达到检测目的。方法是检测时将待测安瓿置于检查灯下距光源 200mm 处轻轻转动，目测药液内有无异物微粒。

2. 安瓿异物光电自动检查仪

安瓿异物光电自动检查仪的原理是利用光电系统采集运动图像中（此时只有药液是运动的）微粒大小和数量的信号，并排除静止的干扰物，再经电路处理可直接得到不溶物大小及数量的显示结果，再通过机械动作及时准确地将不合格安瓿剔除。方法是利用旋转的安瓿带动药液一起旋转，当安瓿突然停止转动时，药液由于惯性会继续旋转一段时间。在安瓿停转的瞬间，以光束照射安瓿，在光束照射下产生变动的散射光或投影，背后的荧光屏上即同时

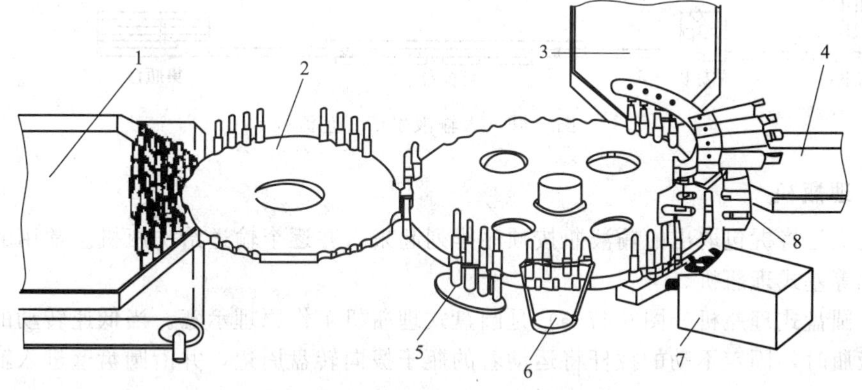

图 6-43　安瓿澄明度光电自动检查仪主要工位

1—输瓶盘；2—拨瓶盘；3—合格贮瓶盘；4—不合格贮瓶盘；5—顶瓶；6—转瓶；7—异物检测；8—空瓶、药液过少检测

出现安瓿及药液的图像。

图 6-43 所示为安瓿澄明度光电自动检查仪的主要工位示意；异物检查原理如图 6-44 所示；空瓶、药液过少检查如图 6-45 所示。

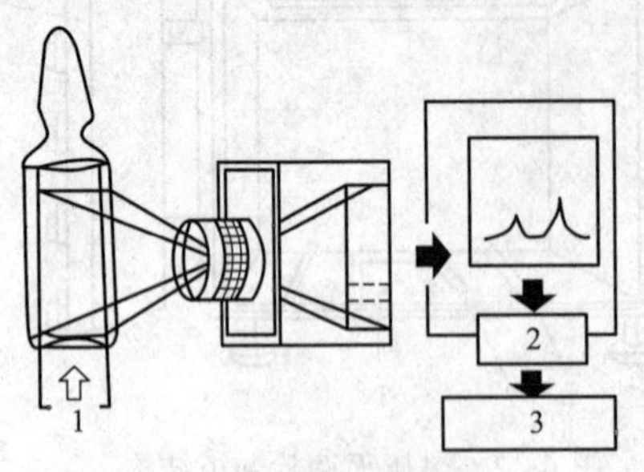

图 6-44　异物检查原理

1—光；2—处理；3—分选

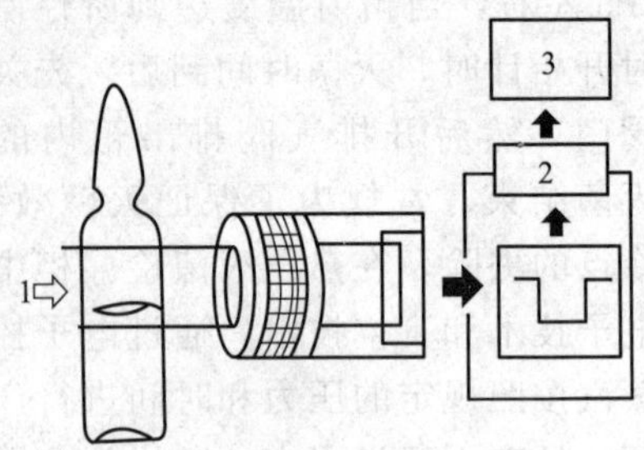

图 6-45　空瓶、药液过少检查

1—光；2—处理；3—分选

第五节　大容量注射剂设备

大容量注射液是指 50mL 以上的最终灭菌注射剂，又称大输液。一般有 50mL、100mL、250mL、500mL 等规格。常用于急救及手术不能口服患者，适用于人体失水、电介质紊乱、补充营养物质、防止休克或迅速维持药效等治疗目的。

同小容量注射剂工艺流程一样，大输液生产工艺流程包含了溶液配制和包装两条生产线。按瓶包装材料的不同分为玻璃瓶、塑料瓶和非 PVC 软袋包装三种，其中溶液配制工序的设备与水针剂配制工序大同小异，这里不再赘述。溶液包装生产线包含了瓶盖、瓶塞、隔离膜的清洗和塞盖、翻盖、加盖、轧盖等操作工序，大输液的生产工艺流程如图 6-46 所示。

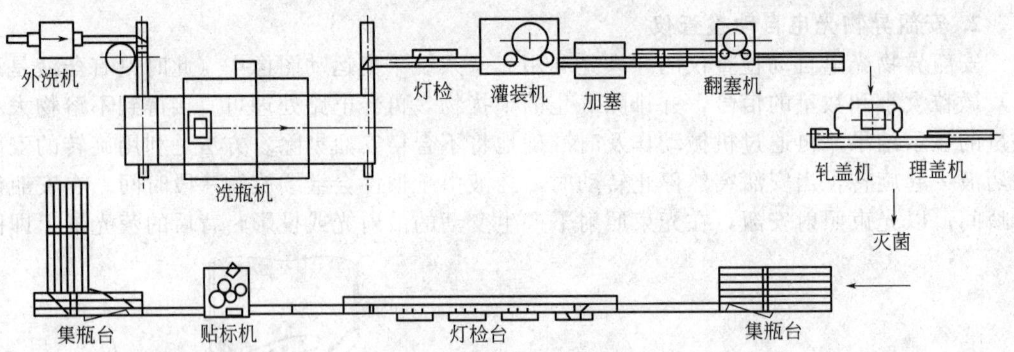

图 6-46　大输液生产工艺流程

一、理瓶机

理瓶机是将拆包取出的输液瓶按顺序排列起来，并逐个输送给洗瓶机。常用的有圆盘式理瓶机和等差式理瓶机。

(1) 圆盘式理瓶机　图 6-47(a) 是圆盘式理瓶机工作原理示意。当低速转动的转盘上堆积有输液瓶时，固定不动的拨杆将运动着的瓶子拨向转盘周边，并沿圆盘壁进入输送带至洗瓶机清洗。

(2) 等差式理瓶机　等差式理瓶机由等速和差速两台单机组成，在等速进瓶机上有 7 条平行等速传输带，在差速进瓶机上有 5 条差速传输带，因差速传输带的链轮齿数不同，所以产生了变速，当等速传输带将输液瓶送至差速传输带上后，由于速度差使得输液瓶在各输送带和挡板作用下，成单列按顺序输出，如图 6-47(b) 所示。

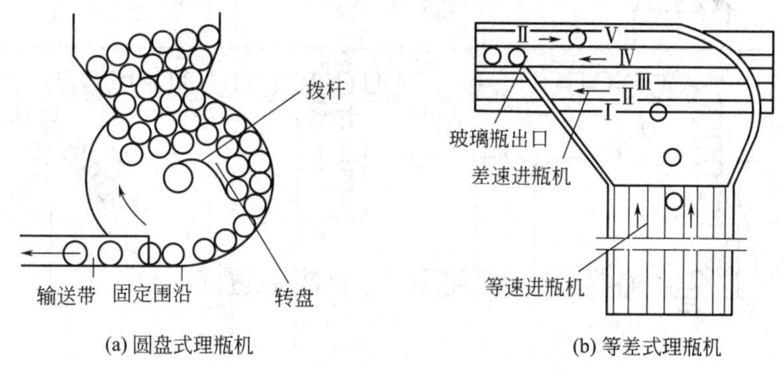

图 6-47　理瓶机工作原理

二、玻璃瓶洗瓶机

洗瓶机有滚筒式和箱式两种。

(1) 滚筒式洗瓶机　滚筒式洗瓶机由一组粗洗滚筒和一组精洗滚筒组成。每组均由前滚筒和后滚筒组成，每个滚筒设有 12 个工位，一般滚筒是水平左右向安装，这样既便于送瓶机送瓶，又便于清洗后的瓶向下一工序移动。在组与组之间用长传输带连接，粗洗组可以设置在非洁净区内，精洗机组要设置在洁净区内，这样精洗后的输液瓶不会被污染，如图 6-48 所示。其清洗过程如下：载有玻璃瓶的滚筒转动到设定的位置时，碱液注入瓶内，当带有碱液的玻璃瓶处于水平位置时，毛刷进入瓶内刷洗瓶内壁 3s，随后毛刷退出。滚筒转到下两个工位时，喷液管再次对瓶内注入碱液冲洗，当滚筒转到进瓶通道停歇位置时，进瓶拨轮同步送来的待空瓶将冲洗后的瓶子推向后滚筒进行常水外淋、内刷、内冲，即完成粗洗操作。经粗洗后的瓶子被传输带送入精洗滚筒进行精洗。精洗滚筒没有毛刷，其他结构与粗洗滚筒相同，只是为保证洗后瓶子的洁净度，所使用的水是去离子水和注射用水。

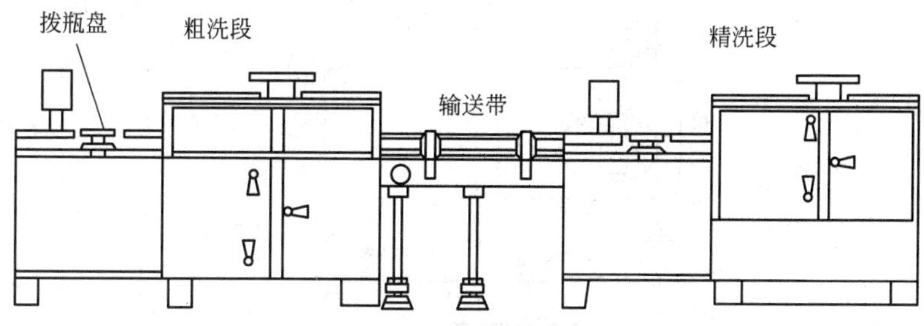

图 6-48　滚筒式洗瓶机外形

(2) 箱式洗瓶机　本机是由不锈钢或有机玻璃罩子罩起来的密闭系统，各工位装置都在同一水平面内呈直线排列，如图 6-49 所示。

洗瓶机前端设计有输液瓶的翻转轨道，输液瓶在进入传输轨道之前瓶口是朝上的，通过翻转轨道翻转后则改为瓶口朝下，落入传输轨道上的瓶套中。瓶套里的瓶子随传输带向前移动，依次经过图 6-50 所示流程而达到清洗要求。

三、灌装设备

灌装机有多种形式，按照运动形式分为直线式间歇运动、旋转式连续运动；按灌装方式分为常压灌装、负压灌装、正压灌装和恒压灌装 4 种；按计量方式分为流量定时式、量杯容

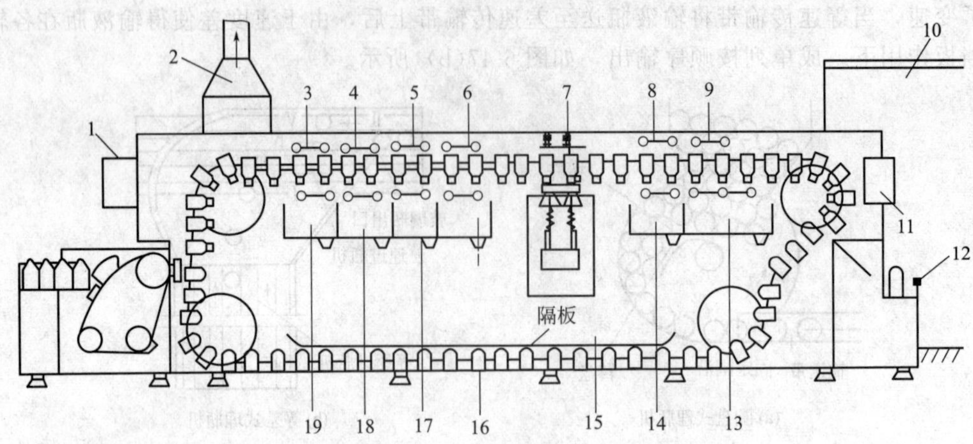

图 6-49 箱式洗瓶机结构示意图

1,11—控制箱；2—排风管；3,5—热水喷淋；4—碱水；6,8—冷水喷淋；7—喷水毛刷清洗；9—纯化水喷淋；10—出瓶净化室；12—手动操作杆；13—纯化水收集器；14,16—冷水收集器；15—残液收集器；17,19—热水收集器；18—碱水收集槽

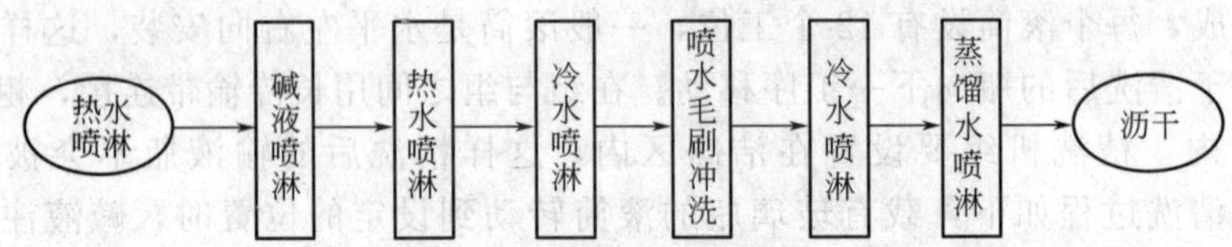

图 6-50 洗瓶工作流程

积式、计量泵注射式 3 种。下面介绍两种常用的灌装机。

（1）量杯式负压灌装机　量杯式负压灌装机如图 6-51 所示。该设备由药液量杯、托瓶装置及无级变速装置三部分组成。盛料桶中装有 10 个计量杯，量杯与灌装套用硅橡胶管连

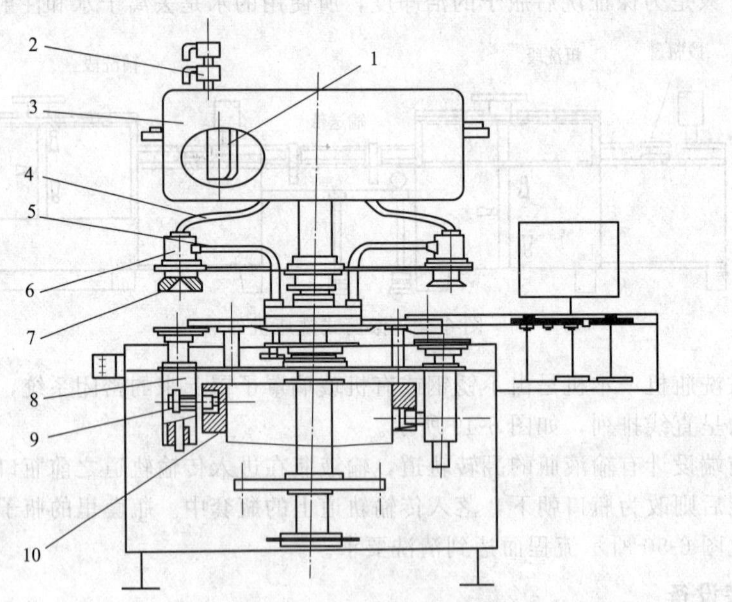

图 6-51 量杯式负压灌装机

1—计量杯；2—进液调节阀；3—盛料桶；4—硅橡胶管；5—真空吸管；6—瓶肩定位套；7—橡胶喇叭口；8—瓶托；9—滚子；10—升降凸轮

接，玻璃瓶由螺杆式输瓶器经拨瓶星轮送入转盘的托瓶装置，托瓶装置由圆柱凸轮控制升降，灌装头套住瓶肩形成密封空间，通过真空管路抽真空，药液经负压流进瓶内。

优点：量杯计量、负压灌装，药液与其接触的零部件无相对机械摩擦，没有微粒产生，保证了药液在灌装过程中的澄明度；计量块调节计量，调节方便简捷。

该机为回转式，量杯式负压灌装机大多是 10 个充填头，产量约为 60 瓶/min。机器设有无瓶不灌装。缺点是机器回转速度加快时，量杯药液产生偏斜，可能造成计量误差。

(2) 计量泵注射式灌装机　计量泵注射式灌装机是通过注射泵对药液进行计量并在活塞压力下将药液充填于容器中。充填头有 2 头、4 头、6 头、8 头、12 头等。机型有直线式和回转式。

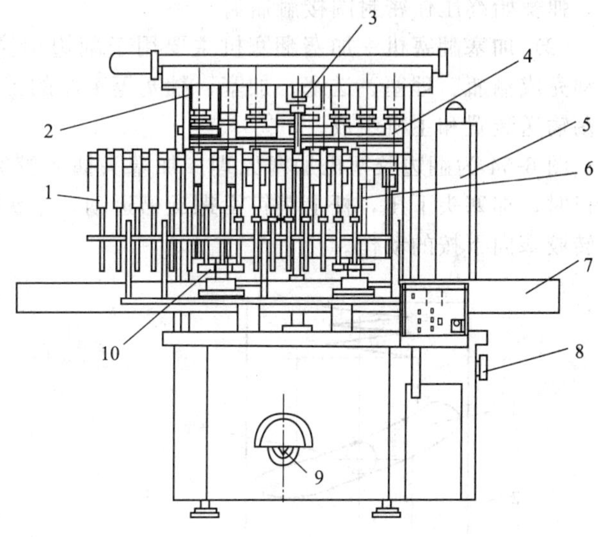

图 6-52　直线式八泵灌装机

1—预充氮头；2—进液阀；3—灌装头位置调节手柄；4—计量缸；5—接线箱；6—灌装头；7—灌装台；8—装量调节手柄；9—装置调节手柄；10—星轮

直线式八泵灌装机如图 6-52 所示，输送带上洗净的玻璃瓶每 8 个一组由两星轮分隔定位，V 形卡瓶板卡住瓶颈，使瓶口准确对准充氮头和进液阀出口。灌装前，先由 8 个充氮头向瓶内预充氮气，灌装时边充氮边灌液。充氮头、进液阀及计量泵活塞的往复运动都是靠凸轮控制。从计量泵泵出来的药液先经终端过滤器再进入进液阀。

由于采用容积式计量，计量调节范围较广，从 100～500mL 可按需要调整，改变进液阀出口形式可对不同容器进行灌装，如玻璃瓶、塑料瓶、塑料袋及其他容器。因为是活塞式强制充填液体，可适应不同浓度液体的灌装。无瓶时计量泵转阀不打开，可保证无瓶不灌液。药液灌注完毕后，计量泵活塞杆回抽时，灌注夹止回阀前管路中形成负压，灌注头止回阀能可靠地关闭，加之注射管的毛细管作用，可靠地保证了灌装完毕不滴液。注射泵式计量，与药液接触的零部件少，没有不易清洗的死角，清洗消毒方便。计量泵既有粗调定位，控制药液装量，又有微调装置控制装量精度。

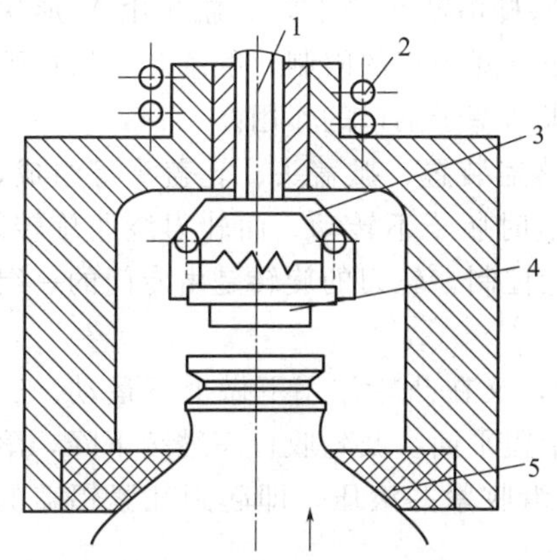

图 6-53　T 形橡胶塞加塞原理

1—真空吸孔；2—弹簧；3—夹塞爪；4—T 形橡胶塞；5—密封圈

四、封口设备

封口设备是与灌装机配套使用的设备，药液灌装完毕后必须在洁净区内立即封口，避免药品被污染和氧化。我国使用的封口形式有翻边型橡胶塞和 T 形橡胶塞，胶塞的外面再加盖铝盖并轧紧，封口完毕。封口机械通常有塞胶塞机、翻胶塞机、轧盖机。

(1) 塞胶塞机　塞胶塞机主要用于 T 形橡胶塞对 A 型玻璃输液瓶封口，可以自动完成输瓶、螺杆同步送瓶、理塞、送塞、加塞等工序。

图 6-53 为 T 形橡胶塞加塞机构。机械手抓住 T 形

橡胶塞，玻璃瓶瓶托在凸轮的作用下上升，密封圈套住瓶肩形成密封区间，真空吸孔充满负压，玻璃瓶继续上升，机械手对准瓶口中心，在外力和瓶内真空的作用下，将胶塞插入瓶口，弹簧始终压住密封圈接触瓶肩。

（2）加塞翻塞机　加塞翻塞机主要用于翻边型橡胶塞对B型玻璃输液瓶进行封口，可自动完成输瓶、理塞、送塞、加塞、翻塞等工序的工作。加塞翻塞机由理塞振荡料斗、水平振荡输送装置和主机组成。

图6-54为翻边胶塞机加塞原理。加塞头插入胶塞的翻口时，真空吸孔吸住胶塞。对准瓶口时，加塞头下压，杆上销钉沿螺旋槽运动，塞头既有向瓶口压塞的功能，又有模拟人手旋转胶塞向下按的动作。

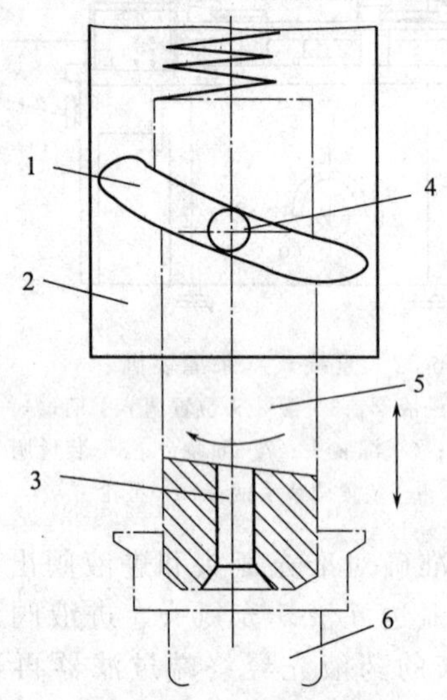

图6-54　翻边胶塞机加塞原理图

1—螺旋槽；2—轴套；3—真空吸孔；4—销；5—加塞头；6—翻边胶塞

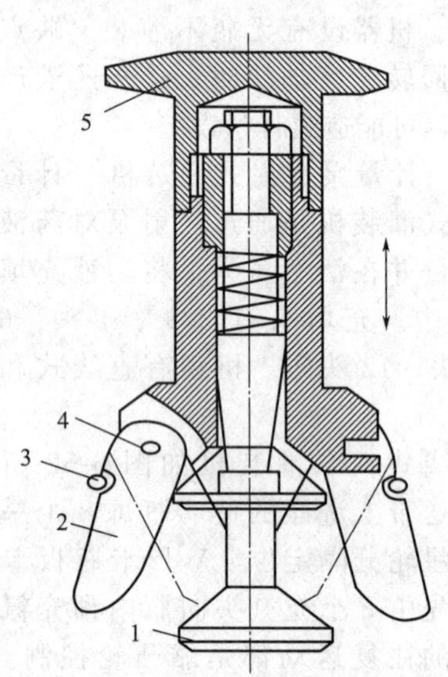

图6-55　翻塞机构

1—芯杆；2—爪子；3—弹簧；4—铰链；5—顶杆

图6-55所示为翻塞机构。它要求翻塞效果好，且不损坏胶塞，一般设计为五爪式翻塞机，爪子平时靠弹簧收拢，整个翻塞机构随主轴做回转运动，翻塞头顶杆在平面凸轮或圆柱凸轮轨道上做上下运动。玻璃瓶进入回转的托盘后，翻塞杆沿凸轮槽下降，瓶颈由V形块或桶花盘定位，瓶口对准胶塞。翻塞爪插入橡胶塞，由于下降距离的限制，翻塞芯杆抵住胶塞大头内径平面，而翻塞爪张开并继续向下运动，达到张开塞子翻口的作用。

（3）玻璃输液瓶轧盖机　玻璃输液瓶轧盖机由振动落盖装置、掀盖头、轧盖头等组成，能够进行电磁振荡输送和整理铝盖、挂铝盖、轧盖。轧盖时瓶子不转动，而轧刀绕瓶旋转。轧头上设有三把轧刀，呈正三角形布置，轧刀收紧由凸轮控制，轧刀的旋转是由专门的一组皮带变速机构来实现的，且转速和轧刀的位置可调。

轧刀机构如图6-56所示，整个轧刀机构沿主轴旋转，又在凸轮作用下做上下运动。三把轧刀均能以转销为轴自行转动。轧盖时，压瓶头抵住铝盖平面，凸轮收口座继续下降，滚轮沿斜面运动，使三把轧刀（图中只绘一把）向铝盖下沿收紧并滚压，即起到轧紧铝盖的作用。

五、塑料瓶（袋）输液生产工艺及设备

塑料瓶输液的生产方法分一步法和分步法两种。一步法是从塑料颗粒处理开始，制瓶、

灌封、封口等工艺在一套装备中完成。分步法是由塑料颗粒制瓶后再于清洗、灌装、封口联动线上完成。

① 塑料瓶一步法成型机有两种生产工艺，包括挤塑、吹塑制瓶工艺和注塑、吹塑制瓶工艺。前者是把塑料颗粒挤料塑化成坯，而后直接通入压缩空气吹制成型。后者是把塑料颗粒在线注塑成坯，然后立即双向拉吹，在同一台机械上一步到位完成。

② 塑料瓶两步法成型工艺是注塑机先将塑料颗粒塑化，将融化的树脂注入模具中制成瓶坯，而后打开模具将瓶坯推出，输送至存放间冷却。吹瓶机将冷却后的瓶坯整理上料后再加热，加热后的瓶坯被送入拉吹工位，由气动拉杆通过调节行程来纵向拉伸，横向拉伸由吹入高压气完成。

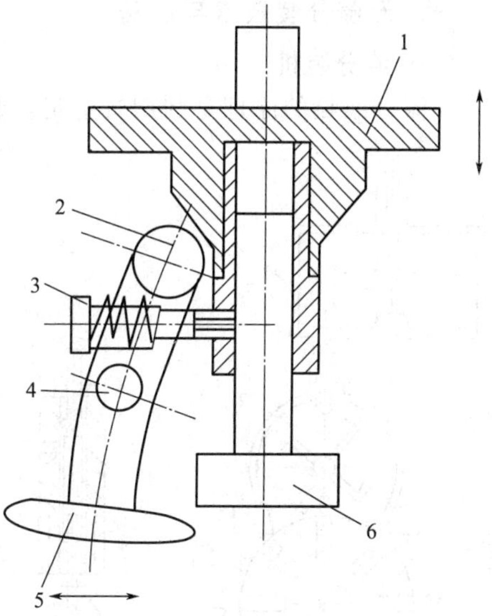

图 6-56　轧刀机构

1—凸轮收口座；2—滚轮；3—弹簧；4—转销；5—轧刀；6—压瓶头

六、非 PVC 软袋输液生产工艺及设备

非 PVC 多层共挤膜是由 PP、PE 等原料以物理兼容组合而成，在 20 世纪 80 年代末 90 年代初得到迅速发展，并形成第三代大输液。世界上知名的大输液厂家（如费森尤斯、贝朗、百特、法玛西亚、大冢、武田等）均有此种包装形式的大输液产品，多层共挤膜用于大输液已成为 21 世纪的发展趋势。其包装材料柔软、透明、薄膜厚度小，因而软包装可通过自身的收缩，在不引入空气的情况下完成药液的人体输入，使药液避免了外界空气的污染，保证输液的安全使用，实现封闭式输液。其主要特点是制袋、印字、灌装、封口在同一生产线上完成，使用筒膜不用水洗，避免生产环节中的污染；为一次性包装，不能重复使用，无交叉污染；回收没有环保污染产生。

第六节　粉针剂工艺与设备

无菌粉针剂又称为注射用无菌粉末，是一类在临用前加入注射用水或其他溶剂溶解的粉状灭菌制剂，是注射剂的一种。凡是在水溶液中不稳定的药物都可制成粉针剂，因而是生物药物的一种常见剂型，如某些抗生素、酶制剂及血浆等生物制品都需要做成粉针剂。注射剂无论是以液体针剂还是以粉针剂储存，在临床应用时均以液体状态直接注射入人体组织、血管或器官内，所以吸收快、作用迅速。因此，对其质量要求很高，一般包括：装量、无菌、无热原、化学稳定性、澄明度、渗透压、pH 值等指标。

注射用粉针剂分为两种类型：注射用冻干粉针和注射用无菌分装粉针。注射用冻干粉针是将药物配制成无菌水溶液分装后，经冷冻干燥制成固体粉末直接密封包装的产品。注射用无菌分装粉针产品是采用灭菌溶剂结晶法、喷雾干燥法制得的固体药物粉末，再经无菌分装后的产品。由于玻璃瓶的清洗、灭菌和干燥以及配料等设备在前面已有详细介绍，本节不再赘述。将主要介绍灌装和冻干设备。

一、无菌分装技术与设备

1. 气流分装机

气流分装机的原理是利用真空定量吸取粉体，再通过净化干燥压缩空气吹入西林瓶中。其主要部件由粉剂分装系统、盖胶塞机构、机身及主动传动系统、西林瓶输送系统、拨瓶转瓶机构、真空系统、压缩空气系统几大部分组成。搅粉桨每旋转一周则吸粉一次，并且协助将下落药粉装进粉剂分装头的定量分装孔中。当真空接通后，药粉被吸进分装孔，在粉剂隔离塞阻挡下空气逸出，随后在分装头回转180°至装粉工位时，净化压缩空气通过吹粉阀门将药粉吹入瓶中，通过分配盘与真空和压缩空气相连，实现粉针头在间歇回转中的吸粉和卸粉。粉剂分装工作原理见图6-57。

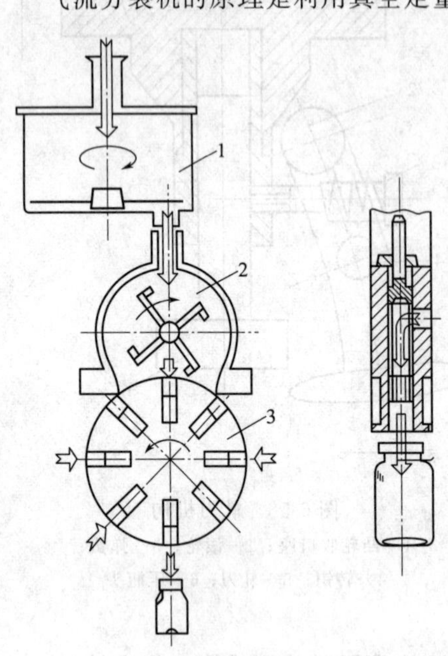

图 6-57　粉针分装工作原理

1—装粉筛；2—搅粉斗；3—粉料分装头

气流分装机的优点是分装速度快，装量误差小，性能稳定，适于分装流动性较差的固体，但不适用于小剂量的产品，目前抗生素分装均采用此类设备。

气流分装生产中常见问题及解决方法如下。

(1) 装量差异　真空度过大或过小、饲料斗内药粉量过少、滤片堵塞或个别活塞位置不准确等均可造成装量差异，应根据具体情况逐一排除。

(2) 缺塞或胶塞从瓶口弹出　胶塞硅化不适或加盖部分位置不当可造成缺塞，后者可能是由于胶塞硅化时硅油量多或容器温度过高而引起其内空气膨胀所致，应根据具体情况解决。可以调节盖塞部分位置，减少硅油用量或使瓶子温度降低后再用。

(3) 漏灌　造成的原因是分装头内过滤器堵塞，应找出相对应剂量孔调换过滤片来解决。

(4) 机器停动　缺瓶、缺塞、防护罩未关好均可造成不出车，应按故障指示灯的显示排除故障。

2. 螺杆式分装机

螺杆式分装机是利用螺杆的间歇旋转将药物装入瓶内，以达到定量分装的目的。螺杆分装机由进瓶转盘、定位星轮、饲料器、分装头、胶塞振荡饲料器、盖塞机构和故障自动停车装置所组成，有单头分装机和多头分装机两种。螺杆分装机具有结构简单，无需净化压缩空气及真空系统等附属设备，调节装量范围大以及原料药粉损耗小等优点。

但由于是机械方法操作，分装速度较慢，故适用于小规模生产。

螺杆分装机工作时，将待装药物加于饲料斗内，通过不断转动的搅拌器使药粉均匀散布在螺杆周围，利用来回往复摆动的扇形齿轮带动一个只能单向转动的离合器，与一个垂直的螺杆相连而做单向的间歇旋转，结构如图6-58所示。

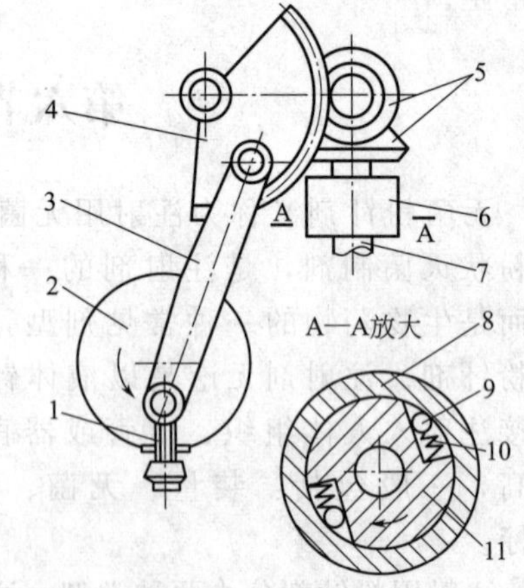

图 6-58　螺杆计量的控制与调节机构

1—调节螺丝；2—偏心轮；3—曲柄；4—扇形齿轮；5—中间齿轮；6—单向离合器；7—螺杆轴；8—离合器套；9—制动滚珠；10—弹簧；11—离合器轴

当扇形轮向下摆动时，螺杆转动同时将药粉由漏斗内推出装入瓶中，当扇形轮向上摆动时，由于单向离合器的作用螺杆停止转动，药粉也停止下粉。利用螺杆停止转动的时间，定位星轮带动瓶子向前移动一个位置，以便进行下一个装粉周期。装量的控制除了调换不同规格的螺杆（一般小号螺杆分装0.12～0.4g剂量，中号螺杆分装0.4～0.8g剂量，大号螺杆分装0.8～1.4g剂量），更重要的是根据药粉物理性状等情况，调节带动扇形轮运动的一根连杆的偏心位置，使扇形轮摆动幅度有所改变，致使螺杆转速改变从而达到装量有所增减。为了保证装量的准确性，要求螺杆与漏斗壁之间的间距愈小愈好，一般是每边0.2mm。机器设有自动保护装置，当螺杆与漏斗相碰时，电源即自动切断，机器停止运转，且发出信号给操作者。

西林瓶在完成装粉后，胶塞经过振荡器振荡，由轨道内滑出，落到一个机械手处而被机械手夹住盖在瓶口上。胶塞振荡器由振荡盘、支撑弹簧、磁铁、整流器和电阻所组成。振荡器除了使胶塞能自动沿螺旋轨道爬升外，还可以起到排队整理的作用，使胶塞排成一个方向。振荡器应安放平稳，三条支撑弹簧调整角度一致，使其受力均匀。电磁铁的间隙也应调节适当，这样才能运行正常。

螺杆式分装机适用于流动性较好的药粉，对于松散、黏性、颗粒不均匀的药粉则很难分装，其优点是装量调节范围大，一般调节螺杆转速就能够将装粉量在（1∶1）～（1∶3）的范围内任意调节。装量误差最小的螺杆转速是4～6r/次，即扇形轮的摆幅居中的位置，因此要获得较小的装量误差，除了药粉的物理性能因素外，操作者的操作经验也是非常重要的。

螺杆分装机生产中常见的问题及解决方法。

（1）装量差异　螺杆位置过高，致使装药停止时仍有一部分药粉进入瓶内，使装量偏多；螺杆位置过低，造成下粉时散开进不到瓶内，使装量偏少；单向离合器失灵，使螺杆反转或刹车后仍向前转过一个角度。解决方法是：如果是螺杆位置安装不当应重新调整，使其恰到好处；如是单向离合器失灵应对其检修或调换。

（2）不能正常盖胶塞　由于胶塞硅化时硅油过多，胶塞振荡器振动弹簧不平衡，机械手位置调整偏差等造成。应根据具体情况加以解决。可以调节盖塞部分位置，减少硅油用量或使瓶子温度降低后再使用。

（3）药粉受污染　主要是螺杆轴承内或轴承的油落入药粉而造成污染。发生这种情况应拆卸分装头，清洗灭菌后重新安装。

（4）自动停车、亮灯报警　因药粉湿度过大或漏斗绝缘体受潮、有金属屑嵌入引起导电等原因造成，这种情况可用万用表检查；或控制器本身故障造成，这种情况可将接漏斗的一根电线拔下，以检查控制器是否仍亮红灯。

二、隔离系统

1. 隔离系统的标准

目前国际上把无菌制造工艺隔离系统分为最低标准LABS（limited access barrier system）、中级标准RABS（restricted access barrier system）与高级标准（isolator）。以最低标准LABS为例，其工艺操作被PC-聚碳酸酯组成的帘膜-墙/门所保护，必要时可将门帘打开，通常通过手套管操作，以减少对层流的干扰，以B级作为背景。

2. RABS的概念

RABS（restricted access barrier system）即人工干预受限制的隔离装置，FDA对RABS的定义为：一种物理的隔断，将无菌工艺区（ISO5）与周围的环境部分隔离开，以提高无菌工艺区域的保护。

RABS的作用在于将人员与无菌环境隔离，限制人员直接接触物品，最大限度地降低人员对环境和物品的潜在污染。

3. RABS的分类

RABS可分为主动式RABS、被动式RABS、主动式cRABS和被动式cRABS等几种隔离技术，同时又可分为开式与闭式，在RABS前冠有c字为闭式，不冠字母则为开式。封闭式RABS连接有附属设备进行物料转移，开放式系统有开口，但被设计成相对正压的方式使系统内部环境与周边环境相隔离（图6-59）。

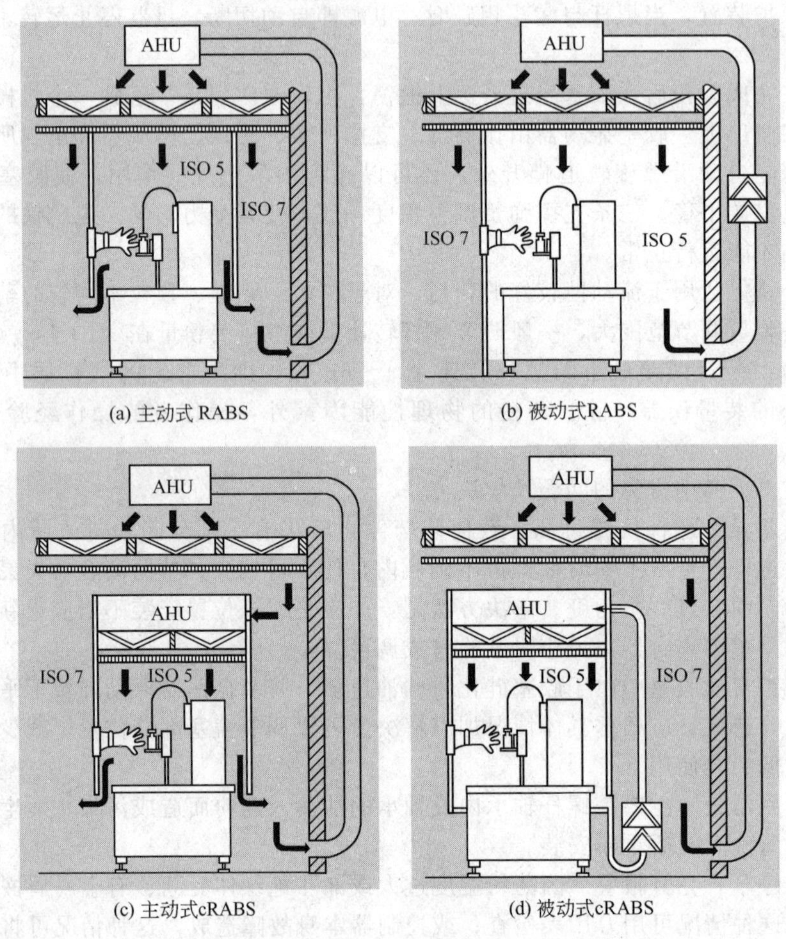

图6-59 RABS的类型

在RABS隔离装置中，无菌灌（分）装设备有着固定的外层，内部达到了环境空气质量A级（ISO5）。安全互锁的防护门、固定安装在隔离系统上的操作手套等，这些是为了保障高清洁度的生产环境。在使用RABS隔离装置时，要求生产过程是一个相对稳定的生产过程，因为固定在系统上的手套位置变换是非常麻烦的。

（1）主动式RABS　通过合适的A级（ISO5）的循环空气装置保证了RABS隔离装置内部层流空气气幕，结合使用隔离防护罩可以构成一个完整的系统。输入的空气直接取自室内，进入灌（分）装设备的空气高度与灌（分）装设备工作台等高。RABS隔离装置环境中的背景级别为B级（ISO7），可以通过隔离手套介入生产设备的操作。

（2）被动式RABS　环境空气质量等级为B级（ISO7）的标准。灌（分）装设备由环境空气质量等级A级（ISO5）的层流空气幕隔离起来。系统配备有中央HVAC装置。隔离空气从灌（分）装设备工作台高度上方介入室内。其间，可通过隔离手套介入工作区进行生产操作。

（3）主动式 cRABS　通过使用等级为 A 级（ISO5）的循环空气保证了层流空气气流，输入的空气直接取自 RABS 隔离装置内。可随时进行循环空气管道的清洁，并能保证更换过滤器芯时不产生交叉污染。灌（分）装设备隔离防护罩与循环空气设备构成了等级为 B 级（ISO7）的整体环境空气质量。其间，可通过隔离手套介入工作区的生产操作。

（4）被动式 cRABS　环境空气质量等级为 B 级（ISO7），层流空气层的等级为 A 级（ISO5）。这种被动式的 cRABS 隔离装置配备有中央 HVAC 设备，生产过程中百分之百前级过滤的循环空气可随时进行循环空气道的清洁，并能保证更换过滤器滤芯时不产生交叉污染。其间，可通过隔离手套介入工作区的生产操作。

三、冷冻干燥技术与设备

1. 冷冻干燥原理

冷冻干燥是将可冻干的物质，在低温下冻结成固态，然后在高度真空下将其中水分不经液态直接升华成气态而脱水的干燥过程。这种干燥方法由于处理温度低，对热敏性物质特别有利，这是制备和保存各种生物制品类药品的理想方法。经冷冻干燥处理后的物质，其原有的物理、化学、生理性能和表面色泽基本不变，可保存数年而不变质；脱水后的物质体形基本不变，内部呈多孔性结构，具有极佳的速溶性和快速复水性。

2. 冷冻干燥工艺操作

要冻干的物品需配制成一定浓度的液体，为了能保证干燥后有一定的形状，一般冻干产品应配制成固体物质含量在 4%～25%之间的稀溶液，以含量为 10%～15%最佳。这种溶液中的水，大部分是以分子形式存在于溶液中的自由水；少部分是以分子吸附在固体物质晶格间隙中或以氢键方式结合在一些极性基团上的结合水。固定于生物体和细胞中的水，大部分是可以冻结和升华的自由水，还有一部分是不能冻结、很难除去的结合水。冻干就是在低温、真空环境中除去物质中的自由水和一部分吸附于固体晶格间隙中的结合水。因此，冷冻干燥工艺操作一般分三步进行，即预冻结、升华干燥（或称第一阶段干燥）、解析干燥（或称第二阶段干燥）。

（1）预冻结　制品在干燥前必须进行预冻。新产品在预冻前，应先测出其低共熔点。低共熔点系指水溶液冷却过程中，冰和溶质同时析出结晶时的温度。制品的预冻应将温度降到低于产品低共熔点 10～20℃。预冻方法有速冻法和慢冻法，速冻法是先把干燥室温度降到 −45℃以下，再将制品置于干燥室内，使之急速冷冻，形成细微冰晶，制得的产品疏松易溶，且不易引起蛋白质变性，故适用于生物制品的干燥。慢冻法形成结晶较粗，有利于提高冷冻干燥的效率。可根据实际情况选用。预冻的时间一般为 2～3h。某些品种可适当延长时间。

（2）升华干燥　又称第一阶段干燥。将冻结后的产品置于密封的真空容器中加热，其冰晶就会升华成水蒸气逸出而使产品脱水干燥。干燥是从外表面开始逐步向内推移的，冰晶升华后残留下的空隙变成随后升华水蒸气的逸出通道。已干燥层和冻结部分的分界面称为升华界面。在生物制品干燥中，升华界面以每小时 1mm 左右的速度向下推进。当全部冰晶除去时，第一阶段干燥就完成了，此时约除去全部水分的 90%左右。

（3）解析干燥　又称第二阶段干燥。在第一阶段干燥结束后，产品内还存在 10%左右的水分吸附在干燥物质的毛细管壁和极性基团上，这一部分的水是未被冻结的。当它们达到一定含量，就为微生物的生长繁殖和某些化学反应提供了条件。此时可以把制品温度加热到其允许的最高温度以下（产品的允许温度视产品的品种而定，一般为25～40℃。病毒性产品为25℃，细菌性产品为30℃，血清、抗生素等可高达40℃），维持一定的时间（由制品特点而定），使残余水分含量达到预定值，整个冻干过程结束。

由于冻干药品中的残留水分对冻干生化药品的影响很大，残留水分过多，生化活性物质容易失活，大大降低了稳定性。控制冻干药品中的残留水分，关键在于第二阶段再干燥的控制。在这一阶段中，温度要选择能允许的最高温度；真空度的控制尽可能提高，有利于残留水分的逸出；持续的时间越长越好，一般过程需要4～6h；对自动化程度较高的冻干机可采取压力升高试验对残留水分进行控制，保证冻干药品的水分含量少于3%。

3. 冻干机的结构和组成

产品的冷冻干燥需要在一定装置中进行，这个装置叫做真空冷冻干燥机，简称冻干机。冻干机主要由制冷系统、真空系统、循环系统、液压系统、拉制系统、CIP/SIP系统及箱体等组成，见图6-60。

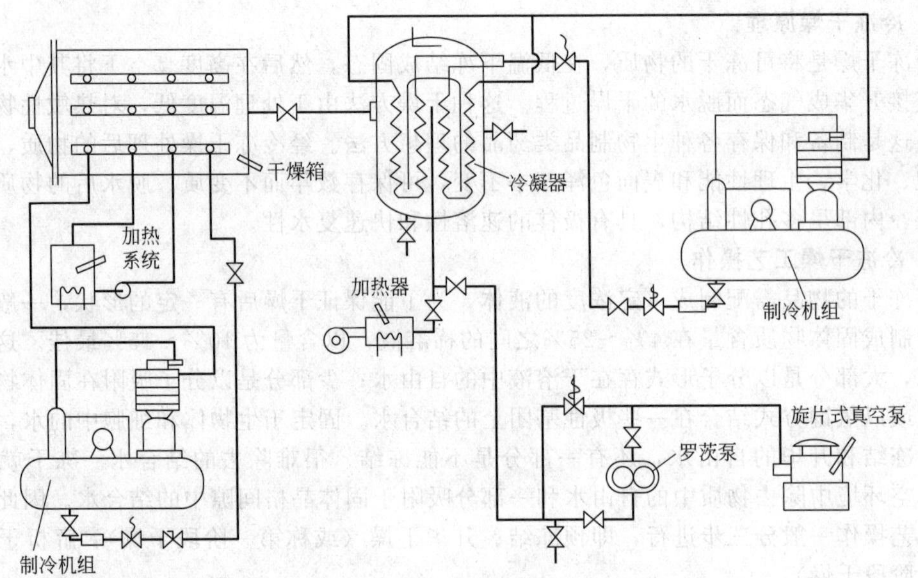

图6-60　冻干机结构组成

（1）制冷系统　制冷系统在冻干设备中最为重要，被称为“冻干机的心脏”。制冷系统由制冷压缩机、冷凝器、蒸发器和热力膨胀阀等构成，主要是为干燥箱内制品前期预冻供给冷量，以及为后期冷阱盘管捕集升华水汽供给冷量。

冷冻干燥过程中常常要求温度达到－50℃以下，因此在中、大型冷冻干燥机中常采用两级压缩进行制冷。主机选用活塞式单机双级压缩机，每套压缩机都有独立的制冷循环系统，通过板式交换器或冷凝盘管，分别服务于干燥箱内板层和冷凝器。根据控制系统的运行逻辑，压缩机可以独立制冷板层或制冷冷凝器。

制冷系统中的工作介质称为制冷剂，它是一种特殊液体，其沸点低，在低温下极易蒸发，当它在蒸发时吸收了周围的热量，使周围物体的温度降低；然后这种液体的蒸气循环至压缩机经压缩成为高压过热蒸气，后者将热量传递给冷却剂（通常是水或空气）而液化，如此循环不断，便能使蒸发部位的温度不断降低，这样制冷剂就把热量从一个物体移到另一个物体上，实现了制冷的过程。通常用的制冷剂有：氨（R717）、氟利昂12（R12）、氟利昂13（R13）、氟利昂22（R22）、共沸混合制冷剂R500、共沸制冷剂R502、共沸制冷剂R503等。

（2）箱体干燥箱　又称冻干箱，是冻干机中的重要部件之一，它的性能好坏直接影响到整个冻干机的性能。冻干箱是一个矩形或圆桶形的，既能够制冷到－50℃左右，又可以加热到＋50℃左右的真空密闭的高、低温箱体。制品的冷冻干燥是在干燥箱中进行，在其内部主要有搁置制品的搁板。搁板采用不锈钢制成，内有载冷剂导管分布其中，可对制品进行冷却或加热。板层组件通过支架安装在冻干箱内，由液压活塞杆带动可上下运动，便于进出料和清洗。最上层的一块板层为温度补偿加强板，它保证箱内所有制品的热环境相同。

冷阱（又称冷凝器）是一个真空密闭容器。在它内部有一个较大表面积的金属吸附面，吸附面的温度能降到－700℃以下，并且能恒定地维持这个低温。在制冷系统中，冷阱的作用是把冻干箱内产品升华出来的水蒸气冻结吸附在其金属表面。从制品中升华出来的水蒸气能充分地凝结在与冷盘管相接触的不锈钢柱面的内表面上，从而保证冻干过程的顺利进行。冷阱的安装位置可分为内置式和外置式两大类，内置式的冷阱安装在冻干箱内，外置式冷阱安装在冻干箱外，两种安装各有利弊。

（3）真空系统　制品中的水分只有在真空状态下才能很快升华，达到干燥的目的。冻干机的真空系统由冻干箱、冷凝器、真空阀门、真空泵、真空管路、真空测量元件等部分组成。

系统采用真空泵组，组成强大的抽吸能力，在干燥箱和冷凝器形成真空，一方面促使干燥箱内的水分在真空状态下升华，另一方面该真空系统在冷凝器和干燥箱之间形成一个真空度梯度（压力差）。使干燥箱水分升华后被冷凝器捕获。

真空系统的真空度应与制品的升华温度和冷凝器的温度相匹配，真空度过高或过低都不利于升华，干燥箱的真空度应控制在设定的范围之内，其作用是可缩短制品的升华周期，对真空度控制的前提是真空系统本身必须具有很少的泄漏率。真空泵有足够大的功率储备，以确保达到极限真空度。

（4）循环系统　冷冻干燥本质上是依靠温差引起物质传递的一种工艺技术。物品首先在板层上冻结，升华过程开始时，水蒸气从冻结状态的制品中升华出来，到冷阱捕捉面上重新凝结为冰。为获得稳定的升华和凝结，需要通过板层向制品提供热量，并从冷凝器的捕捉表面去除。搁板的制冷和加热都是通过导热油的传热来进行，为了使导热油不断地在整个系统中循环，在管路中要增加一个屏蔽式双体泵，使得导热流体强制循环。循环泵一般为一个泵体两个电机，平时工作时，只有一台电机运转，假使有一台电机工作不正常时，另外一台会及时切换上去。这样系统就有良好的备份功能，适用性宽。

（5）液压系统　液压系统是在冷冻干燥结束时，将瓶塞压入瓶口的专用设备。液压系统位于干燥箱顶部，主要由电动机、油泵、单向阀、溢流阀、电磁阀、油箱、油缸及管道等组成。冻干结束，液压加塞系统开始工作，在真空条件下，使上层搁板缓缓向下移动完成制品瓶加塞任务。

（6）控制系统　冻干机的控制系统是整机的指挥机构。冷冻干燥的控制包括制冷机、真空泵和循环泵的起、停，加热功率的控制，温度、真空度和时间的测试与控制，自动保护和报警装置等。根据所要求自动化程度的不同，对控制要求也不相同，可分为手动控制（即按钮控制）、半自动控制、全自动控制和微机控制四大类。

思　考　题

1. 制药用水分为哪几类？各有何特点？
2. 纯化水的生产有哪些方法？各有何特点？

3. 简述反渗透及电法去离子的基本原理?

4. 常见的过滤设备有哪些? 简述其过滤原理?

5. 简述超声波清洗机的工作原理?

6. 简述冷冻干燥的原理?

参 考 文 献

[1] 罗合春，李永峰主编．生物制药工程原理与设备 [M]. 北京：化学工业出版社，2007：200-238.

[2] 唐燕辉主编．药物制剂工程与技术 [M]. 北京：清华大学出版社，2009：96-150.

[3] 任晓文主编．物制剂工艺及设备选型 [M]. 北京：化学工业出版社，2010：220-318.

[4] 张荣秋主编．制药工艺学 [M]. 郑州：郑州大学出版社，2007：280-310.

第七章　其他制剂工艺与设备

第一节　软膏剂工艺与设备

一、概述

软膏剂是指一定量的药物或药材的提取物与适宜软膏基质均匀混合制成的半固体外用制剂，是除口服药外，通过皮肤、孔窍、经络及病变局部等部位治疗各种疾病最常用的剂型。

根据软膏剂基质的特性，可以将其分为油膏、乳膏和凝胶三大类。各种类型的软膏剂所用的基质和生产的工艺方法也不相同，在使用上可根据皮肤生理的功能和治疗目的选用适合的软膏剂种类。

① 油膏是用油脂类做成的基质。其优点是润滑、无刺激性、对皮肤有保护和软化的作用；缺点是药物的释放性能较差、吸水性差、油腻性大、不易洗除。

② 乳膏是用水、甘油、高醇和乳化剂做成的基质。优点是极性小、易清洗、药物透皮性能好、对皮肤的正常功能影响小，根据其基质配制方法的不同，可将其分为水包油的雪花膏型和油包水的冷霜型。

③ 凝胶是用高分子人造树脂羧甲基纤维素钠等做成的基质。优点是可以将其制成半固体状，流动性小、易随身携带、易溶于水且无油腻性。

二、软膏剂生产工艺过程

1. 软膏剂的生产

（1）基质的处理　一般情况下，软膏剂中的基质使用前需净化和灭菌。如油脂性基质质地纯净的可直接使用，但若混有异物或大量生产时都必须加热滤过后再用。一般在加热熔融后需通过数层细布或 120 目铜筛趁热过滤，然后加热至 150℃，灭菌并除去水分。灭菌时不能用火直接加热，使用蒸汽夹层锅加热则需用耐高压夹层锅。

（2）生产方法

① 研磨法。在常温下基质为油脂性的半固体，可采用此法（水溶性基质和乳剂型基质不宜采用）。此法适用于小量制备软膏剂，且药物为不溶于基质者。可在陶瓷或玻璃的软膏板上调制，也可在乳钵中研制。大量生产时可用电动乳钵进行，但效率低。

② 熔融法。将基质先加热熔化，再将药物分次逐渐加入，边加边搅拌，直至冷凝的制备方法，称熔融法。油脂性基质可用此法。药物不溶于基质则需先研成细粉筛入熔化或软化的基质中，搅拌混合均匀。若不够细，需通过研磨机进一步研匀，使无颗粒感，常用三滚筒软膏机，使软膏受到滚辗与研磨，使软膏细腻均匀。其主要构造是由三个平行的滚筒和传动装置组成。在第一个与第二个滚筒上面装有加料斗，两边两个滚筒与中间一个滚筒间的距离可以调节，操作时将软膏装入加料斗中，开动后滚筒旋转按如图 7-1 所示方向以不同速度转动，转动慢的滚筒 1 上的软膏能被速度快的滚筒 2 带过来，并被速度最快的滚筒 3 卷过去，经刮板进入接受器中，由于滚筒的转速不同，所以软膏在滚筒间的间隙受到滚碾和研磨，固体即与基质混匀。

对于软膏中含不同熔点的基质，一般应将熔点高的基质先熔化，再加熔点低的基质。熔

图 7-1 滚筒旋转方向示意

融法与研磨法常互相配合使用。大量制备时可用电动搅拌机混合，并可通过齿轮泵循环数次混匀。

③ 乳化法。将处方中的油脂性和油溶性组分一起加热至80℃左右成油溶液（油相），另将水溶性组分溶于水后一起加热至80℃成水溶液（水相），使温度略高于油相温度，然后将水相逐渐加入油相中，边加边搅至皂化完全后冷凝。大量生产时由于油相温度均匀冷却不易控制，或二相混合时搅拌不匀而使形成的基质不够细腻，因此在温度降至30℃时再通过胶体磨等使其更加细腻均匀。也可使用旋转型热交换器的连续式乳膏机。

(3) 在软膏剂生产过程中药物的加入方法 为了减少软膏对患者病患部位的刺激，要求制剂均匀细腻，且不含有固体粗粒，药物微粒越细其药效越强。制备药物时通常按以下几种方法来进行处理。

① 如药物能在基质中溶解的，可用熔化的基质将药物溶解，制成溶液型软膏。

② 药物不溶于基质或基质的任何组分时，必须先将药物粉碎成细粉，过100～120目筛(眼膏中药物细度为75μm以下)。若用研磨法，配制时取药粉先与适量液体组分，如液状石蜡、甘油等研匀成糊状，再与其余基质混匀。

③ 半固体黏稠性药物，例如鱼石脂中含有某些极性成分不易与非极性基质（凡士林等）混匀，可预先加入适量羊毛脂等混合均匀，再加到基质中。此外，中药煎剂、流浸膏等可先浓缩至稠膏状再与基质混均。固体浸膏可加水或稀醇等研成糊状后，再与基质混匀。

④ 一些挥发性或易于升华的药物或受热易结块的树脂类药物，应使基质降温至40℃左右，再与药物混合均匀。如薄荷脑、草酚等挥发性共熔组分共存时，可先研磨至共熔后，再与冷却至40℃左右的基质混匀。

⑤ 少量水溶性毒剧药或结晶性药物，如碘化钾、硫酸铜、生物碱盐、蛋白银等，应先加入少量水溶解再与吸水性基质或羊毛脂混合均匀，然后再与其他基质混匀。在溶解药物时，一般不宜采用乙醇、氯仿、乙醚等溶剂，因为此类溶剂挥发速度快，使得药物析出。

2. 软膏剂工艺流程

软膏剂的制备工艺流程如下：

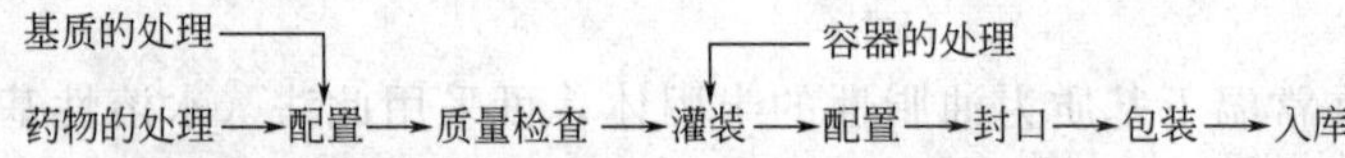

其生产条件的工艺过程可分为三部分：制管、配料、包装。软管可以自制，也可外加工。

油性药膏的油脂性基质在使用前需经灭菌处理，可以采用反应罐夹套加热至150℃保持1h，起到灭菌和蒸除水分的作用。过滤采用压滤或多层细布抽滤的方法去除各种异物。

乳剂药膏的油相配制需将油或脂肪混合物的组分放入带搅拌的反应罐中进行熔融混合，加热至80℃左右，通过200目筛过滤。水相配制是将水相组分溶解于蒸馏水中，加热至80℃过筛滤过。工业化生产中乳剂软膏配料流程见图7-2。

操作时将通蒸汽的蛇形管放入凡士林桶中待凡士林熔化后对其过滤，抽入夹层锅中。通蒸汽加热灭菌150℃1h后，通过布袋滤入接收桶中，再抽入贮油槽。配制前先将油通过滤网接头，滤入置于磅秤上的桶中。称重后再通过另一滤网接头，滤入混合锅中。开动搅拌器，加入药料混合，再由锅底输出，通过齿轮泵又回入混合锅中。如此循环0.5～1h，将软膏通过出料管（顶端夹层保温）输入灌装机的夹层加料漏斗进行灌装。

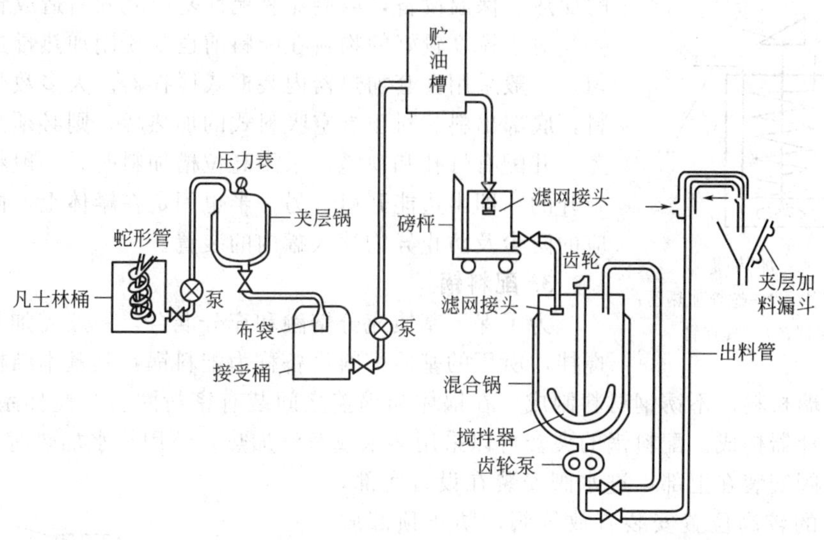

图 7-2　乳剂软膏配料流程

三、软膏剂生产设备

1. 胶体磨

常用胶体磨有立式和卧式胶体磨两种。前者膏体从料斗进入胶体磨，研磨后的膏体在离心盘作用下自出口排出。后者膏体自水平的轴向进入，在叶轮作用下自侧向出口排出。胶体磨由转子与定子两部分构成（见图 7-3)。虽然两者定、转子结构不同，但基本原理都是膏体从转子与定子间的空隙流过，依赖于两个锥面以 3000r/min 的高速相对转动，使得膏体在很大的摩擦力、剪切力、离心力作用下产生涡旋和高频振动，从而将膏体粉碎，起到较好的混合、均质和乳化作用。

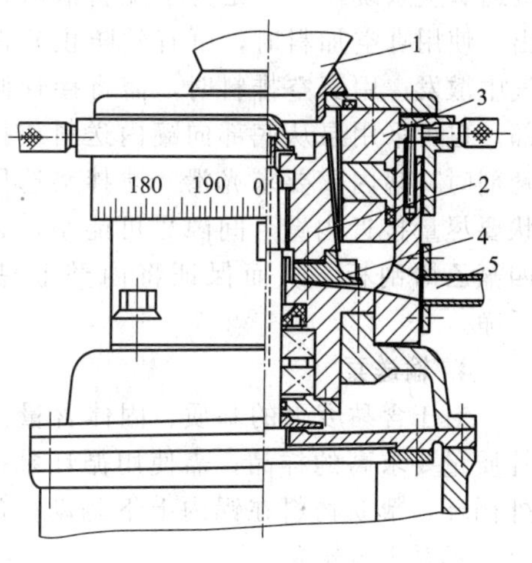

图 7-3　立式胶体磨示意图

1—料斗；2—转子；3—定子；4—离心盘；5—出料口

胶体磨与膏体接触部分由不锈钢材料制成，耐腐蚀。采用调节圈调节定子和转子间的空隙控制流量和细度。研磨高黏度物料时产生的大量的热，可在外夹套通冷却水降温。胶体磨的轴封常用聚四氟乙烯、硬质合金或陶瓷环制成，可以避免在工作时被磨损。料液在进入胶体磨前需先用 18 目滤网过滤，以防金属等杂物进入，起到保护胶体磨的作用。胶体磨转子和定子的表面接触面积大于 50%，同心度偏差不超过 0.05mm。如果磨损严重，应及时更换，同时调节圈上零刻度线的位置应予以修正。机器运行中尽量避免停车，操作完毕应立即清洗，不可留有余料。平常要定期向润滑系统加润滑油，以延长机器使用寿命。

2. 加热罐

油性基质在低温时常处于半固体状态，与主药混合前需加热降低其黏稠度，通常多采用蛇管蒸汽加热器加热。在蛇管加热器中央有一个桨式搅拌器，见图 7-4。低黏稠基质被加热后多使用真空管将其从加热罐底部吸出，再进行下一步处理。输送物料的管线也需安装适宜

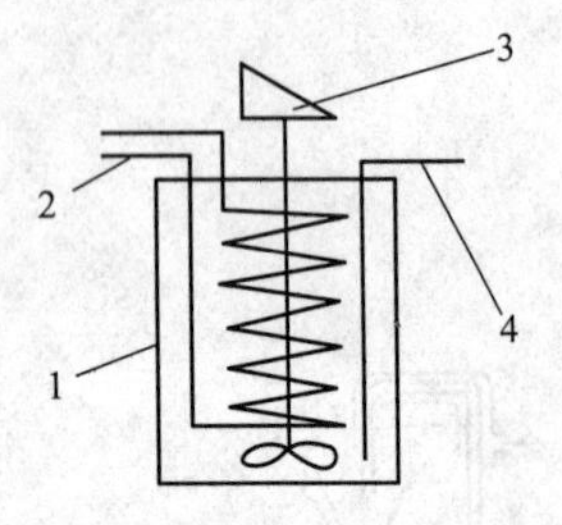

图 7-4 加热罐

1—加热罐壳体；2—蛇管加热器；3—搅拌器；4—真空管

的加热、保温设备，以避免黏稠性基质凝固后造成管道堵塞。

对于稠度较好的物料在配料前也要使用加热罐加热与预混匀。一般采用夹套加热器内装框式搅拌器。大多数是从顶部进料，底部出料。对于真空吸料式的加热罐，则必须是封闭的罐盖，并配有灯孔和视镜。采用高位槽加料时，一般将罐盖做成半开的，即半边能开启、另一半也固定在罐体上，同时要有相应的防尘及防止异物掉入罐内的装置。

3. 配料锅

为了保证基质充分熔融和充分混合，一般需加热、保温和搅拌，所用的基质配料设备称为配料锅，其基本结构见图 7-5。锅体由搪玻璃材料、不锈钢材料制成。在锅体和锅盖之间装有密封圈。其搅拌系统由电机、减速器、搅拌器构成。配料锅的夹套可以采用热水或蒸汽加热。使用热水加热时，根据对流原理，排水阀安装在上部，进水阀安装在设备底部，此外在夹套的较高位置安装有放气阀，防止顶部放气而降低传热效果。

在搅拌器轴穿过锅盖的部位安装有机械密封，除维持密封锅内真空或压力外，还防止锅内药物被传动系统的润滑油污染。图 7-5 所示的真空阀用来接通真空系统，主要是为了配料锅内物料引进和排出。使用真空加料时，可有效防止芳香族原料向大气中散发；用真空排料时，需将接管伸入到设备底部。也可采用泵从底部向罐内送料或排料。在配制膏剂时，锅内壁要求光滑。搅拌桨选用框式，其形状要尽量接近内壁，间隙尽可能小，必要时安装聚四氟乙烯刮板，从而保证将内壁上黏附的物料刮干净。

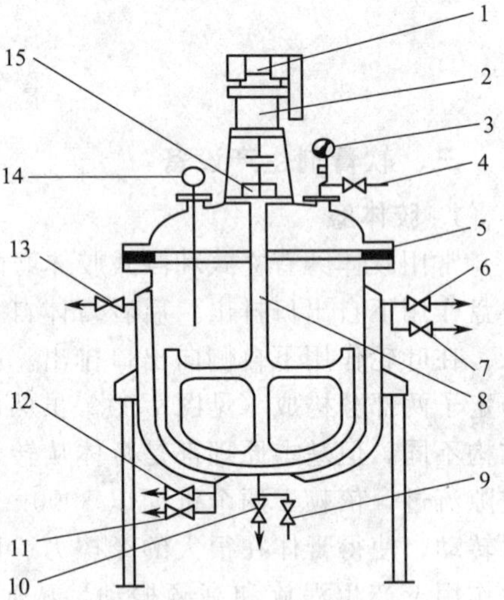

图 7-5 配料锅结构示意图

1—电机；2—减速器；3—真空表；4—真空阀；5—密封圈；6—蒸汽阀；7—排水阀；8—搅拌器；9—进泵阀；10—出料阀；11—排气阀；12—进水阀；13—放气阀；14—温度计；15—机械密封

4. 输送泵

对于含黏度大的基质、固体含量高的软膏及搅拌质量要求高的样品，需使用循环泵携带物料做锅外循环，帮助物料在锅内上下翻动。常用胶体输送泵、不锈钢齿轮泵。

5. 真空均质制膏机

制膏机是配制软膏剂的关键设备。所有物料都在制膏机内搅拌均匀、加温和乳化。在制备时，要求搅拌器性能好、操作方便、便于清洗。优良的制膏机能制成细腻、光滑的软膏。

见图 7-6，真空均质制膏机包括主搅拌（208r/min）、溶解搅拌（1000r/min）和均质搅拌（3000 r/min）三组。主搅拌属于刮板式，装有可活动的聚四氟乙烯刮板，可避免软膏粘于罐壁而过热、变色，同时影响传热。主搅拌速度缓慢，能混合软膏剂中各种成分，不影响乳化。溶解搅拌能快速将各种成分粉碎、混匀，能促进投料时固体粉末的溶解。均质搅拌速度转动更快，内带定子和转子起到胶体磨作用。膏体随搅拌叶的转动在罐内上下翻动，将膏体中的粗粒磨得很细，搅拌得更均匀。膏体细度在 2～15μm，大多数靠近 2μm。

该种制膏机的罐盖靠液压自动升降，罐体能翻转 90°，有利于出料和清洗。主搅拌转速无级变速，可根据工艺要求在 5～20r/min 间调节。该机附有真空抽气泵，膏体经真空脱气

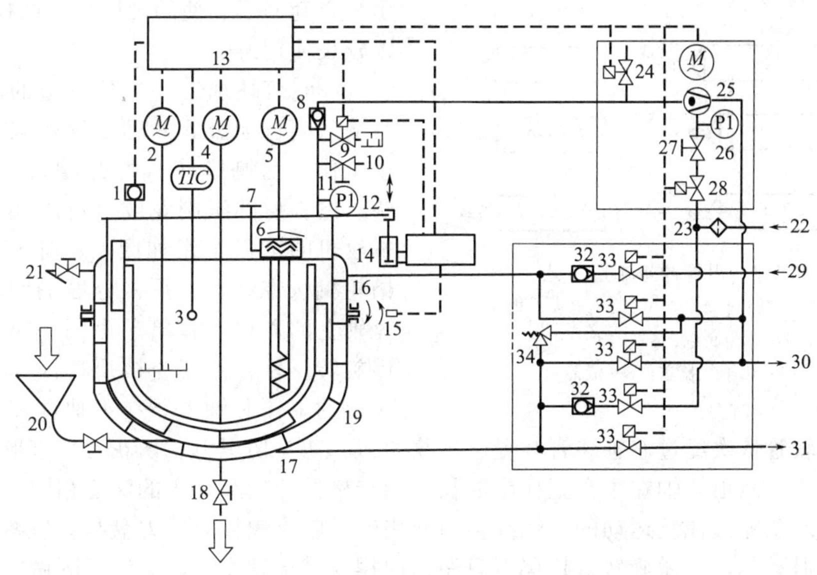

图 7-6　真空均质制膏机

1—视镜；2—溶解器；3—温度计；4—搅拌器；5—均质器；6—液膜分配器；7—磨缝调节；8,32—止回阀；9—自动排气阀；10—消声器；11—真空调节开关；12,25—真空泵；13—电开关装置；14—液压升降；15—液压倾斜；16—进气出水口；17—进气排冷凝水口；18—出料；19—导流板；20—加料；21,31—排气；22—进水；23—水过滤器；24—自动通气阀；26—压力表；27—水调节器；28,33—电磁阀；29—进气；30—排水；34—安全阀

后，可消除膏体的小气泡，香料更能渗透到膏体内部。同时可减少辅料和香料的投料量，而测得成品含量不变，这是由膏体分散得更均匀造成的。

四、软膏剂用管生产设备

配制成的膏剂需装罐到铝管、铅锡管或塑料管内。软管材料与软膏基质不能发生理化作用，不能经挤压后有回吸现象，管内壁要求干净清洁，管壁要求不透气，管外壁能容易涂上色彩鲜艳的图案和商标，而且不易脱落。常用的软管有内壁涂膜铝管、复合材料管、塑料管等。

1. 管材及其预处理

因铝材料价格便宜，且遮光性、透气性也能满足要求，所以目前国内外膏剂大量使用的是铝管。为提高其耐腐蚀性，多在内壁涂耐腐蚀涂料。

铝管所用材料是由含量为 99.7%的铝锭，经热轧成一定厚度的铝板，使用落片机将铝板冲制成一定尺寸的带孔或不带孔的圆铝片，由于冲制时有油渍，并在切口处有毛刺，故冲出的圆片需装入带孔的滚筒机内，利用铝片之间的摩擦将毛刺打光，并通过淋洗、沥水后再取出使用。修整后的铝片送到热处理炉中进行 460℃的软化退火，使冲击过程中由于应力作用而材质硬化的现象予以消除，经退火后其硬度为 HB20 以下，即可送去制管。

2. 制管过程及设备原理

（1）制管工艺过程　铝管冲挤制造工艺过程如图 7-7 所示。制管过程经冷冲挤机及螺纹机制作成型，再进行内、外涂层和捻盖后完成空管制造，现就成型工艺加以介绍。

（2）冲挤管坯　涂有润滑剂的铝片沿落料轨道滑入托料座的凹形半圆孔中，利用坯料送给装置上的摆杆，将托料座中的坯片送到凹模中心位置。凹凸模均是易损件，常采用镶嵌硬

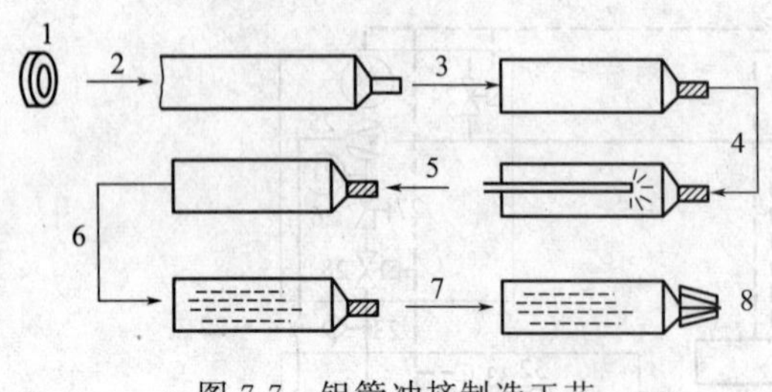

图 7-7 铝管冲挤制造工艺

1—铝片；2—挤压；3—割尾；4—退火、内涂层；5—固化、印底色；6—烘干、印字；7—烘干、捻盖；8—成品

质合金套凹模和使用硬质合金凸模芯等措施，以延长使用寿命。

(3) 管坯加工 冲挤成型的软管毛坯将被输送到自动卧式六轴螺纹机来完成下面三项工作：切割螺纹（拧螺帽）；定长度切割头、尾；肩部压制花纹（可不用）等。六轴螺纹机的工作示意如图 7-8 所示，主盘轴由槽轮机构带动做全周六分度的间歇转位，主盘轴上的六根工作笔芯由同一条链传动，不停旋转。软管毛坯先被顶料杆 1 推送到间歇转位的工作芯轴上，在主轴盘六分度间歇转位时，每根软管依次经过芯轴装管装置、螺纹切刀、切头切尾刀、切花刀、整形装置、卸管装置等六工位，六根芯轴在主盘上探出的长度能严格保证软管套入的深度相同。装管、卸管是用齿轮、齿条完成往复运动的，螺纹切刀使用的是圆盘螺纹刀，刀盘与管口在相对滚动时只做横向进退动作，不做旋转，切尾刀只做横向摆动进给动作，而螺纹刀既做横向摆动进给又有轻微轴向切割动作，切头、切尾在同一工位完成，以保证软管定长度。由于割尾刀在切断软管的同时可能会划伤芯轴，所以每根芯轴在对应管尾部分嵌有一段硬质合金圈，使其具有足够硬度而不被划毛，必要时还可更换。整形工位的功能在于压平管尾切口，整圆，并使管身与芯轴松动以便于下个工位卸管。各工位动作是由凸轮摆杆机构协调控制的。加工后的软管应经退火炉退火，以消除内应力，恢复其塑性韧性。

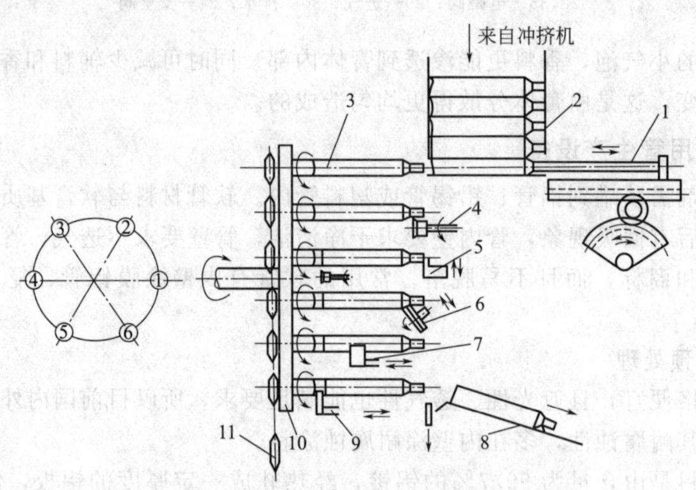

图 7-8 六轴螺纹机工作示意图

1—顶料杆；2—软管送料架；3—工作芯轴；4—螺纹切刀；5—切头、割尾刀组；6—切花刀；7—整形块；8—卸料槽；9—卸料块；10—主盘；11—传动主链轮；①—装置工位；②—切螺纹工位；③—切头、尾工位；④—切花肩工位；⑤—整形工位；⑥—卸料工位

3. 软管的内外涂层设备

为增加管壁的耐腐蚀能力和保证膏剂不变质，铝管内壁将喷涂一种附着力极好的坚固的树脂涂料，其厚度在 0.01mm 左右，需要两次喷涂。

(1) 内喷涂机 软管内喷涂使用专门的内喷涂机，功能有两个：①利用卡头夹持空软管，有的新型机器上该卡头还应有带动空软管旋转的功能；②带动喷枪做往复运动。内喷涂机能完成喷枪自动进给、喷涂时边喷边退，以求涂料布满整管内壁。当喷枪完全退出管尾时能自动停喷和落料。新型的内喷涂机主要是喷嘴的功能及结构有新进展，其喷枪有两种型式，见图 7-9，一支专用于喷涂管子头部，另一支用于喷涂内壁。前者进给一次到位，在管内只做短时停留即迅速停喷退出；后者在管内到位后则边喷边退，利用管子或喷头旋转而使涂料涂布全部内壁。

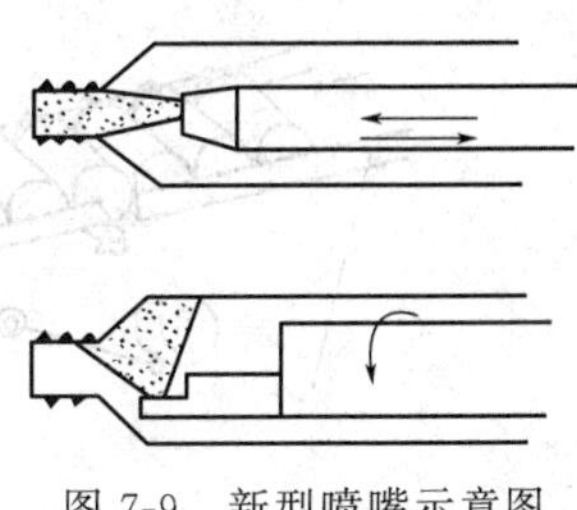

图 7-9　新型喷嘴示意图

(2) 软管印刷机　软管的内壁印刷机结构极为复杂，由于软管外壁涂底色后，需先烘干再去印字，所以常把涂底色机、烘箱和印字机联在一起，构成印字生产线。在涂底色机和印字机的结构中，均有上墨系统、印涂系统及装、卸管系统。上墨系统是指油墨在印到软管之前，需经墨轮、铜板、印刷胶轮等各版、轮间的逐个滚挤，才能将所需墨迹均匀地涂敷于印刷胶轮上，完成上墨过程。其过程及原理与安瓿印字机相似。在印涂系统中主要有一个多工位（多为八工位）的间歇转位主盘。主盘上装有 8 个软管芯轴，分别对应机架上的各工位动作机构。当主盘间歇转位时，芯轴上的软管依次经过 8 个工位，完成一系列的工作要求。印涂系统的主盘各工位布置示意见图 7-10。印刷主盘八个工位的功能分别为上管机构（a）、限位检测（b）、空管检测（c）、印涂（d）、卸管机构（e）、二次限位检测（f）及两个空位。由传送链间歇送来的排列整齐的软管经上管机构 a 套于空芯轴上，另一卸管机械手将卸管机构 e 处的软管取出，再移送（通过摆动动作）到传送链上去。传送链、机械手及主盘具有相同的动作周期，以保证动作的协调一致（见图 7-10）。

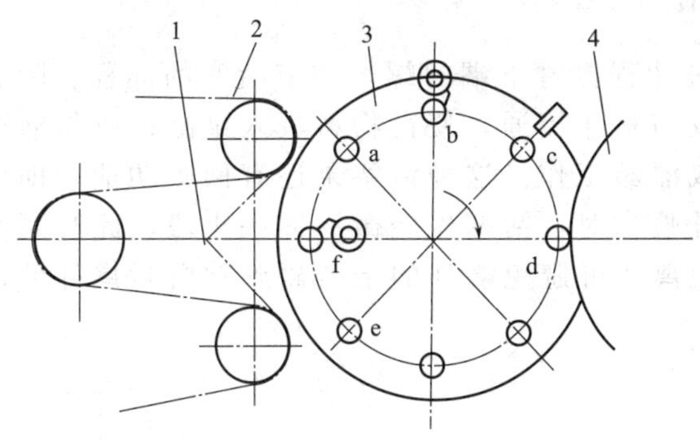

图 7-10　印涂系统的主盘工位布置图

1—机械手回转中心；2—传送链；3—主盘；(a—上管机构；b，f—限位检测；c—空管检测；d—印涂；e—卸管机构)；4—印刷胶轮

五、软膏剂灌装设备

软膏剂软管自动灌装机主要包括输管、灌装、封底等主要功能。

1. 输管机构

由进管盘和输管盘组成。空管由手工单向卧置（管口朝向一致）推进管盘内，进管盘与水平面成一定斜角。空管输送道可根据空管长度调节其宽度，靠管身自身重量，空管在输送道的斜面下滑，出口处被插板挡，使空管不能越过。利用凸轮间歇抬起下端口，使最前面一支空管越过插板，并受翻管板作用，空管以管尾朝上方向被滑入管座。凸轮的旋转周期和管座链的间歇移动周期一致。在管座链拖带着管座移开的过程，进管盘下端口下落到插板以下，进管盘中的空管顺次前移一段距离。插板具有阻挡空管的前移及利用翻管板使空管轴线由水平翻转成竖直的作用，见图 7-11。

2. 灌装机构

灌装药物时要保证灌入空管内的药物不黏附在管尾口上；保证每次灌装药物的剂量准确；保证当管座中没有管子时，不向外灌药，避免污染设备。

灌装药物是采用活塞泵计量，为保证计量精度，可采用微细调节活塞行程来加以控

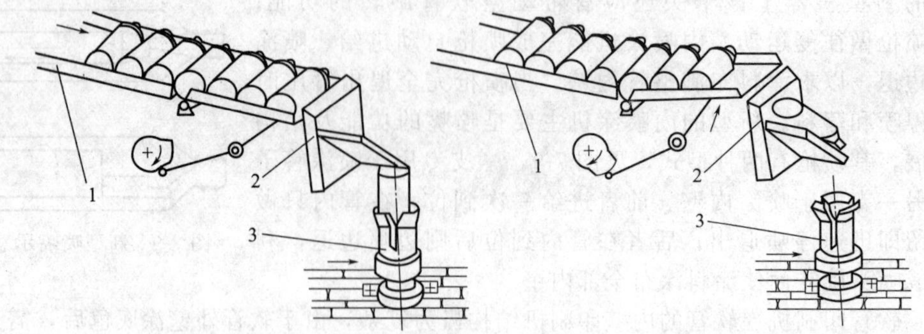

图 7-11 插板控制器及翻管示意图

1—进管盘；2—插板（带翻管板）；3—管座

制。图 7-12 是灌装活塞动作示意，可通过冲程摇臂下端的螺丝调节活塞的冲程。随着冲程摇臂做往复运动，控制旋转的泵阀或与料斗接通，使得物料进入泵缸；或与灌药喷嘴接通，将缸内的药物挤出喷嘴而完成灌药工作。这种活塞泵还有回吸功能，即活塞冲到前顶端，软管接受药物后尚未离开喷嘴时，活塞先轻微返回一小段，此时泵阀尚未转动，喷嘴管中的膏料即缩回一段距离，可避免嘴外的余料碰到软管封尾处的内壁而影响封尾质量。

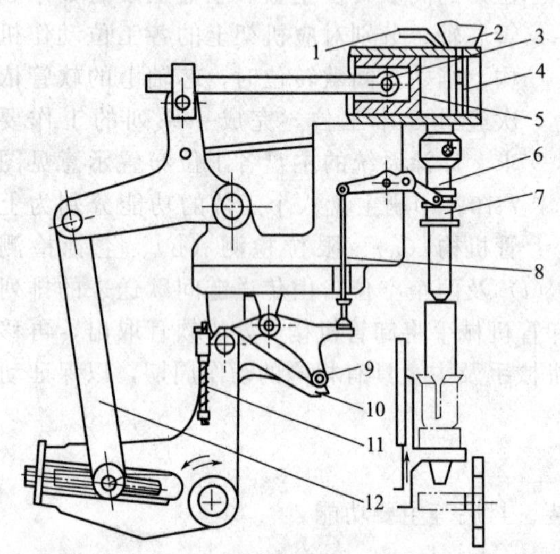

图 7-12 灌装活塞动作示意图

1—压缩空气管；2—料斗；3—活塞杆；4—回转泵阀；5—活塞；6—灌药喷嘴；7—释放环；8—顶杆；9—滚轮；10—滚轮机；11—拉簧；12—冲程摇臂

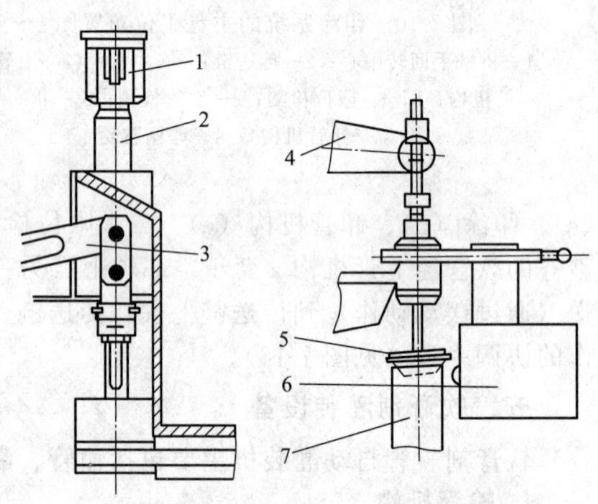

图 7-13 光电对位装置

1—托杯；2—提升套；3—提升杠杆；4—摆杆；5—圆锥中心头；6—反射式光电开关；7—软管

另外，在喷嘴内还套着一个吹风管，通常膏料从风管外的环境中喷出。灌装结束开始回吸时，泵阀上的转齿接通压缩空气管路，用以吹净喷嘴端部的膏料。

当管座链拖动管座停位在灌药喷嘴下方时，利用凸轮将管座抬起，将空管套入喷嘴。管座的抬起动作是沿着一个槽形护板进行、护板两侧嵌有用弹簧支撑的永久磁铁，利用磁铁吸住管座，可以保持管座升高动作稳定。

管座上的软管上升时将碰到套在喷嘴上的释放环，推动其上升。通过杠杆作用，使顶杆下压摆杆，将滚轮压入滚轮轨，从而使冲程摇臂受传动凸轮带动，将活塞杆推向右方，泵缸中的膏料挤出。如果管座上没有空管时，管座上升并没有软管来推动释放环时，拉簧使滚轮抬起，不会压入滚轮轨，传动凸轮空转，冲程摇臂不动，保证无管时不灌药，既防止药物损失，又不会污染机器和被迫停车清理。在活塞泵缸上方置有料斗，外臂接有电热装置，当膏料黏度较大时，可适当加热以保持其有一定的流动性。

3. 光电对位装置

其作用是使软膏管在封尾前，管外壁的商标图案等都按同一方向排列。此装置由步进电机和光电管完成。步进电机又称脉动电机，将电脉冲信号转换成角位移的电磁机械，其转子的转角与输入的电脉冲数成正比，其运动方向取决于加入脉冲的顺序。所以，步进电机可以在数字系统中作为数字转角位移的转换元件，也可以直接带动机械负载产生一定的转角。本机就是使其直接带动管座转动一定角度，通过同步传送带，保持软管和电机同步转动。

软管被送到光电对位工位时，对光凸轮使提升杆向上抬起，带动提升套抬起，使管座离开托杯，再由对光中心锥凸轮工作，在光电管架上的圆锥中心头压紧软管。通过接近开关控制器，使步进电机由慢速转动变成快速转动，管子和管座随着旋转。当反射式光电开关识别到管子上预先印好的色标条纹后，步进电机就能制动，停止转动。再由对光升降凸轮的作用，提升套随之下降，管座落到原来的托杯中，完成对位工作。光电开关离开色标条纹后，步进电机又开始慢速转动，等待一个循环。装置见图 7-13。软管上的色标要求与软管的底色反差要大。在步进电机上还装有一个行程开关，作过载保护作用。当提升套卡住时，软管链轴仍转动产生一个扭力，推动法兰脱开摆动杠杆，碰到行程开关触头，切断电源，迫使设备停转。

光电控制线路主要由二极管、三极管、集成电路、光学元件组成。由凸轮控制晶体管接近开关，发出同步工作信号，通过驱动线路，控制步进电机慢转、快转、停止。

4. 封口机构

根据软管材质，有对塑料管的加热压纹封尾和对金属管的折叠式封尾。折叠式封口机构在封口架配有三套平口刀站、两套折叠刀站、一套花纹刀站。封口机架除了支撑六套刀站外，还可根据软管不同长度调整整套刀架的上、下位置。封口机构通过两对弧齿圆锥齿轮、一对正齿轮将主轴上动力传递到封口机构的控制轴上，依靠一对封尾共轭凸轮和杠杆把动作传送到封尾轴，在封尾轴上安装着各种刀站。刀站上每套架有两片刀，同时向管子中心压紧。封口顺序见图 7-14，其中 1、3、5 是平刀站完成，2、4 是折叠刀站完成，6 是花纹刀站完成。平刀站上有前后两个刀片，向中间轧平管尾。轧尾的宽度可以调节。

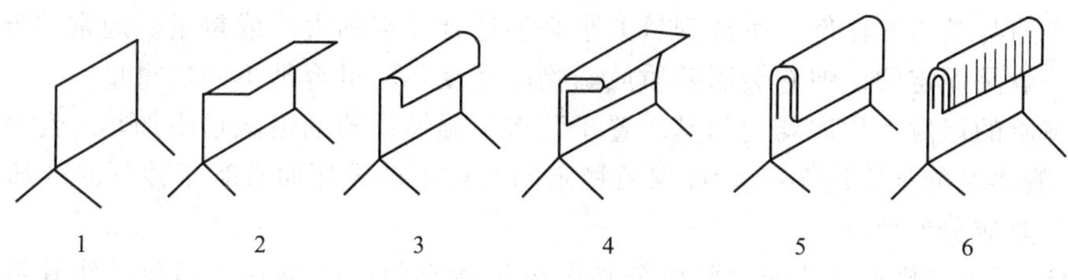

图 7-14　软管轧尾过程

折叠刀站见图 7-15。前折叠装置上的摆杆控制刀片合拢，刀片上的弹簧可调节夹紧力，要求在没有管子时，前刀片折叠面比后刀片低 0.1mm。后折叠装置由摆杆控制推杆上的尼龙滚柱折弯管子尾部。推杆上的弹簧可调节夹紧力。

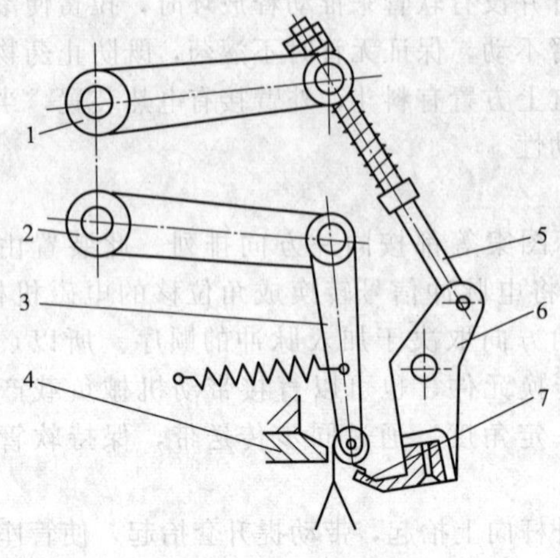

图 7-15 折叠刀站

1，2—摆杆；3—推杆；4—后刀片；5—调节螺杆；6—前刀片挂脚；7—前刀片

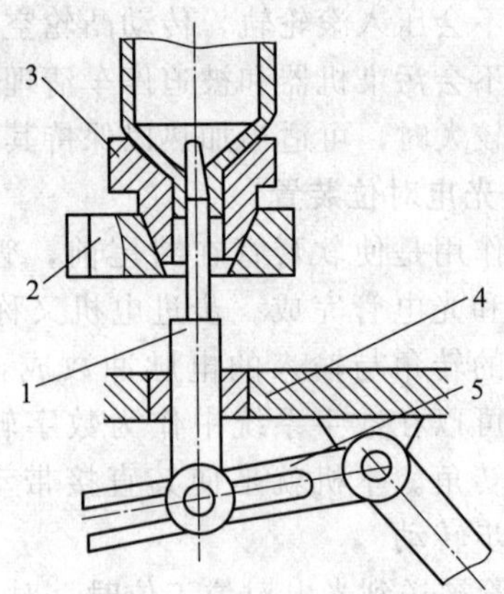

图 7-16 出料顶杆对位

1—出料顶杆；2—管座链节；3—管座；4—机架；5—凸轮摆杆

5. 出料机构

封尾后的软管随凸轮带动出管顶杆，从管座的中心顶出，使其滚翻到出料斜槽中，滑入输送带，送去外包装。顶杆中心应与管座中心对正，保证顶出动作顺利进行，见图 7-16。

第二节 栓剂工艺与设备

一、栓剂工艺过程

1. 概述

栓剂系指以药物和适宜的基质配制成的借腔道给药的固体制剂。其形状及重量因给药腔道的不同而异，在常温下其外形应光滑完整、无刺激性和有适宜的硬度及弹性。栓剂是一种较古老的剂型，过去也称为塞剂或坐剂。目前主要使用的栓剂有两种：肛门栓和阴道栓。

2. 栓剂的生产工艺

熔融基质→加入药物（混匀）→注模→冷却→削平→脱模→质检→包装→成品

目前的大量生产主要采用热熔法并用自动模制机器。在制备过程中，为了获得优良产品，很重要的一环是要有完善的条件和精巧的操作。制定栓剂工艺操作规程时，需注意以下几个问题。

（1）主药与基质的比例　主药剂量大小必须适合栓剂的大小或重量。通常情况下栓剂模型的容量一般是固定的，但它会因基质或药物的密度不同可容纳不同的重量。

（2）基质的熔融　称取均匀的基质置于装有恒温搅拌器的熔融桶中加热（注意防止局部过热），一般熔融的基质达 50℃，能保留稳定的晶种不被破坏而有利于栓剂的冷却固化。

（3）主要成分的处理

① 粉碎。大多数不溶性的主要成分必须采用适宜的机械将其微粉化，使其具有一定的细度。

② 保持具药理活性的晶形。

③ 湿度。主成分必须是无水或含水很低，保证基质和主成分的稳定性。

④ 混合均匀。对在长时间处于高温时易产生降解或挥发损失的制品需最后加入。

（4）熔融基质与主要成分的混合　基质熔融前需先分割成小块，其与主成分的混合可采用“等量递增法”进行。不耐热或易挥发的成分注模前与熔融基质混合。

（5）注模铸造　在栓剂生产中，一般根据设计和制造工艺流程来控制栓剂团块注模铸造的温度，当熔融团块成奶油状或接近固化时应注模。根据处方的组成来确定注模的速度，当处方中有粉末药物时，应避免沉降。当栓剂冷却固化后，用机械将栓模上口多余部分削平，要恰当地掌握切削速度，过快则使栓剂出现空洞而致重量不足，过慢造成拖尾并出现撕裂。

（6）脱模　可根据模型的类型以纵向或横向来进行，也有纵横混合进行的。主要是为了保证栓体完整美观。在工业大生产中，多采用自动制栓机，可直接将栓剂熔铸在已预制的吸塑包装中并进行封口。

二、栓剂生产设备

1. 栓剂的配料设备

基质与药物的混合是栓剂生产的第一步，目前，工业生产中最常用且较先进的栓剂配料设备是高效均质机，药物与基质按比例投料后可以在该机中完成混合、搅拌、均质、乳化等过程，是配料罐的替代产品。

该设备的工作原理是将夹层保温罐内的基质与药物通过高速旋转的装置，药物与基质从容器底部连续吸入转子区，在高速剪切力作用下，物料从定子孔中抛出，落在容器表面改变方向落下，同时新的物料被吸进转子区，开始一个新的工作循环。

高效均质机的结构简单，可将不同的物料混合均匀，灌封时不产生气泡和药物分离，栓剂成型后不会分层。与药物接触部件全部是不锈钢材质，符合 GMP 标准。

2. 高速全自动栓剂灌封机组

目前，工业化的栓剂灌封设备有全自动和半自动两种，栓剂的灌封设备通常以组的形式存在，以连续完成制壳、灌注、冷却到打印批号等一系列过程的操作。目前，国产最先进的全自动灌封机的生产速度可以达到 30000 粒/h。

该机组由 PLC 程序控制，工业人机界面操作，是目前国内自动化程度最高、产量最大的栓剂设备。该机组主要由三部分组成：①高速制带、灌注机；②高速冷冻机；③高速封口机。能自动完成栓剂的制壳、灌注、冷却成型、封口、打批号、打撕口线、切底边、齐上边、计数剪切全部工序，并且具有自动识别瘪泡，并在灌装前将其自动剔除的功能。

工作路线为：成卷包材—焊接—预热—滚花—吹泡成型—灌注—冷却定型—预热—封口—打批号—打撕口线—切底边—齐上边—计数剪切—成品包装。

该机组所用的 PVC、PVC/PE 成卷包材，经正压吹塑成型制成栓剂所需要的子弹型或鱼雷型上部开口的壳带并间歇进入灌注部分。药粉和基质经过充分搅拌、均质混合后，经插入式灌注头高精度自动灌入栓剂壳带内，由输送装置送到冷却定型箱内，在冷空气作用下，快速冷却定型，完成液态到固态的转化，最后，由封口机构自动封合上口、打印批号及生产日期、打撕口线、切底边、齐上边、计数剪切，最后进入成品包装。

第三节　丸剂工艺与设备

一、丸剂概述

丸剂是药材细粉或药材提取物加适宜的黏合剂或其他辅料制成的球形或类球形制剂的统称。不仅能容纳固体、半固体药物，还可以较多地容纳黏稠性的液体药物，并可掩盖药物的不良臭味。其作用缓和、持久，适用于缓效药物、调和气血用药物及剧毒药物的制备。按赋形剂的不同可分为以下五类。

（1）水丸　是指将药物细粉以冷开水或按处方规定的药材煎剂、糖浆、黄酒、醋等作黏合剂而制成的丸剂，一般泛制法制备，故又称水泛丸。水丸在消化道中崩解较快，发挥疗效亦较迅速，适用于解表剂与消导剂。由于不同的水丸重量多不相同，故一般均按重量服用。

（2）蜜丸　是指将药物细粉以蜂蜜为黏合剂而制成的丸剂，一般用塑制法制备。由于蜂蜜黏稠，使蜜丸在胃肠道中逐渐溶蚀释药，故作用持久，适用于治疗慢性疾病和用作滋补药剂。根据蜜丸形状大小和制法的不同可分为大蜜丸（秘制法制成，每丸重 3～15g）和小蜜丸（蜂蜜加水稀释，用泛制法制成），按重量服用。

（3）糊丸　是指将药物细粉用米粉糊或面粉糊为黏合剂而制成的丸剂。糊丸在消化道中崩解迟缓，适用于作用峻烈或有刺激性的药物，但由于溶解时限不易控制，现已较少运用。

（4）蜡丸　是指将药物细粉与蜂蜡混合而制成的丸剂。蜡丸在消化道内难于溶蚀和溶散，故过去多用于剧毒药物制丸，但现在已很少应用。

（5）浓缩丸　系指将处方中的部分药物经提取浓缩成膏再与其他药物或适宜的辅料制成的丸剂，可用塑制法或泛制法制备。浓缩丸的特点是减小了体积，增强了疗效，服用、携带及贮存均较方便，符合中医用药特点，又适应机械化生产的要求，并可节约辅料。

二、丸剂工艺过程

1. 塑制丸工艺过程

即丸块制丸过程，是指药材细粉或药材提取物与适宜的赋形剂混匀，制成软硬适宜的塑性丸块，再依次制成丸条、分割及搓圆而制成丸剂的过程。中药蜜丸、浓缩丸、糊丸等都可采用此法制备。下面以蜜丸为例介绍塑制法制备丸剂的工艺过程。

（1）原辅料的准备　按照处方将所需的药材清洁，炮制合格，称量配齐，干燥、粉碎、过筛，混合使成均匀细粉。如方中有毒、剧、贵重药材时，宜单独粉碎后再用等量递增法与其他药物细粉混合均匀。

（2）制丸块　取混合均匀的药物细粉，加入适量黏合剂，充分混匀制成温度适宜、软硬适度的可塑性软材，即称之为丸块，中药行业习称“合坨”。生产上一般使用捏合机。

（3）制丸条　将丸块制成粗细适宜的条形以便于分粒。丸块制好后，应放置一定时间，使蜜等黏合剂充分湿润药粉，即可制丸条。

（4）制丸粒　手工制丸时可用搓丸板，操作时将粗细均匀的丸条横放在搓丸板底槽沟上，用有槽沟的压丸板先轻轻前后搓动，逐渐加压，然后继续搓压，直至上下齿端相遇，将丸条切割成小段并搓成光圆的小粒，即可。

（5）干燥　丸剂应干燥以利贮藏。蜜丸剂所用蜜已加热炼制，水分控制在一定范围内，一般称完后可在室内放置适宜时间保持丸药的滋润状态即可包装。水蜜丸因蜜中加水稀释，丸粒含水量较高，必须干燥使含水量不超过 12%，否则易霉变。

2. 泛制丸工艺过程

泛制丸工艺过程是将药物细粉与水或其他液体黏合剂（黄酒、醋、药汁、浸膏等）交替湿润及撒布在适宜的容器或机械中，不断翻滚，逐层增大的一种方法。

泛制丸过程主要用于水丸的制备，其他如水蜜丸、糊丸、浓缩丸等也可用。制备过程可分为原料的粉碎与准备、起模、成型、选丸及干燥等步骤。

（1）原辅料的粉碎与准备　泛丸时药料的粉碎程度要求比丸块制丸时更细，一般宜 100 目左右的细粉。处方中适于打粉的药材应经净选，炮制合格后粉碎。泛丸用的工具必须充分清洁、干燥。

（2）起模　起模是泛丸成型的基础，是制备水丸的关键。模子形状直接影响着成品的圆整度，模子的大小和数目也影响加大过程中筛选的次数和丸粒的规格以及药物含量的均匀性。泛丸起模是利用水的湿润作用诱导出药粉的黏性，使药粉相互黏着成细小的颗粒，并在此基础上层层增大而成丸模的过程。因此起模应选用处方中黏性适中的药物细粉。

起模方法可分为药物细粉加水起模和湿粉制粒起模以及喷水加粉起模三种。

药粉加水起模是先将所需起模用粉的一部分置包衣锅中，开动机器，药粉随机器转动，用喷雾器喷水于药粉上，借机器转动和人工搓揉使药粉分散，全部均匀地受水湿润，继续转动片刻，部分药粉成为细粒状，再撒布少许干粉，搅拌均匀，使药粉黏附于细粒表面，再喷水湿润。如此反复操作至模粉用完，取出、过筛分等即得丸模。

湿粉制粒起模是将起模用的药粉放包衣锅内喷水，开动机器滚动或搓揉，使粉末均匀润湿，成为手捏成团、松之即散的软材状，用8～10目筛制成颗粒。将此颗粒再放入糖衣锅内，略加少许干粉，充分搅匀，继续使颗粒在锅内旋转摩擦，撞去棱角成为圆形，取出过筛分等即得。

喷水加粉起模法是取起模用的冷开水将锅壁湿润均匀，然后撒入少量药粉，使均匀地粘于锅壁上，然后用塑料刷在锅内沿转动相反方向刷下，使它成为细小的颗粒，包衣锅继续转动再喷入冷开水，加入药粉，在加水加粉后搅拌、搓揉，使黏粒分开。如此反复操作，直至模粉全部用完，达到规定标准，过筛分等即得丸模。

(3) 成型　将已筛选均匀的球形模子，逐渐加大至接近成丸的过程。

(4) 盖面　将已经增大、筛选均匀的丸粒用余粉或特制的盖面用粉等加大到粉料用尽的过程，是泛丸成型的最后一个环节。其作用是使整批投产成型的丸粒大小均匀，色泽一致，并提高其圆整度和光洁度。常用的盖面方法如下。

① 干粉盖面。潮丸干燥后，丸面色泽较其他盖面浅，接近于干粉本色。操作方法除上述步骤外，主要区别在于最后一次湿润和上粉过程。干粉盖面，应在加大前先用100目筛，从药粉中筛取极细粉供盖面用，或根据处方规定选用方中特定的药物细粉盖面。撒粉前丸粒湿润要充分，然后滚动至丸面光滑，再均匀地将盖面用粉撒于丸面，快速转动至全粘于丸面，至表面湿润时，即迅速取出。

② 清水盖面。方法与干粉盖面相同，但最后不需留有干粉，而以冷开水充分润湿打光，并迅速取出，立即干燥，否则成丸干燥后色泽不一。成品色泽仅次于干粉盖面的丸粒。

③ 浆头盖面。方法与清水盖面相同。可用废丸溶成糊浆稀释使用。但仅适用于一般色泽要求不高的品种。

④ 清浆盖面。某些丸剂对成丸色泽有一定的要求，但用干粉和清水盖面都难达到目的时可采用此法。本法与清水盖面相同，唯在盖面用水中加适量干粉，调成粉浆，待使丸面充分润湿后迅速取出。

(5) 干燥　成型的丸粒约含15%～30%的水分，易发霉，必须干燥使丸剂含水量在10%以内，一般干燥温度为80℃左右，若含有芳香挥发性或遇热易分解变质的成分时，干燥温度不应超过60℃。

3. 滴制丸工艺过程

滴制法制丸是将药物溶解、乳化或混悬于适宜的熔融基质中，通过一适宜的滴管滴入另一与之不相混溶的冷却剂中，由于表面张力作用使液滴收缩成球状并冷却凝固而成丸。由于药丸与冷却剂的密度不同，凝固形成之药丸徐徐沉于器底或浮于冷却剂表面，取出除去冷却剂，干燥而得。

滴丸的一般制备方法如下：基质与冷却剂的选择、基质的制备与药物的加入、保温脱气、滴制、冷凝成丸、除冷却剂、干燥、质检、包装。

(1) 基质与冷却剂的选择

① 滴丸的基质应具备的条件

a. 不与主药发生作用，不破坏主药的疗效。

b. 熔点较低或加一定量的热水（60～100℃）能溶化成液体，而遇骤冷后又能凝固成固体（在室温下仍保持固体状态），并在加进一定量的药物后仍能保持上述性质。

c. 对人体无害。

② 冷却剂应具备的条件

a. 不与主药、基质相混溶，也不与其发生作用，不破坏疗效。

b. 要有适当的密度，即与液滴密度要相近，以利于液滴逐渐下沉或缓缓上升。

c. 有适当的黏度，使液滴与冷却剂间的黏附力小于液滴的内聚力而收缩成丸。

冷却剂应根据基质的性质来选择，脂肪性基质常用水或不同浓度的乙醇为冷却剂；水溶性基质可用液状石蜡、植物油、煤油或它们的混合物为冷却剂。

(2) 基质的制备与药物的加入　先将基质加温熔化，若有多种成分组成时，应先加熔点较高的，后加熔点低的，再将药物溶解、混悬或乳化在已熔化的基质中。

(3) 保温脱气　药物加入过程中需搅拌，会带入一定量的空气，若立即滴制则会把气体带入滴丸中，而使剂量不准，故需保温（80～90℃）一定时间，以使其中空气溢出。

(4) 滴制　经保温脱气的物料，经过一定管径的滴头等速滴入冷却剂中，凝固形成的丸粒徐徐沉于器底或浮于冷却剂表面，即得滴丸，取出除去冷却剂即可。

三、丸剂生产设备

1. 丸剂的塑制设备

(1) 制丸块　生产上一般使用捏合机，见图 7-17。此机由金属槽及两组强力的 S 形桨叶所构成，槽底呈半圆形，两组桨叶的转速不同并且沿相对方向旋转，由于桨叶间的挤压、分裂、搓捏以及桨叶与槽壁间的研磨等作用，可形成不粘手、不松散、湿度适宜的可塑性丸块。丸块的软硬程度以不影响丸粒的成型和在贮存中不变形为度。丸块取出后应立即搓条，若暂时不搓条，应以湿布盖好，以防止干燥。

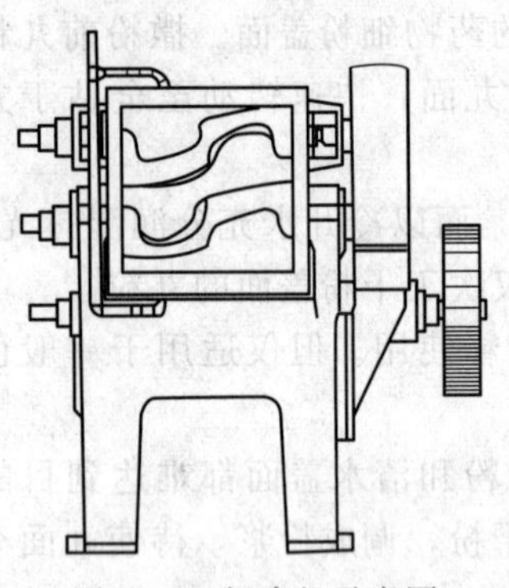

图 7-17　捏合机示意图

(2) 制丸条　大量生产时一般用丸条机制丸条，丸条机有螺旋式和挤压式两种，以前者较为常用。

① 螺旋式丸条机。其构造如图 7-18 所示。丸条机开动后，丸块从漏斗加入，由于轴上叶片的旋转使丸块挤入螺旋输送器中，丸条即由出口处挤出，出口丸条管的粗细可根据需要进行更换。

② 挤压式出条机。其构造如图 7-19 所示。操作时将丸块放入料筒，利用机械能推进螺旋杆，使挤压活塞在加料筒中不断向前推进，筒内丸块受活塞挤压由出口挤出，成粗细均匀的丸条，可根据需要更换不同直径的出条管来调节丸粒重量。

(3) 制丸粒　手工制丸时可用搓丸板，操作时将粗细均匀的丸条横放在搓丸板底槽沟上，用有槽沟的压丸板先轻轻前后搓动，逐渐加压，然后继续搓压，直至上下齿端相遇，将丸条切割成小段并搓成光圆的小粒，即可。

大量生产采用轧丸机，有双滚筒式和三滚筒式，在轧丸后立即搓圆。

① 双滚筒式轧丸机。见图 7-20，主要构造是由两个半圆形切丸槽的铜制滚筒所组成，两滚筒切丸槽的刃口相吻合。两滚筒以不同的速度做同一方向旋转。转速一快一慢，约

90r/min 和 70r/min。操作时将丸条置于两滚筒切丸槽的刃口上，滚筒转动时将丸条切断，并将丸粒搓圆，由滑板落入接收器中。

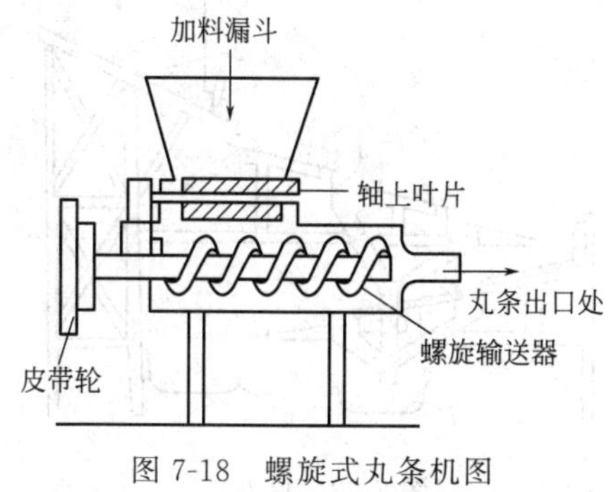

图 7-18 螺旋式丸条机图

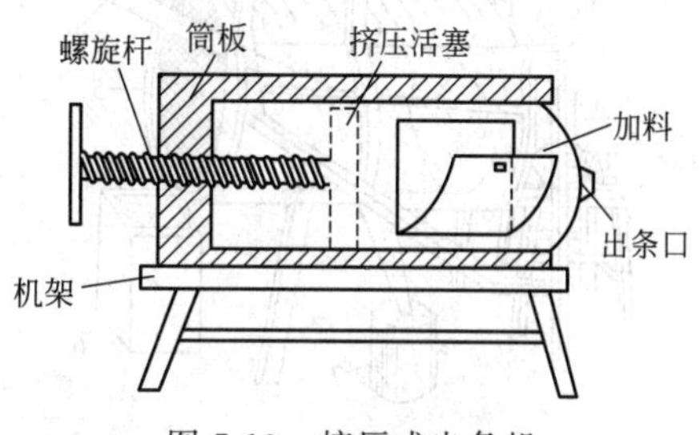

图 7-19 挤压式出条机

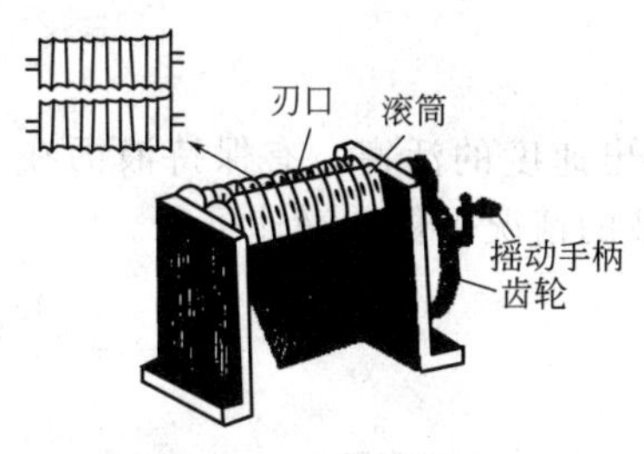

图 7-20 双滚筒式轧丸机

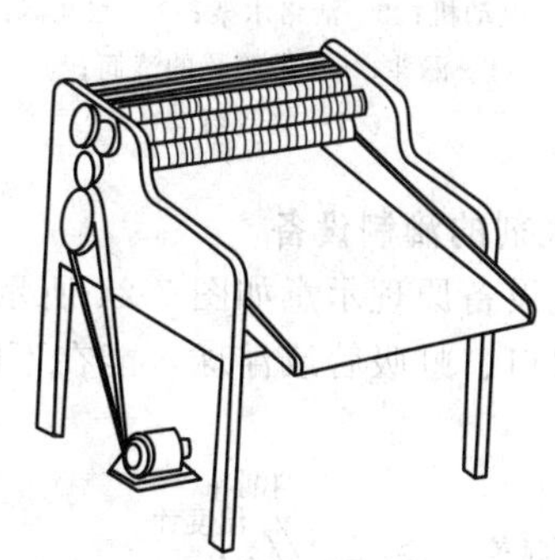

图 7-21 三滚筒式轧丸机

② 三滚筒式轧丸机。见图 7-21，主要构造是三只有槽滚筒，呈三角形排列，底下的一只滚筒直径较小，是固定的（转速约 150r/min），上面两只滚筒直径较大、式样相同，靠里边的一只也是固定的（转速约 200r/min），靠外边的一只定时地移动（转速为 250r/min）。定时移动由离合装置控制。将丸条放于上面两滚筒间，滚筒转动即可完成分割与搓圆的工序。操作时在上面两只滚筒间宜随时揩拭润滑剂，以免软材粘于滚筒。这种轧丸机适于蜜丸的成型。成型丸粒呈椭圆形，冷却后即可包装。此机不适用于生产质地较松软材的丸剂。

2. 丸剂的泛制设备

起模是泛丸成型的基础，是制备水丸的关键。将已筛选均匀的球形模子，逐渐加大至接近成丸的过程即成型。机械起模、泛丸成型的过程都是在包衣锅中进行，与包衣的设备相同。

泛制法制丸剂时往往会出现粒度不均和畸形的丸粒，所以干燥后需经筛、拣以求均匀一致，从而确保临床使用方便和剂量准确。

(1) 筛丸机　见图 7-22，其结构、作用与滚筒筛相似，不同之处是此机滚筒、筒身不分段，孔眼直径完全一致。用途也比较单一，主要用于干燥后丸粒的筛选。

(2) 检丸器　见图 7-23，此机分上下两层，每层装三块斜制玻璃板，玻璃板之间相隔一定距离，上层玻璃板上方装有漏斗。丸粒由加丸漏斗经闸门落于玻璃板的斜坡向下滚动，当滚至两玻璃板的间隙时，完整的丸粒因滚动快，能越过全部间隙到达盛好丸粒容器内；但畸形的丸粒由于滚动迟缓或滑动，当到达玻璃间隙时，则不能越过而漏下，另器收集。玻璃板的间隙越多，所挑拣的丸粒越完整。此机适于分离体积小而质硬的丸剂。

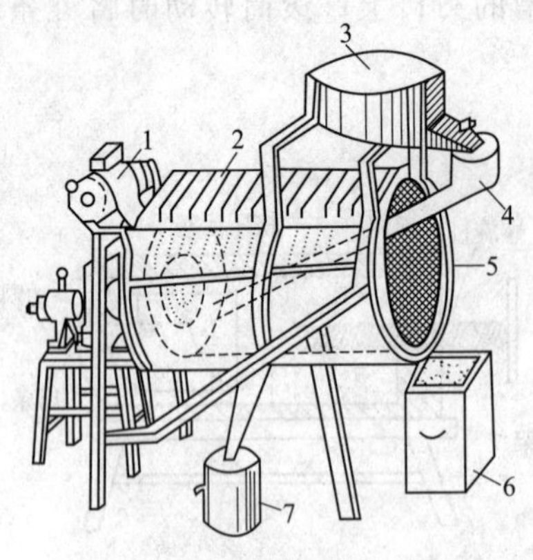

图 7-22 筛丸机

1—电动机；2—活络木架；3—贮丸器；4—漏斗；5—带筛孔的滚筒；6,7—接受器

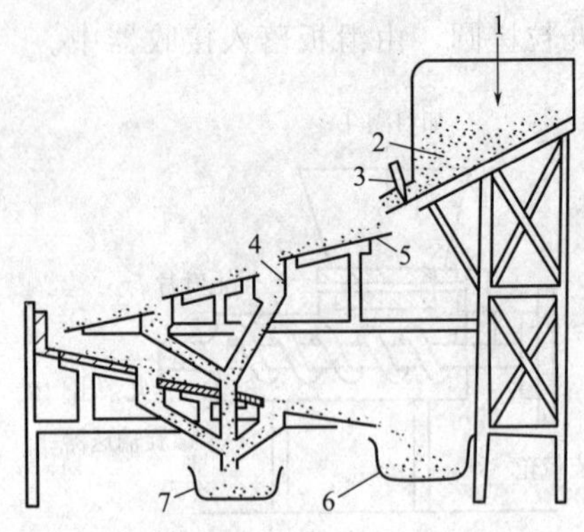

图 7-23 检丸器

1—加丸漏斗；2—闸门；3—防阻塞隔板；4—坏粒漏斗；5—玻璃板；6—成品容器；7—坏粒容器

3. 丸剂的滴制设备

滴丸设备原理示意如图 7-24 所示。滴瓶有调节滴出速度的活塞，有保持液面在一定高度的溢出口、虹吸管或浮球，能在不断滴制与补充药液的情况下保持滴速不变。

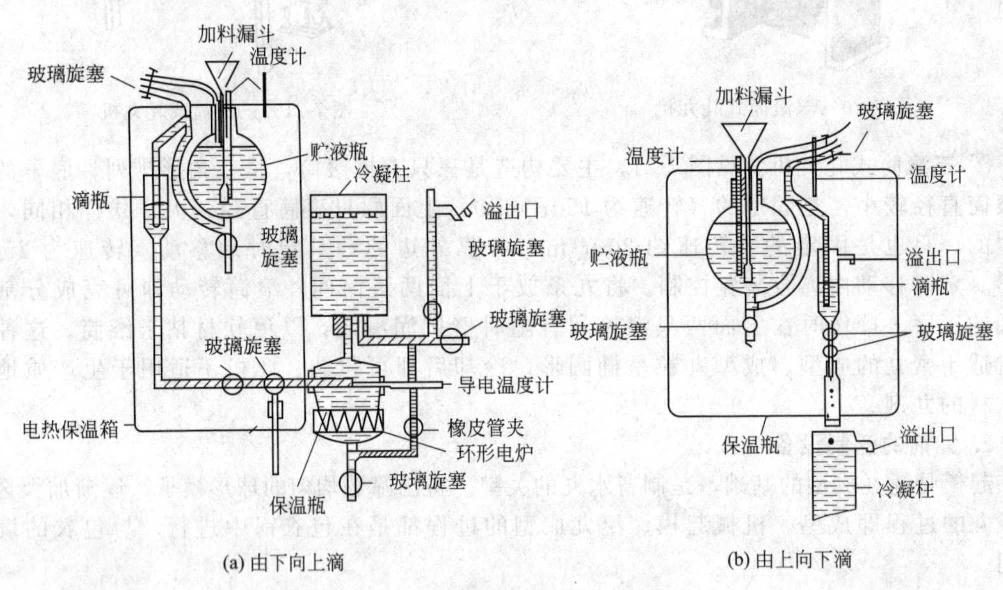

图 7-24 实验室滴制法装置示意图

恒温箱包括滴瓶及贮液瓶等，使药液在滴出前保持一定的温度而不凝固，有玻璃门以便观察，箱底开孔，滴丸由内滴出。滴丸由下向上滴时，滴口的冷却剂要加热恒温。

目前工业生产中应用的滴丸机概括起来可分为三类：①向下滴的小滴丸机。药液借位能和重力由滴头管口自然滴出。丸重主要由滴头口径的粗细来控制，管口过粗时药液充不满，使丸重差异增大，因此，这种滴丸机只能生产重 70mg 以下的小滴丸。②大滴丸机。这种滴丸机可用定量泵内柱塞的行程来控制丸重。③向上的滴丸机，用于药液密度小于冷却剂的品种。

第四节 口服液工艺与设备

一、口服液生产工艺

口服液剂系指药材用水或其他溶剂，采用适当的方法提取、纯化、浓缩，再加入适宜的添加剂制成的单剂量包装的口服液体剂型。口服液的生产工艺如下所示：

口服液提取→配制→过滤、精制→灌封→灭菌→检漏、贴签、装盒→包装

配制口服液所用的原辅料应严格按质量标准检查，检测合格后按处方要求计称原料用量及辅料用量，选加适当的添加剂，采用处理好的配液用具，严格按程序配液。药液在提取、配液过程中，提取液中所含的树脂、色素、凝质及胶体等均需滤除，以使药液澄明，再通过精滤以除去微粒及细菌。此外应完成包装物的洗涤、干燥、灭菌，然后按注射剂制备工艺将口服液灌封于包装瓶中。对灌封好的瓶装口服液进行灭菌，以求杀灭在包装物和药液中的所有微生物，保证药品稳定性。封装好的瓶装制品需经真空检漏、异物灯检，合格后贴上标签，打印上批号和有效期，最后装盒和外包装箱。

二、口服液生产设备

灌封机是用于易拉盖口服液玻璃瓶的自动定量灌装和封口的设备，是口服液剂生产设备中的主机，主要包括自动运送瓶、灌药、送盖、封口、传动等几个部分。

1. YD-160/180 型口服液多功能灌封机

该机主要适用于口服液制剂生产中的计量灌装和轧盖。灌装部分采用八头连续跟踪式结构。轧盖部分采用八头滚压式结构。具有生产效率高、占地面积小、计量精度高、无滴漏、轧盖质量好、轧口牢固、铝盖光滑无折痕、操作简便、清洗灭菌方便、变频无级调速等特点。生产能力为 100～180 瓶/min，灌量范围为 5～15mL，机型尺寸为（长×宽×高）2.09m×1.04m×1.50m。

2. DGK10/20 型口服液瓶灌装轧盖机

该设备是将灌液、加铝盖、轧口功能汇于一体，结构紧凑，效率高。其采用螺旋杆将瓶垂直送入转盘，结构合理，运转平稳。灌液分两次灌装，避免液体泡沫溢出瓶口，并装有缺瓶止灌装置，以免料液损耗，污染机器及影响机器的正常运行。轧盖由三把滚刀采用离心力原理，将盖收轧锁紧，因此本机在不同尺寸的瓶盖及料瓶情况下，都能正常运转。该机生产能力为 3000～3600 支/h，装量 10～20mL；机型尺寸（长×宽×高）1.05m×1.2m×1.4m。

3. 口服液剂联动线

口服液剂联动方式有串联方式和分布联动方式。前者每台单机在联动线中只有一台，因而各单机的生产能力要相互匹配，此种方式适用于产量中等的情况。在联动线中，生产能力高的单机要适应生产能力低的设备，这种方式易造成一台设备发生故障时，整条生产线就要停下来。而分布联动是将同一种工序单机布置在一起，完成工序后产品集中起来，送入下道工序，此方式能根据各台单机的生产能力和需要进行分布，可避免一台单机故障而使全线停产，该联动线用于产量很大的品种。国内口服液剂一般采用串联式联动方式，各单机按照相同生产能力和联动操作要求协调设计，确定各单机参数指标，尽量使整条联动线成本下降，节约生产场地。YLX8000/10 系列口服液自动灌装联动线是工业生产中常见的口服液灌封联动设备，见图 7-25。口服液瓶从洗瓶机入口处被送入后。洗干净的口服液瓶被推入灭菌干燥机隧道，隧道内的传送带将瓶子送到出口处的振动台。再由振动台送入

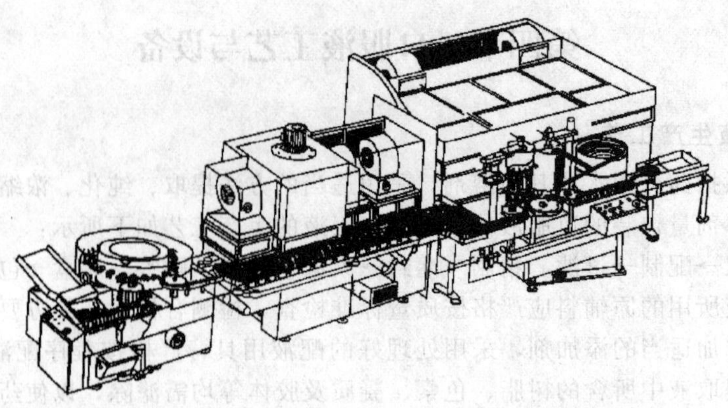

图 7-25 YLX8000/10 系列口服液自动灌装联动线

灌封机入口处的输瓶螺杆，在灌封机完成灌装封口后，再由输瓶螺杆送到贴口处。与贴签机连接目前有两种方式，一种是直接和贴签机相连完成贴签；另一种是由瓶盘装走，进行清洗和烘干外表面，送入灯检带检查，看瓶中是否含有杂质，再送入贴签机进行贴签。贴签后即可装盒、装箱。

第五节 糖浆剂工艺与设备

一、糖浆剂生产工艺

糖浆剂系指含有药物、药材提取物或芳香物质的口服浓蔗糖水溶液。制备糖浆剂所用的原料蔗糖应符合药典规定。糖浆剂的生产一般有以下两种方法。

1. 溶解法

(1) 热溶法　将蔗糖溶于沸腾的蒸馏水中，在沸腾温度下使其全溶，降温后加入其他药物，搅拌溶解、过滤，再通过滤器加蒸馏水至全量，分装即得。其优点是蔗糖在水中的溶解度随温度升高而增加，在加热条件下蔗糖溶解速度快，趁热易过滤；高温可以杀死微生物，同时蔗糖内的一些高分子杂质，如蛋白可被加热凝固滤除。但加热过久造成转化糖的含量增加，糖浆剂颜色容易变深。热溶法对热不稳定的药物不宜使用，适合于单糖浆及对热稳定的含药糖浆的制备。

(2) 冷溶法　将蔗糖溶于冷蒸馏水或含药的溶液中制备糖浆剂的方法。也可用渗漉桶制备。本法适用于对热不稳定或挥发性药物，制备的糖浆剂颜色较浅，但制备时间较长并容易污染微生物。

2. 混合法

是将含药溶液与单糖浆均匀混合制备糖浆剂的方法。这种方法适合于制备含药糖浆剂。其优点是方法简便、灵活，可大量配制，也可小量配制。一般含药糖浆的含糖量较低，要注意防腐。

糖浆剂中药物的加入方法：①水溶性固体药物，可先用少量蒸馏水溶解后再加入到单糖浆中混合；水中溶解度低的药物可先用少量非水溶剂使之溶解，然后再加入单糖浆混合均匀即得。②可溶性液体药物和药物的液体药剂可直接加入糖浆中搅匀，必要时滤过。③含乙醇的液体制剂，当与单糖浆混合时易发生混浊，可加入适量甘油助溶或加滑石粉助滤，滤至澄明，再加入含药糖浆。④中药需经浸出才能制备浸出药剂，且浸出制剂需纯化除去杂质后再加入单糖浆中，以免糖浆剂产生混浊或沉淀。

二、糖浆剂生产设备

1. 四泵直线式灌装机

四泵直线式灌装机是目前最常用的糖浆灌装设备之一，其工作原理是容器经整理后，通过输瓶轨道进入灌装工位，药液通过柱塞泵计量后，经直线式排列的喷嘴灌入容器。机器具有堆瓶、缺瓶、卡瓶等自动停车保护机构。生产速度、灌装容量均能在其工作范围内无级调节（见图 7-26）。

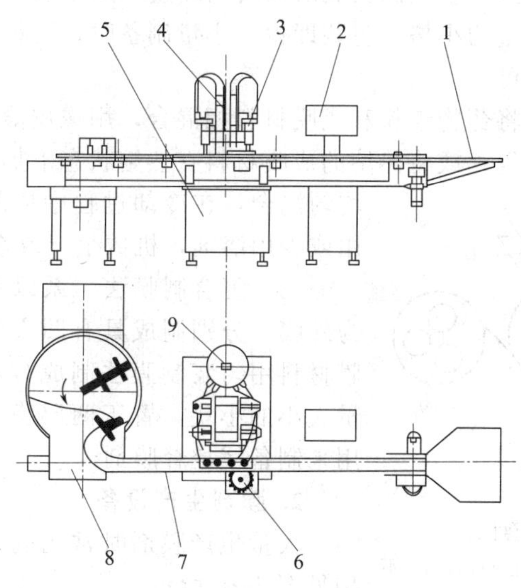

图 7-26　四泵直线式灌装机

1—贮瓶盘；2—控制盘；3—计量泵；4—喷嘴；5—底座；6—挡瓶机；7—输瓶轨道；8—理瓶盘；9—贮药桶

2. 液体灌装生产线

YZ25/500 液体灌装自动线是常见自动线，该流水线主要由洗瓶机、四泵直线式灌装机、旋盖机、贴标机组成，可以完成冲洗瓶、灌装、旋盖（或轧防盗盖）、贴签等步骤（见图 7-27）。

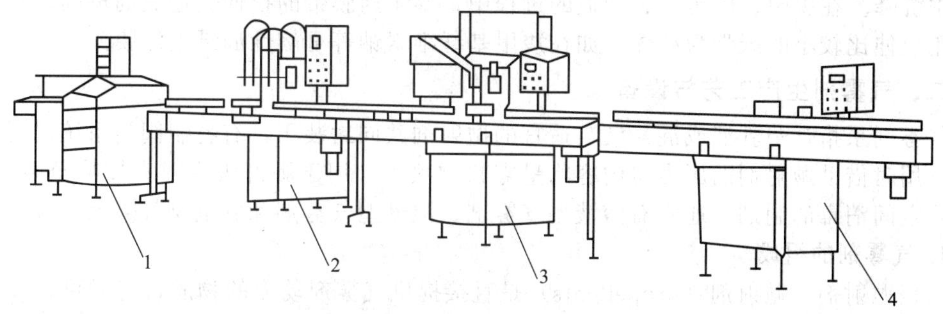

图 7-27　YZ25/500 液体灌装自动线

1—洗瓶机；2—四泵直线式灌装机；3—旋盖机；4—贴标机

第六节　膜剂与气雾剂工艺与设备

一、膜剂生产工艺与设备

膜剂系指药物与适宜的成膜材料经加工制成的膜状制剂。膜剂可适用于口服、舌下、眼结膜囊、口腔、阴道、体内植入、皮肤和黏膜创伤、烧伤或炎症表面等各种途径和方法给药，以发挥局部或全身作用。

1. 膜剂的生产工艺

膜剂生产方法主要有以下三种。

(1) 匀浆流延制膜法　系将成膜材料溶于适当的溶剂中滤过，与药物溶液或细粉及附加剂充分混合成药浆，然后用涂膜机涂膜成所需要的厚度，烘干后根据主药含量计算出单位剂量膜的面积，剪切成单剂量的小格，包装即得。小量制备时，可将药浆倾于洁净的平板玻璃上涂成宽厚一致的涂层即可。

(2) 热塑制膜法　系将药物细粉和成膜材料相混合，用橡皮滚筒（延压机）混碾，热压成膜，随即冷却，脱膜即得；或将热熔的成膜材料在热熔状态下加入药物细粉，使其溶解或均匀混合，在冷却过程中成膜。本法的特点是可以不用或少用溶剂，机械生产效率高。

(3) 复合制膜法　系以不溶性的热塑性成膜材料为外膜，分别制成具有凹穴的膜带，另将水溶性的成膜材料用匀浆制膜法制成含药的内膜，剪切成单位剂量大小的小块，置于两层膜带中热封即得。此法一般用来制备缓控释膜剂。

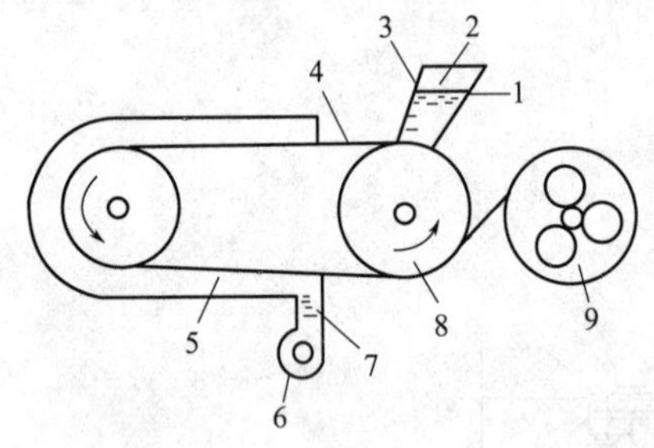

图 7-28　涂膜机示意图

1—含药浆液；2—流液嘴；3—控制板；4—不锈钢循环带；5—干燥箱；6—鼓风机；7—电热丝；8—转鼓；9—卷膜盘

2. 膜剂生产设备

大量生产膜剂时常用的设备是涂膜机，其基本结构见图 7-28 所示。

该机的工作原理是，将已调好的含药膜料液倒入加料斗中，通过可以调节流量的流液嘴将料液以一定的宽度和恒定的流量涂于抹有脱膜剂的不锈钢循环传送带上，经 80～100℃热风干燥迅速成膜，然后将药膜从传送带上剥落，由卷膜盘将药膜带入烫封在聚乙烯薄膜或涂塑纸、金属箔等包装材料中，最后根据剂量划痕成单剂量分割，包装即得。

采用涂膜机制膜时，应注意料斗的保温和搅拌，以使匀浆温度一致和避免不溶性药粉在匀浆中沉降。在脱膜、内包装、划痕的过程中，鉴于药膜带的拉伸会造成剂量的差异，可考虑采用拉伸比较小的纸带为载体，如在羧甲基纤维素钠等可溶性滤纸上涂膜。

二、气雾剂生产工艺与设备

气雾剂系指含药乳液或混悬液与适宜的抛射剂共同封装于具有特制阀门系统的耐压容器中，使用时借助抛射剂的压力将内容物呈雾状物喷出，用于肺部吸入或直接喷至腔道黏膜、皮肤及空间消毒的制剂。通常有溶液型气雾剂、混悬型气雾剂和乳剂型气雾剂三种类型。

1. 气雾剂的组成

(1) 抛射剂　抛射剂（propellents）是直接提供气雾剂动力的物质，有时可兼作药物的溶剂或稀释剂。其原理是，抛射剂的蒸气压高，液化气体在常压下沸点低于大气压，阀门系统开放时，压力突然降低，抛射剂急剧气化，可将容器内的药液分散成极细的微粒，通过阀门系统释放喷射出来，到达作用或吸收部位发挥疗效。理想的抛射剂应具有以下特点：有适当的沸点，常温下蒸气压应适当大于大气压；无毒、无致敏性和刺激性；不易燃易爆；性质稳定，不与药物或容器反应；无色、无臭、无味；价廉易得。

(2) 药物与附加剂　液体、半固体及固体粉末等药物均可开发成气雾剂。除抛射剂外，气雾剂往往需要添加防腐剂、润滑剂、能与抛射剂混溶的潜溶剂、增加药物稳定性的抗氧剂以及乳化所需的表面活性剂等附加剂。附加剂通常应视具体情况而定。

2. 气雾剂的生产工艺

(1) 气雾剂的生产工艺流程　气雾剂的生产工艺流程如下：容器阀门系统的处理与装配→药物的配制与分装→填充抛射剂→质量检查→包装→成品。

气雾剂的制备过程主要包括四大部分，第一部分是容器及阀门的洁净处理，金属制容器成型及防腐处理后，需按常规洗净、干燥或气流吹净备用。阀门在组装前，无论是铝盖、橡胶制品、塑料零件及弹簧均需用热水冲洗干净，尤其是弹簧需用碱水煮沸后以热水冲洗干净。冲洗干净后的零件置于一定浓度的乙醇中备用。第二部分是配制药液和在无菌条件下灌入容器中，第三部分是在容器上安置阀门和轧口，第四部分是在压力条件下将液化的抛射剂压入容器中。此外，还需经过检测其耐压与泄漏情况。试喷检测阀门使用效果，以及加套防护罩、贴标签、装盒、装箱等工序。

(2) 容器与阀门系统的处理与装配

① 玻瓶搪塑。先将玻瓶洗净、烘干，预热至 120～130℃，趁热浸入塑料黏液中，使瓶颈以下均匀地粘上一层塑料液，倒置后于 150～170℃干燥 15min，备用。对塑料涂层的要求是紧密包裹玻瓶，当万一爆瓶时不致玻片飞溅，外表平整、美观。

② 阀门系统的处理与装配。将阀门的各种零件分别处理：a. 橡胶制品可在 75%乙醇中浸泡 24h，以除去色泽并消毒，干燥备用；b. 塑料、尼龙零件洗净再浸在 95%乙醇中备用；c. 不锈钢弹簧在 1%～3%碱液中煮沸 10～30min，用水洗涤数次，然后用蒸馏水洗两三次，直至无油腻为止，浸泡在 95%乙醇中备用。最后将上述已处理好的零件，按照阀门的要求装配。

(3) 药物的配制与分装　按处方组成及所要求的气雾剂类型进行配制。溶液型气雾剂应制成澄清药液；混悬型气雾剂应将药物微粉化并保持干燥状态；乳剂型气雾剂应制成稳定的乳剂。将上述配制好的合格药物分散系统，定量分装在已准备好的容器内，安装阀门，扎紧封帽。

(4) 抛射剂的填充　抛射剂的填充有压灌法和冷灌法两种。

① 压灌法。先将配好的药液（一般为药物的乙醇溶液或水溶液）在室温下灌入容器内，再将阀门装上并轧紧，然后通过压装机（见图 7-29）压入定量的抛射剂（最好先将容器内空气抽去）。液化抛射剂经砂棒过滤后进入压装机。压力偏低时，抛射剂钢瓶可用热水或红外线等加热，使达到工作压力。当容器上顶时，灌装针头伸入阀杆内，压装机与容器的阀门同时打开，液化的抛射剂即以自身膨胀压入容器内。

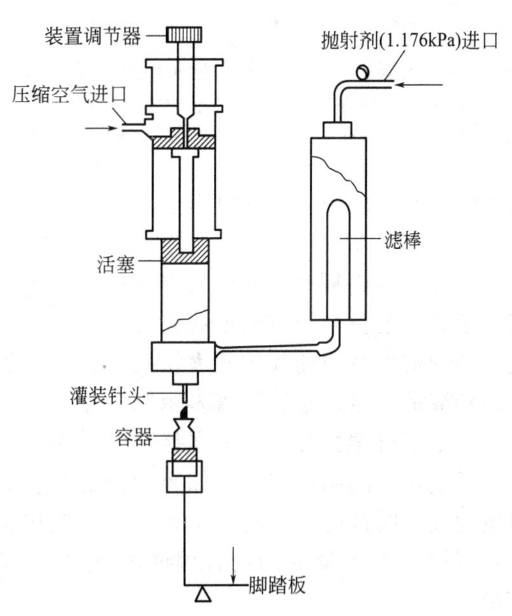

图 7-29　抛射剂压装机示意图

压灌法设备简单，不需低温操作，抛射剂损耗较少，目前我国多用此法生产。但生产速度较慢，且在使用过程中压力变化幅度较大。国外气雾剂的生产主要采用高速旋转压装抛射剂的工艺，产品质量稳定，生产效率提高。

② 冷灌法。药液借助冷却装置冷却至 −20℃左右，抛射剂冷却至沸点下至少 5℃。先将冷却的药液灌入容器中，随后加入已冷

却的抛射剂（也可两者同时进入）。立即将阀门装上并扎紧，操作必须迅速完成，以减少抛射剂损失。

冷灌法速度快，对阀门无影响，成品压力较稳定。但需致冷设备和低温操作，抛射剂损失较多。含水品不宜用此法。在完成抛射剂的罐装后（对冷灌法而言，还要安装阀门并用封帽扎紧），最后还要在阀门上安装推动钮，而且一般还加保护盖。这样整个气雾剂的制备才算完成。

3. 气雾剂生产设备

（1）耐压容器　气雾剂的容器应对内容物稳定，能耐受工作压力，并且有一定的耐压安全系数和冲击耐力，通常要求在50℃下承受1MPa压力时不变形。用于制备耐压容器的材料包括玻璃和金属等。玻璃容器的化学性质比较稳定，但耐压性和抗撞击性较差，故需在玻璃瓶的外面搪以塑料层；金属材料如铝、马口铁和不锈钢等耐压性强，但对药物溶液的稳定性不利，故容器内常用环氧树脂、聚乙烯等进行表面处理。在选择耐压容器时，不仅要注意其耐压性能、轻便、价格和化学惰性等，还应注意其美学效果。现在常用的耐压容器包括外包塑料的玻璃瓶、铝制容器、马口铁容器等。

（2）阀门系统　气雾剂罐口的阀门系统是控制气雾剂向外喷射的关键部分，其基本功能是在密闭条件下控制药物喷射的剂量。阀门系统使用的材料必须对内容物为惰性，所有部件需精密加工，具有并保持适当的强度，其溶胀性在贮存期内必须保持在一定限度内，以保证喷药剂量的准确性。阀门系统一般由阀门杆、橡胶封圈、弹簧、浸入管、定量室和推动钮组成，并通过铝制封帽将阀门系统固定在耐压容器上。

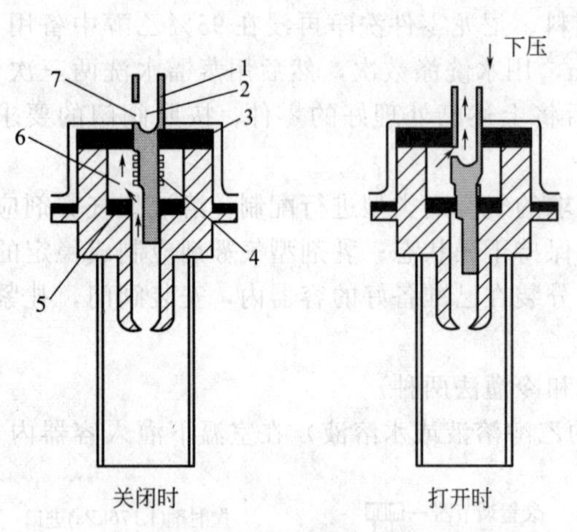

图7-30　气雾剂有浸入管的定量阀门启闭示意图
1—阀杆；2—膨胀室；3—出液弹体封圈；4—弹簧；5—进液弹体封圈；6—定量室；7—内孔

如图7-30所示，当用手按压按钮时，阀杆下行，弹簧压缩，阀杆上部的孔道通过其侧向的小孔与定量杯内的空间相通，此时定量杯中药液将与大气相通，液化气减压气化，进入阀杆上部的孔道，阀杆上部的孔道又叫做膨胀室。气化后的气体在此充分膨胀、雾化，膨胀室的体积越大其雾化效果越好，这样药物就从按钮的小孔喷向患处，这时由于定量杯下端橡胶密封环的作用，引液管与定量杯的空间是隔离的，阀杆下端的引液槽不起作用，引液管一直通到容器底部。当松开按钮时，弹簧使阀杆自动上升，定量杯上部的橡胶密封圈使定量杯与大气隔离，阀杆上升后，阀杆下端的引液槽使引液管与定量杯的空间彼此相通，引液管内的压力是抛射剂的饱和蒸气压，远大于刚与大气相通的定量杯内的气体压力，故将容器内的药液压入定量杯，定量杯容积一定，故每次喷出的药液量一定。金属封盖多用阳极化处理的铝材制成，它将阀内各零件固封于容器的接口上，由于铝材塑性好，只需在接口处制作一个极小的卷边，就可以确保联接牢固。

从定量阀门结构来说，如果阀杆上的引液槽更长些，或是在定量杯下方不装密封圈，则当按钮按下阀杆时，小孔使定量杯与大气相通，引液槽又使罐中的药液与定量杯空间相通，就可以构成不定量的阀门，届时按钮压下多长时间，即可喷雾多长时间，可任意控制用药量。

因此，当气雾剂要求任意连续喷雾时，使用不定量阀门；对于剂量小、作用强的药物，可使用每次启闭只能喷出一定剂量药物的定量阀门。

（3）气雾剂灌装设备 从气雾剂的制备工艺过程可以知道，将气雾剂向容器中灌装时是分两步进行的。主药液是在常压下装入容器的，一般是在喷雾阀门未安装前进行。抛射剂是液化气体，需要在一定压力下才能保持液态，在灌入容器后仍需保持一定压力，所以必须在安装喷嘴后，保证容器密封的状态下，方能灌装抛射剂。抛射剂的灌装方式则依据其温度及压力条件不同，分为低温灌装、加压灌装两种。所谓低温灌装是指将装了药液的容器预先冷却至－20℃，将抛射剂冷却至其沸点以下5℃，灌注到容器中，容器上部的空气随抛射剂的蒸发而被排出，然后立即安置阀门并轧口，低温灌装需有一个冷冻系统，技术上要求严格，生产上较少使用，多为实验室用。加压灌装是在室温下，利用1.2MPa压缩空气推动汽缸活塞，将抛射剂灌入容器，或直接将抛射剂钢瓶加温至50℃，令其蒸气压升高至1.2～1.5MPa，再灌入容器，这种灌装方式要求在密闭条件下进行，其灌装设备的结构型式与一般液体药物灌装机唯一的区别是在喷嘴阀门安装后，灌装器的灌注接口与喷嘴口对接，并在保持足够的密封条件下，定量灌注。

气雾剂的灌装机应具备以下功能。

① 吹气。以洁净的压缩空气或氮气，吹除容器内的尘埃。

② 灌药。定量灌装调制好的浓药液，其剂量体积一般在0～100mL或0～300mL范围内可调。

③ 驱气。在灌装浓药液的同时，通入适量氟里昂等，当部分挥发时可带走容器内的空气。

④ 安置阀门。将预先组装好的阀门插入容器内。

⑤ 轧盖。在真空或常压下轧压阀门封盖。

⑥ 压装抛射剂。定量灌装抛射剂，其灌装体积也应可调。

⑦ 装置按钮。

在灌装机各工位上依产量需要，不同机型配有不同数目的气、液注入口；在灌药及压装抛射剂的工位上还应同时设有自动检测装置，如无容器到位自动停止灌药、无安置阀门时不灌注抛射剂等。

气雾剂灌装机的结构也多采用一个水平装置的间歇运转的主工作圆盘，用以拖动数组气雾剂容器间歇停位于各工位上，在主工作圆盘的上部机架上依次装置有各工位的功能机构，各工位的功能动作都是在主工作圆盘回转停歇的时间间隔内完成的，因此各功能机构与主盘的回转也都是通过同一个工作主轴集中传动，以确保相互动作的协调关系。

思 考 题

1. 简述软膏剂的种类及生产工艺流程。
2. 栓剂的生产方法有几种？各有何特点？
3. 简述丸剂的种类及常见的生产设备。
4. 简述膜剂的生产方法及设备。
5. 简述气雾剂的组成及生产工艺。

参 考 文 献

[1] 程云章主编．药物制剂工程原理与设备［M］．南京：东南大学出版社，2009.

[2] 崔福德主编．药剂学［M］．第6版．北京：人民卫生出版社，2007.

[3] 胡辉，李冬，彭燕．提高中药口服液澄明度的新工艺进展研究［J］．新疆中医药，2008，26（4）：87-89.

[4] 华玉玲，贺祝英，张建玲，张永萍．中药软膏剂制备方法的研究进展［J］．贵阳中医学院学报，2008，30（2）：

66-69.
[5] 江丰主编．常用制剂技术与设备［M］．北京：人民卫生出版社，2008.
[6] 刘红霞，梁军，马文辉．药物制剂工程及车间工艺设计［M］．北京：化学工业出版社，2006.
[7] 潘卫三主编．工业药剂学［M］．北京：高等教育出版社，2006.
[8] 任晓文主编．药物制剂工艺及设备选型［M］．北京：化学工业出版社，2010.
[9] 田耀华，王新华．口服液制剂生产线主要设备选型与工艺合理配备探讨［J］．中国医药技术与市场，2004，4（3）：25-28.
[10] 游燕．中药软膏剂制备及质量控制研究进展［J］．亚太传统医药，2010，6（8）：150-151.
[11] 张翠英，吴龙祥，王永斌．国内外乳化炸药专用乳化设备发展状况［J］．现代矿业，2010，493：10-14.
[12] 张洪斌主编．药物制剂工程技术与设备［M］．北京：化学工业出版社，2010.
[13] 张绪桥主编．药物制剂设备与车间工艺设计［M］．北京：中国医药科技出版社，2000.
[14] 张兆旺主编．中药药剂学［M］．北京：中国中医药出版社，2007.
[15] 朱宏吉，张明贤主编．制药设备与工程设计［M］．北京：化学工业出版社，2004.
[16] 赵宗艾主编．药物制剂机械［M］．北京：化学工业出版社，2004.

第八章　中药提取工艺与设备

第一节　中药材前处理

中药材前处理是中药工业化生产中关键性的第一步，它是根据原药材的具体性质，在选用合格药材基础上，将其经适当的清洗、浸润、切制、选制、炮制、干燥等，加工成具有一定质量规格的中药材中间品或半成品，如片、丝、块、段等或者一定规格的炮制品。

一、常规前处理工艺

常规的中药材前处理工艺包括净制、筛选、切制、干燥等过程。依据药材类型的不同，采用的前处理方法也就不同，主要包含四大类：①非药用部位的去除，通过去茎、去根、去枝梗、去粗皮、去壳、去毛、去核等方法来去除不作为药用的部位；②杂质的去除，通过挑选、筛选、风选、洗、漂等方法来净化药材，利于准确计量和切制药材；③药材的切片，将净选后的药材切成各种形状、厚度不同的“片子”，称为饮片，为供调配处方的药物；④药材干燥，根据不同药材含水量的不同选择合理的干燥工艺。

二、中药常规前处理设备

根据中药材常规前处理的需要，常用的机械设备有筛药机、洗药机、润药机、切药机、粉碎机、烘药机等设备。

1. 筛药机

工业化生产的中药材筛选工艺过程中常常选用振荡式筛药机和小型电动筛药机，其配备的眼筛有大中小细等规格。操作时只要将待筛选之药物放入筛子内，启动机器，即可达到筛净。这种机械，结构简单，效率高且噪声较小。

2. 洗药机

中药材中的泥沙、杂物等必须要去除，因而清洗是中药材前处理加工的必要环节。根据药材清洗的目的，将不同药材按种类划分为水洗和干洗两种。水洗的主要设备是洗药机和水洗池。洗药机有喷淋式、循环式、环保式三种型式。

3. 润药机

润药机将泡、洗、漂过的药材，以湿物遮盖或继续喷洒适量清水，保持湿润状态，使药材外部的水分徐徐渗透到药物组织内部，达到内外湿度一致，以利于切制加工。

常用的设备有水泥池、润药机等。但该装备仍然采用水浸泡方式，故无法避免药效损失问题。另外，润药过程中排放的污水，也造成了对环境的污染。为避免上述问题，可选用真空气相置换式润药机，运用气体具有强力穿透性的特点和高真空技术，让水蒸气置换药材内的空气，使药材快速、均匀软化，采用适当的润药工艺，使药材在低含水量的情况下软硬适度，切开无干心，切制无碎片。

4. 切药机

目前常用的切制设备有：往复式切药机，包括摆动往复式（或剁刀式）和直线往复式（或称切刀垫板式）；旋转式切药机，包括刀片旋转式（或称转盘式）和物料旋转式（或旋料式）。其中，剁刀式或转盘式切药机以其对药材的适应性强、切制力大、产量高、产品性能稳定的特点，被广泛应用于中药企业，但其切制不够精细。切刀垫板式和旋料式切药机是近几年开发的新产品，具有切制精细、成型合格率高、功耗低的特点。

5. 粉碎机

根据被碎料的尺寸可将粉碎机区分为粗碎机、中碎机、细磨机、超细粉碎机。在粉碎过程中施加于固体的外力有压轧、剪断、冲击、研磨四种。压轧主要用在粗、中碎机，适用于硬质料和大块料的破碎；剪断主要用在细碎机，适于韧性物料的粉碎；冲击主要用在中碎、细磨、超细磨机，适于脆性物料的粉碎；研磨主要用在细磨、超细磨机，适于小块及细颗粒的粉碎（见图 8-1）。

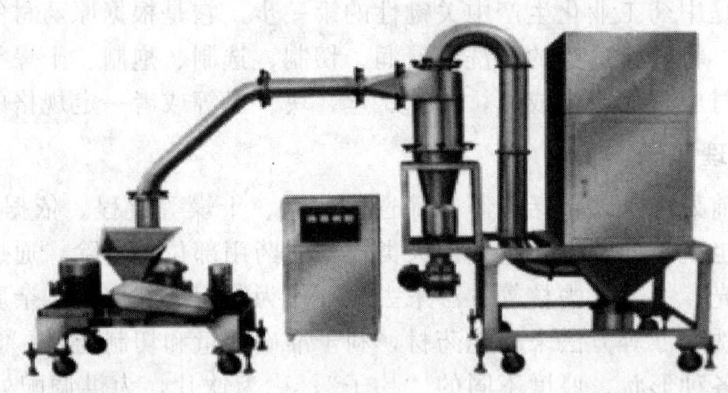

图 8-1　中药粉碎机

三、中药材的炮制

从改变中药材药性、功效等要求考虑，常用的中药炮制工艺有：炒制法、煅制法、炙制法、蒸制法等。

1. 炒制法

炒制是药物在适当温度与热能强度环境中，吸收热能而发生化学变化，达到饮片炮制所需性状的过程。一般有以下几种：炒黄、炒焦、炒炭和加辅料炒等。

2. 煅制法

将药物直接放于无烟炉火或适当的耐火容器内高温加热，或扣锅密封高温加热的方法称为煅制，具体方法有“明”煅和“闷”煅（密闭煅）。有些药物煅红后，还要趁热投入规定的液体辅料中稍浸，称为煅淬。

3. 炙制法

炙制是取净中药饮片拌入一定量的液体辅料，待吸收后，以文火加热拌炒；或先将药物文火炒至一定程度，再喷洒定量液体辅料，继续加热拌炒的一类操作技术。常见的炙制法有：酒炙、醋炙、盐炙、姜炙、蜜炙、油炙等。

4. 蒸制法

蒸制法是将净药材加入辅料（或不加辅料）装入蒸制容器内，用水蒸气加热至一定程度的炮制方法。有清蒸、酒蒸、醋蒸、黑豆汁蒸等几种方式。

第二节　中药常规提取工艺及设备

中药材所含成分非常复杂，单单一味中药材，就可能含有上百种成分，并可能有多种临床用途，这些不同的临床用途关联着不同的有效成分与无效成分，将若干中药饮片依照一定方法制成不同的中药制剂，其提取液成分的复杂程度可想而知，不同中药提取液中成分的种类、数量、配比等均是合理提取的直接结果，并关系到大生产中的物耗、能耗等，影响最终成型制剂的质量与疗效，因而中成药的制备，就必然需要依照现代化学成分与药理研究结果，进行针对性的提取、精制，获得能起相应治疗作用的有效成分群，进而制成中药成型制剂。

目前工业生产中常规的提取工艺有：煎煮法、渗漉法、水蒸气蒸馏法、浸渍法、回流法等，常用的提取设备有敞口倾斜式夹层锅、圆柱形不锈钢罐、多功能提取罐等。

一、煎煮工艺与设备

煎煮法系指用水作溶剂，加热煮沸浸提药材成分的一种提取方法。又分为常压和加压煎煮法。适用于有效成分能溶于水，且对湿、热较稳定的药材。

常用的煎煮设备：小批量生产常用敞口倾斜式夹层锅，也有用搪玻璃或不锈钢罐等；大批量生产用多功能提取罐、球形煎煮罐等。目前中药制药生产中的主流提取设备为多功能提取罐。

多功能提取罐是一类可调节压力、温度的密闭间歇式提取或蒸馏等多功能设备。与传统的敞口倾斜式夹层锅相比，其特点是：①可在全封闭的条件下进行常压常温提取，也可以加压高温提取，或减压低温提取。②无论水提、醇提，提取挥发油、回收药渣中溶剂等工艺环节均能适用。③采用气压自动排渣，操作方便，安全可靠。④提取时间短，生产效率高。⑤设有集中控制台，控制各项操作，大大减轻劳动强度，利于组织流水线生产。但绝大部分多功能提取罐都是采用夹套式加热，因而就存在传热速度慢、加热时间偏长等缺点。

图 8-2 为多功能提取罐的结构流程示意图，系由加料口、罐体、夹套、提升汽缸、出渣门汽缸、出渣口等部分组成。出渣门上有直接的热蒸汽进口，罐内有三叉式提升破拱装置，

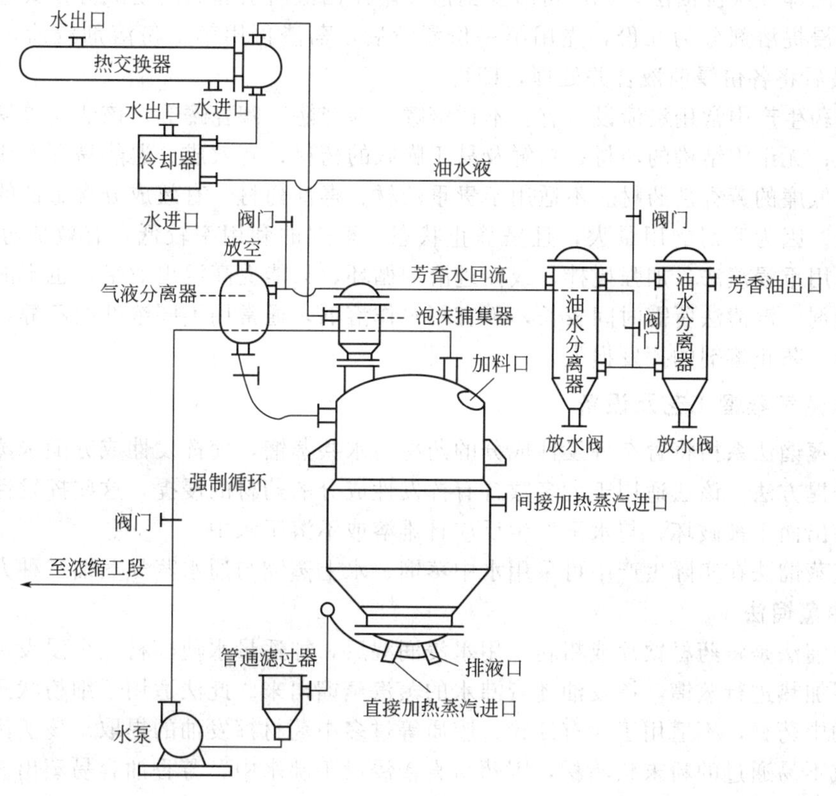

图 8-2　多功能提取罐流程示意图

通过汽缸带动出渣，出渣门由两个汽缸分别带动开合轴完成门的开启与闭合及斜面摩擦自锁机构将门锁紧，大容量的多功能提取罐的加料口也采用气动锁紧装置，密封加料口采用四联杆死点锁紧机构提高了安全性。常用的多功能提取罐罐体的下部分为正锥形设计，也有斜锥形设计，规格众多，容积为0.5～6m^3。

多功能提取罐属于压力容器，罐内及夹层均有一定的工作压力，为防止误操作以及快开门引起的跑料和对操作工人的人身伤害，对快开门要设计安全保险装置（见图8-2）。

二、浸渍工艺及设备

浸渍法系指用定量的溶剂，在一定温度下，将药材浸泡一定的时间，以浸提药材成分的一种方法。常用于一些含有遇高温成分会被破坏或融化的药材的浸提，或药酒、酊剂等特殊制剂的制备。按提取温度可分为冷浸渍法、热浸渍法和重浸渍法三种。

1. 冷浸渍法

冷浸渍法是在室温下进行的操作，故称常温浸渍法。其操作是：取药材饮片，置入有盖容器中；加入定量的溶剂，密闭，在室温下浸渍3～5日或至规定时间，经常振摇或搅拌，过滤，压榨药渣，将压榨液与滤液合并，静置24h后，过滤，即得浸渍液。此法可直接制得药酒和酊剂。若将浸渍液浓缩，可进一步制备流浸膏、浸膏、片剂、颗粒剂等。

2. 热浸渍法

热浸渍法是将药材饮片置特制的罐中，加定量的溶剂（如白酒或稀醇），水浴或蒸汽加热，使在40～60℃进行浸渍，以缩短浸渍时间（一般为3～7天），后同冷浸渍法操作。制备药酒时常用此法。由于浸渍温度高于室温，故浸出液冷却后有沉淀析出，应分离除去。

3. 重浸渍法

重浸渍法即多次浸渍法，此法可减少药渣吸附浸出液所引起的药物成分损失量。其操作是：将全部浸提溶剂分为几份，先用第一份浸渍后，药渣再用第二份溶剂浸渍，如此重复2～3次，最后将各份浸渍液合并处理，即得。

中药制药生产中常用浸渍设备有：不锈钢罐、搪瓷罐、陶瓷罐等。该法简单易行；适用于黏性药材；无组织结构的药材；新鲜及易于膨胀的药材；有效成分遇热易挥发或易破坏的药材；价格低廉的芳香性药材。不适用于贵重药材、毒性药材、有效成分含量低的药材及高浓度的制剂。因为溶剂的用量大，且呈静止状态，溶剂的利用率较低，有效成分浸出不完全。即使采用重浸渍法，加强搅拌，或促进溶剂循环，只能提高浸出效果，也不能直接制得高浓度的制剂。浸渍法所需时间较长，不宜用水作溶剂，通常用不同浓度的乙醇，故浸渍过程中应密闭，防止溶剂的挥发损失。

三、水蒸气蒸馏工艺及设备

水蒸气蒸馏法系指将含有挥发性成分的药材与水共蒸馏，使挥发性成分随水蒸气一并馏出的一种浸提方法。该法适用于大多数含有挥发性成分的药材的浸提，这些挥发性成分能随着水蒸气馏出而不被破坏，与水不发生反应且难溶或不溶于水中。

水蒸气蒸馏法在实际生产中可采用水中蒸馏、水上蒸馏与通水蒸气蒸馏三种方法。

1. 水中蒸馏法

水中蒸馏法是将药材饮片或粗粉，用水浸润湿后，加适量水使药材完全浸没，直火加热或蒸汽夹层加热进行蒸馏，挥发油随着沸水的蒸汽蒸馏出来。此法适用于细粉状药材及遇热易于结块的中药材，不适用于含有淀粉、胶质等过多中药材挥发油的提取。该法优点是特别适合于蒸汽不易通过的粉末状药材，因药材直接浸没于沸水中，芳香油容易蒸出。但其最大缺点是容易产生焦煳，采用该法提取挥发油时，设备应该扁而宽阔以供给较大的蒸发面积，药材要适度粉碎后均匀装入容器中，快速蒸馏，因为只有快速蒸馏才能使水中的药材松散，上升的蒸汽才能充分透入并使挥发性成分有效蒸出。蒸汽产生的速度越快，数量越大，蒸馏的速度就越快，快速的蒸发可有效防止药材结成一团，使蒸汽与药材的有效接触面积得到保障，这样既能提高生产效率，又能提高得油率。

2. 水上蒸馏法

水上蒸馏法是将润湿的药材置于有孔隔板上，下面采用蒸汽夹层或蒸汽蛇管加热，使水沸腾产生蒸汽或直接通入蒸汽，使药材中挥发性成分随水蒸气馏出，经冷凝器后由油水分离器接收，含量较高者可直接分离出挥发油，含量较低者可能获得芳香水，视制剂要求再行蒸馏。此法要求药材的大小、长短、形态均匀，最适合于中药全草、叶类药材的挥发油提取。因原药材与水不直接接触，挥发油被破坏或水解的可能性较小。水上蒸馏是一种典型的低压饱和水蒸气蒸馏，其最大缺点是不易蒸出高沸点成分，实际操作需用大量的蒸汽及较长的时间，这个缺点使其应用受到很大限制，仅适用于一定类型的药材，不如直接通水蒸气蒸馏应用广泛。

3. 通水蒸气蒸馏

通水蒸气蒸馏亦称高压蒸汽蒸馏法，它与水上蒸馏法的不同之处在于它使用较高压力的蒸汽，较高的蒸汽温度能有效增加蒸馏速度，也可通过进气阀调节蒸汽量来控制蒸馏速度。蒸汽温度较高，会导致药材水分不足使油的扩散不完全，操作时应及时补充药材中的水分，因为此时药材的温度已不是操作压力下水的沸点，而是接近过热蒸汽的温度，必须防备温度上升过高，以及过热蒸汽将药材吹干，进而影响挥发油的蒸出。通常在蒸馏罐底部除喷入高压蒸汽外，再另加蒸汽蛇管，用以加热油水分离后的水，同时达到增加高压蒸汽温度与回收溶解于水中挥发油的目的。目前大部分药材的挥发油采用此法蒸馏，根据药材性质的不同，采用不同的处理方法与蒸馏方法，一般在蒸馏初期最好先用低压蒸汽，待大部分挥发油蒸出后再以高压蒸汽将其余的高沸点挥发油蒸出，防止过长时间的高压蒸汽引起某些挥发性成分的分解。

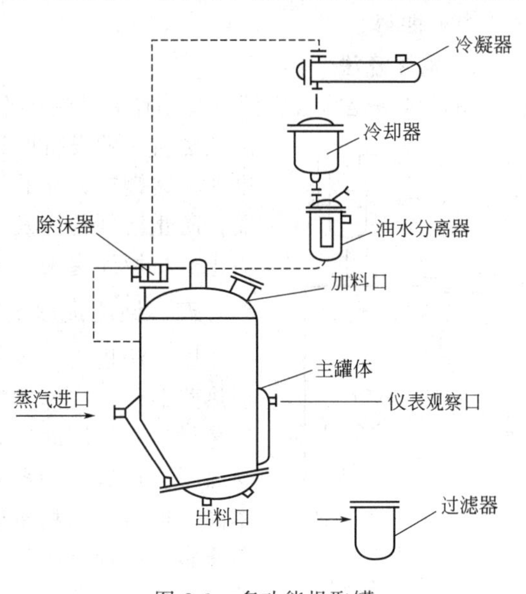

图 8-3　多功能提取罐

中药制药生产中常用的设备多为改进型的多功能提取罐，主要是原设备上加强冷凝、冷却和油水分离器等设备的配置（见图 8-3）。

四、渗漉工艺及设备

渗漉法系将药材粗粉置于特定的渗漉装置中，连续添加溶剂使之通过药粉，溶剂自上而下流动，从下端出口连续流出浸出液的一种浸提方法。其适用于大多数需连续回流操作的中药材成分提取，但遇溶剂会软化的非组织药材，如松香、乳香等，因容易产生堵塞影响浸出液流出而不宜采用渗漉法。

渗漉法根据操作方法的不同，可分为单渗漉法、重渗漉法、加压渗漉法、逆流渗漉法。

1. 单渗漉法

单渗漉法一般包括药材粉碎、润湿、装筒、排气、浸渍、渗漉 6 个步骤。①粉碎。药材的粒度应适宜，过细易堵塞，吸附性增强，浸出效果差；过粗不易压紧，溶剂与药材的接触面小，不利于浸出。一般以《中国药典》规定的中等粉或粗粉规格为宜。②润湿。药粉在装渗漉筒前应先用浸提溶剂润湿，避免在渗漉筒中膨胀造成堵塞，影响渗漉操作正常进行。一般加药粉1倍量的溶剂，拌匀后视药材质地，密闭放置15min～6h，以药粉充分地均匀润湿和膨胀为度。③装筒。药粉装入渗漉筒时应均匀，松紧一致。装得过松，溶剂很快流过药粉，浸出不完全；反之，又会使出液口堵塞，无法进行渗漉。④排气。药粉填装完毕，加入溶剂时应最大限度地排除药粉间隙中的空气，溶剂始终浸没药粉表面，否则药粉干涸开裂，再加溶剂从裂隙间流过而影响浸出。⑤浸渍。一般浸渍放置24～48h，使溶剂充分渗透扩散，特别是制备高浓度制剂时更显得重要。⑥渗漉。渗漉速度应符合各项制剂项下的规定。若太快，则有效成分来不及渗出和扩散，浸出液浓度低；太慢则影响设备利用率和产量。一般药材1000g每分钟流出1～3mL为慢渗，1000g每分钟流出3～5mL为快渗。大量生产时，每小时流出液应相当于渗漉容器被利用容积的1/48～1/24。渗漉时要始终保持溶剂盖过药面12cm。有效成分是否渗漉完全，虽可由渗漉液的色、味、嗅等辨别，如有条件时还应做已知成分的定性反应来加以判定。若用渗漉法制备流浸膏时，先收集药物量85%的初漉液另器保存，续漉液经低温浓缩后与初漉液合并，调整至规定标准；若用渗漉法制备酊剂等浓度较低的浸出制剂时，不需要另器保存初漉液，可直接收集相当于欲制备量的3/4的渗漉液，即停止渗漉，压榨药渣，压榨液与渗漉液合并，添加乙醇至规定浓度与容量后，静置，过滤即得。

2. 重渗漉法

重渗漉法是将渗漉液重复用作新药粉的溶剂，进行多次渗漉以提高渗漉液浓度的方法。

渗漉法所用的设备即为不同规格的渗漉桶（罐），通常为圆柱形或倒锥形不锈钢桶，筒的长度为直径的2～4倍，渗漉筒一般配备有密封盖，防止溶剂的挥发，桶内上下均配置相应规格的筛网，上筛网是防止药材漂浮逸出，下筛网起初滤过作用（如图8-4；图8-5）。

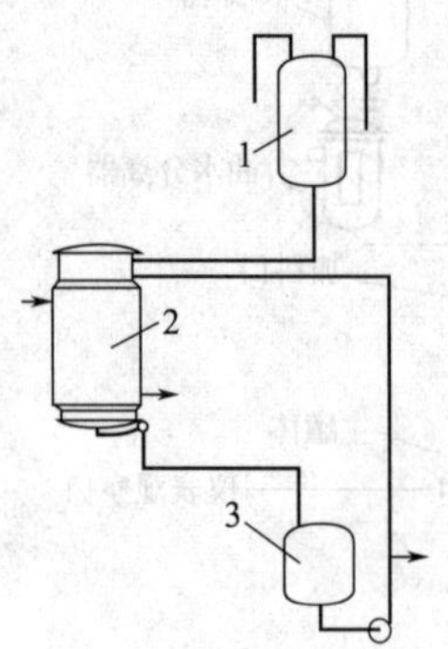

图8-4　渗漉装置
1—计量罐；2—渗漉罐；3—缓冲罐

五、回流提取工艺及设备

回流法指用乙醇等易挥发的有机溶剂提取药材成分，将浸出液加热蒸馏，其中挥发性溶剂馏出后又被冷凝，重复流回浸出器中浸提药材，这样周而复始，直至有效成分回流提取完全。广泛适用于受热不会被破坏的药材有效成分的浸提，本法提取速度快，提取效率高，但溶剂消耗量较大，操作较烦琐，技术要求高，提取药液的杂质多，溶剂只能循环使用，不能连续更新。药材中含脂溶性较强的成分，如含萜类等药材的提取常用该法。

常规操作：将药材饮片或粗粉装入适宜容器内，加溶剂浸没药材表面，浸泡一定时间后，加热、回流浸提至规定时间，将回流液滤出后，再添加新溶剂回流，合并各次回流液，用蒸馏法回收溶剂，即得浓缩液。影响浸提效果的加水量、浸提时间、浸提次数等因素均需要预先进行合理的优选。

回流法由于连续加热，浸出液在蒸发锅中受热时间较长，故不适用于受热易破坏的药材成分浸出。若在其装置上连接薄膜蒸发装置，则可克服此缺点。

工业生产中回流法提取中药有效成分通常也在多功能提取罐内进行。

六、索氏提取工艺及设备

索氏提取法是在回流提取法的基础上进行有效改进的一种常用方法，亦称连续循环回流提取，它是利用溶剂回流及虹吸原理，使固体物质连续不断地被纯溶剂萃取，溶剂既可循环使用，又能不断更新。该法与渗漉法相比，具有溶剂耗用量最少、萃取效率高的特点。该法常用于脂溶性成分的提取，但因提取液受热时间长，故不适用于受热易分解、变色等不稳定成分的提取。

索氏提取的基本操作是先将药材粉碎，以增加固液接触的面积。然后将药材粉末放在滤纸袋或筒内，置于索氏提取器中，装好的药粉的高度要低于提取器上虹吸管顶部，提取器的下端与盛有溶剂的容器相连，上面接回流冷凝管。加热，使溶剂沸腾，蒸汽通过提取器的支管上升，被冷凝后滴入提取器中，溶剂和药材接触进行提取，当溶剂面超过虹吸管的最高处时，含有提取物的溶剂虹吸回下部的容器，随之提取出一部分成分，溶剂在接收容器中继续受热，溶剂蒸发、回流，如此重复，使药材粉末不断为纯的溶剂所提取并将提取出的成分富集在下部容器中。整个过程经过渗透、溶解、扩散，提取筒内的药材始终与纯溶剂接触，逐渐将药材中的有效成分溶解在溶剂中，如此反复提取 4～10h 可提取充分。

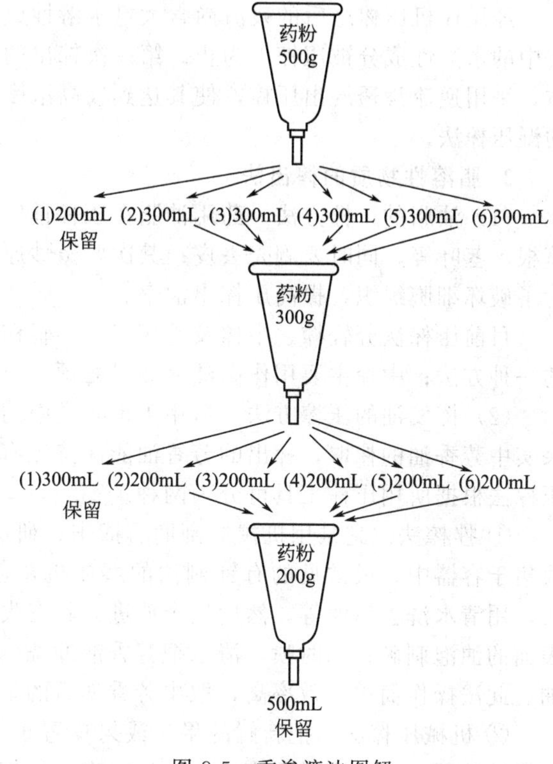

图 8-5　重渗漉法图解

中药工业生产中所采用的相应规格索氏提取设备是动态的热流体循环提取方式，在提取过程中固体药材表面与提取溶剂之间始终存在较高浓度推动力，消除了溶剂层的外扩散阻力，从而在同等的提取条件下提取时间缩短、提取效率得到提高。索氏提取过程中溶剂的蒸发采用内循环式蒸发器，溶剂蒸发量大，可提高单位时间内提取次数（见图 8-6）。

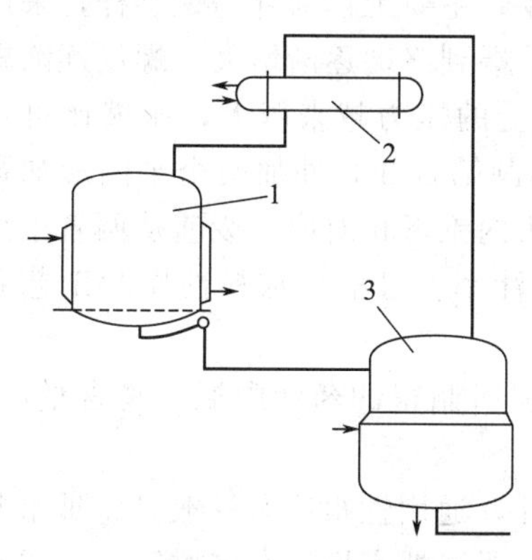

图 8-6　索氏提取流程

1—提取罐；2—冷凝器；3—浓缩罐

七、压榨工艺及设备

压榨法又称为榨取法。压榨是用加压方法分离液体和固体的一种方法，它是中药的重要提取手段之一。例如，月见草油就是以压榨法从月见草的种子中得到的，又如药用蓖麻油、亚麻仁油、巴豆油都是以压榨法制取的。

1. 水溶性物质的压榨法

本法适用于刚采收的新鲜中药材或含水分高的根茎类和瓜果类药材的加工。榨取的对象为水溶性强的化合物，如水溶性蛋白、酶、氨基酸、多糖和含多种维生素的果汁或根茎汁类混合物。这种压榨法又分为干压榨法和湿压榨法。干压榨法是在压榨过程中不加水或不稀释压榨液，只用压力压到不再出汁为止，用这种方法只能榨出部分汁，不能把所有的有效成分都榨取出来，所以它的收率较低。此法已不常用。湿压榨法是在压榨过程中不断加水或稀汁，直到把全部汁或有效成分都压榨出来，这种方法已被广泛采用。

经压榨机压榨之后的残渣尚含大量水溶性成分，需要加少量水反复多次的压榨，直到残渣中的水溶性成分被压榨干为止。第一次榨出的原汁送入下一工序处理，加水稀释榨出的液体，采用逆流渗透浸出压榨，使其达到较高浓度后送入下一工序处理，这就是压榨收率较高的湿压榨法。

2. 脂溶性物质的榨出法

(1) 油脂的压榨方法　药用油脂在压榨前需进行预处理，首先除去灰尘、泥土、沙石、草根、茎叶等，同时要剥壳去皮；其次要蒸炒原料，在蒸炒前先润湿，调湿后蒸炒的目的是为了破坏细胞组织，提高压榨出油率。

目前压榨法分轻榨、中榨及重榨三种。轻榨是预榨，即对高油分油料预先榨取部分油脂的一种方法；中榨主要用作高油分油料的预先取油；重榨在于一次压榨取油。

(2) 挥发油的压榨方法　适用于果实类中药材中芳香性成分的榨取，如陈皮、橙和柚的果实中芳香油的榨取，榨出的芳香油能保持原有的香味，质量远较水蒸气蒸馏的质量为好。压榨法根据所用压榨工具可分为两种。

① 挫榨法。它是用机械的刮磨、撞击、研磨等方法，使果皮油渗出，经挫榨器的漏斗收集于容器中。最常见的有针刺法的磨橘机，它的操作过程是：选取大小相似的柑橘类果实，用清水洗去污泥等，然后逐个放进一具有尖锐直刺的磨盘中，经快速的旋转滚动将果皮表面的油泡刺破；同时喷入清水把芳香油冲洗出来，再经过高速离心把油水分离，获得芳香油。此法操作简单、效率高，取出芳香油后的果实仍可食用。

② 机械压榨法。把新鲜的果实或果皮置于压榨机中压榨。如果是果实榨得的系芳香油和果汁的混合物，尚需要高温脱油器或离心机把芳香油分离出来，用高温脱油所制出的芳香油质量不高。如果用果皮则榨得芳香油及少量水分，经静置或过滤后可把水分除去。机械压榨法所用的设备种类很多，形式不一。

3. 压榨设备

常用的压榨设备有螺旋式连续压榨机、活塞式压榨机等。

(1) 螺旋式连续压榨机　其适用于果类药材的榨汁作业。主要工作部件为螺旋杆，采用不锈钢材料铸造后精加工而成。其直径沿废渣出口方向从始端到终端逐渐增大，螺旋逐渐减小，因此，其与圆筒筛相配合的容积也越来越小，果浆所受的压力越来越大，压缩比可达1∶20，药汁通过圆筒筛的孔眼中流出。圆筒筛常用两个半圆筛合成，外加两个半圆形加强骨架，通过螺旋紧固成一体，螺旋杆终端成锥形，与调压头内锥形相对应。废渣从两者锥形部分的环状空隙中排出。通过调整空隙大小，即可改变出汁率。可根据物料性质和工艺要求，调整挤压压力，以保护设备正常工作。

螺旋式压榨机虽然结构简单、故障少、生产效率高，但所制得的药汁中混浊物含量高，药汁氧化剧烈，出汁率低。

(2) 裹包式榨汁机　其主要用于制取瓜果类药材的药汁，通用性很广。一般是将瓜果浆用合成纤维挤压布包裹起来，每层果浆的厚度为3～15cm，层层摞齐堆码在支撑面上，层与层之间用隔板隔开，通过液压，挤压力高达2.5～3MPa。由于挤压层薄，汁液流出通道短，因而榨汁的时间短，一般周期为15～30min，生产能力在1～2t/h。

裹包式榨汁机造价低、操作方便、出汁率高，但其效率低、劳动强度大、果浆及果汁氧化严重。目前国内外生产的全自动裹包式榨汁机的铺层、榨汁和排渣均采用连续作业，使小型裹包式榨汁机的缺点得到较大改善。

(3) 活塞式压榨机　其适用性广，是常用的一种机型。活塞在榨汁缸筒内做往复运动，榨汁缸筒也可沿导柱往复运动。榨汁部分的前端盖和活塞端面上设有滤汁板，为缩短出汁路径分成十几个小区域。榨汁时，汁液从出汁栓小孔流经活塞端面滤汁板，最后由榨汁缸筒的后端出汁口排出。一般物料经一次压榨后液汁不能榨取干净，须反复压榨几次。榨汁完毕后，退出榨汁体缸筒，排除残渣。这种压榨机挤压室能够绕中心轴旋转，有利于预排汁，提高充填量；但榨汁时渣饼厚，排汁路径长，因而榨汁时间很长。

(4) 带式榨汁机　其结构由机架、料斗、无极变速传动机构、压榨机构、调节压榨比机构和电器控制机构组成。工作时由电动机通过无极变速器带动链轮和上下两条履带板做同向转动，将经破碎的药材浆料喂入料斗均匀落到履带板上，经上、下履带板的输送同时进行压榨。药汁从下履带板的出汁孔流入汁槽，药渣从渣口排出。榨汁机履带一般由不锈钢板制成，表面覆有合成纤维滤布，或者由合成材料制成，带中有不锈钢丝夹层，榨汁时一次压榨完成。

近年来，榨汁技术迅速发展，出现了许多新型组合式带式榨汁机，其结构大同小异，工作原理基本相同。

(5) 离心式压榨机　其利用离心力的工作原理使果汁、果肉分离。主要工作部件是差动旋转的锥状旋转螺旋和带有筛网的外筒。在离心力的作用下，果汁从圆筒筛的孔中甩出，流至出汁口，果渣从出渣口排出。这种榨汁机自动化程度高，工作效率高，常用于预排汁生产。

第三节　中药提取新工艺与设备

常规中药提取工艺技术各有其优缺点及不同的适用范围，但存在下述一些共性问题：如过高的温度、过长的时间会导致中药材中有效成分的损失或无效成分的过度溶出，提取率较低、不利于制剂的成型，不能用于含热敏感性成分的中药材提取，工业生产中使用以多功能提取罐为代表的间歇式提取器，生产过程溶剂消耗量大、生产效率低，后续蒸发浓缩工艺的能耗大大增加，尤其对于以乙醇为代表的有机溶剂的提取，会大大增加生产成本。因而选择适宜的先进提取技术和提取设备是中药产业现代化生产中的现实需要和关键技术环节。

在大力提倡循环经济的今天，在中药提取中提高中药材的提取率、降低能耗的关键就在于改善和提高中药提取技术和设备水平，积极推广一些新工艺、新设备、新技术的应用。如动态连续罐组逆流提取技术已开始应用到中药生产中，它通过多段提取单元之间物料和溶剂的合理浓度梯度排列和相应的流程配置，结合物料的粒度、提取单元组数、提取温度和提取溶剂用量，循环组合，对物料进行逆流提取。此外还有超临界流体提取、超声场强化提取、微波场强化提取、酶法辅助提取等的新工艺与设备的大力推广运用，可以预计在不远的将来，它们将成为中药提取的主流工艺与设备。

一、动态连续罐组逆流提取工艺与设备

1. 工艺原理

中药材提取是采用适当的溶剂和方法使中药材中所含的有效成分或有效部位浸出的操作，提取时要求有效成分透过细胞膜渗出，这是一个浸提过程，它可分为湿润、渗透、解析、溶解、扩散等相互关联的阶段。溶剂进入药材细胞后可溶性成分大量溶解，当浸出溶剂溶解大量药物成分后，细胞内液体浓度显著增高，使细胞内外出现浓度差和渗透压差。所以，外侧纯溶剂或稀溶液向细胞内渗透，细胞内高浓度的液体可不断地向周围低浓度方向扩散，当内外浓度相等、渗透压平衡时，扩散终止。因此，浓度差是渗透或扩散的推动力，生产中最重要的是保持最大的浓度梯度。要达到快速完全地提取物料中的有效成分，就必须经常更新固液两相界面层，使浓度差保持在较高的水平，创造最大的浓度梯度是浸出设备设计

的关键。动态逆流提取就是根据这一原理进行工作的，在提取过程中物料和溶剂同时做连续的逆流运动，物料在运动过程中不断改变与溶剂的接触情况，使物料在提取过程中与溶剂充分接触，同时在设备内部不断更新溶剂，溶剂在流动过程中不断获得物料的有效成分，浓度不断提高，在连续进液和连续出液的过程中，溶剂中存在连续的浓度梯度，从而使提取液可以获得比较快的浸出速度，也可以获得比较高的提取液浓度，并从相反方向流出。此项技术利用了固液两相浓度梯度差，逐级将物料中的有效成分扩散至起始浓度相对较低的提取液中，达到最大限度转移中药中有效溶解成分的目的。

动态连续罐组逆流提取与一般的提取方法相比，具有以下显著的优点：①提高有效成分的收率。提取过程中固液两相浓度梯度大，溶液始终未达到饱和状态，溶剂与物料间的相对运动使溶剂与物料间界面层更新快，有效成分的收率和提取效率都得到提高。②能连续作业，生产效率高。动态逆流提取设备适于大规模生产，可连续不间断工作，产量大、生产效率高并节约能源。③应用范围广。动态逆流提取操作可在 25～100℃之间任意选择，既适于热稳定性好的物料提取，又适于热敏性物料的提取；既适用于水为溶剂提取，又适用于有机溶剂为溶剂的提取。④降低生产成本。动态逆流提取出液系数小，所需的提取溶剂少，浸出液浓度高，节省了溶剂即节省了溶剂回收的生产成本。

2. 工艺流程

罐组逆流提取过程可分为“梯度形成阶段”和“逆流提取阶段”。以 3 单元罐罐组逆流提取工艺为例，如图 8-7 可见，一个循环中由几个提取阶段组成，包含浓度梯度形成的过程，当某一阶段的提取结束时，即有效成分被提取完全后，可进行出药渣和加新药材操作，其他未被提取完全的单元，被提取好单元的下一单元的饱和溶液排到后续的浓缩工序，不饱和溶液按有效成分含量递减的反方向隔 1 个单元进行单元数减 1 次的迁移，新鲜溶剂加入到无溶液的单元。整个过程需要考察的工艺参数有药材的粉碎度、提取温度、溶剂用量、提取时间、提取单元组数，根据不同的药材性质对工艺参数进行优化，以获得工业生产中的最佳提取工艺。

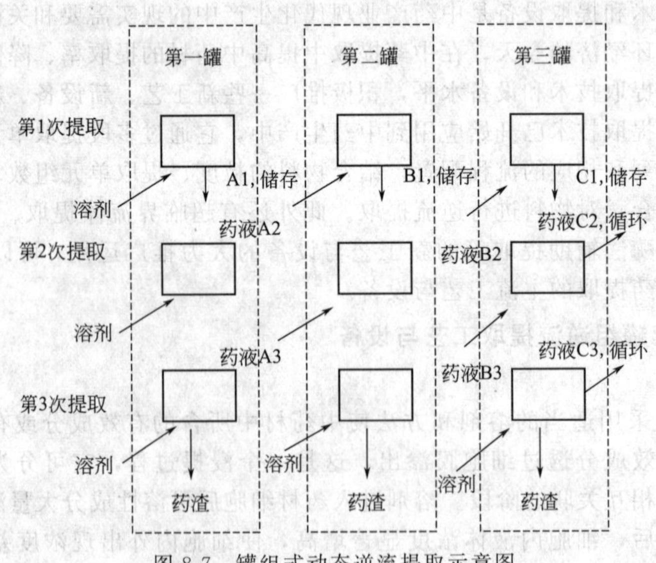

图 8-7 罐组式动态逆流提取示意图

具体操作：第一罐的 3 次提取为梯度形成阶段，即提取 3 次，每次均加入新溶剂，得 A1、A2、A3，其中 A1 储存。然后开始逆流提取阶段，A2 作为第 2 罐第 1 次提取的溶剂，得 B1，储存；A3 作为第 2 罐第 2 次提取的溶剂，得 B2；B2 作为第 3 罐第 1 次提取的溶剂，得C1，储存；依次循环提取。每罐最后一次提取，均加入纯溶剂。

3. 生产设备

（1）罐组式动态逆流提取设备　罐组式动态逆流提取是将两个以上的动态提罐机组串联，提取溶剂沿着罐组内各罐药料的溶质浓度梯度逆向地由低向高顺次输送通过各罐，并与药料保持一定提取时间并多次套用。罐组式逆流提取整个过程可分为“梯度形成阶段”和“逆流提取阶段”，其中逆流提取阶段由与提取罐组数（提取单元）相等的几个提取阶段组成。每次循环提取前，先对最后一次提取的罐内药材投入溶剂，提取液作为最后罐药材的溶剂，最后一次提取的罐药材在排除药渣后，再投入干药材作为下一轮罐组循环提取的最末罐。

采用罐组式逆流提取工艺，能有效地利用固液两相的浓度梯度，增大浓度差，提取速率快，提取液的浓度逐步增高，提取周期缩短，提取时药材本体作滤层可提高澄明度。

该设备已广泛应用于根茎、花叶、全草等各类中药材的提取。罐组式动态逆流提取设备之所以能成为应用最为广泛的逆流提取设备，除具有上述优点外，该法对设备要求不高，多数厂家通过对现有多功能提取罐进行设备改造，即可采取罐组逆流工艺进行提取。该工艺设备多用于具有成熟提取工艺且常年生产的大品种或大批量集中生产的品种或提取次数较多的药材。

（2）螺旋式连续逆流提取设备　螺旋式连续逆流提取装置是一种较新型的动态提取设备，主要用于对天然植物尤其是中药材的有效成分进行提取。其结构主体为螺旋或螺旋桨推进式逆流浸出提取器或提取器组，该装置具有支架、筒体、螺旋推进器、筛板等，螺旋推进器上具有刮板和排料板。工作时固体物料从首端连续加入，由螺旋叶片将它推往尾端，再经排渣机卸出。溶剂由尾端加入自由流向首端，经过滤排入提取液储罐。其间固体物料完全浸泡在溶液中，并受到螺旋桨片的搅动，溶质逐渐溶入液相，从而完成连续逆流提取过程。常用配套有冷凝器等辅助设备，实现溶剂的回收（图8-8）。

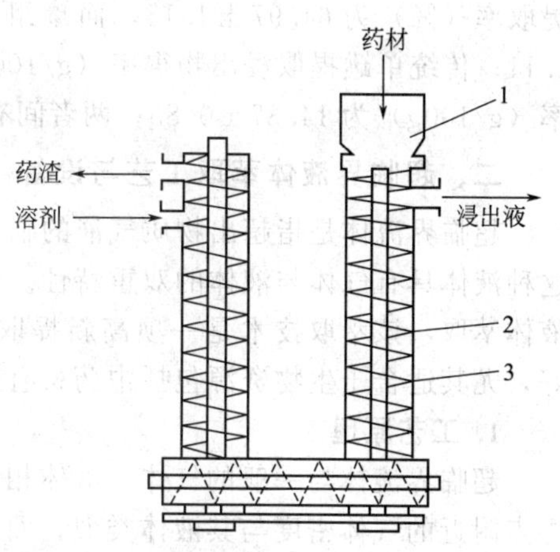

图 8-8　螺旋推进式浸出器图

1—料斗；2—螺旋推进器；3—筒体

该法常常用于小品种或批量不大的生产品种，或是试验性生产，摸索工艺参数与操作条件等，该装置的载热体可为蒸汽、热水、导热油等，浸出温度为60～100℃，药材和溶剂在不断逆流翻动中加热，受热均匀，适用于热敏性药材的提取，同时整套装置属封闭系统，比较适宜于以挥发性有机溶剂为溶剂的提取体系，亦可用于以水为溶剂的提取体系。可以和自动化生产线相匹配。

此外螺旋式连续逆流提取设备可以实现常温提取、高温提取、超声提取、微波提取、有机溶剂提取等结合新技术手段的多样化生产。相应试验的结果显示对于热溶性的物料，高温提取和微波提取收率高；对于热不敏感的物料，有机溶剂提取和超声提取有显著效果。

（3）U形槽式逆流提取机　U形槽链板逆流提取机采用U形提取槽，在链轮刮板推动下，药材由高端进入提取槽，与提取溶剂接触，进行充分提取后，药渣从另一高端提出，与溶剂分开。而溶剂靠提取槽的倾斜角度，从高端流向低处泵入药液储罐排出。其间药材与溶剂呈相反方向运动，从而实现逆流连续提取工艺，该机采用稍微倾斜的直线提取段和两端呈弧形上延的进、出料段共同组成U形提取槽，在提取槽内，采用由输送链条与刮板组成的物料链板推进器推动药材等物料与逆向流动的溶剂充分接触，从而完成药材等有效成分的提取过程。

该设备提取速度快，有效成分提取充分，提取收率高，溶剂耗量少，提取温度和时间参数易于控制，药材有效成分充分提取而非药用成分浸出较少，从而得到质量较好的提取液。与螺旋推进式逆流提取装置相比较，本装置由于采用链轮刮板推进药材，不易出现药材卡堵停机检修等现象。设备操作稳定性和生产能力均优于螺旋式逆流提取装置。对于不宜过份煎煮的药材可以选择中间投料口进料。也可以通过调速器改变送料速度，适于各种物料提取，也适于大批量连续性的生产，药材提取过程在与外界隔离状态下自行完成，所有接触物料的部分均采用不锈钢制造，易于清洗，完全符合《药品生产质量管理规范》(GMP) 的要求。

4. 生产实例

益母草罐组式动态逆流提取工艺研究。

为验证罐组式动态逆流提取工艺应用于工业化生产的可行性，分别用罐组式动态逆流提取与传统单罐提取工艺进行益母草提取试验，进行两种工艺的比较。结果表明，罐组式动态逆流提取工艺与传统的单罐提取工艺相比，有效成分的提取率提高，生产周期缩短，节省能源。

在整个提取过程中，选用同批次药材，进行五批投料试验，生产中两种工艺均每隔20min对提取液取样，同时测定盐酸水苏碱及浸出物的量，结果传统单罐提取盐酸水苏碱的提取率（%）为64.97±1.15，而罐组动态逆流提取盐酸水苏碱提取率（%）为71.31±1.11；传统单罐提取浸出物得率（g/100g）为13.58±0.47，而罐组动态逆流提取浸出物得率（g/100g）为14.37±0.85；两者间有显著性差异。

二、超临界液体萃取工艺与设备

超临界流体是指超出物质气液的临界温度、临界压力、临界容积状态下的高密度液体，这种液体具有气体与液体的双重特性。超临界液体对物质进行溶解和提取的过程就叫超临界液体萃取，该萃取技术是一项高新提取分离技术，主要优点是过程简单、无污染、选择性好，尤其适合于生物资源包括中药材有效成分的提取分离。

1. 工艺原理

超临界流体与一般的气体、液体相比，它的密度、扩散系数和黏度有很大的差别，如临界点附近的气体密度与其液体类似，而黏度为通常气体的几倍，扩散系数为液体的100倍左右（表8-1）。

表8-1 超临界流体萃取和其他流体扩散性比较

因素	气体	超临界流体	液体
密度/(g/cm^3)	0.0006～0.002	0.2～0.9	0.6～1.6
黏度/[$10^{-4}g/(cm\cdot s)$]	1～3	1～9	20～300
扩散系数/(cm^2/s)	0.1～0.4	0.0002～0.0007	0.000002～0.00002

表8-1中列出了常用超临界流体的主要临界特性，从数据可见，超临界液体的密度比气体大数百倍，具体数值与液体相当。其黏度仍然接近气体，但比起液体来要小2个数量级，扩散系数介于气体与液体之间。因而超临界液体既具有液体对溶质有比较大的溶解度的特点，又具有气体易于扩散和运动的特性，传质速率大大高于液相过程。更重要的是在临界点附近，压力和温度微小的变化都可以引起液体密度很大的变化，并相应地表现为溶解度的变化。

表中可见，超临界 CO_2 密度大，溶解能力强，传质速率高；CO_2 临界压力为 7.39 MPa，比较适中，处于通常萃取条件选择的适宜对比压力区域内，目前工业水平下其超临界状态一般都容易达到。其临界温度为 31.06℃，处于通常萃取条件选择的适宜对比温度区域内，分离过程可在接近室温条件下进行，适合于分离热敏性物质，可防止热敏性物质的氧化与逸散，使高沸点、低挥发度、易热解的物质远在其沸点之下就萃取出来；超临界 CO_2 具有类似气体的扩散系数、液体的溶解力，表面张力为零，能迅速渗透进固体物质之中，提取其精华，具有高效、不易氧化、纯天然、无化学污染等特点；CO_2 具有便宜易得、无毒、无味、惰性、不腐蚀、易于精制与回收以及极易从萃取产物中分离出来等一系列优点，同时超临界 CO_2 还有一定的抗氧化灭菌作用，萃取物无溶剂残留，属于环境无害工艺，有利于综合提高天然产物的质量。所以当前绝大部分超临界流体萃取都以 CO_2 为溶剂，广泛用于药物等天然产品的提取与纯化。

2. 工艺流程

CO_2 气体经热交换器冷凝成液体，用加压泵将压力提到工艺过程所需压力，同时调节温度，使其成为超临界 CO_2 流体。超临界 CO_2 流体作为溶剂从萃取釜底部进入，与被萃取物充分接触，选择性萃取出所需要的化学成分。含溶解了萃取物的高压 CO_2 流体经节流阀降压到低于 CO_2 临界压力以下，进入分离釜。由于 CO_2 溶解度急剧下降而析出溶质，自动分离成溶质和 CO_2 气体两部分。前者作为过程中的产品，定期从分离釜底部放出，后者为循环 CO_2 气体，通过流量计，记录其累积流量和瞬时流量，最后将 CO_2 放空，经热交换器冷凝成 CO_2 液体再循环使用。整个分离过程中 CO_2 流体不断在萃取釜和分离釜间循环，从而有效地将需要分离萃取的有效组分从原药材中分离出来（见图 8-9）。

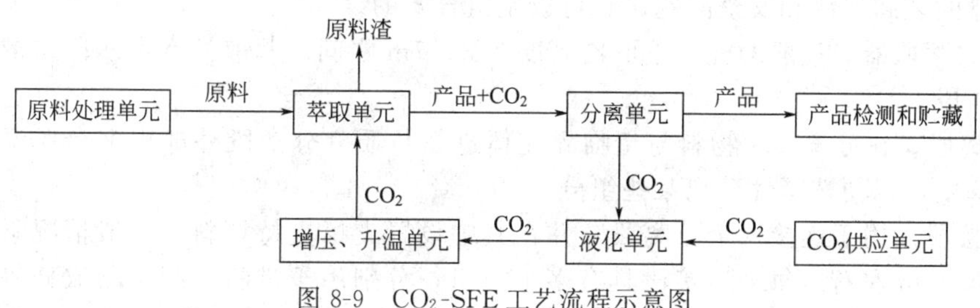

图 8-9　CO_2-SFE 工艺流程示意图

整个工艺过程可以是连续的、半连续的或间歇的。具体操作是先打开阀及气瓶阀门进气，用 CO_2 反复冲洗设备以排除空气。再启动高压阀升压，当压力升到预定压力时再调节减压阀，调整好分离器内的分离压力，然后打开放空阀接转子流量计测流量，通过调节各个阀门使萃取压力、分离压力及萃取过程中 CO_2 流量均稳定在所需操作条件，打开阀门进行全循环流程操作，萃取过程中从放料阀将萃取液取出。

3. 生产设备

超临界流体萃取工艺装置主要由萃取器和分离器两部分组成，并适当配合压缩装置和热交换设备所构成。萃取器和分离器是该技术的基本装置，下面分类介绍。

（1）萃取器　超临界流体萃取器可分为容器型和柱型两种。容器型指萃取器的高径比较小的设备，较适用于固体物料的萃取；柱型指萃取器的高径比较大的设备，可适用于液体及固体物料。为了降低大型设备的加工难度和成本，建议尽可能选用柱型萃取器。对于不同形态物料需选用不同的萃取器。对于固体形物料，其高径比约在（1∶4）～（1∶5）之间；对于液体形物料，其高径比约在 1∶10 左右。前者装卸料是间歇式的，后者进卸料可为连续式。中草药萃取多为固体（切制成片状或捣碎成粉粒状等），将物料装入吊篮内。如果物料是液体（例如传统法人参提取液脱除溶剂），釜内尚需装入不锈钢环形填料。

① 容器型萃取釜。容器型萃取釜的设计应根据萃取工艺的要求，例如体系性质、萃取方式、分离要求、处理能力及萃取系统的压力和温度等工艺参数，选择设备的形式、装卸料方式、设备材质、结构和制造方法等。

间歇式装卸料采用快开盖装置结构的釜盖。目前，国内全膛快开盖装置常用的有三类：一类是卡箍式，另一类是齿啮式，还有一类是剖分环式。卡箍式快开盖装置又可分为三种：一是手动式，即靠逐个拧紧或松开螺栓螺母；二是半自动式，靠手柄移动丝杆驱动卡箍；三是全自动式，靠气压/液压装置驱动卡箍沿导轨定向滑动。齿啮式快开盖装置也有两种：内齿啮式和外齿啮式。

全自动卡箍式快开盖装置完成一次操作周期（即开盖、取出吊篮、装进放有物料的另一吊篮、关闭釜盖）约需 5min；齿啮式快开盖装置完成一次操作周期约需 10min。

萃取釜能否正常的连续运行在很大程度上取决于密封结构的完善性。当介质通过密封面的压力降小于密封面两侧的压力差时介质就会产生泄漏，萃取釜就无法正常工作。密封圈的选择不仅要满足医药卫生学的要求，还应满足过程操作的极限条件。由于 CO_2 对橡胶的穿透性强，大多数用橡胶做密封的萃取装置，不管采用什么规格型号的橡胶，通常只能使用 3～5 次就要更新。因而密封圈材料应选择硅橡胶和氟橡胶等合成橡胶或金属密封材料，而不能使用一般的油性橡胶圈。对于工业化萃取釜宜用卡箍结构釜盖，采用自紧式密封。现有一种新的经过改进的 O 形环密封圈，密封效果好，装拆方便，使用寿命长，连续使用可达 300 次以上。

吊篮与萃取釜之间的密封也是非常重要的，它直接影响到出品得率。设计萃取釜时，要考虑到吊篮的装卸方便和安全问题，它可以是组合式的。

② 柱式萃取器。一般的柱式萃取器高度在 3～7m 之间。萃取柱常由多段构成，按其作用可分成 4 段。

a. 分离段。在分离段，物料与超临界流体进行传质。分离段外部用夹套保温或沿柱高形成温度梯度，以便选择性分离某些组分。

b. 连接段。用于连接两个分离段，并在其中设置支撑支持填料。一般情况下，连接段长度约为 0.25m 左右。每个连接段具有多个开口，分别用于进料、测温与取样等。通过连接段和分离段的有效组合，以及进料位置的变化，可以满足不同体系萃取的分离要求。

c. 柱头。它的设计要考虑萃取剂与溶质的分离，最好设有扩大段，并用夹套保温。

d. 柱底。用于萃余物的收集，可采用夹套保温，其设计应便于某些黏性物料的放出和清洗。

在进行液体原料的溶解度测定或进行少量样品的间歇操作时，一般采用柱式萃取器进行萃取。但萃取时，系统压力的波动容易造成萃取器内液体原料随同 CO_2 一起沿进气管道倒流。尽管系统装有单向阀，但还是很难防止液料的倒流。现有一种用于液体原料超临界及液态 CO_2 萃取的止逆分布器有效解决了液体原料的倒流问题，同时也可使 CO_2 在液体原料中均匀分布，强化传质。

（2）分离器　从萃取器出来的溶解有溶质的超临界流体，经减压阀（一般为针形阀）减压后，在阀门出口管中流体呈两相流状态，即存在气体相和液体相（或固体），若为液体相，其中包括萃取物和溶剂，以小液滴形式分散在气相中，然后经第二步溶剂蒸发，进行气液分离，分离出萃取物。当产物是一种混合物时，常常出现其中的轻组分被溶剂夹带，从而影响产物的得率。一般使用的分离器有如下一些形式（不分固体原料和液体原料）。

① 轴向进气分离器。轴向进气是最常用的一种分离器形式，其采用夹套式加热。它的

结构简单，使用清洗方便。但当进气的流速较大时会将未及时放出的萃取物吹起，进而形成的液滴会被 CO_2 夹带着带出分离器，从而导致萃取收率偏低，严重时会堵塞下游管道。

② 旋流式分离器。其可弥补轴向进气分离器的不足，它由旋流室和收集室两部分组成。当萃取物是液体时，在旋流室底部可用接受器收集低溶剂含量的萃取物，当萃取物比较黏稠或呈膏状不易流动时，可设计成活动的底部接受器将萃取物取出，这种分离器不仅能破坏雾点，而且能供给足够的热量使溶剂蒸发。即使不经减压，这种分离器也有很好的分离效果。

③ 内设换热器的分离器。它是一种高效分离器，其主要特点是在分离器的内部设有垂直式或倾斜式的壳管式换热器，利用自然对流和强制对流与超临界流体进行热交换。在进行这种分离器设计时，须考虑萃取物是否沉积于换热器表面，对温度是否敏感，以及产物和其他组分的回收价值。

近年来，超临界流体萃取技术在我国得到了飞速进展，开发的设备按萃取溶剂计，小到几毫升，大到500～600L。国产的几十升的萃取设备比较完善，基本可以取代进口。

（3）设备要求与选型

① 超临界流体萃取装置的总体要求

a. 工作条件下安全可靠，能经受频繁开、关盖（萃取釜），抗疲劳性能好。

b. 一般要求单人操作，在10min内就能完成萃取釜全膛的开启和关闭一个周期，密封性能好。

c. 结构简单，便于制造，能长期连续使用（即能三班不间断运转）。

d. 设置安全联锁装置。

高压泵有多种规格可供选择，特别是国产三柱塞高压泵能较好地满足超临界 CO_2 萃取产业化的要求，但其流量需要提高，有必要试制比40 MPa工作压力更高的新型高压泵，并且系列化和标准化。同时，国产的适用于 CO_2 流体的高压阀（包括手动和自动）也需进一步研究和提高。积极采用PLC实现程序控制，PC机在线检测，提高装置的自动化和安全性。

② 超临界流体萃取装置的选型。根据实践经验，目前超临界 CO_2 萃取装置宜以中小型较为实际。大型装置如单釜大于1000L规模就不宜盲目上马。每套装置配置2～3个萃取釜效率会高一些。在装置规模选择上建议注意如下两点。

a. 根据生产对象选型。超临界萃取装置是一种分离技术的通用设备。中型超临界萃取装置基本可满足一般生产需要。

b. 决定装置的规模。不仅要考虑技术上可行，更要考虑经济上可行。超临界萃取属高压设备，投资费用昂贵，规模越大，投资费用越高。

三、微波强化提取工艺与设备

1. 工艺原理

微波提取技术（MAE）是利用频率为300～300000MHz的电磁波辐射提取物，在交频磁场、电场作用下，提取物内的极性分子取向随电场方向改变而变化，从而导致分子旋转、振动或摆动，加剧反应物分子运动及之间的碰撞频繁率，使分子在极短时间内达到活化状态，比传统加热形式均匀、高效。

由于微波萃取自身的技术特点，这项技术与现有的其他萃取技术相比具有以下特点。

（1）萃取速度快　被加热的物体往往是被放在对微波透明或半透明的容器中，且为热的不良导体，故物料迅速升温，大大缩短工时，节省50%～90%的时间。

（2）产品质量好　可以避免长时间高温引起的样品分解，从而有利于热不稳定成分的萃取。特别是微波在短时间内可使药材中的酶灭活，因此用于提取苷类等成分时具有更突出的优点。

(3) 过程简单　简化工艺，降低溶剂用量，减少投资，节省能源，降低人力消耗。

(4) 具有一定的萃取选择性能　极性较大的分子可以获得较多的微波能，利用这一性质可以选择性地提取极性分子，从而使产品的纯度提高，质量得以改善；还可以在同一装置中采用两种以上的萃取剂分别萃取所需成分，降低工艺费用。

2. 工艺流程

微波萃取系统的基本流程见图 8-10。微波在中药提取领域的应用研究主要有两方面：一是微波用于促进非（弱）极性溶剂提取中药有效成分；二是微波在强极性介质（如水）溶剂提取技术中的应用。对于后者，一般有 3 种不同的工艺流程：一是微波直接辅助提取；二是“微波破壁法”，即先用微波进行润湿预处理，然后用溶剂浸提；三是“微波预处理法”，对原料预先进行微波预处理，再进行微波辅助水提。

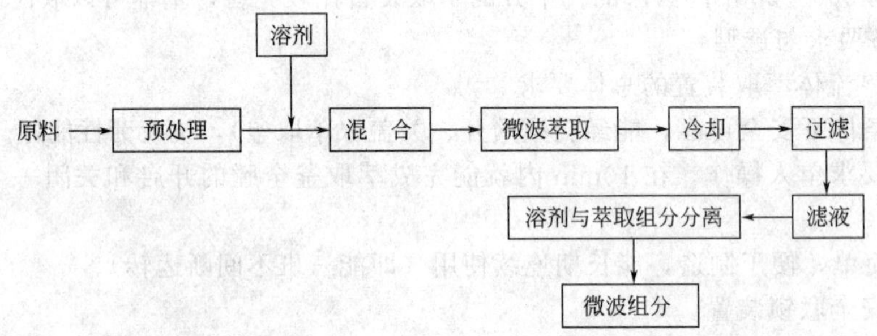

图 8-10　微波萃取流程框图

3. 生产设备与应用实例

微波萃取生产设备有：密闭式微波提取体系，开罐式聚焦微波提取系统，在线微波提取系统。

天然植物中对有效成分的微波萃取法显示了独特的优点。目前，微波技术应用于中药和天然产物生物活性成分提取的研究不断发展，已涉及的天然产物有黄酮类、苷类、多糖、萜类等。

(1) 黄酮类　陈斌等在研究了利用微波萃取葛根总黄酮的工艺后，得出用 77%乙醇、固液比为 1∶14，在体系温度低于 60℃的前提下，微波间隙处理 3 次，葛根总黄酮的浸出率达到 96%以上。与传统的热浸提相比，不仅产率高，而且速率快、节能。

(2) 苷类　王威等通过 MAE 与乙醇热回流法的比较发现，MAE 在高山红景天苷的提取过程中保持较高提取率的同时，大大缩短了提取时间，并且显著降低了提取液中杂蛋白的含量。

(3) 多糖　李芙蓉等先用石油醚、乙醚除去刺五加中脂溶性杂质，用 80%乙醇提取除去单糖、低聚糖及苷类等干扰成分后，再用微波技术及水提醇沉法制得刺五加多糖，并用苯酚-硫酸比色法对其多糖含量进行测定，多糖的含量为 5.01%。

(4) 萜类　Carro 等采用 MAE 手段从发酵前的葡萄酒样品中提取单萜烯醇，在优化的实验条件下，样品中单萜烯醇和其他芳香物质可有效地提取出来，回收率高、溶剂用量少、省时、样品处理方便。由于使用的是微波透明或半透明的溶剂，使提取在较低的温度下进行，避免了提取物的显著分解。

(5) 挥发油　刘伟等采用微波常压蒸馏方法提取小茴香、乳香、荆芥穗中的挥发油。在产率相同的情况下，微波提取的速度分别是水蒸气蒸馏提取的 15 倍、10 倍、20 倍。

四、超声强化提取工艺与设备

1. 结构与工艺原理

超声波是指频率 20～80 kHz 的机械波，一般认为其空化效应、热效应和机械作用是超声技术应用于植物有效成分提取的理论依据。超声作用可以使非常坚硬的固体被粉碎。控制一定的超声频率和强度，使细胞周围形成微流，可使植物药材细胞被击破，使细胞壁不完整，有利于溶剂浸入细胞中，以增加有效成分在溶剂中的溶解度。另外，超声波的次级效应如机械振动、乳化、扩散等也能加速欲提取成分的释放、溶解及扩散，利于提取；与常规提取法相比，其具有提取时间短、产率高、无需加热等优点；而且超声提取是一个物理过程，其间无化学反应，减少了生物活性物质的改变（图 8-11）。

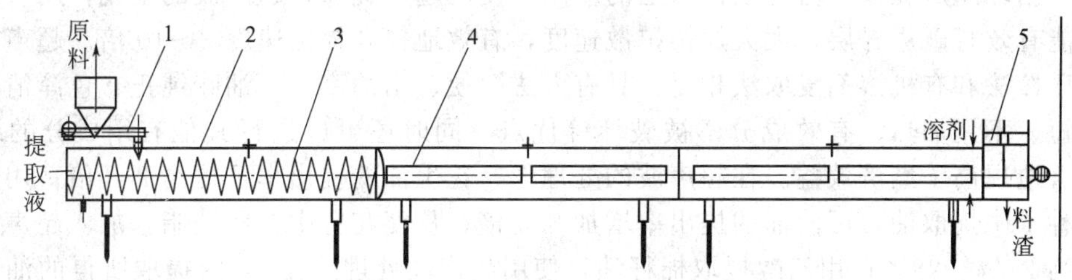

图 8-11　超声强化逆流提取机结构示意图

1—进料装置；2—提取筒；3—螺旋输送器；4—超声波发生器；5—排渣机

（1）超声波热学机制　与其他形式的能一样，超声能也会转化成热能，生成热能的多少取决于介质对超声波的吸收。介质吸收超声波以及内摩擦消耗，使分子产生剧烈振动，超声波的机械能转化为介质的内能，引起介质温度升高，这种吸收超声能所引起的温度升高是稳定的。超声波的强度愈大，产生的热作用愈强。控制超声强度，可使中药组织内部的温度瞬间升高，加速有效成分的溶出，而不改变成分的性质。

（2）超声波机械机制　超声波的机械作用主要是辐射压强和超声压强引起的。辐射压强可能引起两种效应，其一是简单的骚动效应；其二是在溶剂和悬浮体之间出现摩擦。这种骚动可使蛋白质变性，细胞组织变形。而辐射压强给予溶剂和悬浮体以不同的加速度，使溶剂分子的速度远大于悬浮体的速度，从而在它们之间产生摩擦，该力量足以断开两碳原子之键，使生物分子解聚。

（3）超声波空化作用　由于大能量的超声波作用于液体，当液体处于稀疏状态时，液体会被撕裂成很多小的空穴。这些空穴可在一瞬间闭合，闭合时产生瞬间高压，即称为空化效应。

超声波在媒介中传播可产生空化作用，空化作用产生极大的压力可瞬间造成生物细胞壁及整个生物体破裂。这种空化效应可细化各种物质以及制造乳浊液，加速待测物中的有效成分进入溶剂，进一步提取可以增加有效成分提取率。

2. 超声波提取的特点与优势

（1）提取效率高　超声波独具的物理性能促使植物细胞破壁或变形，使中药有效成分提取更充分，提取率比传统的提取方法提高 50%～500%，可以节约宝贵的药材资源。同时提取液杂质少，有效成分易于分离、纯化。

（2）不需高温，能耗低　超声波提取中药材的最佳温度为 40～60℃，对遇热不稳定、易水解或氧化的药材中有效成分具有保护作用；温度可以实现自动控制，不会破坏热敏性药物的药性，可大大节约能源。

（3）提取时间短　超声波强化中药提取通常在20～40min可获得最佳提取率，提取时间较传统方法可缩短2/3以上，大大提高了药材原材料的处理量。同时，提取更充分，节约能源，减少投资。

（4）适应性广　超声波提取中药材不受药材成分极性、分子量大小的限制，适用于绝大多数中药材的各类成分的提取。操作简单易行，设备维护、保养方便。

（5）对酶的特殊作用　低强度的超声波可以提高酶的活性，促进酶的催化反应，但不会破坏细胞的完整结构，而高强度的超声波能破碎细胞或使酶失活。

3. 生产设备与应用实例

超声提取生产设备主要有外置式超声提取设备，内置式超声提取设备和多频组合式超声提取设备。

（1）循环超声提取在植物油提取上的应用　使用超声提取，超声波的空化作用可产生微声流，能有效打破边界层，大大加快扩散速度，有效地提高提出速度2～10倍。超声提取与传统的压榨法和有机溶剂浸取法相比，具有方法简便、出油率高、油味纯正、色泽清亮、生产周期短、不用加热、有效成分不被破坏等优点，同时还可以进行其他有用成分的综合提取，显著地提高了经济效益。在超声波的处理下，花生油的提出率可提高2.8倍；用超声波从油料种子中提取油，可使油的提出率增加8.3倍；从葵花籽中提取油脂，加入超声波可使产量提高27%～28%；用乙醇提取棉籽油，使用超声波处理，在1h内提取所得的油量提高了83%。

（2）循环超声提取在芳香油提取上的应用　我国含芳香油植物现已发现300多种，芳香油的提取目前大多采用水蒸气蒸馏法，设备简单，容易操作，但在提取过程中芳香油易发生氧化、聚合、热解等，造成香气损失，香料提出率低。但采用超声强化提取可以显著提高芳香油提取率。从橘皮中提取橘皮精油，用超声法提取10min的提出率比直接浸泡2h、加热蒸馏2h、水蒸气蒸馏2h、索氏提取2h的提出率均高2倍以上；此外，从橘皮中提取橙皮苷，25℃超声提取30min提取率是常规50℃浸泡3h提取率的1.6倍。

五、酶法辅助提取工艺与设备

1. 工艺原理

生物体内所发生的化学反应都是在常温下进行的，这是因为酶的作用可以使活化能降低。就植物药来说，植物细胞壁是由纤维素、半纤维素、果胶质、木质素等物质构成的致密结构，而中药的有效成分往往包裹在细胞壁内，因此，植物细胞壁就成为中药有效成分提取的主要屏障。选用适当的纤维素酶、果胶酶等，可以使细胞壁及细胞间质中的纤维素、半纤维素、果胶质等物质降解，破坏细胞壁的致密构造，减小细胞壁、细胞间质等屏障对有效成分从胞内向提取介质扩散的传质阻力，从而有利于有效成分的溶出。

2. 工艺流程

在酶解辅助提取过程中，酶的种类、酶解温度、酶解时间以及酶解环境的酸碱度等因素影响不是孤立存在的，而是相互影响的，所以在选择酶辅助提取时，需要在单因素考察的基础上，通过正交试验或者均匀设计试验考察酶解条件对成分浸出的综合影响，同时对酶解后提取溶剂、料液比、提取时间、提取次数也应做相应的筛选，以获得更好的酶解与提取效果。

（1）酶的筛选、制备与活力测定　在关于“漆酶提取黄芪中黄芪皂苷的研究”中报道了漆酶粗酶液的制备方法，取保藏的杂色云芝斜面进行活化培养，挑取适量菌丝转接于PDA培养基平板上，25℃静置培养6天；用打孔器取直径为8mm琼脂块按一定的接种量接入三角瓶中，25℃振荡培养（150r/min），定期检测酶活；到第13天下摇床，发酵液经

8层纱布滤过后于12000r/min离心2min，取上清液，测定酶活后－70℃保存，使用前再测酶活。

（2）酶解浸提及其工艺条件优选　酶解浸提研究的例子说明，将黄芪饮片粉碎后过40目筛，称取1g黄芪粉加入适量水混匀，用盐酸将pH值调至漆酶反应的最适pH值，温度调至漆酶反应的最适温度，单独加入漆酶粗酶液处理一段时间，然后浸提，过滤，取滤液。

酶解条件一般与pH值、温度和加酶量等因素有关，该例先考察漆酶的加入量对提取率的影响。由下表可知，加入漆酶可以有效地提高黄芪皂苷的提取效果，并且提取效果随着漆酶酶液加入量的递增而呈递增趋势，考虑到10mL和15mL相差不大，故选择最佳漆酶粗酶液加入量为10mL。

漆酶量/mL	黄芪甲苷/(mg/g)	漆酶量/mL	黄芪甲苷/(mg/g)
0	2.579	10	4.281
5	3.423	15	4.298

再采用$L_9(4)^3$正交表优选工艺参数。最终结果表明：影响黄芪皂苷提取率的主要因素是反应温度，其次是pH和反应总体积，影响最小的是时间，优选最佳工艺为温度30℃，pH值3.5，时间90min，反应总体积10mL。

（3）酶的灭活及其与目标产物的分离　根据目标产物的物理化学性质，在不影响目标产物活性的前提下，选择适宜的酶灭活及分离方法，具体技术要求与实施方案可参考有关文献。

3. 生产设备与应用实例

酶辅助提取设备选择是依照不同工艺选用不同规格的反应罐。

酶法作用于植物细胞壁。植物细胞壁及细胞间质中的纤维素、半纤维素、果胶等具有大分子结构的物质是中药提取中传质的主要阻力来源。所以采用酶法提取，分解破坏植物细胞的细胞壁，多采用纤维素酶、半纤维素酶、果胶酶。

（1）纤维素酶　纤维素是由β-D-葡萄糖以1,4-β-葡萄糖苷键连接，用纤维素酶酶解破坏β-D-葡萄糖苷键，使细胞壁破坏，有利于对有效成分的提取。项雷文等通过正交实验法研究了纤维素酶法提取杭白菊中总黄酮的主要工艺参数（酶添加量、酶解时间、酶解温度和pH）对总黄酮提取率的影响，得到纤维素酶法提取的最佳条件为：酶添加量0.5%、酶解时间2.5h、酶解温度55℃、pH5.0，此条件下总黄酮提取率提高了19.2%。

（2）果胶酶　果胶酶是作用于果胶复合物的酶的总称。果胶酶有两种：果胶甲酯酶和多聚半乳糖醛酸酶。周向荣等利用盐渍藠头提取其风味物质，考查了pH值、温度、加热时间、果胶酶添加量对盐渍藠头中蒜素提取效果的影响。在果胶酶同原料比为0.6%～1.2%，pH 3.4、温度50℃、提取时间2～4h的条件下，蒜素的提取率可达到较高水平（0.21～0.27/100mL），且出汁效果较好（90%～92%），固形物含量较高（19.2～19.8 Brix），能较好地保持藠头特有的香气。

（3）半纤维素酶　戴瑜等研究了半纤维素酶法提取杜仲叶中主要有效成分，即苯丙素类的绿原酸（CHA）。通过单因素试验、正交试验和方差分析确定了半纤维素酶法提取杜仲叶中绿原酸的最佳操作条件。结果表明：加入996U/g半纤维素酶0.45%、pH 4.0、温度40℃，得率最高可达38.01mg/g。

（4）复合酶　采用两种或两种以上的酶按一定比例进行组合，进行中药提取，可以较大地加快提取速率，提高提取率。吴国卿等研究了复合酶法提取野木瓜汁的工艺。以野木瓜为原料，采用复合酶法提取野木瓜汁。确定了果胶酶与纤维素酶的最佳添加比例为1：6。复合酶提取野木瓜汁的最佳酶解工艺条件为：复合酶添加量1.0%，酶解温度45℃，pH 4.0，酶解时间2.5h；在此最佳条件下，野木瓜出汁率可达56.7%，比空白样的出汁率13.7%高出43.0%。

第四节 蒸发浓缩工艺与设备

在中药制药工艺中，提取物的浓缩是制剂成型工艺前处理中的一个重要操作单元，它关系到药物制剂的质量和后续工艺是否可以正常进行，是提取、分离纯化工艺之后制药工艺中的另一重要的操作单元，要将提取后的溶液经过浓缩工艺过程制成一定规格或符合临床要求的制品或半制品，浓缩是其重要的工艺手段，也是中药现代化生产的制药工艺关键技术之一。因而蒸发浓缩工艺及其相关设备的研究与应用显得尤其重要。

一、蒸发与浓缩工艺原理

蒸发浓缩是将稀溶液加热沸腾，使溶剂气化而将溶液浓缩的过程。溶液在蒸发器内被加热，当液体所处的温度与压力条件与液体沸点达到一致时，液体产生大量蒸气，此状态称之为沸腾。在制药等领域，将溶液在沸腾条件下的气化过程称之为蒸发，在蒸发过程中，需要不断地向系统提供热量，以保持液体连续沸腾气化，同时蒸发过程所产生的蒸气必须及时从系统移出，才能保证蒸发过程正常进行。

因此蒸发浓缩过程必须具备两个基本条件：一是浓缩过程中应不断地向溶液供给热能使溶液沸腾；二是要不断地排除浓缩过程中所产生的溶剂蒸气，否则蒸气压力的不断上升将使溶液不能达到沸腾状态，导致浓缩过程无法正常进行。

蒸发浓缩是气、液两相之间沸腾传热的一个复杂过程，作为一种热量传递的过程，传热速率是其关键性可控因素，而其关键设备就是热交换器。

二、蒸发与浓缩设备

按照蒸发浓缩操作过程的压力状态，蒸发过程可分为常压浓缩和减压浓缩。因而相对应的设备就有常压浓缩设备和真空浓缩设备。

当被蒸发液体中的有效成分在正常大气压下受热不易被破坏时，可选用常压浓缩设备进行操作。如敞口可倾式夹层锅，该设备结构简单，操作方便，对药液黏度适应范围广泛，浓缩液相对密度可达到1.35～1.45，但其传热面积有限，传热系数较低，药液受热时间较长，且药液与大气直接接触，容易被污染，同时排气也会影响生产环境。

而当提取液中有遇热易分解破坏的成分时，就必须选用真空浓缩设备，如真空浓缩罐等。具体操作是将提取液置于密闭浓缩容器内，利用特定配置设备将蒸发面以上空间的部分气体抽出，使溶液沸点降低而导致液体沸腾，该类设备运行时，由于系统温度较低，且系统热能损失较小，可以利用低压蒸气或废热蒸气作为加热蒸气。

在制药工艺中，被浓缩的溶液大多是水溶液，所以蒸发气化的是水蒸气，在药液蒸发操作中的加热剂是饱和蒸汽，为了将两者加以区分，一般将浓缩过程中直接用作加热的蒸汽叫一次蒸汽，而把从溶液中蒸发气化出来的蒸汽叫二次蒸汽；蒸发时产生的二次蒸汽直接冷凝不再循环利用的蒸发过程称为单效浓缩，若将产生的二次蒸汽再循环利用，用作另一蒸发器的加热蒸汽，此蒸发过程称为双效浓缩、多效浓缩。相对应的单效浓缩设备就是蒸发器蒸发过程中产生的二次蒸汽直接排出而不再循环利用的设备，即蒸汽只一次利用；双效浓缩设备就是蒸发器将蒸发浓缩过程中前一效产生的二次蒸汽作为下一效蒸发器的加热蒸汽，即蒸汽二次利用的设备；多效浓缩设备就是将多个蒸发器串联，使二次蒸汽三次或三次以上得到利用的设备。

按照蒸发浓缩过程中料液的流程状况不同，可将浓缩分为单程式浓缩和循环式浓缩。单程式浓缩设备中，提取液沿加热管管壁呈膜状流动，经过加热室一次即可达到浓度要求，提取液在加热室中停留时间很短，它适用于含有热敏性成分提取液的蒸发，如升膜式蒸发器、降膜式蒸发器、刮板式薄膜蒸发器、离心式薄膜蒸发器等。循环式浓缩设备中，提取液在蒸发器内做循环流动，有自然循环和强制循环两种，外热式蒸发器即为其代表。

按提取液在蒸发器中的分布状态，浓缩可分为薄膜式和非膜式。薄膜式浓缩时，提取液分散成薄膜状而蒸发，具有极大的蒸发面，传热快且均匀，时间短，蒸发快，能有效避免提取液的过热现象。它分为升膜式、降膜式、升降膜式、片式、刮板式和离心式薄膜蒸发器。非膜式浓缩也具有大的蒸发面，它按提取液在管路中的流动路径，又分为盘管式浓缩器、中央循环管式浓缩器、外加热式浓缩器。

1. 循环式蒸发器

外循环式真空蒸发器主要由列管式加热器、蒸发罐、循环管及其他附属设备所组成。提取液在加热器的管内被加热至沸点后，部分水气化，使热能转换为向上运动的动能；同时由于加热管内气液混合物和循环管中未沸腾的料液之间产生了重度差，在膨胀动能和重度差的诱导下，产生了料液的自然循环（料液在加热管内的循环速度小于 1m/s)，料液受热量愈多，沸腾愈好，其循环速度也就愈大。由于是在真空作用下蒸发，其料液的蒸发温度可以控制在 50℃以下。蒸发出的二次蒸汽经丝网除沫器和捕液器捕集后，被水力喷射泵的喷水冷凝后带走。蒸发罐内的料液经离心旋转后，沿外循环管回到加热器的下部，进行再循环加热蒸发，如此循环加热蒸发（约 15～20min)，当达到要求的浓度时，开始连续出料，连续进料，从而构成连续的真空浓缩操作。

外循环蒸发器结构简单，操作稳定、方便，换热效率高，提取液在加热室内不易结垢，浓缩液相对密度可达到 1.25～1.35，传热面积大，适用于大规模生产。并可组成多效蒸发以利用产生的二次蒸汽，尽可能地降低能量消耗。该种设备具有提取液停留时间长的特点，但中药生产中一般在真空条件下操作，降低了蒸发温度，因而同样适用于热敏性药液的浓缩。因其良好的适应性、可操作性与经济性，目前该种设备广泛应用于中药制药工业生产中（图 8-12）。

2. 升膜式蒸发器

升膜式蒸发器由加热室和气液分离器组成，欲蒸发的药液经预热后，自预热器上部流入列管蒸发器，被蒸汽加热后，立即沸腾气化，形成大量泡沫，二次蒸汽使药液上升形成薄膜状沿管壁以很快的速度向上流动，溶液在成膜状上升过程中，以泡沫的内外表面为蒸发面而迅速蒸发。升膜式蒸发器加热室的管道很长，而在加热室中的液面维持较低，适用于蒸发量大、具有热敏性、黏度不大于 50mPa·s、不易结垢药液的蒸发。但是升膜式蒸发器加热管太长，蒸发量过大或操作不当可能产生局部的干壁现象。

升膜式蒸发器一般为单流型，当要求很大浓缩化时，也可以设计成循环型，使药液循环到要求浓度后再出料。升膜式蒸发装置中的气液分离室有两种安装方式。一种是直接安装于蒸发器的顶部，这样可防止二次蒸汽在分离室内冷凝而冲淡浓缩液，但具有加工、安装、检修困难及厂房要求高等缺点，主要用于结垢少的药液。另一种是蒸发器顶部气液混合物通过保温导管和气液分离器相连接，这样便于安装、检修，但材料消耗量大，占地面积增大，主要用于易结垢的药液，如图 8-13。升膜式蒸发器安装要求较高，管束一定要处于垂直位置。

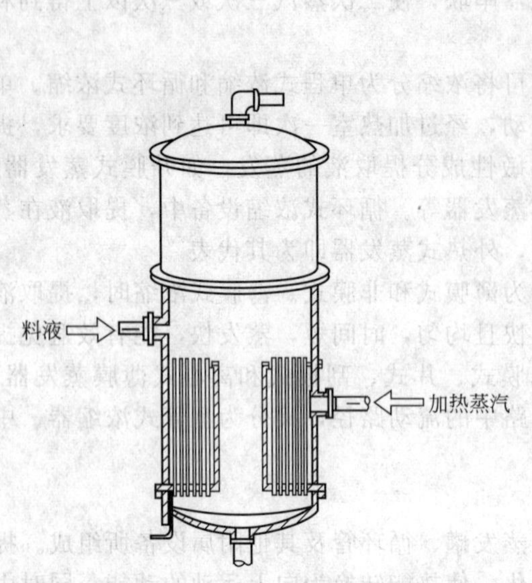

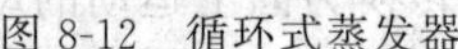

图 8-12 循环式蒸发器

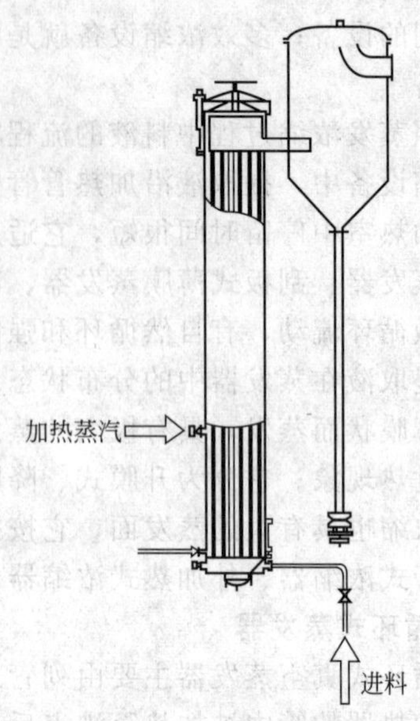

图 8-13 升膜式蒸发器

3. 降膜式蒸发器

降膜式蒸发器与升膜式蒸发器的区别是：原药液由加热室的顶部加入，并借助药液自身重力作用成膜，为使每根管内都能不断地、均匀地布液，加热管束上部的管板设有药液分布器，常见的有螺旋形沟槽的圆柱体、底部内凹的圆锥体、齿缝等。药液在下降过程中被蒸发增浓，气液混合物流至底部进入分离器，浓缩液由分离器底部排出。蒸发器不会因静压力引起温度差损失。降膜式蒸发器的成膜原因是由于重力作用及液体对管壁的浸润力，使液体成膜状沿管壁下流，而不是取决于二次蒸汽速度，因此适用于蒸发量较小的场合，故一些两效蒸发设备，常在第一效采用升膜式，第二效采用降膜式。它是单流型蒸发器，若用泵也可成为循环式蒸发器。降膜式蒸发器具有浓缩比大、适用黏度范围广、传热效果好、蒸汽和冷却水的耗量小、处理量大等优点。但是该设备需要在每根加热管上装分布器，而且管束的垂直度安装要求高，否则下降药液分布不均匀，此外还必须有足够的药液，确保整个管内壁处于安全润湿状态（见图 8-14）。

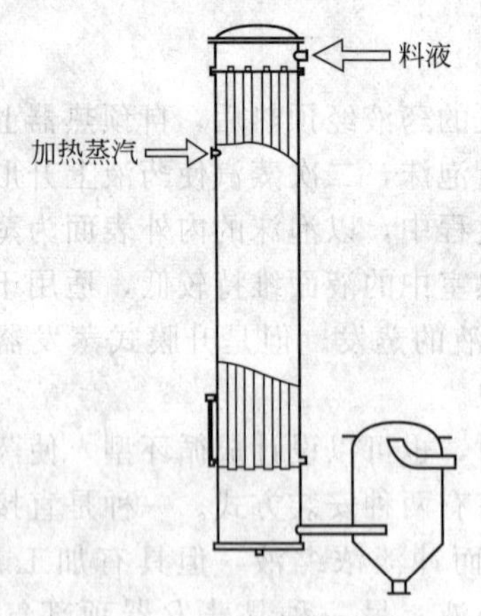

图 8-14 降膜式蒸发器

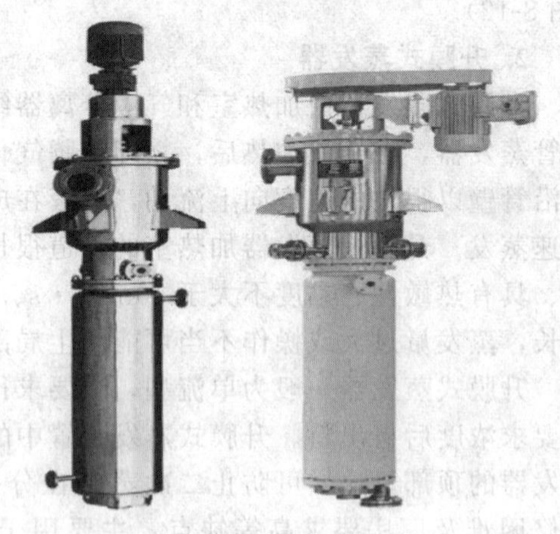

图 8-15 刮板式薄膜蒸发器

4. 刮板式薄膜蒸发器

旋转刮板式薄膜蒸发器是一种通过旋转刮板强制成膜，可在真空条件下进行降膜蒸发的新型高效蒸发器。该设备传热系数大、蒸发强度高、过流时间短、操作弹性大，尤其适宜热敏性物料、高黏度物料及易结晶含颗粒物料的蒸发浓缩、脱气脱溶、蒸馏提纯。因此，在化工、医药、农药、食品等行业获得广泛应用（图 8-15）。

（1）刮板式薄膜蒸发器的结构组成

① 电机、减速机。它是转子旋转的驱动装置。转子的转动速度将取决于刮板的形式、物料黏度和蒸发筒身内径；选择刮板合适的线速度是保证蒸发器稳定可靠运行及蒸发效果良好的重要参数之一。

② 分离筒。物料由设在分离筒身下端的入口切向进入蒸发器，并经安装在分离筒身内的布料器连续均匀地分布于蒸发筒身内壁，从蒸发筒身蒸发出的二次蒸汽上升至分离筒，经气液分离器，将二次蒸汽可能挟带的液滴或泡沫分离，二次蒸汽从上端的出口引出蒸发器。

依据于蒸发器内阻力计算的分离筒身的合理设计，是避免物料“短路”的关键因素之一（“短路”系指物料刚进蒸发器，尚未完成蒸发过程，即从二次蒸汽出口离开蒸发器）。

③ 布料器。布料器安装在转子上。合理的设计使从切线方向进入蒸发器的物料，通过旋转的布料器，被连续均匀地呈膜的分布在蒸发面上。

④ 气液分离器。旋片式气液分离器安装在分离筒上方，它将上升的二次蒸汽可能挟带的液滴或泡沫捕集，并使之回落到蒸发面上。

⑤ 蒸发筒身。又称加热筒身。它是被旋转刮板强制成膜的物料与夹套内加热介质进行热交换的蒸发面。蒸发筒身的内径及长度由蒸发面积及适宜的长径比确定。

加热筒身内壁经专用机床加工和抛光，且与两端法兰连接面一次加工完成，保证设备整体圆心度。经过抛光的筒身内壁光滑洁亮，不易粘料和结垢，有效保证了设备的高传热系数。若加热介质为蒸汽，加热筒身一般采用夹套形式。若加热介质为导热油或高压蒸汽时，加热筒身一般采用半管形式。

⑥ 转子。安装在蒸发器筒体内的转子由转轴与转架组成。转子由电机驱动、减速机变速，并带动刮板做圆周运动。转架采用不锈钢精密铸件加工而成，其强度、几何尺寸、稳定性等都得到有效保证。

⑦ 刮板。刮板的运动将物料不断地在蒸发面上刮成薄膜，以达到薄膜蒸发的效果。根据物料黏度等特性，有下述三种刮板可供选择。

a. 滑动刮板。滑动刮板是一种最基本、最常见的刮板形式。刮板被安装在转子的四条刮板导槽内，由于受转子旋转的离心力作用而沿径向甩向蒸发筒体内壁面，同时随转子一起做圆周运动。刮板的刮动，使物料在蒸发壁面上呈膜状湍流状态，极大提高了传热系数，这种连续不断的刮动，有效地抑制物料的过热、干壁和结垢等现象。

通常，刮板采用填充聚四氟乙烯材质，它适宜低于 150℃的工作温度；当蒸发温度高于 150℃时，需采用碳纤维材质。

b. 固定刮板。固定刮板采用金属材料，它被刚性连接在转子上，刮板的长度与蒸发筒身相等，旋转刮板与蒸发筒身内壁的间隙仅为 1～2mm，加工与安装精度要求较高，它适宜特高黏度及易起泡沫物料的蒸发浓缩、脱溶或提纯。

c. 铰链刮板。铰链刮板适宜于易在加热面上结垢的物料，刮板通常采用金属件，采用活动铰链方式将刮板安装在转架上。当转子转动时，由于离心力的作用，刮板被紧压在蒸发筒体内壁，与壁面呈一定角度在壁面滑动，将物料刮成薄膜，且防止壁面结垢。

⑧ 底封头。单独设计的 W 形底封头，并配置耐高温自润滑轴承，既便于物料的出料，又方便底轴承的维护和维修。

（2）刮板式薄膜蒸发器的特点

① 极小的压力损失。在旋转刮板薄膜蒸发器中，物料“流”与二次蒸汽“流”是两个独立的“通道”，物料是沿蒸发筒体内壁（强制成膜）降膜而下；而由蒸发面蒸发出的二次蒸汽则从筒体中央的空间几乎无阻碍地离开蒸发器，因此压力损失（或称阻力降）是极小的。

② 可实现真正真空条件下的操作。正由于二次蒸汽由蒸发面到冷凝器的阻力极小，因此可使整个蒸发筒体内壁的蒸发面维持较高的真空度（可达 1300Pa 以下），几乎等于真空系统出口的真空度。真空度的提高，有效降低了被处理物料的沸点。

③ 高传热系数，高蒸发强度。物料沸点的降低，增大了与传热介质的温度差；呈湍流状态的液膜，热阻得到有效的降低；同样，抑制物料在壁面结焦、结垢，也提高了蒸发筒壁的分传热系数；高效旋转薄膜蒸发器的总传热系数可高达 8000KJ/(h·m^2·℃)，可见其蒸发强度很高。

④ 低温蒸发。蒸发筒体内能维持较高的真空度，被处理物料的沸点大大降低，因此特别适合热敏性物料的低温蒸发。

⑤ 过流时间短。物料在蒸发器内的过流时间很短，约 10s 左右，不结焦，不结垢；对于常用的活动刮板，其刮动物料的端面有导流的沟槽，其斜角通常为 45°，改变斜角的角度，可改变物料的过流时间，物料在刮板的刮动下，呈螺旋下降离开蒸发段。缩短过流时间，有效防止产品在蒸发过程中的分解、聚合或变质。

⑥ 可利用低品位蒸汽。蒸汽是常用的热介质，由于降低了物料的沸点，在保证相同 Δt 的条件下，就可降低加热介质的温度，利用低品位的蒸汽，有利于能量的综合利用，特别适宜作为多效蒸发的末效蒸发器。

⑦ 适应性强、操作方便。独特的结构设计，使该设备可处理一些常规蒸发器不易处理的高黏度、含颗粒、热敏性及易结晶的物料。操作弹性大，运行稳定，维护工作量小，维修方便。

5. 多效蒸发型蒸发器

单效蒸发器每蒸发 1kg 水分需要大于 1kg 的加热蒸汽。在工业上往往蒸发水量很大，这就需要消耗大量的加热蒸汽。为了节约加热蒸汽，可采用多效蒸发。将几个蒸发器串联进行蒸发操作，可使蒸汽热能得到多次利用，从而提高热能的利用率，多用于水溶液的处理。在三效蒸发操作的流程中，第一个蒸发器（称为第一效）以生蒸汽作为加热蒸汽，其余两个（称为第二效、第三效）均以其前一效的二次蒸汽作为加热蒸汽，从而可大幅度减少生蒸汽的用量。每一效的二次蒸汽温度总是低于其加热蒸汽，故多效蒸发时各效的操作压力及溶液沸腾温度沿蒸汽流动方向依次降低（图 8-16）。

依据二次蒸汽和溶液的流向，多效蒸发的流程可分为并流流程、逆流流程、错流流程三类。

(1) 并流流程 溶液和二次蒸汽同向依次通过各效蒸发器。这是工业生产中最常见的加料模式，由于前效压力高于后效，料液可借压差流动。但末效溶液浓度高而温度低，溶液黏度大，因此传热系数低。由于多效蒸发时，后一效的压力总是比前一效的低，所以，并流加料有以下特点。

① 溶液的输送可以利用各效间的压力差进行，而不必另外用泵。

② 相应地，后一效溶液的沸点比前一效的低，当溶液由前一效进入后一效时，往往由于过热而自蒸发或闪蒸，这就使后一效可产生稍多一些的二次蒸汽。

③ 并流加料时，后一效溶液的浓度较前一效的为大，而沸点又低，溶液的黏度相应也较大，使得后一效蒸发器的传热系数常较前一效的为小，这在最末一、二效更为严重。因

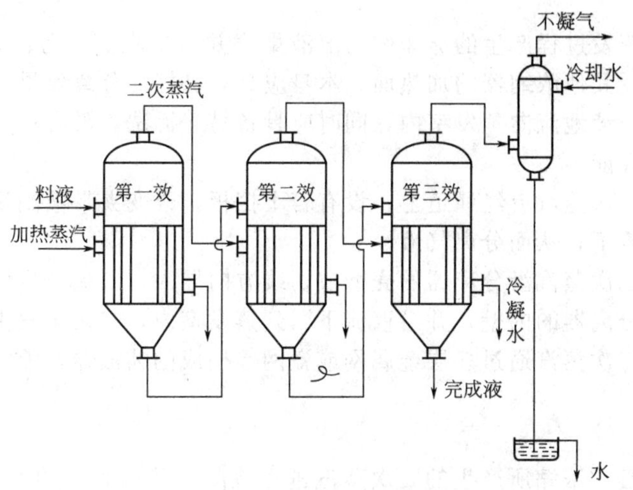

图 8-16　多效蒸发型蒸发器

此，并流加料时，第一效的传热系数有可能比末效的大得多。溶液与蒸汽的流动方向相同，均由第一效顺序流至末效。

（2）逆流流程　溶液与二次蒸汽流动方向相反。需用泵将溶液送至压力较高的前一效，各效溶液的浓度和温度对黏度的影响大致抵消，各效传热条件基本相同。显然，逆流加料时，各效之间溶液的输送是通过泵实现的。由于多效蒸发时，前一效溶液的沸点总是比后一效的高，所以，当溶液由后一效逆流进入前一效时，不仅没有自蒸发，还需多消耗部分热量将溶液加热至沸点。另外，在逆流操作时虽然前一效蒸发器的浓度比后一效的大，但其温度也较后一效的高，所以，各效溶液的黏度比较接近，各效的传热系数也不会像并流操作时那样相差较大。当完成液由第 1 效排出时，其温度也较其余各效的高。逆流法优点是：溶液的浓度沿着流动方向增高，其温度也随之升高。因此浓度增高使黏度增大的影响大致与温度升高使黏度降低的影响相抵，故各效溶液的黏度较为接近，各效的传热系数也大致相同。逆流法缺点是：溶液在效间的流动是由低压流向高压，由低温流向高温，必须用泵输送，故能量消耗大。此外，各效（末效除外）均在低于沸点下进料，没有自蒸发，与并流法相比，所产生的二次蒸汽量较少。

一般说来，逆流加料法适合于黏度随温度和浓度变化较大的溶液蒸发，但不适合于热敏性物料的蒸发。

（3）错流流程　二次蒸汽依次通过各效，但料液则每效单独进出。这种加料流程主要应用于蒸发过程中容易析出结晶的场合，例如食盐水溶液的蒸发，它在较低浓度下即达饱和而析出结晶。为了避免夹带大量结晶的溶液在各效之间输送，常采用错流加料，并用析晶器将结晶分出。

在实际生产中，除以上三种基本操作流程外，还常根据具体情况采用上述流程的变型。亦有采用并流、逆流加料相结合或交替操作的方法；有些蒸发操作，即使是并流加料，又有双效三体（有两个蒸发器作为第 2 效）或三效四体的流程等等。以三效蒸发为例，溶液的流向可以是 3→1→2，亦可以是 2→3→1。此法的目的是利用两者的优点而避免或减轻其缺点。但错流法操作较为复杂。

三、蒸发辅助设备

蒸发器的常见附属设备有气液分离器、蒸汽冷凝器、真空系统。

1. 气液分离器

气液分离器将蒸发过程产生的雾沫中的溶液聚集并与二次蒸汽分离，减少料液的损失，同时防止污染管道及其他浓缩器的加热面。本身应具有良好的分离效果，其阻力损失尽可能的小，能保证液体连续地流向蒸发室内，同时应具备易于拆洗、没有死角、结构简单、尺寸小、材料消耗少等性能。

(1) 碰撞型　二次蒸汽流经通道上，设有若干挡板，改变夹带液滴运动方向，使其与挡板碰撞，沿挡板面流下，从而分离气液。

(2) 离心型　二次蒸汽沿分离器的壳壁成切线方向导入，气流产生回转运动，液滴在离心力作用下被甩到分离器的内壁，并沿壁流下回到蒸发室内，二次蒸汽由顶部出口管排除。

(3) 过滤型　二次蒸汽通过多层金属网或瓷网等构成的捕液器，液滴黏附在其表面而二次蒸汽通过。

2. 蒸汽冷凝器

蒸汽冷凝器将真空浓缩所产生的二次蒸汽进行冷凝，并将其中的不凝性气体（如空气、二氧化碳等）分离，以减轻真空系统的容积负荷，同时保证达到所需的真空度。具体类型及其特点如下。

(1) 大气式冷凝器（又称干式高位逆流冷凝器）　二次蒸汽由冷凝器的下侧进入，向上通过隔板间隙，与从冷凝器上部进入的冷水逆流接触冷凝，不凝气体由上端排除，进入气液分离器，将液滴分离后，再被抽真空装置吸取排入大气中，此法应用广泛。

(2) 表面式冷凝器　通过管壁间接加热，加之壁垢的存在，两边的温差大，其冷却水使用浪费大，故应用较少。

(3) 低水位冷凝器　降低大气式冷凝器的高度，依靠抽水泵来排出冷凝水。其特点是降低了安装高度，可在室内安装，且具有气压式冷凝器的优点。但由于配有抽水泵，且管路严密和具有较高的真空吸头，故其投资大。

(4) 水力喷射器　水力喷射器的基本结构如下。

喷嘴：产生高速水流和形成负压，吸二次蒸汽，同圆心排列；

吸气室：喷嘴出口处，负压吸二次蒸汽；

混合室：冷凝水和不凝性气体随冷水排出；

扩散室：热交换冷凝水；

附件：挡板、排水管、冷却水出口、冷水进口等。

水力喷射器工作原理：工作时，借助离心水泵的动力，将水压入喷嘴，由于喷嘴处的截面积突然变小，水流以高速（达 15～30m/s）射入混合室和扩散室，这样在喷嘴出口处便形成负压，二次蒸汽不断被吸入，并与冷水进行热交换，二次蒸汽凝结为冷凝水，同时夹带不凝性气体，随冷水一起排出，这样既达到冷凝效果，又起到抽真空的作用。

水力喷射器使用时要求离心水泵压力稳定，停止操作时，应先破坏锅内的真空度，避免冷水倒灌至浓缩锅内。

四、蒸发浓缩设备选型

中药提取液的成分、性质非常复杂，它的浓度、密度、黏度、发泡性、热敏感性将直接影响后续的浓缩过程，一般选用蒸发浓缩设备时要对提取液的性质、蒸发器本身的特性、蒸发的技术要求及现场条件等因素进行综合考虑。

1. 设备选型的考虑要素

(1) 提取液性质

① 热敏性。中药提取液中有许多成分对热不稳定，会导致有效成分失活，色泽发生改

变，产品质量降低。可采用低温及各种薄膜式或真空度较高的蒸发浓缩器来解决。

② 结垢性。中药提取液中存在大量的固体悬浮颗粒，如产生结垢，就会增加热阻，直到蒸发停止。可以采用高速流动防止积垢生成，采用流速大的升膜式或强制循环的蒸发设备，且采用电磁防垢、化学防垢，易于清洗。

③ 发泡性。中药浓缩液中会产生大量气泡，影响二次蒸汽与药液的分离，导致药液损失、产品损耗，并可能污染其他设备直至停产。可采用增加流速，让高速流冲破泡沫或降低二次蒸汽流速防跑泡现象或设法分离回收泡沫，消除发泡。可选用管内流速很大的升膜式或强制循环、长管薄膜式蒸发器。

④ 结晶性。提取液中浓度增加时会有晶粒析出，影响热传导，可使用夹套带搅拌浓缩器或强制循环浓缩器来解决。

⑤ 黏滞性。中药提取的浓度增大，黏度就会增大，液体流速减慢，对传热产生影响，可通过选用强制循环，刮板式或降膜式蒸发器来解决。

⑥ 腐蚀性。有些药液可能具有一定的腐蚀性，在选用设备时要注意其材质，一般选择不锈钢、石墨加热管或耐酸搪瓷夹层蒸发器。

(2) 工程技术的要求　中药提取液的数量、所需蒸发量、药液与最终浓缩液的浓度与温度、连续式或间歇式、生产现场的厂房面积和高度、设备的投资额等均为工程技术要求的主要内容，可对浓缩效果产生较大的影响。

(3) 公用系统的要求　公用系统包括使用的热源、蒸汽的供应量以及压力，可使用冷却水的水量、水质、水温等。

(4) 设备的特性　所选择的设备要能满足生产工艺的要求，保证产品的质量，构造简单，操作维修方便，价格低廉等。不同类型蒸发器的特点见表 8-2。

表 8-2　不同型号浓缩设备的特性

蒸发器	造价	总传热系数		停留时间	成品液浓度能否恒定	浓缩比	处理量	对料液性质的适应性					
		稀溶液	高黏度溶液					稀溶液	高黏度溶液	易产泡沫	易结垢	热敏感	有结晶析出
水平管式	廉	较高	低	长	可	高	大	适	可	尚适	较差	不适	较差
标准式	廉	较高	低	长	可	高	大	适	可	适	适	较差	尚适
盘管式	廉	较高	低	长	可	高	不大	适	可	适	尚适	较差	较差
外加热式	廉	高	低	较长	可	良好	大	适	差	尚适	尚适	不适	适
列文式	高	高	低	较长	可	良好	大	适	差	尚适	尚适	不适	适
强制循环式	高	高	高	较短	可	高	大	适	可	适	适	好	适
升膜式	廉	高	低	短	尚可	良好	大	适	差	好	较差	适	不适
降膜式	廉	高	较高	短	尚可	良好	大	较适	可	适	较差	适	不适
刮板式	高	高	高	短	尚可	良好	不大	较适	好	适	适	适	适
甩盘式	较高	较高	低	短	尚可	不高	不大	适	差	适	较差	适	不适
旋液式	廉	高	较高	较短	可	良好	不大	适	可	适	尚适	适	适
离心式	很高	高	较高	很短	尚可	良好	不大	适	可	好	尚适	好	不适
闪急蒸发式	高	—	—	较长	尚可	不高	大	适	差	尚适	适	适	尚适

2. 设备选型的基本原则

蒸发设备的选型应遵循的总原则如下：

① 符合 GMP 要求；
② 满足工艺要求，如浓缩比，浓缩比的收缩率，能否保持溶液特性；
③ 传热效果好，传热系数高，热利用率高；
④ 结构合理紧凑，操作清洗更换方便，且安全可靠；
⑤ 尽可能小的功率消耗，如搅拌动力或真空动力消耗等；
⑥ 合理选择材质和制造维修方便；
⑦ 有一定的安全防护措施。

第五节　中药提取液常用精制工艺与设备

中药提取液的精制是中成药生产过程中最重要的环节，也是制约提高中药质量的关键因素，它直接影响到产品的质量和临床疗效。中药提取物粗（杂质多）、大（服用量大）、黑（颜色深），是制约中药产业化发展和拓展国际市场的主要因素之一。近几十年来，水煮、醇沉、离心等经典的中药精制工艺及设备基本沿用至今；絮凝沉淀、大孔树脂吸附、膜分离、分子蒸馏、双水萃取、分子印迹等新型精制工艺技术各以其独特的优势，在制药工业化生产中正逐步得到推广运用。

一、离心分离工艺与设备

离心分离方法现仍然是较普遍应用的一种分离方法。通过离心机的高速运转，使某些物质的沉降速度增加，加速药液中杂质的沉淀并除去。

1. 分离原理与工艺

离心分离是利用混合液密度差来分离料液。离心分离的力为离心力，而普通沉降分离的力为重力。离心操作时将待分离的料液置于离心机中，借助于离心机的高速旋转产生的离心力，使料液中的固体与液体，或两种密度不同且不相混溶的液体，产生大小不同的离心力，从而达到分离的目的。料液在高速旋转中受到离心力的作用而沿旋转切线脱离，因其本身的重力、旋转速度、旋转半径不同，从而所受的离心力也不同，在旋转条件相同的条件下，离心力与重力成正比。

在制剂生产中遇到含水率较高、含不溶性微粒的粒径很小或黏度很大的滤浆，或需将两种密度不同且不相混溶的液体混合物分开，用沉降分离法和一般过滤分离难以进行或不易分开时，可考虑选用适宜的离心机进行离心分离。

2. 离心方法与影响因素

离心分离方法有差速离心法、速率区带离心法、等密度梯度离心法。

（1）差速离心法　它是利用不同的粒子在离心力场中沉降的差别，在同一离心条件下的沉降速度不同，通过不断增加相对离心力，使一个非均匀混合液内的大小、形状不同的粒子分步沉淀。操作过程是在离心后用倾倒的方法把上清液与沉淀分开，然后将上清液加大转速离心，分离出第二部分沉淀，如此往复加大转速，逐级分离出所需要的物质。

差速离心的分辨率不高，沉淀系数在同一个数量级内的各种粒子不容易分开，常用作其他分离手段之前的粗制品提取。

（2）速率区带离心法　速率区带离心法是在离心前于离心管内先装入密度梯度介质（如蔗糖、甘油、KBr、CsCl 等），待分离的样品铺在梯度液的顶部、离心管底部或梯度层中间，同梯度液一起离心。离心后在近旋转轴处（X_1）的介质密度最小，离旋转轴最远处（X_2）的介质密度最大，但最大介质密度必须小于样品中粒子的最小密度，即 $\rho_p > \rho_m$。这种方法是根据分离的粒子在梯度液中沉降速度的不同，使具有不同沉降速度的粒子处于不同的密度梯度层内分成一系列区带，达到彼此分离的目的。梯度液在离心过程中以及离心完毕后，取样起着支持介质和稳定剂的作用，避免因机械振动而引起已分层的粒子再混合。

（3）等密度梯度离心法　等密度梯度离心法是在离心前预先配制介质的密度梯度，此种密度梯度液包含了被分离样品中所有粒子的密度，待分离的样品铺在梯度液顶上或和梯度液先混合，离心开始后，梯度液在离心力作用下逐渐形成底浓而顶稀的密度梯度，同时原来分布均匀的粒子也发生重新分布。当管底介质的密度大于粒子的密度时，即 $\rho_m>\rho_p$ 时粒子上浮；在弯顶处 $\rho_p>\rho_m$ 时，则粒子沉降，最后粒子进入到一个它本身的密度位置即 $\rho_p=\rho_m$，此时dx/dt为零，粒子不再移动，粒子形成纯组分的区带。本法因与样品粒子的密度有关，而与粒子的大小和其他参数无关，因此只要转速、温度不变，则延长离心时间也不能改变这些粒子的成带位置。此法一般应用于物质的大小相近而密度差异较大的情况。常用的梯度液是 CsCl。

3. 离心设备

现有的沉降式离心设备主要分为机身固定的旋液分离机和机身旋转的沉降离心机两大类。

（1）旋液分离机　旋液分离机无回转部件，依靠切向加料使悬浮液产生旋转流动。旋转分离机中速度梯度很大，由此产生的切向作用力可将固相分开而对分离作用非常有利，但切向作用也可能破坏凝聚的团块，这是分离过程所不期望的。总之，与重力沉降相比，其操作可靠、分离效率高、处理量大、占地面积小、费用低廉，在分离和分级两种过程中广泛应用于增浓。在合成药生产增浓过程与分级过程中常采用旋液分离机，如淀粉液。但在中药生产中较少采用。

（2）沉降离心机　沉降离心机有一转鼓，悬浮液随转鼓旋转而一同转动。由于机内流体无显著剪切作用，使得沉降离心机最适用于分离操作，但它也常用于分级操作。现有的五类离心机中，碟式分离机、沉降式螺旋泄料离心机、高速管式离心机操作完全连续，三足和刮刀卸料沉降式离心机操作为半连续操作。沉降离心机的不足是分离出的固体含湿量较高。

衡量离心分离机分离性能的重要指标是分离因数 F_r。它表示被分离物料在转鼓内所受的离心力与其重力的比值，分离因数越大，分离就越迅速，分离效果越好。工业用离心分离机的 F_r 为 100～20000，超速管式分离机的 F_r 高达 62000，分析用超速分离机的 F_r 最高达 610000。决定离心分离机处理能力的另一因素是转鼓的工作面积，工作面积大处理能力也大。

过滤离心机和沉降离心机，主要依靠加大转鼓直径来扩大转鼓圆周上的工作面；分离机除转鼓圆周壁外，还有附加工作面，如碟式分离机的碟片和室式分离机的内筒，显著增大了沉降工作面。此外，悬浮液中固体颗粒越细分离越困难，滤液或分离液中带走的细颗粒会增加。在这种情况下，离心分离机需要有较高的分离因数才能有效地进行分离。悬浮液中液体黏度大时，分离速度减慢。悬浮液或乳浊液各组分的密度差大，对离心沉降有利，而悬浮液离心过滤则不要求各组分有密度差。

选择离心分离机须根据悬浮液（或乳浊液）中固体颗粒的大小和浓度、固体与液体（或两种液体）的密度差、液体黏度、滤渣（或沉渣）的特性以及分离的要求进行综合分析，满足对滤渣（沉渣）含湿量和滤液（分离液）澄清度的要求，初步选择采用哪一类离心分离机。然后按处理量和对操作的自动化要求，确定离心机的类型和规格，最后经实际试验验证。通常，对于含有粒度大于 0.01mm 颗粒的悬浮液可选用过滤离心机；对于悬浮液中颗粒细小或可压缩变形的，则宜选用沉降离心机；对于悬浮液含固体量低、颗粒微小和对液体澄清度要求高时，应选用分离机。过滤离心机可获得较干的滤渣，并可洗涤滤渣。如采用刮刀卸渣时，有些颗粒会破碎。一种离心分离机不能满足分离的几项要求时，可选几种离心分离机配合使用。

二、吸附澄清技术与设备

吸附澄清技术是在中药水提液中加入一种或数种絮凝沉淀剂，以吸附架桥或电荷中和的方式使中药水提液中的悬浮物和溶胶聚集成较大的颗粒（絮团），使之加速沉降并除去，以达到精制和提高成品质量目的的一种新技术。

1. 吸附澄清原理与工艺

中药水提液中的杂质含有淀粉、蛋白质、黏液质、鞣质、色素、树胶、无机盐类等复杂成分，这些物质一起共同形成 1～100nm 的胶体分散体系。胶体分散体系是动力学稳定性高，热力学上不稳定的体系。从动力学观点看，当胶体粒子很小时，布朗运动极为剧烈，建立沉降平衡需要很长时间。平衡建立后，胶粒的浓度梯度很小，这样能使胶体溶液在很长时间内保持稳定。从热力学观点看，胶体分散体系自身存在巨大的界面能，易聚集，聚集后质点的大小超出了胶体分散体系的范围，使质点本身的布朗运动不足以克服重力作用，而从分散介质中析出沉淀。吸附澄清技术只除去水提液中颗粒度较大者以及具有沉淀趋势的悬浮颗粒，保留了有效的高分子物质，从而提高了药液的稳定性。

吸附澄清剂主要是通过以下三个方面的作用使中药提取液达到澄清的：增加悬浮粒子沉降速度，中和微粒的电荷与破坏其水化作用，絮凝作用。

现在运用吸附澄清技术可以部分代替中药水提醇沉工艺，而且提高有效成分的含量，选择性地除去了无效成分，保证了成品质量的稳定性。具有如下优点。

(1) 有效　该法不减少溶液中可溶性固体物，能最有效地提高有效成分的含量，保证制剂疗效。

(2) 专属性　不同吸附澄清剂具有不同的去除杂质的能力，选择好吸附澄清剂可以专属性地除去如多糖、蛋白质、鞣质等无效成分或无需成分。

(3) 无毒性　吸附澄清剂一般为天然有机高分子化合物，本身无毒无味。

(4) 方便　采用该项技术精制中药提取液，不需任何特殊设备，只需加入吸附澄清剂予以处理即可，且缩短工期，全部澄清过程最多只需 12h 左右即可完成。

(5) 节约成本，提高生产效益　吸附澄清剂成本低廉。

(6) 成品稳定性好　采用该法制得的口服液（如生脉饮）在室温贮存近 2 年，仍无明显影响澄明度的沉淀产生。

2. 常用吸附澄清剂

101 果汁澄清剂是一种新型食用果汁澄清剂，主要是去除中草药药液中蛋白质、鞣质、色素及果胶等大分子不稳定性杂质达到澄清目的。它无味无毒、安全，处理中不会引入任何杂质，可随处理后形成的絮状沉淀物一并滤去。101 果汁澄清剂为水溶性胶状物质，其在水中分散速度较慢，通常配制成 5%水溶液后使用。提取液中的添加量一般为 2%～20%左右。

甲壳素类吸附澄清剂：甲壳素是自然界生物（甲壳类的蟹、虾、昆虫的外壳等）所含的氨基多糖经稀酸处理后得到的物质。甲壳素为白色或灰白色半透明固体，不溶于水、稀酸、稀碱，可溶于浓无机酸。壳聚糖是脱乙酰甲壳素，为白色或灰白色固体，不溶于水和碱溶液，可溶于数种稀酸、醋酸、苯甲酸等。可生物合成，也可用作生物分解，不会造成二次污染。在制药业中，可用作新辅料，如用于膜剂材料、口服缓释制剂中可直接粉末压片、湿式颗粒压片及制缓释颗粒等，以控制药物的释放。壳聚糖作为口服液制备时的絮凝剂，是与药液中蛋白质、果胶等发生分子间吸附架桥和电荷中和的作用。在稀酸中壳聚糖会缓慢水解，故壳聚糖最好随用随配。

三、水提醇沉与醇提水沉工艺与设备

水提醇沉法（水醇法）系指在中药水提浓缩液中，加入乙醇使达不同含醇量，某些无效或杂质成分在醇溶液中溶解度降低析出沉淀，固液分离后使水提液得以精制的方法。在中药生产过程中，水提醇沉法是一种经典常用的精制方法。

1. 醇沉原理与工艺

该法原理是，药材先经水煎煮提取，其中生物碱、有机酸盐、氨基酸类等水溶性有效成分被提取出来，同时也浸提出很多水溶性杂质。醇沉法就是利用有效成分能溶于乙醇而杂质不溶于乙醇的特性，在提取液中加入乙醇后，有效成分转溶于乙醇中而杂质则被沉淀出来。醇沉的目的是为了除去杂质保留药物有效成分，因而醇沉单元操作工艺及其设备的适用性将密切关系着中药产品的安全性、稳定性和有效性，与产品的剂型和质量是不可分割的有机整体。

醇沉法一般操作过程是：将中药水提液浓缩至（1∶1）～(1∶2)(mL∶g)，药液放冷后，边搅拌边缓慢加入乙醇使达规定含醇量，密闭冷藏 24～48h，过滤，滤液回收乙醇，得到精制液。操作时应注意的问题：①药液应适当浓缩，以减少乙醇用量。应控制浓缩程度，若过浓，有效成分易包裹于沉淀中而造成损失。②浓缩的药液冷却后方可加入乙醇，以免乙醇受热挥发损失。③选择适宜的醇沉浓度。一般药液中含醇量达 50%～60%可除去淀粉等杂质，含醇量达 75%以上大部分杂质均可沉淀除去。④慢加快搅。应快速搅动药液，缓缓加入乙醇，以避免局部醇浓度过高造成有效成分被包裹损失。⑤密闭冷藏。可防止乙醇挥发，促进析出沉淀的沉降，便于过滤操作。⑥洗涤沉淀。沉淀采用乙醇（浓度与药液中的乙醇浓度相同）洗涤可减少有效成分在沉淀中的包裹损失。

2. 生产设备

制药工业生产中常用的设备是机械搅拌冷冻醇沉罐，由锥形底罐、夹带层、三叶式搅拌组成，搅拌转速可调范围 220～280r/min，醇沉后的上清液可通过罐侧的出液管出料，出液管在罐体内倾斜一定的角度，此角度可通过导向齿轮由手柄调节，用以调节管口位置使上清液出净。罐底的沉淀物排出口有两种类型，一种是气动快开底盖，另一种是球阀，前者用于渣状沉淀物的外排，后者用于浆状或絮状沉淀物的排出。也有部分空气搅拌醇沉罐。

醇沉液需要蒸馏回收乙醇，前述的蒸发浓缩设备大部分可用于蒸馏操作。

四、大孔吸附树脂分离工艺与设备

1. 大孔吸附树脂分离原理与工艺

大孔吸附树脂分离原理：大孔吸附树脂为吸附性和筛选性原理相结合的分离材料。大孔吸附树脂的吸附实质为一种物体高度分散或表面分子受作用力不均等而产生的表面吸附现象，这种吸附性能是由于范德华引力或生成氢键的结果。同时大孔吸附树脂的多孔结构使其对分子大小不同的物质具有筛选作用。通过上述吸附和筛选原理，有机化合物根据吸附力的不同及分子量的大小，在大孔吸附树脂上经一定溶剂洗脱而达到分离、纯化、除杂、浓缩等不同目的。

大孔吸附树脂吸附分离基本工艺流程：

树脂型号的选择⟶前处理⟶树脂用量及装置（高径比）⟶样品液的前处理⟶树脂工艺条件筛选（浓度、温度、pH、盐浓度、上柱速度、饱和点判定、洗脱剂的选择、洗脱速度、洗脱终点判定）⟶树脂的再生

2. 大孔树脂对中药成分的适应性

大孔树脂的种类很多，特性各不相同，如在抗生素领域的应用中，大孔树脂 DHP20 可

用于蒽环、核苷、多烯、多肽、含氮杂环、糖苷等六类抗生素的分离；而有些成分的分离却只能采用某一特定型号的树脂。从大孔吸附树脂本身的结构可知，大孔吸附树脂是通用性与专一性相结合的统一体。

中药中所含成分复杂、种类多、结构各异，随着中药现代化研究的不断深入，中药中有效成分不断得到阐明，对中药制剂的要求也逐步提高，而实现中药现代化的关键就是对其有效成分进行分离，由于大孔吸附树脂本身固有的吸附、筛选的特性，它对中药中常见的成分包括甾体类、二萜、三萜、黄酮、木脂素、香豆素、生物碱类、皂苷、生物碱苷、黄酮苷、蒽醌苷、木脂素苷、香豆素苷以及环烯醚萜苷类等成分，均可选择性地吸附分离。如黄酮类化合物具有多酚结构和糖苷键，在水溶液中极性较弱，由苯乙烯和二乙烯苯交联聚合制备的苯乙烯骨架树脂表面疏水性较强，可通过与小分子内的疏水部分的相互作用吸附溶液中的黄酮类物质，适宜从水溶液中吸附黄酮类物质。大孔树脂吸附分离技术作为一个较新的中药纯化技术，目前在单味及复方中药成分的精制方面均有大量运用，它可使提取分离工艺变得简单，生产成本较低。与传统的除杂方法和工艺相比，采用大孔吸附树脂技术对中药提取液进行除杂精制有以下三个优点。

① 能缩小剂量，提高中药内在质量和制剂水平。经大孔吸附树脂技术处理后得到的精制物可使药效成分高度密集，杂质少，杂质提取得率仅为原生药的2%～5%，而一般水煮法为20%～30%左右，醇沉法为15%左右，剂量缩小了，杂质少了，该工艺一次完成了除杂和浓缩两道工序。如人参茎叶中含人参皂苷，提取出来作为药用，但含量低，用一般方法提取麻烦，而用大孔吸附树脂技术提纯后人参皂苷含量可达70%以上，提取也很方便。再如，中药水煎提取物体积大，有效成分含量低，剂量太大剂型选择困难，给生产带来难题，如用大孔吸附树脂技术处理，问题就很好解决了。

② 减少产品的吸潮性。传统工艺制备的中成药大部分具有较强的吸潮性，是中药生产及贮藏中长期存在的难题，而经大孔吸附树脂技术处理后，可有效地去除水煎液中大量的糖类、无机盐、黏液质等吸潮成分，有利于多种中药制剂的生产，增强产品的稳定性。

③ 大孔吸附树脂技术能缩短生产周期，所需设备简单，免去了静置沉淀、浓缩等耗时多的工作，节约包装，降低成本。

3. 生产设备

固定床吸附装置多为一种常规的离子交换柱，工业化生产中，大孔树脂柱可用不锈钢或搪瓷柱材料按一定规格要求设计制作，容量从几百升至几立方米，下部或上下部装有80目滤网。

思考题

1. 中药材前处理的概念和目的是什么？
2. 水洗的主要设备类型有哪些？简述各自的优缺点。
3. 常用的药材切制加工设备有哪些？
4. 常用药材干燥有哪些设备，并进行简述。
5. 常用的炮制方法及相关设备有哪些？
6. 多功能提取器的特点有哪些？
7. 超声强化提取工艺与设备的原理是什么？
8. 超临界流体萃取技术的特点是什么？
9. 简述蒸发浓缩设备的分类和蒸发浓缩设备的选择依据？
10. 蒸发的必要条件是什么？升膜式蒸发器的特点是什么？
11. 多效蒸发器有哪几个蒸发器，依据二次蒸汽和溶液的流向，多效蒸发器的流程可分为哪几种？

12. 蒸发辅助设备有哪几种？各自的作用、特点、类型是什么？

13. 离心分离技术的分离原理和适用范围是什么？有哪几种类型？

14. 絮凝沉淀技术的原理及优势是什么？

15. 大孔吸附树脂技术对提取药液进行除杂精制的原理及特点是什么？

参 考 文 献

[1] 国家药典委员会．中华人民共和国药典．北京：中国医药科技出版社，2010.

[2] 曹光明．中药浸提物生产工艺学．北京：化学工业出版社，2008.

[3] 邓修．中药制药工程与技术．上海：华东理工大学出版社，2008.

[4] 时钧．化学工程手册．第 2 版．北京：化学工业出版社，1996.

[5] 周晶，冯淑华．中药提取分离新技术．北京：科学出版社，2010.

[6] 杨义芳，孔德云．中药提取分离新技术．北京：化学工业出版社，2009.

[7] 郭立玮．中药分享原理与技术．北京：人民卫生出版社，2010.

[8] 冯淑华，林强．药物分离纯化技术．北京：化学工业出版社，2009.

[9] 陈平．制药工艺学．武汉：湖北科学技术出版社，2009.

第九章　洁净车间净化空调系统设计

药厂洁净区环境控制的主要目的是为了防止因污染或交叉污染等任何危及药品质量的情况发生。药厂洁净技术应用一定要根据生产的药品类型、生产规模和中、长期发展规划来进行。

药厂洁净室关键技术主要在于控制尘埃和微生物。作为污染物质，微生物是药厂洁净室环境控制的重中之重。实施 GMP 的目的是在药品的制造过程中，防止药品的混批、混杂、污染及交叉污染。它涉及药品生产的每一个环节，而空气净化系统是其中的一个重要环节。

第一节　空气洁净原理

一、空气洁净技术的发展历程

1. 洁净技术的由来

洁净技术是一门新兴的技术。在科学实验和工业生产活动中，产品加工的精密化、微型化、高纯度、高质量和高可靠性要求具有一个尘埃粒子污染受控的生产环境。早在 20 世纪 20 年代美国航空业的陀螺仪制造过程最先提出了生产环境的净化要求，为消除空气中的尘埃粒子对航空仪器的齿轮、轴承的污染，他们在制造车间、实验室建立了“控制装配区”，即将轴承的装配工序等与其他生产、操作区分隔开，供给一定数量的过滤后的空气，再加上良好的管理。

20 世纪 50 年代初高效空气粒子过滤器在美国问世，取得了洁净技术的第一次飞跃，这一成就的取得，使美国在军事工业和人造卫星制造领域建立了一批以“高效空气粒子过滤器”装备起来的工业洁净室，相继应用于航空、航海的导航装置、加速器、陀螺仪、电子仪器等制造工厂。20 世纪 70 年代初开始，美国等技术先进的国家大规模地把以控制空气中尘粒为目的的工业洁净室技术引入到防止以空气为媒介的微生物污染领域，诞生了现代的生物洁净室，以控制空气中的尘粒、微生物污染为目的的生物洁净室技术在研究、实践中得到日益广泛的应用，如在制药工业、化妆品工业、食品工业和医疗部门的手术室、特殊病室以及生物安全等方面的推广应用，使同人们健康密切相关的药品、生物制品、食品、化妆品等产品质量大为提高。

2. 洁净技术在制药行业的应用

药品是用于预防、治疗疾病和恢复、调整机体功能的特殊商品，它的质量直接关系到人的健康和安危。药品质量除直接反映在药效和安全性外，还表现在药品质量的稳定性和一致性上，一些药品在制造过程中由于受到微生物、尘粒等污染或交叉污染，可能会引起预料不到的疾病或危害。混药与交叉污染对药品质量的危害和严重后果是十分明显的，这种危害随药品品种和污染类型的不同而有所不同，青霉素类等高致敏性药、某些激素类药物等所引起的污染最为危险。为杜绝因混药或交叉污染而引起的质量事故的发生，在各国的《药品生产质量管理规范》（GMP）中对药品生产的空气洁净度都做了严格的规定。

二、空气净化的方法

为保证产品生产环境或其他用途的洁净室所要求的空气洁净度，要采取多种综合技术措施才能达到要求。这些综合技术措施包括：应采用产生污染物少的生产工艺及设备，或采取必要的隔离和负压措施防止生产工艺产生的污染物质向周围扩散，采用产尘少、不易滋生微生物的室内装修材料及工器具；减少人员及物料带入室内的污染物质；维持生产环境相对于室外或空气洁净度等级要求低的邻室有一定的正压，防止室外或邻室的空气携带污染物质通过门窗或其他缝隙、孔洞侵入；加强洁净室的管理，按规定进行清扫、灭菌等。

除采取上述种种技术措施之外，为使生产环境或其他用途的洁净室室内环境控制在所要求的空气洁净度等级，重要的技术措施是需要送入足够量的经过处理的清洁空气，以替换或稀释室内在正常工作时所产生的污染物质污染后的空气。洁净室的空气净化处理就是根据房间不同的洁净度等级要求，采用不同方式送入经过处理的数量不等的清洁空气，同时排走相应数量的携带有在室内所产生的污染物质沾污的脏空气，靠这样的动态平衡，使室内环境维持在所需的空气洁净度等级。

目前洁净室对送入空气的净化方法，最重要和使用最广泛的方式是空气过滤法。送入洁净室的清洁空气，主要是靠在送风系统的各部位设置不同性能的空气过滤器，用以除去空气中的悬浮粒子和微生物。近年来，根据一些工业产品生产的微细化、精密化和高纯要求，还需去除空气中浓度极微的化学污染物或分子污染物，如超大规模集成电路生产、生物制品的生产等。

为此，在洁净室的送风系统应增设各种类型的化学过滤器、吸附过滤器、吸收装置等。

三、非单向流洁净室

洁净室的气流流型主要分为三类：非单向流、单向流、混合流。单向流是指沿单一方向呈平行流线，并且横断面上风速一致的气流，曾经被称为“单向流”等；非单向流是指不符合单向流定义的气流，曾经被称为“非单向流”等；混合流是由单向流和非单向流组合的气流。图 9-1 是三种洁净室的气流流型的示意图。

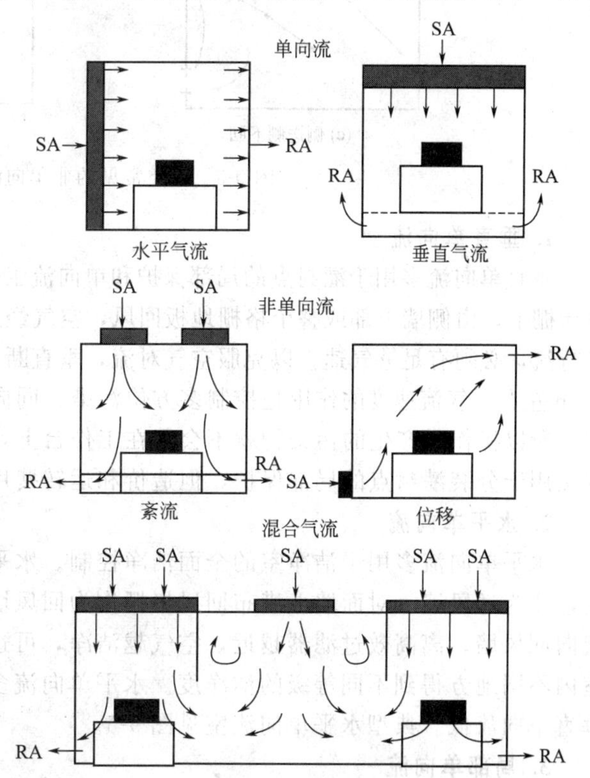

图 9-1　三种洁净室的气流流型的示意图

SA—送风；RA—回风

非单向流洁净室，按气流组织又可分为顶送与侧送。非单向流洁净室的气流组织方式与一般空调没有多大区别，即在部分天棚或侧墙上装高效过滤器，作为送风气流方向是变动的，存在涡流区，故较单向流洁净度低，它可以达 B 级。室内换气次数愈多，所得的洁净度也愈高。非单向流洁净室气流组织形式主要有：全孔板顶送，局部孔板顶送，流线型散流器顶送，带扩散板或不带扩散板顶送，侧送等形式。工业上采用的洁净室绝大多数是非单向流式的，因为它具有构造简单、高效过滤器的安装和堵漏方便、初投资和运行费用低、改建扩建容易

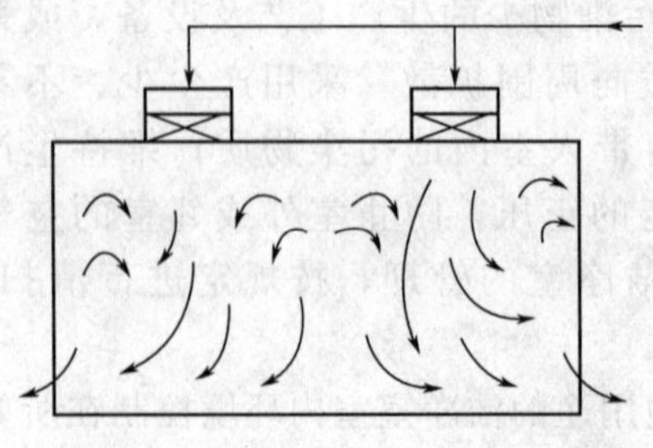

图 9-2　非单向流洁净室的气流概况

等优点，所以非单向流式洁净室在医药生产上普遍应用。非单向流洁净室的原理示意见图 9-2。

非单向流洁净室的气流组织形式依据高效过滤器及回风口的安装方式不同而分为下列几类：顶送、侧下回；侧送、侧回；顶送、顶回。这其中顶送、侧下回的气流组织形式是较为常用的形式。图 9-3 所示为几类常见的非单向流的气流流型。

四、单向流洁净室

单向流洁净室，按气流方向又可分为垂直单向流、水平单向流和局部单向流。

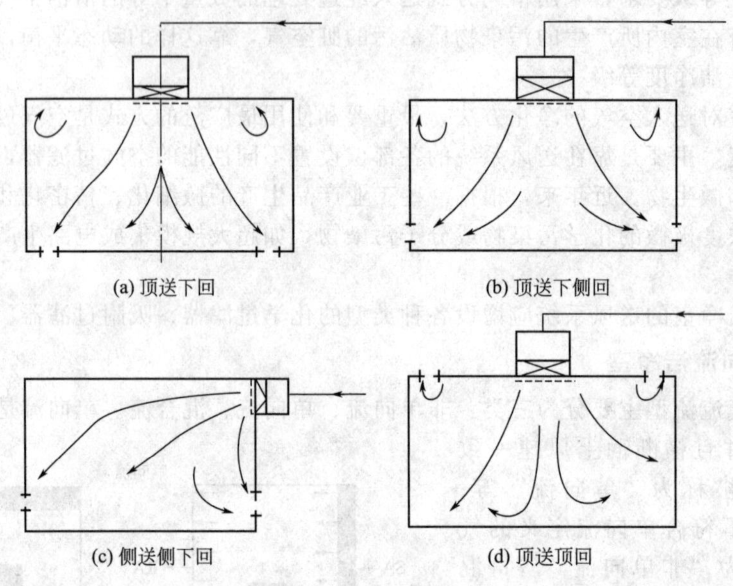

(a) 顶送下回　(b) 顶送下侧回　(c) 侧送侧下回　(d) 顶送顶回

图 9-3　几类常见的非单向流的气流流型

1. 垂直单向流

垂直单向流多用于灌封点的局部保护和单向流工作台。垂直单向流室高效过滤器满布布置在天棚上，由侧墙下部或整个格栅地板回风，空气经过工作区时带走污染物。由于气流系垂直平行流，必须有足够气速，以克服空气对流，垂直断面风速需在 0.25m/s 以上，换气次数 400 次/h 左右，气流速度的作用是控制多方位污染、同向污染、逆向污染，并满足适当的自净时间。所以操作时产生的污染物就不会落在工作台上，实现工作区无菌无尘达到 A 级洁净度。本法用于分装灌封点的局部保护，但造价和运转费用很高。典型垂直单向流室见图 9-4。

2. 水平单向流

水平单向流多用于洁净室的全面洁净控制。水平单向流室高效过滤器满布布置在一面墙上，作为送风墙，对面墙上满布回风格栅作为回风墙。洁净空气沿水平方向均匀地从送风墙流向回风墙。离高效过滤器越近，空气越洁净，可达 A 级洁净度，依次下去便可能是 B 级，室内不同地方得到不同等级的洁净度。水平单向流多用于洁净室的全面洁净控制，但造价比垂直单向流低。典型水平单向流室见图 9-5。

3. 局部单向流

局部单向流装置在局部区域内提供单向流空气，如洁净工作台、单向流罩及带有单向流装置的设备，如针剂联合灌封机等。局部单向流可放在 B 级、C 级环境内使用，使之达到稳定的洁净效果，并能延长高效过滤器的使用寿命。见图 9-6。

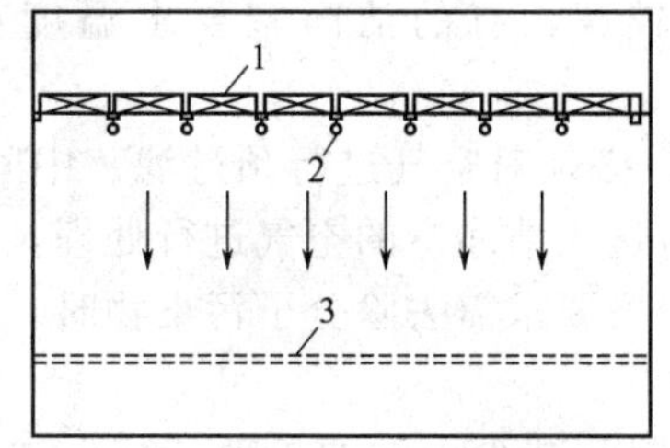

图 9-4　典型垂直单向流室

1—高效过滤器；2—照明灯具；3—格栅地板

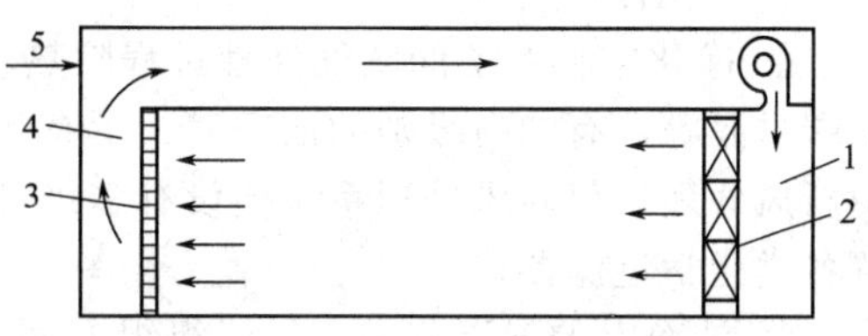

图 9-5　典型水平单向流室

1—送风静压小室；2—高效过滤器；3—格栅；4—回风静压小室；5—新风

五、混合流洁净室

混合流洁净室是将非单向流流型和单向流流型在同一洁净室内组合使用。单向流洁净室的设备费和运行费都很高，但在某些实际洁净室工程中往往只是部分区域有严格的洁净度要求，而不是整个洁净室（区）。混合流洁净室的特点是在需要空气洁净度严格的部位采用单向流流型，其他则为非单向流流型。这样既满足了使用要求，也节省了设备投资和运行费用。混合流洁净室的一般形式为整个洁净室为非单向流洁净室，在需要空气洁净度严格的区域上方采用单向流流型的洁净措施，使该区域得到满足要求的单向流流型洁净区，以防止周围相对较差的空气环境影响局部的高洁净度。

图 9-7 所示为一个混合流洁净室的气流流型。A 区为单向流区。B 区为非单向流区，B 区上方安装带加压风机的单向流洁净罩，保证该区域为单向流流型，A 区依靠高效过滤器送风口顶送风维持低级别的洁净度要求。这种气流流型在一些产品生产工艺仅有个别工序或个别设备要求高级别空气洁净度等级时被经常采用，如药品生产工厂的注射剂灌装间、冻干产品的灌装间或分装间均要求在 A 级的生产环境中操作，在工程设计中采用在操作区装设单向流洁净罩（即常说的单向流罩），整个房间仍为非单向流气流流型。

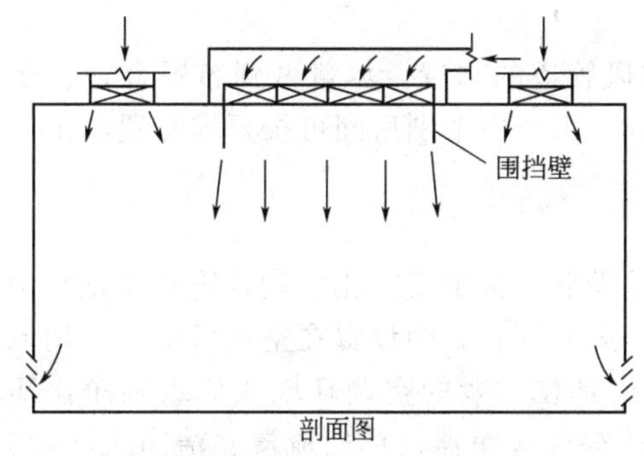

图 9-6　有围挡壁的局部垂直单向流

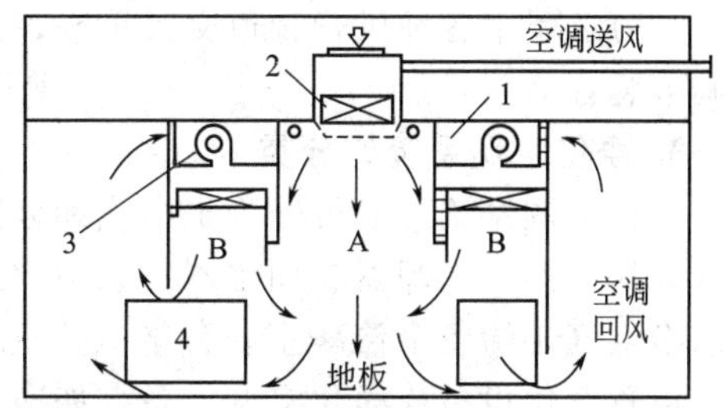

图 9-7　混合流气流流型

1—层流罩；2—高效过滤器；3—风机；4—工作台

第二节　净化空调系统

一、概述

1. 净化空调系统的特征

洁净室用净化空调系统与一般空调系统相比有如下特征。

① 净化空调系统所控制的参数除一般空调系统的室内温、湿度之外，还要控制房间的洁净度和压力等参数，并且温度、湿度的控制精度较高，有的洁净室要求温度控制在±0.1℃范围内等。

② 净化空调系统的空气处理过程除热、湿处理外，必须对空气进行预过滤、中间过滤、末端过滤等，有的高级别的洁净室为了有效、节能地对送入洁净室的空气进行处理，采用集中新风处理，仅新风处理系统便设有多级过滤，当有严格要求需去除分子污染物时，还应设置各类化学过滤器。

③ 洁净室的气流分布、气流组织方面，要尽量限制和减少尘粒的扩散，减少二次气流和涡流，使洁净的气流不受污染，以最短的距离直接送到工作区。

④ 为确保洁净室不受室外污染或邻室的污染，洁净室与室外或邻室必须维持一定的压差（正压或负压），最小压差在10Pa以上，这就要求一定的正压风量或一定的排风。

⑤ 净化空调系统的风量较大（换气次数一般10次至数百次），相应的能耗就大，系统造价也就高。

⑥ 净化空调系统的空气处理设备、风管材质和密封材料根据空气洁净度等级的不同都有一定的要求；风管制作和安装后都必须严格按规定进行清洗、擦拭和密封处理等。

⑦ 净化空调系统安装后应按规定进行调试和综合性能检测，达到所要求的空气洁净度等级；对系统中的高效过滤器及其安装质量均应按规定进行检漏等。

2. 净化空调系统的划分

洁净室用净化空调系统应按其所生产产品的工艺要求确定，一般不应按区域或简单地按空气洁净度等级划分。净化空调系统的划分原则如下。

① 一般空调系统、两级过滤的送风系统与净化空调系统要分开设置。

② 运行班次、运行规律或使用时间不同的净化空调系统要分开设置。

③ 产品生产工艺中某一工序或某一房间散发的有毒、有害、易燃易爆物质或气体对其他工序或房间产生有害影响或危害人员健康或产生交叉污染等，应分别设置净化空调系统。

④ 温度、湿度的控制要求或精度要求差别较大的系统宜分别设置。

⑤ 单向流系统与非单向流系统要分开设置。

⑥ 净化空调系统的划分宜照顾送、回风和排风管道的布置，尽量做到布置合理、使用方便，力求减少各种风管管道交叉重叠；必要时，对系统中个别房间可按要求配置温度、湿度调节装置。

3. 净化空调系统的分类

净化空调系统一般可分为集中式和分散式两种类型。集中式净化空调系统是净化空调设备（如加热器、冷却器、加湿器、粗中效过滤器、风机等）集中设置在空调机房内，用风管将洁净空气送给各个洁净室。分散式净化空调系统是在一般的空调环境或低级别净化环境中，设置净化设备或净化空调设备，如净化单元、空气自净器、单向流罩、洁净工作台等。随着科学技术的发展，洁净室的送风方式发生了很大变化，在生产过程要求高洁净度的洁净厂房中，其净化空调系统采用循环空气方式，其循环方式主要有集中方式、隧道方式、风机过滤单元（FFU）方式和微环境式＋开放式洁净室方式等。这些送风方式既可满足高洁净度要求，还可以不同程度地降低能量消耗。

二、集中式净化空调系统

1. 单风机系统和双风机系统

单风机净化空调系统的基本形式如图9-8所示。单风机系统的最大优点是空调机房占用面积小。但相对双风机系统而言，其风机的压头大、噪声、振动大。采用双风机可分担系统的阻力，此外，在药厂等的生物洁净室，洁净室需定期进行灭菌消毒，采用双风机系统在新风、排风管道设计合理时，调整相应的阀门，使系统按直流系统运行，便可迅速带走洁净室内残留的刺激性气体，图 9-9 为双风机系统示意图。

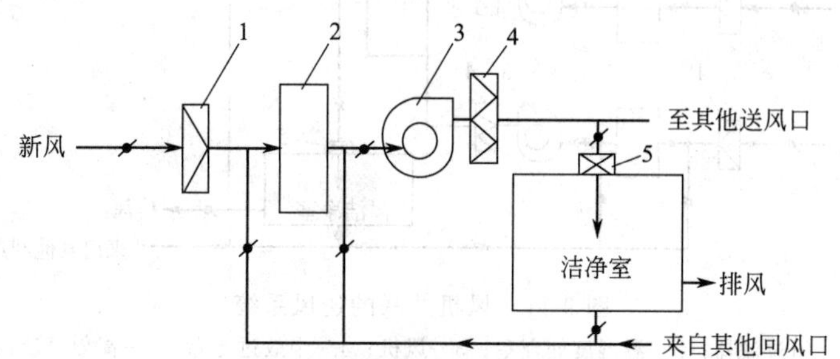

(当仅采用一次回风时,空气处理室也可设在风机出口段)

图 9-8 单风机系统示意图

1—粗效过滤器；2—温湿度处理室；3—风机；4—中效过滤器；5—高效过滤器

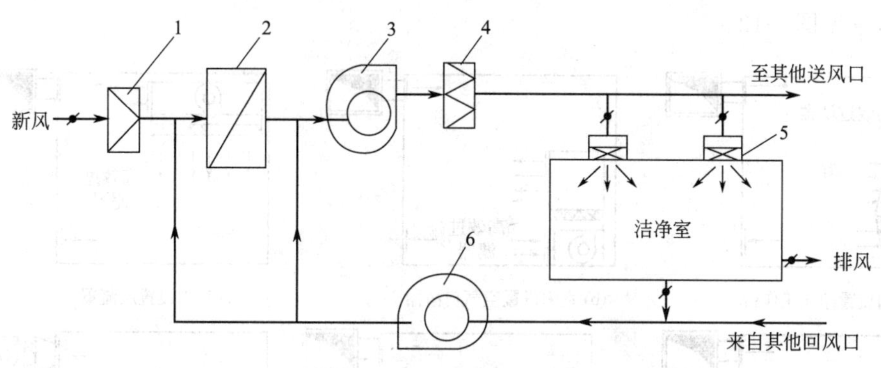

图 9-9 双风机系统示意图

1—粗效过滤器；2—温湿度处理室；3—送风机；4—中效过滤器；5—高效过滤器；6—回风机

2. 风机串联系统和并联系统

在净化空调系统中，通常空气调节所需风量远远小于净化所需风量，因此洁净室的回风绝大部分只需经过过滤就可再循环使用，而无需回至空调机组进行热、湿处理。为了节省投资和运行费，可将空调和净化分开，空调处理风量用小风机，净化处理风量用大风机，然后将两台风机再串联起来构成风机串联的送风系统。其示意如图 9-10 所示。

当一个空调机房内布置有多套净化空调系统时，可将几套系统并联，并联系统可公用一套新风机组，并联系统运行管理比较灵活，几台空调设备还可以互为备用以便检修。其示意

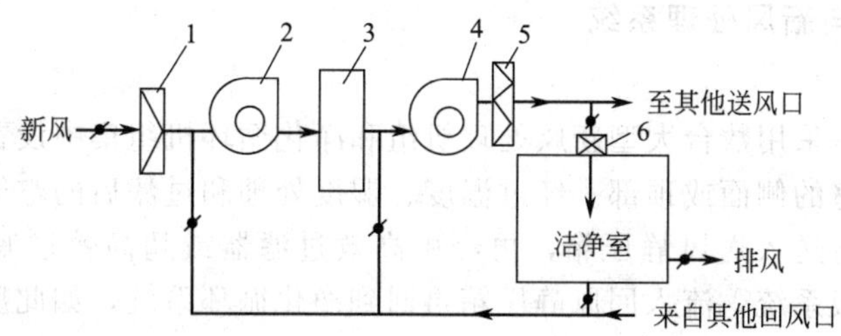

图 9-10 风机串联的送风系统

1—粗效过滤器；2—温湿处理风机；3—温湿度处理室；4—净化循环总风机；5—中效过滤器；6—高效过滤器

如图 9-11 所示。

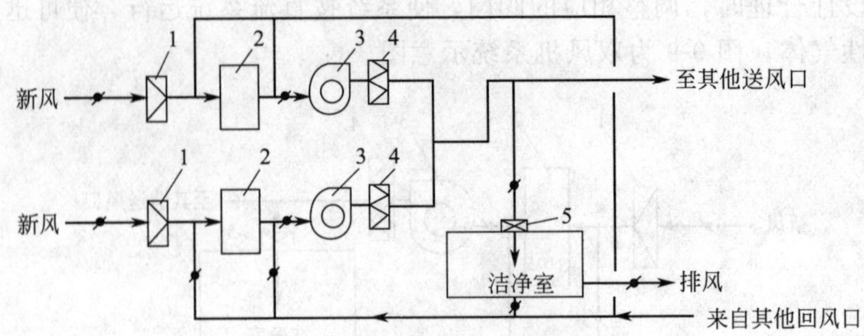

图 9-11　风机并联的送风系统

1—粗过滤器；2—温湿度处理室；3—风机；4—中效过滤器；5—高效过滤器

3. 分散式净化空调系统

在集中空调的环境中设置局部净化装置（微环境/隔离装置、空气自净器、单向流罩、洁净工作台、洁净小室等）构成分散式送风的净化空调系统，也可称为半集中式净化空调系统，其示意见图 9-12。

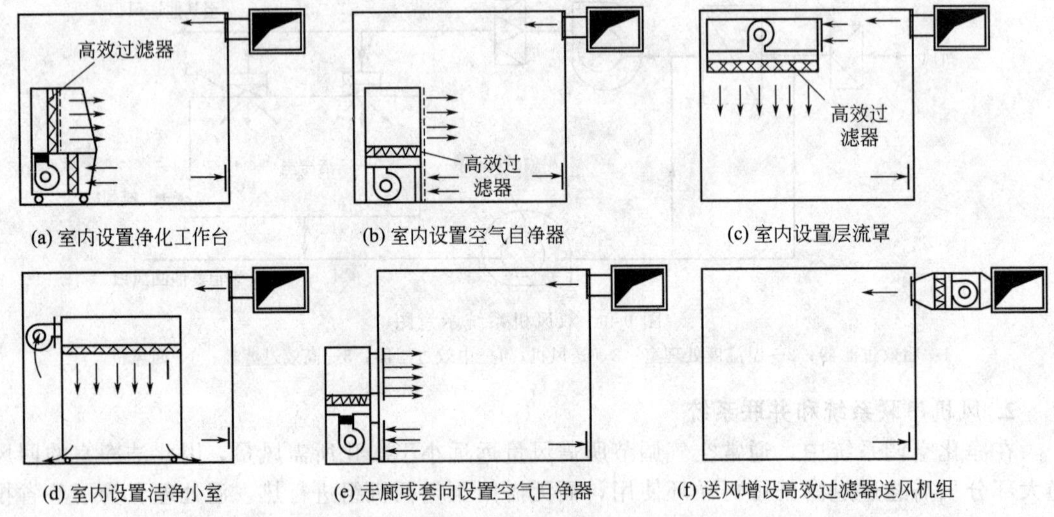

(a) 室内设置净化工作台　(b) 室内设置空气自净器　(c) 室内设置层流罩

(d) 室内设置洁净小室　(e) 走廊或套向设置空气自净器　(f) 送风增设高效过滤器送风机组

图 9-12　半集中式净化空调系统

在分散式柜式空调送风的环境中设置局部净化装置（高效过滤器送风口、高效过滤器风机机组、洁净小室等）构成分散式送风的净化空调系统，其示意见图 9-13。

三、空气循环与新风处理系统

1. 集中送风

这种方式一般是采用数台大型新风处理机组和净化循环机组集中设置在空调机房内，空调机房可位于洁净室的侧面或顶部。经过温度、湿度处理和过滤后的空气由离心风机或轴流风机加压后通过风道送入送风静压箱，再经由高效过滤器或超高效过滤器过滤后送入洁净室。回风经格栅地板系统，流入回风静压箱再回到净化循环系统，如此反复循环运行。集中送风方式的结构形式见图 9-14、图 9-15。

2. 隧道洁净室送风

隧道洁净室送风方式一般把洁净室划分为生产核心区、维护区，生产核心区要求高洁净

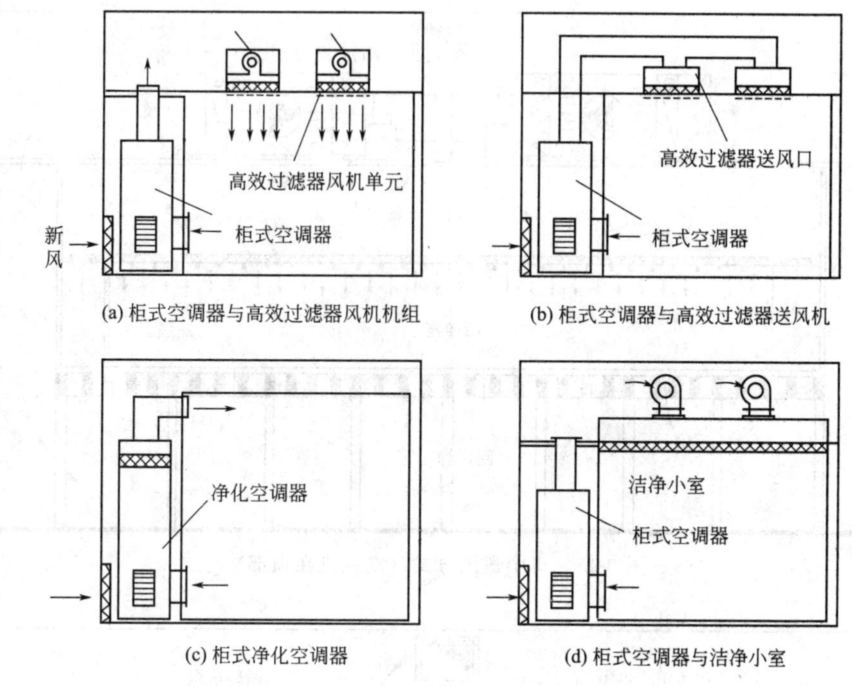

图 9-13　分散式送风的净化空调系统

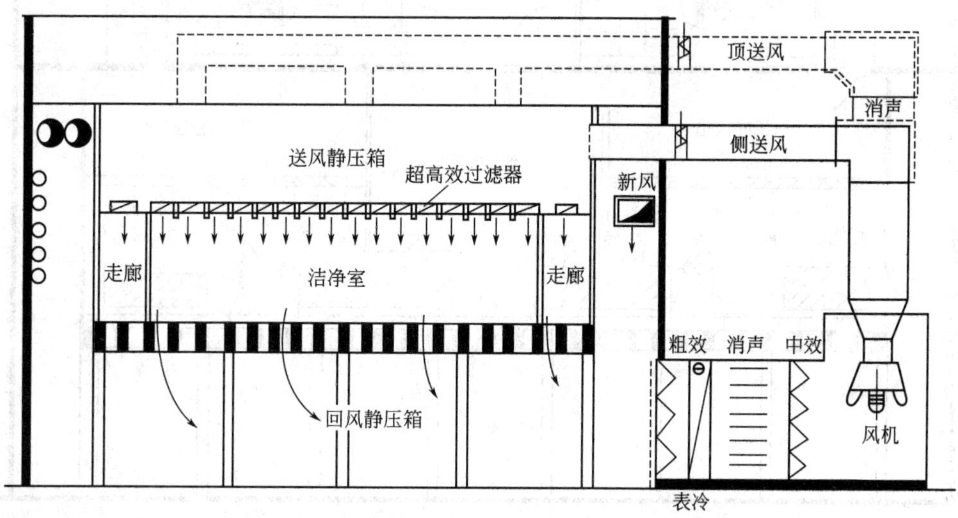

图 9-14　集中送风方式（空调机在侧面、轴流风机送风）

度和严格的温、湿度控制，设在单向流送风区内；维护区要求较低，设置生产辅助设备或无洁净要求的生产设备的尾部和配管配线等。生产区为送风区，维护区为回风区，构成空气循环系统。一般隧道式送风是由多台循环空气系统组成，所以其中一台循环机组出现故障不会影响其他区域的生产环境洁净度，并且各个循环系统可根据产品生产需要进行分区调整控制。见图 9-16。

3. 风机过滤单元送风

在洁净室的吊顶上安装多台风机过滤单元机组（fan filter unit，简称 FFU），构成净化循环机组，不需要配置净化循环空调机房，送风静压箱为负压。空气由 FFU 送到洁净室，

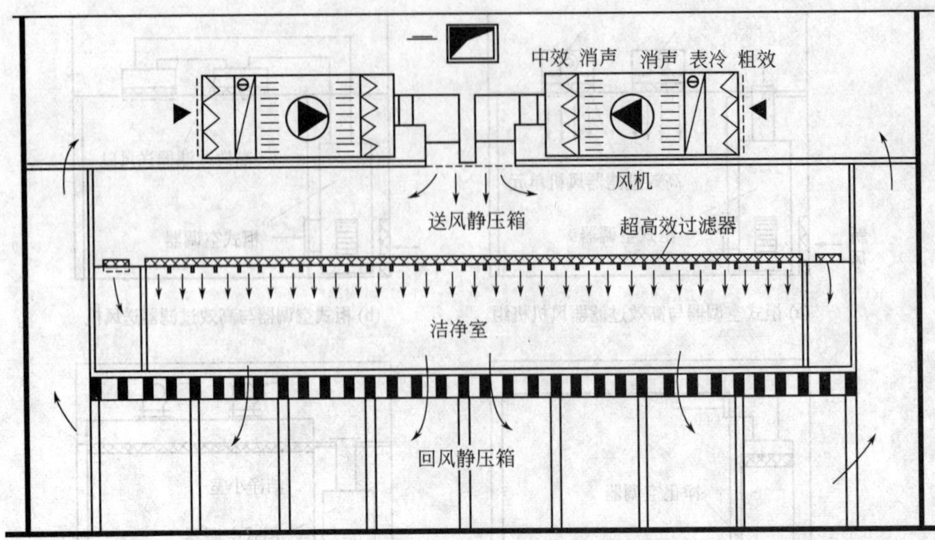

图 9-15　集中送风方式（空调机在顶部）

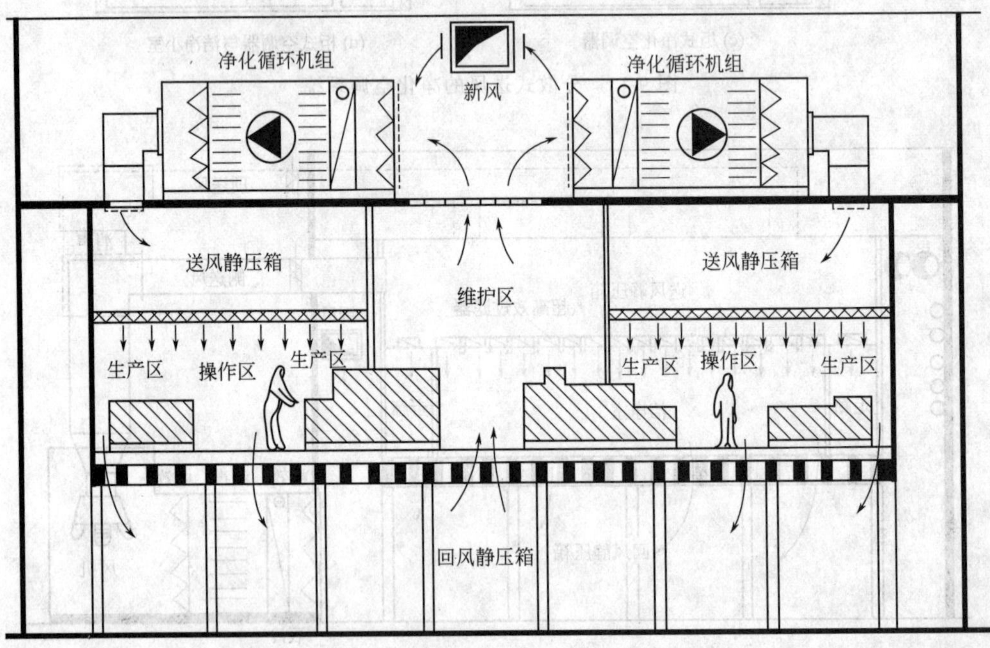

图 9-16　隧道式送风方式结构形式

从回风静压箱经两侧夹道回至送风静压箱，根据洁净室的温度调节需要，一般在回风夹道设干式表冷器。新风处理机可集中设在空调机房内，处理后的新风直接送入送风静压箱。因送风静压箱为负压，有利于高效过滤器顶棚的密封；但由于 FFU 机组台数较多，在满布率较高时，一般投资较大，运行费用亦多，有的送风噪声较大，选用时需要注意。FFU 送风方式见图 9-17。

4. 模块式风机单元送风

模块式风机单元送风是由送风机安装在高效空气过滤器（HEPA 或 ULPA）上，1 台送风机可配数台高效过滤器的空气循环系统，这种模块式风机单元（fan module unit，简称

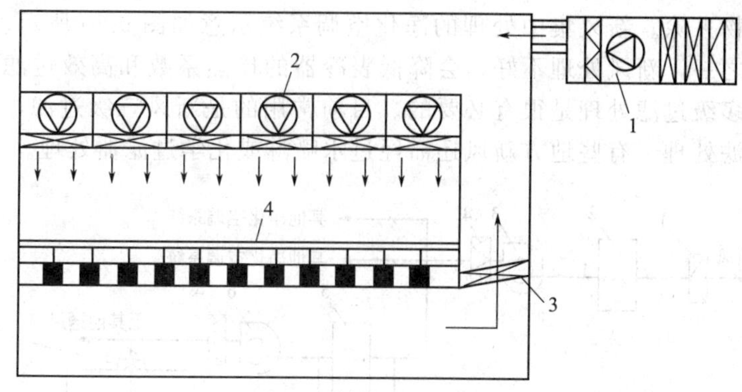

图 9-17　风机过滤单元送风方式

1—新风处理机组；2—FFU；3—表冷器；4—活动地板

FMU）循环系统是无风管道方式，空气输送速度较低，送风机和过滤器维修较方便，能量消耗较少。这种循环方式见图 9-18。

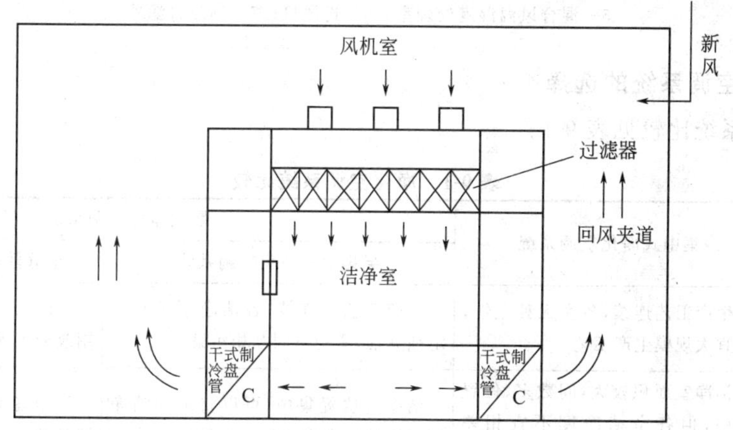

图 9-18　FMU 送风方式示意图

5. 微循环＋开放式送风

微循环＋开放式送风方式是为了确保生产环境极为严格的关键工序或设备的微环境控制达到高洁净度等级（如 ISO1 级），而其周围环境仅保持在相对较低级或差的洁净度等级（如 ISO5、6 级），微环境内控制为洁净度严格的单向流洁净环境，而开放式洁净室为单向流或混合流洁净环境。这种方式的能量消耗较少，工艺布置灵活性好，建设投资和运行费用都可以降低。图 9-19 为微环境洁净厂房示意图。

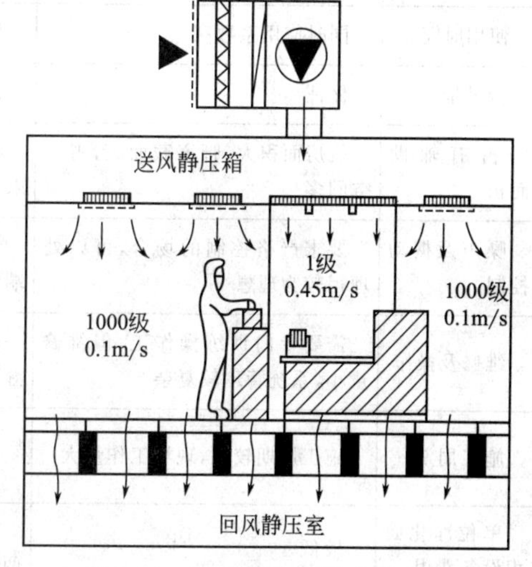

图 9-19　微环境洁净厂房示意图

6. 新风处理系统

当有多套净化空调系统同时运行时，可以采用新风集中处理，再分别供给各套净化空调系统的方式。因为净化空调系统新风比一般不会很高，每个系统均设新风预处理段，就不如集中处理更节省设备投资和空调机房面积，并且后者还可以按产品生产要求，在新风处理系统将室外新鲜空气中的化学污染物去除。新风集中处理的净化空调系统示意如图 9-20 所示。由于新风是洁净室主要污染源之一，新风处理不好，会降低表冷器的传热系数和高效过滤器的使用寿命，因此对新风进行多级过滤处理是很有必要的。目前常用的是新风三级过滤，即新风经粗效、中效、亚高效过滤处理。有些地方新风还需经过水喷淋或化学过滤器处理。

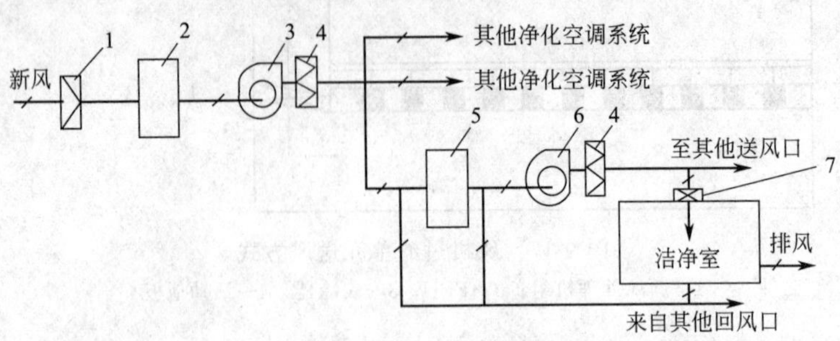

图 9-20 新风集中处理的净化空调系统示意图

1—粗效过滤器；2—新风温湿度处理室；3—新风风机；4—中效过滤器；5—混合风温湿度处理室；6—送风机；7—高效过滤器

四、净化空调系统的选择

净化空调系统比较见表 9-1。

表 9-1 净化空调系统比较

项目	集中式净化空调系统	分散式净化空调系统	
		半集中式净化空调系统	全分散式净化空调系统
生产工艺性质	生产工艺连续，各室无独立性，适宜大规模生产工艺	生产工艺可连续，各洁净室具有一定独立性，避免室间互相污染	生产工艺单一，各室独立，适用改造工程
洁净室特点	洁净室面积较大，间数多，位置集中，但各室洁净度不宜相差太大	洁净室位置集中，可以将不同洁净度级别的洁净室合为一个系统	洁净室单一，或各洁净室位置分散
气流组织	通过送回风口型式及布置，可实行多种气流组织形式，统一送风，统一回风，集中管理	气流组织形式主要靠末端装置类型及布置，可实行的气流组织形式不多。集中送风，就地回风	可做到多种气流组织，但要注意噪声处理，振动控制
使用时间	同时使用系数高	使用时间可以不一	使用时间自定
新风量	保证	保证，便于调节	难以保证
占有辅助面积	机房面积大，管道截面大，占有空间多	机房小，管道截面小，占有空间少。末端装置占室内部分面积	无独立机房和长管道
噪声及振动控制	要求严格控制的场合，可以处理得较为理想	集中风易处理，室内主要取决于末端装置制造质量	很难处理得十分理想
维修及操作	需要专门训练操作工，但维修量小，系统管理较复杂	介于两者之间，如末端装置具有热湿处理能力，各室可自行调节	操作简便，室内工作人员可自行操作，调节、管理简单
施工周期	施工周期较长，现场工作量大	介于两者之间	建设周期短
单位净化面积设备费用	较低	目前末端装置价格较高，费用介于两者之间	较高

第三节　净化设备及其应用

一、空气过滤器

常用的空调净化用过滤器有粗效（初效）过滤器、中效过滤器、亚高效过滤器、高效过滤器四类，其国内分类如表 9-2 所示。

表 9-2　空气过滤器的分类

类别	材料	型式	作用粒径/μm	效率/%
粗效过滤器	粗孔聚氨酯泡沫塑料、化学纤维	板式、袋式	>5	计数，≥5μm20～80
中效过滤器	中细孔泡沫塑料、无纺布、玻璃纤维	袋式	>1	计数，≥1μm 中效 20～70，高中效 70～99
亚高效过滤器	超细聚丙烯纤维、超细玻璃纤维	隔板、无隔板式	<1	计数，≥0.5μm95～99.9
高效过滤器	超细聚丙烯纤维、超细玻璃纤维	隔板、无隔板式	<1	钠盐法，≥99.9

注：表中效率根据国际 GB/T 14295—93、GB 13554—92。

在空气洁净技术中，通常是将几种效率不同的过滤器串联起来使用。其配置原则是：相邻二级过滤器的效率不能太接近，否则后级负荷太小；但也不能相差太大，这样会失去前级对后级的保护。从吸入新风开始，一般分为三级过滤。第一级使用初效过滤器，第二级使用中效或亚高效过滤器，第三级使用高效过滤器，个别也可能分四级，如在第三级之后，再增加一级高效过滤器。

空气洁净度 C 级及高于 C 级的空气净化处理，应采用初效、中效、高效空气过滤器三级过滤，其中 C 级空气净化处理也可以采用亚高效空气过滤器代替高效空气过滤器。洁净度 D 级空气净化处理，宜采用初效、中效过滤器二级过滤，但需经过计算确定。

另外，根据过滤器是否可以清洗回收，又分为可清洗型、不可清洗型以及耐清洗型。选择过滤器时可做如下考虑：固体制剂车间为 D 级洁净区，最末一级过滤器可选择高效过滤器或亚高效过滤器，亚高效过滤器的容尘量较大，从成本上考虑选用亚高效过滤器较为适宜。对末端过滤器起保护作用的前二级过滤器有初效过滤器、中效过滤器，其选择宜合适。另外，前置过滤器，因为实际运行操作中清洗时易造成不易察觉的破损，会严重缩短末端亚高效过滤器的使用寿命，将导致提高运行成本。

1. 初效过滤器（或称粗效过滤器）

初阻力≤3mm 水柱，计数效率（对 0.3μm 的尘埃）≤20%。初效过滤器主要用作对新风及大颗粒尘埃的控制，靠尘粒的惯性沉积，滤速可达 0.4～1.2m/s，主要对象是>10μm 的尘埃。其滤材一般采用易于清洗更换的粗中孔泡沫塑料或 WY-CP-200 涤纶无纺布（无纺布是不经过织机，而用针刺法、簇绒法等把纤维交织成织物，或用黏合剂使纤维黏合在一起而成）等化纤材料，形状有平板式、抽屉式、自动卷绕人字式、袋式。近年来滤材用无纺布较多，渐渐代替泡沫塑料。其优点是：无味道、容量大、阻力小、滤材均匀、便于清洗，不像泡沫塑料那样易老化，成本也下降。初效过滤器由箱体、滤料和固定滤料部分、传动部分、控制部分组成。当滤材积尘到一定程度，由过滤器的自控系统自动更新，用过的滤材可以水洗再生，重复使用。

2. 中效过滤器

初阻力≤10mm 水柱，计数效率（对 0.3μm 的尘埃）达到 20%～90%，滤速可取0.2～0.4m/s。中效及高中效过滤器主要用作对末级过滤器的预过滤和保护，延长其使用寿命，

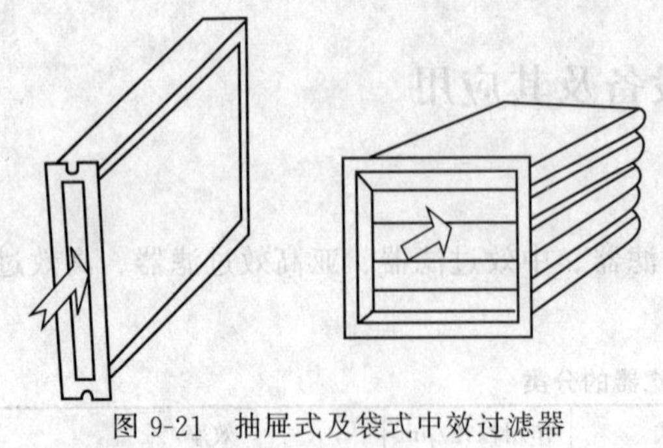

图 9-21 抽屉式及袋式中效过滤器

主要对象是1～10μm的尘粒。一般放在高效过滤器之前、风机之后。滤材一般采用中细孔泡沫塑料、WZ-CP-Z涤纶无纺布、玻璃纤维等，形状常做成袋式及平板式、抽屉式。图9-21为抽屉式及袋式中效过滤器。

3. 亚高效过滤器

初阻力≤15mm水柱，计数效率（对0.3μm的尘粒）在90%～99.9%。亚高效过滤器用作终端过滤器或作为高效过滤器的预过滤，主要对象是5μm以下尘粒，滤材一般为玻璃纤维滤纸、棉短绒纤维滤纸等制品。

4. 高效过滤器（HEPA）

初阻力≤25mm水柱，计数效率（对0.3μm的尘埃）≥99.97%。高效过滤器作为送风及排风处理的终端过滤，主要过滤小于1μm的尘粒。一般放在通风系统的末端，即室内送风口上，滤材用超细玻璃纤维纸或超细石棉纤维滤纸。其特点是效率高，阻力大，不能再生。高效过滤器能用3～4年。它对细菌（1μm）的穿透率为0.0001%（10^{-6}），对病毒（0.03μm）的穿透率为0.0036%，所以高效过滤器对细菌的过滤效率基本上是100%，即是说通过高效过滤器的空气可视为无菌。为提高对微小尘粒的捕集效果，需采用低滤速，以cm/s计，故滤材需多层折叠，使其过滤面积为过滤器截面积的50～60倍。图9-22为高效过滤器形状。

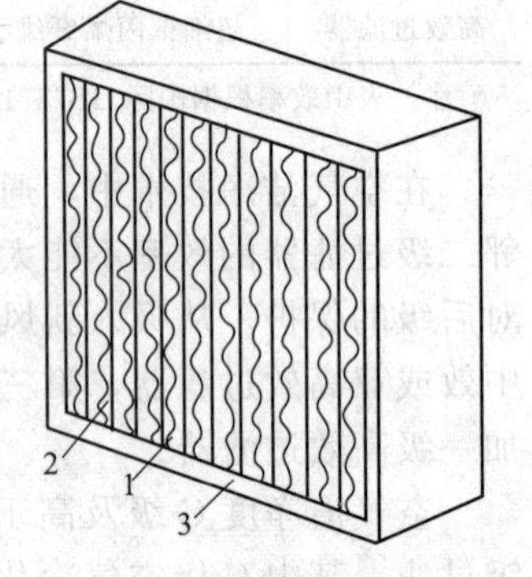

图 9-22 高效过滤器
1—分隔片；2—滤纸；3—木外框

二、空气吹淋室

空气吹淋室是人身或物料用净化设备，它是利用高速（≥25m/s）洁净气流吹落并清除拟进入洁净室的人身服装或物料表面上附着粒子的小室。由于进出吹淋室的门是不同时开启的，可以兼起气闸作用，防止外部空气进入洁净室，并使洁净室维持正压状态；吹淋室除了有一定净化效果外，它作为人员进入洁净区的一个分界，还具有警示作用，有利于规范洁净室人员在洁净室内的活动。

空气吹淋室按结构分为小室式和通道式（或通过式）两类。小室式吹淋过程是间歇的，通道式吹淋过程是连续的。洁净厂房内常采用“单人”或“双人”小室式吹淋室，在《洁净厂房设计规范》中规定：“单人吹淋室按最大班人数每30人设一台。当最大班使用人数超过30人时，可将两台或多台单人吹淋室并联布置。”但小室式吹淋室设置的数量不能过多，一般人员吹淋的时间约为30s/人，若需通过吹淋的人数很多时，可考虑设置通道式吹淋室。见图9-23～图9-25。

三、洁净工作台

洁净工作台是一种设置在洁净室内或一般室内，可根据产品生产要求或其他用途的要求，在操作台上保持高洁净度的局部净化设备。主要由预过滤器、高效过滤器、风机机组、静压箱、外壳、台面和配套的电器元器件组成。

从气流形式对洁净工作台进行分类，通常分为水平单向流和垂直单向流；从气流在循环角度上分类，分为直流式和循环式；按用途分类，可分为通用型和专用型等。图9-26为普通型洁净工作台结构，通常为0.3μm或0.5μm，5级（A级）。因洁净工作台内产生的污染

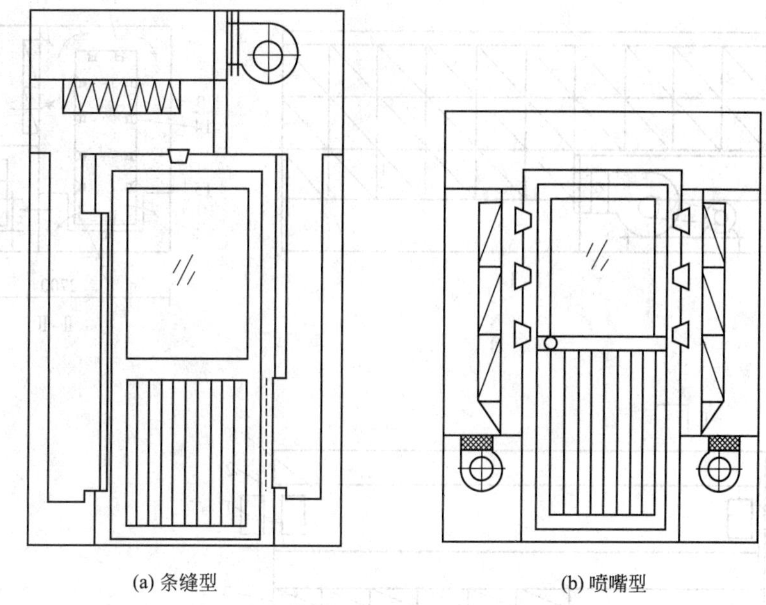

图 9-23　空气吹淋室结构形式

物不会排向室内，这类工作台使用广泛，但不宜用于要求操作者不能遮挡作业面的场所。在实际使用中，根据用途的不同，可按使用单位的要求设计制作各种类型的专用洁净工作台、如化学处理用洁净工作台，实验室用洁净工作台，此类工作台通常采用垂直单向流方式，工作台内设有给水（纯水或自来水）排风装置等；储存保管用洁净工作台，通常应根据储存物品性质、隔板形式等分别采用垂直单向流或水平单向流以及考虑是否需设排风装置等，图 9-26 为储存用洁净工作台。

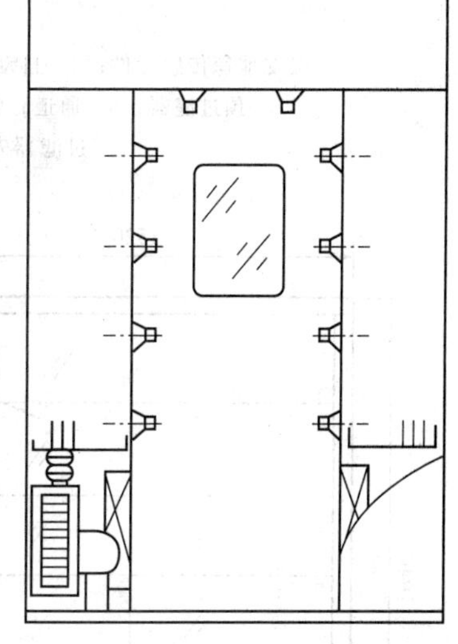

图 9-24　单人吹淋室

四、隔离操作器

隔离操作器指配备 B 级（ISO 5 级）或更高洁净度级别的空气净化装置，并能使其内部环境始终与外界环境（如其所在洁净室和操作人员）完全隔离的装置或系统。

高污染风险的操作宜在隔离操作器中完成。隔离操作器及其所处环境的设计，应当能够保证相应区域空气的质量达到设定标准。传输装置可设计成单门或双门，也可以是同灭菌设备相连的全密封系统。

物品进出隔离操作器应当特别注意防止污染。

隔离操作器所处环境取决于其设计及应用，无菌生产的隔离操作器所处的环境至少应为 D 级洁净区。

隔离操作器只有经过适当的确认后方可投入使用。确认时应当考虑隔离技术的所有关键因素，如隔离系统内部和外部所处环境的空气质量、隔离操作器的消毒、传递操作以及隔离系统的完整性。

隔离操作器和隔离用袖管或手套系统应当进行常规监测，包括经常进行必要的检漏试验。

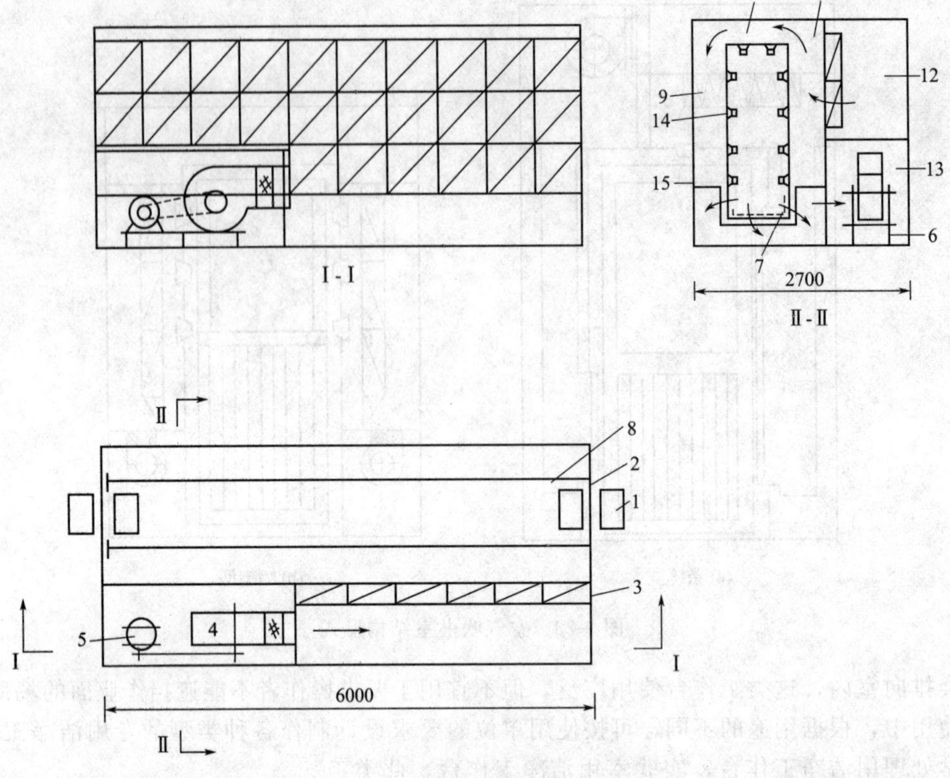

图 9-25 通道式吹淋室示意图

1—橡皮地毯传感元件；2—自动门；3—高效空气过滤器；4—风机；5—电动机；6—弹簧减振器；7—预过滤器；8—通道；9—左静压箱；10—顶静压箱；11—右静压箱；12—高效空气过滤器安装室；13—风机室；14—喷嘴；15—壁板

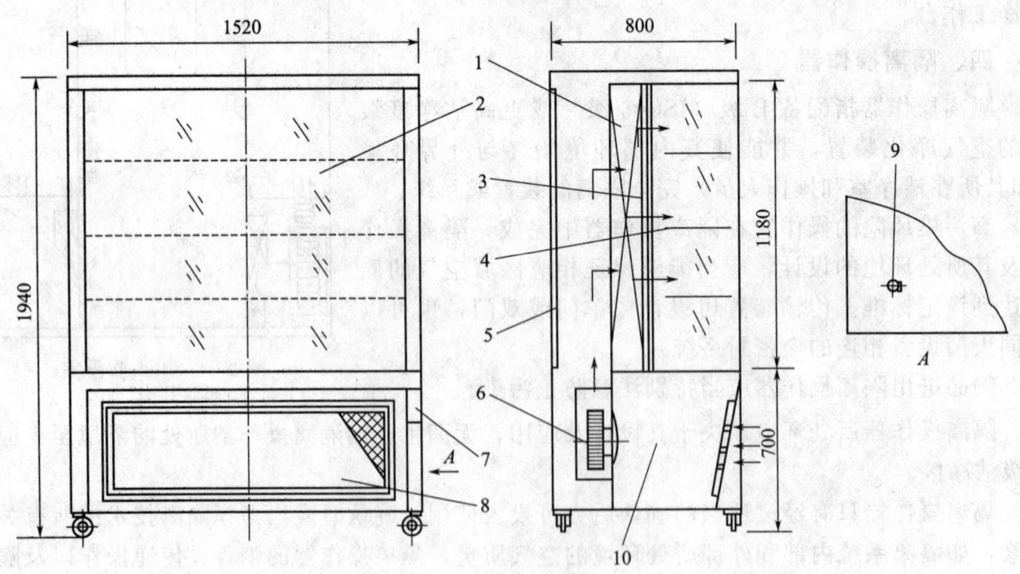

图 9-26 储存用洁净工作台

1—高效空气过滤器；2—移门挡板；3—散流网；4—搁板；5—活络板；6—风机；7—操作板；8—粗效空气过滤器；9—电源插头座；10—箱体

五、单向流罩

单向流罩是垂直单向流的局部洁净送风装置，局部区域的空气洁净度可达5级（A级）或更高级别的洁净环境，洁净度的高低取决于高效过滤器的性能。单向流罩按结构分为有风机和无风机，前回风型和后回风型；按安装方式分为立（柱）式和吊装式。其基本组成有外壳、预过滤器、风机（有风机的）、高效过滤器、静压箱和配套电器、自控装置等，图9-27为有风机单向流罩示意图，它的进风一般取自洁净厂房内，亦可取自技术夹层，但其构造将会有所不同，设计时应予注意。图9-28为无风机单向流罩，主要由高效过滤器和箱体组成，其进风取自净化空调系统。

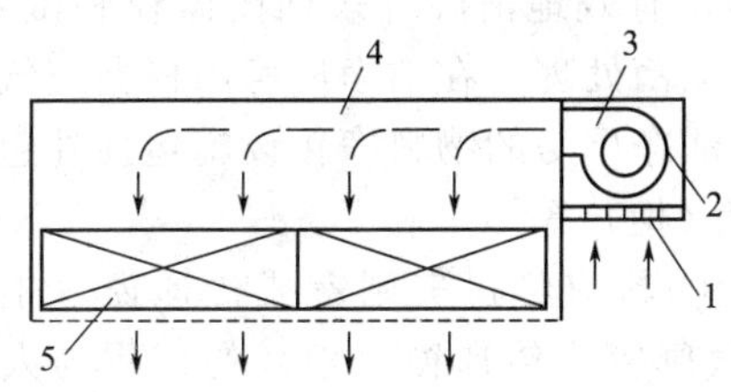

图9-27　有风机单向流罩

1—预过滤器；2—负压箱；3—风机；4—静压箱；5—高效过滤器

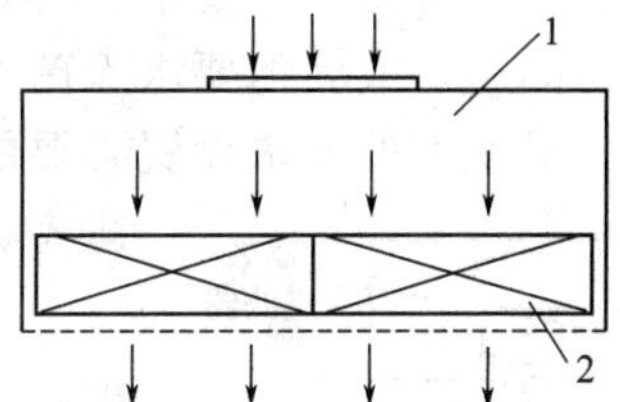

图9-28　无风机单向流罩

1—箱体；2—高效过滤器

六、洁净隧道

以两条单向流工艺区和中间的非单向流操作区组成的隧道形式洁净环境的净化处理方式叫洁净隧道。这是目前推广采用的全室净化与局部净化相结合的典型净化方式，被称为第三代净化方式。

洁净隧道形式：按照组成洁净隧道的设备不同，可分为台式洁净隧道（见图9-29）、棚式洁净隧道、罩式洁净隧道（见图9-30）和集中送风式洁净隧道。

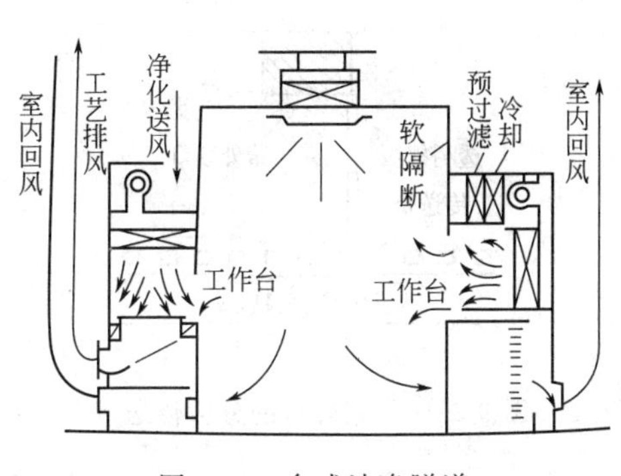

图9-29　台式洁净隧道

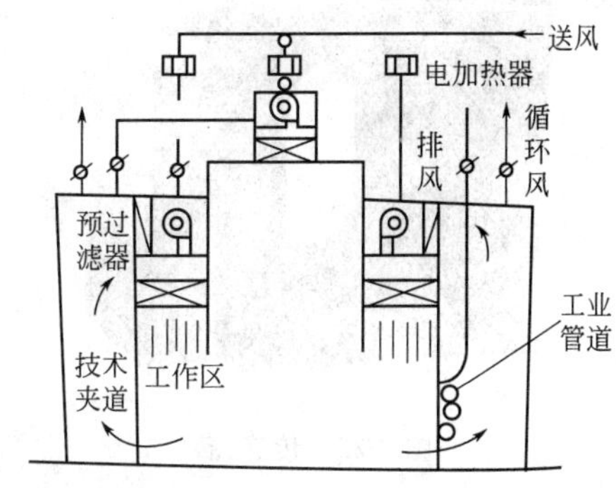

图9-30　罩式洁净隧道

洁净隧道的特点如下。

① 在隧道内造成不同的洁净度，从而充分利用不同洁净气流的特性，最大限度地满足工艺要求。一般隧道内的两侧是高洁净度的单向流工作区，中间是非单向流的操作活动区。工艺区连成一条龙，使用方便，人员的活动也不会引起交叉污染。

② 在隧道内减少了单向流面积，基建和运行费用比全室净化的垂直单向流洁净室节约三分之一以上。非单向流操作区净高较单向流区高得多，能满足人员舒适感的要求。

③ 洁净隧道的局部净化设备、工业管道以及工艺辅助设备的维修均可在技术夹层内进

行。由于技术夹层相对于洁净隧道为负压，因此，维修工作不会引起洁净隧道的污染，维修工作可在不停止生产的情况下进行。

④ 洁净隧道可按一定规模配置净化空调系统。因此，空调系统可通用化、系列化，从而可以大大缩短设计周期。

⑤ 一般情况下，洁净隧道对于建筑方面的要求比较简单，只要具备非单向流洁净室的环境，即可满足要求。

七、物料传递窗

为防止污染物带入洁净室（区），所有送入洁净室（区）的各种物料、原辅料、设备、工器具包装材料等均需按要求进行外包装清理、吹净，有效地清除外表面的微粒和微生物，对于无菌药品生产或其他要求无菌作业者还必须进行无菌处理。在洁净厂房内根据空气洁净度等级、产品生产的要求设置必要的物料净化设施，洁净厂房的物料净化设施包括外包装清理室、气闸室或传递窗（柜）等。

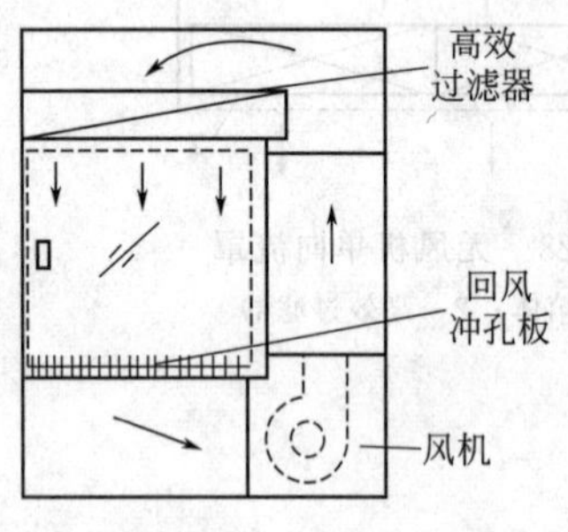

图 9-31　带空气幕的传递窗

对清理外包装后的物料应经过气闸室或传递窗（柜）才能进入洁净室（区），气闸室或传递窗（柜）的作用与人员净化用气闸室相似，主要用于保持洁净室的空气洁净度和洁净室内必须的压力。传递窗（柜）的做法应能满足如下要求：两侧门上设窗，能看见内部和两侧；两侧门上设连锁装置，确保两侧门不能同时开启；传递窗内尺寸可适应搬运物料的大小及重量，气密性好并有必要的强度；根据用途的不同可设置室内灯、杀菌设施。图 9-31 为带空气幕的传递窗，图 9-32是传递窗示例。除传送带本身能连续灭菌（如隧道式灭菌设备）外，传送带不得在 A/B 级洁净区与低级别洁净区之间穿越。当生产工艺要求必须穿过又不违反 GMP 规定时，应该采取相应的技术措施或在传递窗两边分段输送，图 9-33 是分段传送带的示例。

图 9-32　传递窗

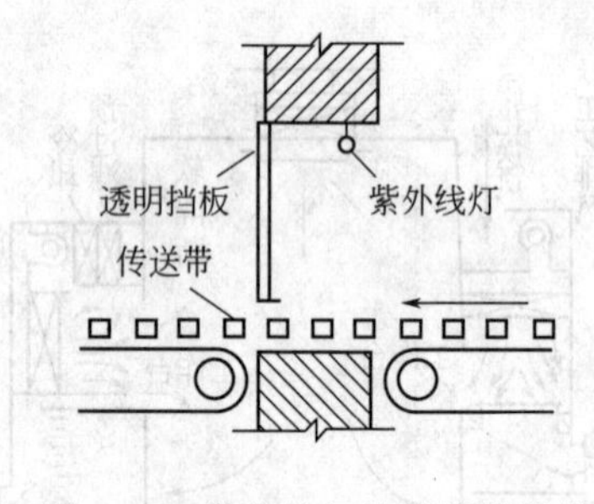

图 9-33　带紫外灯的分段传送带

第四节　净化空调工程设计

一、概述

为了达到净化的目的，除洁净空调措施之外，还应考虑必要的综合性措施相配合。

① 总图设计的合理性要综合考虑建筑物周围环境的污染程度，如风向、绿化、防震等因素。

② 工艺布置合理性应是工艺流程紧凑，人流、物流组织合理，以利于保持洁净操作。

③ 人身净化的目的是最大限度地防止人体将灰尘带入车间，所以建筑物内应考虑盥洗设备、空气吹淋室或气闸等。

④ 对建筑设计构造方面，要求合理设计车间高度及技术走廊、技术层的空间大小，选用耐磨、光滑、不起尘的建筑材料等。

⑤ 局部净化设备的应用系在一定的室内洁净环境下进行，采用净化工作台，使操作空间获得更高的洁净度。

这些措施应根据洁净级别要求分别加以考虑，只要在设计中合理地考虑了以上措施，才能使洁净空调系统充分发挥作用。此外，制药工艺设计人员必须向空调专业设计人员提供洁净空气调节系统设计的条件，如：①工艺设备布置图，并标明洁净区域。②洁净区域的面积和体积。③洁净的形式。④洁净度要求和级别。⑤生产厂房内温度、湿度、内外压差。⑥室内换气次数。⑦生产品种。

二、空气净化系统的组成

空气净化系统主要由以下几部分组成：引风机、前置过滤器、主过滤器（静电除尘器）、臭氧杀菌器、活性炭过滤器、负离子发生器（对于新风空气净化器），如图 9-34 所示。此外，为了保证空气的湿度和温度，在中央空调系统中，还需要增加加热或冷却和恒湿的装置配件。

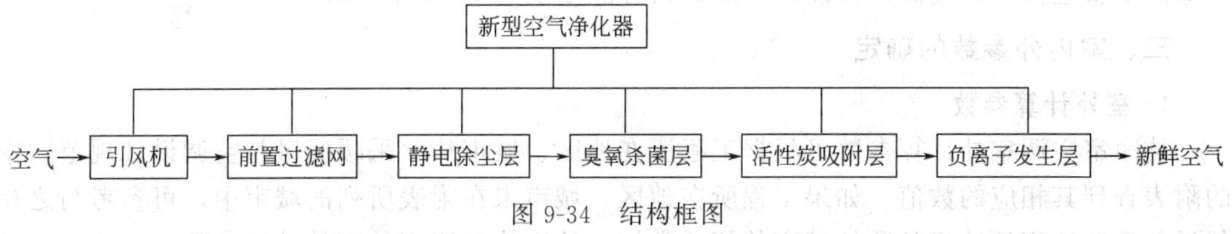

图 9-34　结构框图

1. 风机

在洁净空调系统中，一般选用离心式风机作为动力，因为气流既要克服各级过滤器的阻力，又要有一定的风量来保证洁净区间的气流速度和气流组织。同时，作为机电产品，净化器还必需要有较低的噪声。因此，风机的选择比较复杂，在以静电过滤器为主的空气净化器上，有时也要配置贯流式风机，既保证风量大、风速平稳，又能使噪声降到理想值。最好安装双风机，生产时用大的，不生产时用小的，以免停机时造成负压，脏空气进来。也可用调节转速的办法，生产时用 6 级，不生产时用 4 级。还可正常时开两个，不生产时开一个，特别是用于系统阻力较高时，可降低噪声并兼作值班通风。

2. 前置过滤器

主要用于除去较粗大的粒子（新风中≥5μm 的粒子），从而保护其后的高性能过滤器，既可以提高对微粒的捕集效率，又可延长使用寿命。没有前置过滤器的保护，长纤维物质一旦进入静电过滤器还会产生电火花。此外，前置过滤器还应便于清洁。

3. 主过滤器

一般为较高性能的过滤器，用于去除新风中≥1μm 的粒子，洁净空调系统性能的好坏，很大程度取决于此。该过滤器大体可分为机械式和静电式两种，其中以静电式居多，占 90%。

4. 臭氧杀菌层

采用高频沿面放电产生臭氧技术，这种技术将以前的点线放电型改为沿面放电型臭氧发生元件。沿面放电臭氧发生元件，是把用于沿面放电的电晕极钨等金属烧结在电介质基体上，另一面烧结涂覆成为接地极，电晕电极平行排列。当电极施加高频高压电场时，气体电离，产生脉冲电晕放电，同时产生高浓度等离子体，电子和离子在极强大的电场力作用下，气体分子碰撞加速，在10ns内使氧分子分解成单原子氧，在几十纳秒内氧原子与氧分子结合成臭氧，通过形成的臭氧来对空气进行杀菌和灭菌。

5. 活性炭过滤器

空气经过主过滤器后，有时还需要通过活性炭处理，可以吸附残余臭氧以及酸性气体，而且能够净化气体中的粉尘、气溶胶和蒸汽。活性炭是通过燃烧植物纤维获得的有许多极细微孔的炭，主要是用以吸附空气中的有害物质，如 NH_3、CO、SO_2 等，起到了除去有害气体和消除异味的作用。为了提高活性炭的吸附力，有时还采用浸渍型活性炭，由单纯的物理吸附转变为化学吸附，提高了吸附率和饱和容量。此外，不同的材质燃烧加工而成的活性炭的性能差别也很大，寻找合适的活性炭品种和组成过滤元件是当前的主要课题。

6. 负离子发生器

阴离子对人体健康的作用已为人们所接受，它一方面是评价空气品质的一个因素；另一方面，由阴离子发生器产生的阴离子随过滤后的清新空气排出，能让飘浮于空气中的微粒带上负电，使这些粒子易被捕集或沉淀，使室内空气更清新。因此，绝大多数空气洁净系统配有阴离子发生器，以提高其性能，一般开机释放浓度为1000个/cm^3。

三、室内外参数的确定

1. 室外计算参数

洁净室空调室外计算参数可根据工程所在地区、城市从《采暖通风与空调设计规范》中的附表查到其相应的数值。如果工程所在地区、城市未在附表所列的城市中，可参考与之相邻近并且已知室外计算参数的城市的相关数据，从而确定所需的室外计算参数。

2. 室内计算参数

洁净室内的设计计算参数应按《洁净厂房设计规范》中规定，洁净室的温、湿度范围应符合表9-3中的规定。

表9-3 洁净室的温、湿度范围

房间性质	温度/℃		相对湿度/%	
	冬季	夏季	冬季	夏季
生产工艺有温湿度要求的洁净室	按生产工艺要求确定			
生产工艺无温湿度要求的洁净室	20～22	24～26	30～50	50～70
人员净化及生活用室	16～20	26～30		

四、压差控制及送风量

1. 送风量

一般制药洁净厂房的送风量主要是根据控制室内空气洁净度来确定（见表9-4），而中药制剂为非无菌药品，主要生产口服液、口服固体药品、直肠用药，洁净度要求的级别低，多为C级、D级（药品生产环境洁净度的具体分区可参照表9-4）。中药材经过前期的炮制、提取、浓缩后进入洁净区，进行生产、加工、包装，在搅拌、炼药、制丸、烘干、上光等工序中会产生大量的余热、余湿。如果按照洁净度要求确定送风量很难满足室内的温、湿度要求，为此，送风量要按照室内的热湿负荷来计算。

表 9-4　药品生产环境洁净度分区表

药品类型		A 级	B 级	C 级	D 级	备注
无菌药品	最终灭菌药品	大容量注射剂（≥ 50mL）的灌封	1. 注射剂的稀配、过滤； 2. 小容量注射剂：灌封；直接接触药品的包装材料的最终处理	注射剂浓配或采用密闭系统的稀配	—	1. A 级：含 A 级洁净区或 B 级背景下的局部 A 级（以下均同）； 2. 含放射性药品和中药制剂
	非最终灭菌药品	1. 药液配制（灌装前不需除菌过滤）； 2. 注射剂：灌封、分装和压塞； 3. 内包材料最终处理后的暴露环境	药液配制（灌装前需除菌滤过的）	1. 轧盖； 2. 直接接触药品的包装材料最后一次精洗的最低要求	—	含放射性药品和中药制剂
	其他	—	供角膜创伤手术用滴眼剂的配制，灌装	—	—	含放射性药品和中药制剂
非无菌药品		—	—	1. 非最终灭菌口服液； 2. 深部组织创伤外用药品； 3. 眼用药品； 4. 腔道用药（直肠用药除外）	1. 最终灭菌口服液； 2. 口服固体药品； 3. 表皮外用药品； 4. 直肠用药； 5. 放射免疫分析药盒	1. 标注在 C 级或 D 级的各剂型均为生产中暴露工序的最低要求； 2. 含放射性药品和中药制剂
原料药		标准中列有无菌检查项目的原料药生产	—	—	其他原料药的生产暴露环境的最低要求	含放射性药品和中药制剂
生物制品		灌装前不经除菌滤过的制品：配制，合并，灌封，冻干，加塞，添加稳定剂，佐剂，灭活剂等	1. 灌装前经除菌滤过的制品：配制，合并，精制，添加稳定剂，佐剂，灭活剂，除菌过滤，超滤等； 2. 体外免疫诊断试剂阳性血清分装，抗体-抗体分装	1. 原料血浆的合并，非低温提取，分装前的巴氏消毒，轧盖及制品最终容量的精洗； 2. 口服制剂； 3. 发酵培养密闭系统环境，暴露部分需无菌操作； 4. 酶联免疫吸附试剂：包装，配液，分装，干燥； 5. 胶体金试剂、聚合酶链反应试剂（PCR）、纸片法试剂等体外免疫试剂； 6. 深部组织创伤用制品，体表创伤用制品	—	各类制品生产过程中涉及高危致病因子的操作，其空气洁净系统等设施还应符合特殊规定

由于夏季车间的余热较冬季耗量大，而夏季容许的送风温差和空调处理设备可能达到的送风温差又都较冬季更受限制。因此，以夏季工况计算所需送风量，冬季降风量运行。

$$L=\frac{Q}{(i_N-i_0)}=\frac{W}{(d_N-d_0)}\cdot 10^3 \tag{9-1}$$

式中，L 为送风量，kg/s；Q 为室内余热量，W；W 为室内余湿量，kg/s；i_N，d_N 分

别为室内设计工况下空气的焓值，kJ/kg 干空气，及含湿量，kJ/kg 干空气；i_0，d_0 分别为送入空调房间空气的焓值，kJ/kg 干空气，及含湿量，kJ/kg 干空气。

2. 风速选择

单向流洁净室送风量 L_2 均按其工作区截面风速计算：

$$L_2=3600\nu F \tag{9-2}$$

式中，ν 为全室单向流量工作区截面平均风速，m/s（若为局部单向流，则应该考虑速度衰减率，然后由送风面速度和送风面积计算风量）；F 为室截面积，m^2。

一般初效过滤器和中效过滤器的迎面风速可达到 2.5m/s，而高效过滤器的迎面风速多为 1m/s。可根据药厂实际需求加以选择。且 A 级洁净室必须采用单向流气流组织。

3. 室内压力

室内正压值按式(9-3) 计算：

$$p=\mu Q^2 \tag{9-3}$$

式中，p 为室内正压值，Pa；μ 为与空调系统密封程度有关的系数；Q 为室内正压渗透风量，m^3/h。

D 级的房间与室外至少要保证 10Pa 以上的正压。

4. 压差控制

我国《洁净厂房设计规范》中对洁净室的压差控制有如下的规定：

洁净室与周围的空间必须维持一定的压差，并应按生产工艺要求决定维持正压差或负压差。不同等级的洁净室以及洁净区与非洁净区之间的压差应不小于 10Pa。洁净区与室外的压差应不小于 10Pa。

国内外洁净室压差风量的确定，多数是采用房间换气次数估算的，也可以采用缝隙法来计算泄漏风量，两者相比，缝隙法比估算法较为合理和精确。采用缝隙法计算洁净室压差风量时可按式(9-4) 进行。

$$L_w=\alpha\sum(q\cdot l) \tag{9-4}$$

式中，L_w 为维持洁净室压差值所需的压差风量，m^3/h；α 为根据围护结构气密性确定的安全系数，一般可取 1.1～1.2；q 为当洁净室为某一压差值时，其围护结构单位长度缝隙的渗漏风量，$m^3/(h\cdot m)$，参见表 9-5 的数据；l 为洁净室围护结构的缝隙长度，m。

表 9-5 围护结构单位长度缝隙的渗漏风量/[$m^3/(h\cdot m)$]

门窗形式 压差/Pa	非密闭门	密闭门	单层固定密闭钢窗	单层开启式密闭钢窗	传递窗	壁板
5	17	4	0.7	3.5	2.0	0.3
10	24	6	1.0	4.5	3.0	0.6
15	30	8	1.3	6.0	4.0	0.8
20	36	9	1.5	7.0	5.0	1.0
25	40	10	1.7	8.0	5.5	1.2
30	44	11	1.9	8.5	6.0	1.4
35	48	12	2.1	9.0	7.0	1.5
40	52	13	2.3	10.0	7.5	1.7
45	55	15	2.5	10.5	8.0	1.9
50	60	16	2.6	11.5	9.0	2.0

当采用换气次数法时，根据维持室内所需压差值的压差风量可参考表 9-6 提供的数据确

定换气次数，也可采用经验数据进行估算，即当压差值为10Pa时，压差风量相应的换气次数为每小时2～4次。因为洁净室压差风量的大小是与洁净室围护结构的气密性及维持的压差值有关，所以在选取换气次数时，对于气密性差的房间可以取上限，气密性好的房间可以取下限。

表 9-6　洁净室压差值与换气次数/(次/h)

室内压差值/Pa	有外窗、气密性较差的洁净室	有外窗、气密性较好的洁净室	无外窗、土建式洁净室
5	0.9	0.7	0.6
10	1.5	1.2	1.0
15	2.2	1.8	1.5
20	3.0	2.5	2.1
25	3.6	3.0	2.5
30	4.0	3.3	2.7
35	4.5	3.8	3.0
40	5.0	4.2	3.2
45	5.7	4.7	3.4
50	6.5	5.3	3.6

洁净室的压差控制通过下面几种方式可以实现：回风口控制、余压阀控制、差压变送器控制、微机控制等。

回风口控制是通过调节回风口上的百叶或阻尼层改变其阻力来调整回风量，以实现控制洁净室压差的目的。

余压阀控制是通过调节安装在洁净室的余压阀上的平衡压块，从而改变余压阀的开度，实现室内正压控制，系统流程如图9-35所示。

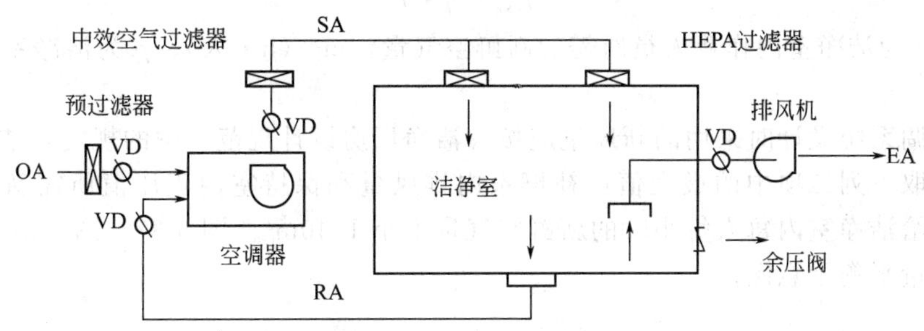

图 9-35　余压阀控制正压

OA—新风；SA—送风；RA—回风；EA—排气；VD—风阀

差压变送器控制是用差压变送器检测室内压力，自动控制必要的新风量。系统流程如图9-36所示。

微机控制是在对正压值各不相同的多个房间进行正压控制时，利用微机和电动风阀控制不同房间的送风和回风，可使控制系统简单化。

五、新风量的确定

在洁净室中，如果新风量不足，工作人员将有气闷、头晕等不舒适的症状发生。为了满足工作人员的卫生要求，保证工作效率，洁净室中要供给足量的新风。为了补偿洁净室中的

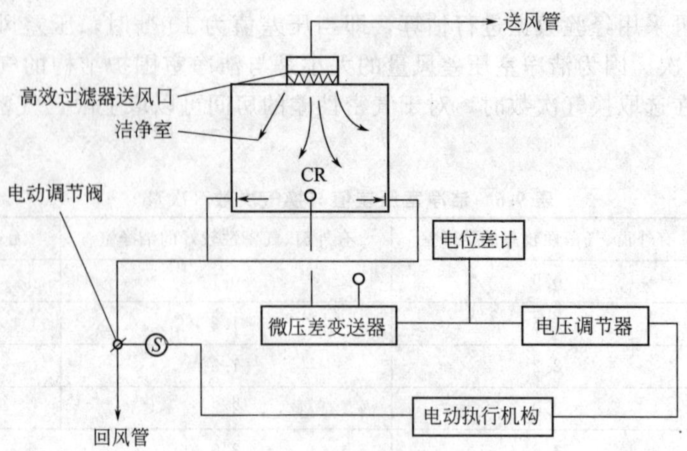

图 9-36 差压变送器控制正压
CR—呼叫参考值（call reference）

工艺设备排风，洁净室需要补偿相应的新风。为了保证洁净室的洁净度免受邻室或外界的污染以及洁净室中的产品或产品生产过程中致敏性物质等对邻室的影响，洁净室需要维持一定的压差值，这也需要新风的补充。因此洁净室所需的新风量应满足：①作业人员健康所需的新鲜空气量；②维持静压差所需补充的风量；③补充各排风系统的排风所需的新风量。

净化空调系统的新风量（L_X）应为该系统范围内各排风系统（包括局部排 风、全室排风）的排风量的总和再加上维持洁净室静压差的压差风量，可用式(9-5) 表示。

$$L_{x1}=\sum L_p+L_z \tag{9-5}$$

式中，$\sum L_p$ 为净化空调系统范围内各排风系统排风量之和，m^3/h；L_z 为维持洁净室静压差的压差风量，m^3/h。

新风量还应满足洁净室内作业人员健康所需的新鲜空气量。

$$L_{x2}=q\cdot p \tag{9-6}$$

式中，q 为洁净室内作业人员所需的新鲜空气量，$m^3/(h\cdot 人)$；p 为洁净室内作业人员数量。

净化空调系统设计时采用的新风量应按《洁净厂房设计规范》中的规定，洁净室内的新鲜空气量应取下列二项中的最大值：补偿室内排风量和保持室内正压值所需新鲜空气量之和；保证供给洁净室内每人每小时的新鲜空气量不小于 $40m^3$。图 9-37～图 9-39 是几种净化空调系统风量平衡示意图。

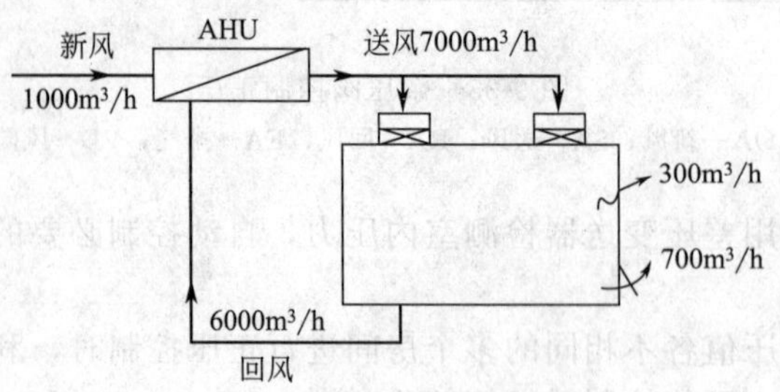

图 9-37 一次回风系统风量平衡

六、回风量的计算

洁净室净化空调系统的回风量（L_H）是该系统的送风量与新风量之差。

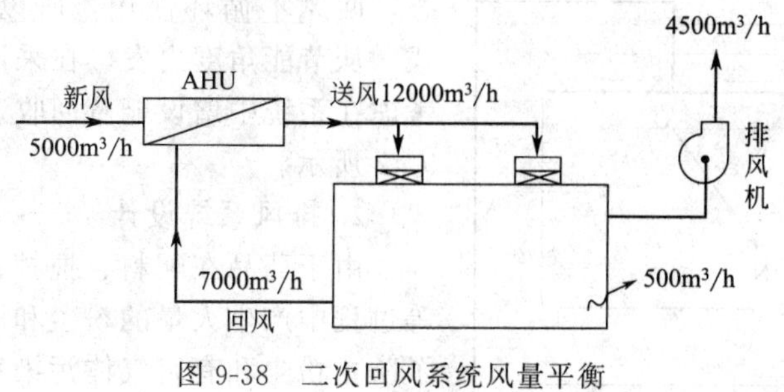

图 9-38　二次回风系统风量平衡

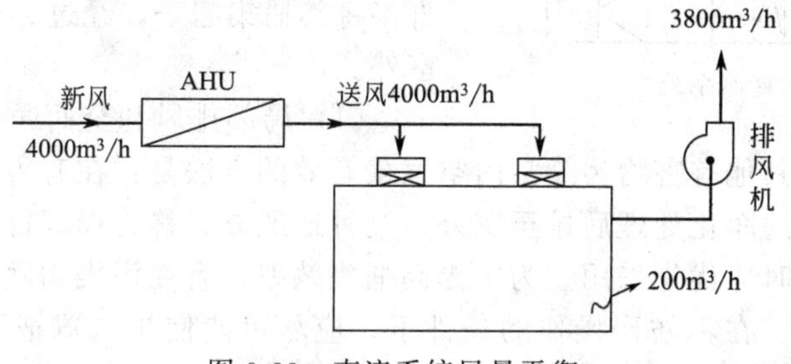

图 9-39　直流系统风量平衡

$$L_H = L - L_x \tag{9-7}$$

式中，L 为净化空调系统的送风量，m^3/h；L_x 为净化空调系统的新风量，m^3/h。

七、空调处理方案

1. 回风系统

(1) 一次回风系统　在回风可以循环利用的情况下，将回风与新风混合，再经过处理，送入洁净室。这是比较常用的系统形式，系统流程如图 9-40 所示。

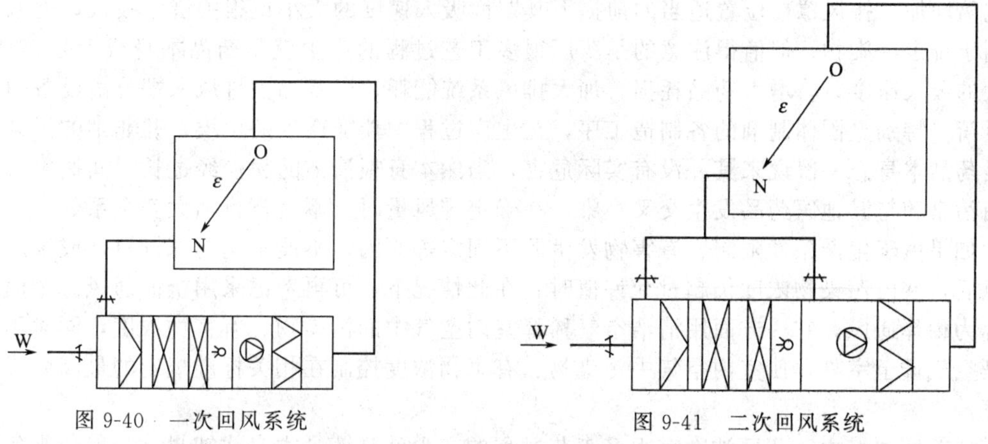

图 9-40　一次回风系统　　图 9-41　二次回风系统

(2) 二次回风系统　在回风可以循环利用的情况下，先将部分回风与新风混合，经过处理后再与剩余的回风混合，经处理后，送入洁净室。这种系统形式常用于高级别、较小工艺发热量的洁净室。二次回风的利用，节省了部分再热热量和部分制冷量。系统流程如图9-41所示。

(3) 全新风系统　全新风系统也称直流系统。新风经过处理后，送入洁净室，然后不回风直接排入大气。这种系统形式用于回风不可以循环利用的情况，如动物房、生物安全洁净室、某些药品生产车间或某些工序。因为全新风系统是直接将室外新风处理为室内送风状

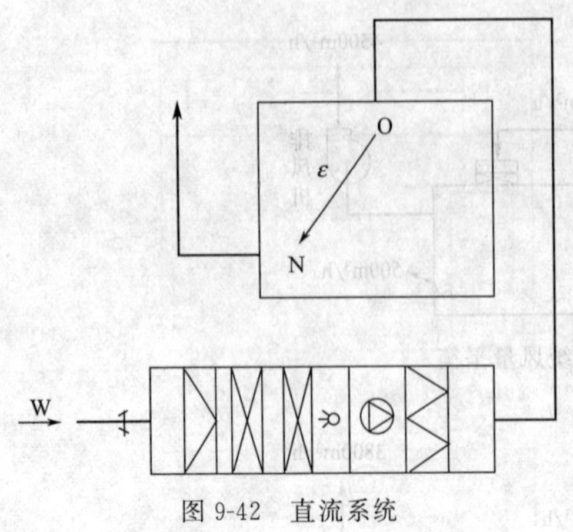

图 9-42　直流系统

态，回风不循环使用，所以是耗能大的系统形式。从节能角度出发，在采用全新风系统时，可考虑在系统中增设能量回收装置。系统流程如图 9-42 所示。

2. 排风系统设计

由于药品在配料、搅拌、制丸、筛选、上光等过程中产生大量的粉尘和酒精等有害气体，为了防止粉尘和有害气体污染室内环境，最有效的方法就是采用局部排风设施。在有害物产生地点直接将其捕集起来，经过必要的净化处理后排出室外。

(1) 局部排风和全面通风　防止生产过程所产生、发散的粉尘或其他有害物污染室内空气最有效的方法是：在有害物产生地点直接将其捕集起来，经过必要的净化处理后排至室外，这种通风方式称为局部排风。其特点是所需风量小，效果好，设计时应优先采用。为了提高捕集效率，宜在污染物发生处设置与工艺设备相配合的局部排风罩。在不妨碍操作的条件下，应尽可能使排风罩把污染源包围和封闭起来，操作的敞口尽可能小。这样既可减少其向室内扩散，又可用较小的排风量，有效地带走污染物。例如压片机和胶囊填充机常采用透明树脂材料制成的所谓围帘式吸尘罩，把整个机器罩起来。而搅拌机和筛滤机等设备的投料部分常用外装式吸尘罩。此外还有向上抽风式、侧面抽风式吸尘罩，小室式、容器式吸尘罩等多种形式，需密切与工艺配合，选取适宜的形式，科学地确定其排风量。

排风罩的吸气口宜尽可能靠近污染发生源，因为吸气口处的气流流型属于汇流，速度衰减快，作用范围小。距离稍远抽吸效果明显减弱，不利于排走污染物。如果要有效控制污染物的扩散，在距离不当的条件下，只得加大排风罩，同时提高吸入速度。这样就使排风量可能成倍增加。排风罩在位置适当的前提下其罩面吸入速度的大小也很关键。吸入速度偏小虽不利于排走污染物，但值得注意的是药厂很多工艺过程的产尘就是药品本身或者是其辅料，过大的吸入速度，将增大药品耗损，加大排风系统能耗，以及加大排风末端分离设备的容量及负荷。特别是固体制剂的各制造工序，在生产过程中伴随产生的尘埃，并非别的污染物质而是药品本身。一般说来其并没有实际危害，当然本身很清洁的粉尘经过长时间搁置后会受杂菌污染和与其他医药品发生交叉污染。在确定排风量时，不宜盲目加大安全系数。

如果由于生产条件限制、有害物发生源不固定等原因，不能采用局部排风，或采用局部排风后，室内污染物浓度仍超过允许值时，在此情况下，可再考虑采用全面通风。全面通风也称为稀释通风，它一方面用清洁空气稀释室内空气中的污染物、有害物浓度，同时不断把污染空气排至室外，使室内空气中污染物、有害物浓度控制在相关标准规定的最高允许浓度以下。

如前所述，由于药厂洁净室很多工艺过程的产尘就是药品本身或辅料，一般说来危害程度不是很大，过大地加大排风速度和排风量，将增加药品损耗，加大排风系统能耗，以及加大排风末端分离设备的容量和负荷。因此在确定排风量时不宜盲目加大安全系数，应根据设备的产尘量、余热量、余温量确定适宜的排风速度和排风量，减少药品损耗，降低洁净系统的运行管理费用。如药丸在上光车间既会产生酒精等有害气体，又由于高温上光，造成余热量大。在送风系统的设计上，如采用一套送风系统既不利于室内温、湿度的保证，又会使高温药丸胶粘在一起，不易分离。在系统设计上，宜采用两套送风系统和一套局部排风系统。

如图 9-43 所示。

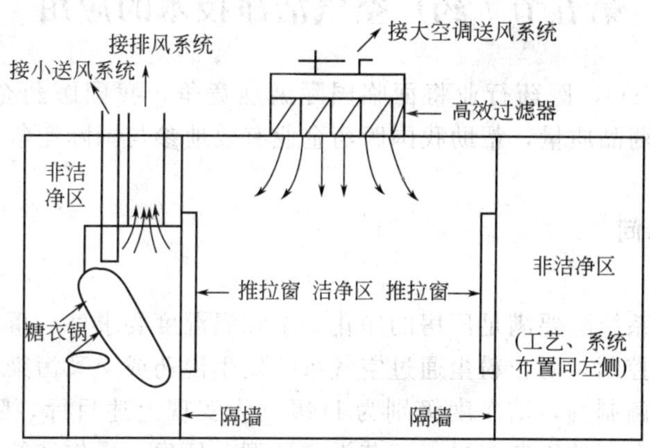

图 9-43　上光车间送、排风系统布置立面简图

一条送风系统连接大的空调净化系统，用于满足洁净室内空气品质，在就近设计一套小洁净空调系统，将送风管道引入糖衣锅，用于药丸的干燥降温。在糖衣锅的上侧，设置带围档的排风罩，将高热、高湿和酒精等有害气体及时排除。

(2) 一些需要注意的问题

① 排风系统的划分。《洁净厂房设计规范》对局部排风系统的划分有如下规定，局部排风系统在下列情况下，应单独设置：非同一净化空调系统；排风介质混合后能产生或加剧腐蚀性、毒性、燃烧爆炸危险性；所排出含有害物毒性相差很大的。

对于药厂来说，青霉素等强致敏性药物、某些甾体药物及高活性、有毒害药物的排风系统应单独设置，以便特殊处理和管理。此外，生产青霉素类等高致敏性药品必须使用独立的厂房与设施，分装室应保持相对负压，排至室外的废气应经净化处理并符合要求，排风口应远离其他洁净空调系统的进风口；生产 β-内酰胺结构类药品必须使用专用设备和独立的空气净化系统，并与其他药品生产区域严格分开。

② 防倒灌措施。采取防倒灌措施的目的是，防止洁净空调系统停止运行时，室外空气倒流入洁净室，引起污染和积尘。一般常用的措施是在排风通路的适当位置设置中效过滤器或设止回阀，或同时设置。对制药厂的大部分排风系统来说，为了回收药尘和防止排风污染厂区，在排入大气前都经过旋风除尘器、袋式过滤器等分离装置，而青霉素等致敏性药品的排风系统末端还设有高效空气过滤器，更具备了阻止室外脏空气倒灌回洁净室的能力，因此，一般不再需要另行考虑防倒灌措施。可以对排出的有害气体采用水封措施，水中放置中和、分解有害气体的化学物质，既化解了排出空气中的有害成分，又兼有防止倒灌的作用。

③ 排风系统的设施。洁净室内排风系统的风管、调节阀和止回阀等附件的制作材料和涂料，应根据排除有害物的性质及其所处的空气环境条件确定。排除腐蚀性气体的风管可采用塑料风管。排风管穿过防火墙处，应设置防火阀。

含有易燃、易爆物质的局部排风系统，应有相应的防火、防爆措施，如选用防爆风机等。

要特别注意药厂排风系统的排风口与空调系统的新风采气口保持足够的水平距离及高度差。青霉素等强制敏性药物、某些甾体药物及高活性、有毒害药物的排风口应装置高效空气过滤器，使这些药物引起的污染危险降低到最低限度。其排风口与其他药物操作室空调系统的新风口之间，必须保持一定距离。

第五节　药厂空气洁净技术的应用

随着我国加入 WTO，医药行业将面临国际激烈竞争，我国医药企业面临着挑战与机遇。如何在源头控制药品质量，帮助我国医药企业有效地参与国际竞争，药厂空气生产净化技术显得尤为重要。

一、典型药品车间

1. 片剂生产

片剂车间的空调系统除要满足厂房的净化要求和温湿度要求外，重要的一条就是要对生产区的粉尘进行有效控制，防止粉尘通过空气系统发生混药或交叉污染。

该产品属于非无菌制剂，洁净度级别为 D 级。为实现上述目标，除要满足厂房的洁净和温湿度要求，并在车间的工艺布局、工艺设备选型、厂房、操作和管理上采取一系列措施外，对空气净化系统要做到：在产尘点和产尘区设隔离罩和除尘设备；控制室内压力，产生粉尘的房间应保持相对负压；合理的气流组织；对多品种换批生产的片剂车间，产生粉尘的房间不采用循环风。控制粉尘装置可用：沉流式除尘器、环境控制室、逆单向流称量工作台等。重要的一条就是要对生产区的粉尘进行有效控制，防止粉尘通过空气系统发生混药或交叉污染，如图 9-44 所示。

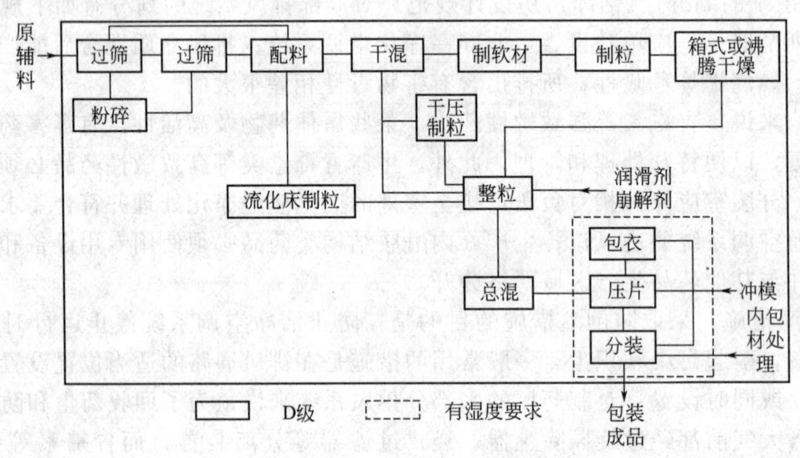

图 9-44　片剂工艺示意图

在称量、混合、过筛、整粒、压片、胶囊填充、粉剂灌装等各工序中，最易发生粉尘飞扬扩散，特别是通过洁净空调系统发生混药或交叉污染。对于有强毒性、刺激性、过敏性的粉尘，问题就更严重。因此，粉尘控制和清除就成为片剂生产需要解决的重要问题。

粉尘控制和清除采用的措施为以下四种：物理隔离、就地排除、压差隔离和全新风全排。

(1) 物理隔离　为了防止粉尘飞扬扩散，最好是把尘源用物理屏障加以隔离，不应等到粉尘已扩散到全房间再去通风稀释。物理隔离也适用于对尘源无法实现局部排尘的场合，例如，尘源设备形状特殊，排尘吸气罩无法安装，只能在较大范围内进行物理隔离。具体分类可见图 9-45。

采取物理隔离措施后，空气净化方案可以有以下三种。

① 被隔离的生产工序对空气洁净度有相当要求。这种情况下可给隔离区内送洁净风，

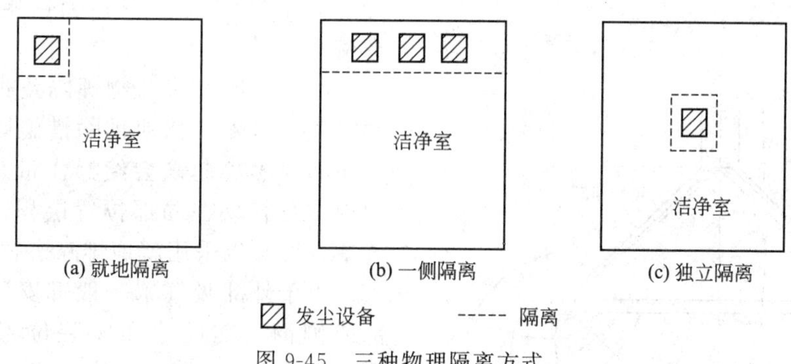

图 9-45　三种物理隔离方式

达到一定洁净度级别。在隔离区门口设缓冲室，缓冲室与隔离区内保持同一洁净度级别而使其压力高于隔离区和外面的车间。也可以把缓冲室设计成“负压陷阱”，即其压力低于两边房间。但此时由于人员进出可能将压入缓冲室的内室空气裹带了一些出来，如果不仅考虑尘的浓度还要考虑尘的性质的影响，则后一种方式不如前述的那种方式。

② 被隔离的生产工序对空气洁净度要求不高。这种情况下可在隔离区内设独立排风，使隔离区外车间内的空气经过物理屏障上的风口进入隔离区。如果发尘量不大则不必开风口，通过缝隙或百叶进风就可以了。

③ 隔离区需要很大的排风量。这种情况下，这部分排风如完全来自外面的车间，将增加大系统的冷、热负荷和净化负荷。

在这种情况下可以把隔离区内的排风经过防尘过滤后再送回隔离区，即形成自循环。但为了使隔离区略呈负压，可在经过除尘过滤后的回风管段上开一旁通支管排到室外或车间内，见图 9-46。

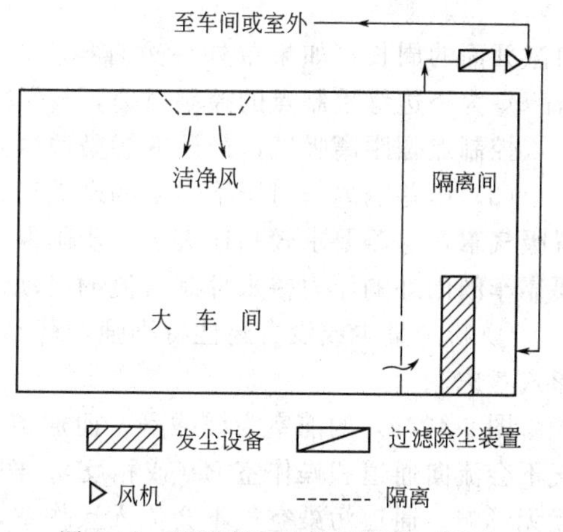

图 9-46　用隔离区的排风原理（剖面）

要特别指出的是除尘过滤装置的位置。图 9-47(a) 所示单机除尘器和工艺设备放在同一房间，该法简单易行，是一种最常见的方式。但由于这种除尘器的效率较低，排入生产车间的空气含有较高尘粒浓度，所以其出口如不设亚高效或高效过滤器是不宜使用的。

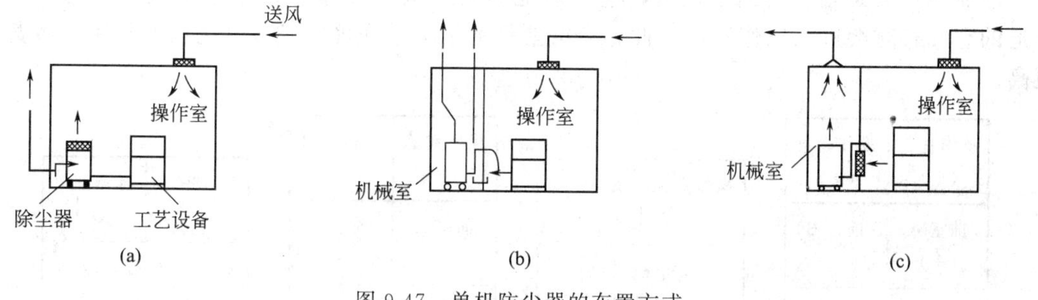

图 9-47　单机防尘器的布置方式

图 9-47(b) 是将除尘器设置在靠近生产车间的机械室内，此种方式可减少噪声影响，避免除尘时因清除灰尘不当对车间造成二次污染。

图 9-47(c) 则是将整个机械室作为一个排风负压室，在隔堵上没有带过滤器的排风口，

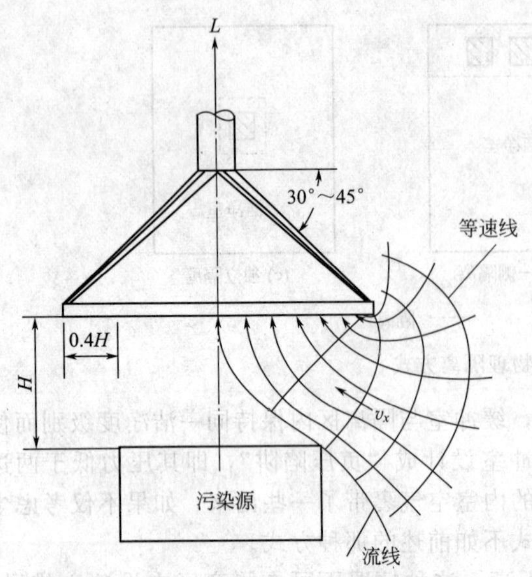

图 9-48 外部（冷过程）吸气罩安装情况

无论除尘器的开停都不会影响房间的风量平衡。

(2) 就地排除　物理隔离也需要排除含尘空气，但采取就地排除措施则是因为有些工序如果隔离起来会给操作带来不便，或者尘源本身容易在局部位置层积。安装外部吸气罩，即可以采用就地排除措施。

由于外部吸气罩一般都安装在尘源的上部或侧面，其尺寸和安装位置应按图 9-48 所示。

为了避免横向气流影响，罩口离尘源不要太高，其高度 H 尽可能小于或等于 $0.3A$（A 为罩口长边尺寸），此时，吸气罩排风量按下式计算：

$$L=KPHv_x \tag{9-8}$$

式中，L 为排风量，m^3/s；P 为吸气罩口敞开面的周长（如果罩外一边有挡板，则不计该边长度），m；H 为罩口至尘源的距离，m；v_x 为一边缘控制点的控制风速，m/s。

控制点是距离吸气口最远的污染源散发点。

(3) 压差隔离　对于不便于物理隔离、局部设置吸气罩的车间，或者虽然可以在局部设置吸气罩，但若要求较高还需进一步确保扩散到车间内的污染不会再向车间外面扩散，这就要靠车间内外的压力差来抑制气流的流动。它又分为以下两种情况。

① 粉尘量少或没有药性特别强的药品。平面设计可按图 9-49 中的 (a) 或 (b) 这两种形式考虑。

图 9-49(a) 的前室为缓冲室，而通道边门和操作室边门不同时开启，使操作室 A 的空气不会流向通道和操作室 B（或相反）。图 9-49(b) 的操作室 A、B 的粉尘向通道流出，相互无影响。通道污染空气不会流入操作室，但容易污染通道。

② 粉尘量多或有药性特别强的药品。平面可设计按图 9-49 中的 (c) 或 (d) 这两种形式。

图 9-49(c) 操作室和通道中出来的粉尘，在前室中排除，不进入通道。

图 9-49(d) 通道作为洁净通道，应使通道压力增大，操作室粉尘不能流向通道。由于通道的空气有时会进入操作室，因此，有必要将通道的洁净度级别设计为与操作室一致甚至更高。

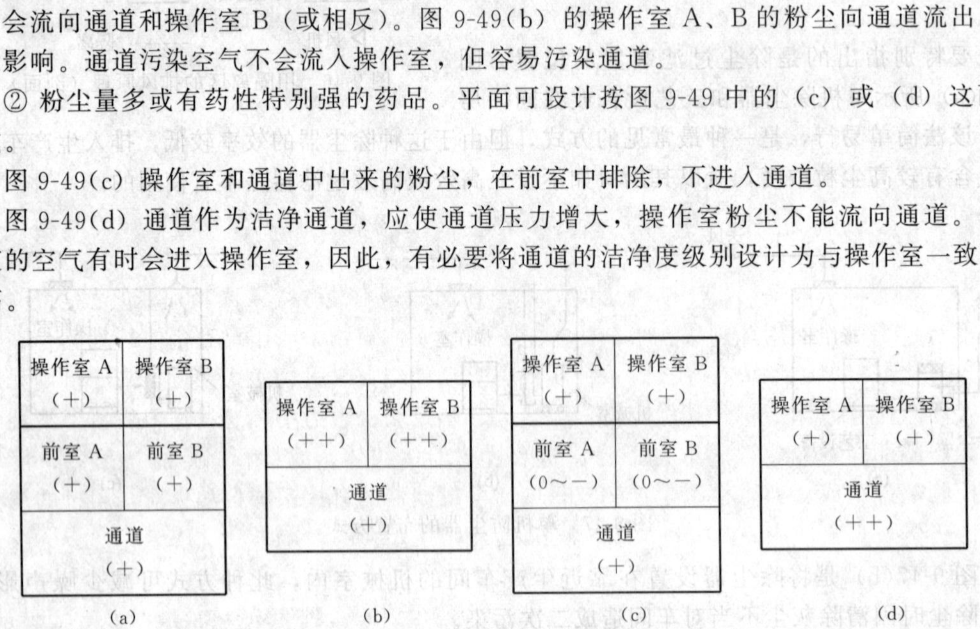

操作室 A (+)　操作室 B (+)
前室 A (+)　前室 B (+)
通道 (+)
(a)

操作室 A (++)　操作室 B (++)
通道 (+)
(b)

操作室 A (+)　操作室 B (+)
前室 A (0～－)　前室 B (0～－)
通道 (+)
(c)

操作室 A (+)　操作室 B (+)
通道 (++)
(d)

图 9-49 压差控制的平面设计

（4）全新风全排　对多品种换批生产的固体制剂车间，为了防止交叉污染，应采用全新风而不能用循环风，目的是尽可能减少新风用量。

2. 针剂生产

（1）水针剂生产（见图 9-50）　水针生产不能在最后容器中灭菌的无菌产品和能灭菌的产品，其主要生产工序对洁净度有着不同的要求。前者的灌封及瓶处理要求 A 级，后者为 B 级；大针和小针（<50mL）对级别的要求亦不同，能热压灭菌大针的过滤、灌封亦需处于 A 级环境下。一般规定，水针 A 级、B 级区：温度 20～23℃，相对湿度 55%～60%；C 级辅助生产区：温度 24～26℃，相对湿度 55%～65%。

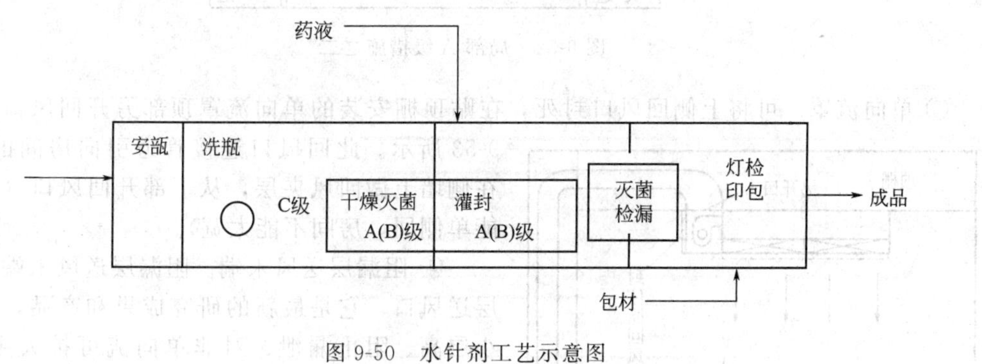

图 9-50　水针剂工艺示意图

注：括号内为可灭菌水针剂

净化系统可使用水针洗、灌、封联动机的空气净化装置或选用 U 形布置的水针流水线。

作为针剂的共同点，都应属于无菌药品。共同点：在灌封口都要求局部百级的措施。

实现局部百级有五种方式：大系统敞开式，小系统敞开式，单向流罩敞开式，阻漏层等送风末端和小室封闭式。

① 大系统。在洁净车间中设一敞开式局部百级区，并将局部百级的送回风都纳入大系统中，见图 9-51。

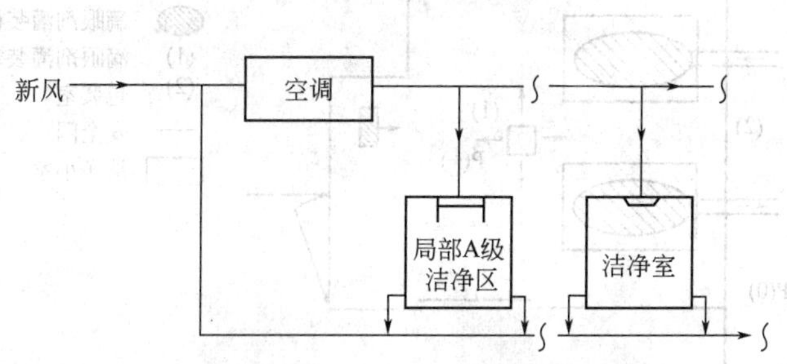

图 9-51　局部 A 级措施之一

它的优点是噪声可以很小，也不要单设机房，但由于局部百级风量大，使这种房间不是过冷就是过热。这种车间生产工序的产品往往具有特殊性，如有强的致敏性，所以纳入大系统并不合适。如果一定要这样做，最好使局部百级靠近机房，这样可以缩短大管径送回风管的长度。

② 小系统。使该局部百级送回风自成独立系统，这是常用的一种方法，可以解决风机压头、风量不匹配问题，但噪声可能仍较大。可以将风机放入回风夹层中，见图 9-52。在回风夹层中和送风管段中考虑消声吸声措施。

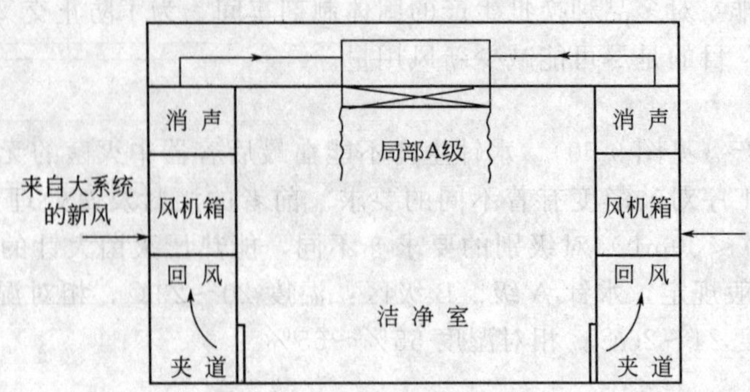

图 9-52 局部 A 级措施之二

③ 单向流罩。可将上侧回风口封死，在贴顶棚安装的单向流罩顶部另开回风口，如图 9-53 所示。此回风口连接管道引向房间的侧墙，在侧墙上做回风夹层，从下部开回风口（由于只能单侧回，房间不能太宽）。

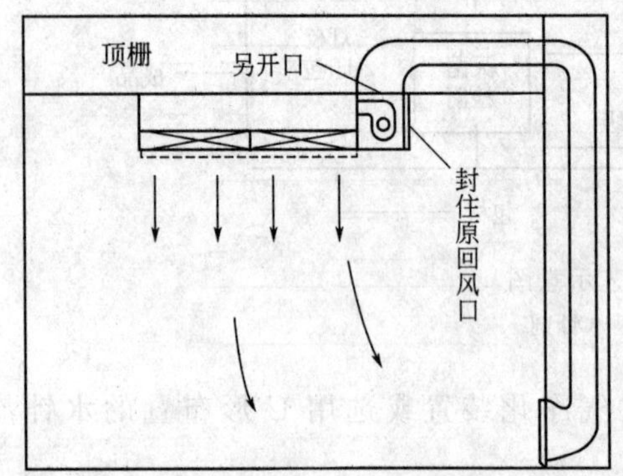

图 9-53 局部 A 级措施之三

④ 阻漏层送风末端。阻漏层送风末端即阻漏层送风口，它是最新的研究成果和产品，具有减小层高、阻止漏泄、对非单向流可扩大主流区、风机和过滤器与风口分离、方便安装和维修等特点，凡用单向流罩的地方均可用它代替。

除阻漏层送风末端外，还有近似于单向流罩的 FFU 末端方式。

⑤ 小室。如图 9-54 所示，灌封机被置于单向流洁净小室内，小室可以是刚性或柔性围护结构。

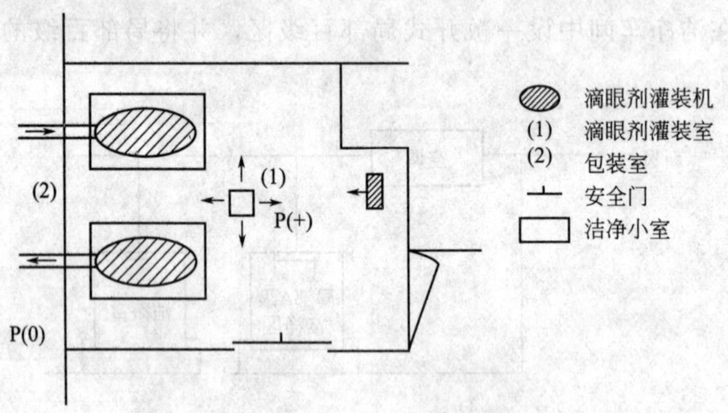

图 9-54 局部 A 级措施之四

（2）粉针剂生产 注射用无菌粉末简称粉针。凡是在溶液中不稳定的药物，如青霉素 G、先锋霉素类及一些医用酶制剂（胰蛋白酶、辅酶 A 等）及血浆等生物制剂均需制成注射用无菌粉末。根据生产工艺条件和药物性质不同，将冷冻干燥法制得的粉末，称为冻干针；而用其他方法如灭菌溶剂结晶法、喷雾干燥法制得的称为注射无菌分装产品（见图 9-55）。

根据药厂生产特点，空调方式采用集中式空调系统，空气处理设备采用组合式空调箱。洁净区空调系统的空气经组合空调箱的初、中效过滤及表冷、加热、加湿处理后经设置于送风系统末端的高效过滤器送风口进入生产区。在新风入口管段上设有电动密闭阀，并与风机

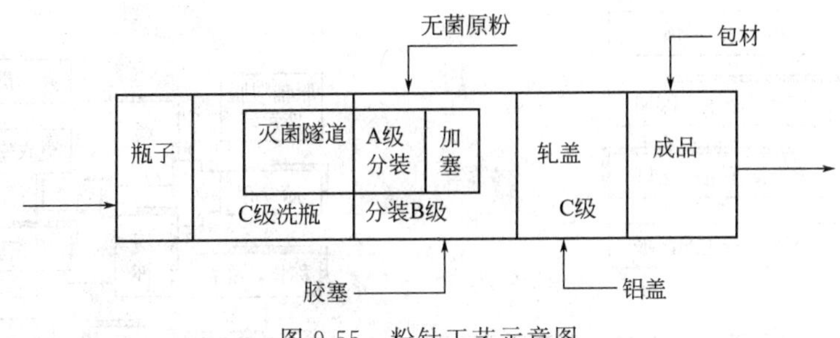

图 9-55　粉针工艺示意图

联锁，风机开启时打开，停止时关闭。

此外，冻干粉针车间有较多无菌区，需灭菌，设计考虑臭氧灭菌。

粉针生产的最终成品不作灭菌处理，主要工序需处于高级别洁净室中。主要生产工序温度为 20～22℃，相对湿度 45％～50％。在粉针流水线上，可采用灭菌隧道、分装机、加盖机的空气净化装置，也可应用粉针生产单向流带技术。粉针剂的分装、压塞、无菌内包装材料最终处理的暴露环境为 A 级。称量、精洗瓶工序、无菌衣准备、轧盖工序的环境洁净度要求最低为 C 级。配液、无菌更衣室、无菌缓冲走廊的空气洁净度级别为 B 级。灌装压塞和灭菌瓶贮存的洁净度级别为 A 级或 B 级背景下局部 A 级。

为保证洁净厂房的洁净度及部分无菌区无菌要求，应对洁净室的洁净度、温度、湿度、风速、压差以及微生物数等按规定进行监测。定期消毒，及时更换初、中效过滤器以保护高效过滤器，彻底做好卫生管理工作。

3. 输液生产

大输液又名可灭菌大容量注射剂，是指将配制好的药液灌入大于 50mL 的输液瓶或袋内，加塞、加盖、密封后用蒸汽热压灭菌而制备的灭菌注射剂。

为了降低生产过程中的污染，大输液生产设备应具有自动化连续化的能力，图 9-56 是自动化连续灌装成套设备。

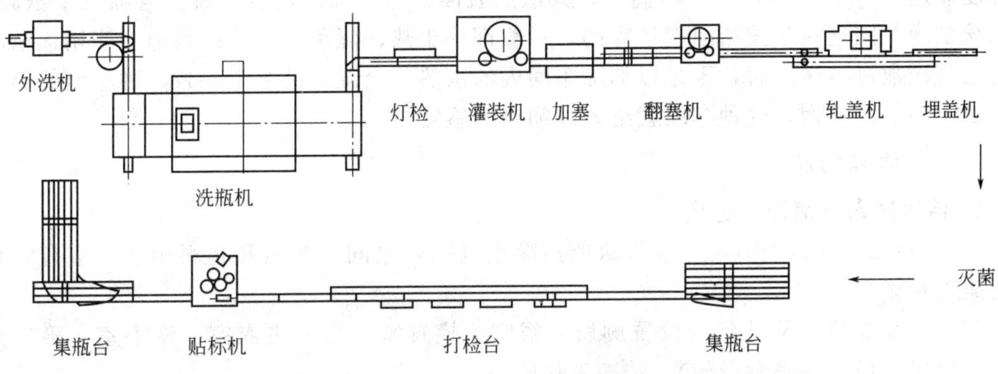

图 9-56　输液灌装成套设备机组流程图

大输液的稀配、过滤、内包装材料（如胶塞、涤纶膜、容器）的最终处理环境为 B 级。灌装操作环境为 A 级。浓配或采用密闭系统的稀配、轧盖的环境为 C 级。大输液生产洁净区域划分及工艺流程方框图见图 9-57。

结合其生产特点，空气净化措施如下。

① 输液车间的洁净重点应放在直接与药物接触的开口部位。因为产品暴露于室内空气的生产线如洗瓶、吹瓶、瓶子运输等处，很容易染菌，所以要做好室内空气净化和灭菌的一

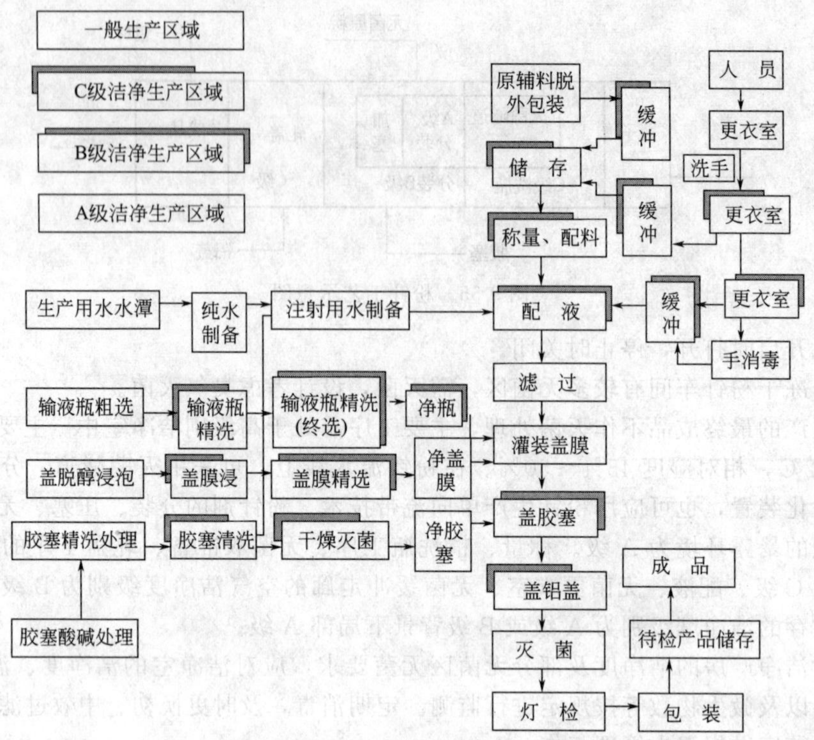

图 9-57 大输液生产洁净区域划分及工艺流程框图

些措施，如紫外灯杀菌、消毒液气体熏蒸、臭氧消毒等。

② 为防止送风口高效过滤器长霉，应采用防潮高效过滤器，该过滤器采用金属或塑料框、铝箔分隔板和喷胶处理过的过滤滤纸。

③ 防止车间温度过高。例如，稀配车间，常设有盛着 80℃高温液体的大容器，其外表面温度高达 50℃以上。由于容器高大，其散热表面积就增加。而且这种大容器的个数较多。如果该洁净车间送风是按洁净度计算的，一般都小于热、湿负荷计算的数值。当用该洁净度下的换气次数进行送风时，不足以消除车间内的余热、余湿，结果常导致这种车间的温度过高，加上潮湿的原因，这种车间就给人以闷热的感觉。

二、人流和物流

1. 洁净区人物流净化通道

GMP 指出：不同空气洁净度等级的洁净室（区）之间的人员和物料出入，应有防止交叉污染的措施。

（1）平面布置 从外到内设置厕所、浴室、换鞋室、第一更衣室、洗手室、第二更衣室、气闸室（设洗手消毒设施）、洁净工作区。

（2）空调净化系统（洁净区域设置） 厕所、浴室、换鞋室、第一更衣室、洗手室为低洁净区，空调系统只设初效、中效过滤器；第二更衣室、气闸室、洁净工作区为洁净区，设初效、中效、亚高效过滤器；气闸室两扇门采用连锁装置最好设自动开启门。另外，第二更衣室与洗手室相接的门最好设闭门器。

（3）低洁净区 除换鞋、更衣室外，送回风系统全部采用顶送侧回方式，厕所、浴室、洗手室等有水、汽、臭气的地方采用机械排风，换鞋室、更衣室等易产尘之处在单侧墙下部布置回风。

2. 物流净化通道

固体制剂（片剂、胶囊剂、颗粒剂）物料流程程序：

原辅料、内包装材料→拆包间→缓冲间→洁净区；

外包装材料→拆包缓冲间→外包装间；

待包装产品（洁净区）→缓冲间→外包装间。

综上所述，关于洁净空调系统，应在设计阶段认真进行设计和审图，尽量将返工改造降至最低，以利于顺利通过测试和验证。整个医药厂房洁净室系统所要求的组成，见表9-7。

表9-7　医药厂房洁净室系统组成

Ⅰ	建筑结构(室内装修含彩钢板围护、自流坪地面等)	Ⅴ	制药工艺设备及工艺管道系统
Ⅱ	净化空调系统	Ⅵ	电气照明系统
Ⅲ	排风除尘系统	Ⅶ	通信消防安全设施系统
Ⅳ	公用动力系统	Ⅷ	环境控制设施系统

保证药品质量的重要环节是生产方法。其优劣是由选用的生产技术及生产环境两个主要方面所决定。生产环境是个动态的概念，它是环境控制各项措施综合作用的结果。其中药厂的建筑设计与装修，空调净化系统的设计与运行、维护占有重要地位。

第六节　净化空调系统的运行节能

空调系统是维护制药企业生产环境的重要设施之一，要求一般净化区温度为18～26℃、相对湿度为45%～65%（特殊情况除外）。另外，对空气的过滤净化和除菌、风速风向气流组织与排污、风压差等都有相应的标准。相关参数必须符合GMP的规定，达到使用要求。其主要通过制冷净化空调系统的运行来实现。由于药企生产环境的特殊性，一般为全年性运行，此为耗能最大的设施之一。因此，搞好制冷净化空调系统运行的节能降耗，可减少运行费用、降低成本，提高企业的经济效益，有着重要的社会意义。

一、空调送回风循环系统的节能

1. 控制新回风比和排风

利用回风可节省系统的制冷量，节省制冷量的多少与一次回风量的多少成正比。新风量要酌情控制，一般在15%～20%。在满足室内正压和空气卫生洁净要求的情况下，新风供应量应采用最小值，以节省冷量，减少能耗。排风量与新风的补给量有质量平衡的关系，合理地控制减少排量，除了可降低排风机的功率外，还可降低新风所引起的空调负荷。在为空调房间预冷或预热期间在保持室内正压的情况下，可减少新风的供量与排风，节约用于处理新风的能耗，缩短预冷或预热时间及冷热源的运行时间，节能节时。利用自然能量，当环境温度低于室内使用温度，甚至冬季也要供冷时，（某些室内发热量大者）注意利用室外低温空气所具有的冷量，可适当加大新风使用量，节约设备冷源的能耗和运行费用。

2. 设置排风与新风的热交换器

利用排风对新风预冷或预热，回收排风中的能量，减少新风负荷，使送入室内的新风参数尽可能接近室内的空气状态点。最多可节省70%～80%的新风能耗、相当于节约10%～20%的空调总负荷。另外，还可利用排风作为风冷冷凝器或冷却塔的冷却用空气，以及用于机房等场所，起到节能的效果。

3. 控制旁通风与直通风比

一般在春秋过渡季节运行时，为利用自然能量采用全新风方式，达到节能降耗、降低运行费用的目的，一般在换热器处均设有旁通通路，以便让新风绕过换热器，即切断换热器通路，使用换热器的旁通通路。通常在洁净空调中采用全新风方式不多，但可调节旁通风与直通风的风量比，达到控制室温的目的。

4. 集中式一次回风空调系统

在夏季采用表冷器对空气进行热湿处理时，在满足空调精度的条件下，可采用最大送风温差送风，即用机器露点作为送风状态。这样既可免去再加热过程，使制冷系统负荷降低；又可减少系统风量，节能、节省空调系统运行费用。

5. 控制一、二次回风比

一般一次回风空调系统在夏季进行空气处理时，一方面要将混合后的空气干燥除湿，冷却到机器露点状态；另一方面要用二次加热器将露点温度状态的空气升温到送风状态，这样“一冷一热”的处理方法造成了能源的浪费。二次回风空调系统采用二次回风代替再热装置，克服了一次回风的缺点，减少了系统的能耗。当室内温度偏高时，可减少二次回风量，实际上增大了一次回风的冷却处理量，来降低送风温度。相反当室温偏低时，可增大二次回风而降低一次回风量，提高送风温度，使室温上升到设定值。从夏季空气处理方案分析，二次回风和一次回风空调系统都能节约冷量，尤其二次回风空调系统可以不使用热源，并省去了冷热的互耗，节能效果明显。二次回风较一次回风空调系统更为经济、节能。但二次回风系统的使用是有条件的，如一次回风系统能满足要求和解决问题，则不采用二次回风系统。

6. 合理确定室内温湿度

根据季节变化，采用全年不固定室内温湿度设定值的方案。无论夏季或冬季室温都有6℃的选择余地，夏季制冷选择高一些，冬季需制热选择低一些，这样可以减少围护结构的传热负荷和新风负荷。实际上，在夏季适当提高室内温度所产生的节能效果没有适当提高相对湿度的效果显著。在满足使用要求的情况下，酌情调节适当降低室内温湿度标准，则能达到可观的节能效果。

7. 防止房间过冷或过热

加强维护保养和检修，克服自动调节不及时或失灵。若设备容量过大，可通过阀门减小风量或水量，或调节风机和水泵适当降速运行，并要注意事先克服设计时房间分隔不合理和系统过大不均衡的现象，避免房间过冷或过热而多消耗能量。

8. 合理确定开停机时间

空调系统若不是24h连续运行，在空调房间停止使用时，提前先停止冷或热源（冷水机组或锅炉）的运行，让水系统和送风系统继续循环工作，并发挥围护结构的蓄冷（热）量。充分利用余冷（热）源维持空调房间在停止使用前的一段时间内的室温要求。医药行业通常为了保证空调房间的洁净度，要维持室内正压力值，防止空气倒灌，而设置值班风机或变频风机。车间停止使用时虽不再供冷或供热，却要保持继续送回风循环，届时需转换为值班风机或变频降速送风。另外，要使空调房间在使用时就具备要求的室温，则要提前供冷或供热并使空调系统正常运行起来。为了达到经济节能的目的，要酌情设法缩短冷热源的使用时间或空调系统的运行时间。冷热源提前多少时间先停机？什么时刻转换为值班风机或变频降速送风？以及确定合理的提前预冷（热）和系统正常启动运行的时间，要结合实际，具体分析、试验得出。

9. 更换过滤器

要经常检查空气过滤器前后的压差，一般定期或者根据检测结果，如空气阻力为初阻力的2倍时，应及时更换过滤器，以克服无谓的阻力，降低风管系统的压力损失和减少送风动力的能耗，保障房间内的洁净度。另外，采用臭氧灭菌的方式，来控制空调净化系统的洁净度，也可节省部分能量。

10. 自动监测控制调节

空调系统对过滤器阻力，冷或热水阀门开度，加湿器阀门开度，送风机与回风机的启停，新风、回风与排风风阀的开度，新风、回风及送风的温度、湿度、露点、风压、风量和噪声，室内空气压力差等以上工作状态进行监测，并根据监测反馈信号与设定参数的比较，分别合理地控制新风回风比，新风排风比以及一、二次回风比，利用变频调速的方式控制送风量，控制表冷器供冷水或热水的流量，控制好温度、湿度。另外，要对冷水机组及辅助设施的冷却装置、泵、阀、风扇等进行自动监控与调节。对空调整个系统跟踪负荷变化进行调节、控制，在达到药品GMP对温度、相对湿度、空气流速流向、洁净度、压力差、空气的卫生等使用要求的同时，又以最低的能耗方式运行，可获得明显的节能效果。

二、冷源的节能

空调系统中的供冷表冷器（蒸发器），大中型空调系统多采用冷水机组并用冷水式，压缩式冷水机组是中央空调系统采用最多的冷源。冷水机组的运行通常需要在其冷冻水系统和冷却水（或风冷）系统同时运行的情况下才能实现。冷凝器常用的有水冷式或风冷式。压缩机的制冷量计算公式为：

$$Q_0=q_v V_h \lambda \tag{9-9}$$

式中，Q_0 为压缩机的制冷量；q_v 为单位容积制冷量，kcal[1]/m^3；V_h 为压缩机的理论输气量，m^3/h；λ 为压缩机的输气系数。

从式中可看出对一定的压缩机，V_h 是定值，而 q_v 与 λ 值是随着压缩机的工作温度（主要指冷凝温度与蒸发温度）而变化的，故压缩机的制冷量 Q_0 也随着工作温度不同而变动。

在制冷压缩机运行过程中，影响输气系数最重要的因素是压缩比 P_k/P_0（冷凝压力与蒸发压力的绝对压力之比），即压缩比愈大，输气系数愈小，Q_0 也随之减小，故应降低压缩比，使压缩比控制在合理的范围内，R22制冷剂系统压缩比一般不超过8。

推理可知，当蒸发温度 t_0 不变时，冷凝温度 t_k 升高，则 Q_0 减小；t_k 降低，则 Q_0 增加。当冷凝温度 t_k 不变时，蒸发温度 t_0 降低，则 Q_0 值也随之减小；反之，则增加。实际上蒸发温度 t_0 对制冷量的影响，要比冷凝温度 t_k 对制冷量的影响大，所以在制冷机运行时，尽量使蒸发温度与被冷却介质之间的温差保持在合理的范围内。

1. 降低冷凝温度

(1) 水冷式应降低冷却水温度　冷却水温度越低，制冷机的制冷效率就越高。冷却水温度每升高1℃，制冷机的制冷效率则下降近4%。在名义工况下，冷凝器的冷却水进水温度为32℃、出水温度为37℃，温差为5℃。为了降低冷水机组的功率消耗，应尽可能降低其制冷系统冷凝器的冷凝温度，其措施一是降低冷凝器的进水温度，二是加大冷却水量。进水温度取决于大气温度和相对湿度，受自然条件变化的影响和限制。可加大冷却水流量，但也不可无限加大，受水泵容量的限制，过分加大冷却水流量，会引起冷却水泵功率急剧上升，适得其反；冷却水流量通常用冷凝器的冷却水的压力降来控制，即通过调节阀门开度来控制。应经常检查冷却水的温度和水量，合理地控制好冷却水的温度与压力。冷却水进出冷凝器压降以0.07MPa为宜；水冷式机组的冷凝温度一般比冷却水的出水温度高2～4℃。如果高于4℃以上，就要注意对冷凝器管壁上的污垢进行清除，此工作最好定期进行。

(2) 风冷式应提高其冷却效果　在安置冷凝器时应注意周围环境，尽量减少日晒并选择

---

[1] 1cal=4.18J，全书余同。

阴凉通风处，确保风冷冷凝器吸风口和送风口的风量达到设计的要求，克服风量减少时对冷凝器的影响。冷凝温度上升过高时，制冷能力下降，耗电量增加。冷凝风机的风量越大，压缩机的输入功率就越小，但冷凝风机的输入功率将随之增加。可以加变频调速装置，根据季节和环境温度，掌控适宜的风机风量，将冷凝温度和冷凝压力控制在合理的范围内，最大限度地减低能耗。风冷式机组的冷凝温度一般要高于出风温度 4～8℃。若冷凝温度上升得太高，还有可能造成压缩机的电机过负荷而被烧毁。风冷冷凝器应经常清洗管壁和散热器片上的尘埃和污垢，以提高传热效率。

为了节能和提高制冷效果，风冷冷凝器可设置喷水降温装置，当夏季室外温度在 35℃以上达到预先设定的室外温度和高压压力时，电磁阀开启自动向冷凝器喷水，可使制冷能力约提高 15%，此时耗电量约降低 10%。在制冷压缩机的排气阀口至冷凝器入口之间加装热回收器（换热器），大型空调通常采用水冷式，其冷却效果好。

2. 提高冷冻水温度

冷冻水温度越高，制冷机的制冷系数就越高。冷冻水温度每升高 1℃，制冷机的制冷效率可提高 3%，在日常运行中不要盲目降低冷冻水的温度。冷水机组的名义工况为冷冻水出水温度 7℃、进水温度 12℃；过高的温度难以达到所要求的空调效果，而过低的蒸发温度，不但会增加冷水机组的能量消耗，还容易造成蒸发管路冻裂，一般蒸发器的出水温度不低于 3℃。由于提高冷冻水的出水温度对冷水机组的经济性有利，运行中在满足空调使用温度的情况下，应尽可能提高冷冻水出水温度。制冷时，当冷水入口温度一定时，冷水量增加使制冷能力亦增加，耗电功率也增加，其是冷水出口温度提高和蒸发温度提高之故。由于蒸发温度和冷凝温度主要是由出口温度决定的，当出口温度一定时，即使冷水流量的变化使冷水出入口温差发生了变化，但制冷能力和耗电功率几乎没有变化。与加大冷水流量增加水泵动力消耗方式相比，在标准流量下提高制冷时出口温度的方式更节能。对冷冻水循环管道和水热交换的污染、水垢、沉渣和腐蚀应定期进行清理，以克服管道的阻力及避免热交换器能力的下降，而使制冷量减少，直接导致冷水机耗电量的增加。

3. 制冷系统调节的节能

① 制冷压缩机运行正常，能达到额定排气量。防止其余隙过大，如汽缸活塞吸、排气阀片存在泄漏，制冷压缩机吸气过热等因素，使输气量减少，制冷量降低，耗电量增加。

② 压缩机的润滑状况良好。注意油位与油温、油压差必须在合理的范围，保证系统有足够的润滑和冷却油量以及驱动能量调节装置时所需要的动力。注意：制冷系统的回油，须安装油分离器，但其也不可能将油全部分离，总有部分润滑油进入冷凝器、蒸发器等制冷部件和管道中，形成油膜，使热阻增大，传热系数减小，并占据制冷剂空间，使热交换效率降低，制冷量下降。应采取措施定期将润滑油引回到油箱中。

③ 检查制冷剂的充注量。若制冷剂不足，会消耗动力功率，达不到额定的制冷量。要杜绝系统泄漏，制冷剂充注过多或系统进入空气，则冷凝压力升高、冷凝温度升高，制冷量下降，动力功率增大，以致制冷压缩机不能正常工作。

④ 要防止污物、水汽进入系统。过滤器和膨胀阀前的小过滤网脏堵或冰塞，系统阻力增大，制冷效能变差。堵死则完全不能制冷，又耗费动力功率。

⑤ 调节膨胀阀的开启度，调节制冷剂的流量，使进入到蒸发器内的制冷剂量达到设计的要求量，并以此控制蒸发压力来实现控制蒸发温度。

⑥ 制冷量调节。活塞式冷水机组的制冷量调节通过其调节装置可自动完成，通过感受冷冻水的回水温度用控制器和电磁阀分别控制压缩机的工作台数和一台特定的压缩机若干个工作汽缸的上载或下载，从而实现制冷量的梯级调节。

⑦ 减小压力的功耗。尽量减小从压缩机排气口到冷凝器进气口、从蒸发器出口到压缩机吸气口管道内产生的压力损失。

⑧ 提高机组制冷能效比（EER）。室外温度、冷凝温度越低，EER就越高。提高EER的措施主要是提高压缩机、冷凝器和蒸发器的性能，最主要是压缩机效率的提高。降低除霜的热损失。如低温空调箱直膨式蒸发器或热泵机组冬季制热时室外空气侧换热器的结霜与化霜，应正确地检测结霜和设定除霜时间、温度、间隔。进入除霜周期较为重要，可采用运行时间积累式自动控制化霜。系统运行时间长，冷换热器凝霜则多，即按结霜量来计时融霜。化霜所需的时间和凝霜的多少成正比，霜层的热导率很低，使换热条件恶化，不及时除霜或过于频繁除霜都会使能耗增加。一般霜层在4mm时开始除霜，其热能损失较小，EER较大。霜溶解后的冷水能源还可再利用。

⑨ 注意降低起动和停机时的能量损失。压缩机停止运行的同时，断开冷凝器和蒸发器之间的制冷剂回路，可使制冷能效比（EER）提高15%～20%。合理确定开停机时间，把启动、停止的频率控制在6次/h以内。

三、动力节能

1. 适当采用大温差

当冷水机组的制冷量一定时，由$Q=W\Delta t$可知，通过管壳式蒸发器的冷冻水流量与进出水温度差Δt成反比，即冷冻水流量越大，温差越小；反之流量越小，温差越大。可通过调节阀门的开度来完成，其原则如下。一是蒸发器出水有足够的压力来克服冷冻水闭路循环管路中的阻力；二是冷水机组要在设计负荷的情况下运行，蒸发器进出口水温差一般为5℃，阀门一经调定，则相对稳定不变。若加大冷冻水流量、减少进出水温差，虽使蒸发器的蒸发温度提高，输出冷量有所增加，但水泵功率消耗也相应提高，得不偿失。在系统中输送冷热量用水（或空气）的供回水（或送回风,）温差采用较大值，当它与原有温差的比值为m时，由流量计算公式$Q=W\Delta t$可知，采用大温差时的流量降为原来流量的$1/m$。此时水泵或风机的功率减小到原来的$1/m$。可知大温差的节能效果是明显的。在空调系统中应尽可能加大送风温差。要注意的是，供回水温度差不宜大于8℃；其水压降控制在0.05MPa为宜。

2. 适当选用低流速

水泵和风机的流量与管道断面及流速成正比，流速减小时流量也随之减小，流量的大小由转速控制，而流量与转速的一次方成正比，则耗电功率与转速的三次方成正比，降低转速来降低流量、减小流速的同时可以大幅度降低能耗。变频装置适合于水泵和风机的调速，改变水泵或风机的转速可以改变其性能参数。当转速在80%时的耗电功率为51.2%，节能效果比其他控制方式好，装置的转换效率也较好。变频调节水泵的最低转速不要小于额定转速的50%，一般控制在70%～100%之间，否则水泵的运行效率太低，造成功耗过大，可能会抵消降低转速所得到的节能效果。利用调频方式调节空调系统风机的转速，控制风量，在满足技术参数的前提下，达到节能的目的。在空调系统中，风机的风量一般在50%～100%之间变化，此范围其轴功率变化相当大。若风机风量（转速）经调速降为原风机风量（转速）的90%时，其运行轴功率为原先的73%，可节约能耗27%；如风机转速降为原转速的50%，风量降为原风量的50%时，则风机的轴功率降为原轴功率的12.5%，降低幅度为87.5%。这是其他调速方法无法比拟的，故在设计和运行时尽量不要采用高流速，以取得节能的效果，低流速还有利于系统水或风力工况的稳定。

四、泵、风机与冷却塔的节能

1. 泵与风机的节能

泵与风机的性能曲线表示出在一定的转速下，流量与其他基本参数（扬程或出口全压、轴功率、效率值）之间的相互内在的联系，选用泵或风机时尽可能使实际工作在最佳工况点附近，以便提高效率，有较高的运行经济性。

减少泵与风机的能量损失可分为机械损失、容积损失、流动损失。在选择或设计扬程（出口全压）高的泵（风机）时，应选择或设计转速较高而叶轮直径较小的泵与风机；若选择或设计低比转速的泵与风机时，可采用多级泵或风机，或适当增大叶轮叶片的出口安装角度，尽量避免采用大的叶轮直径来达到高扬程的目的；另外应降低叶轮外表面和泵（风机）壳内表面的粗糙度，以减小摩擦损失。

提高容积效率，减小动、静间隙形成的泄漏流动的过流截面；增加泄漏流道的流动阻力。一般吸入口相等时，比转速大的泵或风机容积效率较高；比转速相等时，流量大的泵或风机容积效率高。低比转速泵的摩擦阻力损失和容积损失大，效率低、功率损失大。因此在选用高扬程、小流量的泵时，应尽量选用比转速较大的泵，使具有较高的效率。

减小流动损失，合理选择各过流部件的进、出口角度，减少流体的冲击损失。过流通道变化尽量平缓，避免有尖角、突然转弯和扩大。流道的表面应尽量光滑和光洁，避免有粘砂、飞边、毛刺等铸造缺陷，并合理确定流速值。

离心风机和离心水泵在满负荷运行时具有最高效率。在其流量、全压发生变化时，采用调速运行方式，且使设备的运行工况点位于最高效率时，则可达到较好的节能目的。

泵与风机的调节方式与节能关系极为密切，改进调节方式，是节能最有效的途径。泵与风机的流量调节有变阀和变速调节，变速调节没有附加阻力，利用变频调速技术是一种理想的调节方法，节能效果显著。

2. 冷却塔的节能

根据冷却水量和冷却水供、回水温度，合理地选择冷却塔。其冷却能力与温度条件和循环水量、冷却风量有关。当循环水量和风量一定时，冷却能力随室外湿球温度的降低而增加，要降低塔的阻力，提高风量，增加气流分配的均匀性。

选择优化设计的节能型冷却塔，尺寸线型优化，可使气流均匀，减小气流阻力，增大工作风量，进而增大水处理量或降低冷水温度，降低能耗。如：进风口面积不小于冷却塔淋水面积的40%；淋水填料支梁面积不宜大于淋水面积的10%，采用流线型断面。塔的收缩段与风筒的集气段设计成合理、统一线型的气流收缩装置，使冷却塔气流收缩段阻力大幅度减小。

降低风筒出口气流速度，提高风机工作风量或减少风机运行轴功率。风筒出口面积越大，空气速度越低，若风筒太高又不经济，只有合理线型才能保证在风筒高度较低的条件下，达到动能回收的目的。风机大型化，同样风量条件下，风机直径大，风机出口空气动压小，因此可以节能。一般风机旋转平面面积与塔的横截面积之比在0.25～0.3时，节能效果明显。

注意风机与冷却塔的优化匹配，冷却塔风机节能的最佳方案是控制风机转速，其节能潜力为40%～50%。大型冷却塔实现多风机控制，有利于节能。采用变频器调节风机转速改变风机风量，在满足冷却塔出水温度要求的同时，可获得省电节能的效果。转速控制用于冷却塔不仅节能，而且从控制水质污染和噪声上看也是最有效的方式。

冷却塔运行的调节应根据季节气候空气环境湿球温度的变化，调节冷却塔运行台数、冷却塔风机运行台数、冷却塔风机转速（通风量）、冷却塔供水量。改变冷却水流量或冷却水回水温度，也能起到节能的作用。冷却水流量变化不应超过额定流量的±20%的范围。

冷却塔使用年久后，由于空气流通中的尘埃及水被蒸发浓缩或水质等原因，致使散热材料表面产生污垢，堵塞空气通道，增加空气阻力，降低空气流量，以致冷却水温度升高，冷却能力降低，将会使制冷机高压升高，制冷能力降低。所以，搞好冷却塔的清洁、排污及水质处理等维护管理，也能起到节能降耗的作用。

思　考　题

1. 隔离操作器有哪几个类别，各有什么特点？

2. 洁净室的气流流型有哪几类，各自如何实现自己的气流特点？

3. 试比较 1998 年修订版 GMP 和 2010 年修订版 GMP 中 100 级洁净区和 A 级洁净区的不同点。

4. 非单向流洁净室的气流组织形式依据高效过滤器及回风口的安装方式不同而分为下列几类：顶送、侧下回；侧送、侧回；顶送、顶回。其中哪一种方式在医药车间最常见，为什么？

5. 给出下列缩略词的英文全称和中文意思：FFU、HEPA、ULPA、FMU。

6. 以冻干粉的工艺流程为例，给出各个岗位的洁净级别，谈谈局部 A 级关键工序如何实现洁净级别。

参　考　文　献

[1] 陈霖新等编著．洁净厂房的设计与施工．北京：化学工业出版社，2005.

[2] 郭春梅．中药制剂厂房空调净化系统的设计特点．天津城市建设学院学报，2000，6（3）：210-213.

[3] 李晓燕，马军．药品生产及包装洁净车间空调净化系统设计．包装工程．2004，3（25）：76-79.

[4] 涂光备等编．制药工业的洁净和空调．北京：中国建筑工业出版社，1999.

[5] 许钟麟编．药厂洁净室设计、运行与 GMP 认证．上海：同济大学出版社，2002.

第十章　制剂工程设计

制剂车间是由各种制剂设备以系统的合理的方式组合起来的整体，它根据一定的工艺流程和现场建设条件，通过最经济和安全的途径，由药物原料生产一定数量和符合一定质量要求的制剂。

第一节　制剂工程设计的基本程序

一、概述

制剂工程设计乃是许多专业的组合，在设计中大都以工艺为主导，工艺设计人员要对各专业提出设计条件，而相关专业又要相互提交设计条件和返回设计条件。因此，制剂车间的设计是一个系统工程，工艺设计人员不但要熟悉工艺，还要熟悉各专业和工厂的要求，在设计中起主导和协调作用。

制剂工程项目的设计包括三个阶段：设计前期工作阶段、设计工作阶段和设计后期服务阶段。

二、设计前期工作

1. 设计前期的内容和目的

设计前期的工作目的主要是对项目建设进行全面分析，主要对项目的社会和经济效益、技术可靠性、工程的外部条件等进行研究。该阶段的主要工作内容有项目建议书、可行性研究报告。

2. 项目建议书

项目建议书是投资决策前对项目的轮廓设想，提出项目建设的必要性分析，项目建设的初步可能性，是开展可行性研究的依据。

3. 可行性研究

可行性研究是投资前期，通过调查研究，运用多种科学成果，对具体工程项目建设的必要性、可能性与合理性进行全面的技术经济论证的一门综合性学科。

4. 厂址选择

虽然使用高效过滤器后，室内空气含尘浓度可以几乎不受室外大气尘浓度变化的影响，但这只是说明在无法逃避尘粒污染源的情况下，建造高洁净要求的制剂车间在技术上是可能的，并不是说无需考虑洁净车间周围的大气尘浓度等条件。洁净地区和污染地区室外大气尘浓度可相差十倍至几十倍，这就造成了高效过滤器使用寿命有的为 1～2 年，而有的却高达 10 年之久的差别。此外，如果室外环境特别干净，若达到 B 级洁净度，末级过滤器可以不采用高效过滤器，而采用中效过滤器或亚高效过滤器，但在污染地区则完全不可能。因此，厂址选择对于洁净车间的净化效果、初投资和运行费用都有很大影响。

制剂工厂厂址宜选在周围环境较清洁或绿化较好的地区，不宜选在多风沙的地区和有严重灰尘、烟气、腐蚀性气体污染的工业区。如必须位于上述地区时，应在其全年主导风向的上风侧或全年最小频率风向下风侧。应尽量远离铁路、公路和机场。

5. 总图布置

（1）厂区划分和组成　厂区可按不同方式划分。如划分为生产区、辅助区、动力区、仓库区、厂前区等，总的说来药厂一般由以下几个部分组成。

① 主要生产车间（原料、制剂等）。

② 辅助生产车间（机修、仪表等）。

③ 仓库（原料、成品库）。

④ 动力（锅炉房、空压站、变电所、配电间、冷冻站）。

⑤ 公用工程（水塔、冷却塔、泵房、消防设施等）。

⑥ 环保设施（污水处理、绿化等）。

⑦ 全厂性管理设施和生活设施（厂部办公楼、中央化验室、研究所、计量站、食堂、医务所等）。

⑧ 运输道路（车库、道路等）。

（2）总体布置　行政、生产和辅助区的总体布局应合理、不得相互妨碍，根据这个规定，结合厂区的地形、地质、气象、卫生、安全防火、施工等要求，在进行制剂厂区总平面布置时应考虑以下原则和要求。

① 厂区规划要符合本地总体规划要求。

② 厂区进出口及主要道路应贯彻人流与货流分开的原则。洁净厂房周围，道路面层应选用整体性好、发尘少的材料。

③ 厂区按行政、生产、辅助和生活等划区布局。

④ 行政、生活区应位于厂前区，并处于夏季最小频率风向的下风侧。

⑤ 厂区中心布置主要生产区，而将辅助车间布置在它的附近。生产性质相类似或工艺流程相联系的车间要靠近或集中布置。

⑥ 洁净厂房应布置在厂区内环境清洁、人物流交叉较少的地方，并位于最大频率风向的上风侧，与市政主干道不宜少于50m。原料药生产区应置于制剂生产区的下风侧，青霉素类生产厂房的设置应考虑防止与其他产品的交叉污染。

⑦ 运输量大的车间、仓库、堆场等布置在货运出入口及主干道附近，避免人、货流交叉污染。

⑧ 动力设施应接近负荷量大的车间，三废处理、锅炉房等严重污染的区域应置于厂区的最大频率风向的下风侧。变电所的位置考虑电力线引入厂区的便利。

⑨ 危险品库应设于厂区安全位置，并有防冻、降温、消防措施。麻醉药品和剧毒药品应设专用仓库，并有防盗措施。

⑩ 动物房应设于僻静处，并有专用的排污与空调设施。

⑪ 洁净厂房周围应绿化，尽量减少厂区的露土面积，一般制剂厂的绿化面积在30%以上，铺植草坪，不宜种花。草坪可以吸附空气中灰尘，使地面尘土不飞扬。

⑫ 厂区应设消防通道，医药洁净厂房宜设置环形消防车道。如有困难可沿厂房的两个长边设置消防车道。

三、设计中期工作

根据已批准的设计任务书（或可行性研究报告），可开展设计工作。这样可通过技术手段把可行性研究报告的构思变成工程现实。一般按工程的重要性、技术的复杂性，并根据计划任务书的规定，可将设计分为三阶段设计、两阶段设计和一阶段设计三种情况。三阶段设计包括初步设计、技术设计和施工图设计。两阶段设计包括扩大初步设计和施工图设计。一阶段设计只有施工图设计。

设计重要的大型企业以及使用比较新的和比较复杂的技术时，为了保证设计质量可采用三阶段设计。设计技术上比较成熟的中小型工厂，为简化设计步骤，缩短设计时间，将初步设计和技术设计合并为扩大初步设计，扩大初步设计经过审批后即可着手施工图设计，称为两阶段设计。对于技术上比较简单、规模较小的工厂或个别车间的设计，可直接进行施工图设计。目前，我国的制药工程项目，一般采用两阶段设计。

1. 初步设计

初步设计的主要任务就是根据批准的可行性研究报告，确定全厂性设计原则、设计标准、设计方案和重大技术问题。如总工艺流程、生产方法、工厂组成、总图布置、水电气的供应方式和用量、关键设备及仪表选型、全厂储运方案、消防、劳动安全与工业卫生、环境保护及综合利用以及车间或单体工程工艺流程和各专业设计方案等。编制出初步设计文件与概算。初步设计和总概算经上级主管部门审查批准后是确定建设项目的投资额、编制固定资产投资计划、组织主要设备订货、进行施工准备以及编制施工图设计的依据。其深度应满足如下要求：①设计方案的比较选择和确定；②主要设备材料的订货；③土地征用；④基建投资的控制；⑤施工图设计的编制；⑥施工组织设计的编制；⑦施工准备和生产准备等。

初步设计主要包括如下内容：①设计依据和设计范围；②设计原则；③建设规模和产品方案；④生产方法和工艺流程；⑤工作制度；⑥原料及中间产品的技术规格；⑦物料衡算和热量衡算；⑧主要工艺设备选择说明；⑨工艺主要原材料及公用系统；⑩生产分析控制；⑪车间（装置）布置；⑫设备；⑬仪表及自动控制；⑭土建；⑮采暖通风及空调；⑯公用工程；⑰原、辅材料及成品储运；⑱车间维修；⑲职业安全卫生；⑳环境保护；㉑消防；㉒节能；㉓车间定员；㉔概算；㉕工程技术经济。

2. 技术设计

技术设计是以已批准的初步设计为基础，解决初步设计中存在和尚未解决而需要进一步研究解决的一些技术问题，如特殊工艺流程方面的试验、研究和确定，新型设备的试验、创造和确定等。

技术设计的成果是技术设计说明书和工程概算书，其设计说明书内容同初步设计说明书，只是根据工程项目的具体情况做些增减。

3. 施工图设计

初步设计文件报请上级批准后，施工图设计便在此基础上进行，施工图设计深度应满足下列要求：①各种设备、材料的订货、备料；②各种非标准设备的制作；③预算的编制；④土建、安装工程的要求。

施工图是工艺专业的最终成品，它由文字说明、表格、图纸三部分组成，主要包括以下内容：①图纸目录；②设计说明；③管道及仪表流程图；④设备布置图；⑤设备一览表；⑥设备安装图；⑦设备地脚螺栓表；⑧管道布置图；⑨软管站布置图；⑩管道及管道特性表；⑪管架表；⑫弹簧表；⑬隔热材料表；⑭防腐材料表；⑮综合材料表；⑯设备管口方位图等。

四、设计后期工作

1. 施工

施工中凡涉及方案问题、标准问题和安全方面问题的变动，都必须首先与设计部门协商，待取得一致意见后，方可改动。方案是经过可行性研究阶段、初步设计阶段和施工图阶段慎重考虑后确定的，并与其他专业有密切联系，施工中轻易改动，势必会影响到竣工后的使用要求；标准的改动涉及投资的增减；而安全方面的问题更是至关重要，其中不仅包括结构的安全问题，而且包括洁净厂房设计中建筑、暖通、给排水和电气专业所采取的一系列安全措施，如建筑防火区的划分，暖通和气体动力专业的防火阀，给排水专业的消防设施以及电气专业报警装置。这些措施对于竣工投产后的安全运行是不可缺少的，因此都不得随意改动。

2. 调试与验收

净化空调系统验收前，必须进行系统的调整与测试，即调试。该项工作是在建设单位的组织下，以施工单位为主，设计单位参加，共同进行的。验收工程后，应提出下列文件。

① 设计说明书，设计修改的证明文件和施工图，并在图上标明所有施工过程中的修改部分的内容。

② 主要设备、材料和仪器仪表的出厂合格证或检验资料。

③ 单项设备的评定记录。

④ 系统调试的记录。

五、相关标准

工程设计必须执行一定的规范和标准，才能保证设计质量。标准主要指企业的产品，规范侧重于设计所要遵守的规程。标准与规范是不可分割的，由于它们会不断地更新，设计人员要将最新的内容用于设计中。

按指令性可将标准和规范分为强制性与推荐性两类。强制性标准是法律、行政法规规定强制执行的标准，是保障人体健康、安全的标准。而推荐性标准则不具强制性，任何单位均有权决定是否采用，如违反这些标准并不负经济或法律方面的责任。按发行单位不同可将规范和标准分为国家标准、行业标准和企业标准。

六、数据收集

接受设计任务后，设计人员必须对设计内容进行周密地研究，构思设计对象的轮廓，考虑设计所需要的一切数据和资料。设计所需数据及资料可以参考下列资料：①科学研究单位提供的小试研究报告、中试研究报告及鉴定报告、中试试验生产工艺操作规程、中试装置设计资料、基础设计资料、有关产品或技术的国外文献；②生产单位提供的生产原始记录、工艺操作规程、岗位操作法、劳动保护和安全技术规程，原辅料、中间体和产品的分析检验资料，相关设备及维修、成本、车间人员；③建设单位可提供厂址选择的原始资料、基本建设决算书；④设计单位可提供可行性研究报告、初步设计说明书、设计前期工作报告、施工图及施工说明书、概（预）算书、标准设计图集、设计标准与规范等；⑤工具书、杂志、产品目录提供一些物料的物化数据和热力学数据、一些设备的设计方法和计算公式，以及生产工艺流程资料等；⑥网上资源。

第二节　制剂工艺流程设计

一、概述

工艺流程设计一般包括试验工艺流程设计和生产工艺流程设计。本节讨论的主要是生产工艺流程设计。

生产工艺流程设计的目的是通过图解的形式，表示出在生产过程中，由原、辅料制得成品过程中物料和能量发生的变化及流向，以及表示出生产中采用哪些药物制剂加工过程及设备（主要是物理过程、物理化学过程及设备），为进一步进行车间布置、管道设计和计量控制设计等提供依据。

1. 工艺流程设计的任务

（1）确定流程的组成　全流程包括由药物原料、制剂辅料（包括赋形剂、黏合剂、栓剂基质、软膏及硬膏基质、乳化剂、助悬剂、抑菌剂、防腐剂、抗氧剂、稳定剂）、溶剂及包装材料制得合格产品所需的加工工序和单元操作，以及它们之间的顺序和相互联系。流程的形成通过工艺流程图表示，其中加工工序和单元操作表示为制剂设备型式、大小；顺序表示为设备毗邻关系和竖向布置；相互联系表示为物料流向。值得注意的是，制剂生产中剂型不同，工艺流程不同，即使相同剂型，生产设备不同，工艺流程也不同。

（2）确定工艺流程中工序划分及其对环境的卫生要求（如洁净度）。

（3）绘制工艺流程框图（工艺流程示意图）。

（4）确定载能介质的技术规格和流向　制剂工艺常用的载能介质有水、电、汽、冷、气（真空或压缩）等。

（5）确定生产控制方法　流程设计要确定各加工工序和单元操作的空气洁净度、温度、压力、物料流量、分装、包装量等检测点，显示计量器具和仪表以及各操作单元之间的控制方法（手动、机械化或自动化），以保证按产品方案规定的操作条件和参数生产符合质量标准的产品。

（6）确定安全技术措施　根据生产的开车、停车、正常运转及检修中可能存在的安全问题，制定预防、制止事故的安全技术措施，如报警装置、防毒、防爆、防火、防尘、防噪等措施。

（7）绘制带控制点的工艺流程图（简称工艺流程图）。

（8）编写工艺操作规程　根据生产工艺流程图编写生产工艺操作说明书，阐述从原、辅料到产品的每一个过程和步骤的具体操作方法。

2. 工艺流程设计的成果

初步设计阶段工艺流程设计的成果是工艺流程框图、初步设计阶段带控制点的工艺流程图和工艺操作说明，施工图设计阶段的工艺流程设计成果是施工图阶段的带控制点工艺流程图即管道仪表流程图（piping and instrument diagram，PID）。两者的要求和深度不同，施工阶段的带控制点流程图是根据初步设计的审查意见，并考虑到施工要求，对初步设计阶段的带控制点工艺流程图进行修改完善而成。两者都要作为正式设计成果编入设计文件中。

3. 工艺流程设计的原则

在工艺流程设计中通常要遵循以下原则。

① 按 GMP（2010 年版）要求对不同的药物剂型进行分类的工艺流程设计。如口服固体制剂、栓剂等按常规工艺路线进行设计；外洗液、口服液、注射剂（大输液、小针剂）等按灭菌工艺路线进行设计；粉针剂按无菌工艺路线进行设计等。

② β-内酰胺类药品（包括青霉素类、头孢菌素类）按单独分开的建筑厂房进行工艺流程设计。中药制剂和生化药物制剂涉及中药材的前处理、提取、浓缩（蒸发）以及动物脏器、组织的洗涤或处理等生产操作，按单独设立的前处理车间进行前处理工艺流程设计，不得与其制剂生产工艺流程设计混杂。

③ 其他如避孕药、激素、抗肿瘤药、生产用毒菌种、非生产用毒菌种、生产用细胞与非生产用细胞、强毒与弱毒、死毒与活毒、脱毒前与脱毒后的制品的活疫苗与灭活疫苗、人血液制品、预防制品的剂型及制剂生产按各自的特殊要求进行工艺流程设计。

④ 遵循“三协调”原则即人流物流协调、工艺流程协调、洁净级别协调，正确划分生产工艺流程中生产区域的洁净级别，技术工艺流程合理布置，避免生产流程的迂回、往返和

人、物流交叉等。

二、工艺流程设计的基本程序

1. 对选定的生产方法和工艺过程进行制剂工程分析及处理

在确定产品、产品方案（品种、规格、包装方式）、设计规模（年工作日、日工作班次、班生产量）及生产方法的条件下，将产品的生产工艺过程按剂型类别和制剂品种要求划分为若干个工序，确定每一步加工单元操作的生产环境、洁净级别、人净物净措施要求、制剂加工、包装等主要生产工艺设备的工艺技术参数（如单位生产能力，运行温度与压力，能耗，型式，数量）和载能介质的规格条件。这些均为原始信息。

2. 绘制工艺流程示意图（见后述）

3. 绘制物料流程图

在物料计算完成时，开始绘制工艺物料流程图，它为设计审查提供资料，并作为进一步进行定量设计（加设备计算选型）的重要依据，同时为日后生产操作提供参考信息。

4. 绘制带控制点的工艺流程图

在开展上述后，工艺设备的计算与选型即行开始，根据物料流程图和工艺设备设计的结果，结合车间布置设计的工艺管道、工艺辅助设施、工艺过程仪器在线控制及自动化等设计的结果，绘制带控制点的工艺流程图。

三、工艺流程图

在通常的两段式设计中，初步设计阶段的工艺流程图有生产工艺流程示意图、物料流程图和带控制点的工艺流程图。

1. 生产工艺流程示意图

生产工艺流程示意图是用来表示生产工艺过程的一种定性的图纸。在生产路线确定后，物料计算前设计给出。工艺流程示意图一般有工艺流程框图和工艺流程简图两种表示方法。

（1）工艺流程框图　工艺流程框图是用方框和圆框（或椭圆框）分别表示单元过程及物料，以箭头表示物料和载能介质方向，并辅以文字说明表示制剂生产工艺过程的一种示意图。它是物料计算、设备选型、公用工程（种类、规格、消耗）、车间布置等项工作的基础，需在设计工作中不断进行修改和完善。

（2）工艺流程简图　工艺流程简图由物料流程和设备组成。它包括：以一定几何图形表示的设备示意图；设备之间的竖向关系；全部原辅料、中间体及三废名称及流向：必要的文字注释。图 10-1 为某硬胶囊剂生产工艺流程简图。

2. 物料流程图

工艺流程示意图完成后，开始进行物料衡算，再将物料衡算结果注释在流程中，即成为物料流程图。它说明车间内物料组成和物料量的变化，单位以批（日）计（对间歇式操作）或以小时计（对连续式）。从工艺流程示意图到物料流程图，工艺流程就由定性转为定量。物料流程图是初步设计的成果，需编入初步设计说明书中。物料流程图亦有两种表示方法：①以方框流程表示单元操作及物料成分和数量；②在工艺流程简图上方列表表示物料组成和量的变化。图 10-2 为以①方式表示的物料流程图。

3. 带控制点的工艺流程图

带控制点的工艺流程图是指各种物料在一系列设备（及机械）内进行反应（或操作）最后变成所需要产品的流程图。它是在物料流程图给出后，在设备设计、车间布置、生产工艺控制方案等确定的基础上绘制，作为设计的正式成果编入初步设计阶段的设计文

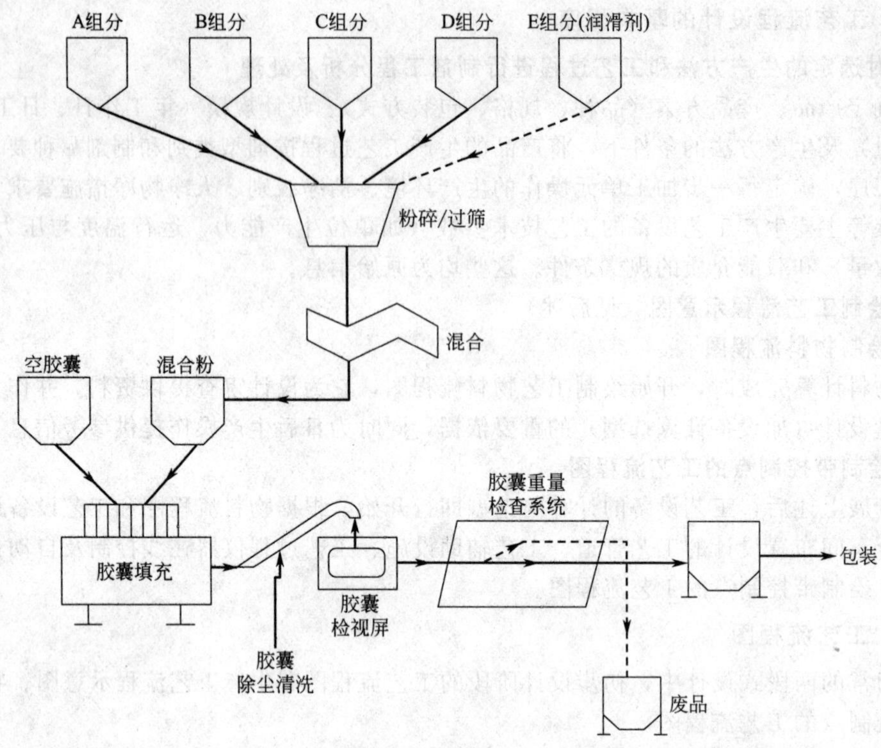

图 10-1　某硬胶囊剂生产工艺流程简图

件中。药物制剂工程设计带控制点的工艺流程图绘制，没有统一的规定。从内容上讲，它应由图框、物料流程、图例、设备一览表和图签等组成。现结合某医药设计院对初步设计及施工图设计阶段带控制点的工艺流程图绘制规定并参考有关资料分述如下。

（1）物料流程

① 物料流程包括的内容。厂房各层地平线及标高和制剂厂房技术夹层高度；设备示意图；设备流程号（位号）；物料及辅助管路（水、汽、真空、压缩空气、惰性气体、冷冻盐水、燃气等）管线及流向；管线上主要的阀门及管件（如阻火器、安全阀、管道过滤器、疏水器、喷射器、防爆膜等）；计量控制仪表（转子流量计、玻璃计量管、压力表、真空表、液面计等）及其测量-控制点和控制方案；必要的文字（如半成品的去向、废水、废气及废物的排放量、组分及排放途径等）。

② 物料流程的画法。物料流程的画法比例是一般采用 1∶100。如设备过小或过大，则比例尺相应采用 1∶50 或 1∶200。

物料流程的画法采用由左至右展开式，步骤如下。

a. 先将各层地平线用细双线画出。

b. 将设备示意图按厂房中布置的高低位置用细线条画上，而平面布置采用自左至右展开式，设备之间留有一定的间隔距离。

c. 用粗线条画出物料流程管线并标注物料流向箭头。

d. 将动力管线（水、汽、真空、压缩空气管线）用细线条画出，并画上流向箭头。

e. 画上设备和管道上必要附件、计量-控制仪表以及管道上的主要阀门等。

f. 标上设备流程号及辅助线。

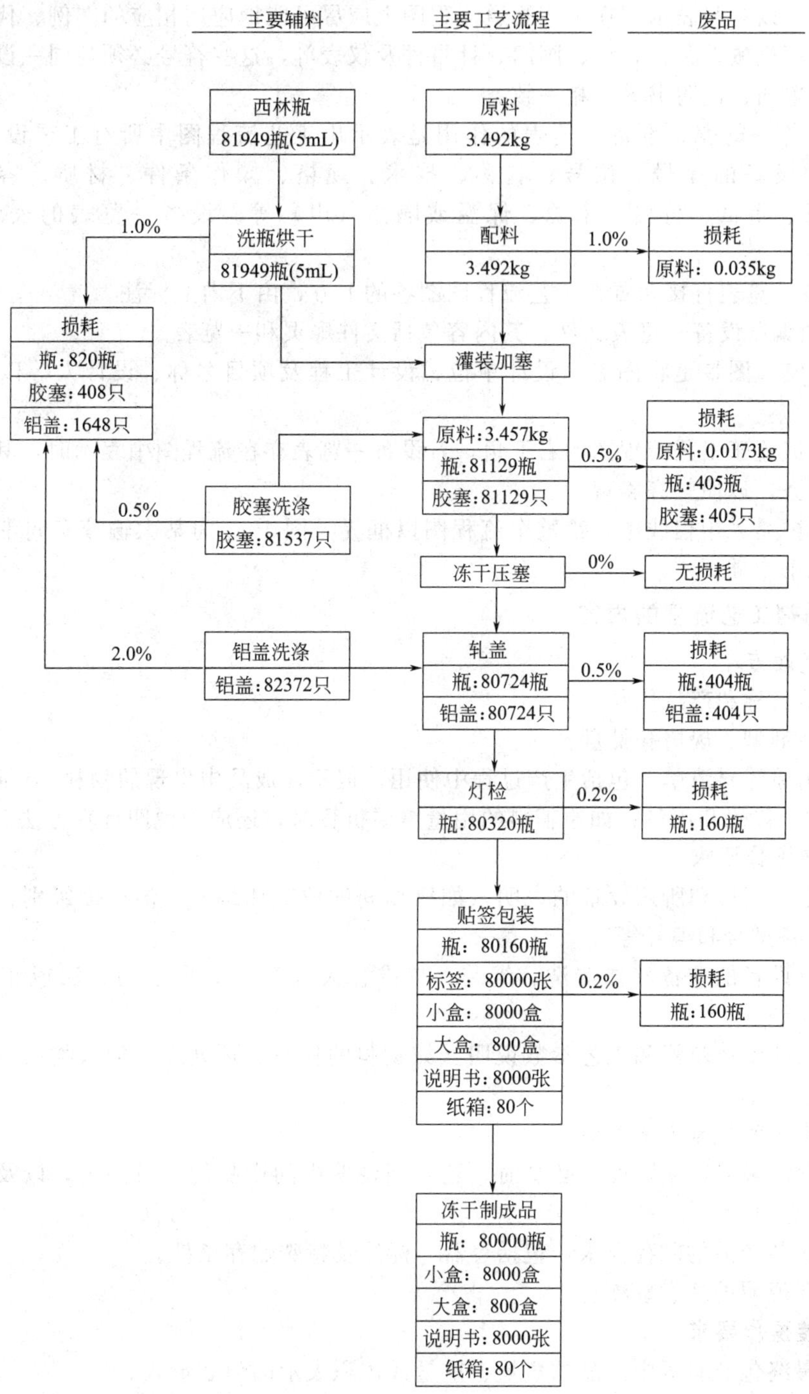

图 10-2　某冻干粉针车间工艺物料流程图

注：年生产能力：2000 万支/年；包装规格：42.6mg/5mL 西林瓶；外包形式：10 瓶/小盒、10 小盒/大盒、10 大盒/箱；工作班制：250 天/年，其中冻干工序 3 班/天、其他岗位 1 班/天；冻干时间：1 批/天

g. 最后加上必要的文字注解。

(2) 图例　图例是将物料流程中画出的有关管线、阀门、设备附件、计量-控制仪表等图形用文字予以对照表示。在工艺管道流程图上应尽可能地应用相应的图例、代号及符号表示有关的制药机械设备、管线、阀门、计量件及仪表等，这些符号必须与同一设计中的其他部分（如布置图、说明书等）相一致。

(3) 设备一览表　设备一览表的作用是表示出工艺流程图中所有工艺设备及与工艺有关的辅助设备的序号、位号、名称、技术、规格、操作条件、材质、容积或面积、附件、数量、重量、价格、来源、保温或隔热（声）等。设备一览表的表示方法有以下两种。

① 设备一览表直接列置在工艺流程图图签的上方，由下向上标注。

② 单独编制设备一览表文件，其内容包括文件扉页和一览表。

(4) 图签　图签是将图名、设计单位、设计工程及项目名称、设计人等以表格的方式给出。

图签一般置于工艺流程图的右下角，若设备一览表亦在流程图中表示时，其长度该和图签的长度取齐，以使整齐美观。

(5) 图框是采用粗线条，给整个流程图以框界　图 10-3 为某大输液车间带控制点的工艺流程，见书末插页。

四、制剂工艺流程的内容

1. 生产处方

① 产品名称和产品代码。

② 产品剂型、规格和批量。

③ 所用原辅料清单（包括生产过程中使用，但不在成品中出现的物料），阐明每一物料的指定名称、代码和用量；如原辅料的用量需要折算时，还应当说明计算方法。

2. 生产操作要求

① 对生产场所和所用设备的说明（如操作间的位置和编号、洁净度级别、必要的温湿度要求、设备型号和编号等）。

② 关键设备的准备（如清洗、组装、校准、灭菌等）所采用的方法或相应操作规程编号。

③ 详细的生产步骤和工艺参数说明（如物料的核对、预处理、加入物料的顺序、混合时间、温度等）。

④ 所有中间控制方法及标准。

⑤ 预期的最终产量限度，必要时，还应当说明中间产品的产量限度，以及物料平衡的计算方法和限度。

⑥ 待包装产品的贮存要求，包括容器、标签及特殊贮存条件。

⑦ 需要说明的注意事项。

3. 包装操作要求

① 以最终包装容器中产品的数量、重量或体积表示的包装形式。

② 所需全部包装材料的完整清单，包括包装材料的名称、数量、规格、类型以及与质量标准有关的每一包装材料的代码。

③ 印刷包装材料的实样或复制品，并标明产品批号、有效期打印位置。

④ 需要说明的注意事项，包括对生产区和设备进行的检查，在包装操作开始前，确认包装生产线的清场已经完成等。

⑤ 包装操作步骤的说明，包括重要的辅助性操作和所用设备的注意事项、包装材料使用前的核对。

⑥ 中间控制的详细操作，包括取样方法及标准。

⑦ 待包装产品、印刷包装材料的物料平衡计算方法和限度。

第三节　物料与能量衡算

一、物料衡算

1. 物料衡算的基本方法

物料衡算是制剂工艺设计的基础，根据所需要设计项目的年产量，通过对全过程或者单元操作的物料衡算计算，可以得到单耗［生产 1kg 产品所需要消耗的原料的量（kg）］、副产品量以及输出过程中物料损耗量以及“三废”生成量等，使设计由定性转向定量。物料衡算是车间工艺设计中最先完成的一个计算项目，其结果是后续的车间热量衡算、设备工艺设计与选型、确定原材料消耗定额、进行管路设计等各种设计项目的依据。因此，物料衡算为生产设备进行选型或设计提供依据，从而对过程控制所需要的投资和项目的可行性进行评估，物料衡算结果的正确与否将直接关系到工艺设计的可靠程度。为使物料衡算能客观地反映出生产实际状况，除对实际生产过程要做全面而深入的了解外，还必须要有一套系统而严密的分析、求解方法。

物料衡算是物料的平衡计算，是制药工程计算中最基础最重要的内容之一，是进行药物生产工艺设计、物料查定、过程的经济评估以及过程控制、过程优化的基础。它以质量守恒定律为基础。简单地讲，它是指“在一个特定物系中，进入物系的全部物料质量必定等于离开该系统的全部产物质量加上消耗掉的和积累起来的物料质量之和”，用式（10-1）表示为：

$$\sum G_{\text{进料}} = \sum G_{\text{出料}} + \sum G_{\text{累积}} + \sum G_{\text{消耗}} \tag{10-1}$$

式中，$\sum G_{\text{进料}}$ 为所有进入物系质量之和；$\sum G_{\text{出料}}$ 为所有离开物系质量之和；$\sum G_{\text{消耗}}$ 为物系中所有消耗质量之和（包括损失）；$\sum G_{\text{累积}}$ 为物系中所有积累质量之和。

所谓“物系”就是人为规定一个过程的全部或它的某一部分作为完整的研究对象，也称为体系或系统。它可以是一个单元操作，也可以是一个过程的一部分或者整体，如一个工厂、一个车间、一个工段或一个设备。

2. 物料衡算的步骤

（1）收集与计算所必需的基本数据

（2）根据给定条件画出流程简图　确定衡算的物系，画出示意流程图。表示出所有的物料线（主物料线、辅助物料线、次物料线），将原始数据（包括数量和组成）标注在物料线上，未知量也同时标注。绘制物料流程图时，着重考虑物料的种类和走向，输入和输出要明确，通常主物料线为左右方向，辅助和次物料线为上下方向。如果物系不复杂，则整个系统用一个方框和若干进、出线表示即可（如图 10-4）。这样，流程图上就一目了然。

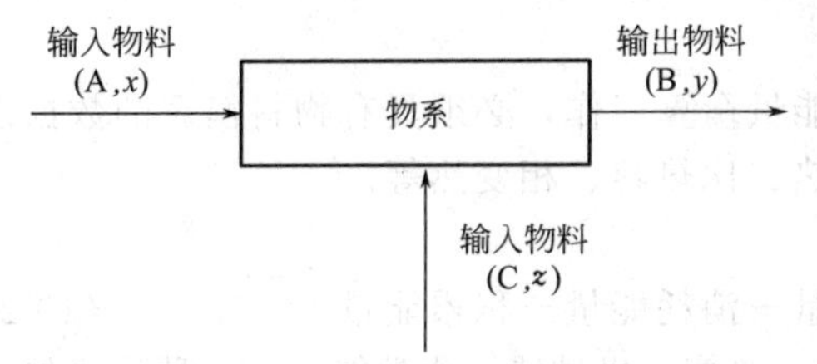

图 10-4　物料平衡流程简图

注：A、B、C 分别表示物料的种类；x、y、z 分别表示物料的浓度

（3）选择物料计算基准　对于间歇式操作的过程，常采用一批原料为基准进行计算。对于连

续式操作的过程，可以采用单位时间产品数量或原料量为基准进行计算。

（4）列出物料平衡表 主要包括：输入和输出的物料平衡表（如表 10-1）；计算原材料消耗定额（如表 10-2）；“三废”排量表（如表 10-3）。消耗定额是指每吨产品或以一定量的产品（如每千克针剂、每万片药片等）所消耗的原材料量；而消耗量是指以每年或每日等时间所消耗的原材料量。计算制剂车间的消耗定额及消耗量时应把原料、辅料及主要包装材料一起算入。

表 10-1 物料平衡表

进料量			出料量		
进料物料名称	进料物质量/kg	进料物含量/%	出料物料名称	出料物质量/kg	出料物含量%

表 10-2 原材料消耗一览表

序号	原料名称	单位	规格	成品消耗定额(单耗)	每小时消耗量	每年消耗量	备注

表 10-3 “三废”排量表

序号	名称	特性和成分	单位	每吨产品排出量/kg	每小时排量/kg	每年排量/t	备注

二、能量衡算

药物生产所经过的单元反应和单元操作都必须满足一定的工艺要求，如严格地控制温度、压力等条件，因此如何利用能量的传递和转化规律，以保证适宜的工艺条件，是工业生产中重要的问题。

1. 能量衡算的目的和意义

① 在过程设计中，进行能量衡算，可以决定过程所需要的能量，从而计算出生产过程的能耗指标，以便对工艺设计的多种方案进行比较，以选定先进的生产工艺。

② 能量衡算的数据是设备选择与计算的依据。热量衡算经常与设备选型和计算同时进行，物料衡算完毕，先粗算设备的大小和台数，粗定设备的基本型式和传热型式，如与热量衡算的结果相矛盾，则要重新确定设备的大小和型式或在设备中加上适当的附件部分，使设备既能满足物料衡算的要求又能满足热量衡算的要求。

③ 能量衡算是组织、管理、生产、经济核算和最优化的基础。在工厂生产中，有关工厂能量的平衡，将可以说明能量利用的形式及节能的可能性，找出生产中存在的问题，有助于工艺流程和设备的改进以及制定合理的用能措施，达到节约能源、降低生产成本的目的。

2. 能量守恒的基本方法

能量衡算的主要依据是能量守恒定律。进行能量衡算工作，必须具有物料衡算的数据以及所涉及物料的热力学物性数据如反应热、溶解热、比热容、相变热等。

能量守恒定律的一般方程式可写为

$$\text{输出能量}=\text{输入能量}+\text{生成能量}-\text{消耗能量}-\text{积累能量} \tag{10-2}$$

能量存在的形式有多种，如势能、动能、电能、热能、机械能、化学能等，各种形式的能量在一定条件下可以互相转化，但其总的能量是守恒的。系统与环境之间是通过物质传递、做功和传热三种方式进行能量传递的。其中，在药品生产过程中热能是最常用的能量表现形式。

第四节　工艺设备选型

在设备选用时，按照标准化的情况，将设备分为标准设备（即定型设备）和非标准（即非定型设备）。标准设备是一些设备厂家成批成系列生产的设备，可以现成买到。标准设备可从产品目录、样本手册、相关手册、期刊广告和网上查到其规格和牌号。

非标准设备则是需要专门设计的特殊设备，是根据工艺要求，通过工艺及机械计算进行设计，然后提供给有关工厂进行制造。选择设备时，应尽量选择标准设备。只有在其他情况下，才按工艺提出的条件去设计制造设备，而且在设计非标准设备时，对于已有标准图纸的设备，设计人员只需根据工艺需要确定标准图图号和型号即可，不必自己设计，以节省非标准设备施工图的设计工作量。

一、工艺设备选型的基本原则

要注意根据工艺结合 GMP（2010 年版）要求选择设备类型，工艺设备选型时要满足以下几项要求。

1. 设备结构设计要求

实际上 GMP（2010 年版）在进行设备清洗灭菌验证时，最常见的取样部位就是接触物料最多的部位及最不易清洁的部位（如高速混合制粒机：内侧壁、顶盖、内壁、搅拌桨、制粒刀等）。因此设备设计应注意以下几个方面。

① 在药物制备中，设备结构应有利于物料的流动及清洗等。设备内的凹凸槽、棱角等部位应尽可能采用大的圆角等，以免挂带和阻滞物料。这对固定的、回转的容器及药机上的盛料、输料结构具有良好的自卸性和 CIP、SIP 具有重要意义。此外，设备内表面及设备内工作的零件表面上尽可能不涉及有台、沟，避免采用螺栓连接的结构。

② 要着重注意药机的非主要部分结构的设计。如某种安瓿的隧道干燥箱，未考虑排玻璃屑，矩形箱底的四角积满玻璃屑，与循环气流形成污染，只能大修才能清除。

③ 与药物接触的构件都应有不附着物料的高光洁度。

④ 润滑剂、清洗剂等都不得与药物相接触，为避免掉入、渗入等，应采取如下措施：a. 采用对药物的阻隔；b. 对润滑部分的阻隔。

⑤ 制药设备在使用中有不同程度的散尘、散热及散废气、水、汽等，要消除主要应从设备本身设计加以解决。散尘在粉体机械中常见，应配有捕尘机构；散热散湿的应有排气通风装置，散热的还要有保温结构。

2. 设备材质、外观和安全要求

（1）材质　GMP（2010 年版）规定制造设备的材料不得对药品性质、纯度、质量产生影响，其所用材料需要有安全性、可辨别性和使用强度。因而在材料选用中应考虑与药物等介质接触时，在腐蚀性等环境条件下不发生反应、不释放微粒、不易附着或吸湿。设备所用的润滑剂、冷却剂等不得对药品或容器造成污染，应当尽可能使用食用级或级别相当的润滑剂。

（2）外观　GMP（2010 年版）对外观提出要求就是为了达到易清洗、易灭菌的要求。对外观的要求集中在：①与药物生产操作无直接关系的机构，尽可能设计成内置式。即设备外部、台面设计仅安排操作的部分，传动等部分内置。②尽量采用包覆式结构。将复杂的机体、管线等用板材包起来，包覆层还有其他功能，如防水密封。对经常开启的应设计成易拆快装的包层结构。

（3）安全保护功能　药物有热敏、吸湿、挥发、反应等不同的性质，不注意这些特性易造成药物品质的改变，这也是选设备时应注意的。因而产生了防尘、防水、防过热、防爆、防渗入、防静电、防过载等保护功能。并且还要考虑非正常情况下的保护，如高速运转设备的紧急制动；高压设备的安全阀；无瓶止灌、自动废弃、卡阻停机、异物剔除等。安全保护功能的设计应提倡应用仪表、电脑来实现设备操作中的预警、显示、处理等。

3. 对公用工程的要求

生产设备的运行需要电力、压缩空气、纯化水、蒸汽等动力，它们是通过与设备的接口来实现运行的。这种关系对设备本身乃至一个系统都有着连带影响。接口问题对设备的使用以及系统的影响程度是不应低估的，如设备气动系统的气动阀前无压缩气过滤装置，阀极易被不洁气体污物堵塞而产生设备控制故障。通常工程设计中设备选型在前，故设备的接口又决定着配套设施，这就要求设备接口及工艺连线设备要标准化，在工程设计中要处理好接口关系。

二、工艺设备的选型步骤

1. 定型设备选择步骤

工艺设备种类繁多、形状各异，不同设备的具体计算方法和技术在各种有关化工、制药设备的书籍、文献和手册中均有叙述。对于定型设备的选择，一般可分为如下四步进行。

① 通过工艺选择设备类型和设备材料。

② 通过物料计算数据确定设备大小、台数。

③ 所选设备的检验计算，如过滤面积、传热面积、干燥面积等的校核。

④ 考虑特殊事项。

2. 非定型设备设计内容

工艺设备应尽量在已有的定型设备中选择，这些设备来源于各设备生产厂家，若选不到合适的设备，再进行设计。非定型设备的工艺设计是由工艺专业人员负责，提出具体的工艺设计要求即设备设计条件提交单，然后提交给机械设计人员进行施工图设计。设计图纸完成后，返回给工艺人员核实条件并会签。工艺专业人员提出的设备设计条件单，包括如下要求。

(1) 设备示意图　图中表示出设备的主要结构型式、外形尺寸、重要零件的外形尺寸及相对位置、管口方位和安装条件等。

(2) 技术特性指标　技术特性指标包括如下要求。

① 设备操作时的条件，如压力、温度、流量、酸碱度、真空度等。

② 流体的组成、黏度和相对密度等。

③ 工作介质的性质（如是否有腐蚀、易燃、易爆、毒性等）。

④ 设备的容积，包括全容积和有效容积。

⑤ 设备所需传热面积，包括蛇管和夹套等。

⑥ 搅拌器的型式、转速、功率等。

⑦ 建议采用的材料。

(3) 管口表　注明设备示意图中管口的符号、名称和公称直径。

(4) 设备的名称、作用和使用场所

(5) 其他特殊要求

三、工艺设备的安装

工艺设备的安装一般要满足下述要求。

① 洁净室内只设置必要的工艺设备。尽可能采用新型设备（有自净能力的设备），尽量

减少洁净面积，洁净级别也不宜大面积提高。这样，可以降低投资和能耗。易造成污染的工艺设备应布置在靠近排风口位置。设备尽量不采用基础块，必须设置时，采用可移动砌块水磨石光洁基础块。

② 合理考虑设备起吊、进场运输路线。门窗留孔要能容纳进场设备通过，必要时把间隔墙设计成可拆卸的轻质墙。

③ 除传送带本身能连续灭菌（如隧道式灭菌设备）外，传送带不得在A/B级洁净区与低级别洁净区之间穿越。

当设备跨越安装不违反GMP（2010年版）规定时，也应采取密封的隔断装置证明达到不同等级的洁净要求。

不同情况下的安装方式见图10-5和图10-6。应注意的是图10-5中外压板上部倾斜部分与墙面夹角应小于45°，同时弯角弧度$R>50$mm。

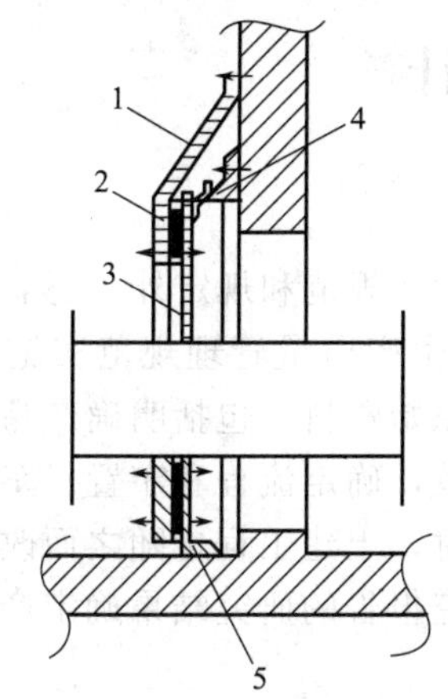

图10-5　设备水平穿越不同洁净度要求房间

1—外压板；2—密封垫板；3—内压板；4—方形固定框；5—下框

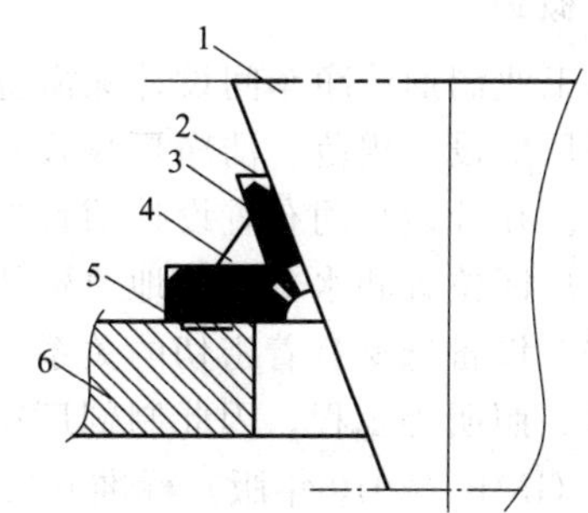

图10-6　设备穿楼板但不支撑于楼板上

1—设备；2—密封垫板周边；3—密封垫板上压板；4—撑筋板；5—密封垫板下压板；6—楼板

④ 不同洁净等级房间之间的物料如采用传送带传递时，传送带不宜穿越隔墙，而宜采取相应的技术措施或在传递窗两边分段输送。

⑤ 吊装孔位置布置在电梯井道旁侧，每层吊装孔布置在同一垂线位置上。

⑥ 吊装孔不宜开得过大（一般控制在2.7m以内），对外形尺寸特别大的设备吊装时，可采用安装墙或安装门，一般宜布置在车间内走廊的终端。若电梯能满足所有设备的搬运，则不设吊装孔。

⑦ 为了方便设备的清洁、检修及可能的更换，制剂车间的设备安装固定应尽可能做成非永久性固定。有些制药厂将设备的安装固定采用可移动的砌块式基础安装方式，即设备与混凝土基座以地脚螺栓固定后，将混凝土基座与地坪间以弹性材质铺垫，这样既可移动设备又可减轻设备的震动影响。这种方法值得注意的是不可使设备的操作高度影响到操作人员的正常工作。另外，根据经验，也可以在设计时，在设备基础定位的建筑板面上预埋钢板，此钢板与建筑地面平齐，在此预埋钢板上，根据设备底座地脚螺栓位置焊接螺栓，将设备就位后，再以弹簧垫圈及螺栓紧固。

四、设备的管理

药品生产企业必须配备专职或兼职设备管理人员，负责设备的基础管理工作，建立健全相应的设备管理制度。

① 所有设备、仪器仪表、衡器必须登记造册生产厂家、型号、规格、生产能力、技术资料（说明书、设备图纸、装配图、易损件、备品清单）。

② 应建立动力管理制度，对所有管线、隐蔽工程绘制动力系统图，并有专人负责管理。

③ 设备、仪器的使用，应由企业指定专人制定标准操作规程（SOP）及安全注意事项。操作人员需经培训、考核，确证能掌握时才可操作。

④ 要制定设备保养、检修规程（包括维修保养职责、检查内容、保养方法、计划、记录等），检查设备润滑情况，确保设备经常处于完好状态，做到无跑、冒、滴、漏。

⑤ 保养、检修的记录应建立档案并由专人管理，设备安装、维修、保养的操作不得影响产品的质量。

⑥ 不合格的设备如有可能应搬出生产区。未搬出前应有明显标志。

第五节 车间布置设计

一、概述

医药工业制剂洁净车间设计除需遵循一般车间常用的设计规范和规定外，还需遵照医药工业洁净厂房设计规范、洁净厂房设计规范、GMP、药品生产质量管理规范实施指南进行车间设计。在开始车间布置设计前首先要收集设计依据和原始资料。包括明确产品大纲和生产规模、厂区位置和水文气象地质资料，然后做多方案比较，确定流程和布置。车间布置与工艺流程、设备选型有着密切的关系，当流程、设备改动时，土建工程也随之而改动，并会影响通风、照明等工程。因此制剂厂布置要按照可行性研究报告的研究结果确定产品方案和规模，按 GMP（2010 年版）标准开展设计。

车间布置设计包括两方面内容，一是指制剂车间的工厂与周围环境的布局和工厂本身制剂车间与其他车间之间的布局，称为工厂布置；二是指车间内部设备等的布置，称为车间设备布置。车间布置设计既要考虑车间内部的生产、辅助生产、管理和生活的协调，又要考虑车间与厂区供水、供电、供热和管理部分的呼应，使之成为一个有机整体。

二、车间总体布置

厂区内建筑物布置时应将洁净度高的车间尽量形成独立小区，尽量远离产尘量大的车间，并应位于其全年主导风向的上风侧或全年最小频率风向下风侧。所谓风向频率是统计频率及静风次数，在一定时间内，各种风向出现的次数占所有观察总次数的百分比，厂区要减少露土面积，这点对药品质量也有直接关系。土在干燥状态下是尘粒的主要来源。关于减少露土面积的主要办法是，厂区路面应选用坚固、起尘少的材料，如沥青、混凝土等。厂房周围应进行绿化，可铺植草坪、种植对大气尘浓度不产生有害影响的树木，并形成绿化小区，但不得妨碍消防操作。露土部分全用草皮覆盖，即使树根处的土地也要用碎石或草皮覆盖，另外厂区内设立喷水池也是吸收尘粒的好措施，而且还能美化环境。在厂区绿化中切忌大量种花，因花粉会增加粉尘量，还会招来不少昆虫。

车间布置设计既要考虑车间内部的生产、辅助生产、管理和生活的协调，又要考虑车间与厂区供水、供电、供热和管理部分的呼应，使之成为一个有机整体。洁净厂房的平面和空间设计，应满足生产工艺和空气洁净度等级要求。洁净区、人员净化、物料净化和其他辅助用房应分区布置。同时应考虑生产操作、工艺设备安装和维修、管线布置、气体流型以及净化空调系统各种技术设施的综合协调。在满足生产工艺和空气洁净度等级要求的条件下，洁净厂房各种固定技术设施（如送风口、照明器、回风口、各种管线等）的布置，应优先考虑净化空调系统的要求。

1. 厂房组成形式

根据生产规模和生产特点，厂区面积、厂区地形和地质等条件考虑厂房的整体布置，厂房组成形式有集中式和单体式。药物制剂车间多采用集中式布置。

2. 制剂车间的厂房层数

工业厂房有单层、双层或单层和多层结合的形式。这几种形式主要根据工艺流程的需要综合考虑占地和工程造价，具体选用。

厂房的高度主要决定于工艺、安装和检修要求，同时也要考虑通风、采光和安全要求。药物制剂车间不论是多层或单层，车间底层的室内标高应高出室外地坪0.5～1.5m。如有地下室，可充分利用，将冷热管、动力设备、冷库等优先布置在地下室内。生产车间的层高为2.8～3.5m，技术类层高1.2～2.2m，库房层高4.5～6m（因为采用高货架），一般办公室、值班室高度为2.6～3.2m。

根据投资省、上马快、能耗少、工艺路线紧凑等要求，参考国内外新建的符合GMP（2010年版）厂房的设计，制剂车间以建造单层大框架大面积的厂房最为合算；同时可设计成以大块玻璃为固定窗的无开启窗的厂房。其优点如下。

① 大跨度的厂房，柱子减少，有利于按区域概念分隔厂房，分隔房间灵活、紧凑、节省面积，便于以后工艺变更、更新设备或进一步扩大产量。

② 外墙面积最少，能耗少（这对严寒地区或高温地区更显有利），受外界污染也少。

③ 车间可按工艺流程布置得合理紧凑，生产过程中交叉污染、混杂的机会也最少。

④ 投资省、上马快，尤其对地质条件较差的地方，可使基础投资减少。

⑤ 设备安装方便。

⑥ 物料、半成品及成品的输送，有条件采用机械化输送，便于联动化生产，有利于人流物流的控制和便于安全疏散等。

不足是占地面积大。

多层厂房则是制剂车间的另外一种厂房形式。目前以条型厂房为生产厂房的主要形式。这种多层厂房具有占地少、采用自然通风和采光容易、生产线布置比较容易、对剂型较多的车间可减少相互干扰、物料利用位差较易输送、车间运行费用低等优点，老厂改造、扩建时可能只能采用此种体型。多层厂房的不足主要表现如下。

① 平面布置上必然增加水平联系走廊及垂直运输电梯、楼梯等，这就增加了建筑面积，使有效面积减小，建筑载荷大，造价高，同时也给按不同洁净度分区的建筑和使用带来难度。

② 层间运输不便，运输通道位置制约各层合理布置。

③ 人员净化路程长，增加人员净化室个数与面积。

④ 管道系统复杂，增加敷设难度。

⑤ 在疏散、消防及工艺调整等方面受到约束。

⑥ 竖向通道对药品增加污染的危险。

目前制剂厂这两种厂房都有建设和使用，也有将两种形式结合起来建设成大跨度多层厂房的。

3. 厂房平面和建筑模数制

厂房的平面形状和长宽尺寸，既要满足工艺的要求，又要考虑土建施工的可能性和合理性。简单的平面外形容易实现工艺和建筑要求的统一，因此，车间的体型通常采用长方形、

L形、T形、M形等，尤以长方形为多。B级洁净区的设计应当能够使管理或监控人员从外部观察到内部的操作。

制剂车间在确定跨距、柱距时，单层大跨度厂房是采用组合式布局方式，一般此类厂房是框架结构，布局灵活。跨距、柱距大多是6m，也有7.5m跨距，6m柱距，有些厂房宽度已突破过去18m或24m界限，宽度达50m以上，长度超过80m的大型单层厂房也屡见不鲜。传统观念认为6m跨距是最经济的参数，但从现今生产需要看，已不是最合理的距离，所以常见的跨度、柱距一般为6m、7.5m、9m或大横向跨度与纵向6m柱距相结合，其形式应以生产工艺的具体要求而确定。由于大跨度、大柱距造价高，梁底以上的空间难以利用，又需增加技术隔层的高度，所以限制其推广，但如果能在梁上预埋不同管径、不同高度的套管，使除风管之外的多数硬管利用其空间来安装则可以大大提高空间的利用率，也可以有效地降低技术隔层的高度。

制剂车间关于有窗厂房和无窗厂房的考虑是，无窗厂房是一种理想的形式，其能耗少，受污染也少，但无窗厂房与外界完全隔绝，厂房内的工作人员感觉不良。有窗洁净厂房有两种形式：一种是装双层窗，这种节约面积，但空调能耗高；另一种是在厂房外设一环形封闭起环境缓冲作用的走廊，不仅为洁净区的温湿度有一缓冲地带，而且对防止外界污染也是非常有利，同时也相对节能。但增加了建筑面积，提高了造价。究竟采用何种形式，要根据实际情况，统筹兼顾，综合考虑。

4. 车间组成

(1) 仓储区　制剂车间仓库位置的安排大致有两种：一种是集中式即原辅材料、包装材料、成品均在同一仓库区，这种形式是较常见的，在管理上较方便，但要求分隔明确、收存货方便。另一种是原辅材料与成品库（附包装材料）分开设置，各设在车间的两侧。这种形式在生产过程进行路线上较流畅，减少往返路线，但在车间扩建上要特殊安排。

仓储的布置现一般采用多层装配式货架，物料均采用托板分别贮存在规定的货架位置上，装载方式有全自动电脑控制堆垛机、手动堆垛机及电瓶叉车。

仓储内容应分别采用严格的隔离措施，互不干扰，存取方便。仓库只能设一个管理出入口，若将进货与出货分设两个缓冲间，但由一个管理室管理是允许的。

仓库的设计要求室内环境清洁、干燥，并维持在认可的温度限度之内。仓库的地面要求耐磨、不起灰、较高的地面承载力、防潮。

(2) 称量、前处理区和备料室　称量及前处理区的设置较灵活，此岗位可设在仓库附近，也可设在仓库内。设在仓库内，使全车间使用的原辅料集中加工、称量，然后按批号分别堆放待领用。这样可避免大批原料领出，也有利于集中清洗和消毒容器。也有将称量间设在车间内的情况，这种布置要设一原料存放区，使称量多余的料不倒回仓库而贮存在此区内。

生产过程要求备料室设置要靠近仓贮区和生产区。根据生产工艺要求，备料室内应设有原辅料存放间、称量配料间、称量后原辅料分批存放间、生产过程中剩余物料的存放间。当原辅料需要粉碎处理后才能使用时，还需要设置粉碎间和过筛间以及筛后原辅料存放间。对于可能产生污染的物料要设置专用称量间及存放间，并且还要根据物料的性质正确地选用粉碎机，必要时可以设置多个粉碎间。

对于原辅料的加工、处理岗位和易产尘设备，包括称量岗位都是粉尘散发较严重的场所，应设置有效的捕尘吸粉设施。故布置中为了要加强除尘措施，这些岗位尽可能采用多间独立小空间，这样有利于排风、除尘效果，也有利于不同品种原料的加工和称量，这些加工小室，在空调设计中特别要注意保持负压状态。当考虑利用回风时，产尘设备还需远离送风口，靠近回风口设置。备料室洁净级别应与生产要求一致，备料室不宜用水冲洗。因为备料室湿度控制的要求较高，若经过冲洗，洁净室的湿度在较长一段时间内难以调整至适合于原辅料存放要求的数值。当然，也不能设置地漏。此外，当备料室设在仓库附近时，应在其区域内设置相应的容器和工具的清洗及存放间；当备料室设在生产区附近时，可以就近利用生产区的容器和工具的清洗及存放间来为备料室服务。所有这些岗位设计中特别要注意减少积尘点，故设计中宜在操作岗位后侧设技术夹墙，以便管道暗敷。

(3) 中贮区　中贮区无论是一个场地或一个房间，对GMP（2010年版）管理都是极为重要和必须的。设置中贮区是降低人为差错，防止生产中混药，保证产品质量的最可靠措施之一，符合GMP（2010年版）有关厂房内应有足够的空间和场地安置物料的要求。不管是上下工序之间的暂存还是中间体的待检都需有地方有序的暂存，中贮面积的设置有几种排法。可将贮存、待检场地在生产过程中分散设置，也可将中贮区相对的集中。分散式是指在生产过程中各自设立颗粒中贮区、素片中贮区、包衣片中贮区。其优点是各个独立的中贮区邻近生产操作室，二者联系较为方便，不易引起混药，中小企业采用较多。其缺点是不便管理，而且很多生产企业或设计人员由于片面追求人流、物流分开，在操作室和中贮区之间开设了专用物料传递的门，不利于保证操作室和中间站的气密性和洁净度。集中式是指生产过程中只设一个大中贮区，专人负责，划区管理，负责对各工序半成品入站、验收、移交，并按品种、规格、批号加盖区别存放，明显标志。其优点是便于管理，能有效地防止混淆和交叉污染。缺点是对管理者的要求很高。目前已在大型及合资企业中普遍采用。因此，在工艺布局设计时采用哪种形式的中贮区，应根据生产企业的管理水平来确定。设计人员应考虑使工艺过程衔接合理，重要的是进出中贮区或中贮区与生产区域的路线和布局要顺应工艺流程，不迂回、不往返、不交叉，更不要贮放在操作室内，并使物料传输的距离最短。

(4) 辅助区　GMP（2010年版）要求：必须在洁净厂房内的适当位置设置设备和容器清洗室，清洁工具清洗室和洁净工作服洗涤室及其配套的存放室。

① 清洗间。清洗对象有设备、容器、工器具，现国内很少对设备清洗采取运到清洗间清洗，故清洗对象主要是容器和工器具。为了避免经清洗的容器发生再污染，故要求清洗间的洁净度与使用此容器的场地洁净度相协调。A级、B级洁净区的设备及容器宜在本区域外清洗。工器具的清洗室的空气洁净度不应低于C级，有的是在清洗间中设一层流罩，高洁净度区域用的容器在层流罩下清洗、消毒并加盖密闭后运出。工器件清洗后可通过消毒柜消毒后供使用。与容器清洗相配套的要设置清洁容器贮存室，工器件也需有专用贮存柜存放。

清洗室内清洗容器的洗涤池目前主要为：

a. 不锈钢地坑上加不锈钢格栅，此形式容器推上去方便，排水畅通无积水，但可能冲洗后的污染物易积聚在格栅，难以清洗干净。

b. 地槽型。实为一斜坡面形成的槽，此形式无上述缺点。

清洗用水要根据被洗物品是否直接接触药物来选择。不接触者可使用饮用水清洗，接触者还要依据生产工艺的要求使用纯水或注射用水清洗。但不论是否接触药物，凡进入无菌区的工器具、容器等均需灭菌。

洁净工作服洗涤，对空气净化有一定要求，但设计中大多都是按照较生产区洁净级别低一个等级甚至是舒适性空调考虑。显然这是不符合GMP（2010年版）关于洁净工作服管理和使用要求的。洁净工作服必须是在与生产洁净区同等级的区域内清洗、干燥并完成封装的，并存放在洁净工作服存衣柜中，而后取出拆封，穿衣时又必然暴露在洁净工作服室的空气中，可见洁净工作服室的净化级别应与穿着工作服后的生产操作环境的洁净级别相同。此外，洁净工作服的衣柜不应采用木质材料，以免生霉长菌或变形，应采用不起尘、不腐蚀、易清洗、耐消毒的材料，衣柜的选用应该与GMP（2010年版）对设备选型的要求一致。

② 清洁工具间。此岗位专门负责车间的清洁消毒工作，故房间要设有清洗、消毒用的设备。凡用于清洗擦抹用的拖把及抹布要进行消毒工作。此房间还要贮存清洁用的工具、器件，包括清洁车。并负责清洁用消毒液的配制，清洁工具间可一个车间设置一间，一般设在洁净区附近，也可设在洁净区内。

三、设备布置

1. 制剂车间布置设计的一般原则

① 符合生产工艺要求，即保证径直和短捷的生产流水线，使公用系统耗量大的车间尽量集中布置，使各种物料和公用系统介质的输送距离为最短。工厂布置也应该使人员的交通路线径直和短捷，使不同物流之间、物流和人流之间都应该尽可能避免交叉和迂回。

② 符合安全、劳动卫生等要求，即工厂布置应该充分考虑安全布局，严格遵守防火、卫生等安全规范、标准的有关规定，其中重点是防止火灾和爆炸的发生。

③ 符合土建要求及设备安装、维修的要求。

④ 符合发展的要求，即要求对工厂的发展变化有较大的适应性能。在设计上要适当考虑工厂的发展远景和标准提高的可能。与此同时还要注意今后扩建时不致影响生产以及扩大生产的灵活性。

⑤ 符合GMP（2010年版）的要求，具体如下。

a. 车间应按工艺流程合理布局，布置合理、紧凑，有利于生产操作，并能保证对生产过程进行有效的管理。

b. 车间布置要防止人流、物流之间的混杂和交叉污染，要防止原材料、中间体、半成品的交叉污染和混杂。做到人流、物流协调；工艺流程协调；洁净级别协调。

c. 车间应设有相应的中间贮存区域和辅助房间。

d. 厂房应有与生产量相适应的面积和空间，建设结构和装饰要有利于清洗和维护。

e. 车间内应有良好的采光、通风，按工艺要求可增设局部通风。

f. 动物房应与其他区域严格分开。

⑥ 符合生产辅助用室的布置要求，具体如下。

a. 取样室宜设置在仓储区，取样环境的空气洁净度等级同该物料制剂生产的洁净度一致。示例如图10-7所示。

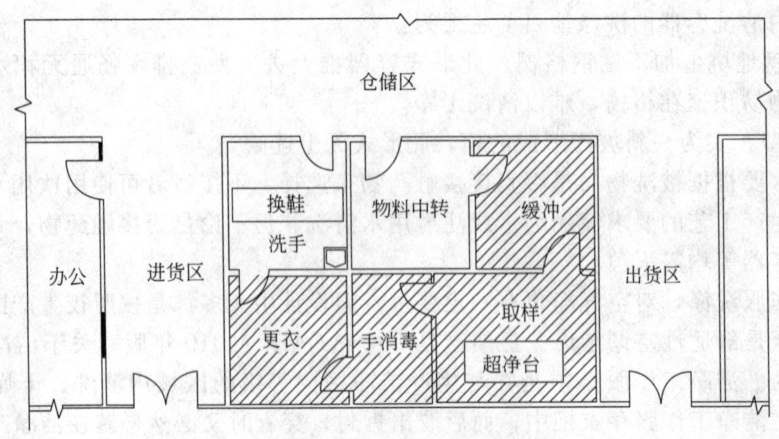

图10-7 取样室布置示意（斜线区C级）

b. 称量室应放在洁净室（区）内，其空气洁净度同该物料的制剂生产洁净级别一致。备料室宜靠近称量室，其空气洁净度同该物料的制剂生产洁净级别一致。备料室、称量室布置示例如图 10-8 所示。

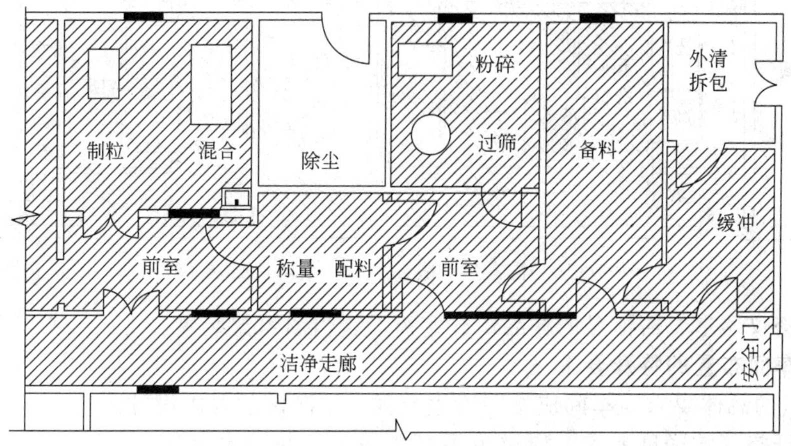

图 10-8　备料室、称量室布置示意（D 级）

c. 设备及容器具清洗室。需要在洁净室（区）内清洗的设备及容器具，其清洗室的空气洁净度等级与该区域相同。A 级洁净室（区）的设备及容器具宜在本区域外清洗，其清洗室的空气洁净度不应低于 C 级，洗涤后应干燥。进入无菌洁净室的容器具应消毒或灭菌。清洁工具洗涤、存放室宜设在洁净室。容器具清洗存放室、洁具清洗存放室布置示例如图 10-9 所示。

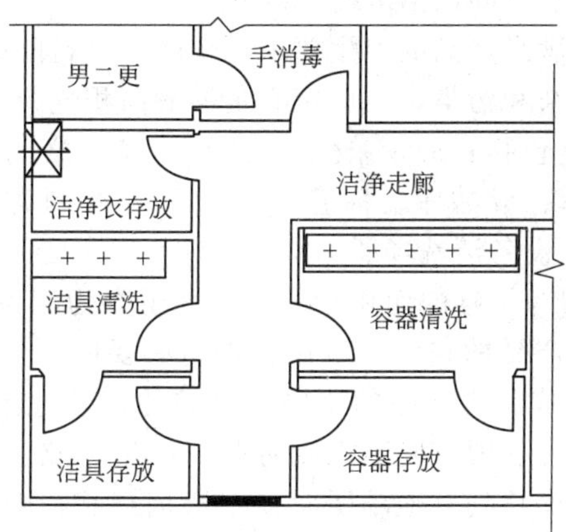

图 10-9　容器具清洗存放室、洁具清洗存放室布置示意

d. 洁净工作服的洗涤干燥室。C 级以上区域的洁净工作服，其洗涤、干燥、整理及必要时灭菌的房间应设在洁净室（区）内，其空气洁净度等级不应低于 D 级。无菌工作服的整理、灭菌室，其空气洁净度等级宜与使用无菌工作服的洁净室（区）相同。洁净工作服的洗涤、干燥室布置示例如图 10-10 所示。

⑦ 满足质量部门的布置要求，具体如下。

a. 检验室、中药标本室、留样观察室以及其他各类实验室应与药品生产区分开。

b. 生物检定室、微生物检定室、放射性同位素检定室应分别设置。

c. 有特殊要求的仪器应设专门仪器室。

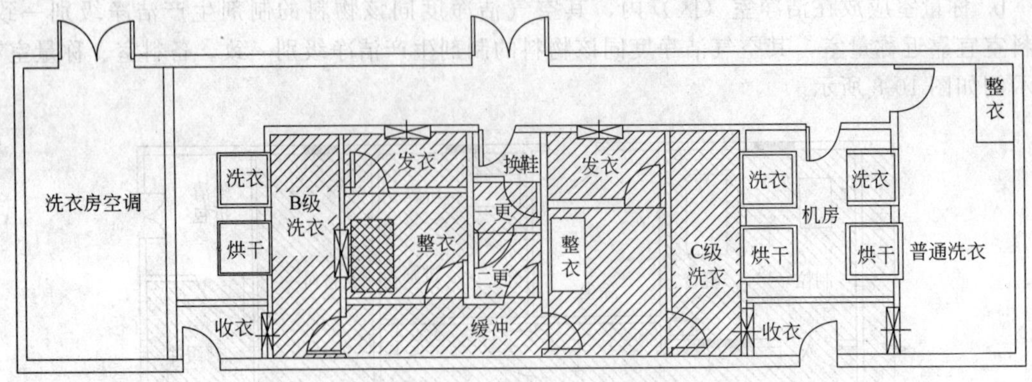

图 10-10　洗衣房布置示意（C 级，局部 A 级）

d. 对精密仪器室、需恒温的样品留样室需设置恒温恒湿装置。

2. 制剂车间布置的特殊要求

（1）车间的总体要求　车间应按一般生产区、洁净区的要求设计。

① 为保证空气洁净度要求，应避免不必要的人员和物料流动。为此，平面布置时应考虑人流、物流要严格分开，无关人员和物料不得通过生产区。

② 车间的厂房、设备、管线的布置和设备的安放，要从防止产品污染方面考虑，便于清扫。设备间应留有适当的便于清扫的间距。

③ 厂房必须能够防尘、防昆虫、防鼠类等的污染。

④ 不允许在同一房间内同时进行不同品种或同一品种、不同规格的操作。

⑤ 车间内应设置更换品种及日常清洗设备、管道、容器等必要的水池、上下水道等设施，这些设施的设置不能影响车间内洁净度的要求。

（2）生产区的隔断　为满足产品的卫生要求，车间要进行隔断，原则是防止产品、原材料、半成品和包装材料的混杂和污染，又应留有足够的面积进行操作。

① 必须进行隔断的地点包括：a. 一般生产区和洁净区之间；b. 通道与各生产区域之间；c. 原料库、包装材料库、成品库、标签库等；d. 原材料称量室；e. 各工序及包装间等；f. 易燃物存放场所；g. 设备清洗场所；h. 其他。

② 进行分隔的地点应留有足够的面积，以注射剂生产为例说明：a. 包装生产线间如进行非同一品种或非同一批号产品的包装，应用板进行必要的分隔；b. 包装线附近的地板上划线作为限制进入区；c. 半成品、成品的不同批号间的存放地点应进行分隔或标以不同的颜色以示区别，并应堆放整齐、留有间隙，以防混料；d. 合格品、不合格品及待检品之间，其中不合格品应及时从成品库移到其他场所；e. 已灭菌产品和未灭菌产品间；f. 其他。

3. 特殊制剂车间布置的要求

① 生产特殊性质的药品，如高致敏性药品（如青霉素类）或生物制品（如卡介苗或其他用活性微生物制备而成的药品），必须采用专用和独立的厂房、生产设施和设备。青霉素类药品产尘量大的操作区域应当保持相对负压，排至室外的废气应当经过净化处理并符合要求，排风口应当远离其他空气净化系统的进风口。

② 生产 β-内酰胺结构类药品、性激素类避孕药品必须使用专用设施（如独立的空气净化系统）和设备，并与其他药品生产区严格分开。

③ 生产某些激素类、细胞毒性类、高活性化学药品应当使用专用设施（如独立的空气净化系统）和设备；特殊情况下，如采取特别防护措施并经过必要的验证，上述药品制剂则可通过阶段性生产方式共用同一生产设施和设备。

④ 用于上述第1、2、3项的空气净化系统，其排风应当经过净化处理。

⑤ 中药材的前处理、提取、浓缩必须与其制剂生产严格分开；中药材的蒸、炒、炙、煅等炮制操作应有良好的通风、除烟、除尘、降温设施。

⑥ 动物脏器、组织的洗涤或处理，必须与其制剂生产严格分开。

⑦ 含不同核素的放射性药品，生产区必须严格分开。

⑧ 生产用菌毒种与非生产用菌毒种、生产用细胞与非生产用细胞、强毒与弱毒、死毒与活毒、脱毒前与脱毒后的制品和活疫菌与灭活疫苗、人血液制品、预防制品等的加工或灌装不得同时在同一生产厂房内进行，其贮存要严格分开。不同种类的活疫苗的处理及灌装应彼此分开。强毒微生物及芽孢菌制品的区域与相邻区域保持相对负压，并有独立的空气净化系统。

注：生产区域的严格分开，一般是指空气净化系统、设备、人员和物料净化用室和操作室（区）的分开。

四、人流物流及人净物净

1. 制剂车间洁净分区概念

药厂生产中，细菌的传播途径主要有：①工具和容器；②人员；③原材料；④包装材料；⑤空气中的尘粒。其中第①、第②项可以通过卫生消毒、净化制度来解决。第③项可以通过原材料检验手段、保存条件、精制过滤、工艺等来解决。第④项可以通过洗涤、消毒来解决。而第⑤项空气中的尘粒则是一个很关键的污染源，这一项的有效保证方法是测定洁净度。资料表明，高洁净度房间的菌落数相对较少，尘粒数又可以通过不同的过滤方式来控制，同时还可以对不同要求的生产岗位采用不同的洁净级别。由此产生了一个新的车间洁净分区概念，即按照洁净度来分类。

(1) 生产区域的划分　制剂车间根据药品工艺流程和质量要求进行合理布置和分区。按规范可将制剂车间分为两个区，即一般生产区、洁净区（A、B、C和D级）。

(2) 车间洁净度的细分

① 一般生产区。无洁净级别要求的房间所组成的生产区域。它包括：针剂车间的纯水制备、安瓿割圆、粗洗、消毒、灯检、包装、输液的纯水制备、洗涤（玻璃瓶、胶塞、膜）、盖铝盖、轧盖、灭菌、灯检、包装；无菌粉针和冻干的胶塞粗洗、包装；片剂的洗瓶、外包装；化验。

② 洁净区。口服液体和固体制剂、腔道用药（含直肠用药）、表皮外用药品等非无菌制剂生产的暴露工序区域及其直接接触药品的包装材料最终处理的暴露工序区域，应当参照GMP（2010年版）“无菌药品”附录中D级洁净区的要求设置，企业可根据产品的标准和特性对该区域采取适当的微生物监控措施。

a. 无菌药品工序洁净区域划分。无菌药品是指法定药品标准中列有无菌检查项目的制剂和原料药，包括无菌制剂和无菌原料药。

无菌药品按生产工艺可分为两类：采用最终灭菌工艺的为最终灭菌产品；部分或全部工序采用无菌生产工艺的为非最终灭菌产品。无菌药品生产所需的洁净区可分为以下4个级别。

A级：高风险操作区，如灌装区、放置胶塞桶和与无菌制剂直接接触的敞口包装容器的区域及无菌装配或连接操作的区域，应当用单向流操作台（罩）维持该区的环境状态。单向流系统在其工作区域必须均匀送风，风速为0.36～0.54m/s（指导值）。应当有数据证明单向流的状态并经过验证。

在密闭的隔离操作器或手套箱内，可使用较低的风速。

B级：指无菌配制和灌装等高风险操作A级洁净区所处的背景区域。

C级和D级：指无菌药品生产过程中重要程度较低的操作步骤的洁净区。

无菌药品的生产操作环境可参照表10-4和表10-5中的示例进行选择。

表10-4 无菌药品（最终灭菌产品）的生产操作环境

洁净度级别	最终灭菌产品生产操作示例
C级背景下的局部A级	高污染风险①的产品灌装(或灌封)
C级	1. 产品灌装(或灌封)； 2. 高污染风险②产品的配制和过滤； 3. 眼用制剂、无菌软膏剂、无菌混悬剂等的配制、灌装(或灌封)； 4. 直接接触药品的包装材料和器具最终清洗后的处理
D级	1. 轧盖； 2. 灌装前物料的准备； 3. 产品配制(指浓配或采用密闭系统的配制)和过滤直接接触药品的包装材料和器具的最终清洗

① 此处的高污染风险是指产品容易长菌、灌装速度慢、灌装用容器为广口瓶、容器须暴露数秒后方可密封等状况。

② 此处的高污染风险是指产品容易长菌、配制后需等待较长时间方可灭菌或不在密闭系统中配制等状况。

表10-5 无菌药品（非最终灭菌产品）的生产操作环境

洁净度级别	非最终灭菌产品的无菌生产操作示例
B级背景下的A级	1. 处于未完全密封①状态下产品的操作和转运，如产品灌装(或灌封)、分装、压塞、轧盖②等； 2. 灌装前无法除菌过滤的药液或产品的配制； 3. 直接接触药品的包装材料、器具灭菌后的装配以及处于未完全密封状态下的转运和存放； 4. 无菌原料药的粉碎、过筛、混合、分装
B级	1. 处于未完全密封①状态下的产品置于完全密封容器内的转运； 2. 直接接触药品的包装材料、器具灭菌后处于密闭容器内的转运和存放
C级	1. 灌装前可除菌过滤的药液或产品的配制； 2. 产品的过滤
D级	直接接触药品的包装材料、器具的最终清洗、装配或包装、灭菌

① 轧盖前产品视为处于未完全密封状态。

② 根据已压塞产品的密封性、轧盖设备的设计、铝盖的特性等因素，轧盖操作可选择在C级或D级背景下的A级送风环境中进行。A级送风环境应当至少符合A级区的静态要求。

b. 无菌药品的关键工序洁净要求。用于生产非最终灭菌产品的吹灌封设备自身应装有A级空气风淋装置，人员着装应当符合A/B级洁净区的式样，该设备至少应当安装在C级洁净区环境中。在静态条件下，此环境的悬浮粒子和微生物均应当达到标准，在动态条件下，此环境的微生物应当达到标准。

用于生产最终灭菌产品的吹灌封设备至少应当安装在D级洁净区环境中。

因吹灌封技术的特殊性，应当特别注意设备的设计和确认、在线清洁和在线灭菌的验证及结果的重现性、设备所处的洁净区环境、操作人员的培训和着装，以及设备关键区域内的操作，包括灌装开始前设备的无菌装配。

根据剂型的不同，具体工序的洁净级别如下。

a. D级的有：片剂生产除洗瓶和外包装外的工艺过程；胶囊生产的全过程；口服药的洗瓶、调配、灌装、加盖；最终能热压灭菌的注射剂的调配工段；洗瓶工段的粗洗以及非无菌原料药的精制、烘干、包装等。

b. C级的有：最终能热压灭菌的注射剂瓶子的精洗、烘干、贮存工段；最终不能热压灭菌注射剂的调配室、粗滤、瓶子的清洗；大输液的稀配、粗滤、灌装，瓶、盖、膜的精洗，加薄膜、盖塞；滴眼剂的灌封；无菌粉针、冻干的原料外包装消毒、洗瓶、胶塞精洗、轧盖；无菌原料药的玻瓶精洗。

c. B级的有：最终不能热压灭菌注射剂（包括冻干产品及粉针）的瓶子的烘干、贮存；针剂的精滤、灌装、封口、玻瓶的冷却；输液的精滤、灌装、盖塞、瓶塞膜的精洗；冻干制剂的无菌过滤、分装、加盖；粉针原料检查、玻瓶冷却、原料调配、过筛、混粉、分装、加盖；无菌眼药膏、药水的调配和灌封室；无菌原料药生产的过滤、结晶、分离、干燥、过筛、混粉、包装；血浆制品的粗分室、精分室。

d. 局部A级有：无菌检验；菌种接种工作台；无菌生产用薄膜过滤器的装配；输液的精滤、灌装、放膜、盖塞；冻干制剂的无菌过滤、灌装；冻干、加塞；无菌粉针的玻瓶冷却、分装、盖塞；无菌原料药的瓶冷却、过筛、混粉、装瓶；血制品的冻干室、血浆的粗分工作台、精分工作台。

以上洁净分区是根据GMP的规定制定的，也有不少药厂根据各自的标准制定了高于上述分区的要求，如有的厂将片剂车间的洁净度列于C级，将非无菌原料药的精制、烘干、包装等洁净度列于C级。应该注意：要根据实际需要制定标准，不必无限制的提高标准，因提高标准将增加能耗、提高成本。

为了达到洁净目的，一般采取的空气净化措施主要有三项：①空气过滤，利用过滤器有效地控制从室外引入室内的全部空气的洁净度；②组织气流排污，在室内组织起特定形式和强度的气流，利用洁净空气把生产环境中发生的污染物排除出去；③提高室内空气静压，防止外界污染空气从门及各种漏隙部位侵入室内。

2. 人流物流及人净物净对车间布置的若干技术要求

（1）工艺布置的基本要求　对极易造成污染的物料和废弃物，必要时要设置专用出入口，洁净厂房内的物料传递路线要尽量短捷。相邻房间的物料传递尽量利用室内传递门窗，减少在走廊内输送。人员和物料进入洁净厂房要有各自的净化用室和设施。净化用室的设置要求与生产区的洁净级别相适应。生产区的布置要顺应工艺流程，减少生产流程的迂回、往返。操作区内只允许放置与操作有关的物料。人员和物料使用的电梯宜分开。电梯不宜设在洁净区，必须设置时，电梯前应设置气闸室。货梯与洁净货梯也应分开设置。全车间人流、物流入口理想状态是各设一个，这样容易控制车间的洁净度。

工艺对洁净室的洁净度级别应提出适当的要求，高级别洁净度（如A级）的面积要严格加以控制。工艺布置时洁净度要求高的工序应置于上风侧，对于水平层流洁净室则应布置在第一工作区，对于产生污染多的工艺应布置在下风侧或靠近排风口。洁净室仅布置必要的工艺设备，以求紧凑，减少面积的同时，要有一定间隙，以利于空气流通，减少涡流。易产生粉尘和烟气的设备应尽量布置在洁净室的外部，如必须设在室内时，应设排气装置，并尽量减少排风量。

（2）洁净度的基本要求　在满足工艺条件的前提下，为提高净化效果，有空气洁净度要求的房间宜按下列要求布置。

① 空气洁净度的房间或区域。空气洁净度高的房间或区域宜布置在人最少到达的地方，并靠近空调机房，布置在上风侧。空气洁净度相同的房间或区域宜相对集中，以利通风布置合理化。不同洁净级别的房间或区域宜按空气洁净度的高低由里及外布置。同时，相互联系之间要有防止污染措施。如气闸室、空气吹淋室、缓冲间、传递窗等。在为有窗厂房时，一般应将洁净级别较高的房间布置在内侧或中心部位；在窗户密闭性较差的情况下布置又需将

无菌洁净室安排在外侧时，可设一封闭式外走廊，作为缓冲区。在无窗厂房中无此要求。

② 原材料、半成品和成品。洁净区内应设置与生产规模相适应的原材料、半成品、成品存放区，并应分别设置待验区、合格品区和不合格品区，这样，能有条不紊的工作，防止不同药品、中间体之间发生混杂，防止由其他药品或其他物质带来的交叉污染，并防止遗漏任何生产或控制步骤。仓库的安排，洁净厂房使用的原辅料、包装材料及成品待检仓库与洁净厂房的布置应在一起，根据工艺流程，在仓库和车间之间设一输送原辅料的入口和设一送出成品的出口，并使运输距离最短。多层厂房一般将仓库设在底层，或紧贴多层建筑物的单层裙房内。

③ 合理安排生产辅助用室。生产辅助用室应按下列要求布置：称量室宜靠近原料库，其洁净级别同配料室。对设备及容器具清洗室，C级、D级区的清洗室可放在本区域内，A级和B级区的设备及容器具清洗室宜设在本区域外，其洁净级别可低于生产区一个级别。清洁工具洗涤、存放室，宜放在洁净区外。洁净工作服的洗涤、干燥室，其洁净级别可低于生产区一个级别，无菌服的整理、灭菌室，洁净级别宜与生产区相同。维护保养室不宜设在洁净生产区内。

④ 卫生通道。卫生通道可与洁净室分层设置。通常将换鞋、存外衣、淋浴、更内衣置于底层，通过洁净楼梯至有关各层，再经二次更衣（即穿无菌衣、鞋和手消毒室），最后通过风淋进洁净区。卫生通道也可与洁净室设在同一楼层布置，它适用于洁净区面积小或严格要求分隔的洁净室。无论洁净室与卫生通道设在同一层与否，其进入洁净区的入口位置均很重要，理想的入口应尽量接近洁净区中心。

⑤ 物流路线。由车间外来的原辅料等的外包装不宜进入洁净区，拆除外包装后的物料容器经过处理后，方能进入。进入C级区域的容器及工具需对外表面进行擦洗。进入B级需在缓冲间内用消毒水擦洗，然后通过传递窗或气闸，并用紫外线照射杀菌。灌装用的瓶子，经过洗涤后，通过双门烘箱或隧道烘箱经消毒后进入洁净区。

⑥ 空调间的安排。空调间的安排应紧靠洁净区，使通风管路线最短。对于多层厂房的空调机房宜采用每层设一个空调机房，最多两层设一个。这样可避免或减少上下穿行大面积通风管道占用的面积，也简化风道布置更有利于管道。空调机房位置的选定要根据工艺布置及洁净区的划分安排最短捷、交叉最少的送回风管道，这时多层厂房的技术夹层更显重要，因技术夹层不可能很高，而各专业管道较多，作为体积最大、线路最长的风道若不安排好，将直接影响其他管道的布置。

(3) 人员净化用室、生活用室布置的基本要求　GMP（2010年版）对各洁净区的着装要求规定如下。

D级洁净区：应当将头发、胡须等相关部位遮盖。应当穿合适的工作服和鞋子或鞋套。应当采取适当措施，以避免带入洁净区外的污染物。

C级洁净区：应当将头发、胡须等相关部位遮盖，应当戴口罩。应当穿手腕处可收紧的连体服或衣裤分开的工作服，并穿适当的鞋子或鞋套。工作服应当不脱落纤维或微粒。

A/B级洁净区：应当用头罩将所有头发以及胡须等相关部位全部遮盖，头罩应当塞进衣领内，应当戴口罩以防散发飞沫，必要时戴防护目镜。应当戴经灭菌且无颗粒物（如滑石粉）散发的橡胶或塑料手套，穿经灭菌或消毒的脚套，裤腿应当塞进脚套内，袖口应当塞进手套内。工作服应为灭菌的连体工作服，不脱落纤维或微粒，并能滞留身体散发的微粒。

个人外衣不得带入通向B级或C级洁净区的更衣室。每位员工每次进入A/B级洁净区，应当更换无菌工作服；或每班至少更换一次，但应当用监测结果证明这种方法的可行性。操作期间应当经常消毒手套，并在必要时更换口罩和手套。

人员净化用室和生活用室的布置应避免往复交叉，一般按下列程序进行布置。

a. 非无菌产品、可灭菌产品。生产区人员净化程序见图 10-11。

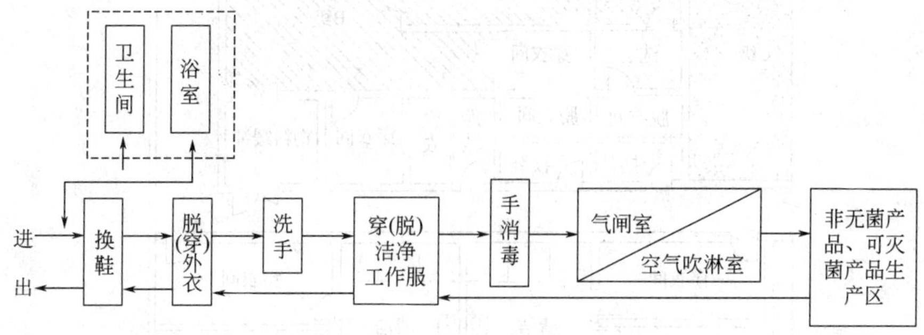

图 10-11　非无菌产品、可灭菌产品生产区人员净化程序

b. 不可灭菌产品。生产区人员净化程序见图 10-12。

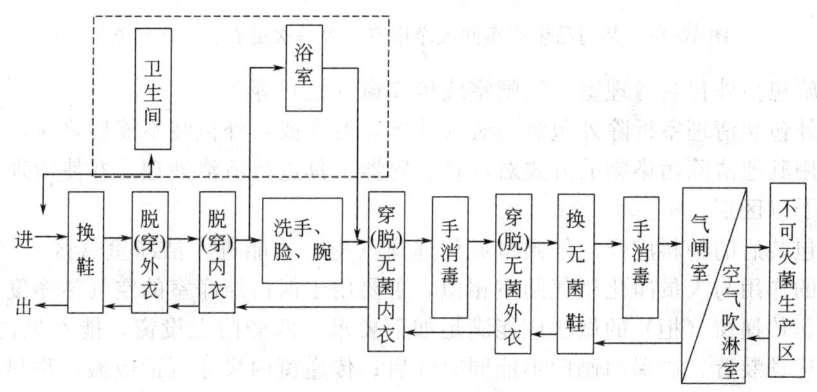

图 10-12　不可灭菌产品生产区人员净化程序

人员净化用室宜包括雨具存放室、换鞋室、存外衣室、盥洗室、洁净工作室和气闸室或空气吹淋室等。人员净化用室要求应从外到内逐步提高洁净度，洁净级别可低于生产区。对于要求严格分隔的洁净区，人员净化用室和生活用室布置在同一层。

人员净化用室的入口应有净鞋设施。在 A 级、B 级洁净区的人员净化用室中，存外衣和洁净工作服室应分别设置，按最大班人数每人各设一外衣存衣柜和洁净工作服柜。盥洗室应设洗手和消毒设施，宜装烘干器，水龙头按最大班人数每 10 人设一个，龙头开启方式以不直接用手为宜。有空气洁净度要求的生产区内不得设厕所，厕所宜设在人员净化室外。淋浴室可以不作为人员净化的必要措施，特殊需要设置时，可靠近盥洗室。为保持洁净区域的空气洁净和正压，洁净区域的入口处应设气闸室或空气吹淋室。气闸室的出入门应予联锁，使用时不得同时打开。设置单人空气吹淋室时，宜按最大班人数每 30 人一台，洁净区域工作人员超过 5 人时，空气吹淋室一侧应设旁通门。人员净化用室和生活用室的建筑面积应合理确定。一般可按洁净区设计人数平均每人 4～6m^2 计算。人员净化用室和生活用室的平面图例见图 10-13。

(4) 物净用室的基本要求　为防止污染物带入洁净室（区），所有送入洁净室（区）的各种物料、原辅料、设备、工器具包装材料等均需按要求进行外包装清理、吹净，有效地清除外表面的微粒和微生物，对于无菌药品生产或其他要求无菌作业者还必须进行无菌处理。在洁净厂房内根据空气洁净度等级、产品生产的要求设置必要的物料净化设施，洁净厂房的

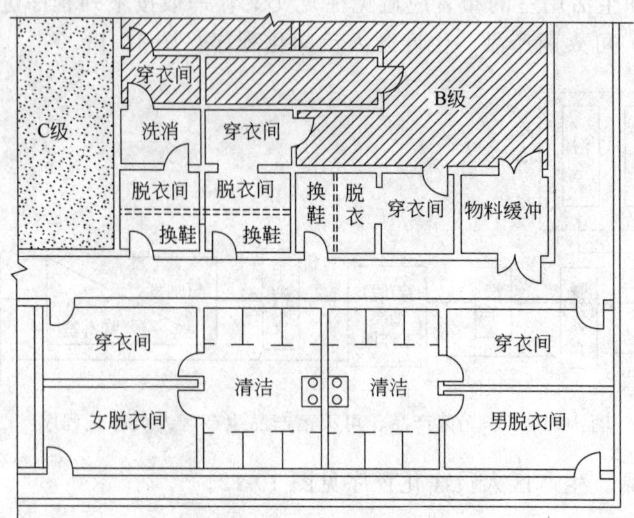

图 10-13 某药品生产车间人净用室（含一次更衣、二次更衣）

物料净化设施包括外包装清理室、气闸室或传递窗（柜）等。

物料在外包装清理室拆除外包装、装入洁净容器内或当外包装不能拆除时，对其擦拭清除尘土或采用其他清除污染物的方式对设备、容器工具进行清洁处理，并使清理前后的物料以一定标志予以区别。

清理外包装后的物料应经过气闸室或传递窗（柜）才能进入洁净室（区），气闸室或传递窗（柜）的作用与人员净化用气闸室相似，主要用于保持洁净室的空气洁净度和洁净室内必须的压力。传递窗（柜）的做法应能满足如下要求：两侧门上设窗，能看见内部和两侧；两侧门上设连锁装置，确保两侧门不能同时开启；传递窗内尺寸可适应搬运物料的大小及重量，气密性好并有必要的强度；根据用途的不同可设置室内灯、杀菌设施。传送物料用的传送带不得从非无菌室直接进入无菌室或穿过不同空气洁净度等级的房间，如洁净区与非洁净区。

物料净化用室及其措施应根据产品生产特点、设备和物料的性质、形状等特征设置，如在洁净厂房的物料入口处设外包装清理室或更换外包装材料、运输器具；在洁净室内设容器清洗、干燥和贮存室等。这些房间的空气洁净度等级通常根据清理的对象和实际布置情况确定，通常在洁净区内时大多与相邻房间的洁净等级一致。

（5）生产洁净区布置要求　洁净车间在工艺条件许可下应尽可能地降低洁净室的净高，以减少空调净化处理的空气量，从而不仅减少空调费用，降低造价，也有利于提高防尘效果。一般洁净车间的净高可控制在 2.6m 以下。但精制、调配设备一般都带有搅拌器，房间的高度也要考虑搅拌轴的检修高度。当然可选用磁力搅拌配料罐，其搅拌器设在底部，可不必增高房间高度。对有振动的设备，如带搅拌装置的设备、输送泵、压缩机等，宜选用易拆洗、型号小的，并组合成机组，装在型钢支架上，以减少与地面固定的地脚螺栓。洁净度要求高的房间内，应少用地脚螺栓，尽量平放在地面上，以减少地面积尘的死角。

考虑输送通道及中间品班存量（即临时堆放场地）。片剂生产时粉碎、粗筛、精筛、制粒、整粒、总混、压片等工序，其粉尘大、噪声杂，应与其他工序分开，隔成独立小室，并采用消声隔音装置，以改善操作环境。干燥灭菌烘箱、灭菌隧道烘箱、物料烘箱等宜采用跨墙布置，即主要设备布置在低洁净区（如 C 级区），将要烘的瓶或物料送入，以墙为分隔线，墙的另一面为洁净区（如 B 级区）。烘干后的瓶或物料从洁净区（B 级区）取出。所选设备应为双面开门，但不允许同时开启。设备既起到消毒烘干作用，又起到传递窗（柜）的作用。墙与烘箱需采用可靠密封隔断材料，以保证达到不同等级的洁净度要求。

第六节　管道布置设计

一、管道布置的基本原则

管道布置的基本原则如下。

(1) 在有空气洁净度要求的厂房内，系统的主管应布置在技术夹层、技术夹道或技术竖井中。夹层系统中有空气净化系统管线，包括送回风管道、排气系统管道、除尘系统管道，这种系统管线的特点是管径大、管道多且广，是洁净厂房技术夹层中起主导作用的管道，管道的走向直接受空调机房位置、逆回风方式、系统的划分等三个因素的影响，而管道的布置是否理想又直接影响技术夹层。

这个系统中，工艺管道主要包括净化水系统和物料系统。这个系统的水平管线大都是布置在技术夹层内。一些需要经常清洗消毒的管道应采用可拆式活接头，并宜明敷。

公用工程管线气体管道中除煤气管道明装外，一般上水、下水、动力、空气、照明、通信、自控、气体等管道均可将水平管道布置在技术夹层中。洁净车间内的电气线路一般宜采用电源桥架敷线方式，这样有利于检修，有利于洁净车间布置的调整。

(2) 暗敷管道的常见方式有技术夹层和管道竖井以及技术走廊。技术夹层的几种形式为：①仅顶部有技术夹层，这种形式在单层厂房中较普遍；②二层洁净车间时，底层为空调机房，动力等辅助用房，则空调机房上部空间可作为上层洁净车间的下夹层，亦有将空调机房直接设于洁净车间上部的。

管道竖井：生产岗位所需的管线均由夹层内的主管线引下，一般小管径管道及一些电气管线可埋设于墙体内，但管径较大、管线多时可集中设于管道竖井内引下，但多层及高层洁净厂房的管道竖井，至少每隔一层要用钢筋混凝土板封闭，以免发生火警时波及各层。

技术走廊使用与管道竖井相同。在固体制剂车间，在有粉尘散发的房间后侧设技术廊，技术廊内可安排送回风管道、工艺及公用工程管线，既保证操作室内无明管，而且检修方便，这种方法对层高过低的老厂房是非常有效的办法。

(3) 管道材料应根据所输送物料的理化性质和使用工况选用。采用的材料应保证满足工艺要求，使用可靠，不吸附和污染介质，施工和维护方便。引入洁净室（区）的明管材料应采用不锈钢。输送纯化水、注射用水、无菌介质和成品的管道材料、阀门、管件宜采用低碳优质不锈钢（如含碳量分别为 0.08%、0.03%的 316 钢和 316L 钢），以减少材质对药品和工艺水质的污染。

(4) 洁净室（区）内各种管道，在设计和安装时应考虑使用中避免出现不易清洗的部位。为防止药液或物料在设备、管道内滞留，造成污染，设备内壁应光滑、无死角。管道设计要减少支管、管件、阀门和盲管。为便于清洗、灭菌，需要清洗、灭菌的零部件要易于拆装，不便拆装的要设清洗口。无菌室设备、管道要适应灭菌需要。输送无菌介质的管道应采取灭菌措施或采用卫生薄壁可拆卸式管道，管道不得出现无法灭菌的“盲管”。

管道与阀门连接宜采用法兰、螺纹或其他密封性能优良的连接件，采用法兰连接时宜使用不易积液的对接法兰、活套法兰。凡接触物料的法兰和螺纹的密封应采用聚四氟乙烯。药液输送管路的安装尽量减少连接处，密封垫宜采用硅橡胶等材料。

输送纯化水、注射用水管道，应尽量减少支管、阀门。输送管道应有一定坡度。其主管应采用环形布置，按 GMP（2010 年版）要求保持循环，以便不用时注射用水可经支管的回流管道回流至主管，防止在支管内水的滞留而孳生细菌。见图 10-14。

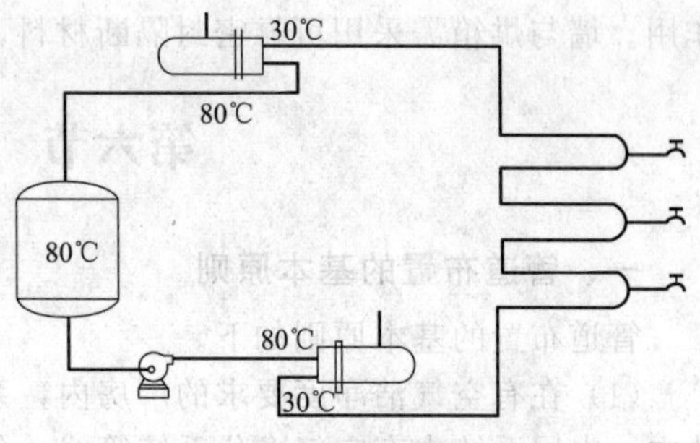

图 10-14 注射用水管道

引入洁净室（区）的支管宜暗敷，各种明设管道应方便清洁，不得出现不易清洁的部位。洁净室内的管道应排列整齐，尽量减少洁净室内的阀门、管件和管道支架。各种给水管道宜竖向布置，在靠近用水设备附近横向引入。尽量不在设备上方布置横向管道，防止水在横管上静止滞留。从竖管上引出支管的距离宜短，一般不宜超过支管直径的6倍。排水竖管不应穿过洁净度要求高的房间，必须穿过时，竖管上不得设置检查口。管道弯曲半径宜大不宜小，弯曲半径小容易积液。

地下管道应在地沟管槽或地下埋设，技术夹层主管上的阀门、法兰和接头不宜设在技术层内，其管道连接应采用焊接。这些主管的放净口、吹扫口等均应布置在技术夹层之外。

穿越洁净室的墙、楼板、硬吊顶的管道应敷设在预埋的金属套管中，管道与套管间应有可靠密封措施。

(5) 阀门选用也应考虑不积液的原则，不宜使用普通截止阀、闸阀，宜使用清洗消毒方便的旋塞、球阀、隔膜阀、卫生蝶阀、卫生截止阀等。

无菌生产的A/B级洁净区内禁止设置水池和地漏。在其他洁净区内，水池或地漏应当有适当的设计、布局和维护，并安装易于清洁且带有空气阻断功能的装置以防倒灌。同外部排水系统的连接方式应当能够防止微生物的侵入。

(6) 洁净室管道应视其温度及环境条件确定绝热条件。冷保温管道的保温层外壁温度不得低于环境的露点温度。

管道保温层表面必须平整、光洁，整体性能好，不易脱落，不散发颗粒，绝热性能好，选择易施工的材料，并宜用金属外壳保护。

(7) 洁净室（区）内配电设备的管线应暗敷，进入室内的管线口应严格密封，电源插座宜采用嵌入式。

(8) 洁净室及其技术夹层、技术夹道内应设置灭火设施和消防给水系统。

二、车间管道设计

1. 洁净厂房内的管道布置、支撑和保温

洁净厂房内的管道布置、支撑和保温主要满足以下几个方面的要求。

(1) 在洁净厂房内，系统的主管应布置在技术夹层、技术夹道或技术竖井中。夹层系统中有空气净化系统管线，这种系统管线的特点是管径大、管道多且广，是洁净厂房技术夹层中起主导作用的管道，管道的走向直接受空调机房位置、逆回风方式、系统的划分等三个因素的影响，而管道的布置是否理想又直接影响技术夹层。这个系统中，工艺管道主要包括净化水系统和物料系统。这个系统的水平管线大都是布置在技术夹层内。一些需要经常清洗消毒的管道应采用可拆式活接头，并宜明敷。公用工程管线气体管道中除煤气管道明装外，一般上水、下水、动力、空气、照明、通信、自控、气体等管道均可将水平管道布置在技术夹层中。

(2) 引入洁净室（区）的明管材料应采用不锈钢。输送纯化水、注射用水、无菌介质和成品的管道材料、阀门、管件宜采用低碳优质不锈钢（如含碳量分别为 0.08%、0.03%的

316 钢和 316L 钢)，以减少材质对药品和工艺水质的污染。

(3) 洁净室(区)内各种管道，在设计和安装时应考虑使用中避免出现不易清洗的部位。管道设计要减少支管、管件、阀门和盲管。为便于清洗、灭菌，需要清洗、灭菌的零部件要易于拆装，不便拆装的要设清洗口。无菌室设备、管道要适应灭菌需要。输送无菌介质的管道应采取灭菌措施或采用卫生薄壁可拆卸式管道。GMP(2010 年版)规定进入洁净室的管道与墙壁或天棚的连接部位均应密封。管道与所穿墙板间的密封形式有多种，最常见的有下列几种形式，如图 10-15 所示。

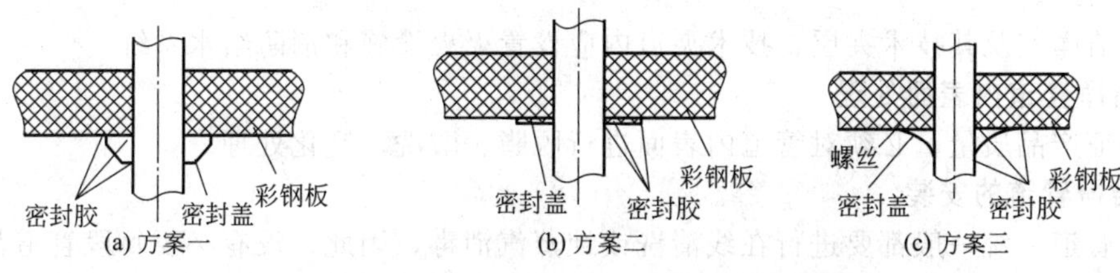

图 10-15 穿墙管道的密封方案

方案一采用的是一碗状的厚度仅为 0.3mm 密封盖密封，主要是依靠“碗”里注入的密封胶与管道和彩钢板之间的粘接填塞来起到密封作用，安装不牢固。当有人员(如调试、维修人员)在彩钢板上工作时，彩钢板产生的管道方向的位移会导致管与盖或盖与板之间的密封胶松脱，从而影响洁净室的密闭性，外界的污染物可乘虚而入。方案二的结构与方案一相比有一定的改进，密封盖采用厚度为 2～3mm 的表面光洁的不锈钢板材，并且在管道与彩钢板之间也填充了密封胶，增大了密封面积，但因密封的性质与方案一基本一致，因此还是会产生方案一所发生的松脱现象。方案三的结构是考虑到上面两种密封形式的不足，在密封盖与彩钢板之间采用螺栓固定连接；同时吸纳了它们各自的长处，密封盖与彩钢板、管道之间有一圆弧形空间，当彩钢板上有力作用时，密封胶能起到很好的缓冲作用而不轻易松脱。此外由于采用了圆弧结构，方便了洁净室的清洁卫生工作，有利于洁净室的维护使用。所以，在 3 种结构中，方案三所示结构可以说是最能体现 GMP(2010 年版)理念的一种密封形式。

管道与阀门连接宜采用法兰、螺纹或其他密封性能优良的连接件，采用法兰连接时宜使用不易积液的对接法兰、活套法兰。凡接触物料的法兰和螺纹的密封应采用聚四氟乙烯。药液的输送管路的安装尽量减少连接处，密封垫宜采用硅橡胶等材料。

引入洁净室(区)的支管宜暗敷，各种明设管道不得出现不易清洁的部位。明设管道为便于清洁和管道维修，管道里侧距墙壁应有一定的间距 S，一般 S 值可取 $5\text{cm} \leqslant S \leqslant 10\text{cm}$。如果是多根管道并排平行布置，该间距应适当增大，同时管道与管道之间的净空也不应小于 5cm。洁净室内的管道应排列整齐，尽量减少洁净室内的阀门、管件和管道支架。

各种给水管道宜竖向布置，在靠近用水设备附近横向引入。尽量不在设备上方布置横向管道，防止水在横管上滞留。从竖管上引出支管的距离宜短，一般不宜超过支管直径的 6 倍。排水竖管不应穿过洁净度要求高的房间，必须穿过时，竖管上不得设置检查口。管道弯曲半径宜大不宜小。

地下管道应在地沟管槽或地下埋设，技术夹层主管上的阀门、法兰和接头不宜设在技术层内，其管道连接应采用焊接。这些主管的放净口、吹扫口等均应布置在技术夹层之外。

穿越洁净室的墙、楼板、硬吊顶的管道应敷设在预埋的金属套管中，管道与套管间应有可靠的密封措施。

(4) 阀门选用也应考虑不积液的原则，宜使用清洗消毒方便的旋塞、球阀、隔膜阀、卫生蝶阀、卫生截止阀等。洁净区的排水总管顶部设置排气罩，设备排水口应设水封，地漏均需带水封。

(5) 洁净室管道应视其温度及环境条件确定绝热条件。冷保温管道的保温层外壁温度不得低于环境的露点温度。管道保温层表面必须平整、光洁，不散发颗粒，绝热性能好，材料要易于施工，并宜用金属外壳保护。

(6) 洁净室（区）内配电设备的管线应暗敷，进入室内的管线口应严格密封，电源插座宜采用嵌入式。

(7) 洁净室及其技术夹层、技术夹道内应设置灭火设施和消防给水系统。

2. 洁净管道内表面处理

为保证产品质量，必须对管道内表面进行脱脂、酸洗、钝化处理。

3. 洁净管道的安装

洁净管道系统一般都要进行在线清洗或纯蒸汽消毒，因此，没有必要每段管道都采用快装卡箍连接。事实上，在整个洁净管道系统中，将所有管道件都拆卸下来进行清洗是不太现实的，其原因在于：工作量太大；难于拆卸；清洗之后的管道在重新安装的过程中易产生灰尘等新的污染，也不能保证管件不受到损伤；快装连接中的密封圈在经常性的高温消毒作用下可能会加速老化、产生颗粒、容易变形而泄漏。密封圈容易造成杂质的滞留和微生物的滋长。因此，洁净管道系统可以惰性气体保护焊为主，只是在使用点需安装阀门的连接处采用快装卡箍连接。洁净管道系统安装结束后，应进行管路试压。

4. 管道的消毒

管道清洗的方法有多种，例如臭氧消毒。具体方法是：将高浓度的臭氧直接打入管道容器，保持臭氧尾气有一定的浓度，就可以达到消毒灭菌的要求。因为是对管道容器进行内表层的消毒，所以臭氧浓度用得高一点。此外还有清洁液消毒等。

三、管道、阀门及管件的选择

1. 管道

(1) 装管工程的标准化　装管工程的标准化便于零件的互换，标准化主要体现在公称压力和公称直径上。

(2) 管径、管壁厚度的计算和确定　管径越大，原始投资费用越大，但动力消耗费用可降低。管径的计算可采用化工工艺设计手册上的算图，求取最经济管径，由此求得的管径能使流体在最经济的流速下运行。也可根据流体在管内的常用速度及流量求取管径。根据管径和各种公称压力范围，查阅化工工艺设计手册可得管壁厚度。

(3) 管道的选材　GMP（2010 年版）对管材的选择有严格限制，要求管道表面应光洁、平整、易清洗或消毒、耐腐蚀、不与药品发生化学反应或吸附药品，应选用拆卸、清洗、检修均方便的卡箍连接形式的管配件。制药工业生产用的管子、阀门和管件的材料选择原则主要依据是输送介质的浓度、温度、压力、腐蚀情况、供应来源和价格等因素综合考虑决定。

输送纯水、注射用水、无菌介质和半成品、成品的管材宜采用低碳优质不锈钢或其他不污染介质材料。引入洁净室的各支管应采用不锈钢管。

对法兰、螺纹连接，其密封用的垫片或垫圈宜采用聚四氟乙烯垫片和聚四氟乙烯包覆垫或食品橡胶密封圈。

(4) 常用管子　制药工业常用管子有金属管和非金属管。各种管子常用规格、材料及适用温度见化工工艺设计手册。

（5）管道设计注意事项

① 穿越洁净室的墙、楼板或硬吊顶的管道，应敷设在预埋的金属套管中，套管内的管段不应有焊缝、螺纹和法兰。管道与套管之间应有可靠的密封措施。

② 穿越软吊顶的管道，应于管道设计时与有关专业密切配合，定出管道穿软吊顶的方位和坐标，防止管道穿龙骨，影响吊顶的结构强度。

③ 洁净室内的管道应根据其表面温度、发热或吸热量及环境的温度和湿度确定保温形式（保热、保冷、防结露、防烫等形式）。防烫、保热管道管外壁温度不超过 40℃，保冷管道的外壁温度不得低于环境露点温度。

④ 保温材料应选用整体性能好、不易脱落、不散发颗粒、保温性能好、易施工的材料，洁净室内的保温层应加金属外壳保护。

2. 阀门

阀门的主要功能包括：接通和截断介质，防止介质倒流，调节介质压力、流量，分离、混合或分配介质，防止介质压力超过规定数值，以保证设备和管道安全运行等。

各种阀门因结构形式与材质的不同，有不同的使用特性、适用场合和安装要求。阀门选用的一般原则见化工工艺设计手册。

3. 管件

管件的作用是联接管道与管道、管道与设备、改变流向等，图 10-16 为常用管件示意图。

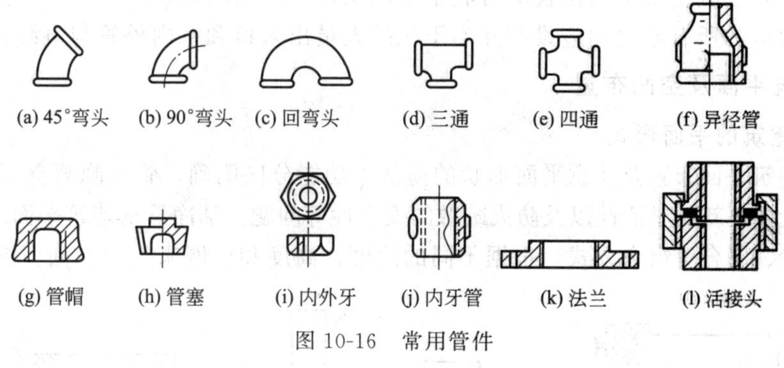

图 10-16　常用管件

第七节　车间建筑设计

一、洁净车间建筑设计的特点

洁净厂房可以分为洁净生产区、洁净辅助区和洁净动力区三个部分。洁净生产区内布置有各级别洁净室，是洁净厂房的核心部分，通常认为经过吹淋室或气闸室后就是进入了洁净生产区。

洁净辅助区包括人净、物净和生活用房以及管道技术夹层。其中人净有盥洗间、更换衣鞋间及吹淋室；物净有粗净化和精净化两个准备间以及可能的物料通道；生活用房有餐室、休息室、饮水室、杂物和雨具存放室以及洁净厕所等。

洁净动力区包括净化空调机房、纯水站、气体净化站、变电站和真空吸尘泵房等。

从空气洁净技术的角度出发，洁净室设计对建筑的要求如下。

① 当洁净室与一般生产用房合为一栋建筑时，洁净室应与一般生产用房分区布置。洁

净室平面布置时，应使人流方向由低洁净度洁净室向高洁净度洁净室，将高级别洁净室布置在人流最少处。

② 在满足工艺要求的条件下，洁净室净高应尽量降低，以减少通风换气量，节省投资和运行费用。净高一般以 2.5m 左右为宜。

③ 洁净室应选择在温湿度变化及振动作用下形变小和气密性能好的围护结构及材料，还要考虑当工艺改变时房间隔墙有变更的余地。

④ 送、回风口及传递窗口等与围护结构连接处以及各种管线孔均应采取密封措施，防止尘粒渗入洁净室，并减少漏风量。

⑤ 若工艺无特殊要求，洁净车间一般应为有窗厂房。A 级洁净室应沿外墙侧设技术夹道。在技术夹道的外墙上设双层密闭窗，技术夹道侧的采光窗应为密闭窗，B 级洁净室可采取上述间接采光方式或仅在外墙设双层密闭窗。C 级洁净室应设双层密闭外窗。

⑥ 洁净动力区是洁净厂房的重要组成部分之一，该区的各种用房一般布置在洁净生产区的一侧或四周，建筑设计应为管线布置创造有利条件。

一般集中式净化空调的机房面积较大，与洁净生产区面积之比可高达（1∶2）～（1∶1）之间，净高不得低于 5m。

纯水站的位置除应便利酸碱的运输外，还应考虑防止水处理对新风口附近空气的污染。

易燃、易爆气体供应站必须符合防火、防爆的规定，且不得影响洁净厂房其他部分的安全。

空压站、真空吸尘泵房的位置应有利于限制噪声和振动的影响。

洁净动力区的所有站房均应设有互不干扰的人员出入口和室内外管与电缆进出口。

二、建筑平面及空间布置

1. 洁净建筑的平面形式

洁净室建筑平面布置要注意平面形状的简洁，功能分区明确，管线隐蔽空间的合理分布，生产工艺和设备更新的灵活性以及防火疏散的安全性等问题。洁净厂房建筑平面组合形式常采用贴邻、块状、围合等组合方式。根据不同的跨度、高度和柱网来组织空间。图10-17是洁净

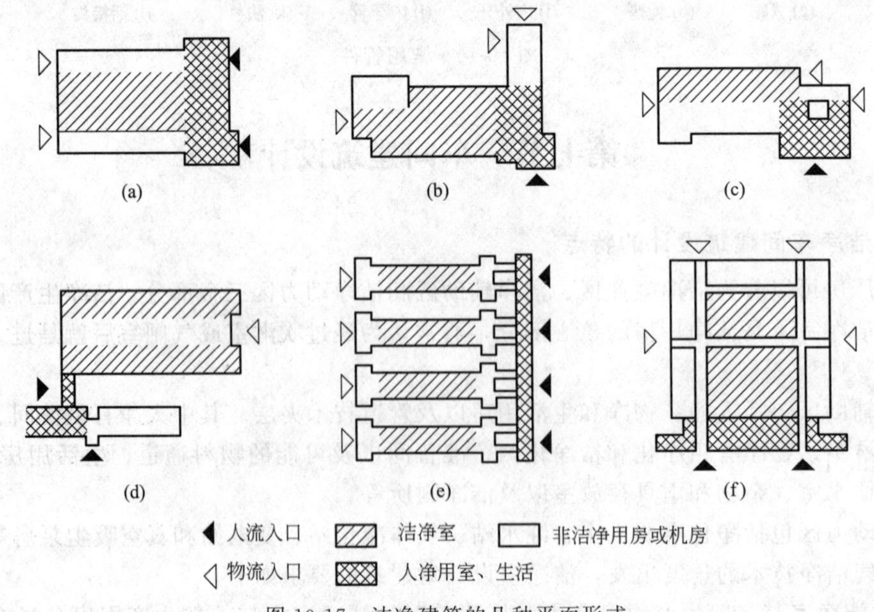

图 10-17　洁净建筑的几种平面形式

建筑的几种平面形式。

2. 建筑平面及空间布置的原则

（1）洁净室与一般生产室分区集中布置　对于洁净厂房来说，有空气洁净度要求的生产房间（区）往往仅为部分工序或者部分部件的生产区，即使是全部产品生产区要求具有不同等级的洁净室（区），但洁净厂房内还有生产辅助用房、公用动力和净化空调机房等为一般环境，所以洁净厂房内部往往兼有洁净生产环境和一般生产环境。各类产品生产用洁净室要求的空气洁净度等级是决定洁净生产区平面布置的主要因素。在进行综合性厂房的平面布局时，一般应将洁净室（区）与一般生产环境的房间分区集中布置，以有利于人流、物流的安排和防止污染和交叉污染，也有利于净化空调系统及其管线的布置和减少建筑面积等。

对兼有洁净生产和一般生产的综合性厂房，在考虑其平面布局和构造处理时，应合理组织人流、物流运输及消防疏散线路，避免一般生产对洁净生产区带来不利的影响。当防火方面与洁净生产要求有冲突时，应采取措施，在保证消防安全的前提下，减少对洁净生产区的不利影响。

在洁净生产区常常有洁净度要求严格的洁净区和要求不严的洁净区，在进行平面布局时，在顺应工艺生产流程和防止交叉污染的前提下，尽可能按类集中分区布置。示例见图10-18，这样，将有利于净化空调系统和各种管线系统的合理组织；并且有利于防火分隔以及在正常生产运转条件下的管理。

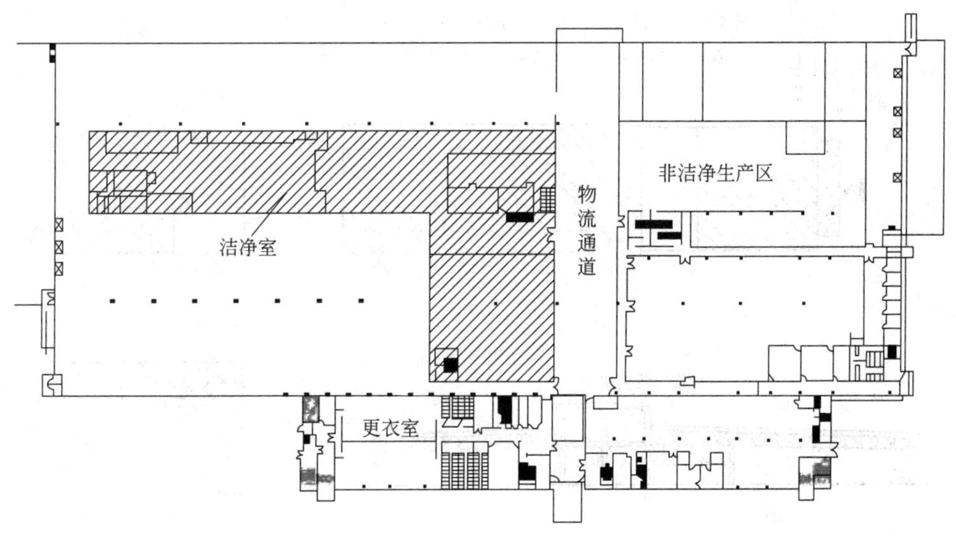

图 10-18　某洁净厂房分区集中布局

（2）洁净室及其公用动力设施的布置　安装净化空调系统、水与气体的净化装置以及电气装置等用室是洁净厂房的重要组成部分。它们的面积在洁净厂房建造中占有较大比例。这些机房的规模、设备特征、机房位置及其分配管路系统的安排，在很大程度上影响着洁净厂房建筑的空间组合与尺度。需要解决好它们同生产工艺相互间的布局关系，以取得使用上和经济上的良好效果。

各类机房主要借管道线路同洁净生产区相联系，因此它们既能同所服务的洁净室组合建在一幢厂房内，也可单独建设。组合建在一幢厂房内时，可以缩短管道长度，减少管道接头和相应的渗漏污染机会，降低能源消耗，并且节约用地，减少室外工程和外墙材料消耗，当机房位于洁净室的外围时，还可减少洁净室的外墙面积，降低洁净室围护结构的散热量。但在一些技术改造工程中为了利用原有房屋，或者受到特殊条件限制，单独建造净化空调机房，并同洁净厂房保持一定的距离。此外，若工程对于防微振有特殊要求时，也可将机房与厂房脱开布置。

当净化空调机房位于洁净厂房内时，应根据各洁净室的空气洁净度等级、面积、生产工艺特点、防止污染或交叉污染的要求与运行时间、班次等因素，考虑系统的合理划分，确定相应的机房布局。

① 集中设置。这类机房在厂房内位置的安排，主要着眼于生产工艺布置的特点、要求和送、回风管道的长短等因素。当厂房面积不大、系统简单、管线交叉不多时，可将送回风干管布置在上部技术夹层；当厂房的面积较大、较长，或者系统划分较多时，宜沿厂房长边布置机房，每个系统可以直接与所服务的洁净室对应排列；当采用顶部技术夹层时，送回风干管走向与屋顶承重构件方向相平行，可以充分利用空间。有的洁净室工程，将机房设置在技术夹层的顶部，不仅缩短了风管长度而且节省了用地，图 10-19 是这类布置示例图。图 10-20 是机房布置的另外几种形式。

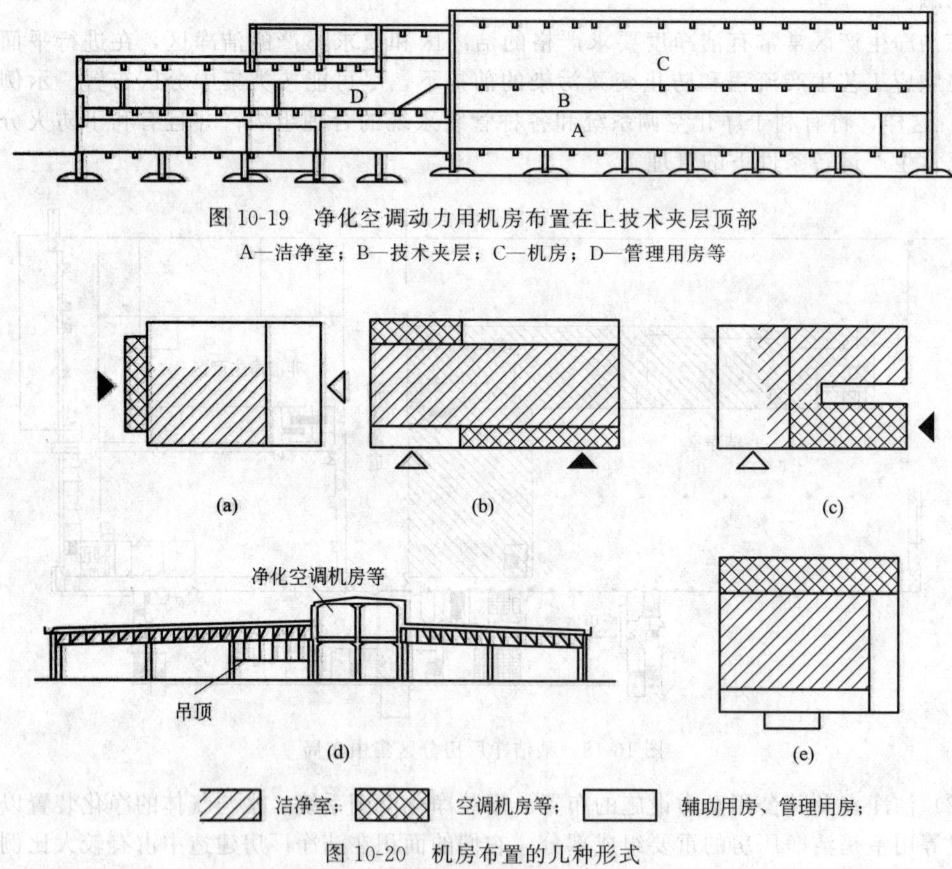

图 10-19　净化空调动力用机房布置在上技术夹层顶部

A—洁净室；B—技术夹层；C—机房；D—管理用房等

图 10-20　机房布置的几种形式

② 分散设置。厂房面积较大或者洁净生产区过于分散，集中设置机房使布置困难，在经过技术经济比较后，也可分设几处机房。在技术改造工程中，往往因原有房屋空间条件所限，需将净化空调设备分散设置在各洁净室的附近。分散设置方式的风管短，布置灵活，较能适应和利用原有空间，但在实际应用时应充分考虑噪声与振动对产品生产可能带来的影响。

③ 混合设置。在某些工程中，既使用集中式净化空调机房供大部分洁净生产区安装净化空调装置，又对特定局部空间使用分散式的净化空调装置，满足生产工艺的需要，它兼有

集中式与分散式的特点，更加经济灵活，适应产品生产的要求。

（3）洁净室在布置时，应尽量避开变形缝，以利于维护结构的密闭性　为了保证洁净室围护结构的气密性（不透气性），避免产生裂隙，除须注意围护结构的选材和构造处理外，应使主体结构具有抗地震、控制温度变形和避免地基不均匀沉陷的良好性能。在地震频繁地区应使主体结构具有良好的整体性和足够的刚度，尽量使洁净室部分的主体结构受力均匀，并且应尽量避免厂房的变形缝穿过洁净区。在可能因沉陷而开裂的构造部位如墙体与地面交接处等宜采用柔性连接。不同洁净度等级洁净室之间的隔墙也同样需要考虑其构造上的气密性。

三、防火与疏散

由于制药工业有洁净度要求的厂房，在建筑设计上均考虑密闭（包括无窗厂房或有窗密闭操作的厂房）空调，所以更应重视防火和安全问题。

1. 洁净厂房的特点

① 空间密闭，一旦火灾发生后，烟量特别大，对于疏散和扑救极为不利，同时由于热量无处泄漏，火源的热辐射经四壁反射，室内迅速升温，使室内各部门材料缩短达到燃点的时间。当厂房为无窗厂房时，一旦发生火灾不易被外界发现，故消防问题更显突出。

② 平面布置曲折，增加了疏散路线上的障碍，延长了安全疏散的距离和时间。

③ 若干洁净室通过风管彼此相通，火灾发生时，特别是火灾刚起尚未发现而仍继续送回风时，风管将成为火及烟的主要扩散通道。

2. 洁净厂房的防火与安全措施

根据生产中所使用原料及生产性质，严格按“防火规范”中生产的火灾危险性分类定位，一般洁净厂房无论是单层或多层多采用钢筋混凝土框架结构，耐火等级为一级、二级，内装饰围护结构的材料选用既符合表面平整、不吸湿、不透湿，又符合隔热保温、阻燃无毒的要求。顶棚、壁板（含夹心材料）应为不燃体，不得采用有机复合材料。

为便于生产管理和人流的安全疏散，应根据火灾危险性分类、建筑物的耐火等级决定厂房的防火间距，每座厂房按其分层或单层大面积厂房按其生产性质（如火灾危险性、洁净等级、工序要求等），进行防火分区，配置相应的消防设施。

根据洁净厂房的特点，结合有关防火规范，洁净厂房的安全与防火措施的重点如下。

① 洁净厂房的耐火等级不应低于二级，一般钢筋混凝土框架结构均满足二级耐火等级的构造要求。

② 甲乙类生产的洁净厂房，宜采用单层厂房，按二级耐火等级考虑，其防火墙间最大允许占地面积，单层厂房应为3000m^2，多层厂房应为2000m^2。丙类生产的洁净厂房，按二级耐火等级考虑，其防火墙间最大允许占地面积，单层厂房应为8000m^2，多层厂房应为4000m^2。甲乙类生产区域应采用防爆墙和防爆门斗与其他区域分隔，并应设置足够的泄压面积。

③ 为了防止火灾的蔓延，在一个防火区内的综合性厂房，其洁净生产与一般生产区域之间应设置非燃烧体防火墙封闭到顶。穿过隔墙的管线周围空隙应采用非燃烧材料紧密填塞。防火墙耐火极限要4h。

④ 电气井及管道井、技术竖井的井壁应为非燃烧体，其耐火极限不应低于1h，12cm厚砖墙可满足要求。井壁口检查门的耐火极限不应低于0.6h。竖井中各层或间隔应采用耐火极限不低于1h的不燃烧体。穿过井壁的管线周围应采用非燃烧材料紧密填塞。

⑤ 由于火灾时燃烧物分解的大量灼热气体在室内形成向上的高温气床，紧贴屋内上层结构流动，火焰随气体方向流动、扩散、引燃，因此提高顶棚抗燃烧性能有利于延缓顶棚燃

烧倒塌或向外蔓延。甲乙类生产厂房的顶棚应为非燃烧体，其耐火极限不宜小于 0.25h，丙类生产厂房的顶棚应为非燃烧体或难燃烧体。

⑥ 洁净厂房每一生产层、每一防火分区或每一洁净区段的安全出口均不应少于两个。安全出口应均匀分散布置，从生产地点至安全出口（外部出口或楼梯）不得经过曲折的人员净化路线。安全疏散门应向疏散方向开启，且不得采用吊门、转门、推拉门及电动自控门。

⑦ 无窗厂房应在适当部位设门或窗，以备消防人员进入。当门窗口间距大于 80m 时，应在该段外墙的适当部位设置专用消防口，其宽度不应小于 750mm，高度不应小于 1800mm，并有明显标志。

⑧ 疏散距离是洁净车间建筑设计的重点之一。防火规范对于一级或二级耐火建筑物中乙类生产用室的疏散距离规定是单层厂房 75m，多层厂房 50m。

⑨ 有关安全出口的考虑。医药制剂，按生产类别，绝大部分属丙类，甚至有些可属丁类、戊类（如常规输液、口服液），极个别属甲、乙类（如不溶于水而溶于有机溶剂的冻干类产品），故在防火分区中应严格按“建筑防火规范”规定设置安全出口。以丙类厂房为例，面积超过 500m^2，同一时间生产人员在 30 人左右，宜设 2～3 安全出口，其位置应与室外出口或楼梯靠近，避免疏散路线迂回、曲折，其路线从最远点至外部出口（或楼梯），应满足单层厂房为 80m、多层厂房为 60m 的疏散距离要求。洁净区的安全出口安装封闭式安全玻璃，并在疏散路线安装疏散指示灯。楼梯间设防火门。此外，洁净厂房疏散走廊，应设置机械防火排烟设施，其系统宜与通风、净化空调系统合用，但必须有可靠的防火安全措施。为及时灭火，还宜设置建立烟岗报警和自动喷淋灭火系统。

一般情况下常把人流入口当作安全出入口来安排，但由于人流路线复杂、曲折，常会有逆向行走的可能。故人流入口不要作为疏散口或不要作为唯一疏散口，要增设短捷的安全出口通向室外或楼梯间。

四、洁净室结构与装饰

1. 洁净厂房的室内装修

洁净厂房室内装修的基本要求如下。

① 洁净厂房的主体应在温度变化和震动情况下，不易产生裂纹和缝隙。主体应使用发尘量少、不易黏附尘粒、隔热性能好、吸湿性小的材料。洁净厂房建筑的围护结构和室内装修也都应选气密性良好，且在温湿度变化下变形小的材料。

② 墙壁和顶棚表面应光洁、平整、不起尘、不落灰、耐腐蚀、耐冲击、易清洗。避免眩光、便于除尘，并应减小凹凸面，踢脚不应突出墙面。在洁净厂房装修的选材上最好选用彩钢板吊顶，墙壁选用仿瓷釉油漆。墙与墙、地面、顶棚相接处应有一定弧度，宜做成半径适宜的弧形。壁面色彩要和谐雅致，有美学意义，并便于识别污染物。

③ 地面应光滑、平整、无缝隙、耐磨、耐腐蚀、耐冲击，不积聚静电，易除尘清洗。

④ 技术夹层的墙面、顶棚应抹灰。需要在技术夹层内更换高效过滤器的，技术夹层的墙面及顶棚也应刷涂料饰面，以减少灰尘。

⑤ 送风道、回风道、回风地沟的表面装修应与整个送风、回风系统相适应，并易于除尘。

⑥ 洁净度 B 级以上洁净室最好采用天窗形式，如需设窗时应设计成固定密封窗，并尽量少留窗扇，不留窗台，把窗台面积限制到最小限度。门窗要密封，与墙面保持平整。充分考虑对空气和水的密封，防止污染粒子从外部渗入。避免由于室内外温差而结露。门窗造型要简单，不易积尘，清扫方便。门框不得设门槛。

2. 洁净室内的装修材料和建筑构件

洁净室内的装修材料应能满足耐清洗、无孔隙裂缝、表面平整光滑、不得有颗粒物质脱落的要求。对选用的材料要考虑到该材料的使用寿命、施工简便与否、价格来源等因素。洁净室内装修材料基本要求见表 10-6。

表 10-6　洁净室装饰材料要求一览表

项　目	使用部位			要　求	材料举例
	吊顶	墙面	地面		
发尘性	√	√	√	材料本身发尘量少	金属板材、聚酯类表面装修材料、涂料
耐磨性	—	√	√	磨损量少	水磨石地面、半硬质塑料板
耐水性	√	√	√	受水浸不变形，不变质，可用水清洗	铝合金板材
耐腐蚀性	√	√	√	按不同介质选用对应材料	树脂类耐腐蚀材料
防霉性	√	√	√	不受温度、湿度变化而霉变	防霉涂料
防静电	√	√	√	电阻值低、不易带电，带电后可迅速衰减	防静电塑料贴面板，嵌金属丝水磨石
耐湿性	√	√	—	不易吸水变质，材料不易老化	涂料
光滑性	√	√	√	表面光滑，不易附着灰尘	涂料、金属、塑料贴面板
施工	√	√	√	加工、施工方便	
经济性	√	√	√	价格便宜	

(1) 地面与地坪　地面必须采用整体性好，平整、不裂、不脆和易于清洗、耐磨、耐撞击、耐腐蚀的无孔材料，地面还应是气密的，以防潮湿和尽量减少尘埃的积累。

① 水泥砂浆地面。这类地面强度较高，耐磨，但易于起尘，可用于无洁净度要求的房间，如原料车间、动力车间、仓库等。

② 水磨石地面。这类地面整体性好，光滑、耐磨、不易起尘，易擦洗清洁，有一定的强度，耐冲击。

这种地面要防止开裂和返潮，以免尘土、细菌积聚、孳生。防止开裂可采取夯实回填土、加厚地坪、选用优质水泥，对大面积厂房可适当配钢筋（例如 120mm 厚＃200～400 混凝土，内配 φ12mm×200mm 双向钢筋网片）等措施。防止返潮可采取加厚混凝土层和碎石层，湿度高的地区增加防水层，如一毡二油（油毛毡、沥青油）或用塑料布。有防腐要求的地面可采用聚酯砂浆整体地坪，由耐腐蚀的不饱和聚酯为黏合剂，以石英砂或重晶砂为填料混合而成，能耐酸碱，有良好的化学稳定性和耐腐性。有防静电要求的可在水磨石地面上镶嵌金属网格（如铜条）并可靠接地。但水磨石存在一个缺点，那就是有一定数量的分隔铜条存在缝隙。水磨石的保养目前常用打蜡的办法，也可采用水磨石上涂一层密封剂，这种密封剂不宜涂厚，涂上后待地面吸收进去即可，不要积聚，密封剂渗入水磨石的孔隙内后能防止起灰，并有一定的光洁度。在尚无特别理想的材料情况下，仍不失为一种好材料。常用于分装车间、针/片剂车间、实验室、卫生间、更衣室、结晶工段等，它是洁净车间常用的地面材料。

③ 塑料地面。这类地面光滑，略有弹性，不易起尘，易擦洗清洁，耐腐蚀。常用厚的硬质的乙烯基塑料地面和 PVC 塑料地面，它适用于设备荷重轻的岗位，这种装饰面材有块状和卷状，采用专用黏接剂粘贴，卷状的比块状的接缝少，接缝采用同质材焊接，也可用黏接剂粘接。缺点是易产生静电，因易老化，不能长期用紫外灯灭菌，可用于会客室、更衣

室、包装间、化验室等。由于塑料地板与混凝土基层的伸缩性能不同，故用于大面积车间时可能发生起壳现象。

④ 耐酸磁板地面。这类地面用耐酸胶泥贴砌，耐腐蚀，但质较脆，经不起冲击，破碎后降低耐腐蚀性能。这类地面可用于原料车间中有腐蚀介质的区段，也可在可能有腐蚀介质滴漏的范围局部使用。例如将有腐蚀介质的设备集中布置，然后将这一部分地面用挡水线围起来，挡水线内部用这类材料铺贴地面。

⑤ 玻璃钢地面。具有耐酸磁板地面的优点，且整体性较好。但由于材料的膨胀系数与混凝土基层不同，故也不宜大面积使用。

⑥ 环氧树脂磨石子地面。它是在地面磨平后用环氧树脂（也可用丙烯酸酯、聚氨酯等）罩面，不仅具有水磨石地面的优点，而且比水磨石地面耐磨，强度高，磨损后还可及时修补，但耐磨性不高，宜用于空调机房、配电室、更衣室等。另一种是自流平面层工艺，一般为环氧树脂自流平，涂层厚约 2.5～3mm，它是环氧树脂＋填料＋固化剂＋颜料。

（2）墙面与墙体　墙面和地面、天花板一样，应选用表面光滑、光洁、不起尘、避免眩光、耐腐蚀，易于清洗的材料。

① 墙面

a. 抹灰刷白浆墙面。只能用于无洁净度要求的房间，因表面不平整，不能清洗，具有颗粒性物质脱落。

b. 油漆涂料墙面。这种墙面常用于有洁净要求的房间，它表面光滑、能清洗，且无颗粒性物质脱落。缺点是施工时若墙基层不干燥，涂上油漆后易起皮。普通房间可用调和漆，洁净度高的房间可用环氧漆，这种漆膜牢固性好，强度高，还有苯丙涂料和仿搪漆。乳胶漆不能用水洗，这种漆可涂于未干透的基层上，不仅透气，而且无颗粒性物质脱落，可用于包装间等无洁净度要求但又要求清洁的区域。喷塑漆成本高，且其挥发物对人体不利。

c. 白瓷砖墙面。墙面光滑、易清洗、耐腐蚀，不必等基层干燥即可施工，但接缝较多，不易贴砌平整，不宜大面积使用，用于洁净级别不高的场所。

d. 不锈钢板或铝合金材料墙面。耐腐蚀、耐火、无静电、光滑、易清洗，但价格高，用于垂直层流室。

e. 水磨石台度。为防止墙面被撞坏，故采用水磨石台度。由于垂直面上无法用机器磨，只能靠手工磨，施工麻烦不易磨光，故光滑度不够理想，优点是耐撞击。

使用方便的乙烯基树脂材料薄板，1mm 或 2mm 的板厚，常在最高质量的无菌车间内使用。在墙与墙、墙与天花板的连接处，将乙烯基树脂涂在拱形的模板上，以便于清洁。高质量的填充橡胶，即使是在负压环境中也能保证材料牢固地固定在墙壁上。所有连接处都被缝合住以保证墙的表面光滑、密封。

根据个人喜好也可使用其他材料。刚性的丙烯酸薄板材料和其类似材料，如果注意连接处的细节，也能提供良好的极强的耐磨表面。虽然自从类似耐磨性质的环氧树脂材料出现以后，光滑和粗糙瓷砖的使用不断减少，但是在过去它们却被广泛使用。在更高要求的洁净环境里，水泥连接处易损与否最终由涂料类型所决定。

② 墙体

a. 砖墙。是常用且较为理想的墙体。缺点是自重大，在隔间较多的车间中使用造成自重增加。

b. 加气砖块墙体。加气砖材料自重仅为硅的 35%。缺点是面层施工要求严格，否则墙面粉刷层极易开裂，开裂后易吸潮长菌，故这种材料应避免用于潮湿的房间和要用水冲洗墙面的房间。

c. 轻质隔断。在薄壁钢骨架上用自攻螺丝固定石膏板或石棉板，外表再涂油漆或贴墙纸，这种隔断自重轻，对结构布置影响较少。常用的有轻钢龙骨泥面石膏板墙、轻钢龙骨爱特板墙、泰柏板墙及彩钢板墙体等，而彩钢板墙又有不同的夹芯材料及不同的构造体系。应该说，在药厂的洁净车间里，以彩钢板作为墙体已经成为目前的一种流行与时尚。目前要解决的问题是板面接缝的处理，即如何避免接缝处因伸缩而引起的面层开裂，可采用贴穿孔带等措施。

d. 玻璃隔断。用钢门窗的型材加工成大型门扇连续拼装，离地面 90cm 以上镶以大块玻璃，下部用薄钢板以防侧击。这种隔断也是自重较轻的一种。配以铝合金的型材也很美观实用。

如果是全封闭厂房，其墙体可用空心砖及其他轻质砖，既保温、隔音又可减轻建筑物的结构荷载。也有为了美观和采光选用空心玻璃（绿、蓝色）做大面积的玻璃幕墙。若靠外墙为车间的辅助功能室或生活设施，可采用大面积固定窗，为了其空间的换气，可安置换气扇或安装空调，或在固定窗两边配可启的小型外开窗（应与固定窗外型尺寸相协调）。

（3）天棚及饰面　由于洁净环境要求，各种管道暗设，故设技术隔离（或称技术吊顶），天棚材料要选用硬质、无孔隙、不脱落、无裂缝的材料。天花板与墙面接缝处应用凹圆脚线板盖住。所用材料必须能耐热水、耐消菌剂，能经常冲洗。

天棚分硬吊顶及软吊顶两大类。

硬吊顶，即用钢筋混凝土吊顶，这种形式的最大优点是在技术夹层内安装、维修等方便，吊顶无变形开裂之变，天棚刷面材料施工后牢度也较高。但缺点是结构自重大；吊顶上开孔不宜过密，施工后工艺变动则原吊顶上开孔无法改变；夹层中结构高度大，因有上翻梁，为了满足大断面风管布置的要求，故夹层高度一般大于软吊顶。

软吊顶，又称为悬挂式吊顶。它按一定距离设置拉杆吊顶，结构自重大大减轻，拉杆最大距离可达 2m，载荷完全满足安装要求，费用大幅度下降。为提高保温效果，可在中间夹保温材料。这种吊顶的主要形式如下。

① 型钢骨架——钢丝网抹灰吊顶。这种吊顶是介于硬吊顶与软吊顶之间的一种形式，此种吊顶强度高，构造处理得好可上人，而管道安装（特别是风管）都要求在施工吊顶之前先行安装，以免损坏吊顶。但此种吊顶与施工质量极有关系，施工不好会出现许多收缩裂缝，施工时一定要留后筑带，同时，要分段施工，面积小于 6m×6m，待砂浆层硬结后再补相邻两块的施工缝，这样可避免或减少砂浆的收缩裂缝。虽然这种吊顶用钢量较大，但能适应风口、灯具孔灵活布置的要求，此种吊顶上部要按计算另加保温层。

② 轻钢龙骨纸面石膏板吊顶。此种吊顶用材较省，应用较广。缺点是检修管道麻烦。接缝处理可采用双层 9mm 板错缝布置，此种吊顶要加保温层。

③ 轻钢龙骨爱特板吊顶。其优缺点与墙体相同，接缝处理可采用双层 6mm 板错缝布置，此种吊顶要加保温层。

④ 彩钢板吊顶。这种吊顶在小房间上可作为上人平顶，在大房间中若构造措施好也可上人，且吊顶上部无需另加保温材料。

还有高强度塑料吊顶等，下面可用石膏板、石棉石膏板、塑料板、宝丽板、贴塑板封闭。

天棚饰面材料使用：无洁净度要求的房间可用石灰刷白；洁净度要求高的一般使用油漆，要求同墙面；对轻钢龙骨吊顶要解决板缝伸缩问题，可采用贴墙纸法，因墙纸有一定弹性，不易开裂。

(4) 门窗设计

① 门。门在洁净车间设备中有两个主要功能：第一是作为人行通道；第二是作为材料运输通道。不管是用手推车运输少量材料，还是用码垛车运输大量材料，这两种操作功能对门都有不同要求。随着洁净级别的增加，为了减少污染负荷，限制移动是非常重要的需要。

员工进出的大门在低级别的车间中，用涂在木门和铁门上的标准漆来区分。这些门是表面上有塑料薄膜，棱上有硬木、金属或塑料薄膜的实心木门。在 GRP 更高级别的药品申报中，对门有很高的要求，一般为不锈钢门和玻璃门。选择门和其他装饰材料的要点是要保持门的耐磨和表面无裂缝。将门装进建筑开口时一定要注意细节设计。金属器具的选择也很重要，闭合器必须工作顺畅，以抵抗相当大的车间正压。

在拖曳柄和推盘上，很重要的是避免使用不必要的锁和插销。可以将电磁互锁安装在可能需要的地方，这种锁可以将由门板表面产生的渗漏降到最小。另外，需要对门表面进行保护，防止卡车和手推车在移动时对它的损坏。

洁净室用的门要求平整、光滑、易清洁，不变形。门要与墙面齐平，与自动启闭器紧密配合在一起。门两端的气塞采用电子联锁控制。门的主要形式如下。

a. 铝合金门。一般的铝合金门都不理想，长时间使用，易变形，接缝多，门肚板处接灰点多，要特制的铝合金门才合适。

b. 钢板门。国外药厂使用较多，此种门强度高，是一种较好的门，只是观察玻璃圆圈的积灰死角要做成斜面。

c. 不锈钢板门。同钢板门，但价格较高。

d. 中密度板观面贴塑门。此门较重，宜用不锈钢门框或钢板门框。

e. 彩钢板门。强度高，门轻，只是进出物料频繁的门表面极易刮坏漆膜。

还可采用工程塑料。无论何种门，在离门底 100mm 高处应装 1.5mm 不锈钢护板，以防推车刮伤。

② 窗。许多年来，也许因为早期洁净车间缺少指导窗户的使用方法，或者因为难以得到满意的细节描述，洁净车间处在密封状态不能见到自然光。尽管如此，很多重要的生产还是从使用广泛的玻璃窗中获益。事实上，玻璃是一种非常适合洁净车间的材料，它坚硬、平滑、密实、易清洗的特性很符合洁净车间的设计标准。洁净室窗户必须是固定窗，形式有单层固定窗和双层固定窗，洁净室内的窗要求严密性好，并与室内墙齐平，窗尽量采用大玻璃窗，不仅为操作人员提供敞亮愉快的环境，也便于管理人员通过窗户观察操作情况，同时这样还可减少积灰点，有利于清洁工作。洁净室内窗若为单层的，窗台应陡峭向下倾斜，内高外低，且外窗台应有不低于 30°的角度向下倾斜，以便清洗和减少积尘，并避免向内渗水。双层窗（内抽真空）更适宜于洁净度高的房间，因两层玻璃各与墙面齐平，无积灰点。目前常用材料有铝合金窗和不锈钢窗。

③ 门窗设计的注意点

a. 洁净级别不同的联系门要密闭，平整，造型简单。门向级别高的方向开启。钢板门强度高，光滑，易清洁，但要求漆膜牢固能耐消毒水擦洗。蜂窝贴塑门的表面平整光滑，易清洁，造型简单，且面材耐腐蚀。

b. 洁净区要做到窗户密闭。空调区外墙上、空调区与非空调区之间隔墙上的窗要设双层窗，其中一层为固定窗。对老厂房改造的项目若无法做到一层固定，则一定将其中一层用密封材料将窗缝封闭。

c. 无菌洁净区的门窗不宜用木制，因木材遇潮湿易生霉长菌。

d. 凡车间内经常有手推车通过的钢门，应不设门槛。

e. 传递窗的材料以不锈钢材质为好，也有以砖、混凝土及底板为材料的，也可表面贴白瓷板，还有用预制水磨石板拼装的。

f. 传递窗有两种开启形式：一为平开钢（铝合金）窗；二为玻璃推拉窗。前者密闭性好，易于清洁，但开启时要占一定的空间。后者密闭性较差，上下槛滑条易积污，尤其滑道内的滑轮组更不便清洁。但开启时不占空间，当双手拿东西时可用手指拨动。

应注意的是，充分利用洁净厂房的外壳和主体结构作为洁净室围护结构的支撑物，把洁净室围护结构——顶棚、隔墙、门窗等配件和构造纳入整个结净厂房的内装修而实现装配化，简称内装修装配化。目前，应用最为普遍是以彩钢板作装配式的围护结构，利用铝合金型材作支撑，密封材料采用黏结力好、便于仰缝和竖缝施工、不易流淌或下坠、耐寒、耐热、耐日照、不脆裂、不易老化的材料，如硅橡胶、聚氨酯弹性胶及玻璃胶等。围护结构和室内装修除符合“规范”质量要求外，着重应考虑气密性良好及其保温性能，对于彩钢板的保温夹层的厚度，在无经验数据时，通过计算，保温材料应是质轻、高效能、耐火、防腐性能好，尤其泡沫塑料类的保温材料应具有不吸湿、自熄性及使用过程或燃烧时不散发对人体有害的气体等特性。

五、动物房

实验动物工作是药品生产、科研中的重要环节。用于药品检验、测试和监测的实验动物是一个“活仪器”和“活试剂”。实验动物的质量是药品生物检测和新药研究的基础，对判断药品质量有着直接的影响。实验动物及仪器装备和实验环境在GLP中占有重要的位置，特别在新药申报研究中是一个关键的因素。美国有关法规要求，药品操作的实验、生产过程中所用动物的品质体系、饲养动物的条件、实验记录都必须经过FDA审查批准后，其产品才能出厂。我国在实施GMP（2010年版）过程中也非常重视实验动物的科学管理。主要法规有《中华人民共和国实验动物管理条例》等。

1. 动物房设计的基本要求

（1）选址　要求僻静、卫生无污染。

（2）总体布置　要求人流、物流、动物流分开（单向流程），分区明确，一般有准备区、饲养区、实验区；房间要求净化、灭菌、防虫。

（3）建筑　要求墙面、地面、吊顶平整光滑、耐清洗、易消毒。墙面、地面、吊顶的交接处无死角。一般采用轻质彩钢板隔断。

（4）空调系统　有可控制的温度、湿度、气流速度及分布，达到规定的换气量和气压。动物房洁净区与外界保持10Pa的正压。

（5）照明　使用洁净荧光灯，洁净区要设紫外线灯。

（6）供水　有饮用水和纯化水。

2. 具体动物房设计案例

具体动物房设计案例见图10-21。

（1）物流设计要遵循人、物流分开的原则

① 示例中工器具、笼具、饮水瓶、铺垫物等由东面偏南经脱外包后进入清洗间清洗，然后通过双扉灭菌柜灭菌后传入C级洁净存放间，通过C级洁净走廊分送到各工作间和饲养室。受到污染的笼具、铺垫物等由饲养室后室的传递窗送到污物走廊，集中收集后送到清洗间。整个物流采用单向流形式，受到污染的物品不得返流。

② 饲料由外清间脱外包，经双扉灭菌柜灭菌后送入净饲料存放间。

③ 外来动物由动物接受室进入，经检疫、观察合格后由传递窗传入洁净区预养室。做过实验后的动物尸体由传递窗送入存尸间，再集中收集送出焚烧。

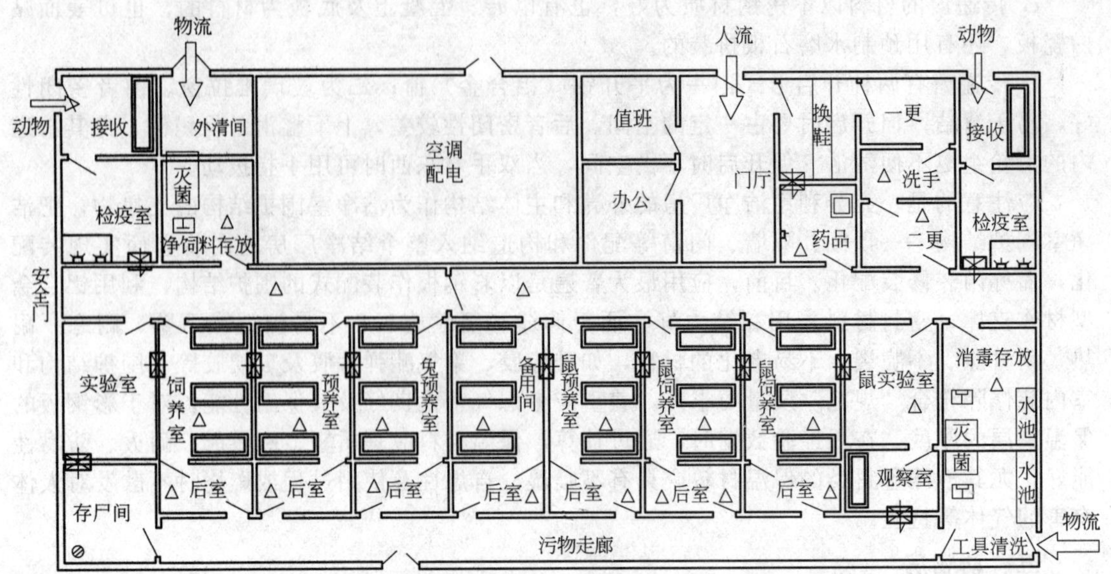

图 10-21 动物房平面布置图（三角符号表示 C 级洁净区）

（2）平面布置设计

① 动物房前半部为人净、物净及接受动物的区域。在靠近接受室旁边设立检疫室，对外来的动物进行隔离检疫，判定其健康状况，以保证实验动物的安全性和实验数据的准确性。

② 每类动物的饲养、实验相对集中，即小鼠预养室、饲养室和实验室按单向流布置在一起，豚鼠预养室、饲养室和实验室按单向流布置在一起。做到实验动物由预养室、饲养室内的传递窗传入实验室，避免了实验动物因经过洁净走廊而产生的污染。预养室的目的是使动物恢复体力并适应新的环境。

③ 预养室和饲养室均设有后室，为污染的物品传到污物走廊起到缓冲作用，保证了饲养室的洁净环境，并使其他动物不受干扰。

④ 豚鼠和小鼠的实验室均设有动物观察室，可避免用药后的动物受外界干扰，确保实验数据的真实性。观察室后面设有存尸间，杀死后的动物尸体由传递窗经污物走廊传入存尸间，避免动物尸体返流造成污染。

⑤ 动物房的南面设置一污物走廊，用于收集和输出动物尸体及污物。此走廊通过传递窗与洁净区相通。动物预养室、饲养室内设置氨浓度检测装置。

⑥ 洁净区净化级别为 C 级，预养室、饲养室、实验室的净化空气只送不回，采用全新风形式，室内风压由高到低形成梯度，即洁净走廊→饲养室→后室→排出。

六、高架仓库

1. GMP（2010 年版）对仓储区的规定

① 仓储区应当有足够的空间，确保有序存放待验、合格、不合格、退货或召回的原辅料、包装材料、中间产品、待包装产品和成品等各类物料和产品。

② 仓储区的设计和建造应当确保良好的仓储条件，并有通风和照明设施。仓储区应当能够满足物料或产品的贮存条件（如温湿度、避光）和安全贮存的要求，并进行检查和监控。

③ 高活性的物料或产品以及印刷包装材料应当贮存于安全的区域。

④ 接收、发放和发运区域应当能够保护物料、产品免受外界天气（如雨、雪）的影响。接收区的布局和设施应当能够确保到货物料在进入仓储区前可对外包装进行必要的清洁。

⑤ 如采用单独的隔离区域贮存待验物料，待验区应当有醒目的标识，且只限于经批准的人员出入。不合格、退货或召回的物料或产品应当隔离存放。如果采用其他方法替代物理隔离，则该方法应当具有同等的安全性。

⑥ 通常应当有单独的物料取样区。取样区的空气洁净度级别应当与生产要求一致。如在其他区域或采用其他方式取样，应当能够防止污染或交叉污染。

2. 仓库的一般设计原则

① 仓库主要是用于贮存原辅料、包装材料和成品等物品，根据药品生产的特征和 GMP（2010 年版）的要求，为减少仓库和车间之间的运输距离，方便与生产部门的联系，一般将仓库设置在靠近厂区物流通道的一侧，紧邻生产车间布置。为了节省资金，同时考虑管理调度，将胶囊库、标签库等小库房及原料库等大库房布置在管理室的周围，若为多层楼房，常将小库置于楼上。不论是原辅料、包装材料，还是成品，均要经初检合格后才能从进口入库，发货时，也要从专门出口出库，图 10-22 为一仓库的一般布置，其中货物暂存是用来满足货物周转需求的。

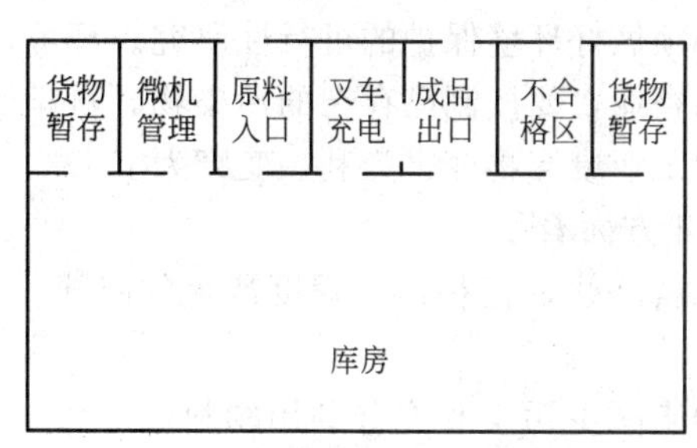

图 10-22　仓库的总体布置

② 根据 GMP（2010 年版）要求，仓库内一般需设立取样间，在室内局部设置一个与生产等级相适应的净化区域或设置一台可移动式带层流的设备。

③ 其整个平面布局还应符合建筑设计防火规范，尤其是高架库在设计中应留出消防通道、安全门，设置预警系统、消防设施如自动喷淋装置等。

3. 库内设计技巧

高架库内的设计是仓库设计的重点，受药品性质及采购特点的限制，各种物料的储存量和储存周期有大有小、有长有短，故一般很少采用集中堆垛的方式，多采用背靠背的托盘货架存放方式，对于一个已知大小的库房，有多种布置方式，如何最大限度地利用空间，如何合理运用投资，则有一定技巧。

（1）有轨仓库和无轨仓库的比较　大型立体仓库一般采用有轨巷道式的布置方式，自动化集中管理。其主要设备为有轨叉车，即巷道堆垛机。巷道可以很窄，为 1.5m 左右，堆垛高度也可以很高，可达 20m 左右，故库内利用率比较高，适用于大型立体库，但其设备投资高，除了自动化运输设备外，还需一套专门的库内装卸货物的水平运输设备。

小型高架仓库一般采用无轨方式布置，其主要设备就是高架叉车，它既起高处堆垛作用，又起水平运输作用，所以这种方式的设备投资较低，没有轨道操作比较灵活。但受叉车本身的转弯半径的限制，其通道不能太窄，国产叉车一般在 3.2m 以上，堆垛高度也不能太高，一般以不超过 10m 为宜，故仓库的空间利用率不及有轨方式。

（2）货架的布置与仓库利用率的关系　在一些仓库里常有许多立柱，占了一定空间，摆放货架时，最简单的方法就是把两排货架背靠背地置于立柱的两侧，这种方法安装比较方便，但碰到比较大的立柱就不是很经济了，若采用立柱占一格货位的方式，紧凑布置，效果要好得多，不但空间利用率增大，而且库房越大效果越好。

（3）实际使用的合适高度　采用高架叉车装卸货物是由人来操作的，从工人使用来看，不能太高，因为太高，驾驶员操作非常吃力，他需仰首操作并寻找货位，若时间一长，许多人受不了，所以，选用叉车时不能单纯地只考虑叉车能达到的高度，还要考虑工人的劳动强度，以使其操作较轻松自如，一般认为 5m 左右最为轻松，大于 10m 就不宜选用了。

第八节 安全环保与节能减排

一、安全生产与环境保护

随着医药工业的发展，三废（废气、废液及废渣）的污染和治理已成为人们越来越关注的课题之一。医药工业是污染较严重的部门，从原料到成品，从生产到使用，都存在着环境污染的因素。许多化学品直接危害人体和生物体的健康。污染物与癌症发病率的联系越来越引起人们的注意。据报道，人类癌症的60%～90%是环境因素造成的。处理这些污染物已成为医药生产中的关键问题。一般新建的制药厂在落实计划之前必须做好环境保护的可行性研究。环境保护工程和主体工程应同时设计、施工和投产。对原有的企业，要按制已存在的污染物，科学治理，达到国家规定的排放标准。与此同时，要综合利用工业废弃物变害为利，变废为宝。

在医药生产中环境保护和污染治理，主要从以下几方面着手。

① 控制污染源。采用少污染或不污染的工艺和原料路线，代替污染程度严重的路线。

② 改革有污染的产品或反应物品种。

③ 排料封闭循环。医药生产中可以采用循环流程来减少污染和充分利用物料。

④ 改进设备结构和操作。

⑤ 减少或消除生产系统的泄漏。为达此目的应提高设备和管道的严密性，减少机械连接，采用适宜的结构材料并加强管理等。

⑥ 控制排水，清污分流，有显著污染的废水与间接冷却水分开。根据工业废水的具体情况，经处理后稀释排放或循环使用。间接冷却用水经降温后循环利用。

⑦ 回收和综合利用是控制污染的积极措施。如氯霉素的生产中，采用异丙醇铝-异丙醇还原后水解母液中含有大量盐酸、三氯化铝。有些药厂把水解液蒸除异丙醇后，供毛纺厂洗羊毛脂用或供造纸厂中和碱用。还可以利用它来制备氢氧化铝。

总之，应采取一切有力措施，利用先进的科学技术，加强管理，从根本上治理污染，使医药工业得到更迅速的发展。

二、节能减排及措施

在药厂洁净室设计中，应采用先进的节能技术和措施，降低能耗。

1. 设计合理的建筑布局

对于制剂厂房，通常将生产车间、生产管理、质检中心、综合仓库及配套公用工程组合布局成为联体厂房。

2. 设计合理的工艺条件

（1）适宜的空气洁净等级标准设计　一是按生产要求确定净化等级，如注射剂配制稀配定为B级，而浓配对环境要求不高，可定为C级；二是对洁净要求高、操作岗位相对固定场所允许使用局部净化措施；三是生产条件变化下允许对生产环境洁净要求的调整，如注射剂稀配B级，当采用密闭系统时生产环境可为C级。

（2）适宜的温、湿度的设计　只有少数工艺（如胶囊剂）对温度或相对湿度有较严格的要求，其他均着眼于操作人员的舒适感。

（3）适宜洁净室换气次数的设计　换气次数与生产工艺、设备先进程度及布置情况、洁净室尺寸及形状以及人员密度等密切相关。

（4）适宜的照明设计　药厂洁净室照明应以能满足工人生理、心理上的要求为依据，对于高照度操作点可以采用局部照明。同时，非生产房间照明应低于生产房间，但以不低于

100lx 为宜。

(5) 适宜的洁净气流综合利用设计　洁净气流综合利用将工艺过程和空调系统的热回收，是可以直接获益的节能措施。

3. 设计合理的工艺装备

采取必要的技术措施，减少生产设备的排热量，降低排风量。当然采用新型节能工艺装备是最有效的方法之一。

(1) “三合一”多功能洗涤、过滤、干燥机组　该设备可实现固液分离、固体洗涤、固体干燥、固体卸料的全封闭、全过程的连续操作，同时又具备 CIP 与 SIP 功能，因此它符合 GMP (2010 年版) 的各项要求。该设备适用于无菌原料级原料的生产。

(2) 离心过滤装备　目前新型的水平轴离心机，可直接安装在地板上，无需基础，能够采用穿墙式安装方式，可将设备操作区与服务区有效隔开，带 CIP 清洗系统，符合 GMP (2010 年版) 要求。

第九节　口服固体制剂车间工程设计

一、固体制剂综合车间的设计特点

由于片剂、胶囊剂、颗粒剂的生产前段工序一样，如混合、制粒、干燥和整粒等，因此将片剂、胶囊剂、颗粒剂生产线布置在同一洁净区内，这样可提高设备的使用率，减少洁净区面积，从而节约建设资金。在同一洁净区内布置片剂、胶囊剂、颗粒剂三条生产线，在平面布置时尽可能按生产工段分块布置，如将造粒工段（混合制粒、干燥和整粒总混)、胶囊工段（胶囊充填、抛光选囊)、片剂工段（压片、包衣）和内包装等各自相对集中布置，这样可减少各工段的相互干扰，同时也有利于空调净化系统合理布置。

二、固体制剂综合车间中间站的重要性

洁净区内设置与生产规模相适应的原辅料、半成品存放区，如颗粒中间站、胶囊间和素片中转间等，有利于减少人为差错，防止生产中混药。中间站布置方式有两种。第一种为分散式，优点为各个独立的中间站邻近操作室，二者联系较为方便，不易引起混药，这种方式操作间和中转间之间如果没有特别要求可以开门相通，避免对洁净走廊的污染，缺点是不便管理。第二种为集中式，即整个生产过程中只设一个中间站，专人负责，划区管理，负责对各工序半成品入站、验收、移交，并按品种、规格、批号加盖区别存放，明显标志。此种布置优点是便于管理，能有效地防止混淆和交叉污染；缺点是对管理者的要求较高。当采用集中式中间站时，生产区域的布局要顺应工艺流程，不迂回、不往返，并使物料传输距离最短。

三、固体制剂综合车间的布置

1. 固体制剂综合车间布置设计实例一

含片剂、颗粒剂、胶囊剂的固体制剂综合车间设计规模为片剂 3 亿片/年，胶囊 2 亿粒/年，颗粒剂 2000 万袋/年；其物流出入口与人流出入口完全分开，固体制剂车间为同一个空调净化系统，同一套人流净化措施。

关键工位：制粒间的制浆间、包衣间需防爆；压片间、混合间、整粒总混间、胶囊充填、粉碎筛粉需除尘。固体制剂综合生产车间洁净级别为 D 级，按 GMP (2010 年版) 的要求，洁净区控制温度为 18～26℃，相对湿度 45%～65%。具体布置如图 10-23 所示。

2. 固体制剂综合车间布置设计实例二

图 10-24 和图 10-25 所示分别为同一建筑物内固体制剂车间一层、二层工艺平面布置

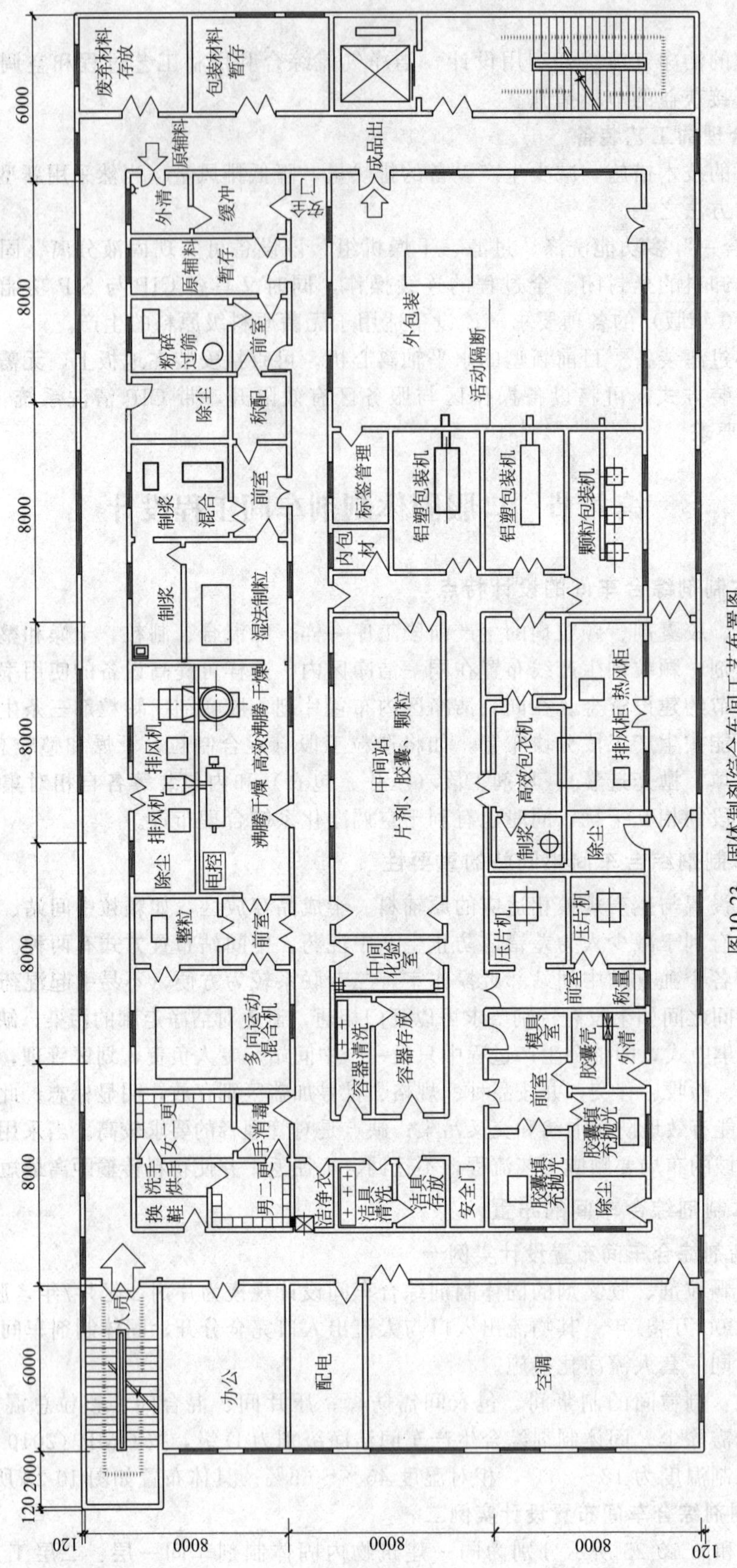

图10-23 固体制剂综合车间工艺布置图

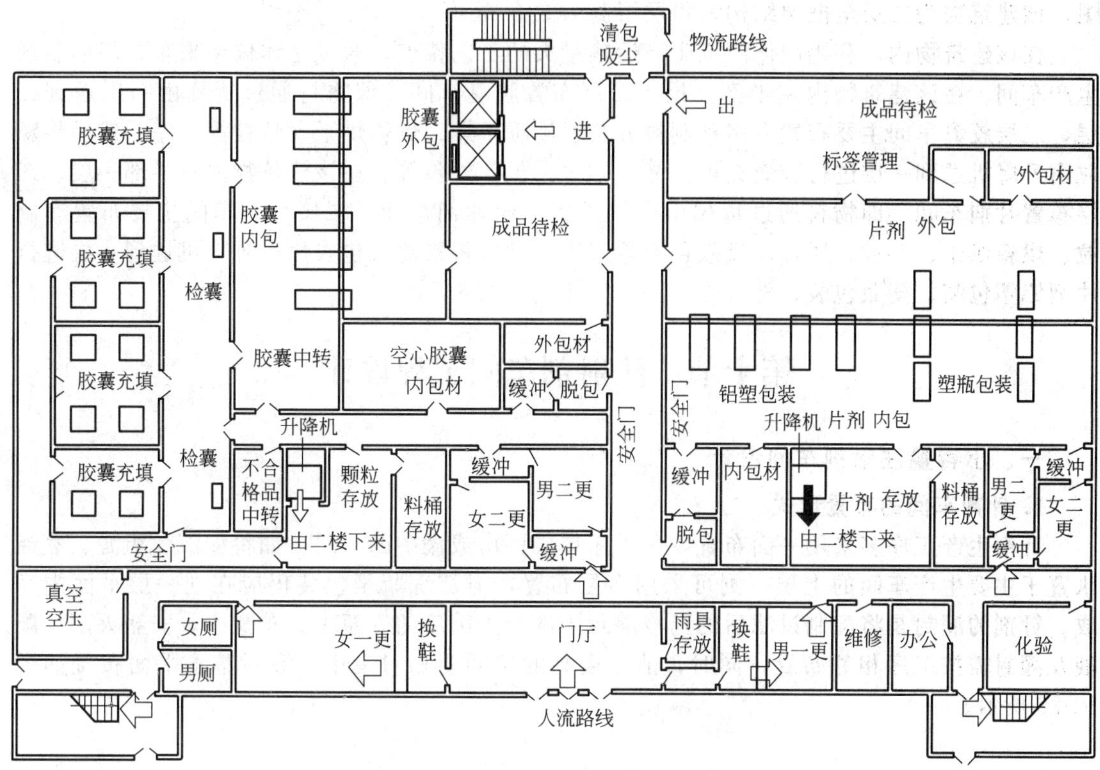

图 10-24　固体制剂车间一层工艺平面布置

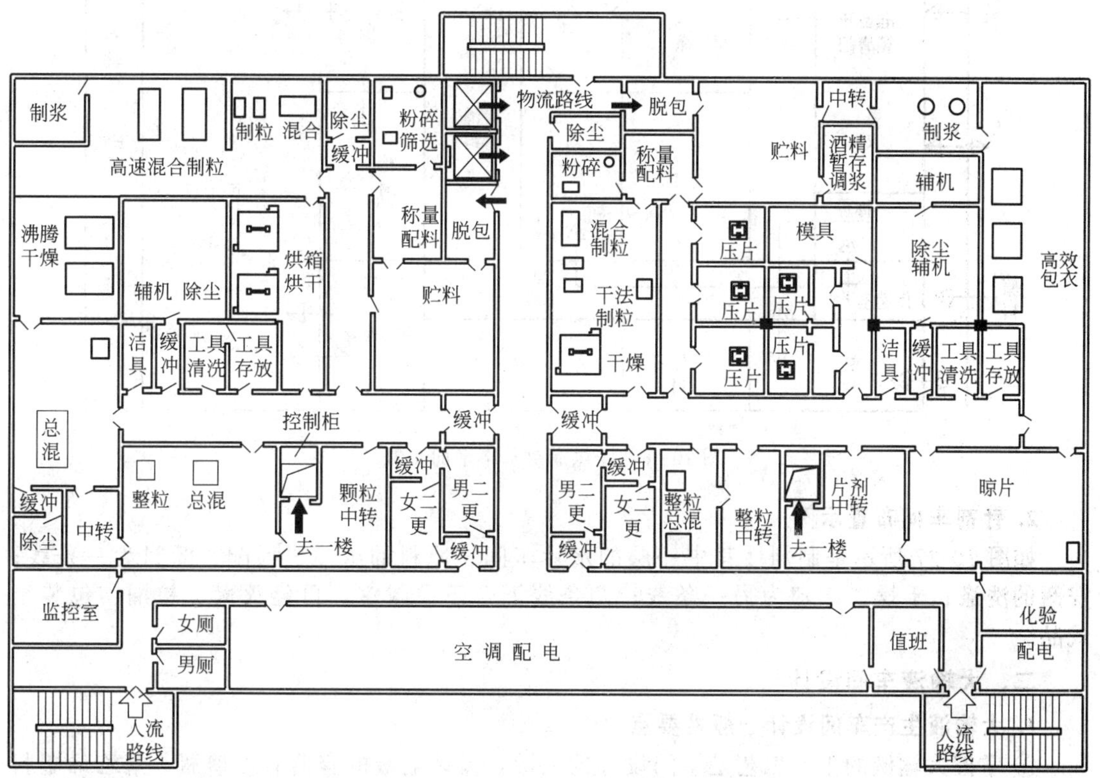

图 10-25　固体制剂车间二层工艺平面布置

图，该建筑物为二层全框架结构，每层层高为 5.50m。

在该建筑物内，利用固体制剂生产运输量大的工艺特点，通过立体位差来布置固体制剂生产车间。在该建筑物内左半部一层、二层布置胶囊车间，即物料通过货梯由一层送到二层，二层胶囊车间主要布置有多种制粒方式、沸腾干燥、烘箱烘干、整粒等工序。然后将颗粒由升降机送到一层进行胶囊充填抛光、铝塑内包、外包等。在该建筑物内右半部一层、二层布置片剂车间，即物料通过货梯由一层送到二层片剂车间，二层片剂车间主要布置有制粒、烘箱烘干、整粒、压片、高效包衣等工序。然后将素片或包衣片由升降机送到一层进行片剂铝塑包装、塑瓶包装、外包等工序。

第十节 注射剂车间工程设计

一、小容量注射剂车间设计

1. 针剂车间的布置形式

针剂生产工序多采用平面布置，可采用单层厂房或楼中的一层。如将配液、粗滤、蒸馏水置于主要生产车间的上层，则可采用多层布置，但从洗瓶至包装仍应在同一层平面内完成。针剂的灌封是将配制过滤后的药液灌封于洗涤灭菌后的安瓿中。布置中，安瓿灭菌、配液及灌封需按工序相邻布置，同时，洁净度高的房间要相对集中。灌封基本平面布置如图 10-26 所示。

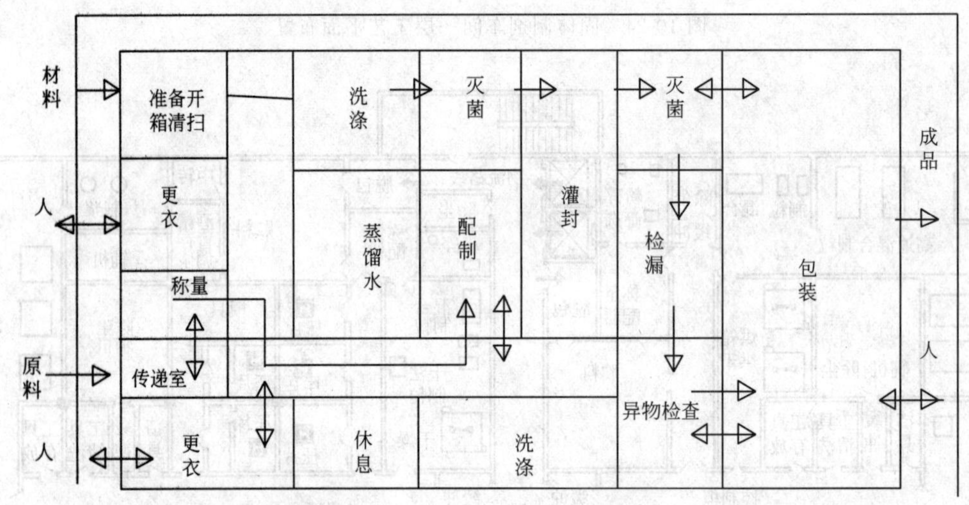

图 10-26 洗烘灌封基本平面布置

2. 针剂车间布置示例

如图 10-27 所示是制剂楼其中一层的水针车间。原料的浓缩、稀配、灌封为一条线；安瓿的洗涤、干燥、冷却为另一条线；两条线汇合于灌封室，再经灭菌、检漏、包装至成品。

二、大输液车间设计

1. 大输液生产车间设计一般性要点

① 掌握大输液的生产工艺是车间设计的关键，盛装输液的容器有玻璃瓶、聚乙烯塑料瓶、复合膜等，包装容器不同其生产工艺也有差异。无论何种包装容器其生产过程一般包括

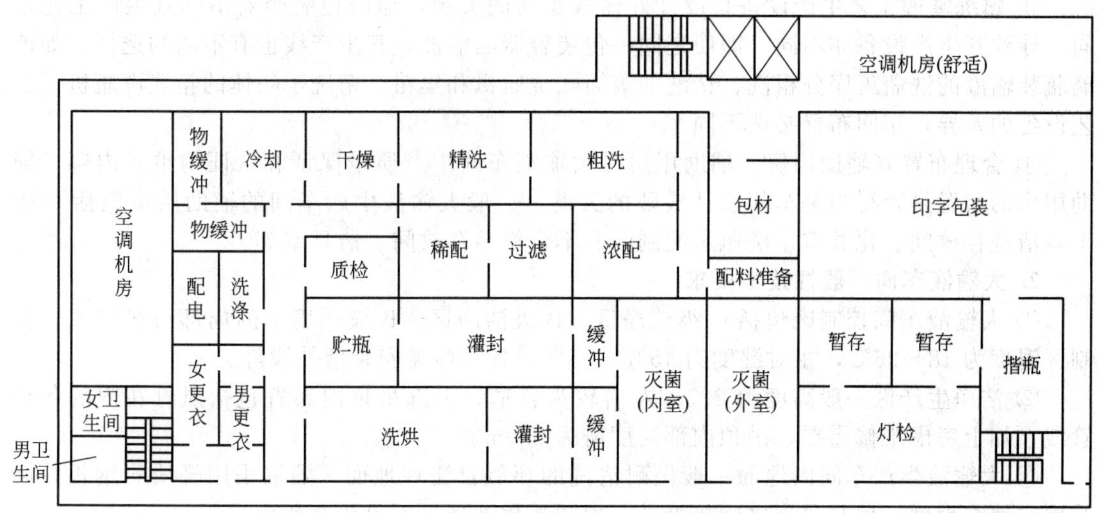

图 10-27　水针车间工艺布置图（制剂楼其中一层）

原辅料的准备、浓配、稀配、包材处理（瓶外洗、粗洗、精洗等）、灌封、灭菌、灯检、包装等工序。

② 设计时要分区明确，按照 GMP（2010 年版）规定，由大输液生产工艺流程及环境区域划分示意图可知，大输液生产分为一般生产区、C 级洁净区、B 级及局部百级洁净区。一般生产区包括瓶外洗、粒子处理、灭菌、灯检、包装等；C 级洁净区包括原辅料称配、浓配、瓶粗洗、轧盖等；B 级洁净区包括瓶精洗、稀配、灌封，其中瓶精洗后到灌封工序的暴露部分需百级层流保护。生产相联系的功能区要相互靠近，以达到物流顺畅、管线短捷，如物料流向：原辅料称配—浓配—稀配—灌封工序尽量靠近。车间设计时合理布置人流、物流，要尽量避免人流、物流的交叉。人流路线包括人员经过不同的更衣进入一般生产区、C 级洁净区、B 级洁净区；进出车间的物流一般有以下几条：瓶子或粒子的进入、原辅料的进入、外包材的进入以及成品的出口。进出输液车间的人流、物流路线如图 10-28 所示。

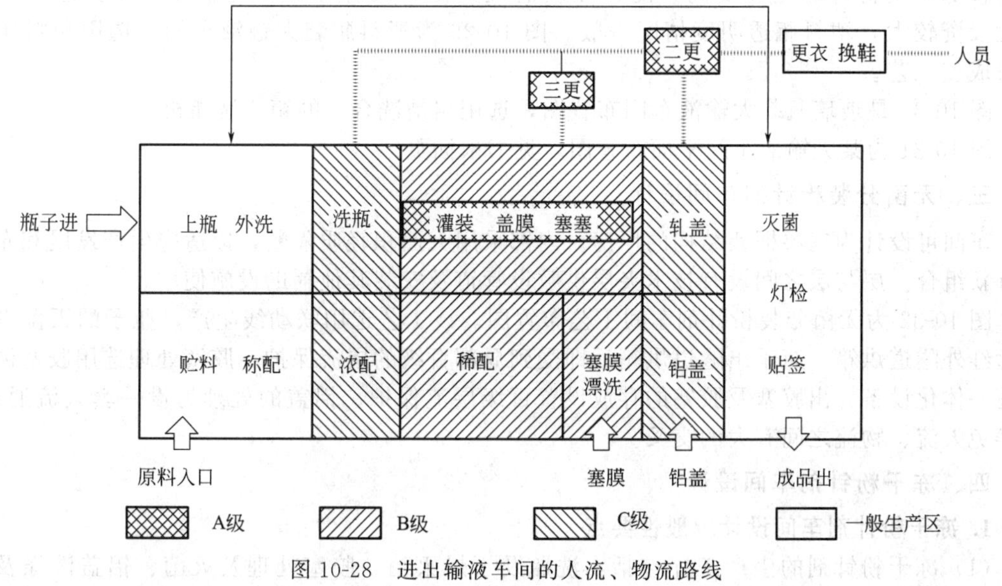

图 10-28　进出输液车间的人流、物流路线

③ 熟练掌握工艺生产设备是设计好输液车间的关键，输液包装容器不同其生产工艺不同，导致其生产设备亦不同。即使是同一包装容器的输液，其生产线也有不同的选择，如玻璃瓶装输液的洗瓶工序分粗洗、精洗的滚筒式洗瓶机和集粗、精洗于一体的箱式洗瓶机。工艺设备的差异，车间布置必然不同。

④ 合理布置好辅助用房。辅助用房是大输液车间生产质量保证和认证的重要内容，辅助用房的布置是否得当是车间设计成败的关键。一般大输液生产车间的辅助用房包括C级工具清洗存放间、化验室、洗瓶水配制间、不合格品存放间、洁具室等。

2. 大输液车间一般性技术要求

① 大输液车间控制区包括C级洁净区、B级洁净区、B级环境下的局部百级层流，控制区温度为18～26℃，相对湿度为45%～65%。各工序需安装紫外线灯。

② 洁净生产区一般高度为2.7m左右较为合适，上部吊顶内布置包括风管在内的各种管线，加上考虑维修需要，吊顶内部高度需为2.5m。

③ 大输液生产车间内地面一般做耐清洗的环氧自流坪地面，隔墙采用轻质彩钢板，墙与墙、墙与地面、墙与吊顶之间接缝处采用圆弧角处理，不得留有死角。

④ 洁净生产区需用洁净地漏，百级区不得设置地漏。

⑤ 浓配间、稀配间、工具清洗间、灭菌间、洗瓶间、洁具室需排热、排湿。在塑料颗粒制瓶和制盖的过程中均产生较多热量除采用低温水系统冷却外，空调系统应考虑相应的负荷，塑料颗粒的上料系统必须考虑除尘措施。洗瓶水配制间要考虑防腐与通风。

⑥ 洁净区与非洁净区之间、不同级别洁净区之间的压差应当不低于10Pa。必要时，相同洁净度级别的不同功能区域（操作间）之间也应当保持适当的压差梯度。

3. 大输液车间设计举例

塑料瓶输液生产方法有一步法和分步法两种。一步法是从塑料颗粒处理开始，制瓶、灌装、封口等工艺在一台机器内完成。分步法则是由塑料颗粒制瓶后再在清洗、灌装、封口联动生产线上完成。一步法生产工艺塑料颗粒经过挤出形成可进一步成型的管坯，此无菌无热原的管坯在模具中通过无菌压缩空气吹模成型（挤吹法），同时进行产品灌装及通过附加的封口模进行封口，整个工艺过程均在无菌条件下完成。封好口的半成品经过组合盖的焊接后进入下一道灭菌工序。该法生产污染环节少，厂房占地面积小，运行费用较低，设备自动化程度高，能够在线清洗灭菌，没有存瓶、洗瓶等工序。但设备一次性投资较大，塑料瓶透明度情况一般。图10-29为塑料瓶装大输液车间。选用塑料瓶二步法成型工艺。

图10-30是玻璃瓶装大输液车间布置图，选用粗精洗合一的箱式洗瓶机。

图10-31为某大输液车间平面布置图，见书末插页。

三、无菌分装粉针剂车间设计

车间可设计为三层框架结构的厂房。内部采用大面积轻质隔断，以适应生产发展和布置的重新组合。层与层之间设有技术夹层供敷设管道及安装其他辅助设施使用。

图10-32为无菌分装粉针剂车间工艺布置图。该工艺选用联动线生产，瓶子的灭菌设备为远红外隧道烘箱，瓶子出隧道烘箱后即受到局部百级的层流保护。胶塞处理选用胶塞清洗灭菌一体化设备，出胶塞及胶塞的存放设置百级层流保护。铝盖的处理另设一套人流通道，以避免人流、物流之间有大的交叉。

四、冻干粉针剂车间设计

1. 冻干粉针剂车间设计一般性要点

(1) 冻干粉针剂的生产工序包括：洗瓶及干燥灭菌、胶塞处理及灭菌、铝盖洗涤及灭

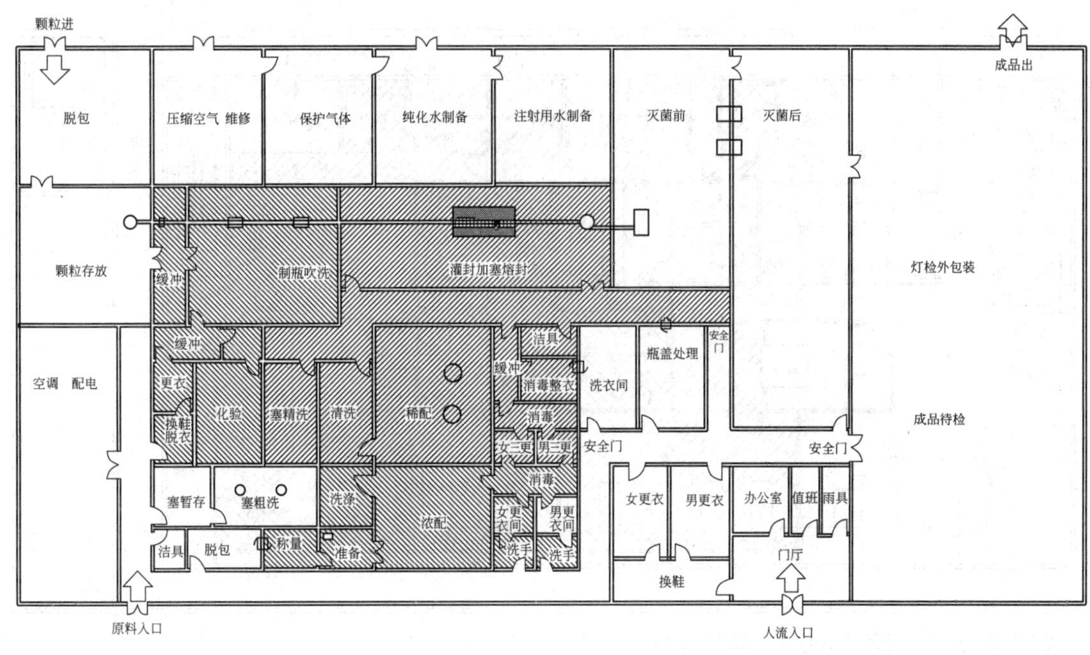

图 10-29　塑料瓶装大输液车间布置图

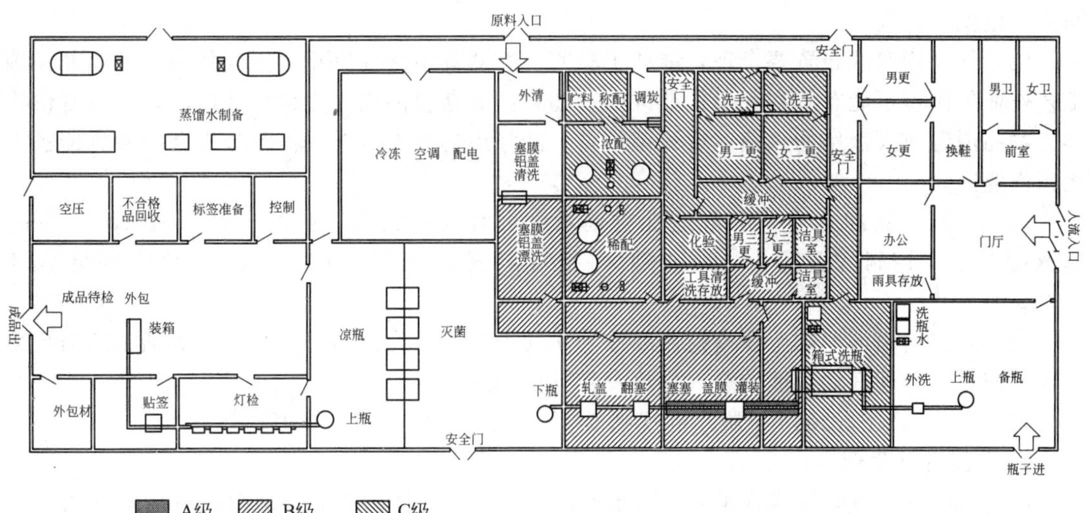

图 10-30　玻璃瓶装大输液车间布置图

菌、分装加半塞、冻干、轧盖、包装等。按 GMP（2010 年版）规定其生产区域空气洁净度级别分为 A 级、B 级和 C 级。其中料液的无菌过滤、分装加半塞、冻干、净瓶塞存放为 A 级或 B 级环境下的局部 A 级即为无菌作业区，配料、瓶塞精洗、瓶塞干燥灭菌为 B 级，瓶塞粗洗、轧盖为 C 级环境。

（2）车间设计力求布局合理，遵循人流、物流分开的原则，不交叉返流。进入车间的人员必须经过不同程度的净化程序分别进入 A 级、B 级和 C 级洁净区，进入 A 级区的人员必须穿戴无菌工作服，洗涤灭菌后的无菌工作服在 A 级层流保护下整理。无菌作业区的气压

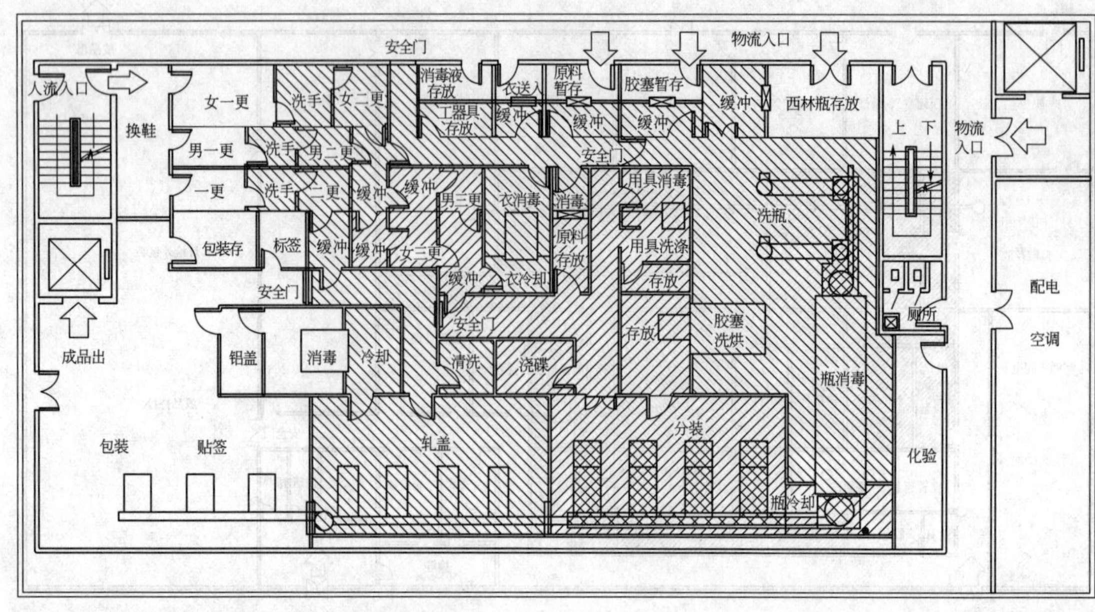

图 10-32 无菌分装粉针剂车间工艺布置图

要高于其他区域，应尽量把无菌作业区布置在车间的中心区域，这样有利于气压从较高的房间流向较低的房间。

(3) 辅助用房的布置要合理，清洁工具间、容器具清洗间宜设在无菌作业区外，非无菌工艺作业的岗位不能布置在无菌作业区内。物料或其他物品进入无菌作业区时，应设置供物料、物品消毒或灭菌用的灭菌室或灭菌设备。洗涤后的容器具应经消毒或灭菌处理方能进入无菌作业区。

(4) 车间设置净化空调和舒适性空调系统可有效控制温、湿度，并能确保培养室的温湿度要求；控制区温度为 18～26℃，相对湿度为 45%～65%。各工序需安装紫外线灯。

(5) 若有活菌培养如生物疫苗制品冻干车间，则要求将洁净区严格区分为活菌区与死菌区，并控制、处理好活菌区的空气排放及带有活菌的污水。

(6) 按照 GMP（2010 年版）的规则要求布置纯水及注射用水的管道。

2. 车间设计举例

图 10-33 为生物疫苗制品冻干车间布置图，空调系统活菌隔离措施根据室内洁净级别和工作区域内是否与活菌接触，冻干生产车间设置三套空调系统，具体介绍如下。

① C 级净化空调系统。它主要解决二更间、培养基的配制、培养基的灭菌以及无菌衣服的洗涤，系统回风，与活菌区保持 10Pa 的正压。

② B 级净化空调系统。该区域为活菌区，它主要解决接种、菌种培养、菌体收集、高压灭活、瓶塞的洗涤灭菌、工具清洗存放、三更、缓冲的空调净化。该区域保持相对负压，空气全新风运行，排风系统的空气需经高效过滤器过滤，以防止活菌外逸。

③ B 级净化空调系统和 A 级净化空调系统。主要解决净瓶塞的存放、配液、灌装加半塞、冻干、压塞和化验。该区域为死菌区，系统回风。

除空调系统外，该车间在建筑密封性，纯化水、注射用水的管道布置，污物排放等方面

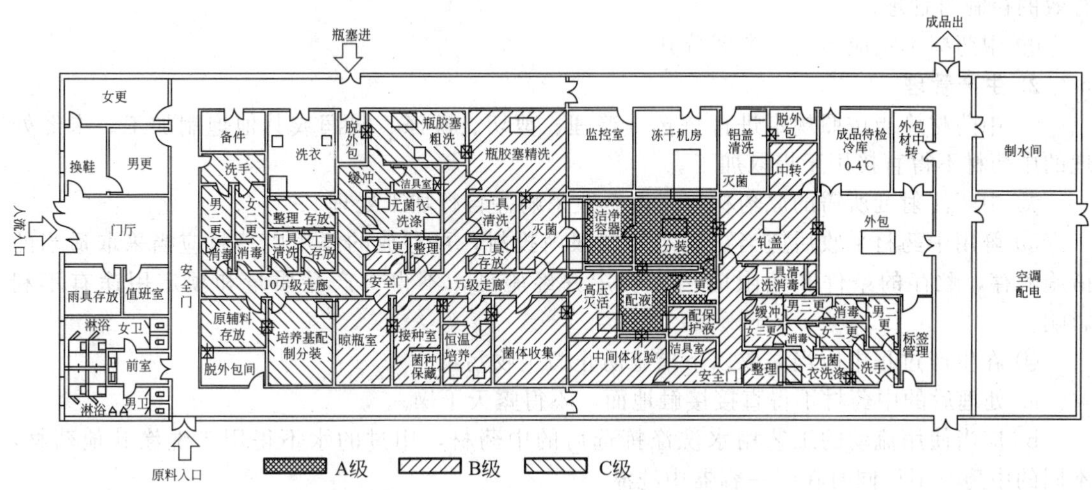

图 10-33　生物疫苗制品冻干车间布置图

的设计上也要有防止交叉污染的措施。

第十一节　中药提取车间工程设计

一、GMP（2010 年版）对中药制剂的规定

GMP（2010 年版）着重指出：中药制剂的质量与中药材和中药饮片的质量、中药材前处理和中药提取工艺密切相关。应当对中药材和中药饮片的质量以及中药材前处理、中药提取工艺严格控制。在中药材前处理以及中药提取、贮存和运输过程中，应当采取措施控制微生物污染，防止变质。

1. 厂房设施

① 中药材和中药饮片的取样、筛选、称重、粉碎、混合等操作易产生粉尘的，应当采取有效措施，以控制粉尘扩散，避免污染和交叉污染，如安装捕尘设备、排风设施或设置专用厂房（操作间）等。

② 中药材前处理的厂房内应当设拣选工作台，工作台表面应当平整、易清洁，不产生脱落物。

③ 中药提取、浓缩等厂房应当与其生产工艺要求相适应，有良好的排风、水蒸气控制及防止污染和交叉污染等设施。

④ 中药提取、浓缩、收膏工序宜采用密闭系统进行操作，并在线进行清洁，以防止污染和交叉污染。采用密闭系统生产的，其操作环境可在非洁净区；采用敞口方式生产的，其操作环境应当与其制剂配制操作区的洁净度级别相适应。

⑤ 中药提取后的废渣如需暂存、处理时，应当有专用区域。

⑥ 浸膏的配料、粉碎、过筛、混合等操作，其洁净度级别应当与其制剂配制操作区的洁净度级别一致。中药饮片经粉碎、过筛、混合后直接入药的，上述操作的厂房应当能够密闭，有良好的通风、除尘等设施，人员、物料进出及生产操作应当参照洁净区管理。

⑦ 中药注射剂浓配前的精制工序应当至少在 D 级洁净区内完成。

⑧ 非创伤面外用中药制剂及其他特殊的中药制剂可在非洁净厂房内生产，但必须进行

有效的控制与管理。

⑨ 中药标本室应当与生产区分开。

2. 生产管理

① 中药材应当按照规定进行拣选、整理、剪切、洗涤、浸润或其他炮制加工。未经处理的中药材不得直接用于提取加工。

② 中药注射剂所需的原药材应当由企业采购并自行加工处理。

③ 鲜用中药材采收后应当在规定的期限内投料，可存放的鲜用中药材应当采取适当的措施贮存，贮存的条件和期限应当有规定并经验证，不得对产品质量和预定用途有不利影响。

④ 在生产过程中应当采取以下措施防止微生物污染。

a. 处理后的中药材不得直接接触地面，不得露天干燥。

b. 应当使用流动的工艺用水洗涤拣选后的中药材，用过的水不得用于洗涤其他药材，不同的中药材不得同时在同一容器中洗涤。

⑤ 毒性中药材和中药饮片的操作应当有防止污染和交叉污染的措施。

⑥ 中药材洗涤、浸润、提取用水的质量标准不得低于饮用水标准，无菌制剂的提取用水应当采用纯化水。

⑦ 中药提取用溶剂需回收使用的，应当制定回收操作规程。回收后溶剂的再使用不得对产品造成交叉污染，不得对产品的质量和安全性有不利影响。

二、中药提取车间的特点

中药提取方法有水提和醇提等，其生产流程由生产准备、投料、提取、排渣、过滤、蒸发（蒸馏）、醇沉（水沉）、干燥和辅助等生产工序组合而成。其对车间工艺布置的要求如下。

① 各种药材的提取有相似之处，又有其独自的特点。既要考虑到品种提取操作之方便，又需考虑到提取工艺的可变性。

② 对醇提和溶剂回收等岗位采取防火、防爆措施。

③ 提取车间最后工序，其浸膏或干粉也是最终产品，对这部分厂房，按原料药成品厂房的洁净级别与其制剂的生产剂型同步的要求，对这部分厂房（精制、干燥、包装）也应按规范要求采取必要的洁净措施。

④ 对中小型规模的提取车间多采用单层厂房，并用操作台满足工艺设备的位差。采用单层厂房可降低厂房投资，设备安装容易适应生产工艺的可变性，较易采取防火、防爆等措施及采取所需的洁净措施。

传统的中药提取生产普遍存在效率低、能耗高、环境差、溶剂量大、设备投资多等问题，因此在布置中药提取车间时，下列几个方面要求加以重点考虑。

① 出渣间污染问题。中药提取后药渣排放造成了出渣间湿度高、污水横流、霉迹斑驳等污染问题。对中药车间进行合理布置可以部分解决出渣间污染问题，具体布置方案为：a. 出渣间与其他功能间在空间布置上最大限度隔离，将容易污染的空间降低到最小；b. 出渣间不设贮渣槽，药渣卸下后立即运走，进行全面彻底清洗；c. 可布置药渣压缩设备，将药渣压至原体积的一半，挤压出的污水排入污水站，这就避免了药渣和药渣滴水造成的二次污染；d. 出渣间墙面、地面采用瓷器类物质贴面，便于清洗，又避免了提供霉菌附着基；e. 提取设备布置时，尽可能降低出渣高度，以避免渣水飞溅造成二次污染。

② 浸出与浓缩消耗大。国内进行中药有效成分的浸出和浓缩时，大多采用两步法（即

采用先提取后浓缩）。两步法的主要缺点是设备多，占地面积大。连续高效提取浓缩机组可以较好地解决上述问题。其将浸出、浓缩以及溶剂回收等操作过程组合在一套全封闭结构的设备中。

热浸出时，溶剂蒸气经冷凝后直接回流至提取罐。溶剂回流时向物料深层流动，使物料和溶剂充分接触，收到动态提取的效果，提取罐内的浸出液经罐底滤网过滤后连续进入外循环蒸发器，逐步浓缩至完成液。

③ 提取浓缩车间布置问题。布置中药提取浓缩车间时，以提取罐为主体的垂直生产流程布置形式较佳，见图 10-34。

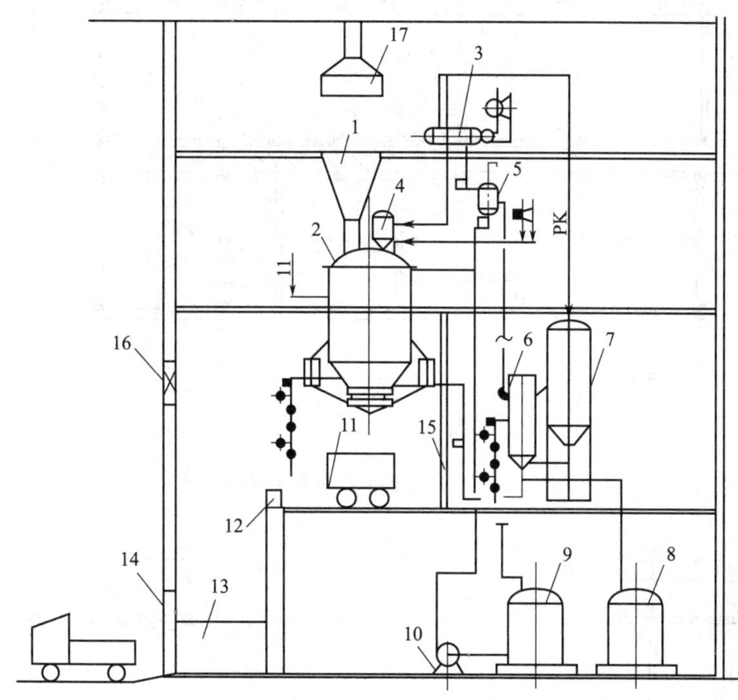

图 10-34　中药提取浓缩车间垂直布置示意图

1—加料斗；2—提取罐；3—冷凝器；4—除沫装置；5—冷却器；6—加热器；7—蒸发器；8—浓缩液贮罐；9—溶剂回收罐；10—回收泵；11—出渣小车；12—限位装置；13—卸渣平台；14—除渣间门；15—提取与浓缩隔墙；16—排风口；17—排风罩

这种垂直布置以 4 层厂房为宜。待浸出的中药材在顶层经拣选、洗净、切制等前处理过程后，由投料斗投入提取罐进行热回流浸出。加料斗内设有加料完毕后自动密闭的装置。外循环蒸发器布置在二层。提取罐出液口与蒸发器进液口形成一定的位差，使浸出液可以依靠重力进入加热器底部，在热力循环下进行蒸发。自动翻转式除渣小车也布置在二层，小车由操作者在操作间内进行遥控，在轨道上可进可出。出渣时，小车定位在取罐出渣口的正下方，装完药渣后驶向卸渣平台，在限定位置处，自动翻转卸净药渣。卸渣平台一般高出货车箱板 0.3m 左右。除渣工序用防腐、防霉隔墙与其他设备分开。同传统的平面布置相比，垂直布置的优点在于：a. 可控制尘屑飞扬。将投料斗设置在顶层，并在投料口上方设置除尘罩，可以控制尘屑在车间内部扩散。b. 可防止汽雾扩散。提取罐在出渣时有大量汽雾产生，温湿度均较高。将出渣工段限定在提取罐下部尽可能小的空间范围内，并在墙上安装排潮风机，这样可有效地阻止汽雾扩散，降低车间内部的温湿度，保持车间内其他工序的清洁，不受这部分的污染。c. 可节省车间占地面积和输送设备，显然，垂直布置有效地利用了建筑空间，使车间占地面积成倍减少。另外，垂直布置时，浸出液与浓缩液可以靠重力自流到下线设备中，不仅省却了输液泵，而且输送管道既短且直，不积料，易清洗，符合 GMP（2010 年版）对工艺管道配制的要求。d. 可方便药渣的清除。

三、中药提取车间工艺设计

如图 10-35 所示，是中药提取车间工艺布置图。由图可见在洁净区内，人流由⑨、⑩轴

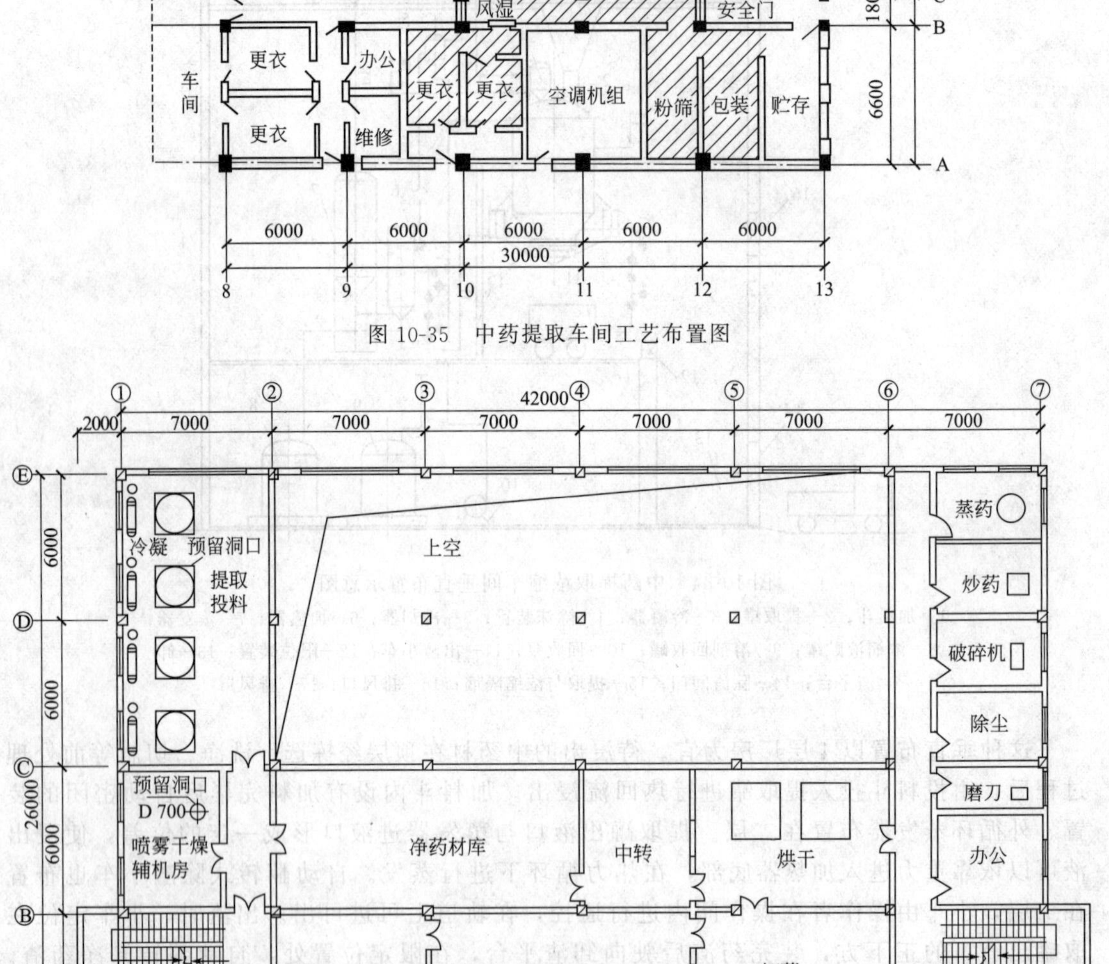

图 10-35　中药提取车间工艺布置图

图 10-36　中药提取车间二层工艺平面布置

间门进入过道，分别进入男女更衣室更衣，经风淋进入洁净区人流通道，分别进入干燥、粉筛、包装等岗位。物流（如流浸膏、浸膏）通过⑧轴与 B、C 轴物流通道，经⑩线传递门进入洁净区，经冷藏或送入干燥工序。干膏、干粉经 C 轴和⑪⑫轴的门进入粉筛、包装室。另外，流浸膏（浓缩液）也可通过输送泵直接输送至冷藏间和干燥间。干燥间配备喷雾干燥器和真空干燥器。

四、中药提取车间设备布置

图 10-36 和图 10-37 为年处理中药材 500t 的中药提取车间，占地面积为 1071m^2，二层框架结构，一层层高为 5.10m、二层层高为 4.50m。二层布置中药材的前处理（洗药、切药、炒药、烘药等）、中药材的投料、提取罐的操作等工段，中药材的提取工位设有提取罐 4 台，适合于多品种、小批量生产。一层布置中药提取液的浓缩、醇沉、酒精回收、干燥、包装等工段，其中浓缩分别采用三效浓缩器、酒精回收浓缩、球形真空浓缩，干燥选用真空干燥器和中药喷雾干燥器。浓缩、酒精回收、醇沉等工序采用防爆墙进行防爆。整个中药提取车间物料走向先上后下，通顺流畅。成品的精烘包洁净级别为 D 级。

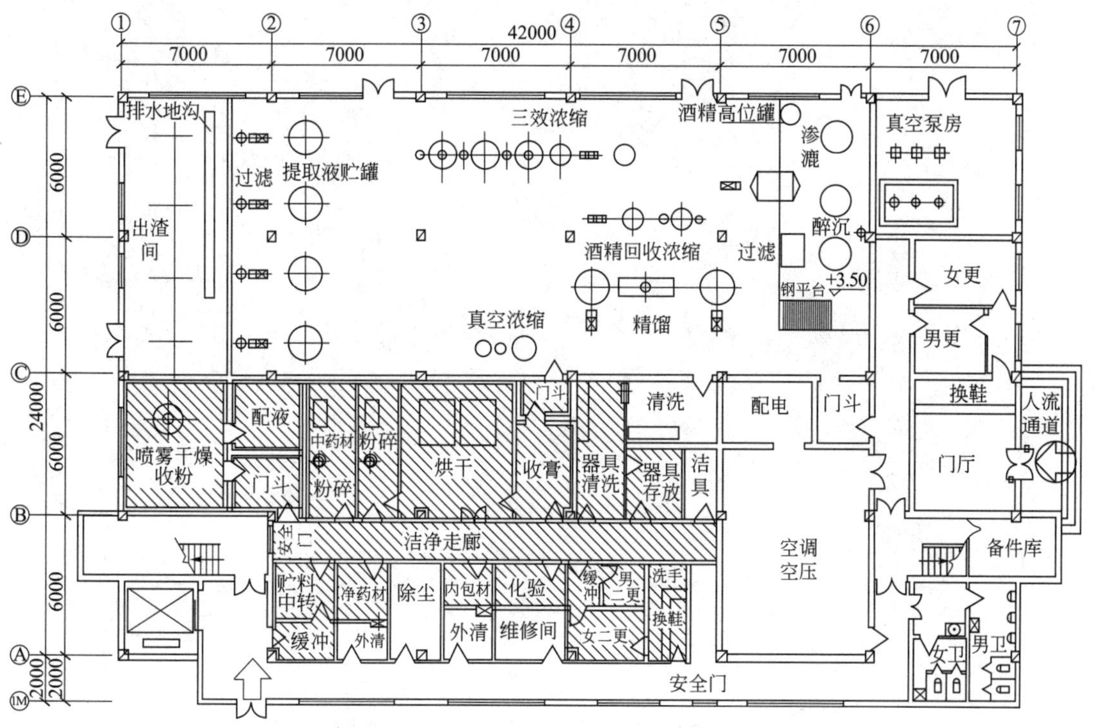

图 10-37　中药提取车间一层工艺平面布置（阴影部分为 D 级洁净区）

图 10-38、图 10-39 和图 10-40 为一中药提取车间平面布置图，见书末插页。

思　考　题

1. 制剂工厂厂址选择的依据是什么，若某公司既有原料药车间，又有制剂车间，布置时有何注意事项？

2. 制剂车间初步设计的内容有哪些，施工图设计与初步设计有何区别？

3. 根据 2010 年版《中国药典》板蓝根颗粒剂工艺绘制其生产工艺流程简图。

4. 根据 2010 年版《中国药典》夏枯草膏的生产工艺绘制年产 1 亿瓶夏枯草膏的物料流程框图。

5. 冻干粉车间洁净度要求高，因此目前的趋势是发展自动进出料系统来实现胶塞、铝盖、灌装、半压塞西林瓶的转运，试检索文献，介绍常用的几种自动进出料系统，并解释其原理。

6. 根据图 10-24 软胶囊车间工艺布置图绘制其人流物流走向图。

7. 试总结《药品生产质量管理规范》(2010 年修订版) 对于洁净区地漏设计的要求。

8. 试总结《药品生产质量管理规范》(2010 年修订版) 对于洁净区人员服饰的要求。

参 考 文 献

[1] 张洪斌主编．药物制剂工程技术与设备．北京：化学工业出版社，2010.

[2] 曾真．制药厂高架仓库的设计技巧．医药工程设计杂志，2003，24(4)：12-15.

[3] 朱盛山主编．药物制剂工程．北京：化学工业出版社，2002.